建筑工程施工质量问答丛书

混凝土结构工程施工质量问答

彭尚银　杨南方　主编

中国建筑工业出版社

图书在版编目(CIP)数据

混凝土结构工程施工质量问答/彭尚银,杨南方主编.
北京:中国建筑工业出版社,2004
(建筑工程施工质量问答丛书)
ISBN 7-112-06291-8

Ⅰ.混… Ⅱ.①彭…②杨… Ⅲ.混凝土施工—工程质量—问答 Ⅳ.TU755.7-44

中国版本图书馆 CIP 数据核字(2003)第 126965 号

责任编辑:胡永旭 郦锁林
责任设计:崔兰萍
责任校对:黄 燕

建筑工程施工质量问答丛书
混凝土结构工程施工质量问答
彭尚银 杨南方 主编
*
中国建筑工业出版社出版、发行(北京西郊百万庄)
新 华 书 店 经 销
北京市兴顺印刷厂印刷
*
开本:850×1168毫米 1/32 印张:24¼ 字数:646千字
2004年5月第一版 2004年5月第一次印刷
印数:1—5000册 定价:45.00元

ISBN 7-112-06291-8
TU·5550 (12305)

本社网址:http://www.china-abp.com.cn
网上书店:http://www.china-building.com.cn

《建筑工程施工质量问答系列丛书》编委会

《混凝土结构工程施工质量问答》
编 写 组

主编单位　中国人民解放军工程质量监督总站

参编单位　沈阳军区联勤部基建营房部

主　　编　彭尚银　杨南方

副 主 编　吴兆军　贾新永　丛　林

主　　审　贺铁男　顾文刚　贾丕业

编写人员　杨继升　许仲杰　赵盛宝

李向伟　赵延伟　张　松

张子智　李政林　崔昌林

罗伟贺　周茂军　孙福钦

出版说明

为了认真贯彻实施《建设工程质量管理条例》、《工程建设标准强制性条文》、《建筑工程施工质量验收系列规范》等有关工程质量法规体系，加强建设行业管理人员和施工技术人员建筑工程质量意识和知识的普及，提高工程建设施工质量，由我社组织有关质检专家、研究人员、高级工程标准化技术专家和教授等编写《建筑工程施工质量问答丛书》。丛书共分 11 册，它们分别是：《建筑工程施工质量总论问答》、《地基与基础工程施工质量问答》、《混凝土结构工程施工质量问答》、《钢结构工程施工质量问答》、《砌体工程施工质量问答》、《建筑装饰装修工程施工质量问答》、《建筑防水工程施工质量问答》、《建筑给水排水与采暖工程施工质量问答》、《通风与空调工程施工质量问答》、《建筑电气工程施工质量问答》、《智能建筑工程施工质量问答》。

1. 本丛书是首次推出的有关建筑工程质量方面的一套普及性读物，它以一问一答的形式，针对建筑工程施工质量中一些基本知识和常遇到的问题，用科学和通俗的语言来解答。将建筑工程重要的技术法规、新的技术采用通俗浅显的语言表达出来。充分体现出丛书的权威性、科学性、针对性、实用性，同时也反映我国建筑施工质量管理水平和国家有关政策、法规要求。

2. 近年来，我国先后对建筑材料、建筑结构设计、建筑工程施工质量验收规范进行了全面修订并实施，丛书内容紧密结合相应规范，符合新规范要求，既可作为解决建筑工程施工中质量问题的可操作性强的普及型用书，也可作为建筑工程施工质量验收规范实施的培训参考用书。

3. 丛书反映了建设部重点推广的新技术、新工艺、新材料的质量措施、施工质量验收要求，尽量使其与施工质量管理的质量监督、质量保证和质量评价相呼应。

丛书主要以建筑分部工程划分，重点介绍地基与基础工程、混凝土结构工程、钢结构工程、砌体工程、建筑装饰装修工程、建筑防水工程、建筑给水排水与采暖工程、通风与空调工程、建筑电气工程(含电梯工程)各分部工程施工中的质量问题，主要内容包括：工程质量管理基础知识、项目具体划分、各分项工程施工原材料质量要求、施工质量控制要点、质量控制措施要求、检验批质量检验的抽样方案要求、涉及建筑工程安全和主要使用功能的见证取样及抽样检测要求、工程质量控制资料要求、施工质量验收要求，同时介绍经常出现的质量问题和正确的处理方法。

丛书以问答的形式，先提出问题，再用科学道理和通俗的语言来解答，使基层工程技术人员和质量管理人员，既知道应该如何控制施工质量，又懂得为什么要控制质量、如何确保工程质量的道理。丛书可供建筑工程施工技术人员、质量管理人员、质检站质量监督人员及建设监理人员参考使用。

前　言

建筑谱写生活，混凝土奠基建筑。自 1903 年我国建成第一座钢筋混凝土建筑——上海东风饭店后，混凝土在我国得到广泛应用。

由混凝土与增强材料组合而成的钢筋混凝土、预应力混凝土及各种特种混凝土，更加扩展了混凝土的应用领域。随着混凝土技术的发展，相继出现了许多新材料、新技术和新工艺。有关混凝土结构设计、施工技术、检测、试验、验收等国家标准、规范和规定不断修订和更新，混凝土这门学科在我国已形成了自己独立的、完整的科学体系，既有坚实的理论基础和标准规范，又有先进的工艺技术，还有可靠的测试手段，并在实践中不断创新，迅速发展。

2002 年 4 月 1 日，国家正式实施《混凝土结构工程施工质量验收规范》(GB 50204—2002)，我们以此规范和配套使用的标准规范为基础，在有关专家的指导下，对混凝土结构工程的材料、模板、钢筋、预应力、混凝土、装配式结构、劲钢混凝土和混凝土结构施工质量验收以及建筑工程施工质量验收的有关内容进行系统总结，编写了这本《混凝土结构工程施工质量问答》。

本书内容尽量列入施工操作要求，质量控制要点，试验、检测、验收程序和手段，并结合相关的结构设计、构造要求进行介绍。编写中尽量采用条文和图表形式表述，力求通俗易懂，具有系统性、实用性、可操作性和可读性，以期读者在应用中能取得最佳效果。

本书在编写过程中，承蒙各位学者、专家的指教和协助，并热情地给予指导和支持，在此表示衷心的感谢！

编者水平有限，书中疏漏和不当之处恳望读者给予斧正。

目　录

1　概述 …… 1

1.1　试述混凝土结构工程发展历程？ …… 1
1.2　什么是混凝土结构工程？包括哪些种类？ …… 2
1.3　什么是混凝土构件？混凝土构件有哪些种类？ …… 3
1.4　什么是水泥？水泥有哪些特性？ …… 4
1.5　什么是混凝土骨料？粗细骨料如何划分？ …… 6
1.6　什么是混凝土外加剂？ …… 6
1.7　混凝土所用钢筋有哪些种类？ …… 7
1.8　混凝土有哪些种类？ …… 8
1.9　混凝土的性能指标有哪些？ …… 9
1.10　钢筋连接形式与作用是什么？ …… 10
1.11　混凝土质量缺陷如何划分？ …… 11
1.12　什么是混凝土施工缝？什么是后浇带？ …… 13
1.13　何谓开盘鉴定、结构和构件性能检验？ …… 13
1.14　什么是预应力钢筋混凝土？ …… 13
1.15　预应力形成有哪几种方法？ …… 14
1.16　建筑工程质量验收基本术语有哪些？ …… 15
1.17　国家新颁布实施的施工质量验收规范贯彻执行时间有何规定？ …… 17
1.18　国家新颁布实施的制图、结构设计和施工质量验收标准有哪些？ …… 18
1.19　施工现场质量管理检查要点有哪些？ …… 20
1.20　施工现场质量管理检查次数和时间有何规定？ …… 23

1.21 施工现场质量管理检查记录表如何填写? …………… 23
1.22 施工质量验收基本要求是什么? ………………………… 26
1.23 竣工验收条件和程序是什么? …………………………… 27
1.24 建筑工程质量验收的划分有何规定? …………………… 29
1.25 室外工程的划分有何规定? ……………………………… 38
1.26 施工单位如何进行检查评定? …………………………… 38
1.27 工程质量验收组织有何规定? …………………………… 39
1.28 工程质量验收合格有何规定? …………………………… 40
1.29 施工质量验收和施工检查用表有哪几种? …………… 41
1.30 检验批质量验收记录表的制订有何规定? …………… 44
1.31 检验批质量验收及表的填写有何规定? ……………… 46
1.32 分项工程质量验收有何规定? …………………………… 47
1.33 分部(子分部)工程质量验收有何规定? ……………… 50
1.34 单位(子单位)工程质量竣工验收有何规定? ………… 55
1.35 工程质量不符合要求,返工处理后的验收有何规定? …………………………………………………… 65
1.36 什么样的工程严禁验收? ………………………………… 67
1.37 室内环境质量验收有何规定? …………………………… 68

2 基本规定 ………………………………………………………… 71

2.1 何为混凝土? 何为普通混凝土? 混凝土如何分类? …… 71
2.2 何为混凝土结构? 混凝土结构如何分类? ……………… 72
2.3 何为现浇结构? 何为装配式结构? 何为叠合结构? …… 74
2.4 《混凝土结构工程施工质量验收规范》(GB 50204—2002)(下称“混凝土验收规范”)适用范围是什么? 不适用于何种混凝土结构? ……………………………… 75
2.5 混凝土结构工程施工质量验收除应执行“混凝土验收规范”外,尚应执行国家哪些现行有关标准? …………… 75
2.6 “混凝土验收规范”中强制性条文有多少条? …………… 77
2.7 混凝土结构工程的分项工程、检验批应如何划分? …… 99
2.8 混凝土结构工程施工质量验收合格有何规定? ……… 100

2.9 混凝土结构的环境类别有何规定? …………………… 101
2.10 结构混凝土耐久性有何规定? …………………… 101
2.11 混凝土工程中,见证取样检测有何规定? ………… 103
2.12 见证取样送样专用工具有何要求? ……………… 105

3 原材料 ………………………………………………… 108

3.1 混凝土主要由哪些材料组成? …………………… 108
3.2 混凝土拌合物的含碱量有何要求? 如何控制? ……… 108
3.3 混凝土中氯化物含量有何规定? ………………… 110
3.4 拌制混凝土宜采用什么水? 水的质量要求
有何规定? ……………………………………………… 111
3.5 拌合用水的物质含量限值有何规定? …………… 111
3.6 砂如何分类? 何为天然砂? 何为人工砂? ……… 112
3.7 砂的类别如何划分? 各类砂用途如何? ………… 112
3.8 何为砂的细度模数? 砂的规格如何划分? ……… 112
3.9 砂的颗粒级配有何规定? ………………………… 112
3.10 何为砂中的含泥量、泥块含量和石粉含量?
各有哪些规定? ……………………………………… 113
3.11 砂中不应含有哪些杂物和有害物质? ………… 114
3.12 砂的坚固性指标有哪些规定? ………………… 114
3.13 采用海砂拌制混凝土时,氯化物总含量
有哪些规定? ………………………………………… 115
3.14 对重要工程混凝土用砂有何要求? …………… 115
3.15 何为轻物质? …………………………………… 116
3.16 何为碱集料反应? 碱集料反应试验有何规定? ……… 116
3.17 砂的表观密度、堆积密度、空隙率有何规定? ……… 116
3.18 砂的验收有哪些规定? ………………………… 116
3.19 砂的产品合格证应包括哪些内容? …………… 118
3.20 砂在运输和堆放时应注意什么? ……………… 118
3.21 混凝土用粗骨料如何分类? 何为卵石?
何为碎石? …………………………………………… 118

3.22 卵石、碎石规格、类别和用途有何规定？ …………… 119
3.23 针片状颗粒定义是什么？对其含量有哪些规定？…… 119
3.24 卵石和碎石的颗粒级配应符合哪些规定？ ………… 119
3.25 何为卵石和碎石中含泥量和泥块含量？
对其含量有何规定？ …………………………………… 121
3.26 卵石和碎石中有害物质含量有何规定？ ………… 121
3.27 卵石和碎石坚固性如何检验？其质量损失应
符合哪些规定？ ………………………………………… 122
3.28 卵石和碎石的强度如何表示？ …………………… 122
3.29 卵石和碎石的表观密度、堆积密度和空隙率
有何规定？ ……………………………………………… 122
3.30 什么情况下对卵石和碎石应进行碱活性检验？……… 123
3.31 卵石和碎石验收时如何进行取样？ ……………… 123
3.32 卵石和碎石如何进行验收？……………………………… 124
3.33 卵石和碎石产品合格证应包括哪些内容？………… 125
3.34 卵石和碎石在堆放和运输时应注意什么？………… 125
3.35 常用水泥品种有哪些？其强度等级如何确定？……… 125
3.36 专用水泥和特性水泥组成及适用范围如何？………… 127
3.37 常用水泥优、缺点是什么？ …………………………… 129
3.38 通用水泥如何选用？ …………………………………… 130
3.39 水泥进场必须具备什么条件？ ……………………… 132
3.40 水泥进场复验有何规定？……………………………… 133
3.41 水泥进场检查数量如何确定？怎样取样？………… 133
3.42 硅酸盐水泥和普通硅酸盐水泥进场如何检验？……… 134
3.43 矿渣、火山灰质、粉煤灰硅酸盐水泥进场
如何检验？ ……………………………………………… 135
3.44 复合硅酸盐水泥进场如何检验？ ………………… 137
3.45 通用水泥试验报告和交货与验收有何规定？………… 138
3.46 石灰石硅酸盐水泥进场如何检验？ ……………… 138
3.47 白色硅酸盐水泥(简称白水泥)进场如何检验？……… 139
3.48 彩色硅酸盐水泥进场如何检验？ ………………… 140

3.49　道路硅酸盐水泥进场如何检验？ ………………… 142
3.50　什么样的结构中，严禁使用含氯化物的水泥？ ……… 143
3.51　为什么说安定性是水泥质量标准中重要内容？ ……… 143
3.52　对安定性不良的水泥怎样处理？ ………………… 144
3.53　水泥在进行水化反应时放热对大体积混凝土
质量有何影响？ ……………………………………… 144
3.54　不同品种的水泥为什么不能混合使用？ …………… 144
3.55　水泥"假凝"现象对混凝土质量有何影响？
怎样预防？ …………………………………………… 146
3.56　水泥运输和堆放应注意哪几点？ ………………… 146
3.57　对现场储存"超期"和"受潮"的水泥及对水泥质量
有怀疑时，应如何处理？ …………………………… 147
3.58　什么叫外加剂？掺用外加剂对混凝土性
能有何改善？ ………………………………………… 147
3.59　常用的外加剂有哪些？如何进行分类？ …………… 148
3.60　外加剂主要功能和适用范围如何？ ……………… 151
3.61　外加剂如何进行进场检验？ ……………………… 153
3.62　外加剂进场复验的批量划分、取样方法和数量
有何规定？ …………………………………………… 156
3.63　如何选用外加剂？外加剂掺量有何规定？ ………… 158
3.64　使用外加剂应注意哪些问题？ …………………… 162
3.65　因掺用外加剂造成混凝土的质量问题有哪些？
原因是什么？ ………………………………………… 162
3.66　哪些工程结构部位不允许掺用含
氯化物的外加剂？ …………………………………… 163
3.67　掺用含有碱成分的外加剂对混凝土
质量有何危害？ ……………………………………… 164
3.68　何为轻骨料混凝土？混凝土轻骨料主要技术
性能有哪些？ ………………………………………… 164
3.69　轻骨料如何进行验收？ …………………………… 169
3.70　轻骨料堆放和运输有何要求？ …………………… 170

3.71 用于水泥和混凝土中粉煤灰有何技术要求？ …………… 170
3.72 粉煤灰出厂检验有何规定？ …………………………… 170
3.73 粉煤灰复验有何规定？ ………………………………… 171
3.74 普通混凝土中掺粉煤灰取代水泥率有何规定？ ……… 172
3.75 钢筋如何分类？ ………………………………………… 172
3.76 热轧钢筋符号如何表示？ ……………………………… 174
3.77 型钢如何分类？ ………………………………………… 174
3.78 钢筋出厂合格证、试验报告内容是什么？ …………… 174
3.79 钢筋复试批量如何划分？ ……………………………… 175
3.80 钢筋复试项目和取样有何规定？如何判定？ ………… 175
3.81 钢筋出现哪些情况必须进行化学成分检验或其他专项检验？ ………………………………………… 178
3.82 一、二级抗震等级的框架结构纵向受力筋强度实测值有何要求？ ………………………………………… 178
3.83 钢筋外观质量有何要求？ ……………………………… 179
3.84 钢筋工程施工技术资料有哪些要求？ ………………… 180
3.85 热轧钢筋的应用情况如何？ …………………………… 180
3.86 钢筋质量通病有哪些？原因是什么？如何预防？ …… 180
3.87 如何防止钢筋锈蚀？对已锈蚀的钢筋如何处理？ …… 182
3.88 钢筋验收有哪些要求？ ………………………………… 183
3.89 预应力筋常用品种有哪些？进场复验应验收哪些内容？ ………………………………………… 184
3.90 预应力筋如何验收？批量如何组成？ ………………… 185
3.91 预应力筋如何进行存放与保管？ ……………………… 187
3.92 预应力钢材性能、特点和应用有何规定？ …………… 187
3.93 常用焊条型号和主要用途有何规定？ ………………… 188
3.94 焊丝、焊剂型号如何分类？ …………………………… 190
3.95 焊条、焊剂、焊丝出厂检验项目有何规定？什么情况下为不合格品？ ………………………………… 193
3.96 焊条、焊剂如何进行复试？ …………………………… 194
3.97 预制构件出厂时应在明显部位标明哪些内容？ ……… 195

3.98 预制构件的预埋件、插筋和预留孔洞应检查哪些内容? …… 195
3.99 预制构件外观质量要求如何?出现质量缺陷应如何处理? …… 196
3.100 预制构件的主控项目中对尺寸偏差有何要求? …… 196
3.101 混凝土用材料试验有何规定? …… 197

4 模板工程 …… 209

4.1 什么是模板工程? …… 209
4.2 模板结构如何分类? …… 209
4.3 模板分项工程中应掌握的重点是什么? …… 210
4.4 模板工程应满足混凝土施工哪些基本要求? …… 211
4.5 模板设计要点是什么? …… 211
4.6 模板设计时,各项荷载参考值是多少? …… 213
4.7 模板材料应符合哪些要求? …… 214
4.8 组合式钢模板有何要求? …… 216
4.9 组合式钢模板有何优缺点? …… 217
4.10 新型材料组合式模板有哪些?主要优缺点是什么? …… 218
4.11 模板支承工具有哪些? …… 219
4.12 模板配件、连接件有哪些? …… 220
4.13 模板安装应注意哪些事项? …… 221
4.14 如何控制模板安装偏差? …… 222
4.15 如何控制模板安装变形和确保支架稳定? …… 223
4.16 模板预埋件、预留孔及模板清理有何要求? …… 223
4.17 基础模板安装技术要点是什么? …… 224
4.18 基础模板安装易出现哪些通病?原因是什么?如何预防? …… 225
4.19 柱模板安装技术要点是什么? …… 226
4.20 柱模板安装易出现哪些通病?原因是什么?如何预防? …… 227

4.21 梁模板安装技术要点是什么？ …………………… 228
4.22 梁模板安装易出现哪些通病？原因是什么？
如何预防？ ………………………………………… 229
4.23 板模板安装技术要点是什么？ …………………… 230
4.24 板模板安装及支架易出现哪些通病？原因是什么？
如何预防？ ………………………………………… 230
4.25 悬臂模板安装技术要点是什么？ ………………… 231
4.26 墙体模板安装技术要点是什么？ ………………… 231
4.27 墙模板安装时易出现哪些通病？原因是什么？
如何预防？ ………………………………………… 232
4.28 楼梯模板安装技术要点是什么？ ………………… 233
4.29 预制构件模板安装要点有哪些？允许偏差
有何规定？ ………………………………………… 234
4.30 模板安装预埋件及预留孔和预留洞允许偏差值
是多少？ …………………………………………… 235
4.31 现浇结构模板安装允许偏差是多少？ …………… 236
4.32 门窗洞口组合模板安装技术要点是什么？ ……… 237
4.33 模板常用隔离剂有哪些？………………………… 237
4.34 浇筑混凝土前如何对模板进行检查？ …………… 239
4.35 我国新型模板发展情况怎样？ …………………… 239
4.36 各种新型模板材料有何特点？ …………………… 240
4.37 各种新型模板有何特点？………………………… 242
4.38 台模有哪几种？ …………………………………… 244
4.39 立柱式台模有何特点？…………………………… 245
4.40 桁架式台模有何特点？…………………………… 245
4.41 悬架式台模有何特点？…………………………… 245
4.42 门架式台模有何特点？…………………………… 245
4.43 构架式台模有何特点？…………………………… 246
4.44 滑升模板有何特点？……………………………… 246
4.45 爬升模板有何特点？……………………………… 247
4.46 大模板有何特点？ ………………………………… 249

4.47 筒模有何特点? …………………………………………… 251
4.48 模板拆除必须注意哪几点? ……………………………… 254
4.49 如何正确掌握模板拆除时混凝土强度和
拆模时间? ……………………………………………… 254
4.50 模板拆除顺序和方法有何要求? ………………………… 256
4.51 模板工程安全施工有何基本要求? ……………………… 257
4.52 模板安装安全施工一般技术要求是什么? ……………… 258
4.53 模板拆除安全施工有何基本要求? ……………………… 259
4.54 模板设计应验收哪些内容? ……………………………… 260
4.55 模板安装检验批质量验收有哪些规定? ………………… 261
4.56 模板安装检验批质量验收用表有何规定? ……………… 262
4.57 模板拆除检验批质量验收有哪些规定? ………………… 267
4.58 模板拆除检验批质量验收用表有哪些? ………………… 267
4.59 模板工程常见质量问题有哪些? 原因是什么? ………… 269

5 钢筋工程 …………………………………………………………… 272

5.1 钢筋分项工程包括哪些内容? 重点应掌握
哪些要求? ……………………………………………………… 272
5.2 钢筋分项工程所含检验批划分原则是什么? ……………… 273
5.3 钢筋需代换时,有何要求? ………………………………… 273
5.4 钢筋调直有几种方法? 冷拉调直时,如何
控制冷拉率? …………………………………………………… 274
5.5 钢筋冷拉控制要点有哪些? ………………………………… 275
5.6 受力钢筋的弯钩和弯折应符合哪些质量要求? …………… 275
5.7 箍筋末端的弯钩应符合哪些规定? ………………………… 276
5.8 钢筋冷拔时,应控制哪几点? ……………………………… 276
5.9 钢筋加工的允许偏差是多少? 为何要求应保证
箍筋内净尺寸? ………………………………………………… 276
5.10 钢筋材料和加工检验批质量验收有何规定? …………… 277
5.11 钢筋连接常用的方法、接头形式有几种?
有何技术要求? ………………………………………………… 280

5.12 钢筋连接接头处的弯折角度和轴线偏移有何规定？…… 281
5.13 纵向受力钢筋连接方式有何要求？最小搭接长度如何确定？ …… 281
5.14 施工现场依据什么标准对连接接头进行力学性能试验？ …… 283
5.15 钢筋连接的同一连接区段长度有何规定？ …… 283
5.16 受力钢筋接头位置宜设置在何处？有何具体要求？ …… 283
5.17 相邻纵向受力钢筋绑扎连接接头有何规定？ …… 284
5.18 纵向受拉、受压钢筋搭接时，最小搭接长度为多少？ …… 284
5.19 钢筋同截面接头过多表现为哪些现象？主要原因是什么？ …… 285
5.20 钢筋绑扎连接基本规定是什么？ …… 285
5.21 梁柱构件纵向受力钢筋搭接长度范围内，箍筋间距有何规定？ …… 286
5.22 绑扎节点松扣有哪些现象？主要原因是什么？ …… 286
5.23 钢筋焊接基本要求是什么？ …… 286
5.24 钢筋焊接方法、接头形式和适用范围有何规定？ …… 287
5.25 钢筋焊接的偏差有何规定？ …… 290
5.26 有抗震要求的受力钢筋焊接接头应符合哪些要求？ …… 290
5.27 同一构件内，有焊接接头的受力钢筋有何要求？ …… 290
5.28 焊接接头距钢筋弯折处位置有何规定？ …… 291
5.29 电阻点焊操作要点是什么？ …… 291
5.30 点焊制品缺陷有哪些？ …… 291
5.31 如何预防电阻点焊质量缺陷？ …… 292
5.32 点焊的试件检测与外观质量有何要求？ …… 294
5.33 闪光对焊适用什么范围？如何选用焊接方法？ …… 295
5.34 闪光对焊操作要点是什么？应注意哪些事项？ …… 296
5.35 闪光对焊焊接缺陷有哪些？如何消除？ …… 297

5.36 闪光对焊试件检测与外观质量检验有哪些要求? …… 298
5.37 电渣压力焊适用范围和操作要点是什么? …………… 299
5.38 电渣压力焊试件检测与外观质量有何要求? ………… 300
5.39 电渣压力焊接头焊接缺陷与消除措施是什么? ……… 301
5.40 埋弧压力焊适用范围和操作要点是什么? …………… 301
5.41 埋弧压力焊试件检测与外观质量有何要求? ………… 302
5.42 埋弧压力焊接头缺陷及消除措施有哪些? …………… 303
5.43 气压焊适用范围和操作要点是什么? ………………… 303
5.44 气压焊接头焊接缺陷及消除措施有哪些? …………… 305
5.45 气压焊试件检测与外观质量有何要求? ……………… 305
5.46 电弧焊适用范围是什么? 有几种接头形式? ………… 306
5.47 电弧焊焊接时基本要求是什么? 应注意
哪些事项? ……………………………………………… 306
5.48 帮条焊和搭接焊操作要点是什么? …………………… 307
5.49 坡口焊应做好哪些准备工作? 操作要点是什么? …… 308
5.50 预埋件电弧焊操作要点是什么? ……………………… 309
5.51 熔槽帮条焊操作要点是什么? ………………………… 310
5.52 钢筋与钢板搭接焊操作要点是什么? ………………… 310
5.53 窄间隙焊操作要点是什么? …………………………… 311
5.54 电弧焊试件检验与外观质量有何要求? ……………… 311
5.55 电弧焊常发生哪些质量问题? ………………………… 312
5.56 电弧焊质量缺陷原因是什么? 如何预防? …………… 312
5.57 钢筋负温焊接适用范围与操作要点是什么? ………… 316
5.58 钢筋机械连接有什么优点? …………………………… 317
5.59 机械连接术语及符号有何规定? ……………………… 317
5.60 钢筋机械连接常用方法有哪些? 各有什么
技术特点? ……………………………………………… 319
5.61 钢筋机械连接还有哪几种形式? ……………………… 319
5.62 钢筋机械连接接头性能分几级? 各级性能
有何规定? ……………………………………………… 321
5.63 钢筋机械连接接头设计原则是什么? ………………… 322

5.64 钢筋机械连接接头应用有何规定？ …………………… 323
5.65 什么情况下钢筋机械连接接头应进行形式检验？…… 324
5.66 钢筋机械连接如何进行形式检验？ ………………… 324
5.67 钢筋机械连接检验与验收有何规定？ ……………… 328
5.68 钢筋锥螺纹连接适用范围是什么？性能等级有何规定？ ……………………………………………… 329
5.69 钢筋锥螺纹连接接头如何选用？ …………………… 329
5.70 如何检查钢筋锥螺纹连接的钢丝头外观质量？……… 330
5.71 钢筋锥螺纹连接操作要点是什么？ ………………… 332
5.72 钢筋锥螺纹连接如何进行现场验收？ ……………… 334
5.73 锥螺纹连接用力矩扳手为何不能与质量检查用力矩扳手混用？ ……………………………………………… 336
5.74 钢筋套筒挤压连接适用范围是什么？性能等级有何规定？ ……………………………………………… 336
5.75 钢筋套筒挤压连接接头如何选用？ ………………… 337
5.76 对钢筋挤压接头的套筒如何进行检验？ …………… 338
5.77 套筒挤压连接技术要点是什么？ …………………… 339
5.78 钢筋挤压接头的形式检验和现场验收有何规定？…… 340
5.79 钢筋连接试验项目有哪些规定？ …………………… 344
5.80 钢筋机械连接质量缺陷与消除措施有哪些？………… 348
5.81 钢筋安装,对受力钢筋要注意什么？………………… 350
5.82 钢筋安装时,纵向受力钢筋混凝土保护层最小厚度有何规定？ ……………………………………………… 351
5.83 如何控制钢筋安装质量？…………………………… 352
5.84 基础常用类型有几类？钢筋安装应控制哪几点？…… 355
5.85 柱配筋构造如何？钢筋安装应控制哪几点？ ……… 357
5.86 柱中箍筋常用哪些类型？箍筋最大间距有何要求？ ……………………………………………… 361
5.87 梁钢筋安装应控制哪几点？………………………… 362
5.88 梁纵向受力钢筋安装应控制哪几点？ ……………… 363
5.89 梁弯起钢筋和鸭筋构造有哪些要求？ ……………… 364

5.90　梁架立钢筋安装应控制哪几点？ …………………… 365
5.91　梁侧面纵向钢筋及拉筋安装应控制哪几点？ ………… 366
5.92　悬臂梁钢筋安装应控制哪几点？ …………………… 366
5.93　圈梁钢筋安装应控制哪几点？ ……………………… 367
5.94　梁垫钢筋安装应控制哪几点？ ……………………… 367
5.95　深梁钢筋安装应控制哪几点？ ……………………… 369
5.96　梁箍筋安装应控制哪几点？ ………………………… 371
5.97　框架梁端部箍筋加密区和受力筋接头设置有何规定？ …………………………………… 372
5.98　板钢筋安装应控制哪几点？ ………………………… 373
5.99　板常规配筋种类及作用是什么？受力筋配置有何要求？ …………………………………… 373
5.100　梁和板钢筋安装控制要点有哪些？ ……………… 375
5.101　墙钢筋安装应控制哪几点？ ……………………… 377
5.102　楼梯结构形式分几类？安装时注意哪几点？ ……… 377
5.103　现浇钢筋混凝土房屋适用高度有何规定？抗震等级如何划分？ ………………………………… 379
5.104　框架柱钢筋安装控制要点有哪些？ ……………… 380
5.105　框架梁钢筋安装控制要点有哪些？ ……………… 382
5.106　框架剪力墙钢筋安装控制要点有哪些？ ………… 382
5.107　框架结构板钢筋安装控制要点有哪些？ ………… 383
5.108　钢筋连接检验批质量验收有哪些规定？ ………… 384
5.109　钢筋安装检验批验收有哪些规定？ ……………… 389
5.110　钢筋分项工程施工质量验收重点应检查验收哪些内容？ …………………………………… 389
5.111　钢筋分项工程应具备哪些技术资料？隐蔽验收哪些内容？ …………………………………… 391
5.112　钢筋工程质量缺陷与消除措施是什么？ ………… 391

6　预应力工程 ………………………………………… 397

6.1　预应力混凝土工程较钢筋混凝土有何优点？对施工单位

资质有何规定？ …… 397
6.2 预应力分项工程主要包括哪些内容？ …… 397
6.3 预应力筋张拉设备及仪表维护、校验和标定有何要求？ …… 398
6.4 预应力混凝土施工常用方法有几种？ …… 399
6.5 预应力混凝土适用范围是什么？ …… 399
6.6 预应力混凝土先张法和后张法区别是什么？ …… 400
6.7 预应力钢筋锚固长度有何规定？ …… 401
6.8 预应力混凝土强度等级最小值是多少？ …… 402
6.9 预应力筋锚具如何分类？ …… 402
6.10 预应力筋锚具和夹具适用范围是什么？ …… 403
6.11 锚具、夹具和连接器应验收哪些项目？ …… 405
6.12 锚具、夹具和连接器如何验收？ …… 406
6.13 锚具、夹具和连接器使用时注意哪些事项？ …… 407
6.14 孔道成型及灌浆材料如何进行验收？ …… 408
6.15 金属螺旋管容易出现哪些质量缺陷？使用前应检查哪些项目？ …… 409
6.16 预应力原材料检验批质量验收有哪些规定？ …… 409
6.17 预应力筋下料长度应考虑哪几点影响因素？ …… 412
6.18 预应力筋下料有何要求？ …… 412
6.19 预应力筋宜采用什么方法切断？不得采用什么方法？ …… 413
6.20 预应力筋端头镦粗有哪两种工艺？ …… 413
6.21 预应力筋如何进行编束？ …… 414
6.22 预应力筋储存、运输有何要求？ …… 414
6.23 预应力筋安装应控制哪几点？ …… 414
6.24 混凝土浇筑与养护应注意哪几点？ …… 417
6.25 预应力制作与安装检验批质量验收有哪些规定？ …… 418
6.26 预应力筋张拉和放张时，对混凝土强度有何要求？ …… 422
6.27 预应力筋张拉控制应力值是多少？ …… 422

6.28 预应力筋张拉和放张时应注意哪几点？ …………… 422
6.29 预应力筋张拉和放张时对机具和仪表有何要求？…… 423
6.30 预应力筋先张法控制要点是什么？ ……………… 423
6.31 预应力筋后张法控制要点是什么？ ……………… 426
6.32 预应力筋电热法施工控制要点是什么？ ………… 430
6.33 无粘结预应力施工控制要点是什么？ …………… 432
6.34 预应力混凝土强度等级有何规定？ ……………… 433
6.35 预应力结构高强混凝土操作要点是什么？ ……… 434
6.36 预应力钢筋混凝土施工操作安全有何规定？ …… 435
6.37 先张法放张应符合什么要求？ …………………… 435
6.38 锚固区的保护措施有何规定？ …………………… 435
6.39 预应力值的损失原因是什么？如何预防？ ……… 436
6.40 先张法预应力混凝土构件端部构造有何规定？……… 437
6.41 后张法预应力混凝土构件端部构造有何规定？……… 437
6.42 预应力张拉和放张检验批质量验收有哪些规定？…… 440
6.43 预应力灌浆和封锚检验批质量验收有哪些规定？…… 442
6.44 预应力分项工程施工质量验收重点应检查验收
哪些内容？ ……………………………………… 445
6.45 预应力分项工程应具备哪些技术资料？隐蔽验收
哪些内容？ ……………………………………… 447
6.46 预应力工程常见质量缺陷及消除措施有哪些？……… 448

7 混凝土工程 ……………………………………………… 451

7.1 什么是混凝土工程？ ……………………………… 451
7.2 混凝土分项工程和现浇结构分项工程重点应掌握
哪些要求？ ………………………………………… 452
7.3 结构构件的混凝土强度如何进行检验评定？验收批
如何界定？ ………………………………………… 453
7.4 检验评定混凝土强度用的混凝土试件有何规定？ …… 454
7.5 结构构件拆模及施工期间临时负荷时的混凝土强度
如何确定？ ………………………………………… 454

7.6 当混凝土试件强度评定不合格时，应如何处理？ ……… 454
7.7 混凝土应根据哪些要求进行配合比设计？ ……………… 455
7.8 混凝土拌合物用水量如何确定？ ……………………… 455
7.9 混凝土的最大水灰比和最小水泥用量有何规定？ …… 456
7.10 施工前为何要测定骨料含水率？ ……………………… 457
7.11 混凝土拌合物砂率应为多少？ ………………………… 458
7.12 如何选用混凝土浇筑时的坍落度？ …………………… 458
7.13 混凝土坍落度和维勃稠度如何分级？ ………………… 459
7.14 如何对首次使用的混凝土配合比进行开盘鉴定？ …… 460
7.15 混凝土原材料及配合比设计检验批质量验收有哪些规定？ ………………………………………… 460
7.16 拌制混凝土时，影响混凝土质量的因素有哪些？ ………………………………………… 464
7.17 现场拌制混凝土时，如何选用搅拌机？ ……………… 464
7.18 混凝土原材料计量、含碱量和氯化物含量如何控制？ ……………………………………………… 464
7.19 混凝土拌合物稠度有何要求？ ………………………… 466
7.20 拌制混凝土时投料顺序有何要求？ …………………… 466
7.21 热拌混凝土时应控制哪几点？ ………………………… 467
7.22 混凝土搅拌的最短时间有何规定？ …………………… 468
7.23 混凝土搅拌的质量要求有何规定？ …………………… 468
7.24 用于检查结构构件混凝土强度的试件取样有何规定？ ……………………………………………… 469
7.25 对有抗渗要求的混凝土结构，其混凝土试件应如何抽取？ ……………………………………………… 469
7.26 混凝土试件(含同条件养护试件)制作要点是什么？ ……………………………………………… 470
7.27 混凝土试件养护有哪些要求？ ………………………… 471
7.28 抗渗混凝土试件制作要点是什么？ …………………… 472
7.29 混凝土运输应控制哪几点？ …………………………… 473
7.30 混凝土浇筑应做哪些准备工作？ ……………………… 474

7.31 使用商品混凝土应注意哪几点？ …………………………… 475
7.32 混凝土浇筑时的坍落度有何规定？如何检查？ ……… 476
7.33 泵送混凝土有何技术要求？使用时注意哪些事项？ …………………………………………………… 476
7.34 混凝土运输、浇筑及间歇的时间有何规定？ ………… 477
7.35 混凝土分层浇筑的厚度有何规定？ ……………………… 478
7.36 混凝土密实成型方法、适用范围及优缺点是什么？ ………………………………………………… 478
7.37 混凝土振捣器作业有何技术要求？ ……………………… 479
7.38 混凝土振捣时间是多少？应注意哪些事项？ ………… 481
7.39 混凝土结构构件产生哪几种内力？ ……………………… 481
7.40 混凝土浇筑前，应进行哪些技术复核？ ………………… 482
7.41 混凝土浇筑控制要点有哪些？ ………………………… 482
7.42 施工缝的留置有何规定？ ……………………………… 483
7.43 设备基础是否适宜留置施工缝？必须留置时有何规定？ ………………………………………………… 484
7.44 施工缝处理有哪些要求？ ……………………………… 484
7.45 大体积混凝土浇筑有何要求？ ………………………… 485
7.46 大体积混凝土有哪几种浇筑方式？ …………………… 485
7.47 大体积混凝土浇筑时应控制哪几点？ ………………… 486
7.48 大体积混凝土防裂措施是什么？ ……………………… 487
7.49 大体积混凝土中掺填大块骨料应注意哪些事项？ …… 488
7.50 后浇带浇筑应注意什么？ ……………………………… 489
7.51 后浇带设置原则是什么？构造形式有哪几种？ ……… 489
7.52 有防水要求的后浇带防水构造要点是什么？ ………… 489
7.53 后浇带需超前止水时，其止水构造如何？ …………… 491
7.54 后浇带施工控制要点有哪些？ ………………………… 491
7.55 喷射混凝土施工控制要点有哪些？ …………………… 492
7.56 混凝土养护的作用是什么？ …………………………… 493
7.57 混凝土养护基本要求是什么？养护方法有哪些？ …… 494
7.58 混凝土养护龄期在不同温度下强度增长率

为多少？ …………………………………………………… 496
7.59 结构实体检验用同条件养护试件留置方式和强度试验有何规定？ …………………………………………… 497
7.60 同条件养护试件等效养护龄期和强度代表值有何规定？ …………………………………………………… 497
7.61 如何检查混凝土强度？ ……………………………………… 498
7.62 混凝土施工检验批质量验收有哪些规定？ ………… 499
7.63 混凝土现浇结构外观质量有哪些规定？ …………… 504
7.64 现浇结构外观及尺寸偏差检验批质量验收有何规定？ …………………………………………………… 505
7.65 什么条件下施工为混凝土工程冬期施工？ ………… 511
7.66 混凝土冬期施工受冻临界强度和一般规定有哪些？ …………………………………………………… 511
7.67 混凝土冬期施工应计算哪些热工温度？ …………… 512
7.68 混凝土工程冬期施工方法有哪些？优先选用哪几种？ …………………………………………… 512
7.69 蓄热法施工控制要点是什么？ ……………………… 512
7.70 蒸汽加热法施工控制要点是什么？ ………………… 513
7.71 电加热法施工控制要点是什么？ …………………… 514
7.72 暖棚法施工控制要点是什么？ ……………………… 515
7.73 硫铝酸盐水泥混凝土施工控制要点是什么？ ……… 516
7.74 混凝土冬期施工应优先选用何种水泥？对其他材料有何要求？ ……………………………… 517
7.75 混凝土冬期施工对掺用氯盐有何规定？ …………… 518
7.76 冬期施工拌制混凝土有何规定？ …………………… 518
7.77 冬期施工混凝土运输与浇筑有何规定？ …………… 520
7.78 冬期施工的混凝土应检查哪些内容？ ……………… 520
7.79 轻骨料混凝土包括哪些？ ……………………………… 522
7.80 轻骨料混凝土强度等级是如何划分的？按其表观密度分几个等级？ ……………………………… 523
7.81 轻骨料混凝土据其用途可分几大类？ ……………… 523

7.82 结构轻骨料混凝土强度标准值怎样采用? …………… 524
7.83 轻骨料混凝土配合比设计原则是什么?对主要材料有何要求? …………………………………… 525
7.84 轻骨料混凝土配合比中的水灰比和水泥用量有何规定? ………………………………………… 527
7.85 不同试配强度的轻骨料混凝土水泥用量有何规定? ………………………………………… 527
7.86 轻骨料混凝土净用水量一般根据什么要求确定? …… 528
7.87 松散体积法设计配合比,粗细骨料松散状态总体积有何规定? ……………………………………… 529
7.88 轻骨料混凝土砂率怎样控制? ……………………… 529
7.89 轻骨料混凝土当采用粉煤灰作掺合料时,对水泥用量有何要求? ………………………………………… 530
7.90 计算出的轻骨料混凝土配合比有何要求?调整步骤如何? …………………………………… 531
7.91 轻骨料堆放、运输、拌合等一般要求是什么? ………… 532
7.92 对轻骨料混凝土拌合物浇筑和成型有何要求? ……… 533
7.93 大孔轻骨料混凝土有何要求? ……………………… 534
7.94 泵送轻骨料混凝土有何要求? ……………………… 536
7.95 轻骨料混凝土拌合物、表观密度和强度检验有何规定? ……………………………………… 538
7.96 轻骨料混凝土的养护、缺陷修补有何要求? ………… 539
7.97 轻骨料混凝土工程验收和各项性能指标检测应执行什么标准? ……………………………………… 539
7.98 特种混凝土的性能为哪些? …………………………… 540
7.99 防水混凝土分哪几类?性能指标有哪些? ………… 540
7.100 防水混凝土的组成材料有何要求? ……………… 541
7.101 防水混凝土配合比设计应控制哪几点? ………… 542
7.102 防水混凝土施工操作要点有哪些? ……………… 543
7.103 耐火混凝土分哪几类?组成材料有何要求? ……… 545
7.104 耐火混凝土配合比材料用量、强度等级、适用范围

有何规定？ …… 548
7.105 耐火混凝土施工控制要点有哪些？养护有何要求？ …… 548
7.106 耐火混凝土的检验项目和技术要求有哪些？ …… 551
7.107 防辐射混凝土组成材料有何要求？配合比设计控制哪几点？ …… 552
7.108 防辐射混凝土施工控制要点有哪些？ …… 556
7.109 抗油渗混凝土材料有何要求？配合比和施工控制有哪几点？ …… 556
7.110 混凝土结构检验试验项目有何规定？ …… 559
7.111 现浇混凝土结构工程质量缺陷和消除措施有哪些？ …… 559

8 装配式结构工程 …… 570

8.1 什么是装配式结构工程？ …… 570
8.2 装配式结构分项工程重点应掌握哪些内容？ …… 570
8.3 预制构件进场验收基本要求是什么？几何尺寸有何规定？ …… 571
8.4 预制构件运输和存放有何规定？ …… 573
8.5 预制构件检验批质量验收有哪些规定？ …… 574
8.6 预制构件结构性能检验的依据是什么？ …… 578
8.7 预制构件结构性能检验内容和检验数量有何规定？ …… 578
8.8 预制构件结构性能试验条件有何规定？ …… 579
8.9 试验构件支承方式和荷载布置有何规定？ …… 579
8.10 预制构件试验如何加载？ …… 580
8.11 预制构件承载力检验有哪些规定？ …… 581
8.12 预制构件挠度检验有哪些规定？ …… 582
8.13 预制构件抗裂检验有哪些规定？ …… 584
8.14 预制构件裂缝宽度检验有哪些规定？ …… 585

8.15 预制构件试验中必须注意的安全事项是什么？……… 585
8.16 预制构件结构性能检验如何验收？试验报告包括哪些内容？……………………………………………… 586
8.17 装配式结构施工应做哪些准备工作？……………… 587
8.18 装配式结构组合形式有哪些？……………………… 588
8.19 装配式结构节点构造有哪些类型？………………… 593
8.20 装配式结构构件吊装控制要点有哪些？…………… 595
8.21 构件吊装就位与校正应控制哪几点？……………… 600
8.22 杯形基础就位、校正应控制哪几点？……………… 601
8.23 柱就位校正应控制哪几点？………………………… 602
8.24 梁就位校正应控制哪几点？………………………… 603
8.25 屋架就位校正应控制哪几点？……………………… 604
8.26 托架梁定位轴线如何校正？………………………… 606
8.27 装配式结构构件安装检查点和检查方法有何规定？…………………………………………………… 606
8.28 装配式结构安装控制要点有哪些？………………… 607
8.29 装配式墙板吊装控制要点有哪些？………………… 610
8.30 预制构件主要质量特性与控制有哪些？…………… 612
8.31 混凝土构件安装工程冬期施工应控制哪几点？……… 615
8.32 装配式结构施工检验批质量验收有哪些规定？……… 617
8.33 装配式结构分项工程应有哪些质量控制资料？……… 618
8.34 装配式结构常见质量缺陷及消除措施有哪些？……… 621

9 劲钢(管)混凝土 ……………………………………… 623

9.1 什么是劲钢混凝土？………………………………… 623
9.2 劲钢混凝土组合结构抗震性能有何要求？………… 623
9.3 劲钢混凝土结构使用材料有何规定？……………… 624
9.4 劲钢混凝土结构如何划分？………………………… 627
9.5 劲钢混凝土构造有何要求？………………………… 630
9.6 劲钢混凝土框架梁构造有何要求？………………… 632
9.7 劲钢混凝土框架梁裂缝宽度验算有哪些规定？……… 635

9.8 劲钢混凝土框架梁挠度验算有哪些规定？ …………… 636
9.9 劲钢混凝土框架柱节点构造有何要求？ ……………… 637
9.10 劲钢混凝土框架梁柱节点构造有何要求？ ………… 638
9.11 劲钢混凝土剪力墙构造有何要求？ ………………… 638
9.12 劲钢混凝土梁与柱连接控制点有哪些？ …………… 639
9.13 劲钢混凝土柱与柱连接控制要点有哪些？ ………… 641
9.14 劲钢混凝土梁与梁连接控制要点有哪些？ ………… 642
9.15 劲钢混凝土梁与墙连接控制要点有哪些？ ………… 643
9.16 柱脚构造有何规定？ ………………………………… 643
9.17 劲钢混凝土结构施工质量验收有何规定？ ………… 644

10 混凝土结构工程施工质量验收 ……………………… 649

10.1 混凝土结构子分部工程施工质量验收重点掌握哪些要求？ ……………………………………… 649
10.2 混凝土结构实体检验组织及人员有何规定？ ……… 650
10.3 混凝土结构实体检验包括哪些内容？ …………… 650
10.4 混凝土强度检验应以什么试件强度为依据？如何检验评定？ ………………………………… 650
10.5 混凝土结构子分部工程结构实体混凝土强度验收记录 ……………………………………… 652
10.6 对由不合格混凝土制成的结构或构件以及对混凝土试件强度代表性有怀疑时，应如何处理？ ………… 654
10.7 结构实体钢筋保护层厚度如何检验？合格条件是什么？ ………………………………… 654
10.8 混凝土结构子分部工程结构实体钢筋保护层厚度验收记录 ……………………………… 655
10.9 当未取得同条件养护试件强度，同条件养护试件被判为不合格或钢筋保护层厚度不满足要求时，应如何处理？ ……………………………………… 655
10.10 施工现场混凝土检测方法有哪些？常用哪几种？ … 657
10.11 混凝土结构子分部工程验收时，应提供哪些

文件和记录？ …………………………………………… 657
10.12 混凝土结构子分部工程施工质量验收合格规定是什么？当不符合验收合格要求时如何处理？ …………………… 659

11 施工现场常用检测混凝土强度方法 …………………… 662

11.1 回弹法检测混凝土强度一般要求有哪些？ ………… 662
11.2 不同混凝土强度对回弹仪有何要求？ ……………… 663
11.3 回弹仪技术要求有哪些规定？ ……………………… 663
11.4 回弹仪检定有何规定？ ……………………………… 663
11.5 回弹仪保养有何规定？ ……………………………… 664
11.6 结构或构件混凝土强度检测应具有哪些资料？ …… 665
11.7 结构或构件混凝土强度检测数量有何规定？ ……… 665
11.8 每一结构或构件的测区有哪些规定？ ……………… 666
11.9 回弹值测量有何规定？ ……………………………… 666
11.10 混凝土碳化深度值如何测量？ …………………… 667
11.11 如何计算测区平均回弹值？ ……………………… 667
11.12 非水平方向检测混凝土侧面时，回弹值如何进行修正？ ……………………………………………… 667
11.13 水平方向检测混凝土浇筑顶面或底面时回弹值如何修正？ ……………………………………………… 669
11.14 普通混凝土如何换算混凝土测区强度？ ………… 670
11.15 特殊情况下混凝土如何换算混凝土测区强度？ …… 678
11.16 泵送混凝土强度检测有哪些规定？ ……………… 678
11.17 回弹法检测混凝土抗压强度报告有哪些内容？ …… 679
11.18 钻芯法检测混凝土强度技术要点是什么？ ……… 680
11.19 钻芯法适用范围有何规定？ ……………………… 681
11.20 钻芯法检测混凝土强度前，应具备哪些资料？ ……… 681
11.21 芯样应在结构或构件的哪些部位钻取？取样数量有何规定？ ……………………………………………… 682
11.22 对钻取的芯样有何要求？ ………………………… 682
11.23 钻芯法检测混凝土强度试验报告应包括

哪些内容？ …………………………………………… 682
11.24 钻芯法取样后对钻孔处理有何规定？ ………………… 683
11.25 超声回弹综合法检测混凝土强度技术
要点是什么？ …………………………………………… 683
11.26 超声回弹综合法检测适用范围及人员
有何规定？ ……………………………………………… 684
11.27 回弹仪使用应控制哪几点？ ………………………… 684
11.28 超声波检测仪技术要求有哪些？ …………………… 684
11.29 换能器技术要求有哪些？ …………………………… 685
11.30 超声波检测仪检验有哪些规定？ …………………… 685
11.31 超声波检测仪操作应控制哪几点？ ………………… 685
11.32 超声波检测仪维护有哪些规定？ …………………… 686
11.33 测试前应提供哪些有关资料？ ……………………… 686
11.34 测区布置有何规定？ ………………………………… 686
11.35 超声声速值的测量与计算有何规定？ ……………… 687
11.36 如何推定混凝土强度？ ……………………………… 688
11.37 测区混凝土强度换算值如何确定？ ………………… 690
11.38 后装拔出法基本要求有哪些？ ……………………… 707
11.39 拔出试验装置有何技术要求？ ……………………… 707
11.40 拔出试验仪器有哪些？ ……………………………… 708
11.41 拔出试验一般规定有哪些？ ………………………… 708
11.42 拔出试验钻孔与磨槽有何规定？ …………………… 710
11.43 拔出试验有何规定？ ………………………………… 710
11.44 如何进行混凝土强度换算？ ………………………… 711
11.45 单个构件的混凝土强度如何推定？ ………………… 711
11.46 抽检批构件的混凝土强度如何推定？ ……………… 712

12 普通混凝土配合比设计与调整 ………………………… 714

12.1 如何确定混凝土的配制强度？ ……………………… 714
12.2 如何进行混凝土配合比计算？ ……………………… 714
12.3 如何确定每立方米混凝土用水量？ ………………… 717

12.4　如何确定混凝土砂率？ …………………………………… 718
12.5　混凝土配合比设计时，其最大水灰比和最小水泥用量有何规定？ ………………………………………………… 718
12.6　如何进行混凝土配合比的试配？ ……………………… 719
12.7　如何进行混凝土配合比的调整与确定？ ……………… 720
12.8　如何进行抗渗混凝土配合比设计？ …………………… 721
12.9　如何进行抗冻混凝土配合比设计？ …………………… 722
12.10　如何进行高强混凝土配合比设计？ ………………… 723
12.11　如何进行泵送混凝土配合比设计？ ………………… 724
12.12　如何进行大体积混凝土配合比设计？ ……………… 725

13　轻骨料混凝土配合比设计 ……………………………………… 727

13.1　轻骨料混凝土配合比设计参数有何规定？ …………… 727
13.2　如何进行轻骨料混凝土配合比设计？ ………………… 729
13.3　如何采用松散体积法计算轻骨料混凝土配合比？ …… 730
13.4　如何采用绝对体积法计算轻骨料混凝土配合比？ …… 731
13.5　计算轻骨料混凝土配合比时，附加水量和粗细骨料状态有何规定？ ………………………………………………… 732
13.6　如何进行粉煤灰轻骨料混凝土配合比设计？ ………… 733
13.7　如何对轻骨料混凝土进行试配与调整？ ……………… 734
13.8　如何进行大孔轻骨料混凝土配合比计算与试配？ …… 735
13.9　如何进行泵送轻骨料混凝土配合比计算？ …………… 736
主要参考文献 ……………………………………………………… 737

1 概　　述

1.1 试述混凝土结构工程发展历程?

数千年前,我国劳动人民及埃及人民就用石灰与砂混合配制成的砂浆砌筑房屋,后来罗马人又使用石灰、砂及石子配制成混凝土,并在石灰中掺入火山灰配制成用于海岸工程的混凝土。这类混凝土强度不高,使用范围有限。

1824 年发明了波特水泥,使混凝土的强度及其他性能都有了很大的提高,因而得以飞速发展。以后又出现早强水泥、快硬水泥等特种水泥,使混凝土成为一种主要建筑材料。

1850 年法国浪波特发现用钢筋可加强混凝土强度,从而出现了钢筋混凝土,并首次制成了钢筋混凝土船。

1928 年法国发明了预应力钢筋混凝土施工工艺,弥补了混凝土抗拉强度低的弱点,为钢筋混凝土结构在大跨度结构建筑物或桥梁中的应用开辟了新的途径。

1960 年前后涌现各种混凝土外加剂,不仅改善了混凝土的各种性能,而且为混凝土施工工艺的发展创造了条件。

由于混凝土原料来源丰富,钢材用量较低,结构承载力和刚度大,防火性能好,造价较便宜,已广泛用于建造各种建(构)筑物,同时还在铁路、公路、桥梁及各种水工、海洋工程中占有主要地位。并沿着轻质、高强、多功能的方向发展。

我国很早就已引入钢筋混凝土,上海市外滩"东风饭店"(当时为"英国上海总会")系 1903 年建造,是我国第一座建造的钢筋混凝土建筑。自此,混凝土在我国得到广泛的应用,特别是改革开放以来,混凝土已成为我国发展高层建筑的主要建筑材料。

1.2 什么是混凝土结构工程？包括哪些种类？

(1) 混凝土结构：以混凝土为主制成的结构，包括素混凝土结构、钢筋混凝土结构和预应力混凝土结构等。

(2) 素混凝土结构：由无筋或不配置受力钢筋的混凝土制成的结构。

(3) 钢筋混凝土结构：由配置受力的普通钢筋、钢筋网或钢筋骨架的混凝土制成的结构。

(4) 预应力混凝土结构：由配置预应力钢筋通过张拉或其他方法建立预加应力的混凝土制成的结构。

1) 先张法预应力混凝土结构：在台座上对设计受力钢筋(钢绞线)张拉后，浇筑混凝土并通过粘结力传递而建立预加应力的混凝土结构。

2) 后张法预应力混凝土结构：在混凝土达到设计张拉强度后，通过张拉预应力筋并锚固而建立预加应力的混凝土结构。

3) 有粘结预应力混凝土结构：预应力筋与混凝土相互粘结的预应力混凝土结构。为先张法预应力混凝土结构和在管道内灌浆实现粘结的后张法预应力混凝土结构的总称。

4) 无粘结预应力混凝土结构：配置带有涂料层和外包层的预应力筋而与混凝土相互不粘结的后张法预应力混凝土结构。

(5) 劲钢(管)混凝土结构：由配置受力的型钢(槽钢、角钢、工字钢)、钢管以及纵向钢筋、箍筋的混凝土制成的结构。

(6) 现浇混凝土结构：在现场支模并整体浇筑而成的混凝土结构。

(7) 现浇板柱结构：由现场浇筑的钢筋混凝土楼板或预应力混凝土楼板和柱所组成的结构。可设置或不设置柱帽。

(8) 装配式混凝土结构：由预制混凝土构件或部件通过焊接、螺栓等连接方式装配而成的结构。

(9) 混凝土大板结构：由一个房间单元大型的预制钢筋混凝土或预应力混凝土楼板和墙板装配而成的结构。

(10) 装配整体式混凝土结构：由预制混凝土构件或部件通过钢筋或施加预应力的连接并现场浇筑混凝土而形成的整体的结构。

(11) 升板结构：由安装在预制柱上的升板机，将在地坪上已叠层浇注成的屋面板和楼板依次提升到位，并以钢销支托，并在节点浇筑混凝土而成的板柱结构。

(12) 整体预应力板柱结构：由预制的楼板和预制带孔道的柱进行装配，通过张拉楼盖、屋盖中各方向板缝的预应力筋实现板柱之间的摩擦连接而形成整体的结构。

(13) 大模板混凝土结构：以一个房间进深、开间和层高为单元的大型模板为工具，在现场浇筑钢筋混凝土承重墙体，并与预制现浇楼板及预制混凝土墙板或砌体等围护构件所组成的结构。分内浇外挂、全现浇和内浇外砌等类型。

(14) 混凝土折板结构：由多块钢筋混凝土或预应力混凝土条形平板组成的折线形薄壁空间结构。分多边形、槽形、V形板等形式。

(15) 钢纤维混凝土结构：由掺入钢纤维的混凝土制成的结构。分无筋钢纤维、加筋钢纤维和预应力钢纤维混凝土结构。

(16) 框架结构：由梁和柱相连接而构成承重体系的结构。

(17) 剪力墙结构：由剪力墙组成的承受竖向和水平作用的结构。

(18) 框架-剪力墙结构：由剪力墙和框架共同承受竖向和水平作用的结构。

1.3 什么是混凝土构件？混凝土构件有哪些种类？

(1) 预制混凝土构件：在工厂或现场预先制成的混凝土构件。

(2) 叠合式混凝土受弯构件：在预制混凝土构件上浇筑上部混凝土而形成整体的受弯构件。分叠合式混凝土板和叠合式混凝土梁等。

(3) 混凝土浅梁：跨高比大，在正截面计算中可采用平截面假定，其箍筋在抗剪中起主要作用的混凝土梁。一般称混凝土浅梁。

（4）混凝土深梁：跨高比小，在正截面计算中不采用平截面假定，其纵向受拉钢筋和水平分布钢筋在抗剪中起主要作用的混凝土梁。

（5）混凝土柱：承受轴向力为主的直线竖向混凝土构件。

（6）双肢柱：具有两个肢杆并以腹杆相连的混凝土柱。分平腹杆和斜腹杆双肢柱。

（7）混凝土墙：承受轴向力和侧向力的平面或曲面形的竖向混凝土构件。

（8）混凝土单向板：在一个方向配置主要受力钢筋或预应力筋的钢筋混凝土板或预应力混凝土板。

（9）混凝土双向板：在两个方向均配置主要受力钢筋或预应力筋的钢筋混凝土板或预应力混凝土板。

（10）混凝土柱帽：为支承楼盖而在混凝土柱的顶部扩大截面尺寸的部位。

（11）混凝土基础：将上部结构所承受有各种作用和自重传递到地基上的混凝土部件，分扩展基础、筏形基础、壳体基础、箱形基础和桩基础等。

（12）深受弯构件：跨高比小于5的受弯构件。

（13）深梁：跨高比不大于2的单跨梁和跨高比不大于2.5的多跨连续梁。

1.4 什么是水泥？水泥有哪些特性？

水泥是磨细的具有水硬性胶凝材料，其技术指标有强度等级、安定性、水化反应、水化热、初始期、休止期、凝结期、硬化期等。

（1）强度等级：表示水泥强度分类的技术指标。

如，硅酸盐水泥强度等级分为42.5、42.5R、52.5、52.5R、62.5、62.5R；普通硅酸盐水泥强度等级分为32.5、32.5R、42.5、42.5R、52.5、52.5R等。

（2）安定性：指水泥在硬化过程中体积变化是否均匀的性质，

是用以评定水泥质量的定性技术指标。

(3) 水化反应:指水泥加水后,水泥所含矿物成分与水发生化学作用的反应。

(4) 水化热:水泥发生水化作用时放出的热量。

(5) 初始期:指水泥与水混合后立即发生化学反应的阶段,在这一阶段内水化反应开始的 5min 内放热速度急增至最大值,然后迅速降低到 1cal/h 以下。

(6) 休止期:水泥的初始反应后,在相当长的一段时间内,约为 30min～2h,放热速度小,水化反应缓慢,水泥浆的塑性基本保持不变,这一阶段即为休止期。

(7) 凝结期:指水泥休止期终了后,由于渗透压的作用,水泥粒子表面的薄膜包裹层破裂,使水泥粒子得到继续水化,放热速度又开始增加,这大约是在水泥和水混合后的 6～8h 内,放热速度又增至最大值,然后再缓慢下降。这一段时间就是凝结期。在这段时间内由于水化硅酸钙凝胶在水泥粒子间相互联锁着,因而产生水泥的凝结现象,在凝结期终了时约有 15%的水泥水化。

(8) 硬化期:指在凝结期以后,由于水泥水化反应继续进行,生成由各种水化物组成的水泥凝胶,不断地填充于原来水泥浆絮凝结构的毛细管通道中,使其胶体进一步紧密,强度不断增长。如能保持适当的湿度和温度,水泥在几十年内仍能继续水化而提高强度。

(9) 凝结:指水泥和水拌合成净浆后,逐渐失去流动性,由半流体状态转变为固体状态而产生强度,此过程称为水泥的凝结。

(10) 凝结时间:从水泥加水时起到水泥净浆开始失去塑性时为初凝,到水泥净浆完全失去塑性即为终凝并开始产生强度,从初凝到终凝整个过程为凝结时间。初凝时间不宜太快,否则无法施工,终凝也不宜太迟。国家技术标准规定:硅酸盐水泥初凝不得早于 45min,终凝不得迟于 390min。

(11) 细度:以细度表示水泥磨细的程度或水泥分散度的指标。

1.5 什么是混凝土骨料？粗细骨料如何划分？

骨料是指在混凝土(砂浆)中起骨架和填充作用的粒状松散材料。

(1) 粗(细)骨料:指按骨料颗粒粒径大小划分的骨料,一般把颗粒粒径在 0.15～5mm 之间的砂称为细骨料。颗粒粒径大于 5mm 的碎(卵)石为粗骨料。

(2) 含泥量:骨料颗粒小于 0.08mm 的颗粒含量。

(3) 泥块含量:骨料中粒径小于 5mm,经水洗、手捏后变成小于 2.5mm 的颗粒含量。细骨料颗粒大于 1.25mm,经水洗、手捏后变成小于 0.63mm 的颗粒含量。

(4) 天然砂:由自然条件作用而形成的、粒径在 5mm 以下的颗粒,如河砂、海砂和山砂等。

(5) 碎石:由天然岩石或卵石经破碎,筛分而得的粒径大于 5mm 的岩石颗粒。

(6) 卵石:由天然岩石经天然条件(汽化、河水冲刷等)作用而形成的,粒径大于 5mm 的颗粒。

1.6 什么是混凝土外加剂？

外加剂是一种改变混凝土流变、硬化和耐久性能所掺入的化学制剂总称。计有早强剂、缓凝剂、引气剂、减水剂、早强减水剂、缓凝减水剂、引气减水剂、高效减水剂、速凝剂、抗水剂、发气剂、膨胀剂等。

(1) 早强剂:能提高混凝土早期强度,并对后期强度无显著影响的外加剂。

(2) 缓凝剂:能延缓混凝土凝结时间,并对后期强度无显著影响的外加剂。

(3) 引气剂:能使混凝土产生细小均匀分布的微气泡,并在硬化后仍能保留其气泡功能的外加剂。

(4) 减水剂:在不影响混凝土工作性能的条件下,能使用水量减少,或在不改变用水量的条件下,可改变混凝土的工作性能,或者同时具有以上两种效果，但又不显著改变混凝土含气量的外加剂。

(5) 早强减水剂：除具有减水性能外，并兼有早强作用的外加剂。

(6) 缓凝减水剂：除具有减水性能外，并兼有缓凝作用的减水剂。

(7) 引气减水剂：除具有减水性能外，并兼有引气作用的减水剂。

(8) 高效减水剂：在不改变混凝土工作性的条件下能大幅度地减少用水量，并显著提高混凝土的强度，或者在不改变用水量的条件下，可显著改善混凝土工作性的减水剂。

(9) 速凝剂：一种能增加水泥和水之间反应速度，从而促进混凝土迅速凝结硬化的外加剂。

(10) 防水剂：由化学制剂配制而成的一种能起到速凝和提高水泥砂浆或混凝土抗渗性能的外加剂。

(11) 抗冻剂：指防止混凝土冻结的外加剂。

(12) 发气剂、泡沫剂：指具有在混凝土中产生气泡效果的外加剂。

(13) 膨胀剂：一种使混凝土在凝结硬化过程中，通过化学作用使混凝土膨胀以增强其密实度的外加剂。

(14) 混合材料：是一种磨细的矿物质掺合料。分活性混合材料和惰性混合材料(微活性混合材料)。前者如粉煤灰、硅灰，用以增加含灰量、提高塑性，调节混凝土强度；后者如石英砂、石灰岩，它在常温下不起反应，只作水泥填充料。可见，混合材料与一般外加剂有所区别。

1.7 混凝土所用钢筋有哪些种类？

(1) 钢筋：混凝土结构用的棒状或盘条状钢材。主要有热轧光圆钢筋、热轧带肋钢筋、冷轧带肋钢筋、冷拉钢筋和余热处理钢筋等。

1) 热轧钢筋：指采用热轧方式轧制并自然冷却的成品钢筋。

2) 热处理钢筋：将普通热轧钢筋经热处理工艺加工，改变其钢材的组织性能而制成的钢筋。

3) 冷加工钢筋：指热轧钢筋经过冷拉、冷拔或冷轧、冷扭等加工而制得的钢筋。

4）光圆钢筋:指表面光圆的钢筋。

5）带肋钢筋:钢筋表面带有两条纵肋和沿长度方向均匀分布的横肋的钢筋。纵肋为平行于钢筋轴线、均匀的连续肋;横肋为与纵肋不平行的其他肋。

6）月牙肋钢筋:横肋的纵截面呈月牙形,且与纵肋不相交的钢筋。

7）等高肋钢筋:横肋的纵截面高度相等且与纵肋相交的钢筋。

(2) 钢丝:混凝土结构用的盘条细线状钢材。主要有光面钢丝、刻痕钢丝、冷拔钢丝等。

(3) 钢绞线:由若干根光面钢丝绞捻并经消除内应力后而成的盘卷状钢丝束。

(4) 普通钢筋:用于混凝土结构构件中的各种非预应力钢筋的总称。

(5) 预应力筋:用于混凝土结构构件中施加预应力的钢筋、钢丝和钢绞线等的总称。

(6) 受力钢筋:指受拉、受压、抗剪钢筋及抗扭、抗弯钢筋等。

(7) 构造钢筋:指架立钢筋,分布钢筋等。

(8) 钢筋机械连接:通过连接件的机械咬合作用或钢筋端面的承压作用,将一根钢筋中的力传递至另一根钢筋的连接方法。

(9) 钢筋锥(直)螺纹接头:把钢筋的连接端面加工成锥(直)形螺纹(简称丝头),通过锥(直)螺纹连接套把两根带丝头的钢筋,按规定的力矩值连接成一体的钢筋接头。

(10) 带肋钢筋套筒挤压连接:使相互匹配的压模、标准套筒与钢筋,通过挤压机的挤压使套筒与钢筋两个相对应端头连接成一个整体的连接。

(11) 同一连接区段:指接头中点位于该连接区段长度内的接头均属于同一连接区段。

1.8 混凝土有哪些种类?

混凝土是将水硬性粉状胶凝材料,与粗细骨料、水、外加剂等按一定比例，共同拌合，在一定的温度与湿度下硬化成具有一定强度的水泥石。主要种类有：

（1）普通混凝土：以天然砂、碎石或卵石作骨料，用水泥、水和外加剂（或不掺外加剂）按配合比要求配制而成的混凝土。

（2）轻骨料混凝土：以天然多孔轻骨料或人造陶粒作粗骨料，天然砂或轻砂作细骨料，用硅酸盐水泥、水和外加剂（或不掺外加剂）按配合比要求配制而成的混凝土。

（3）纤维混凝土：掺有短纤维、钢纤维、耐碱玻璃纤维或聚丙烯纤维等短纤维的混凝土。

（4）高强混凝土：强度等级 C60 及其以上的混凝土。

（5）粉煤灰混凝土：掺加一定量粉煤灰的水泥混凝土。

（6）抗渗混凝土：又称防水混凝土，抗渗等级≥P6 级的混凝土。

（7）大体积混凝土：混凝土结构实体最小尺寸≥1m，或预计会因水泥水化热引起混凝土内外温差过大而导致裂缝的混凝土。

（8）特种混凝土：具有膨胀、耐酸、耐碱、耐油、耐热、耐磨、耐火、防辐射等特殊性能的混凝土。

1.9 混凝土的性能指标有哪些？

（1）配合比：经施工试验部门按设计要求及施工条件，通过试验确定的经济、合理的混凝土组成材料的用量及重量之比。

（2）水灰比：指混凝土混合料中拌合用水与水泥的重量比值。

（3）和易性：指混凝土拌合物在制作过程中的工艺性能，也就是工作性。施工制作中要求拌合物在拌制、输送、浇筑的全过程中能保持均匀性、不产生离析、不泌水、有塑性而又能密实成型的性能。

（4）坍落度：指将混凝土拌合物按规定方法装入标准圆锥形筒（坍落度试筒）内，垂直提起试筒，使拌合物因自重而向下坍落的量，其坍落的量以 mm 为单位进行计量，即称为所测试混凝土的坍落度。

（5）砂率：指砂的用量占砂石总用量的百分数。

（6）强度：材料或构件受外力作用时，单位面积上抵抗外力的能力。

(7) 刚度:结构或构件抵抗变形的能力。

(8) 稳定性:构件受力时维持原有平衡形式的能力。

(9) 安全性:是结构或构件承受荷载的安全程度。结构安全度是结构在规定的时间内、规定条件下完成预定功能的概率,以"结构可靠度"表示。

(10) 拉伸:指杆件处于轴向拉力作用下沿作用力方向产生伸长变形的状态。

(11) 压缩:杆件处于轴向压力作用下沿作用力方向产生缩短变形的状态。

(12) 挤压:指连接件相互接触面上承受较大的压力作用,使其接触面的局部区域发生塑性变形或压碎的现象。

1.10 钢筋连接形式与作用是什么?

同一连接区段:钢筋连接时,凡接头中点位于该连接区段长度内的接头均属于同一连接区段。

(1) 钢筋接头:两根钢筋之间直接传力的连接部位。分搭接接头、焊接接头、机械连接接头等。

(2) 绑扎骨架:将纵向钢筋与横向钢筋通过绑扎而构成的平面或空间的钢筋骨架。

(3) 焊接骨架:将纵向钢筋与横向钢筋通过焊接而构成的平面或空间的钢筋骨架。

(4) 构造配筋:在混凝土结构构件中不经计算而按规定要求设置的纵向钢筋或箍筋等。

(5) 纵向钢筋:平行于混凝土构件纵轴方向所配置的钢筋。配置于截面受压区的钢筋称为纵向受压钢筋;配置于截面受拉区的钢筋称为纵向受拉钢筋。

(6) 弯起钢筋:混凝土结构构件的下部(或上部)纵向受拉钢筋,按规定的部位和角度弯至构件上部(或下部)后,并满足锚固要求的钢筋。

(7) 钢筋锚固长度:受力钢筋通过混凝土与钢筋的粘结将所受的力传给混凝土所需的长度。

(8) 钢筋搭接长度:两根钢筋通过搭接接头传力所需的长度。

(9) 预应力传递长度:先张法构件的预应力筋放松后,预应力筋与混凝土间无相对滑移点到构件端部截面的距离。

(10) 箍筋:沿混凝土结构构件纵轴方向按一定间距配置并箍住纵向钢筋的横向钢筋。分单肢箍筋、开口矩形箍筋、封闭矩形箍筋、菱形箍筋、多边形箍筋、井字形箍筋和圆形箍筋等。

(11) 拉结钢筋:混凝土结构构件中拉住截面两对边纵向钢筋的单肢横向钢筋。又称拉筋或单肢箍筋。

(12) 架立钢筋:为构成钢筋骨架绑扎用附加设置的纵向钢筋。

(13) 横向分布钢筋:在混凝土板或梁的翼缘中,在纵向钢筋上按一定间距设置的连接用横向钢筋。

(14) 吊筋:将作用于混凝土梁式构件底部的集中力传递至顶部的钢筋。

(15) 弯钩:为保证钢筋的锚固,在钢筋端部按规定半径和角度弯成的钩状端头。

(16) 锚具:在后张法预应力混凝土结构构件中,为保持预应力筋的拉力并将其传递到混凝土上所用的永久性锚固装置。

(17) 夹具:在制作先张法或后张法预应力混凝土结构构件时,为保持预应力筋拉力的临时性锚固装置。

(18) 连接器:将预应力从一根预应力筋传递到另一根筋的连接装置。

(19) 吊环:在预制混凝土结构构件或部件中,为起吊和安装用所设置在混凝土内且将吊口外露的环状钢筋。

(20) 预埋件:预先埋置在混凝土结构构件中,用于结构构件之间相互连接和传力的钢连接件。

1.11 混凝土质量缺陷如何划分?

建筑工程施工质量中不符合规定要求的检验项或检验点,按其程度可分为严重缺陷和一般缺陷。

(1) 严重缺陷:对结构构件的受力性能或安装使用性能有决定性影响的缺陷。

(2) 一般缺陷:对结构构件的受力性能或安装使用性能无决定性影响的缺陷。

(3) 现浇结构外观质量缺陷,见表 1-1。

现浇结构外观质量缺陷 **表 1-1**

名称	现象	严重缺陷	一般缺陷
露筋	构件内钢筋未被混凝土包裹而外露	纵向受力钢筋有露筋	其他钢筋有少量露筋
蜂窝	混凝土表面缺少水泥砂浆而形成石子外露	构件主要受力部位有蜂窝	其他部位有少量蜂窝
孔洞	混凝土中孔穴深度和长度均超过保护层厚度	构件主要受力部位有孔洞	其他部位有少量孔洞
夹渣	混凝土中夹有杂物且深度超过保护层厚度	构件主要受力部位有夹渣	其他部位有少量夹渣
疏松	混凝土中局部不密实	构件主要受力部位有疏松	其他部位有少量疏松
裂缝	缝隙从混凝土表面延伸至混凝土内部	构件主要受力部位有影响结构性能或使用功能的裂缝	其他部位有少量不影响结构性能或使用功能的裂缝
连接部位缺陷	构件连接处混凝土缺陷及连接钢筋、连接件松动	连接部位有影响结构传力性能的缺陷	连接部位有基本不影响结构传力性能的缺陷
外形缺陷	缺棱掉角、棱角不直、翘曲不平、飞边凸肋等	清水混凝土构件有影响使用功能或装饰效果的外形缺陷	其他混凝土构件有不影响使用功能的外形缺陷
外表缺陷	构件表面麻面、掉皮、起砂、沾污等	具有重要装饰效果的清水混凝土构件有外表缺陷	其他混凝土构件有不影响使用功能的外表缺陷

(4) 尺寸偏差:结构构件实际的几何尺寸与设计的几何尺寸之间的误差。

1）构件平整度：构件的混凝土表面凹凸的程度。一般采用规定长度的直尺和楔形塞尺检查。

2）结构构件垂直度：在层高或全高范围内混凝土结构构件表面偏离竖直方向的程度。一般用线坠或经纬仪进行检查。

3）侧向弯曲：线性构件沿纵轴侧面方向产生的弯曲。以构件纵轴两端点连接线与最大弯曲点之间的垂直距离度量。

4）翘曲：构件因支承边上翘或下弯与原定支承边组成平面的偏差。以原定支承边组成平面与翘起最大点的垂直距离度量。

1.12 什么是混凝土施工缝？什么是后浇带？

（1）施工缝：在混凝土浇筑过程中，因设计要求或施工需要分段浇筑而在先、后浇筑的混凝土之间所形成的接缝。

（2）后浇带：当混凝土结构平面尺寸较大，或在上部荷载相差悬殊部位，只在施工期间保留的临时变形缝。

1.13 何谓开盘鉴定、结构和构件性能检验？

（1）开盘鉴定：验证首次使用的混凝土配合比的混凝土实际质量与设计要求的一致性。

（2）结构性能检验：针对结构构件的承载力、挠度、裂缝控制性能等各项指标所进行的检验。

（3）构件性能检验：按规定的抽样方式和标准试验方法，对混凝土结构构件的承载能力、刚度、抗裂度或裂缝宽度等力学性能所进行的检验。

1）破损检验：将试件或结构构件加载至破坏，以检测试件或结构构件在加载过程中的各阶段反应和各项力学性能等进行的试验。

2）非破损检验：在不损坏整个结构构件的完整性要求下，而检测结构构件的力学性能和对各种缺陷等所进行的检验。

1.14 什么是预应力钢筋混凝土？

（1）预应力钢筋混凝土：在钢筋混凝土结构或构件承受荷载

前，在混凝土块体中预先施加压力，使其受拉区产生预压应力的一种结构。

（2）预应力芯棒：由高强度钢丝用先张法制成的预应力钢筋混凝土棒。截面多为方形或矩形。用以代替钢筋混凝土结构中的受拉钢筋，兼对混凝土起预应力的作用，其效果与预应力钢筋混凝土相同。

（3）应力：材料或构件在外力作用下其内部产生与外力大小相等、方向相反的内力与之平稳，这时候任一截面中单位面积上所产生的内力即称为应力。

（4）高强混凝土：抗压强度等级为 C60 以上的混凝土。高强混凝土可以从选用原材料、配合比、配制工艺等方面采取综合性的技术措施配制而成。

（5）专门用作预应力钢筋混凝土的钢丝、钢绞线等。

（6）锚具：在预应力钢筋混凝土结构中，为了保证钢筋在混凝土内充分发挥其抗拉强度不至从混凝土中拔出，而在预应力钢筋端部与混凝土构件进行锚固以构成整体的工具。预应力钢筋锚具有：螺丝端杆锚具、帮条锚具、钢质锥形锚具、锥形螺杆锚具、钢丝束墩头锚具等。

1.15 预应力形成有哪几种方法？

（1）先张法：是在混凝土浇筑前先把预应力筋张拉好，并用夹具固定在台座（或钢模）上，然后浇筑混凝土，待混凝土达到规定的强度后，使其混凝土与钢筋粘结成一体，具有可靠的粘结力，再把张拉的钢筋放松，钢筋回缩就给混凝土块体结构预加压应力。

（2）后张法：是在浇筑混凝土以后再张拉钢筋的预加应力方法。这种方法是在构件中配筋部位预先留出孔道，待混凝土达到规定强度后，穿入预应力筋，再作张拉以施加应力，并用锚具将预应力筋固定在构件两端，然后在预留孔道内灌入水泥浆（或水泥砂浆），最后放松钢筋的张拉力，让钢筋的回缩给混凝土施加预压应力。

(3) 电热张拉:是利用热胀冷缩原理,在预应力筋上通电使其热胀伸长,待钢筋达到要求伸长值时,迅速将其锚固,随后切断电源,使钢筋冷却收缩,给混凝土以预压应力。

(4) 自应力:利用特制膨胀水泥配制的混凝土,使其在水化、硬化过程中产生体积膨胀,迫使钢筋扩张伸长从而使钢筋对混凝土产生反作用力而建立预应力。这种由混凝土自身膨胀进行张拉钢筋的方法也叫化学张拉法。

1.16 建筑工程质量验收基本术语有哪些?

建筑工程质量验收术语和内容比较多,主要有:

(1)建筑工程:为新建、改建或扩建房屋建筑物和附属构筑物设施所进行的规划、勘察、设计和施工、竣工等各项技术工作和完成的工程实体。

(2) 建筑工程质量:反映建筑工程满足相关标准规定或合同约定的要求,包括其在安全、使用功能及其在耐久性能、环境保护等方面所有明显和隐含能力的特性总和。

(3) 检查评定:在施工过程中,由完成者依据规定的相关标准对完成的工作结果是否达到合格做出确认。

(4) 验收:建筑工程在施工单位自行质量检查评定的基础上,参与建设活动的有关单位共同对检验批、分项、分部、单位工程的质量进行抽样复验,根据相关标准以书面形式对工程质量达到合格与否做出确认。

(5) 进场验收:对进入施工现场的材料、构配件、设备等按相关标准规定要求进行检验,对产品达到合格与否做出确认。

(6) 检验批:按同一的生产条件或按规定的方式汇总起来供检验用的,由一定数量样本组成的检验体。

(7) 检验:对检验项目中的性能进行量测、检查、试验等,并将结果与标准规定要求进行比较,以确定每项性能是否合格所进行的活动。

(8) 见证取样检测:在监理单位或建设单位监督下,由施工单位有关人员现场取样，并送至具备相应资质的检测单位所进行的检测。

(9) 交接检验：由施工的承接方与完成方经双方检查并对可否继续施工做出确认的活动。

(10) 主控项目：建筑工程中的对安全、卫生、环境保护和公众利益起决定性作用的检验项目。

(11) 一般项目：除主控项目以外的检验项目。

(12) 抽样检验：按照规定的抽样方案，随机地从进场的材料、构配件、设备或建筑工程检验项目中，按检验批抽取一定数量的样本所进行的检验。

(13) 抽样方案：根据检验项目的特性所确定的抽样数量和方法。

(14) 计数检验：在抽样的样本中，记录每一个体有某种属性或计算每一个体中的缺陷数目的检查方法。

(15) 计量检验：在抽样检验的样本中，对每一个体测量其某个定量特性的检查方法。

(16) 观感质量：通过观察和必要的量测所反映的工程外在质量。

(17) 返修：对工程不符合标准规定的部位采取整修等措施。

(18) 返工：对不合格的工程部位采取的重新制作、重新施工等措施。

(19) 隐蔽工程：为后续工序、工程或分项工程的需要，覆盖或包裹或遮挡或埋藏的前一项工序、工程或分项工程。

(20) 极限质量：在抽样方案中，对应于一个规定接受概率下限值的材料、构配件或工程项目的验收质量水平。

(21) 严重缺陷：对材料、构配件或工程项目会引起失效或显著地降低其预期性能的缺陷。

(22) 轻微缺陷：不会显著降低材料、构配件或工程项目预期性能的缺陷，或虽偏离标准规定，但仅轻微影响材料、构配件或工程项目的有效使用或操作的缺陷。

(23) 检验项目:对材料、构配件或工程项目的质量按规定要求需要进行检验的一些特性项目。

1.17 国家新颁布实施的施工质量验收规范贯彻执行时间有何规定?

建设部以建标[2002]212 号颁发了《关于贯彻执行建筑工程勘察设计及施工质量验收规范若干问题的通知》,通知就质量验收规范贯彻执行提出明确要求。有关内容摘录如下:

为了贯彻执行《建筑工程质量管理条例》,加强工程建设标准化工作,我部最近批准发布了《建筑结构可靠度设计统一标准》等 7 项建筑工程勘察设计规范和《建筑工程施工质量验收统一标准》等 14 项建筑工程施工质量验收规范(以下简称"新版规范",详见附件)。为确保这些新版规范贯彻实施,强化建筑工程管理和技术人员的标准化意识,现将新版规范的贯彻执行有关要求通知如下:

(1) 国务院有关部门、各省、自治区建设厅(直辖市建委)应当认真复审并修订不符合新版规范规定的行业标准、地方标准。

(2) 各标准设计图、计算机软件、工程设计施工指南手册等工程技术文件组织管理单位,应当按照新版规范的规定组织修改。

(3) 各级建设行政主管部门要采取有效措施,按照《实施工程建设强制性标准监督规定》(建设部令 81 号)的要求,结合当地实际情况,认真组织从事建设活动的勘察、设计、施工、监理等管理和技术人员学习和掌握新版规范,并将熟悉掌握新版规范的程度作为技术考核的内容。

(4) 新版建筑结构设计规范应与新版《建筑结构荷载规范》、《建筑结构可靠度设计统一标准》配套使用;新版工程施工质量验收规范应与新版《建筑工程施工质量验收统一标准》配套使用。

(5) 新版规范实施日期前的在施工程,执行新版规范有困难时,可按照旧规范执行。新版规范实施日期后至 2003 年 1 月 1 日前的在施工程,原则上应按照新规范执行,已按照旧规范设计的在施工程,可按照旧规范继续执行。对 2003 年 1 月 1 日前已签订施工合同尚未正式开工的工程，应当按照新版规范修改设计后方可施工。凡在 2003 年 1 月 1 日后签订勘察、设计、施工合同的工程，必须按照新版规范执行。

（6）住宅采用的电度表、水表、煤气表、热量表应具有产品合格证书和计量检定证书，并应按照有关工程施工质量验收规范的规定进行进场验收。

（7）各单位在执行新版规范过程中应当注意收集意见，及时反馈给各规范管理单位。

1.18 国家新颁布实施的制图、结构设计和施工质量验收标准有哪些？

国家自 2001 年来新颁布实施的工程建设标准有：建筑工程制图标准、建筑工程结构设计标准和建筑工程施工质量验收标准。

（1）建筑工程制图标准见表 1-2。

建筑工程制图标准 **表 1-2**

序号	标准编号	标准名称	废止标准编号
1	GB/T 50001—2001	房屋建筑制图统一标准	JBJ 1—86
2	GB/T 50103—2001	总图制图标准	JBJ 103—87
3	GB/T 50104—2001	建筑制图标准	JBJ 104—87
4	GB/T 50105—2001	建筑结构制图标准	JBJ 105—87
5	GB/T 50106—2001	给水排水制图标准	JBJ 106—87
6	GB/T 50107—2001	暖通空调制图标准	JBJ 114—88

（2）建筑工程结构设计标准见表 1-3。

建筑工程结构设计标准 **表 1-3**

序号	标准编号	标准名称	废止标准编号
1	GB 50021—2001	岩土工程勘察规范	GB 50021—94
2	GB 50007—2002	建筑地基基础设计规范	GBJ 7—89
3	GB 50009—2001	建筑结构荷载规范	GBJ 9—87

续表

序　号	标准编号	标准名称	废止标准编号
4	GB 50003—2001	砌体结构设计规范	GBJ 3—88
5	GB 50010—2002	混凝土结构设计规范	GBJ 10—89
6	GB 50011—2001	建筑抗震设计规范	GBJ 11—89
7	GB 50068—2001	建筑结构可靠度设计统一标准	GBJ 68—84
8	GB 50017—2003	钢结构设计规范	GBJ 17—88

(3) 建筑工程施工质量验收标准见表1-4。

建筑工程施工质量验收标准 **表1-4**

序号	标准编号	标准名称	废止标准编号
1	GB 50300—2001	建筑工程施工质量验收统一标准	GBJ 300—88 GBJ 301～304、310～88
2	GB 50202—2002	建筑地基基础工程施工质量验收规范	GBJ 201—83、GBJ 202—83
3	GB 50203—2002	砌体工程施工质量验收规范	GB 50203—98
4	GB 50204—2002	混凝土结构工程施工质量验收规范	GB 50204—92、 GBJ 321—90
5	GB 50205—2001	钢结构工程施工质量验收规范	GB 50205—95、 GB 50221—95
6	GB 50206—2002	木结构工程施工质量验收规范	GBJ 206—83
7	GB 50207—2002	屋面工程质量验收规范	GB 50207—94
8	GB 50208—2002	地下防水工程质量验收规范	GBJ 208—83
9	GB 50209—2002	建筑地面工程施工质量验收规范	GB 50209—95
10	GB 50210—2001	建筑装饰装修工程质量验收规范	GBJ 210—83
11	GB 50242—2002	建筑给水排水与采暖工程施工质量验收规范	GBJ 242—82、GBJ 302—88

续表

序号	标准编号	标准名称	废止标准编号
12	GB 50243—2002	通风与空调工程施工质量验收规范	GB 50243—97、GBJ 304—88
13	GB 50303—2002	建筑电气工程施工质量验收规范	GBJ 303—88,GB 50258—90,GB 50295—96
14	GB 50310—2002	电梯工程施工质量验收规范	GBJ 310—88、GB 50182—93
15	GB 50339—2003	智能建筑工程质量验收规范	

1.19 施工现场质量管理检查要点有哪些?

施工现场质量管理都必须做到"三有",即"有标准、有体系、有制度"。这是科学管理方法在工程施工中的体现,是按照质量管理理论对质量进行"预控"的有效手段。

"有标准"是指施工现场必须具备相应的标准,这是保证施工质量的最基本条件。

"有体系"是指施工都要树立可靠体系管理质量的观念,并从组织上加以落实。

"有制度"是指施工中必须有健全的"检验制度"和"考核制度"等。

施工现场质量管理检查要点有:

(1) 现场质量管理制度

现场质量管理,就是对项目(单位)工程中的各项技术、质量活动过程和质量工作的各种要素进行动态的科学管理。

各项质量活动过程和质量活动过程的各种要素,即构成了质量管理的对象。

(2) 质量责任制度

施工单位应建立质量责任制度,确定工程项目的项目经理、技术负责人和施工管理负责人的质量责任,必须分别对建筑工程施工质量负直接责任,并承担不可推卸的质量控制责任。

(3) 主要专业工种操作上岗证书

岗位责任是按照岗位工作标准进行管理的制度;施工单位必须编制各层次(级别)、各专业工程技术人员和操作者及各专业工种、班组的岗位工作标准。实行岗位责任制,便于检查、考核和管理,能使责、权、利相结合,充分调动参建人员的积极性,是提高工作质量和工程质量的保证。

1) 专业技术管理人员,必须经上级行政主管部门考核、认证后,取得岗位证书方可上岗。

2) 专业工种操作者上岗前,必须经专业技术和安全技术的考核、认证,取得上岗证书,方可上岗操作。

(4) 分包方资质与管理制度

分包方从事建筑活动项目与内容,必须符合经资质核定的资质等级,方可在其资质等级许可范围内从事建筑活动。

1) 分包单位应根据分包合同的约定,对总承包单位承担责任。

2) 分包单位承担由总承包单位和分包单位共同承担的连带责任。

(5) 施工图审查

施工前要按国家有关规定,由有资质的施工图审查单位对施工图进行审核,并做好记录。

施工参建者在阅读设计图纸时,要懂得设计的基本原理,才能掌握建筑结构的关键部位和要害所在,并突出重点,以确保工程质量。施工单位、监理单位和建设单位要与设计单位共同研究、领会设计意图;在满足设计要求的同时,为施工创造有利条件。

(6) 地质勘察资料

地质勘察资料包括工程地质勘察报告和水文地质勘察报告。

地质勘察报告应提出经勘察的孔点及平面图、岩性剖面,图中并应附有土样各项物理力学指标,土层分布走向、地下水位等。

根据地质勘察资料,制订基础施工方案。

(7) 施工组织设计、施工方案及审批

1) 单位工程施工组织设计应在施工前编制，并应依据施工组织设计，编制部位、阶段和专项施工方案。施工组织设计及施工方案的编制内容应齐全，并有审批手续。如发生较大的施工措施和工艺变更时，应有变更审批文件。

2) 施工方案。要按设计意图，因地制宜地制订先进、合理的施工方案。优异的施工方案是施工质量、结构安全和主要功能的保证。

3) 技术交底。技术交底是向基层施工操作者进行具体施工操作过程的详细技术交待；技术交底需要讲清道理，因而必然涉及一些技术理论基础知识和质量标准。技术交底是施工管理方面重要组成部分，是使最基层的班组长、专业工长能认真按图施工和认真执行国家现行的技术标准和规范规定的关键，技术交底要向他们讲清所施工部位的设计意图和质量标准要求。

(8) 施工技术标准

施工技术标准是施工单位施工操作的标准，可以是本单位的企业标准，也可以使用其他施工单位的企业标准，还可以使用当地或其他地区的地方标准，亦可以使用行业标准或者协会标准。

(9) 工程质量检验制度

1) 参加工程质量验收各方人员应具备的资格；

2) 工程质量验收应在施工单位检查评定合格的基础上进行；

3) 检验批质量应按主控项目和一般项目进行验收；

4) 隐蔽工程验收；

5) 涉及结构安全的见证取样检测；

6) 涉及结构安全和主要功能的重要分部工程的抽样检验以及承担见证试验单位资质的要求；

7) 观感质量的现场检查等；

8) 检验仪器及设备必须符合国家相关技术标准的规定；

9) 仪器及设备的完好率，必须满足检验工作的需要；

10）检验仪器及设备使用前，必须经法定计量单位测定合格后、方可投入使用。

（10）搅拌站及计量设置

1）搅拌站及计量设置，必须满足施工的需要，设备的完好率必须保证正常施工作业；

2）计量设备的精度和准确性，必须符合相关技术标准的规定；

3）按国家计量标准的规定，搅拌站及其计量设备必须定期由法定计量单位校验合格后，方可使用。

（11）现场材料、设备存放与管理

1）用于建筑工程的主要材料、成品、半成品、建筑构件、器具和设备应进行进场验收，对重要建筑材料进场应进行复试；

2）进场材料和设备应按种类分类存放与管理；

3）进场材料应按型号、规格进行堆放整齐，并应做好防雨防潮设施；

4）易燃材料和剧毒材料，必须严格管理，防护措施要符合安全技术标准的规定。

1.20 施工现场质量管理检查次数和时间有何规定？

一般一个单位（子单位）工程，一个项目或一个标段检查一次。不合格不许开工，且应重新落实，再申报检查，合格后方准许开工。

检查时间：开工前检查。

1.21 施工现场质量管理检查记录表如何填写？

1. 表头部分

填写参与工程建设各方责任主体的概况。由施工单位的现场负责人填写。

（1）工程名称栏：应与合同或招标文件中的工程名称一致，填写工程全称。

（2）施工许可证（开工证）：填写当地建设行政主管部门批准

发给的施工许可证(开工证)的编号。

(3) 建设单位栏:填写合同文件中的甲方全称,与合同签章相同。项目负责人栏:填写合同书上签字人或其委托的代表——工程的项目负责人。

(4) 设计单位栏:填写设计合同中签章单位的名称,其全称与印章上的名称一致。项目负责人栏:应是设计合同书签字人或其委托的该项目负责人。

(5) 监理单位栏:填写合同或协议书中的监理单位名称。总监理工程师栏:应是合同或协议书中明确的项目监理负责人,也可以是监理单位以文件形式明确的该项目监理负责人,必须有监理工程师任职资格证书,专业要对口。

(6) 施工单位栏:填写施工合同中签章单位的全称。项目经理栏、项目技术负责人栏,应与合同中的项目经理、项目技术负责人一致。

(7) 表头部分可统一填写,不需具体人员签名。

2. 检查项目部分

填写各检查项目文件的名称或编号,并将文件(复印件或原件)附在表的后面供检查,检查后再将文件归还。

3. 检查项目填写方法

(1) 如果资料不多可直接填写有关资料的名称,如资料较多,可将有关资料进行编号,填写编号和份数。

(2) 此表在开工之前填写,总监理工程师(建设单位项目负责人)应对施工现场进行检查,这是保证开工后施工顺利和保证工程质量的基础。

(3) 内容由施工单位负责人填写,填写之后,将有关文件的原件或复印件附在后边,请总监理工程师(建设单位项目负责人)验收核查,符合要求后,返还施工单位,并签字认可。

(4) 如果总监理工程师或建设单位项目负责人检查验收不合格,施工单位必须限期改正,否则不许开工。

填写式样见表1-5施工现场质量管理检查记录表。

表 1-5

施工现场质量管理检查记录表

开工日期：2002 年　月　日

工程名称	××4 号住宅楼		施工许可证（开工证）		京施 02
建设单位	××科学院		项目负责人　×××		××
设计单位	××设计研究院		项目负责人　×××		×××
监理单位	×××监理部		总监理工程师　×××		××
施工单位	某建筑工程公司	项目经理	×××	项目技术负责人	×××

序号	项目	内容
1	现场质量管理制度	①质量例会制度；②月评比及奖罚制度；③三检及交接检制度；④质量与经济挂钩制度
2	质量责任制	①岗位责任制；②设计交底会制度；③技术交底制；④挂牌制度
3	主要专业工种操作上岗证书	测量工、钢筋工、起重工、电焊工、架子工有证
4	分包方资质与对分包单位的管理制度	
5	施工图审查情况	审查报告及审查批准书京设 02
6	地质勘察资料	地质报告书
7	施工组织设计、施工方案及审批	施工组织设计编制、审核、批准齐全
8	施工技术标准	有模板、钢筋、混凝土灌注等 20 多种
9	工程质量检验制度	①有原材料及施工检验制度；②抽测项目的检测计划
10	搅拌站及计量设置	有管理制度和计量设施精确度及控制措施
11	现场材料、设备存放与管理	钢材、砂、石、水泥及玻璃、地面砖的管理办法

检查结论：

现场质量管理制度基本完整

总监理工程师（本人签名）：

（建设单位项目负责人）　　　　年　月　日

注：检查结论由本人签认。

1.22 施工质量验收基本要求是什么?

“统一标准”规定了“建筑工程施工质量验收10款规定”,并作为强制性标准条文执行。

(1) 规定了统一标准和施工质量相关专业验收规范配套使用,整套验收规范应看做一个整体。

(2) 规定了施工工程要按图施工,满足设计要求,体现设计意图,设计文件是由建设意图变为图纸是创造;施工是由图纸变为实物,即由精神变物质,是再创造;

(3) 参加施工质量验收的人员必须是具备资质的专业技术人员,这些人员系“统一标准”第6章有关规定和当地规定,为正确验收提出的基本要求;

(4) 提出了施工质量验收程序,即施工单位先自行检查评定,符合要求后,再交监理单位验收。分清施工、验收两个质量责任阶段,将质量落实到施工单位,谁施工谁负责;

(5) 施工过程的重要控制点,隐蔽工程的验收,应与有关方面人员共同验收,并形成验收文件,以便检验批、分项、分部(子分部)工程验收时备查;

(6) 见证取样送检,是当前一个时期加强工程质量管理的一项重要举措。

建设部[2002]211号文《房屋建筑工程和市政基础设施工程实行见证取样和送检的规定》要求:

1) 见证取样数量:涉及结构安全的试块、试件和材料见证取样的比例不得低于有关技术标准中规定应取样数量的30%。

2) 按规定下列试块、试件和材料必须实施见证取样和送检:

① 用于承重结构的混凝土试件。

② 用于承重墙体的砌筑砂浆试块。

③ 用于承重结构的钢筋及连接接头试件。

④ 用于承重墙的砖和混凝土小型砌块。

⑤ 用于拌制混凝土和砌筑砂浆的水泥。

⑥ 用于承重结构的混凝土中使用的掺加剂。

⑦ 地下、屋面、厕浴间使用的防水材料。

⑧ 国家规定必须实行见证取样和送检的其他试块、试件和材料。

(7) 检验批的质量按主控项目、一般项目进行验收,进一步明确了具体质量要求,避免引起对质量指标范围和要求的不同;

(8) 对涉及结构安全和使用功能的重要分部工程应进行抽样检测。这种检测是非破损或微破损检测,是验证性检测。当一种检测方法检测结果,对工程质量产生怀疑时,可用其他方法再行检测,不到确有必要时,不宜进行半破损、破损检测;

(9) 承担见证取样检测及有关结构安全检测的单位应具有相应资质。这是保证见证取样检测、结构安全检测工作正常进行,数据准确的必要条件。特别是对竣工后的抽样检测,更为重要;

(10) 工程的观感质量应由验收人员通过现场检查,并应共同确认。这是一种专家评分共同确认的评价方法。参加人员应符合本条第 3 款的规定。

1.23 竣工验收条件和程序是什么?

工程完工后,应按国家有关规定进行竣工验收。

1. 竣工验收条件:

(1) 完成工程设计和合同约定的各项内容。

(2) 施工单位在工程完工后对工程质量进行了检查评定,确认工程质量符合有关法律、法规和工程建设强制性标准规定,符合设计文件及合同要求,并提出工程竣工报告。工程竣工报告应经项目经理和施工单位有关负责人审核签字。

(3) 对于委托监理的工程项目,监理单位对工程进行了质量评估,具有完整的监理资料,并提出工程质量评估报告。工程质量评估报告应经总监理工程师和监理单位有关负责人审核签字。

(4) 勘察、设计单位对勘察、设计文件及施工过程中由设计单位签署的设计变更通知书进行了检查,并提出质量检查报告。质量检查报告应经该项目勘察、设计负责人和勘察、设计单位负责人审核签字。

(5) 有完整的技术档案和施工管理资料。

(6) 有工程使用的主要建筑材料、建筑构配件和设备的进场试验报告。

(7) 建设单位已按合同约定支付工程款。

(8) 有施工单位签署的“工程质量保修书”;住宅工程有“住宅使用说明书”和“工程质量保证书”。

(9) 城乡规划行政主管部门对工程是否符合规划设计要求进行检查,并出具认可文件。

(10) 公安消防、环保等部门出具的认可文件或者准许使用文件。

(11) 工程建设主管部门及其授权的工程质量监督机构等有关部门责令整改的问题全部整改完毕。

2. 竣工验收程序:

(1) 工程完工后,施工单位向建设单位提交工程竣工报告,申请工程竣工验收。实行监理的工程,工程竣工报告须经总监理工程师签署意见。

(2) 建设单位收到工程竣工报告后,对符合竣工验收要求的工程,组织勘察、设计、施工、监理等单位和其他有关方面的专家组成验收组,制定验收方案。

(3) 建设单位应当在工程竣工验收 7 个工作日前将验收的时间、地点及验收组名单书面通知负责监督该工程的质量监督机构,质量监督机构派员参加。

(4) 建设单位组织工程竣工验收:

1) 建设、勘察、设计、施工、监理单位分别汇报工程合同履约情况和在工程建设各个环节执行法律、法规和工程建设强制性标准的情况;

2) 审阅建设、勘察、设计、施工、监理单位的工程档案资料;

3) 实地查验工程质量;

4）对工程勘察、设计、施工、设备安装质量和各管理环节等方面作出全面评价，形成经验收组人员签署的工程竣工验收意见。

3．参与工程竣工验收的建设、勘察、设计、施工、监理等各方不能形成一致意见时，可请当地工程建设行政主管部门或当地质量监督机构组织协调。

4．工程质量监督机构参加验收，并对竣工验收的组织形式、验收程序、执行标准规范情况、工程实体质量、工程质量验收评价、形成的竣工验收文件和有关档案资料等进行监督。

1.24　建筑工程质量验收的划分有何规定？

1．建筑工程质量验收应划分为单位（子单位）工程、分部（子分部）工程、分项工程和检验批。见图 1-1。

2．单位（子单位）工程的划分的规定。

（1）具备独立施工条件并能形成独立使用功能的建筑物及构筑物为一个单位工程。

（2）建筑规模较大的单位工程，可将其能形成独立使用功能的部分为一个子单位工程。

例如：某医院新建一栋医疗综合楼，1 个主楼，2 个附楼，中间有变形缝，主楼为住院楼，22 层；2 个附楼，其中一个为医疗楼，10 层；另一个为门诊楼，6 层，把它们作为一个单位工程是可以的。有时为了施工管理方便，可以把 6 层的门诊楼、10 层的医疗楼、22 层的住院楼分期建成，并各自按有关规定进行竣工验收和备案，则可以把 3 栋楼划分为 3 个子单位工程。分别按要求进行管理。见图 1-2。

3．分部（子分部）工程的划分。

（1）分部工程的划分应按专业性质、建筑部位确定。

（2）当分部工程较大或较复杂时，可按材料种类、施工特点、施工程序、专业系统及类别等划分为若干子分部工程。

注：建筑与结构分部工程界定

① 主体与地基基础：A、无地下室以±0.000 或防潮层为界；B、有地下

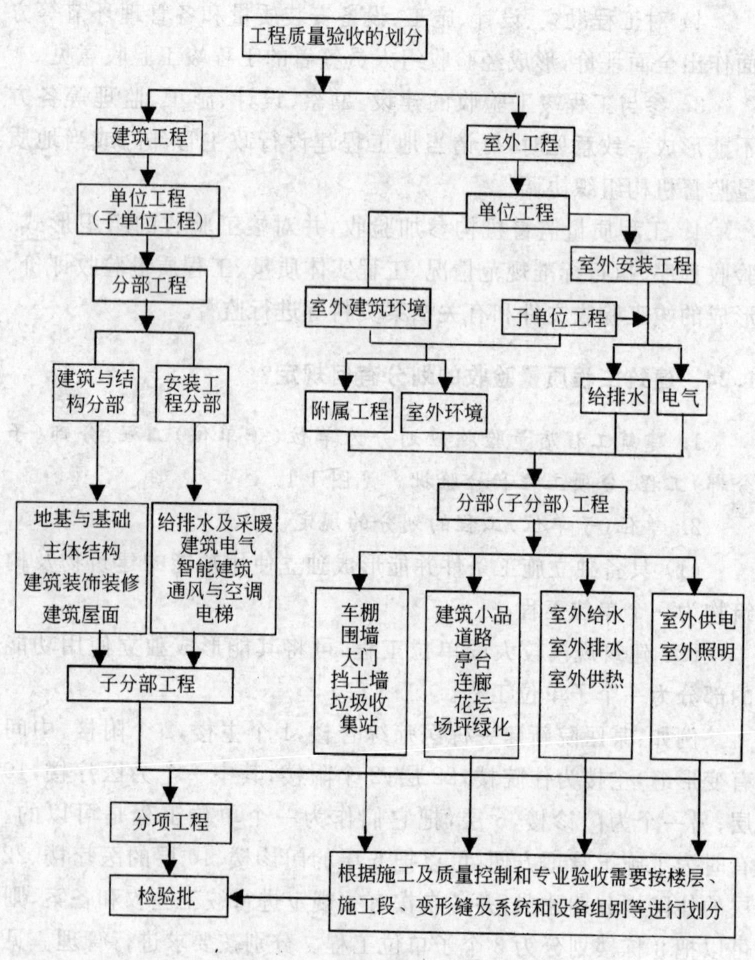

图 1-1　工程质量验收的划分

室，首层地面以下结构(楼板)为界；C、桩基以承台梁上皮为界。

② 主体与装饰装修：砌筑、焊接连接纳入主体结构分部工程；圆钉、螺钉、胶粘连接的纳入装饰装修分部工程。

③ 地基基础与装饰装修：以室内地面基层下皮为界。

4. 分项工程的划分。

分项工程应按主要工种、材料、施工工艺、设备类别等进行

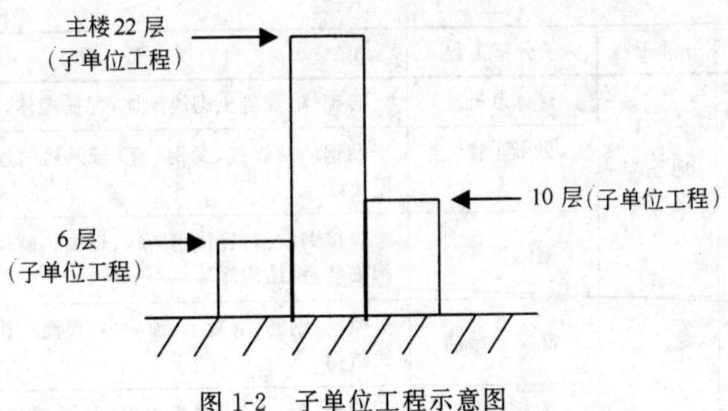

图 1-2　子单位工程示意图

划分。

建筑工程的分部(子分部)工程、分项工程名称见表 1-6。

建筑工程分部工程、分项工程划分　　**表 1-6**

序号	分部工程	子分部工程	分项工程
1	地基与基础	无支护土方	土方开挖、土方回填
		有支护土方	排桩、降水、排水、地下连续墙、锚杆、土钉墙、水泥土桩、沉井与沉箱，钢及混凝土支撑
		地基处理	灰土地基、砂和砂石地基、碎砖三合土地基、土工合成材料地基、粉煤灰地基，重锤夯实地基，强夯地基，振冲地基，砂桩地基，预压地基，高压喷射注浆地基，土和灰土挤密桩地基，注浆地基、水泥粉煤灰碎石桩地基、夯实水泥土桩地基
		桩基	锚杆静压桩及静力压桩，预应力离心管桩，钢筋混凝土预制桩，钢桩，混凝土灌注桩(成孔、钢筋笼、清孔、水下混凝土灌注)
		地下防水	防水混凝土，水泥砂浆防水层，卷材防水层，涂料防水层，金属板防水层，塑料板防水层，细部构造，喷锚支护，复合式衬砌，地下连续墙，盾构法隧道；渗排水、盲沟排水、隧道、坑道排水；预注浆、后注浆，衬砌裂缝注浆
		混凝土基础	模板、钢筋、混凝土，后浇带混凝土，混凝土结构缝处理

续表

序号	分部工程	子分部工程	分项工程
1	地基与基础	砌体基础	砖砌体，混凝土砌块砌体，配筋砌体，石砌体
		劲钢（管）混凝土	劲钢（管）焊接，劲钢（管）与钢筋的连接，混凝土
		钢结构	焊接钢结构、栓接钢结构，钢结构制作，钢结构安装，钢结构涂装
2	主体结构	混凝土结构	模板，钢筋，混凝土，预应力、现浇结构，装配式结构
		劲钢（管）混凝土结构	劲钢（管）焊接，螺栓连接，劲钢（管）与钢筋的连接，劲钢（管）制作、安装，混凝土
		砌体结构	砖砌体，混凝土小型空心砌块砌体，石砌体，填充墙砌体，配筋砖砌体
		钢结构	钢结构焊接，紧固件连接，钢零部件加工，单层钢结构安装，多层及高层钢结构安装，钢结构涂装，钢构件组装，钢构件预拼装，钢网架结构安装，压型金属板
		木结构	方木和原木结构，胶合木结构，轻型木结构，木构件防护
		网架和索膜结构	网架制作，网架安装，索膜安装，网架防火，防腐涂料
3	建筑装饰装修	地面	整体面层：基层，水泥混凝土面层，水泥砂浆面层，水磨石面层，防油渗面层，水泥钢（铁）屑面层，不发火（防爆的）面层；板块面层：基层，砖面层（陶瓷锦砖、缸砖、陶瓷地砖和水泥花砖面层），大理石面层和花岗岩面层，预制板块面层（预制水泥混凝土、水磨石板块面层），料石面层（条石、块石面层），塑料板面层，活动地板面层，地毯面层；木竹面层：基层、实木地板面层（条材、块材面层），实木复合地板面层（条材、块材面层），中密度（强化）复合地板面层（条材面层），竹地板面层
		抹灰	一般抹灰，装饰抹灰，清水砌体勾缝
		门窗	木门窗制作与安装，金属门窗安装，塑料门窗安装，特种门安装，门窗玻璃安装

续表

序号	分部工程	子分部工程	分项工程
3	建筑装饰装修	吊顶	暗龙骨吊顶,明龙骨吊顶
		轻质隔墙	板材隔墙,骨架隔墙,活动隔墙,玻璃隔墙
		饰面板(砖)	饰面板安装,饰面砖粘贴
		幕墙	玻璃幕墙,金属幕墙,石材幕墙
		涂饰	水性涂料涂饰,溶剂型涂料涂饰,美术涂饰
		裱糊与软包	裱糊、软包
		细部	橱柜制作与安装,窗帘盒、窗台板和暖气罩制作与安装,门窗套制作与安装,护栏和扶手制作与安装,花饰制作与安装
4	建筑屋面	卷材防水屋面	保温层,找平层,卷材防水层,细部构造
		涂膜防水屋面	保温层,找平层,涂膜防水层,细部构造
		刚性防水屋面	细石混凝土防水层,密封材料嵌缝,细部构造
		瓦屋面	平瓦屋面,油毡瓦屋面,金属板屋面,细部构造
		隔热屋面	架空屋面,蓄水屋面,种植屋面
5	建筑给水、排水及采暖	室内给水系统	给水管道及配件安装,室内消火栓系统安装,给水设备安装,管道防腐,绝热
		室内排水系统	排水管道及配件安装,雨水管道及配件安装
		室内热水供应系统	管道及配件安装,辅助设备安装,防腐,绝热
		卫生器具安装	卫生器具安装,卫生器具给水配件安装,卫生器具排水管道安装
		室内采暖系统	管道及配件安装,辅助设备及散热器安装,金属辐射板安装,低温热水地板辐射采暖系统安装,系统水压试验及调试,防腐,绝热
		室外给水管网	给水管道安装,消防水泵接合器及室外消火栓安装,管沟及井室
		室外排水管网	排水管道安装,排水管沟与井池
		室外供热管网	管道及配件安装,系统水压试验及调试、防腐,绝热

续表

序号	分部工程	子分部工程	分项工程
5	建筑给水、排水及采暖	建筑中水系统及游泳池系统	建筑中水系统管道及辅助设备安装，游泳池水系统安装
		供热锅炉及辅助设备安装	锅炉安装，辅助设备及管道安装，安全附件安装，烘炉、煮炉和试运行，换热站安装，防腐、绝热
6	建筑电气	室外电气	加空线路及杆上电气设备安装，变压器、箱式变电所安装，成套配电柜、控制柜（屏、台）和动力、照明配电箱（盘）及控制柜安装，电线、电缆导管和线槽敷设，电缆头制作 、导线连接和线路电气试验，建筑物外部装饰灯具、航空障碍标志灯和庭院路灯安装，建筑照明通电试运行，接地装置安装
		变配电室	变压器、箱式变电所安装，成套配电柜、控制柜（屏、台）和动力、照明配电箱（盘）安装，裸母线、封闭母线、插接式母线安装，电缆沟内和电缆竖井内电缆敷设，电缆头制作、导线连接和线路电气试验，接地装置安装，避雷引下线和变配电室接地干线敷设
		供电干线	裸母线、封闭母线、插接式母线安装，桥架安装和桥架内电缆敷设，电缆沟内和电缆竖井内电缆敷设，电线、电缆导管和线槽敷设，电线、电缆穿管和线槽敷线，电缆头制作、导线连接和线路电气试验
		电气动力	成套配电柜、控制柜（屏、台）和动力、照明配电箱（盘）及控制柜安装，低压电动机、电加热器及电动执行机构检查、接线，低压电气动力设备检测、试验和空载试运行，桥架安装和桥架内电缆敷设，电线、电缆导管和线槽敷设，电线、电缆穿管和线槽敷线，电缆头制作、导线连接和线路电气试验，插座、开关、风扇安装
		电气照明安装	成套配电柜，控制柜（屏、台）和动力、照明配电箱（盘）安装，电线、电缆导管和线槽敷设，电线、电缆导管和线槽敷线，槽板配线，钢索配线，电缆头制作、导线连接和线路电气试验，普通灯具安装，专用灯具安装，插座、开关、风扇安装，建筑照明通电试运行

续表

序号	分部工程	子分部工程	分项工程
6	建筑电气	备用和不间断电源安装	成套配电柜，控制柜(屏、台)和动力、照明配电箱(盘)安装，柴油发电机组安装，不间断电源的其他功能单元安装，裸母线、封闭母线、插接式母线安装，电线、电缆导管和线槽敷设，电线、电缆导管和线槽敷线，电缆头制作、导线连接和线路电气试验，接地装置安装
		防雷及接地安装	接地装置安装，避雷引下线和变配电室接地干线敷设，建筑物等电位连接，接闪器安装
7	智能建筑	通信网络系统	通信系统(包括电话交换系统、会议电视系统及接入网系统)，卫星数字电视及有线电视系统，公共广播及紧急广播系统
		信息网络系统	计算机网络系统，应用软件，网络安全系统
		建筑设备监控系统	空调与通风系统，变配电系统，公共照明系统，给排水系统，热源和热交换系统，冷冻和冷却水系统，电梯和自动扶梯系统，中央管理工作站与操作分站与子系统(设备)间的数据通信接口
		火灾自动报警及消防联动系统	火灾和可燃气体探测系统，火灾报警控制系统，消防联动系统
		安全防范系统	视频安防监控系统，入侵报警系统，巡更管理系统，出入口控制(门禁)系统，停车场(库)管理系统
		综合布线系统	缆线敷设和终接，机柜、机架、配线架的安装，信息插座和光缆芯线终端的安装
		智能化系统集成	集成系统网络，实时数据库，信息安全，功能接口
		电源与接地	智能化系统电源，防雷及接地系统
		环境	空间环境，室内空调环境，视觉照明环境，室内噪声、室内电磁环境
		住宅(小区)智能化	火灾自动报警及消防联动系统，安全防范系统(含电视监控系统、入侵报警系统、巡更系统、门禁系统、楼宇对讲系统、住户对讲呼救系统、停车管理系统)，通信网络系统、信息网络系统、监控与管理系统、家庭控制器、综合布线系统、电源和接地、环境、室外设备及管网

续表

序号	分部工程	子分部工程	分项工程
8	通风与空调	送排风系统	风管与配件制作，部件制作，风管系统安装，空气处理设备安装，消声设备制作与安装，风管与设备防腐，风机安装，系统调试
		防排烟系统	风管与配件制作，部件制作，风管系统安装，防排烟风口、常闭正压风口与设备安装，风管与设备防腐，风机安装，系统调试
		除尘系统	风管与配件制作，部件制作，风管系统安装，除尘器与排污设备安装，风管与设备防腐，风机安装，系统调试
		空调风系统	风管与配件制作，部件制作，风管系统安装，空气处理设备安装，消声设备制作与安装，风管与设备防腐，风机安装，风管与设备绝热，系统调试
		净化空调系统	风管与配件制作，部件制作，风管系统安装，空气处理设备安装，消声设备制作与安装，风管与设备防腐，风机安装，风管与设备绝热，高效过滤器安装，系统调试
		制冷设备系统	制冷机组安装，制冷剂管道及配件安装，制冷附属设备安装，管道及设备的防腐与绝热，系统调试
		空调水系统	管道冷热(煤)水系统安装，冷却水系统安装，冷凝水系统安装，阀门及部件安装，冷却塔安装，水泵及附属设备安装，管道与设备的防腐与绝热，系统调试
9	电梯	电力驱动的曳引式或强制式电梯安装	设备进场验收，土建交接检验，驱动主机，导轨，门系统，轿厢，对重(平衡重)，安全部件，悬挂装置，随行电缆，补偿装置，电气装置，整机安装验收
		液压电梯安装	设备进场验收，土建交接检验，液压系统，导轨，门系统，桥厢，对重(平衡重)，安全部件，悬挂装置，随行电缆，电气装置，整机安装验收
		自动扶梯、自动人行道安装	设备进场验收，土建交接检验，整机安装验收

5. 检验批的划分。

分项工程可由一个或若干个检验批组成，检验批可根据施工及质量控制和专业验收需要按楼层、施工段、变形缝及设备系统和设备组别等进行划分。

(1) 多层及高层建筑工程中主体分部的分项可按楼层或施工段来划分检验批；

(2) 单层建筑工程中的分项工程可按变形缝等划分检验批；

(3) 地基基础分部工程中的分项工程一般划分为一个检验批；有地下层的基础工程可按不同地下层划分检验批；

(4) 屋面分部工程中的分项工程可按不同楼层屋面划分检验批；

(5) 其他分部工程中的分项工程，一般按楼层划分检验批；

(6) 对于工程量较少的分项工程可统一划为一个检验批；

(7) 安装工程一般按一个设计系统或设备组别划分一个检验批；

(8) 室外工程统一按分项工程划分为一个检验批；

(9) 散水、台阶、明沟等含在地面检验批中；

检验批具体如何划分可由施工单位、监理单位和建设单位按各专项质量验收规范中有关要求在开工前商定。

(10) 检验批的组成：

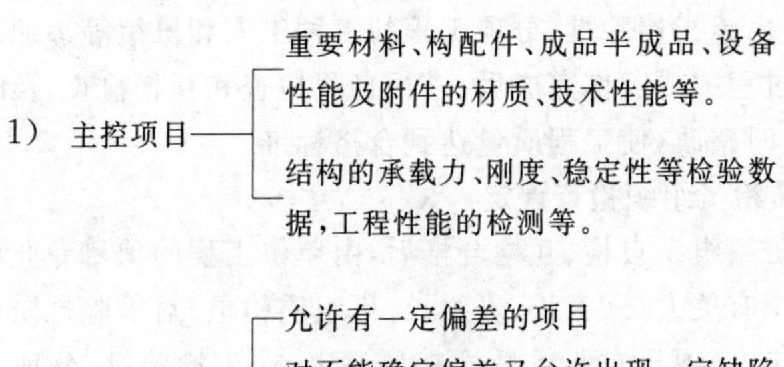

1.25 室外工程的划分有何规定？

(1) 室外工程可根据专业类别和工程规模划分单位工程和子单位工程。

(2) 室外单位(子单位)工程、分部工程名称见表1-7。

(3) 室外分项工程名称可按表1-6使用。

室外工程划分　表1-7

单位工程	子单位工程	分部(子分部)工程
室外建筑环境	附属建筑	车棚,围墙,大门,挡土墙,垃圾收集站
	室外环境	建筑小品,道路,亭台,连廊,花坛,场坪绿化
室外安装	给排水与采暖	室外给水系统,室外排水系统,室外供热系统
	电气	室外供电系统,室外照明系统

1.26 施工单位如何进行检查评定？

1. 自检、互检

(1) 施工者自检、互检。

工程质量验收首先是班组在施工过程中的自我检查,自我检查就是按照施工操作工艺的要求,边操作边检查,将有关质量要求及误差控制在规定的限值内。自检主要是在本班组(本工种)内部范围进行,由承担检验批、分项工程的工种工人和班组等参加。在施工操作过程中或工作完成后,进行自我检查和互相检查,及时发现问题,及时整改,使工程质量达到合格标准。

(2) 质检员组织检查评定。

施工班组组织自检、互检合格后,由单位工程的项目专业质量检查员组织有关人员(工长、班组长、班组质检员)对检验批质量进行检查评定,由项目专业质量检查员评定,作为检验批、分项工程质量向下一道工序交接的依据。

2. 交接检

交接检是各班组之间,各工种之间,各分包之间,在工序、检验批、分项或分部(子分部)工程完毕之后,下一道工序、检验批、分项或分部(子分部)工程开始之前,共同对前一道工序、检验批、分项或分部(子分部)工程的检查,经后一道工序认可,并为他们创造了合格的工作条件。例如,基础公司把桩基交给土建公司,瓦工班组把某层砖墙交给木工班组支模,木工班组把模板交给钢筋班组绑扎钢筋,钢筋班组把钢筋交给混凝土班组浇筑混凝土;土建施工队把主体工程(标高、预留洞、预埋铁件)交给安装队安装水电等。

交接检通常由工程项目经理(或项目技术负责人)组织,由有关班组长或分包单位参加,进行下道工序对上道工序质量的验收,也是班组之间的检查、督促和互相把关。交接检是保证下一道工序顺利进行的有力措施,有利于分清质量责任和成品保护,也可以防止下道工序对上道工序的损坏。

3. 项目技术负责人(项目经理)组织检查评定

检验批、分项工程在自检互检合格基础上,由项目专业技术负责人组织检查评定;分部、子分部工程在自检、互检确认合格基础上,由项目经理组织检查评定。

4. 分包单位检查评定

分包单位对所承担的工程项目质量负责,并应按质量检查验收规定的程序进行自我检查评定,总包单位应派人参加。

注:影响结构安全的项目不允许分包。

1.27 工程质量验收组织有何规定?

(1) 检验批及分项工程应由监理工程师(建设单位项目技术负责人)组织施工单位项目专业质量(技术)负责人等进行验收。

(2) 分部工程应由总监理工程师(建设单位项目负责人)组织施工单位项目负责人和技术、质量负责人等进行验收;地基与基础、主体结构分部工程的勘察、设计单位工程项目负责人和施工单位技术、质量部门负责人也应参加相关分部工程验收。

(3) 单位工程完工后,施工单位应自行组织有关人员进行检查评定,并向建设单位提交工程验收报告。

(4) 建设单位收到工程验收报告后，应由建设单位（项目）负责人组织施工（含分包单位）、设计、监理等单位（项目）负责人进行单位（子单位）工程验收。质量监督机构派人参加。

(5) 单位工程有分包单位施工时，分包单位对所承包的工程项目应按本标准规定的程序检查评定，总包单位应派人参加。分包工程完成后，应将工程有关资料交总包单位。

1.28 工程质量验收合格有何规定？

检验批、分项工程、分部（子分部）工程、单位（子单位）工程的合格条件分别为：

1. 检验批

(1) 主控项目和一般项目的质量经抽样检验合格。

注：计量检验项目

主控项目：不允许超差。

一般项目中：允许超差规定各规范不一样，详见表 1-8。

规范的允许超偏范围　　表 1-8

规　范　名　称	规范编号	合格范围	超偏范围
建筑地基基础工程施工质量验收规范	GB 50202	80%	
砌体工程施工质量验收规范	GB 50203	80%	
混凝土结构工程施工质量验收规范	GB 50204	80%	
钢结构工程施工质量验收规范	GB 50205	80%	120%
木结构工程施工质量验收规范	GB 50206	100%	100%
屋面工程质量验收规范	GB 50207	100%	100%
地下防水工程质量验收规范	GB 50208	100%	100%
建筑地面工程施工质量验收规范	GB 50209	80%	150%
建筑装饰装修工程质量验收规范	GB 50210	80%	150%
建筑给水排水及采暖工程施工质量验收规范	GB 50242	100%	100%
通风与空调工程施工质量验收规范	GB 50243	80%	
建筑电气工程施工质量验收规范	GB 50303	100%	100%
智能建筑工程质量验收规范	GB 50339	100%	100%
电梯工程施工质量验收规范	GB 50310	100%	100%

(2) 具有完整的施工操作依据、质量检查记录。

2. 分项工程

(1) 分项工程所含的检验批均应符合合格质量的规定。

(2) 分项工程所含的检验批的质量验收记录应完整。

3. 分部(子分部)工程

(1) 分部(子分部)工程所含分项工程的质量均应验收合格。

(2) 质量控制资料应完整。

(3) 地基与基础、主体结构和设备安装等分部工程有关安全及功能的检验和抽样检测结果应符合有关规定。

(4) 观感质量验收应符合要求。

4. 单位(子单位)工程

(1) 单位(子单位)工程所含分部(子分部)工程的质量均应验收合格。

(2) 质量控制资料应完整。

(3) 单位(子单位)工程所含分部工程有关安全和功能的检测资料应完整。

(4) 主要功能项目的抽查结果应符合相关专业质量验收规范的规定。

(5) 观感质量验收应符合要求。

注：地基基础中的土石方、基坑支护及混凝土工程中的模板工程，虽不构成建筑工程实体，但他们是建筑工程施工不可缺少的重要环节和必要条件，其施工质量如何，不仅关系到能否施工和施工安全，也关系到建筑工程的质量，因此应将其列入施工验收的内容。

1.29 施工质量验收和施工检查用表有哪几种?

依据《建筑工程施工质量验收统一标准》(GB 50300—2001)规定，各专业验收规范的通用质量验收和检查表格有 9 种;《混凝土结构工程施工质量验收规范》(GB 50204—2002)有 2 种专用验收表;《智能建筑工程质量验收规范》(GB 50339—2003)有 9 种专用质量验收和检查用表。在施工过程中尚有 12 种强制性条文检查用表。

各种表的名称和提示要点见表 1-9。

工程质量验收用表及提示要点 **表 1-9**

序号	项目		表名	要点提示
一、	施工质量验收和有关检查用表共9种	1	施工现场质量管理检查记录表	(1) 开工前检查； (2) 一般一个标段或一个项目、一个单位(子单位)工程检查一次； (3) 共检查 11 项内容
		2	检验批质量验收记录表	(1) 注意检验批代号要对应受检的分部工程、子分部工程和分项工程； (2) 施工单位检查评定的标注符号(有定性项目、有定量项目、有既定性又定量项目和龄期要求项目)； (3) 验收填写“合格”或“符合要求”； (4) 评定结果填写合格或满足规范要求；验收结论，填写“同意验收”
		3	分项工程质量验收记录表	(1) 检查检验批是否全覆盖； (2) 有龄期要求项目的判定； (3) 检验批无法检测项目进行检测； (4) 登记整理检验批资料
		4	分部(子分部)工程质量验收记录表	(1) 分项工程验收表中检验批数量要填全； (2) 质量控制资料按表 1-13 对应内容检查； (3) 安全和主要功能抽查表 1-14 对应内容检查； (4) 观感质量按表 1-15 对应内容进行检查
		5 6 7 8	单位(子单位)工程质量验收记录表	(1) 分部工程要逐项验收，并有结论； (2) 质量控制资料要按分部工程或子分部工程验收时核查方法进行，符合要求按顺序装订； (3) 安全和使用功能核查及抽查，要核查项目是否与设计内容一致，分部工程检测报告是否符合设计要求； (4) 观感质量验收要注意分部工程验收后到竣工验收的质量变化，成品保护及分部工程验收时还没有形成部分的观感质量

续表

序号	项目		表　名	要 点 提 示
一、	施工质量验收和有关检查用表共9种	9	建筑工程施工强制性条文检查表(13种)	15项施工验收标准规范共163条强制性条文，相关规范45条，计208条： (1) 基本要求(统一标准)6条； (2) 地基基础7条，相关规范5项24条； (3) 混凝土结构15条，相关规范5项9条； (4) 钢结构12条，相关规范1项5条； (5) 砌体结构14条，相关规范1项3条； (6) 木结构5条； (7) 防水工程18条，其中地下防水7条，屋面工程11条； (8) 装饰装修工程22条，其中地面7条，装饰装修15条，相关规范1项4条； (9) 给水排水及采暖20条； (10) 电气工程20条； (11) 通风空调工程15条； (12)电梯工程9条； (13) 智能建筑6条
二、	特殊用表		混凝土结构工程专用验收表(2个)	(1) 混凝土结构子分部工程结构实体混凝土强度验收记录，除按表中项目填写，还应结合相关规范要求检查； (2) 混凝土结构子分部工程结构实体钢筋保护层厚度验收记录，每一构件可填写6根实测值，并按《混凝土结构工程施工质量验收规范》(GB 50204—2002)5.5.2条、10.1节和附录E检查
			智能建筑专用验收表(共9种)	(1) 工程实施及质量控制记录表(共5种) ① 设备材料进场检验表； ② 隐蔽工程(随工检查)验收单； ③ 更改审核单； ④ 工程安装质量及观感质量验收记录表； ⑤ 系统试运行记录表 (2) 系统检测记录表(共2种) ① 子系统(分项工程)检测记录表； ② 系统(子分部工程)检测记录表； (3) 智能建筑分部(子分部)工程竣工验收记录表(共2种) ① 资料审核记录表； ② 竣工验收结论汇总表

1.30 检验批质量验收记录表的制订有何规定？

1. 表名及相关规定

(1) 检验批质量验收记录表的表名原则上按“分项工程”名称。例如：砖砌体工程检验批质量验收记录表、一般抹灰工程检验批质量验收记录表、室内采暖管道及配件安装检验批质量验收记录表等。

(2) 检验批表名下标明该分项工程所属质量验收规范标准号。

(3) 检验批质量验收记录表的编号：

表右上角8位数，前6位数印在表上，后留2个□。

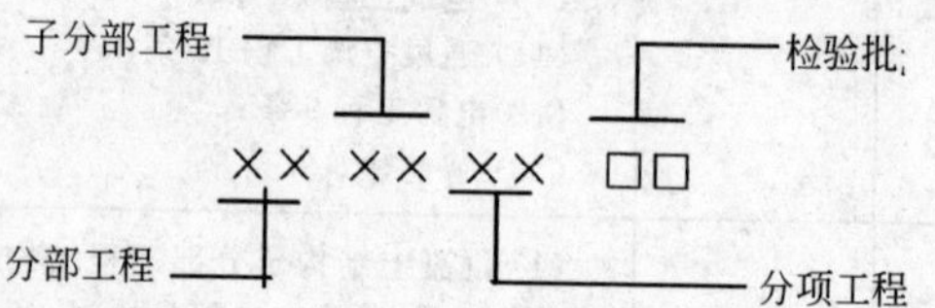

1) 前2个数字是分部工程代码，01～09，地基与基础为01，主体结构为02，建筑装饰装修为03，建筑屋面为04，建筑给排水及采暖为05，建筑电气为06，智能建筑为07，通风与空调为08，电梯为09。

注：分部工程、子分部工程和分项工程的顺序号均以本章表1～10顺序为准。

第3、4位数字是子分部工程代码；第5、6位数字是分项工程代码；第7、8位数字是各分项工程检验批验收顺序号，留2位数的空格。

如主体结构分部工程(第2个分部工程)，砌体结构子分部工程(主体结构中第3个子分部工程)，填充墙砌体分项工程(该子分部工程中第4个分项工程)，其检验批验收记录表的编号为020304□□，第一个检验批为：020304[0][1]

2）有些分项工程在两个分部(子分部)工程中出现，则编 2 个分部工程及相应子分部工程的编号；如钢筋分项工程在地基与基础和主体结构中都有，其检验批表的编号为：010602□□、020102□□

3）有些分项工程可能在几个子分部工程中出现，则编几个子分部工程及分项工程的编号。如建筑电气的接地装置安装，在室外电气、变配电室、备用和不间断电源安装及防雷接地安装等子分部工程中都有。

其编号为：060109□□、060206□□、060608□□和060701□□

第 5、6 位数字分别是：第一个 09，是室外电气子分部工程的第 9 个分项工程；第二个 06，是变配电室子分部工程的第 6 个分项工程，其余类推。

4）表名下的罗马数字（Ⅰ）（Ⅱ）……含义

① 同一分项工程，在验收时也将其划分为几个不同的检验批来验收。如：混凝土结构子分部工程的混凝土分项工程，分为原材料及配合比设计、混凝土施工 2 个检验批来验收。

② 同一分项工程，材料不同分成若干检验批验收。如：地面基层分项工程有 10 种不同材料，故按 10 个检验批验收，均用罗马数字区分，表号均为：030101。

③ 同一分项工程按工序分成若干检验批，如：模板工程分成模板安装、预制构件模板、模板拆除 3 个检验批验收。

④ 同一分项工程内容过多，一张表容不下，可分成若干张表。如：玻璃幕墙工程分成主控项目和一般项目各用一张表。

⑤ 不同分项工程中内容相同的部分可见相关检验批。如：地下连续墙由两部分组成，“钢筋笼”的验收按“钢筋混凝土灌注桩(钢筋笼)工程检验批质量验收记录表(010203□□，010405□□)”的标准验收。地下墙的验收按“地下连续墙工程检验批质量验收记录表”(010203□□)进行。

上述 5 种情况虽然分项工程相同、验收记录表的代号亦相同，但不是用一张表，故用罗马数字区分，届时应对号入座。

2. 表头

(1) 表头内容。表头列有单位(子单位)工程名称，分部(子分部)工程名称，验收部位、施工单位、项目经理、分包单位、分包项目经理和施工执行标准名称及编号。

(2) 表头分包单位栏。有的表有，有的没有。影响结构安全的项目不许分包，因此，不许分包的项目、其验收表的表头中则无此栏，允许分包的项目则有此栏。钢结构工程属特殊专业，虽属主体结构工程，但允许分包。

3. 验收规范规定栏

印制该分项工程的主控项目和一般项目包含的内容及规定是检验评定的依据。

(1) 能填写下的尽量填写，否则写规范条文号或简单要求；

(2) 计量检验要求印好实际数字；

(3) 每个检验批验收表背面均印有本检验批验收说明。

1.31 检验批质量验收及表的填写有何规定?

1. 表头部分的填写

(1) 检验批表编号的填写，要对号入座，在对应的分部工程，子分部工程和分项工程那行的 2 个方框内填写检验批序号。如为第 1 个检验批则填为[0][1]。

(2) 单位(子单位)工程名称，按合同上的单位工程名称填写，子单位工程标出该部分的位置。分部(子分部)工程名称，按验收规范划定的分部(子分部)名称填写。验收部位是指一个分项工程中的验收的那个检验批的抽样范围，要标注清楚，如二层①～⑩/轴线砖砌体。

施工单位、分包单位与合同上公章名称相一致。项目经理填写合同中指定的项目负责人。有分包单位时，填写分包单位全称，分包单位项目经理应是合同中指定的项目负责人。这些人员不需本人签字。

(3) 施工执行标准名称及编号

填写施工操作依据标准，可以是企业标准（自己没有可执行其他单位的）、地方标准等。不能填写国家标准质量验收规范。

2. 施工单位检查评定栏

(1) 对定性项目符合规定打“√”，否则打“×”；

(2) 对有定性又有定量的项目各项均符合要求打“√”，否则打“×”。

一般项目中允许偏差内容检查结果按各验收规范要求界定是否合格，各验收规范有关合格点率和超过允许偏差值的倍数以及不允许超差的要求见表1-7。对超过标准规定的可用符号标注，选用何种符号可由参建各方共同商定。

【举例一】 某工地在检验批质量验收时，对允许偏差值超过国家标准规定而没超过1.5倍（或1.2倍）的用“○”圈住，对超过1.5倍（或1.2倍）的用“△”框住，并注明对“△”框点已进行返修处理。

【举例二】 某工地在检验批质量验收时，对允许偏差值超过施工执行标准（企业标准、地方标准等）而没超过国家标准的用“○”圈住，对超过国家标准而没超过1.5倍（或1.2倍）的用“△”框住，见表1-10。

3. 监理单位验收记录栏

符合要求的填写“合格”或“符合要求”，不符合要求的暂不填写，但应做标记。

填写样式见砖砌体工程检验批质量验收记录表，见表1-10。

1.32 分项工程质量验收有何规定？

分项工程是在检验批验收合格基础上进行，通常起一个归纳整理的作用，但也有实质性的验收内容。

1. 表的填写

表名填上所验收分项工程的名称，表头及检验批部位、区段(1～15)为轴线。施工单位检查评定结果，由施工单位项目专业质量检查员填写，符合要求的打“√”，否则打“×”。由施工单位的项

砖砌体工程检验批质量验收记录表

(GB 50203—2002)

表 1-10

010701□□

020301⓪①

<table>
<tr><td colspan="3">单位(子单位)工程名称</td><td colspan="12">××4 号住宅楼</td></tr>
<tr><td colspan="3">分部(子分部)工程名称</td><td colspan="6">主 体 分 部</td><td colspan="4">验收部位</td><td colspan="2">一层墙</td></tr>
<tr><td colspan="2">施工单位</td><td colspan="7">某建筑工程公司</td><td colspan="4">项目经理</td><td colspan="2"></td></tr>
<tr><td colspan="3">施工执行标准名称及编号</td><td colspan="12">QJ68.006—2002 砌砖工艺标准</td></tr>
<tr><td colspan="4">质量验收规范的规定</td><td colspan="10">施工单位检查评定记录</td><td>监理(建设)单位验收记录</td></tr>
<tr><td rowspan="7">主控项目</td><td>1</td><td>砖强度等级</td><td>MU10</td><td colspan="10">2 份试验报告 MU10</td><td rowspan="7">符合要求</td></tr>
<tr><td>2</td><td>砂浆强度等级</td><td>M10</td><td colspan="10">试块偏号 6 月 10 日 4-06</td></tr>
<tr><td>3</td><td>水平灰缝砂浆饱满度</td><td>≥80%</td><td colspan="10">90、96、97、90、95、96</td></tr>
<tr><td>4</td><td>斜槎留置</td><td>第 5.2.3 条</td><td colspan="10">/</td></tr>
<tr><td>5</td><td>直槎拉结筋及接槎处理</td><td>第 5.2.4 条</td><td colspan="10">√</td></tr>
<tr><td>6</td><td>轴线位移</td><td>≤10mm</td><td colspan="10">20 处平均 4mm,最大 7mm</td></tr>
<tr><td>7</td><td>垂直度(每层)</td><td>≤5mm</td><td colspan="10">3 处平均 3.8mm,最大 5mm</td></tr>
<tr><td rowspan="7">一般项目</td><td>1</td><td>组砌方法</td><td>第 5.3.1 条</td><td colspan="10">√</td><td rowspan="7">符合要求</td></tr>
<tr><td>2</td><td>水平灰缝厚度 10mm</td><td>8～12mm</td><td colspan="10">√</td></tr>
<tr><td>3</td><td>基础顶面、楼面标高</td><td>±15mm</td><td>6</td><td>5</td><td>7</td><td>3</td><td>7</td><td>9</td><td></td><td></td><td></td><td></td></tr>
<tr><td>4</td><td>表面平整度(混水)</td><td>8mm</td><td>4</td><td>6</td><td>3</td><td>3</td><td></td><td></td><td></td><td></td><td></td><td></td></tr>
<tr><td>5</td><td>门窗洞口高宽度</td><td>±5mm</td><td>2</td><td>2</td><td>3</td><td>⑤</td><td>4</td><td>2</td><td>1</td><td>2</td><td>⑤</td><td>4</td></tr>
<tr><td>6</td><td>外墙上下窗口偏移</td><td>20mm</td><td>1
1</td><td>8</td><td>6</td><td>1
0</td><td></td><td></td><td></td><td></td><td></td><td></td></tr>
<tr><td>7</td><td>水平灰缝平直度</td><td>10mm</td><td>5</td><td>△12</td><td>8</td><td>7</td><td></td><td></td><td></td><td></td><td></td><td></td></tr>
<tr><td colspan="3" rowspan="2">施工单位检查评定结果</td><td colspan="3">专业工长(施工员)</td><td colspan="3"></td><td colspan="4">施工班组长</td><td colspan="2"></td></tr>
<tr><td colspan="12">检查评定合格

项目专业质量检查员：　　年　月　日</td></tr>
<tr><td colspan="3">监理(建设)单位验收结论</td><td colspan="12">同意验收

专业监理工程师：
(建设单位项目专业技术负责人)：　　年　月　日</td></tr>
</table>

注：检查评定结果栏和验收结论栏均由本人签认。

目专业技术负责人检查后给出评价并签字，交监理单位或建设单位验收。

2. 验收时注意事项

(1) 注意是否将所有检验批和检验批部位全部覆盖。

(2) 检验批中没有结果的项目应进行验收，如有龄期的混凝土试件强度等级、砌筑砂浆试块强度等级等。

(3) 达到分项工程验收的项目，如全高垂直度、轴线位移、有龄期项目等。

例如：表 1-11 说明栏有 2 点。

一是全高垂直度。该工程有 6 层，全高垂直度允许偏差为 20mm。检查 4 点，平均为 9.2mm，最大值 14mm，均在标准规范允许范围内。

二是砂浆强度等级。楼层完工后，因砌筑砂浆试块尚未达到养护天数，到分项工程验收时再进行查验。从表 1-9 得知，砌筑砂浆设计强度为 10MPa，从表 1-10 中得知试件有 6 组，平均值为 11.1MPa，大于设计强度等级 10MPa；最小一组为 9.6MPa，大于 7.5MPa。砌筑砂浆强度判定依据：《砌体工程施工质量验收规范》(GB 50203—2002)砌筑砂浆第 4.0.12 条规定：同一验收批砂浆试块抗压强度平均值必须大于或等于设计强度等级所对应的立方体抗压强度；同一验收批砂浆试块抗压强度的最小一组值必须大于或等于设计强度等级所对应的立方体抗压强度的 0.75 倍。

从表 1-11 说明栏和验收规范规定，该检验批砌筑砂浆强度符合要求，可以通过验收。

(4) 将所含的资料进行登记整理。监理单位的专业监理工程师或建设单位项目技术负责人应逐项审查，同意项填写“合格或符合要求”，不同意项暂不填写，待处理后再验收，但应做标记。注明验收和不验收的意见，如同意验收则签字确认，不同意验收则指出存在问题，明确处理意见和完成时间。

填写式样见表 1-11 砖砌体分项工程质量验收记录表。

砖砌体分项工程质量验收记录表　　表 1-11

<table>
<tr><td colspan="2">单位(子单位)工程名称</td><td colspan="2">××4 号住宅楼</td><td>结构类型</td><td>砖混六层</td></tr>
<tr><td colspan="2">分部(子分部)工程名称</td><td colspan="2">主　体　分　部</td><td>检验批数</td><td>6</td></tr>
<tr><td>施工单位</td><td colspan="3">某建筑工程公司</td><td>项目经理</td><td></td></tr>
<tr><td>序　号</td><td colspan="2">检验批部位、区段</td><td>施工单位检查评定结果</td><td colspan="2">监理(建设)单位验收结论</td></tr>
<tr><td>1</td><td colspan="2">一层墙①—⑮</td><td>√</td><td colspan="2" rowspan="7">合　　格</td></tr>
<tr><td>2</td><td colspan="2">二层墙①—⑮</td><td>√</td></tr>
<tr><td>3</td><td colspan="2">三层墙①—⑮</td><td>√</td></tr>
<tr><td>4</td><td colspan="2">四层墙①—⑮</td><td>√</td></tr>
<tr><td>5</td><td colspan="2">五层墙①—⑮</td><td>√</td></tr>
<tr><td>6</td><td colspan="2">六层墙①—⑮</td><td>√</td></tr>
<tr><td>7</td><td colspan="2"></td><td></td></tr>
<tr><td>说明</td><td colspan="3">1. 全高垂直度：检查 4 点分别为 7、9、14、7。平均为 9.2 最大值为 14。
2. 砂浆试块坑压强度依次为 11.8、11.9、12.1、9.6、10.2、10.8。平均 11.1MPa ≥10MPa，最小 9.6MPa ≥7.5MPa。</td><td colspan="2"></td></tr>
<tr><td>检查结论</td><td colspan="2">合格

项目专业技术负责人：
年　月　日</td><td>验收结论</td><td colspan="2">同意验收

监理工程师：
（建设单位项目专业技术负责人）
年　月　日</td></tr>
</table>

填表说明：1. 将分项工程名称填写具体和检验批表的名称一致；

2. 检验批逐项填写，并注明部位、区段，以便检查是否有没有检查到的部位；

3. 由项目专业技术负责人和该专业的监理工程师本人签认。

1.33　分部(子分部)工程质量验收有何规定？

1. 验收内容

分部(子分部)工程验收。由于单位工程体量的增大，复杂程度的增加，专业内容的增多，为了分清责任，及时整修等，一些应到单位工程验收的内容，移到分部(子分部)工程进行验收。具体有：

(1) 所含分项工程质量验收。

(2) 质量控制资料。

(3) 地基基础、主体结构和设备安装有关安全及功能检验和抽样检测。

(4) 观感质量。

2. 验收要点

(1) 表名应分别划掉分部或子分部；

(2) 分项工程名称按实际填写；

(3) 检验批数填抽查数量；

(4) 施工单位检查评定均合格打"√"；

(5) 质量控制资料按单位(子单位)工程质量控制资料核查记录表1-14对应内容检查；

(6) 安全和功能检验及抽查按单位(子单位)工程表1-15对应内容检验；

(7) 观感质量按单位(子单位)工程表1-16对应内容检查；

(8) 验收意见栏填"同意验收"，观感质量填评价结果"好"、"一般"、或"差"，差的项目应进行返修。

3. 验收程序

分部(子分部)工程应由施工单位将自行检查评定合格的表填写好，由项目经理交监理单位或建设单位验收。由总监理工程师或建设单位项目负责人组织施工单位项目经理及有关勘察(地基与基础部分)、设计(地基与基础及主体结构等)单位项目负责人进行验收，并按表1-12的要求进行记录。

4. 验收及表格填写

(1) 表名及表头部分

1) 表名：分部(子分部)工程的名称填写要具体，写在分部(子分部)工程的前边，并分别划掉分部或子分部。

2) 表头部分的工程名称栏填写工程全称。

主体分部(子分部)工程质量验收记录表　　表 1-12

<table>
<tr><td colspan="3">单位(子单位)工程名称</td><td colspan="2">××4 号住宅楼</td><td colspan="2">结构类型及层数</td><td>砖混六层</td></tr>
<tr><td colspan="2">施工单位</td><td>某建筑工程公司</td><td>技术部门负责人</td><td>××</td><td colspan="2">质量部门负责人</td><td>×××</td></tr>
<tr><td colspan="2">分包单位</td><td></td><td>分包单位负责人</td><td></td><td colspan="2">分包技术负责人</td><td></td></tr>
<tr><td colspan="2">序　号</td><td>分项工程名称</td><td>检验批数</td><td colspan="3">施工单位检查评定</td><td>验收意见</td></tr>
<tr><td rowspan="7">1</td><td rowspan="7">分项工程</td><td>1　砖砌体分项工程</td><td>6</td><td colspan="3">√</td><td rowspan="7">同意验收</td></tr>
<tr><td>2　模板分项工程</td><td>6</td><td colspan="3">√</td></tr>
<tr><td>3　钢筋分项工程</td><td>6</td><td colspan="3">√</td></tr>
<tr><td>4　混凝土分项工程</td><td>6</td><td colspan="3">√</td></tr>
<tr><td>5</td><td></td><td colspan="3"></td></tr>
<tr><td>6</td><td></td><td colspan="3"></td></tr>
<tr><td>7</td><td></td><td colspan="3"></td></tr>
<tr><td>2</td><td colspan="3">质 量 控 制 资 料</td><td colspan="3">√</td><td>同意验收</td></tr>
<tr><td>3</td><td colspan="3">安全和功能检验(检测)报告</td><td colspan="3">√</td><td>同意验收</td></tr>
<tr><td>4</td><td colspan="3">观感质量验收</td><td colspan="3">好</td><td>好</td></tr>
<tr><td>5</td><td colspan="3">验　收　结　论</td><td colspan="4">合　格</td></tr>
<tr><td rowspan="5">验收单位</td><td colspan="2">分 包 单 位</td><td colspan="5">项目经理:</td></tr>
<tr><td colspan="2">施 工 单 位</td><td colspan="5">项目经理:　　年　月　日</td></tr>
<tr><td colspan="2">勘 察 单 位</td><td colspan="5">项目负责人:　　年　月　日</td></tr>
<tr><td colspan="2">设 计 单 位</td><td colspan="5">项目负责人:　　年　月　日</td></tr>
<tr><td colspan="2">监理(建设)单位</td><td colspan="5">总监理工程师:
(建设单位项目专业负责人)　　年　月　日</td></tr>
</table>

填表说明:

1. 分部(子分部)工程的名称填写要具体,并注明是分部还是子分部;
2. 分项工程填写要是全部分项工程,并写明检验批的数量;
3. 资料审查要按子分部工程分别检查,要按层次进行,并判断其能否达到完整的要求;判定达到3、4项要求施工单位填写"合格",监理单位填写"同意验收",并将资料附在后边;
4. 安全和功能抽查,每项检测有单项报告,其结果能达到设计要求;
5. 观感质量验收按单位工程的程序和要求进行,并附评价表;
6. 各单位的项目经理、项目负责人及总监理工程师签字确认。

3）结构类型填写按设计文件提供的结构类型。

4）层数应分别注明地下和地上的层数。

5）施工单位填写单位全称。

6）技术部门负责人及质量部门负责人多数情况下填写项目的技术及质量负责人，只有地基与基础、主体结构及重要安装分部（子分部）工程应填写施工单位的技术部门及质量部门负责人。

7）分包单位。有分包单位时才填，主体结构不许分包。分包单位名称要写全称，分包单位负责人及技术负责人，填写本项目负责人及项目技术负责人。

（2）验收内容及表的填写

1）分项工程。按分项工程第一个检验批施工先后顺序，将分项工程名称填写上，在第二格栏内分别填写各分项工程实际的检验批数量，并将各分项工程验收表按顺序附在表后。

2）施工单位检查评定栏，填写施工单位自行检查评定结果。核查各分项工程是否都合格。自检符合要求的可打“√”，否则打“×”。有“×”的项目不能交给监理单位（建设单位）验收，返修合格后再提交监理单位（建设单位）组织验收，符合要求后，在验收意见栏内签注“同意验收”。

3）质量控制资料。按表1-14“单位（子单位）工程质量控制资料核查记录表”和相应专项工程质量验收规范的资料项目内容来验收，逐项进行核查，能基本反映工程质量情况，达到保证结构安全和使用功能要求，即可通过，在施工单位检查评定栏内打“√”。否则打“×”。监理单位（建设单位）验收，符合要求，在验收意见栏签注“同意验收”。

有些工程可按子分部工程进行资料核查，由于工程不同，不强求统一。各子分部工程核查后，分部工程可不再核查。

4）安全和功能检验（检测）资料核查和抽查。核查内容按表1-15“单位（子单位）工程安全和功能检验资料核查及主要功能抽查记录表”和专业工程质量验收规范的项目内容检查。在核查时要注意，开工前确定的项目是否都进行了检测；逐一检查每个检测报告，核查每个检测项目的检测方法、程序是否符合有关标准规定；检测结果是否达到规范的要求。检测报告的审批程序签字是否完整。通过审查，在施工单位检查评定栏内打“√”。由项目经理送监理单位（或建设单位）验收，监理单位（或建设单位）组织审查，符合要求后，在“验收意见栏”内签注“同意验收”。

5）观感质量验收。按表1-16“单位（子单位）工程观感质量检查记录表”和专项工程质量验收规范的项目内容检查。检查时能启动或试运转的要启动或试运转，能打开看的要打开看，有代表性的房间、部位都应走到。在听取参加检查人员意见的基础上，以总监理工程师（或建设单位项目专业负责人）为主导共同评价出好、一般、差的质量等级。观感质量评价为差的项目，能修理的尽量修理，如果确难修理时，只要不影响结构安全和使用功能，可采用协商解决的方法进行验收，并在验收表上注明。

6）验收结论。填写“合格”。

（3）验收单位签字认可。按表列参与工程建设责任单位的有关人员应亲自签认。

勘察单位可只签认地基基础分部（子分部）工程，设计单位可只签地基基础、主体结构及重要安装分部（子分部）工程。

施工单位的总承包单位必须签认，由项目经理亲自签名，有分包单位的分包单位也必须签认其分包的分部（子分部）工程，由分包项目经理亲自签认。

监理单位（建设单位）由总监理工程师（项目专业负责人）亲自签认验收。

（4）填写式样见表1-12“分部（子分部）工程质量验收记录表”。

注：混凝土结构、子分部工程结构实体质量验收有2种专门用表，需单独填写，见表10-2《混凝土结构子分部工程结构实体混凝土强度验收记录表》和表10-3：《混凝土结构子分部工程结构实体钢筋保护层厚度验收记录表》。

1.34 单位(子单位)工程质量竣工验收有何规定?

单位(子单位)工程完工后,首先由施工单位检查评定,合格后写出工程竣工报告,经监理单位组织验收,通过后报请建设单位组织参建单位进行验收。

建设单位应在验收前7个工作日,把竣工验收的时间、地点、参加验收单位、主要人员、验收组织和程序等报工程质量监督站,监督站届时派员参加竣工验收并进行监督。

1. 单位(子单位)工程质量验收内容

(1) 单位(子单位)工程质量验收由五部分内容组成,即:分部工程、质量控制资料、安全和主要使用功能核查及抽查、观感质量和综合验收结论。除综合验收结论外,都有专用表,而单位(子单位)工程质量竣工验收记录表(表1-13)是一个综合性的表,是各项目验收合格后填写的。

(2) 表名、表头及验收内容填写

1) 将单位工程或子单位工程的名称(项目批准的工程名称)填写在表名的前边,并划掉单位或子单位。

2) 表头部分,参照分部(子分部)工程验收表填写。

3) 单位(子单位)工程竣工验收记录表中"验收记录栏"由施工单位填写;"验收结论栏"由监理单位填写;"综合验收结论栏"由建设单位填写。

2. 分部工程验收

对所含分部工程逐项检查。首先由施工单位的项目经理组织有关人员逐个分部(子分部)工程进行检查评定。所含分部(子分部)工程检查合格后,由项目经理提交验收。经验收组成员验收后,由施工单位填写"验收记录"栏。注明共验收几个分部,经验收符合"标准及设计要求"的几个分部。审查验收的分部工程全部符合要求,由监理(建设)单位在验收结论栏内,填上"同意验收"。

3．质量控制资料核查(见表 1-14)

先由施工单位检查合格,再提交监理单位验收。其全部内容在分部(子分部)工程中已经审查。通常单位(子单位)工程质量控制资料核查,也是按分部(子分部)工程逐项检查和审查,一个分部工程只有一个子分部工程时,子分部工程就是分部工程,多个子分部工程时,可一个一个地检查和审查,也可按分部工程检查和审查。每个子分部工程、分部工程审查后,依次装订起来,前边的封面写上分部工程的名称,并将所含子分部工程的名称依次填写好。然后将各子分部工程审查的资料逐项进行统计,填入验收记录栏内。如果出现有核定的项目时,应查明情况,只要是协商验收的内容,填在验收结论栏内,通常严禁验收的项目,不会留在单位工程验收时再处理。这项也是先由施工单位自行检查评定合格后,提交验收,由总监理工程师(或建设单位项目负责人)组织审查符合要求后,在验收记录栏内填写项数。在验收结论栏内,填写"同意验收"。同时要在表 1-12 单位(子单位)工程质量竣工验收记录表中的序号 2 栏内的验收结论栏内填"同意验收"。

4．安全和主要功能核查及抽查结果(表 1-15)

这个项目包括两个方面内容。一是在分部(子分部)工程进行了安全和功能检测的项目,要核查其检验资料是否符合设计要求。在单位工程进行的安全和功能抽测项目,要核查其项目是否与设计内容一致,检测的程序、方法是否符合有关标准规定,检测报告的结论是否达到设计要求及规范规定。这个项目也是由施工单位检查评定合格,填写好份数后再提交验收,由总监理工程师(或建设单位项目负责人)组织审查。统计核查的项数,填入核查意见栏,通常两个项数是一致的,如果个别项目的检测结果达不到设计要求,则应进行返工处理,直到符合要求。将结果填在核查意见栏。二是验收时对主要功能项目的随机抽查,抽查项目由验收组共同确定,在现场抽查其功能是否满足使用要求,将结果填在抽查结果栏。如核查和抽查均都符合要求,由总监理工程师(或建设单位项目负责人)在表 1-12 序号 3 栏内的验收结论栏内填写"同意验收”。

5. 观感质量验收(表 1-16)

观感质量检查的方法同分部(子分部)工程的观感质量验收。单位工程观感质量检查验收不同的是项目比较多,是一个综合性验收。实际是复查各分部(子分部)工程验收后,到单位工程竣工的质量变化,成品保护以及分部(子分部)工程验收时,还没有形成部分的观感质量等。这个项目也是先由施工单位检查评定合格,提交验收。由总监理工程师(或建设单位项目负责人)组织审查,程序和内容与分部工程检查基本是一致的。通过检查,如果没有影响结构安全和使用功能的项目,由总监理工程师(或建设单位项目负责人)为主导提出意见,评价出好、一般、差的质量等级。不论评价为好、一般的项目,都可作为符合要求的项目。评为“差”的项目应进行返修。待符合要求后,由总监理工程师(或建设单位项目负责人)在表 1-11 序号 4 栏内的观感质量综合评价栏内填写“好、一般或差”。当然,如果评价为“差”的项目很难返修,且不影响主要使用功能,可以有条件验收。如果有不符合要求的项目,就要按不合格处理程序进行处理。

6. 综合验收结论

综合验收是指在前 4 项内容均符合要求后进行的验收,即按表 1-12 单位(子单位)工程质量竣工验收记录表进行验收。经各项目审查符合要求时,由监理单位(或建设单位)在“验收结论”栏内填写“同意验收”的意见。各栏均同意验收且经各参加验收方共同确认后,由建设单位在表 1-14 序号 5 栏内的“综合验收结论”栏填写“通过验收”。

7. 参加验收单位签名

勘察单位、设计单位、施工单位、监理单位、建设单位都同意验收时,各单位(项目)负责人要亲自签字,并加盖单位公章,注明签字验收的年月日。

单位(子单位)工程质量验收表格填写式样见表 1-13、表1-14、表 1-15 和表 1-16。

单位(子单位)工程质量竣工验收记录表　　表 1-13

<table>
<tr><td>工程名称</td><td colspan="2">××4 号住宅楼</td><td>结构类型</td><td>砖混</td><td>层数/建筑面　积</td><td>六层/3680m²</td></tr>
<tr><td>施工单位</td><td colspan="2">某建筑工程公司</td><td>技术负责人</td><td>××</td><td>开工日期</td><td>2002.5.18</td></tr>
<tr><td>项目经理</td><td colspan="2">××</td><td>项目技术负责人</td><td>××</td><td>竣工日期</td><td>2002.11.20</td></tr>
<tr><td>序号</td><td colspan="2">项　目</td><td colspan="2">验　收　记　录</td><td colspan="2">验　收　结　论</td></tr>
<tr><td>1</td><td colspan="2">分部工程</td><td colspan="2">共 7 分部，经查符合标准及设计要求 7 分部</td><td colspan="2">同　意　验　收</td></tr>
<tr><td>2</td><td colspan="2">质量控制资料核查</td><td colspan="2">共 30 项，经审查符合要求 30 项，经核定符合规定要求 0 项</td><td colspan="2">同　意　验　收</td></tr>
<tr><td>3</td><td colspan="2">安全和主要使用功能核查及抽查结果</td><td colspan="2">共核查 19 项，符合要求 19 项，共抽查 8 项，符合要求 8 项，经返工处理符合要求 0 项</td><td colspan="2">同　意　验　收</td></tr>
<tr><td>4</td><td colspan="2">观感质量验收</td><td colspan="2">共抽查 16 项，符合要求 16 项，不符合要求 0 项</td><td colspan="2">好</td></tr>
<tr><td>5</td><td colspan="2">综合验收结论</td><td colspan="4">通　过　验　收</td></tr>
<tr><td rowspan="2">参加验收单位</td><td>勘察单位</td><td>设计单位</td><td colspan="2">施工单位</td><td>监理单位</td><td>建设单位</td></tr>
<tr><td>(公章)
(略)
单位(项目)负责人××
年　月　日</td><td>(公章)
(略)
单位(项目)负责人××
年　月　日</td><td colspan="2">(公章)
(略)
单位负责人××
年　月　日</td><td>(公章)
(略)
总监理工程师×××
年　月　日</td><td>(公章)
(略)
单位(项目)负责人××
年　月　日</td></tr>
</table>

填表说明：

1. 单位(子单位)工程的名称要填写全称，即批准项目的名称，并注明是单位工程或子单位工程。
2. 安全和主要使用功能核查及抽查结果栏，包括两个方面，一个是在分部、子分部工程抽查过的项目检查检测报告的结论；另一方面是单位工程抽查的项目要检查其全部的检查方法程序和结论。
3. 综合验收结论，填写通过或同意验收。不同意验收就不一定形成表格，待返修完善后，再形成表格。
4. 验收单位负责人要求本人签名。
5. 表中验收记录由施工单位填写，验收结论由监理(建设)单位填写，综合验收结论由参加验收各方共同商定，建设单位填写，应对工程质量是否符合设计和规范要求及总体质量水平做出评价。

单位(子单位)工程质量控制资料核查记录　　表 1-14

工程名称		××4 号住宅楼	施工单位	某建筑工程公司	
序号	项目	资 料 名 称	份 数	核查意见	核查人
1	建筑与结构	图纸会审、设计变更、洽商记录	10	符合要求	
2		工程定位测量、放线记录	2	符合要求	
3		原材料出厂合格证书及进场检(试)验报告	26	符合要求	
4		施工试验报告及见证检测报告	40	符合要求	
5		隐蔽工程验收记录	10	符合要求	
6		施工记录	45	符合要求	
7		预制构件、预拌混凝土合格证			
8		地基基础、主体结构检验及抽样检测资料	4	符合要求	
9		分项、分部工程质量验收记录	35	符合要求	
10		工程质量事故及事故调查处理资料			
11		新材料、新工艺施工记录			
12					
1	给排水与采暖	图纸会审、设计变更、洽商记录	3	符合要求	
2		材料、配件出厂合格证书及进场检(试)验报告	10	符合要求	
3		管道、设备强度试验、严密性试验记录	8	符合要求	
4		隐蔽工程验收记录	5	符合要求	
5		系统清洗、灌水、通水、通球试验记录	8	符合要求	
6		施工记录	10	符合要求	
7		分项、分部工程质量验收记录	10	符合要求	
8					

续表

工程名称		××4号住宅楼	施工单位	某建筑工程公司	
序号	项目	资料名称	份数	核查意见	核查人
1	建筑电气	图纸会审、设计变更、洽商记录	5	符合要求	
2		材料、设备出厂合格证书及进场检(试)验报告	30	符合要求	
3		设备调试记录	2	符合要求	
4		接地、绝缘电阻测试记录	2	符合要求	
5		隐蔽工程验收记录	6	符合要求	
6		施工记录	15	符合要求	
7		分项、分部工程质量验收记录	20	符合要求	
8					
1	通风与空调	图纸会审、设计变更、洽商记录			
2		材料、设备出厂合格证书及时场检(试)验报告			
3		制冷、空调、水管道强度试验、严密性试验记录			
4		隐蔽工程验收记录			
5		制冷设备运行调试记录			
6		通风、空调系统调试记录			
7		施工记录			
8		分项、分部工程质量验收记录			
1	电梯	图纸会审、设计变更、洽商记录			
2		设备出厂合格证书及开箱检验记录			
3		隐蔽工程验收记录			
4		施工记录			
5		接地、绝缘电阻测试记录			
6		负荷试验、安全装置检查记录			
7		分项、分部工程质量验收记录			
8					

续表

工程名称		××4号住宅楼	施工单位	某建筑工程公司	
序号	项目	资　料　名　称	份　数	核查意见	核查人
1	智能建筑	图纸会审、设计变更、洽商记录、竣工图及设计说明	6	符合要求	
2		材料、设备出厂合格证及技术文件及进场检(试)验报告	20	符合要求	
3		隐蔽工程验收记录	10	符合要求	
4		系统功能测定及设备调试记录	6	符合要求	
5		系统技术、操作和维护手册	5	符合要求	
6		系统管理、操作人员培训记录	3	符合要求	
7		系统检测报告	4	符合要求	
8		分项、分部工程质量验收报告	10	符合要求	

结论：

符合要求。

总监理工程师

施工单位项目经理　　年　月　日　　（建设单位项目负责人）　年　月　日

填表说明：1. 对质量控制资料核查，应按项目分别进行。施工单位应先将资料分项目整理成册，项目顺序按本表顺序。每个项目按层次核查，并判断其能否满足规定要求；

2. 核查由总监理工程师组织，有关专业监理工程师参加；

3. 由施工(总包)单位项目经理和总监理工程师签字；

4. 具体资料项目按专业验收规范的项目进行核查。

单位(子单位)工程安全和功能检验资料核查及主要功能抽查记录

表 1-15

工程名称		××4号住宅楼	施工单位	××建筑工程公司		
序号	项目	安全和功能检查项目	份数	核查意见	抽查结果	核查(抽查)人
1	建筑与结构	屋面淋水试验记录	1	符合要求	不渗漏	××
2		地下室防水效果检查记录	1	符合要求		
3		有防水要求的地面蓄水试验记录	12	符合要求		
4		建筑物垂直度、标高、全高测量记录	1	符合要求		
5		抽气(风)道检查记录	4	符合要求	无堵塞	
6		幕墙及外窗气密性、水密性、耐风压检测报告	1	符合要求		
7		建筑物沉降观测测量记录	5	符合要求		
8		节能、保温测试记录	1	符合要求		
9		室内环境检测报告	5	符合要求		
10						
1	给水排水与采暖	给水管道通水试验记录	1	符合要求		
2		暖气管道、散热器压力试验记录	1	符合要求		
3		卫生器具满水试验记录	6	符合要求	不渗漏	
4		消防管道压力试验记录	1	符合要求		
5		排水干管通球试验记录	5	符合要求	畅通	
6						
1	电气	照明全负荷试验记录	1	符合要求	运行正常	
2		大型灯具牢固性试验记录				
3		避雷接地电阻测试记录	1	符合要求		
4		线路、插座、开关接地检验记录	6	符合要求	符合要求	
5						
1	通风空调	通风、空调系统试运行记录				
2		风量、温度测试记录				
3		洁净室内洁净度测试记录				
4		制冷机组试运行调试记录				
5						

续表

工程名称		××4号住宅楼	施工单位	××建筑工程公司		
序号	项目	安全和功能检查项目	份数	核查意见	抽查结果	核查(抽查)人
1	电梯	电梯运行记录				
2		电梯安全装置检测报告				
1	智能建筑	系统试运行记录	6	符合要求	正常	
2		系统电源及接地检测报告	6	符合要求	符合要求	
3						

结论：

同意验收。

施工单位项目经理　　　　　　总监理工程师

年　月　日　　　　　　（建设单位项目负责人）　年　月　日

注：抽查项目由验收组协商确定。

填表说明：

1. 按项目分别进行核查和检查，对在分部、子分部已抽查的项目，核查其结论是否符合设计要求；对在单位工程（子单位）抽查的项目，应进行全面检查，并核实其结论是否符合设计要求；
2. 总监理工程师组织有关监理工程师核查、检查，施工单位项目经理、技术负责人参加；
3. 由施工（总包）单位项目经理和总监理工程师签字。

单位（子单位）工程观感质量检查记录　　表 1-16

工程名称		××4号住宅楼	施工单位			××建筑工程公司									
序号	项目		抽查质量状况										质量评价		
													好	一般	差
1	建筑与结构	室外墙面	√	√	0	√	0	√	√	√	0	√	√		
2		变形缝	√	0	√	√	×							√	
3		水落管、屋面											√		
4		室内墙面											√		
5		室内顶棚											√		
6		室内地面											√		
7		楼梯、踏步、护栏												√	
8		门窗											√		

续表

工程名称	××4号住宅楼		施工单位	××建筑工程公司		
序号	项目		抽查质量状况	质量评价		
				好	一般	差
1	给排水与采暖	管道接口、坡度、支架		√		
2		卫生器具、支架、阀门		√		
3		检查口、扫除口、地漏			√	
4		散热器、支架		√		
1	建筑电气	配电箱、盘、板、接线盒			√	
2		设备器具、开关、插座		√		
3		防雷、接地		√		
1	通风与空调	风管、支架				
2		风口、风阀				
3		风机、空调设备				
4		阀门、支架				
5		水泵、冷却塔				
6		绝热				
1	电梯	运行、平层、开关门				
2		层门、信号系统				
3		机房				
1	智能建筑	机房设备安装及布局				
2		现场设备安装		√		
3						
观感质量综合评价			好			
检查结论	好 总监理工程师 施工单位项目经理　年　月　日　（建设单位项目负责人）　年　月　日					

注：1. 质量评价为差的项目，应进行返修。

2. 填表说明，重点注意：

(1) 其他表都是施工单位先验收合格填写好，监理再验收。

(2) 由总监理工程师组织有关监理工程师，会同参加验收的人员共同进行，通过现场全面检查，在听取有关人员的意见后，由总监理工程师为主与监理工程师共同确定质量评价；评价分为好、一般、差。只要不影响安全和使用功能，都可通过验收，评为差时，能修的尽量修，不能修的按1.35条第四款处理。

(3) 由施工（总包）单位项目经理和总监理工程师签字。

(4) 记录方法供参考：评价为“好时可打“√”，评价为一般可记“○”，评价为差时可打“×”。

3. 本表其余各项没填，验收时应填全。

1.35 工程质量不符合要求，返工处理后的验收有何规定？

建筑工程质量不符合要求时，应按规定进行处理，共规定 5 种情况，前 3 种是能通过正常验收。第 4 种是特殊情况的处理，虽达不到验收规范和设计要求，但经过加固补强等措施能保证结构安全或使用功能。建设单位与施工单位可以协商，根据协商文件，有条件验收。

(1) 返工重做或更换器具、设备的检验批应重新进行验收。

返工重做包括全部或局部推倒重来及更换设备、器具等的处理，处理或更换后，应重新按程序进行验收。如某住宅楼一层砌砖，验收时，发现砖的强度等级为 MU7，达不到设计要求的 MU10，推倒后重新使用 MU10 砖砌筑，其砖砌体工程的质量，应重新按程序进行验收。

重新验收时，要对该项目工程按规定重新抽样、选点、检查和验收，重新填写检验批质量验收记录表，并注明系返工重做后的验收。

(2) 经法定检测单位检测鉴定能够达到设计要求的检验批，应予以验收。

这种情况多是某项质量指标不符合规定，多数是指留置的试块、试件失去代表性，或因故缺少试块、试件，以及试块、试件试验报告缺少某项有关主要内容，也包括对试块、试件或试验结果报告有怀疑时，经有资质的检测机构，对工程实体进行检验测试。其测试结果证明该检验批的工程质量能够达到原设计要求的，应按正常情况给予验收。

例如：某现浇混凝土墙，设计混凝土强度为 C25，经制作的试件强度判定没有达到设计要求，只有 C23.5。请法定检测单位对实体进行无损检测，检测结果为 C25.5，满足设计要求，则应予以验收。

(3) 经有资质的检测单位检测鉴定达不到设计要求，但经过原设计单位核算，认可能够满足结构安全和使用功能的检验批，可予以验收。

这种情况与第二种情况一样，是某项质量指标达不到规范要求，多数也是指留置的试块、试件失去代表性、或因缺少试块、试件，以及试块、试件试验报告有缺项，不能有效证明该质量情况，或是对该试验报告有怀疑时，要求对工程实体质量进行检测。经有资质的检测单位检测鉴定达不到设计要求，但这种数据距设计要求差距不是太大。经过原设计单位进行验算，认为仍可满足结构安全和使用功能，可不进行加固补强。

如原设计混凝土强度为C30，试件结果判定只有C29，没有达到设计要求。经原设计单位对建筑物荷载等计算，认可能满足结构安全和使用功能。

又如某五层砖混结构，一、二、三层用M10砂浆砌筑，四、五层为M5砂浆砌筑。在施工过程中，由于管理不善等，第三层砂浆强度仅达到8.9MPa，没达到设计要求，按规定应不能验收，但经过原设计单位验算，砌体强度尚可满足结构安全和使用功能，可不返工和加固。由设计单位出具正式的认可证明，有注册结构工程师签字，并加盖单位公章，这种情况可进行验收。

(4) 经过返修或加固处理的分项、分部工程，虽改变外形尺寸，但仍能满足安全使用要求，可按技术处理方案和协商文件进行验收。

这种情况多数是某项质量指标达不到验收规范规定和设计要求，如同第二、三种情况，经过有资质的检测单位检测鉴定达不到设计要求，由原设计单位经过验算，也认为达不到设计要求。经过验算分析，找出了事故原因，分清了质量责任，同时，经过建设单位、施工单位、监理单位、设计单位等协商，同意进行加固补强，并协商好加固费用的来源，加固后的验收等事宜，由原设计单位出具体加固技术方案，通常由原施工单位进行加固，虽然改变了个别建筑构件的外形尺寸，或留下永久性缺陷，包括改变工程的用途在内，但可按协商文件验收，也是有条件的验收，由责任方承担经济损失或赔偿等。

例如:有一些工程出现达不到设计要求,经过验算满足不了结构安全和使用功能要求,需要进行加固补强,但加固补强后,改变了外形尺寸或造成永久性缺陷。比如经过补强加大了截面,增大了体积,设置了支撑,加设了牛腿等,使原设计的外形尺寸有了变化。

造成永久性缺陷是指通过加固补强后,只是解决了结构性能问题,而其本质并未达到原设计要求,均属造成永久性缺陷。如某工程地下室渗漏水,采用从内部增加防水层堵漏,满足了使用要求,但却使那部分墙体长期处于潮湿甚至水饱和状态;又如某工程的空心楼板的型号用错,以小代大,虽采取在板缝中加筋和在上边加铺钢筋网等措施,使承载力达到设计要求,但总是留下永久性缺陷。

以上二种情况,其工程质量不能正常验收,但由于其尚可满足结构安全和使用功能要求,对这样的工程,可按协商验收。

(5) 做好原始记录。

经处理的工程必须有详尽的记录资料,处理方案等原始数据应齐全、准确,能确切说明问题的演变过程和结论,这些资料不仅应纳入工程质量验收资料中,还应纳入质量事故处理资料中。对协商验收的有关资料,要经监理单位的总监理工程师签字,并将资料归纳在竣工资料中,以便在工程使用、管理、维修及改建、扩建时作为参考依据等。

1.36 什么样的工程严禁验收?

通过返修加固处理仍不能满足安全使用要求的分部(子分部)工程、单位(子单位)工程,严禁验收。

这种情况非常少,但确实是有的。遇到这种情况,通常是在制订加固技术方案之前,就知道加固补强措施效果不会太好,或是不值得加固处理,或是加固后仍达不到保证安全、功能的情况,严禁验收。这种情况就应该坚决拆掉,不要再花大的代价来加固补强。这条是强制性条文,必须贯彻执行。

1.37 室内环境质量验收有何规定?

在建筑物中,由于建筑材料、装饰装修材料中所含有害物质造成的建筑物内的环境污染,尤其对室内的空气污染,严重的会影响了广大使用人身心健康。许多案例说明,长期在空气污染严重、通风状况不良的室内居住或工作,会导致许多健康问题,轻者出现头痛、嗜睡、疲惫无力等症状;重者会导致支气管炎、癌症等疾病,此类病症被国际医学界统称为"建筑综合症"。而劣质建筑及装饰装修材料散发出的有害气体是导致室内空气污染的主要原因,因此必须对建筑材料有害物质进行控制,对室内环境质量进行验收。

近年来,我国政府逐步加强了对室内环境问题的管理,正逐步将有关内容纳入技术法规。《建筑装饰装修工程质量验收规范》(GB 50210—2001)规定,在分部工程质量验收时,室内环境质量应符合《民用建筑工程室内环境污染控制规范》(GB 50325－2001)的规定。因此,应按该规范要求进行室内环境质量验收。

1. 验收内容(室内环境检测项目)

(1) 氡(Rn－222)。

(2) 甲醛。

(3) 氨。

(4) 苯。

(5) 总挥发性有机化合物(TVOC)。

2. 取样规定

民用建筑工程验收时,应抽检有代表性的房间室内环境污染物浓度。抽检数量不得少于5%,并不得少于3间;房间总数少于3间时,应全数检测。凡进行了样板间室内环境污染物浓度检测且检测合格的,抽检数量减半,但不得少于3间。

3. 取样点数量

(1) 室内环境污染物浓度检测点应按房间的面积设置;

(2) 房间使用面积小于 $50m^2$ 时,设1个检测点;

(3) 房间使用面积 $50\sim100m^2$ 时,设2个检测点;

(4) 房间使用面积大于 $100m^2$ 时，设 3～5 个检测点。

4. 取样方法

(1) 环境污染物浓度现场检测点应距内墙面不小于 0.5m，距地面高度 0.8～1.5m。检测点应均匀分布，并应避开通风道和通风口。

(2) 对采用集中空调的建筑工程的室内环境中游离甲醛、苯、氨、总挥发性有机化合物(TVOC)浓度和氡浓度检测时，应在空调正常运转的条件下进行；对采用自然通风的建筑工程的室内环境中游离甲醛、苯、氨、总挥发性有机化合物(TVOC)浓度检测时，应在房间的门窗关闭 1h 后进行；氡浓度检测时，应在房间的对外门窗关闭 24h 以后进行。

5. 质量评价

(1) 评价指标

室内环境污染物浓度限量按国家规定的民用建筑工程室内环境污染物浓度限量进行检测和评价。室内环境污染物浓度限量见表 1-17。

室内环境污染物浓度限量 **表 1-17**

污染物	Ⅰ类民用建筑工程	Ⅱ类民用建筑工程
氡(Bq/m^3)	≤200	≤400
游离甲醛(mg/m^3)	≤0.08	≤0.12
苯(mg/m^3)	≤0.09	≤0.09
氨(mg/m^3)	≤0.2	≤0.5
TVOC(mg/m^3)	≤0.5	≤0.6

注：Ⅰ类民用建筑工程：住宅、医院、老年建筑、幼儿园、学校教室等。

Ⅱ类民用建筑工程：办公楼、商店、旅馆、文化娱乐场所、书店、图书馆、展览馆、体育馆、公共交通等候车室、餐厅、理发店等。

(2) 验收评价

1) 当室内环境污染浓度的全部检测结果符合表 1-17 规定时，可判定该工程室内环境质量合格。

2）当室内环境污染物浓度检测结果不符合规范的规定时，应查找原因并采取措施进行处理，并可进行再次检测。再次检测时，抽检数量应增加1倍。室内环境污染物浓度再次检测结果全部符合规范的规定时，可判定为室内环境质量合格。

3）室内环境质量验收不合格的工程，严禁投入使用。

6. 为控制室内环境质量，国家质检总局于2001年12月10日正式批准发布了《室内装饰装修材料有害物质限量》10项国家标准，并于2002年1月1日实施。要求各有关生产企业生产的产品应严格执行新的国家标准，并规定自2002年7月1日起，市场上停止销售不符合该10项国家标准的产品。

控制有害物质限量的10种材料为：人造板及其制品、溶剂型木器涂料、内墙涂料、胶粘剂、木家具、壁纸、聚氯乙烯卷材地板、地毯、地毯衬垫及地毯胶粘剂、混凝土外加剂中释放氨及建筑材料放射性核素。

2 基本规定

2.1 何为混凝土？何为普通混凝土？混凝土如何分类？

混凝土是指由无机胶结材料(水泥、石灰、石膏、硫磺、菱苦土、水玻璃等)或有机胶结材料(沥青、树脂等)、水、骨料(粗骨料、细骨料和轻骨料等)和外加剂、掺合料，按一定比例配制，经搅拌、捣实成型，并在一定条件下硬化而成的一种人造石材。

普通混凝土是指水泥混凝土。是由胶结材料水泥和水、粗骨料、细骨料按一定的比例配制而成，经养护使混凝土具有一定的强度，其质量干密度为 2000～2800kg/m^3 的混凝土，简称混凝土。

目前混凝土的品种日益增多，其性能和应用也各不相同。一般可按胶结材料、骨料品种、混凝土用途、施工工艺和流动性等进行分类。

(1) 按胶结材料分类

无机胶结材料：水泥混凝土、石灰混凝土、石膏混凝土、硫磺混凝土、水玻璃混凝土、碱矿渣混凝土等。

有机胶结材料：沥青混凝土、聚合物水泥混凝土、树脂混凝土、聚合物浸渍混凝土等。

(2) 按骨料分类

重混凝土、普通混凝土、轻骨料混凝土、大孔混凝土、细颗粒混凝土等。

(3) 按用途分类

水工混凝土、海工混凝土、防水混凝土、道路混凝土、耐热混凝土、耐酸混凝土、防辐射混凝土、结构混凝土等。

(4) 按施工工艺分类

现浇类：普通现浇混凝土、喷射混凝土、泵送混凝土、灌浆混凝土、真空吸水混凝土等。

预制类：振压混凝土、挤压混凝土、离心混凝土等。

(5) 按配钢材方式分类

无筋类：素混凝土。

配筋类：钢筋混凝土、钢丝网混凝土、纤维混凝土、预应力混凝土等。

型钢(管)类：劲钢混凝土、钢管混凝土等。

(6) 按流动性(稠度)分类

干硬性混凝土、塑性混凝土、流动性混凝土、大流动性混凝土。

2.2 何为混凝土结构？混凝土结构如何分类？

以混凝土为主制成的工程结构，为混凝土结构。

混凝土结构的分类：

1. 按配筋方式分

包括素混凝土结构、钢筋混凝土结构和预应力混凝土结构。

2. 按结构体系分

采用混凝土作为多、高层建筑的结构材料，其建筑结构体系主要可分为框架结构、框架-剪力墙结构、剪力墙结构和筒体结构等几种类型。

(1) 框架结构

框架结构是由柱、梁、板组成的承重结构。框架结构可分为梁、板、柱结构和板、柱结构。

纯框架结构是由水平横梁与竖直柱用刚性节点连接的矩形网格结构，它承受竖向荷载能力强，抵抗水平荷载能力低，侧向刚度差，水平位移大，因此，在高烈度地震区建造高层建筑不宜采用。

(2) 剪力墙结构

由承重墙体与楼板组成的承重结构，是以承重墙体取代框架结构中的梁、柱承受建筑物的竖向和水平荷载。

建筑结构的承重墙除了要承受竖向荷载产生的压力外，还要承受水平荷载所产生的剪力和弯矩，所以称为剪力墙。

剪力墙结构较框架结构承受水平荷载的能力强，刚度大，水平位移小，故建造层数可比框架结构高。

(3) 框架-剪力墙结构

在框架结构中设置一部分剪力墙（如在楼梯间、电梯井等部位），以提高结构的侧向刚度，增强抵抗水平荷载能力的结构。

(4) 筒体结构

筒体结构可分为框架-筒体、筒中筒和组合筒，其中组合筒包括成束筒和成组筒。由于它具有强大的抗侧能力和刚度，所以，可以用于超高层建筑。

3. 按楼盖结构分

按楼盖结构分，主要有以下 4 种类型：

(1) 梁板式

这是框架和框架-剪力墙结构传统的做法。当用于大跨度、大柱网结构时，梁的高度大，也使楼层高度增大，不经济，另外，由于梁柱节点多、施工较复杂。

(2) 平板式

又称无梁楼板，包括板柱结构和板墙结构。

板柱结构：在框架和框架-剪力墙结构中，将梁高降至与楼板同一高度，形成楼板中的暗梁。

板墙结构：在剪力墙结构中，通常采用无梁平板。

(3) 密肋楼盖式

由薄板与小梁组成，小梁的断面小且密，故称密肋。密肋可以是单向支承，也可以是双向支承，板的厚度可小至 5～6cm。

(4) 叠合楼板式

有压型钢板或各种配筋（预应力钢筋、双钢筋、冷轧扭钢筋）的预制混凝土薄板作现浇层的永久性模板，其上浇筑混凝土，形成叠合层。

4. 按施工工艺分

按施工工艺可分为：框架结构施工工艺、剪力墙结构施工工艺和筒体结构施工工艺。

（1）框架结构施工工艺

包括框架-剪力墙结构、板柱结构的施工工艺，其竖向构件主要采用组合式模板散支散拆或预拼装整支整拆方法；水平构件既可采用组合式模板亦可采用台（飞）模、模壳（用于密肋楼盖）等工具式模板。

（2）剪力墙结构施工工艺

墙体模板既可采用组合式模板组拼，又可采用大模板、滑动模板、爬升模板等工具式模板；亦可采用墙体与楼盖混凝土同时浇筑的隧道模工艺。

楼盖一般采用组合式模板，亦可采用预制混凝土薄板作永久性模板，上部浇筑混凝土叠合层的做法。

（3）筒体结构施工工艺

筒体结构的竖向结构成型工艺，既可采用组合式模板，亦可采用大模板、滑动模板和爬升模板等工具式模板，由于内、外筒（柱）之间的楼盖跨度可达 8～12m，一般可用组合式模板，亦可采用压型钢板和预制混凝土薄板作永久性模板。

现浇混凝土结构由于结构体系的不同，混凝土结构的成型工艺也不相同，其关键是模板工艺不同。因此，必须按照技术上可行、经济上合理的原则，择优选用施工工艺（含模板工艺），以控制混凝土结构施工质量。

2.3 何为现浇结构？何为装配式结构？何为叠合结构？

1. 现浇结构系现浇混凝土结构的简称，是在现场支模并整体浇筑而成的混凝土结构。

现浇结构质量主要取决于模板支撑，钢筋加工、连接与安装，混凝土原材料质量及计量偏差，现场浇筑间歇时间及振捣，混凝土施工缝、后浇带和混凝土的养护。因此一定要加强过程控制，严格按设计要求和施工技术方案施工。

2. 装配式结构：系装配式混凝土结构的简称，是以预制混凝土构件为主要受力构件，经装配、连接而成的混凝土结构。

装配式结构的结构性能主要取决于预制构件性能和连接质量。因此，应对预制构件进行结构性能检验，合格后方能用于工程结构，这意味着未进行结构性能检验的构件或结构性能检验不合格的构件不得用于工程。用于结构的预制构件应经检验合格的规定为强制性条文，应严格执行。

3. 叠合结构是介于预制和现浇之间的结构形式。

由于叠合结构的底部为预制构件，故应按预制构件的通用要求检验其质量。此外，预制底部构件与后浇混凝土层的连接质量对叠合结构的受力性能有重大影响，故叠合面应进行处理。验收时，应按设计要求检查混凝土叠合面的凹凸差或穿越叠合面的构造钢筋等。

2.4 《混凝土结构工程施工质量验收规范》(GB 50204—2002)(下称"混凝土验收规范")适用范围是什么？不适用于何种混凝土结构？

"混凝土验收规范"(GB 50204—2002)适用于建筑工程，即工业与民用房屋和一般构筑物的混凝土结构工程施工质量验收，包括现浇结构和装配式结构。规范所指混凝土结构包括素混凝土结构、钢筋混凝土结构和预应力混凝土结构。与国家标准《混凝土结构设计规范》(GB 50010—2001)的范围是一致的。

"混凝土验收规范"不适用于特种混凝土结构工程施工质量验收。特种混凝土系指具有膨胀、耐酸、耐碱、耐油、耐热、耐磨、防辐射等特殊性能的混凝土。

2.5 混凝土结构工程施工质量验收除应执行"混凝土验收规范"外，尚应执行国家哪些现行有关标准？

混凝土结构工程施工及质量验收时，除应执行"混凝土验收规范"外，尚应执行现行有关标准规范如下：

(1)《钢筋混凝土用热轧带肋钢筋》GB 1499

(2)《钢筋机械连接通用技术规程》JGJ 107

(3)《钢筋焊接及验收规程》JGJ 18

(4)《预应力混凝土用钢丝》GB/T 5223

(5)《预应力混凝土用热处理钢筋》GB 4463

(6)《预应力混凝土用钢绞线》GB/T 5224

(7)《预应力筋用锚具、夹具和连接器》GB/T 14370

(8)《预应力筋用锚具、夹具和连接器应用技术规程》JGJ 85

(9)《预应力混凝土用金属螺旋管》JG/T 3013

(10)《混凝土结构设计规范》GB 50010

(11)《混凝土强度检验评定标准》GBJ 107

(12)《硅酸盐水泥、普通硅酸盐水泥》GB 175

(13)《矿渣硅酸盐水泥、火山灰质硅酸盐水泥及粉煤灰硅酸盐水泥》GB 1344

(14)《复合硅酸盐水泥》GB 12958

(15)《混凝土外加剂》GB 8076

(16)《混凝土外加剂应用技术规范》GB 50119

(17)《混凝土速凝剂》JC 472

(18)《混凝土泵送剂》JC 473

(19)《混凝土防水剂》JC 474

(20)《混凝土防冻剂》JC 475

(21)《混凝土膨胀剂》JC 476

(22)《混凝土质量控制标准》GB 50164

(23)《用于水泥和混凝土中的粉煤灰》GB 1596

(24)《粉煤灰在混凝土和砂浆中应用技术规程》JGJ 28

(25)《粉煤灰混凝土应用技术规范》GBJ 146

(26)《普通混凝土用碎石或卵石质量标准及检验方法》JGJ 53

(27)《普通混凝土用砂质量标准及检验方法》JGJ 52

(28)《混凝土拌合用水标准》JGJ 63

(29)《普通混凝土配合比设计规程》JGJ 55

(30)《建筑工程冬期施工规程》JGJ 104

(31)《用于水泥与混凝土中粒化高炉矿渣粉》GB/T 18046

(32)《普通混凝土长期性能和耐久性能试验方法》GBJ 82

(33)《钢筋焊接接头试验方法标准》JGJ/T 27—2001

(34)《冷轧带肋钢筋》GB 13788—2000

(35)《建筑用卵石、碎石》GB/T 14685—2001

(36)《建筑用砂》GB/T 14684—2001

(37)《回弹法检测混凝土抗压强度技术规程》JGJ/T 23

(38)《组合钢模板技术规范》GB 50214

(39)《钢框胶合板模板技术规程》JGJ 96

(40)《液压滑动模板施工技术规范》GBJ 113

(41)《型钢混凝土组合结构技术规程》JGJ 138

(42)《高层建筑混凝土结构技术规程》JGJ 3

(43)《带肋钢筋套筒挤压连接技术规程》JGJ 108

(44)《钢筋锥螺纹接头技术规程》JGJ 109

(45)《带肋钢筋挤压连接技术及验收规程》YB 9250

(46)《超声回弹综合法检测混凝土强度技术规程》CECS 02

(47)《铅芯法检测混凝土强度技术规程》CECS 03

(48)《后装拔出法检测混凝土强度技术规程》CECS 69

2.6 "混凝土验收规范"中强制性条文有多少条?

"混凝土验收规范"中强制性条文有 15 条(第 4 章 2 条,第 5 章 4 条,第 6 章 3 条,第 7 章 3 条,第 8 章 2 条,第 9 章 1 条)。

强制性条文检查表中相关规范有 5 项,9 条强制性条文。其中《普通混凝土用砂质量标准及检验方法》(JGJ 52—92)2 条,《普通混凝土用碎石和卵石质量标准及检验方法》(JGJ 53—92)1 条,《混凝土外加剂应用技术规范》(GB 50119)2 条,《预应力筋用锚具、夹具和连接器应用技术规程》(JGJ 85)2 条,《普通混凝土配合比设计规程》(JGJ 55—2000)2 条。二者合计 24 条。

混凝土结构工程强制性条文检查项目和内容见表 2-1。

混凝土结构工程强制性条文检查表　　　表 2-1

工程名称			结构类型	
建设单位			受检部位	
施工单位			负 责 人	
项目经理		技术负责人	开工日期	

《混凝土结构工程施工质量验收规范》(GB 50204—2002)

条 号	项　　目	检 查 内 容	判 定
4.1.1	模板及其支架设计	模板设计文件	
4.1.3	模板及其支架拆除	施工技术方案、模板拆除顺序及安全措施	
5.1.1	钢筋代换	设计变更文件和验收记录	
5.2.1	钢筋力学性能检验	产品合格证、出厂检验报告和进场复验报告	
5.2.2	抗震钢筋	出厂检验报告和进场复验报告中的钢筋强度实测值	
5.5.1	钢筋安装	受力钢筋的品种、级别、规范和数量	
6.2.1	预应力筋力学性能检验	产品合格证、出厂检验报告和进场复验报告	
6.3.1	预应力筋安装	预应力筋的品种、级别、规格和数量	
6.4.4	预应力筋断裂或滑脱限制	张拉记录	
7.2.1	水泥进场	产品合格证、出厂检验报告和进场复验报告	
7.2.2	外加剂	产品合格证、出厂检验报告(必要时检查进场复验报告)	
7.4.1	混凝土强度和试件留置	施工记录、试件强度试验报告	
8.2.1	外观质量	缺陷情况记录、技术处理方案和处理后验收记录	
8.3.1	尺寸偏差	缺陷情况记录、技术处理方案和处理后验收记录	
9.1.1	预制构件性能检验	出厂批量及结构性能检验报告	

续表

条号	项目	检查内容	判定
《普通混凝土用砂质量标准及检验方法》(JGJ 52—92)			
3.0.7	砂的碱活性检验	碱活性试验报告	
3.0.8	海砂中氯离子含量检验	产品合格证、出厂检验报告(必要时检查进场复验报告)	
《普通混凝土用碎石和卵石质量标准及检验方法》(JGJ 53—92)			
3.0.8	碎石或卵石的碱活性检验	碱活性试验报告	
《混凝土外加剂应用技术规范》(GB 50119—2003)			
4.2.1	引气剂或引气减水剂	引气剂或引气减水剂产品合格证、出厂检验报告(必要时检查进场复验报告)和掺量试验报告	
7.1.6	有毒防冻剂	防冻剂产品合格证、出厂检验报告(必要时检查进场复验报告)	
《预应力筋用锚具、夹具和连接器应用技术规程》(JGJ 85—92)			
6.0.10	外露预应力筋的处理	施工记录	
6.0.11	锚具封闭	封锚记录	
《普通混凝土配合比设计规程》(JGJ 55—2000)			
7.1.4	抗渗性能试验	抗渗性能试验报告	
7.2.3	抗冻融性能试验	抗冻融性能试验报告	

混凝土结构的性能除受原材料质量的影响之外,还在很大程度上取决于施工的质量。因此,施工中关键工序的质量对混凝土结构影响很大,应严格控制。

在形成混凝土结构的整个施工过程中,不同工序对施工质量的影响并不相同,有些影响比较轻微,有些则是决定性的。考虑对混凝土结构最终质量状态,特别是结构性能的影响,“混凝土验收规范”对这些工序的检验按主控项目、一般项目分别作不同要求,而最重要、影响最大的项目,则列为强制性条文,并以黑体字印刷。

强制条文检查记录表(表 2-1)共列出 24 条强制性条文,“混凝土验收规范”15 条,相关规范 5 项,9 条。

条文的释义、措施、检查和制定如下:

(1)《混凝土结构工程施工质量验收规范》GB 50204—2002,计 15 条。

4.1.1 模板及其支架应根据工程结构形式、荷载大小、地基土类别、施工设备和材料供应等条件进行设计。模板及其支架应具有足够的承载能力、刚度和稳定性,能可靠地承受浇筑混凝土的重量、侧压力以及施工荷载。

【译义】

本条提出了对模板及其支架的基本要求,并要求通过模板设计来保证模板有足够的承载能力、刚度和稳定性。这是保证模板及其支架的安全并对混凝土成型质量起重要作用的项目。在模板设计中,应充分考虑施工荷载对模板的影响。同时,也不能忽视模板自身的刚度和整体稳定性要求。多年的工程实践证明,正确、合理的设计对保证模板工程的安全是必需的。不通过认真设计而仅根据经验估算确定模板方案,可能成为事故发生的原因。

1) 模板设计依据:工程结构形式、荷载大小、地基土类别、施工设备、材料供应。

2) 模板设计技术要求:承载能力、稳定性、刚度能可靠承受混凝土重量、侧压力及施工荷载。

3) 模板及支架设计内容:造型、选材、结构计算、施工图及说明等。

【措施】

模板及其支架的设计应考虑工程结构形式、荷载大小、地基土类别、施工设备和材料供应等条件。对各种不同条件,都应有相应的应对措施。具体操作时可参照有关标准的规定。

1) 工程施工前应进行技术交底。

2) 所选用材料合格并符合设计要求。

3) 模板及其支架安装中必须设置防倾覆的临时固定设施。

【检查】

施工技术方案中应有模板设计的有关内容。应检查模板设计的有关文件。对重复多次使用的模板系统，不一定对每个工程都进行设计计算，但必须有相应的文件资料，并进行必要的复核。

1）检查模板设计文件及施工技术方案落实情况。

2）检查模板及其支架的承载力、刚度及稳定性。

【判定】

以有无模板设计文件资料以及模板在施工过程中是否具有足够的承载能力、刚度、稳定性作为判定依据。

4.1.3 模板及其支架拆除的顺序及安全措施应按施工技术方案执行。

【译义】

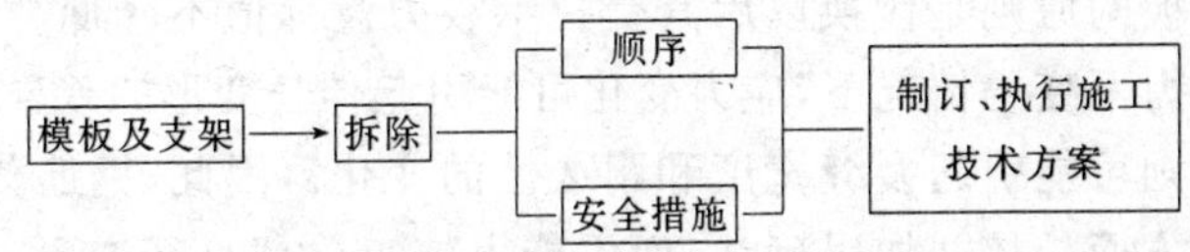

模板及其支架拆除的顺序及相应的施工安全措施对避免安全及质量事故非常重要，在制订施工技术方案时应考虑周全。在方案中给出上述要求时，不应简单地抄袭有关作业条款，而应结合工程的特点和具体的施工机具等条件，做出可供操作的具体规定。

【措施】

模板及其支架拆除时，混凝土结构可能尚未形成设计要求的受力体系，必要时应加设临时支撑。后浇带模板的拆除及支顶易被忽视而造成结构缺陷，应特别注意。

【检查】

施工技术方案中应规定模板及其支架拆除的顺序及安全措施。应检查施工技术方案中的有关内容，并检查其落实情况，如对施工人员的操作安全教育等。

1）检查模板拆除施工技术方案。

2）检查同条件养护试件强度试压报告。

【判定】

以施工技术方案中有关模板拆除顺序和安全措施的规定以及执行落实情况作为判定依据。

5.1.1　当钢筋的品种、级别或规格需作变更时，应办理设计变更文件。

【译义】

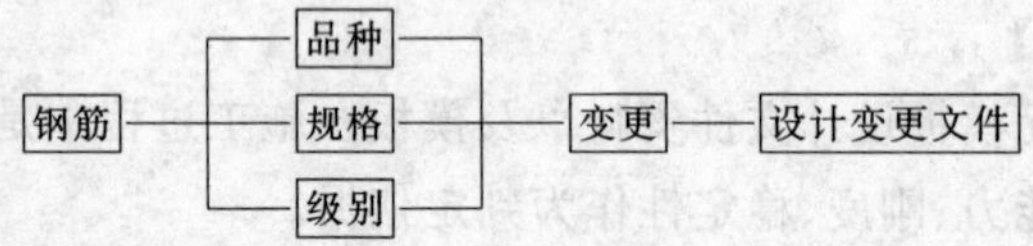

在施工过程中，当现场缺乏设计所要求的钢筋品种、级别或规格时，可进行钢筋代换。钢筋代换可以是不同规格钢筋之间的代换，也可以是不同品种、不同级别钢筋之间的代换。一般情况下，钢筋代换的原则是代换以后其受拉承载力设计值不降低。但是，在抗拉力不变的情况下，应力变化可能引起伸长变形的差异，而规格不同则可能引起裂缝宽度和耐久性的变化。因此，钢筋代换应经设计方面校核并加以确认，而不能由施工单位自行变更。规范为此专门规定，为了保证对设计意图的理解不产生偏差，确保满足原结构设计的要求，当需要作钢筋代换时，应由设计单位决定，并办理设计变更文件。

【措施】

当需要作钢筋代换时，必须由设计单位经计算校核，出具书面洽商或设计变更通知书，并按代换以后的设计要求施工和验收。

【检查】

检查设计变更文件和落实情况及钢筋工程验收文件。

【判定】

以有无设计变更文件以及设计变更文件和验收文件是否一致作为判定依据。

5.2.1　钢筋进场时，应按现行国家标准《钢筋混凝土用热轧带肋钢筋》GB 1499 等的规定抽取试件作力学性能检验，其质量必须符合有关标准的规定。

【译义】

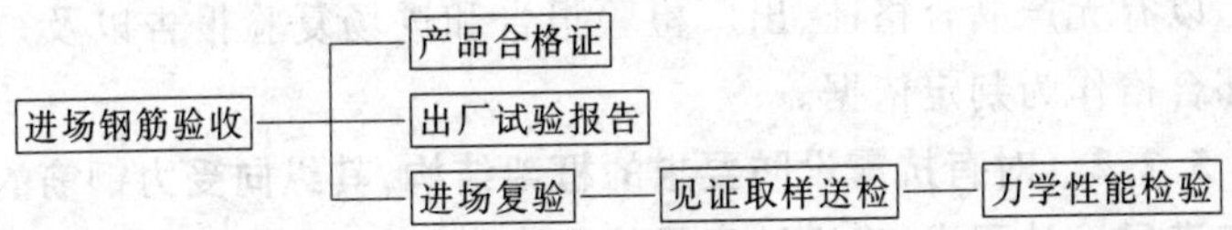

钢筋对混凝土结构构件的承载力至关重要，对其质量应从严要求。普通钢筋应符合现行国家标准《钢筋混凝土用热轧带肋钢筋》GB 1499、《钢筋混凝土用热轧光圆钢筋》GB 13013 和《钢筋混凝土用余热处理钢筋》GB 13014 的要求。钢筋进场时，应检查产品合格证和出厂检验报告，并按规定进行抽样检验，检验方法和合格指标应符合相应标准的规定。本条目的是通过复验确认钢筋为合格产品，并防止名实不符或混料错批。

【措施】

必须执行见证取样检验。

按进场的批次和产品的抽样检验方案确定检查数量。若有关标准中对进场数量作了具体规定，应遵照执行；若标准中只有对产品出厂检验数量的规定，则在进场检验时，检查数量可按下列情况确定：

(1) 当一次进场的数量大于该产品的出厂检验批量时，应划分为若干个出厂检验批量，然后按出厂检验的抽样方案执行。

(2) 当一次进场的数量小于或等于该产品的出厂检验批量时，应作为一个检验批量，然后按出厂检验的抽样方案执行。

(3) 对连续进场的同批钢筋，当有可靠依据时，可按一次进场的钢筋处理。

【检查】

检查产品合格证、出厂检验报告和进场复验报告。产品合格证、出厂检验报告是对产品质量的证明资料，应列出产品的主要性能指标。有时产品合格证、出厂检验报告可以合并提供，但主要项目、内容应基本齐全。进场复验报告是进场抽样检验的结果，并作为判定材料能否在工程中应用的依据。

【判定】

以有无产品合格证、出厂检验报告和进场复验报告以及是否全部合格作为判定依据。

5.2.2 对有抗震设防要求的框架结构，其纵向受力钢筋的强度应满足设计要求；当设计无具体要求时，对一、二级抗震等级，检验所得的强度实测值应符合下列规定：

1. 钢筋的抗拉强度实测值与屈服强度实测值的比值不应小于1.25；

2. 钢筋的屈服强度实测值与强度标准值的比值不应大于1.3。

【译义】

根据现行国家标准《混凝土结构设计规范》GB 50010 的规定，按一、二级抗震等级设计的框架结构中的纵向受力钢筋应具有必要的延性，其强度实测值应满足本条强屈比及超强比的要求。设置本条是为了保证在地震作用下，结构某些部位出现塑性铰以后，钢筋具有足够的变形能力。钢筋的强度标准值应按《混凝土结构设计规范》GB 50010 取值。

【措施】

对纵向受力钢筋的抗拉强度实测值、屈服强度实测值、强度标准值的比值进行复核。

按进场的批次和产品的抽样检验方案确定检查数量，与前5.2.1条相同。

【检查】

同前 5.2.1 条，但应计算出厂检验报告和进场复验报告中的实测强屈比和实测超强比，分别不应小于 1.25 和不应大于 1.3，核实是否符合要求。

【判定】

用于一、二级抗震等级框架结构的纵向受力钢筋，每批均有出场检验报告及进场复验报告，如均符合设计或上述强屈比和超强比的要求，则判为合格；否则不合格。

5.5.1 钢筋安装时，受力钢筋的品种、级别、规格和数量必须符合设计要求。

【译义】

对施工的最基本要求就是实现设计的意图。因此，钢筋安装施工时，作为混凝土结构中起关键承载作用的受力钢筋，其品种、级别、规格、数量及其他有关质量指标必须符合设计要求。这里的设计要求是指含施工设计图纸在内的各种设计文件（包括设计变更文件）的要求。

【措施】

检查应在钢筋绑扎安装后进行，并在浇筑混凝土之前的隐蔽工程验收时加以确认。

【检查】

1）检查产品出厂合格证、出厂检验报告和进场复验报告。

2）检查隐蔽工程验收记录。

3）用观察的方法对钢筋品种、规格（直径）、数量等进行检查，要求全数目测检查，必要时可进行抽查，用钢尺量测加以核实。

4）检查钢筋安装实物质量。

【判定】

以与设计要求是否相符作为判定的依据。

6.2.1 预应力筋进场时，应按现行国家标准《预应力混凝土用钢绞线》GB/T 5224 等的规定抽取试件作力学性能检验，其质量必须符合有关标准的规定。

【译义】

常用的预应力筋有钢丝、钢绞线、热处理钢筋，其质量应符合相应的现行国家标准《预应力混凝土用钢丝》GB/T 5223、《预应力混凝土用钢绞线》GB/T 5224、《预应力混凝土用热处理钢筋》GB 4463的要求。预应力筋是预应力分项工程中最重要的原材料之一，要求厂家除了提供产品合格证外，还应提供反映预应力筋主要性能的出厂检验报告，两者也可合并提供，但主要项目、内容应基本齐全。进场时应根据进场批次和产品的抽样方案确定检验批，进行进场复验。进场复验可仅做主要的力学性能试验。

【措施】

按进场的批次和产品的抽样检验方案确定检查数量，与前第5.2.1条相同。

【检查】

检查产品合格证、出厂检验报告和进场复验报告。

【判定】

以有无产品合格证、出厂检验报告和进场复验报告以及是否完全合格作为判定依据。

6.3.1　预应力筋安装时，其品种、级别、规格、数量必须符合设计要求。

对预应力混凝土结构而言，起关键承载作用的是预应力钢筋。本条的【译义】、【措施】、【检查】、【判定】等要求与上述第5.5.1条对非预应力钢筋的要求相同，此处不再重复。

6.4.4　张拉过程中应避免预应力筋断裂或滑脱；当发生断裂或滑脱时，必须符合下列规定：

1. 对后张法预应力结构构件，断裂或滑脱的数量严禁超过同一截面预应力筋总根数的3%，且每束钢丝不得超过一根；对多跨双向连续板，其同一截面应按每跨计算；

2. 对先张法预应力构件，在浇筑混凝土前发生断裂或滑脱的预应力筋必须予以更换。

【译义】

与普通钢筋不同的是，预应力筋安装后还要进行张拉以便在混凝土结构中建立起受力所必须的预压应力值。一般预应力钢筋的张拉应力为0.65～0.75f_{ptk}，即其抗拉强度标准值的65%～75%。这种高应力值距预应力筋的抗拉强度已经不远。考虑到预应力筋材质的不均匀性，强度有可能偏低，施工误差有可能使实际预应力值偏高（超张拉），外界温度降低引起的收缩也可能使预应力筋应力值升高等因素，预应力筋有可能在张拉时或张拉后断裂。此外，预应力筋在张拉时可能滑脱，其原因可能是锚夹具失效，也可能是镦头与卡具（梳筋槽）之间因摩阻力不足而滑脱。当然，其他由于设备、器具和施工工艺中的缺陷也可能引起预应力筋断裂或滑脱。从预应力的效果而言，因滑脱而失锚的预应力筋与断裂相差无几。通常预应力筋张拉以后工作应力均超过1000N/mm^2，而滑脱的预应力筋应力起点为零，即使承载受力后按非预应力筋计算，其工作应力一般也很低，与设计要求相差很大。因此，滑脱的预应力筋也应视为与断裂属同一类型。预应力筋的断裂和滑脱对混凝土构件结构性能（特别是承载力和抗裂性能）有显著影响，故必须严加控制。

【措施】

对于先张法构件，由于是在未浇筑混凝土的情况下张拉的，如发现预应力筋断裂、滑脱，可以通过更换预应力筋重新张拉予以补救，因此在浇筑混凝土前发生断裂或滑脱的预应力筋必须予以更换。对后张法构件，难以在张拉后更换预应力筋，因此限制断裂和滑脱的数量不得超过同一截面预应力筋总根数的3%，且每束钢丝不得超过一根。对多跨双向连续板，同一截面按每跨计算；对简支构件，按跨内全部钢筋计算。

【检查】

全数观察检查，对怀疑滑脱的钢筋摇动检查。

【判定】

检查张拉记录，符合规定者为合格，否则为不合格。

7.2.1 水泥进场时应对其品种、级别、包装或散装仓号、出厂日期等进行检查，并应对其强度、安定性及其他必要的性能指标进行复验，其质量必须符合现行国家标准《硅酸盐水泥、普通硅酸盐水泥》GB 175等的规定。

当在使用中对水泥质量有怀疑或水泥出厂超过三个月（快硬硅酸盐水泥超过一个月）时，应进行复验，并按复验结果使用。

钢筋混凝土结构、预应力混凝土结构中，严禁使用含氯化物的水泥。

【译义】

水泥进场时，应根据产品合格证检查其品种、级别等，并按有关规定存放。强度、安定性等是水泥的重要性能指标，进场时应作复验，其质量应符合现行国家标准《硅酸盐水泥、普通硅酸盐水泥》GB 175、《矿渣硅酸盐水泥、火山灰质硅酸盐水泥及粉煤灰硅酸盐水泥》GB 1344、《复合硅酸盐水泥》GB 12958 等的要求。当设计有要求、合同有约定或出现其他异常情况时，可根据情况对其他性能指标进行复验。水泥是混凝土的重要组成成分，且在混凝土中用量大，若其中含有氯化物，可能引起混凝土结构中钢筋的锈蚀，故应严格加以控制。

【措施】

按同一生产厂家、同一等级、同一品种、同一批号且连续进场的水泥，袋装不超过 200t 为一批，散装不超过 500t 为一批，每批抽样不少于一次进行检查。

【检查】

检查产品合格证、出厂检验报告和进场复验报告。

【判定】

以有无产品合格证、出厂检验报告和进场复验报告并是否全部合格作为判定依据。其中，氯离子含量的有无在出厂检验报告中必须予以明示，一般情况下进场复验可不作要求。

7.2.2 混凝土中掺用外加剂的质量及应用技术符合现行国家标准《混凝土外加剂》GB 8076、《混凝土外加剂应用技术规范》GB 50119 等和有关环境保护的规定。

预应力混凝土结构中，严禁使用含氯化物的外加剂。钢筋混凝土结构中，当使用含氯化物的外加剂时，混凝土中氯化物的总含量应符合现行国家标准《混凝土质量控制标准》GB 50164 的规定。

【译义】

混凝土外加剂种类较多，均有相应的质量标准，使用时其质量及应用技术应符合国家现行标准《混凝土外加剂》GB 8076、《混凝土外加剂应用技术规范》GBJ 50119、《混凝土速凝剂》JC 472、《混凝土泵送剂》JC 473、《混凝土防水剂》JC 474、《混凝土防冻剂》

JC 475、《混凝土膨胀剂》JC 476 等的规定。外加剂的检验项目、方法、批量和合格指标应符合相应标准的规定。鉴于某些外加剂（如尿素）长期分解可能造成环境污染，故使用外加剂还应符合有关环境保护的规定。

若外加剂中含有氯化物，可能引起混凝土结构中钢筋的锈蚀，故应严格控制。预应力筋张拉锚固后处于高应力状态，对锈蚀非常敏感，故预应力混凝土结构中严禁使用含氯化物的外加剂。对钢筋混凝土结构，可适当放宽，但混凝土中氯化物的总含量应按现行国家标准《混凝土质量控制标准》GB 50164 的规定加以控制。

【措施】

按进场的批次和产品的抽样检验方案确定检查数量，与前5.2.1条相同。

【检查】

检查产品合格证和出厂检验报告，必要时检查进场复验报告。

【判定】

以有无产品合格证和出厂检验报告以及是否全部合格作为判定依据。对初次采用的外加剂，要有进场复验报告并合格；对长期采用同一牌号的情况，可不再对进场复验提出要求。

7.4.1 结构混凝土的强度等级必须符合设计要求。用于检查结构构件混凝土强度的试件，应在混凝土的浇筑地点随机抽取。取样与试件留置应符合下列规定：

1. 每拌制 100 盘且不超过 100m³ 的同配合比的混凝土，取样不得少于一次。

2. 每工作班拌制的同一配合比的混凝土不足 100 盘时，取样不得少于一次。

3. 当一次连续浇筑超过 1000m³ 时，同一配合比的混凝土每 200m³ 取样不得少于一次。

4. 每一楼层、同一配合比的混凝土，取样不得少于一次；

5. 每次取样应至少留置一组标准养护试件，同条件养护试件的留置组数应根据实际需要确定。

【译义】

由于混凝土强度直接影响混凝土结构的安全，故本条规定混凝土的强度等级必须满足设计要求。判定混凝土强度的基本依据是标准养护试件的抗压强度试验结果。本条针对不同的混凝土工程量，规定了用于检查的混凝土强度试件的取样与留置要求。混凝土的组成材料以及配合比设计、搅拌、运输、浇筑、振捣、养护等施工工艺都对其最终质量有很大的影响。因此，对混凝土必须进行试验检查，以保证其应有的力学性能。混凝土强度的检验应根据标准养护混凝土试件的立方体抗压强度试验结果，按《混凝土强度检验评定标准》GBJ 107 来判定合格与否。实际操作中，不按规定预留试件，不按规定标准养护试件或同条件养护试件，甚至弄虚作假、伪造试件及强度试验报告的事情时有发生。因此，将对混凝土强度试件的取样规定列为强制性条文，加强其执行力度。

【措施】

试件应在混凝土浇筑地点随机抽取，这是为了真实反映结构混凝土的实际质量。取样与试件留置应符合《混凝土强度检验评定标准》GBJ 107 的规定。结合混凝土结构现场施工的特点，又补充规定了“当一次连续浇筑超过 1000m^3 时，同一配合比的混凝土每 200m^3 取样不得少于一次”和“每一楼层、同一配合比的混凝土，取样不得少于一次”。每次取样应至少留置一组标准养护试件。应指出的是，同条件养护试件的留置组数，除应考虑用于确定施工期间结构构件的混凝土强度外，还应考虑用于结构实体混凝土强度的检验，增加必要的用于结构混凝土强度检验的混凝土试件组数。

【检查】

检查施工记录及试件强度试验报告。

【判定】

施工记录与试件强度试验报告相符且强度符合要求为合格，否则为不合格，根据试验报告判定。

8.2.1 现浇结构的外观质量不应有严重缺陷。

对已经出现的严重缺陷，应由施工单位提出技术处理方案，并经监理(建筑)单位认可后进行处理。对经处理的部位，应重新检查验收。

8.3.1 现浇结构不应有影响结构性能和使用功能的尺寸偏差。混凝土设备基础不应有影响结构性能和设备安装的尺寸偏差。

对超过尺寸允许偏差且影响结构性能和安装、使用功能的部位，应由施工单位提出技术处理方案，并经监理(建设)单位认可后进行处理。对经处理的部位，应重新检查验收。

【译义】

外观质量的严重缺陷通常会影响到结构性能、使用功能或耐久性。对已经出现的严重缺陷，应由施工单位根据缺陷的具体情况提出技术处理方案，经监理(建设)单位认可后进行处理，并重新检查验收。

过大的尺寸偏差也可能影响结构构件的受力性能、使用功能，也可能影响设备在基础上的安装和使用。验收时，应根据现浇结构、混凝土设备基础尺寸偏差的具体情况，由监理(建设)单位、施工单位等各方共同确定尺寸偏差对结构性能和安装使用功能的影响程度。对超过尺寸允许偏差且影响结构性能和安装、使用功能的部位，应由施工单位根据尺寸偏差的具体情况提出技术处理方案，经监理(建设)单位认可后进行处理，并重新检查验收。

上述规定是针对现浇结构的，但在装配式结构的检查验收中被援引，故也适用于装配式结构。强制条文的要求是指在出现外观质量严重缺陷或过大尺寸偏差后应妥善处理，其目的仍是确保结构的质量与安全。

在执行这两条规定时，主要难度是确定外观质量缺陷的影响程度，以及根据对结构受力性能、使用功能、设备安装使用的影响程度而确定尺寸偏差的限值。实际操作时，应由施工单位与监理(建设)单位协商并取得同意后，提出方案并进行处理。如认为对结构性能有重大影响，必要时还应征得设计单位的同意。

【措施】

在结构拆模以后，应对实体结构进行全数观察检查，记录其外观质量和尺寸偏差的实际状态。对于外观质量的一般缺陷应及时进行修复处理。对一般的尺寸偏差，只要其合格点率符合要求，要通过验收。但对外观质量的严重缺陷和过大的尺寸偏差，则应由施工单位提出技术处理方案并经监理(建设)单位认可后方能进行处理。处理后，应重新检查验收。有关缺陷情况的记录、修复处理的技术方案以及修复后再检查验收的结果均应存档备案。

【检查】

检查有关缺陷情况的记录和技术处理方案。对经处理的部位，应重新检查验收。

【判定】

核对拆模后的检查记录、技术处理方案及处理后的验收记录，互相吻合者为合格，如有矛盾则不合格。

9.1.1 预制构件应进行结构性能检验。结构性能检验不合格的预制构件不得用于混凝土结构。

【译义】

装配式结构的结构性能主要取决于预制构件的结构性能和连接质量。因此，必须按规范的规定对预制构件进行结构性能检验，合格后方能用于工程。

结构性能检验的内容非常多，难以在一条条文中容纳。强制性条文只提出应进行结构性能检验的要求，即构件检验批在未经结构性能检验确定其结构性能合格之前不能用于混凝土结构。当然，结构性能检验不合格的构件也不能用于混凝土结构。

我国目前很多构件厂不做结构性能检验，或者不能正确地按规范要求进行结构性能试验检验。对于前者是不允许的，而对于后者则需要提高试验检验水平。做不做结构性能试验检验是原则问题，而结构性能试验检验是否规范、准确则是方法问题。强制性条文所要求的是禁止前一种行为，而对于后者应通过学习培训来达到正确进行试验检验的目的。

【措施】

按《混凝土结构工程施工质量验收规范》(GB 50204—2002)的规定进行结构性能检验。结构性能检验的主要内容为:检验批的划分及抽样检验数量;结构性能检验的项目;减免结构性能检验项目的情况;结构性能检验指标的确定方法;复试抽样检验方案及二次抽样检验指标。结构性能检验方法的主要内容为:试验检验条件;试件支承方式;试验荷载布置;加载方法及荷载等效折算;荷载分级及持荷时间;检验荷载的确定方法;挠度检验值的确定方法;裂缝出现及裂缝宽度的确定方法;试验安全问题;结构性能试验报告。

【检查】

核对各类型构件的出厂批量及相应的结构性能检验报告。

【判定】

构件出厂批量与检验报告吻合且结构性能检验合格者符合要求,否则不符合规范要求。

(2)《普通混凝土用砂质量标准及检验方法》JGJ 52—92,计 2 条。

3.0.7 对重要工程混凝土使用的砂,应采用化学法和砂浆长度法进行集料的碱活性检验。

【译义】

混凝土中骨料碱含量过高时,若环境中遇水作用容易体积膨胀而引起裂缝,影响混凝土结构的耐久性和安全性。因此,对用于重要工程混凝土中的砂应进行碱活性检验。检验结果可用以判断砂料在混凝土中是否有潜在危害。当有潜在危害时,应采取相应的措施以避免发生碱—集料反应引起工程事故。

【措施】

在《普通混凝土用砂质量标准及检验方法》JGJ 52 中,规定了对砂的碱活性进行试验检验的化学方法以及砂浆长度方法,应按规定执行,进行试验检验。

【检查】

检查有关碱活性的试验报告。

【判定】

以试验报告中的结论(是否有潜在危害)作为判断的依据。

3.0.8 采用海砂配制混凝土时,其氯离子含量应符合下列规定:

3.0.8.2 对钢筋混凝土,海砂中氯离子含量不应大于0.06%(以干砂重的百分率计,下同);

3.0.8.3 对预应力混凝土若必须使用海砂时,则应经淡水冲洗,其氯离子含量不得大于0.02%。

【译义】

我国海砂分布很广,蕴藏量很大。海砂一般属于中砂,颗粒坚硬、级配好、含泥量少,在沿海地区使用越来越广泛。为了避免海砂中氯离子对混凝土中钢筋造成腐蚀,应根据混凝土的不同使用要求,对海砂中的氯离子含量加以控制。标准中规定的氯离子控制指标(对于钢筋混凝土,为砂重的0.06%;对于预应力混凝土,为砂重的0.02%),从标准执行20余年的情况来看,基本适应我国实际工程的使用情况。

【措施】

按进场的批次和产品的抽样检验方案确定检查数量,与前5.2.1条相同。海砂要用淡水冲洗后方可使用。要选好冲洗设备,并保证成品砂中各部位都冲洗干净。

【检查】

检查产品合格证和出厂检验报告,必要时检查进场复验报告。

【判定】

以有无产品合格证、出厂检验报告和进场复验报告以及是否全部合格作为判定依据。

(3)《普通混凝土用碎石和卵石质量标准及检验方法》JGJ 53—92,计1条。

3.0.8 对重要工程的混凝土所使用的碎石或卵石应进行碱活性检验。

【译义】

混凝土所使用的碎石或卵石中碱含量过高时,若环境中遇水作用容易体积膨胀而引起裂缝。近年我国水泥碱含量增加，因碱-骨料反应引起的混凝土破坏增多，因而影响混凝土结构的耐久性和安全性。因此，对用于重要工程混凝土中的碎石或卵石应进行碱活性检验。检验结果可用以判断碎石或卵石在混凝土中是否有潜在危害。当有潜在危害时，应根据有关规范的规定，采取相应的措施。

【措施】

在《普通混凝土用碎石和卵石质量标准及检验方法》JGJ 53 中，规定了对碎石及卵石的碱活性进行试验检验的岩相方法、化学方法、砂浆长度方法以及岩石柱方法，应按规定执行，进行试验检验。

【检查】

检查有关碱活性的试验报告。

【判定】

以试验报告中的结论（是否有潜在危害）作为判断的依据。

（4）《混凝土外加剂应用技术规范》GBJ 119—88，计 2 条。

4.2.1 抗冻融性要求高的混凝土，必须掺用引气剂或引气减水剂，其掺量应根据混凝土的含气量要求，通过试验确定。

【译义】

工程实践表明，混凝土中掺用引气剂能改善混凝土拌合物的和易性和粘结力，并能增加硬化混凝土抵抗冻融循环作用的能力。因此，规定抗冻融性要求高的混凝土必须掺用引气剂或引气减水剂。但其掺量对混凝土的影响大，故应通过试验确定掺量，并按《混凝土结构工程施工质量验收规范》GB 50204 第 7.4.3 条的规定控制其投料偏差。

【措施】

按进场的批次和产品的抽样检验方案确定检查数量，与前5.2.1条相同。

【检查】

检查产品合格证和出厂检验报告，必要时检查进场复验报告。检查掺量试验资料。

【判定】

以是否掺用符合标准要求的引气剂或引气减水剂以及掺量是否经过试验作为判定依据。

7.1.6 含有六价铬盐、亚硝酸盐等有毒防冻剂，严禁用于饮水工程及与食品接触的部位。

【译义】

考虑到确保人身健康的要求，有毒的防冻剂严禁用于饮水工程及与食品接触的工程中。

【措施】

严格检验防冻剂的成分，引水工程及与食品接触的工程中严禁使用有毒防冻剂。

【检查】

检查产品合格证和出厂检验报告，必要时检查进场复验报告。

【判定】

以有无产品合格证、出厂检验报告和进场复验报告以及有毒防冻剂是否用于饮水工程及与食品接触的工程作为判定依据。

（5）《预应力筋用锚具、夹具和连接器应用技术规程》JGJ 85—92，计 2 条。

6.0.10 预应力筋张拉锚固完毕后，应尽快灌浆。切割外露于锚具的预应力筋必须用砂轮锯或氧乙炔焰，严禁使用电弧。当用氧乙炔焰切割时，火焰不得接触锚具，切割过程中还应用水冷却锚具。切割后预应力筋的外露长度不应小于 30mm。

【译义】

通过张拉、锚固在构件中建立起预应力之后，施工并未结束，还应尽快巩固这种预应力状态，即切断多余的外露预应力筋并尽快灌浆以保护预应力筋及锚夹具。为保证预应力筋及锚夹具性能不因切割受热而影响性能，严禁使用电弧焊，并且对切割工艺和外露长度提出了要求。

【措施】

使用砂轮锯或氧乙炔焰切割，严禁使用电焊切割。切断后的预应力筋外露长度不应小于 30mm。切割过程中火焰不得接触锚具，且应用水冷却。这些措施都是为了保证预应力筋及锚夹具的受力性能稳定。

【检查】

逐根目测检查，对有怀疑的预应力筋用尺量测外露长度，并做出记录。

【判定】

满足要求为合格，不满足要求为不合格，根据检查记录判定。

6.0.11　预应力筋张拉锚固及灌浆完毕后，对暴露于结构外部的锚具或连接器必须尽快实施永久性防护措施，防止水分和其他有害介质侵入。防护措施还应具有符合设计要求的防火隔热功能。

【译义】

暴露于结构外部的锚具和连接器也是预应力筋承载受力的重要部位。锚具和连接器如因锈蚀或其他耐久性方面的问题而失效，结构将丧失预应力而造成严重后果。因此，及时封锚作为预应力施工的最后一道工序，应尽快进行。

【措施】

灌浆结束后，所有外露的锚具及连接器应采取浇筑混凝土等永久性保护措施，以防止水分、有害物质入侵引起锈蚀，并符合设计的防火隔热要求。

【检查】

逐根观察、检查，并做出记录。

【判定】

满足要求为合格、不满足要求为不合格，根据检查记录判定。

(6)《普通混凝土配合比设计规程》JGJ 55—2000，计 2 条。

7.1.4　进行抗渗混凝土配合比设计时，尚应增加抗渗性能试验。

【译义】

抗渗混凝土的配合比设计，应通过必要的抗渗性能试验检验后才能用于工程。抗渗性能是影响有抗渗要求混凝土使用功能的重要指标，同时也影响混凝土结构耐久性及安全性。因此，对有抗渗要求的混凝土应进行配合比设计，并在试配时进行抗渗性能试验。

【措施】

按《普通混凝土长期性能和耐久性能试验方法》(GBJ 82—85)的要求，宜取最大水灰比作6个试件进行混凝土抗渗试验。对掺有引气剂的混凝土还应进行含气量试验。按规程及有关的试验方法进行加压试验，取6个试件中4个未出现渗水时的最大水压值。抗渗混凝土试配时所取的抗渗等级应比设计要求提高，以保证所确定的配合比在验收时有足够的保证率。

【检查】

检查有关的抗渗性能试验报告。

【判定】

以试验报告中的指标是否符合设计要求作为判定的依据。

7.2.3 进行抗冻混凝土配合比设计时，尚应增加抗冻融性能试验。

【译义】

抗冻混凝土的配合比设计通过必要的抗冻融性能试验检验后，方可用于工程。混凝土的抗冻融性能是影响混凝土结构耐久性及安全性的重要指标，因此对于在寒冷地区的混凝土结构就提出了抗冻混凝土试配时进行抗冻融性能试验检验的要求。

【措施】

按《普通混凝土长期性能和耐久性能试验方法》(GBJ 82—85)的要求取3个试件，按规定的条件进行冻融循环试验，由其质量损失和动弹性模量下降到一定程度时的冻融循环次数换算成相应指标进行检验。

【检查】

检查有关的抗冻融性能试验报告。

【判定】

以试验报告中的指标是否符合设计要求作为判定的依据。

2.7 混凝土结构工程的分项工程、检验批应如何划分?

1. 混凝土结构子分部工程可根据结构的施工方法分为现浇混凝土结构子分部工程和装配式结构子分部工程;根据结构的分类,还可以分为钢筋混凝土结构子分部工程和预应力混凝土结构子分部工程等。

2. 在施工质量验收体系中,混凝土结构子分部工程划分为6个分项工程,即模板分项工程、钢筋分项工程、预应力分项工程、混凝土分项工程、现浇结构分项工程和装配式结构分项工程。

3. 检验批应按下列原则划分

各分项工程可根据与施工方式相一致且便于控制施工质量的原则,按工作班、楼层、结构缝或施工段划分为若干检验批。

(1) 检验批内质量均匀一致,抽样检验的结果具有代表性;

(2) 贯彻过程控制的原则,按施工次序和控制关键工序质量的需要设置和划分检验批;

(3) 根据便于质量检查验收的原则确定检验批。

4. 验收程序和组织

(1) 检验批和分项工程应由监理工程师或者建设单位项目技术负责人组织施工单位项目专业质量(技术)负责人等进行验收。

(2) 混凝土结构子分部工程应由总监理工程师或者建设单位项目负责人组织施工单位项目负责人和技术、质量负责人、设计单位工程项目负责人等进行验收。

(3) 检验批的检查层次为:生产班组的自检、交接检;施工单位质量检验部门的专业检查评定;监理单位(建设单位)组织的检验批验收。

(4) 在施工过程中,前一工序的质量未得到监理单位(建设单位)的检查认可,不应进行后续工序的施工,以免质量缺陷累积,造成更大损失。

(5) 根据有关规定和工程合同的约定,对工程质量起重要作用或有争议的检验项目,应进行由各方参与的见证检测,以确保施工过程中的关键质量。

2.8 混凝土结构工程施工质量验收合格有何规定?

1. 检验批验收内容和合格确认

(1) 实物检查,按下列方式进行:

1) 对原材料、构配件和器具等产品的进场复验,应按进场的批次和产品的抽样检验方案执行。

2) 对混凝土强度、预制构件结构性能等,应按国家现行有关标准和本书8、10二章有关规定进行,抽样检验方案、取样方法和数量参见7.23、7.24和8.5条。

3) 对采用计数检验的项目,应按抽查点数的合格点率进行检查。

(2) 资料检查,包括原材料、构配件和器具等的产品合格证(中文质量合格证明文件、规格、型号及性能检测报告等)及进场复验报告、施工过程中重要工序的自检和交接检记录、抽样检验报告、见证检测报告、隐蔽工程验收记录等。

(3) 检验批合格质量应符合下列规定:

1) 主控项目的质量经抽样检验合格。

2) 一般项目的质量经抽样检验合格;当采用计数检验时,除有专门要求外,一般项目的合格点率应达到80%及以上,且不得有严重缺陷和超过允许偏差值1.5倍的尺寸偏差;板中梁板类构件受力钢筋保护层厚度和预应力筋束形控制点的竖向位置偏差合格点率应达到90%及以上,且不得有超过1.5倍允许偏差值的尺寸偏差。

3) 具有完整的施工操作依据和质量验收记录。

4) 对验收合格的检验批,宜做出合格标志。

2. 分项工程的质量验收合格确认

应在所含检验批验收合格的基础上,尚应有完整的质量验收记录。

3. 子分部工程验收内容和合格确认

(1) 验收内容:

对混凝土结构子分部工程的质量验收，应在钢筋、预应力、混凝土、现浇结构或装配式结构等相关分项工程验收合格的基础上，进行质量控制资料检查及观感质量验收，并应对涉及结构安全的材料、试件、施工工艺和结构的重要部位进行见证检测或结构实体检验。

（2）混凝土子分部工程质量验收合格应符合下列规定：

1）所含分项工程质量均应验收合格。

2）质量控制资料应完整。

3）有关安全及功能的检验和抽样检测结果应符合有关规定。

4）观感质量验收应符合要求。

2.9 混凝土结构的环境类别有何规定？

混凝土结构环境类别见表 2-2。

混凝土结构的环境类别 表 2-2

环境类别		条 件
一		室内正常环境
二	a	室内潮湿环境；非严寒和非寒冷地区的露天环境、与无侵蚀性的水或土壤直接接触的环境
	b	严寒和寒冷地区的露天环境、与无侵蚀性的水或土壤直接接触的环境
三		使用除冰盐的环境；严寒和寒冷地区冬季水位变动的环境；滨海室外环境
四		海水环境
五		受人为或自然的侵蚀性物质影响的环境

注：严寒和寒冷地区的划分应符合国家现行标准《民用建筑热工设计规程》JGJ 24 的规定。

2.10 结构混凝土耐久性有何规定？

1. 一类、二类和三类环境中，设计使用年限为 50 年的结构混凝土耐久性的基本要求见表 2-3。

结构混凝土耐久性的基本要求 **表 2-3**

环境类别		最大水灰比	最小水泥用量（kg/m³）	最低混凝土强度等级	最大氯离子含量（%）	最大碱含量（kg/m³）
一		0.65	225	C20	1.0	不限制
二	a	0.60	250	C25	0.3	3.0
	b	0.55	275	C30	0.2	3.0
三		0.50	300	C30	0.1	3.0

注：1. 氯离子含量系指其占水泥用量的百分率；

2. 预应力构件混凝土中的最大氯离子含量为 0.06%，最小水泥用量为 300kg/m³；最低混凝土强度等级应按表中规定提高两个等级；

3. 素混凝土构件的最小水泥用量不应少于表中数值减 25 kg/m³；

4. 当混凝土中加入活性掺合料或能提高耐久性的外加剂时，可适当降低最小水泥用量；

5. 当有可靠工程经验时，处于一类和二类环境中的最低混凝土强度等级可降低一个等级；

6. 当使用非碱活性骨料时，对混凝土中的碱含量可不作限制。

2. 一类环境中，设计使用年限为 100 年的结构混凝土

(1) 钢筋混凝土结构的最低混凝土强度等级为 C30；预应力混凝土结构的最低混凝土强度等级为 C40；

(2) 混凝土中的最大氯离子含量为 0.06%；

(3) 宜使用非碱活性骨料；当使用碱活性骨料时，混凝土中的最大碱含量为 3.0kg/m³；

(4) 混凝土保护层厚度应按本书表 5-35 的规定增加 40%；当采取有效的表面防护措施时，混凝土保护层厚度可适当减少；

(5) 在使用过程中，应定期维护。

3. 除一类环境外的环境中，结构混凝土

(1) 二类和三类环境中，设计使用年限为 100 年的混凝土结构，应采取专门有效措施。

(2) 三类环境中的结构构件，其受力钢筋宜采用环氧树脂涂层带肋钢筋；对预应力钢筋、锚具及连接器，应采取专门防护措施。

(3) 四类和五类环境中的混凝土结构，其耐久性要求应符合有关标准的规定。

(4) 对临时性混凝土结构，可不考虑混凝土的耐久性要求。

(5) 严寒及寒冷地区的潮湿环境中，结构混凝土应满足抗冻要求，混凝土抗冻等级应符合有关标准的要求。

(6) 有抗渗要求的混凝土结构，混凝土的抗渗等级应符合有关标准的要求。

2.11 混凝土工程中，见证取样检测有何规定？

1. 见证取样的依据

取样是按有关技术标准和规范的规定，从检验(测)对象中抽取试验品的过程；送检是指取样后将试样从现场移交给有检测资格的单位承检的过程。取样和送检是工程质量检测的首要环节，其真实性和代表性直接影响检测数据的公正性。

为保证试件能代表实体的质量状况和取样的真实，制止出具只对试件(来样)负责的检测报告，保证建设工程质量检测工作的科学性、公正性和准确性，以确保建设工程质量，根据建设建建(2000)211号"关于印发《房屋建筑工程和市政基础设施工程实行见证取样和送检的规定》的通知"的要求，在建设工程质量检测中实行见证取样和送检制度，即在建设单位或监理单位人员见证下，由施工人员在现场取样，送至试验室进行试验。

2. 混凝土工程中见证取样送检的范围

(1) 用于承重结构的混凝土试件。

(2) 用于承重结构的钢筋及连接接头试件。

(3) 用于拌制混凝土的水泥。

(4) 用于承重结构的混凝土中使用的掺加剂。

(5) 国家规定必须实行见证取样和送检的其他试块、试件和材料。

3. 见证取样数量

见证取样和送样的比例不得低于有关技术标准中规定应取数量的30%。

4. 见证取样送检的程序

(1) 建设单位应向工程受监工程质量监督机构和工程检测单

位递交“见证单位和见证人员授权书”。授权书应写明本工程现场委托的见证单位和见证人员姓名，以便工程质量监督机构和检测单位检查核对。

(2) 施工单位取样人员在现场进行原材料取样和试块制作时，见证人员必须在旁见证。

(3) 见证人员应对试样进行监护，并和施工单位取样人员一起将试样送至检测单位或采取有效的封样措施送样。

(4) 检测单位应检查委托单位及试样上的标识、标志，确认无误后方进行检测。

(5) 检测单位应按照有关规定和技术标准进行检测，出具公正、真实、准确的检测报告。并加盖专用章。

(6) 检测单位在接受委托检验任务时，须由送检单位填写委托单，见证人员在检验委托单上签名。

(7) 检测单位应在检验报告单备注栏中注明见证单位和见证人员姓名，发生试样不合格情况，首先要通知工程受监工程质量监督机构和见证单位。

5. 见证人员的基本要求和职责

(1) 见证人员的基本要求

1) 见证人员资格：

① 见证人员应是本工程建设单位或监理单位人员。

② 必须具备初级以上技术职称或具有建筑施工专业知识。

③ 经培训考核合格，取得“见证人员证书”。

2) 必须具有建设单位的见证人书面授权书。

3) 必须向工程质量监督机构和检测单位递交见证人书面授权书。

4) 人员的基本情况，由省、自治区、直辖市各级建设行政主管部门委托的工程质量监督机构备案，每隔 3～5 年换证一次。

(2) 见证人员的职责

1) 取样时，见证人员必须在现场进行见证。

2) 见证人员必须对试样进行监护。

3）见证人员必须和施工人员一起将试样送至检测单位。

4）有专用送样工具的工地，见证人员必须亲自封样。应在试样或其包装上作出标识、封志。应标明工程名称、取样部位、取样日期、样品名称和样品数量，并由见证人员和取样人员签字。

5）见证人员必须在检验委托单上签字，并出示“见证人员证书”。

6）见证人员对试样的代表性和真实性负有法定责任。见证人员应制作见证记录，并将见证记录归入施工技术档案。

6. 见证取样送样的管理

各地建设行政主管部门是建设工程质量检测见证取样工作的主管部门。建设工程质量监督管理部门负责对见证取样工作的组织和管理。

各检测机构试验室对见证取样送样检验的试件，无见证人员签名的检验委托单及无见证人员伴送的试件一律拒收；未注明见证单位和见证人员的检验报告，不得作为见证检验资料，质量监督机构可指定法定检测单位重新检测。

提高见证人员的思想和业务素质，切实加强见证人员的管理，是搞好见证取样的重要保证。实践证明，建立取样员和见证人员工作台账是加强见证取样送样管理的有效措施。通过工作台账可分别对取样员和见证员各自的工作进行日常管理，工作台账又能反映施工全过程的质量检测情况，也便于质量监督的日常检查和质量事故的处理。

建设、施工、监理和检测单位凡以任何形式弄虚作假，或者玩忽职守者，应按有关法规、规章严肃查处，情节严重者，依法追究刑事责任。

2.12 见证取样送样专用工具有何要求？

为了便于见证人员在取样现场，对所取样品进行封存，防止串换，减少见证人员伴送样品的麻烦，保证见证取样送样工作顺利进行，下面介绍3种简易实用的送样工具。这些工具结构简洁耐用，加工制作容易，便于人工搬运和各种交通工具运输，见图 2-1。

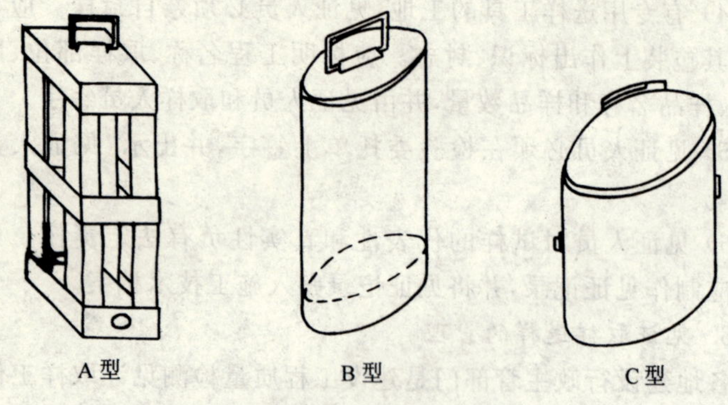

图 2-1 送样桶外形图

1. A 型送样桶

(1) 用途

1）本送样桶适用 150mm×150mm×150mm 混凝土试样封装，可装 3 件(约 24kg)。

2）若用薄钢板网封闭空格部分，适用 70.7mm×70.7mm×70.7mm 砂浆试样封装，可装 24 件(18kg)。

3）如内框尺寸改为 210mm×210m，可装 100mm×100mm×100mm 混凝土试块 16 件(约 40kg)。

(2) 外形尺寸

外形尺寸为 174mm×174mm×520mm。

2. B 型送样桶

(1) 用途

本送样桶适用 ϕ175mm(ϕ185mm)×150mm 混凝土抗渗试块封装，可装 3 件(约 30kg)，也适用钢筋试样封装。

(2) 外形尺寸

外形尺寸为 ϕ237mm×550mm。

3. C 型送样桶

(1) 用途

1）本送样桶适用 240mm×115mm×90mm 烧结多孔砖试样封装，可装 4 件（约 12kg）。

2）适用 240mm×115mm×53mm 烧结普通砖封装，可装 8 件（约 20kg）。

3）可装砂、石约 40kg，水泥约 30kg，或可装土样约 40 个。

(2) 外形尺寸

外形尺寸为 ϕ300×400mm。

3 原 材 料

3.1 混凝土主要由哪些材料组成？

混凝土由无机胶结材料（水泥、石灰、石膏、硫磺、菱苦土、水玻璃等）或有机胶结材料（沥青、树脂等）、水、骨料（粗骨料、细骨料、轻骨料等）和外加剂、掺合料等组成。

3.2 混凝土拌合物的含碱量有何要求？如何控制？

1. 含碱量要求

混凝土中含碱量（A）等于各组合材料中含碱量的总和。即：水泥（Ac）、化学外加剂（Aca）、掺合料（Ama）、骨料和拌合水（Aaw）中含碱量之和。

（1）术语

1）碱-硅酸反应

碱-硅酸反应是指水泥中或其他来源的碱与骨料中活性 SiO_2 发生化学反应并导致砂浆或混凝土产生异常膨胀，代号为 ASR。

2）碱-碳酸盐反应

碱-碳酸盐反应是指水泥中或其他来源的碱与活性白云质骨料中白云石晶体发生化学反应并导致砂浆或混凝土产生异常膨胀，代号为 ACR。

3）碱含量

混凝土碱含量是指混凝土中等当量氧化钠的含量，以 kg/m^3 计；混凝土原材料的碱含量是指原材料中等当量氧化钠的含量，以重量百分率计。等当量氧化钠含量是指氧化钠与 0.658 倍的氧化钾之和。

4）混合材

混合材是指水泥制备过程中掺入水泥熟料并与熟料共同粉磨的活性混合材料。

5）掺合料

掺合料是指在混凝土搅拌过程中掺入混凝土的粉状活性混合材料。

（2）环境分类

1）干燥环境，如干燥通风环境、室内正常环境。

2）潮湿环境，如高度潮湿、水下、水位变动区、潮湿土壤、干湿交替环境。

3）含碱环境，如海水，盐碱地、含碱工业废水、使用化冰盐的环境。干燥和含碱交替时按含碱环境处理；潮湿和含碱交替时按含碱环境处理。

（3）工程结构

1）一般工程结构，如一般建筑结构。

2）重要工程结构，如桥梁、大中型水利水电工程结构、高等级公路、机场跑道、港口与航道工程结构、重要建筑结构。

3）特殊工程结构，如核工程结构关键部位、采油平台、不允许发生开裂破坏的工程结构。

（4）技术要求

1）在骨料具有碱-硅酸反应活性时，依据混凝土所处的环境条件对不同的工程结构分别采取表3-1中碱含量的限值或措施。

混凝土碱含量限值或措施 **表3-1**

环境条件	混凝土最大碱含量（kg/m³）		
	一般工程结构	重要工程结构	特殊工程结构
干燥环境	不限制	不限制	3.0
潮湿环境	3.5	3.0	2.1
含碱环境	3.0	用非活性骨料	

注：1. 处于含碱环境中的一般工程结构在限制混凝土碱含量的同时，应对混凝土作表面防碱涂层，否则应换用非活性骨料。

2. 大体积混凝土结构（如大坝等）的水泥碱含量尚应符合有关行业标准的规定。

2）在骨料具有碱-碳酸盐反应活性时，干燥环境中的一般工程结构和重要工程结构的混凝土可不限制碱含量；特殊工程结构和潮湿环境及碱环境中的一般工程结构和重要工程结构应换用不具碱-碳酸盐反应活性的骨料。

2. 含碱量控制

（1）检查混凝土原材料试验报告和氯化物、碱的含量计算书，混凝土中氯化物和碱的总含量应符合现行国家标准《混凝土结构设计规范》GB 50010 和设计的要求。

（2）对重要工程的混凝土所使用的碎石或卵石应进行碱活性检验。

进行碱活性试验时，首先应采用岩相法检验碱活性骨料的品种、类型和数量（也可由地质部门提供）。若骨料中含有活性二氧化硅时，应采用化学法和砂浆长度法进行检验；若含有活性碳酸盐骨料时，应采用岩石柱法进行检验。

经上述检验，骨料判定为有潜在危害时，属碳酸盐反应的，如必须使用，应以专门的混凝土试验结果做出最后评定。

（3）潜在危害属碱-硅反应的，应遵守以下规定方可使用：

1）使用含碱量小于 0.6％的水泥或采用能抑制碱-骨料反应的掺合料。

2）当使用含钾、钠离子的混凝土外加剂时，必须进行专门试验。

3.3 混凝土中氯化物含量有何规定？

混凝土拌合物中的氯化物总含量（以氯离子重量计）应按下列要求进行控制：

（1）对素混凝土，不得超过水泥重量的 2％。

（2）对处于干燥环境或有防潮措施的钢筋混凝土，不得超过水泥重量的 1％。

（3）对处在潮湿而不含有氯离子环境中的钢筋混凝土，不得超过水泥重量的 0.3％。

(4) 对在潮湿并含有氯离子环境中的钢筋混凝土，不得超过水泥重量的 0.1％。

(5) 预应力混凝土及处于易腐蚀环境中的钢筋混凝土，不得超过水泥重量的 0.06％。

3.4 拌制混凝土宜采用什么水？水的质量要求有何规定？

拌制混凝土宜采用饮用水。

当采用其他水源时，应进行水质试验，水质应符合国家现行标准《混凝土拌合用水标准》JGJ 63 的规定。

不得使用海水拌制钢筋混凝土和预应力混凝土；不宜用海水拌制有饰面要求的素混凝土。

3.5 拌合用水的物质含量限值有何规定？

1. 拌合用水的物质含量限值应按表 3-2 规定控制。

拌合用水的物质含量限值 **表 3-2**

项 目	预应力混凝土	钢筋混凝土	素混凝土
pH 值	＞4	＞4	＞4
不溶物(mg/L)	＜2000	＜2000	＜5000
可溶物(mg/L)	＜2000	＜5000	＜10000
氯化物(以 Cl^- 计，mg/L)	＜500	＜1200	＜3500
硫酸盐(以 SO_4^{2-} 计，mg/L)	＜600	＜2700	＜2700
硫化物(以 S^{2-} 计，mg/L)	＜100	—	—

注：使用钢丝或经热处理钢筋的预应力混凝土氯化物含量不得超过 350mg/L。

2. 试验项目

(1) 必试项目：pH 值和氯离子含量。

(2) 其他试验项目：不溶物和硫化物含量。

3. 取样数量:23L。

4. 取样方法:井水、钻孔水和自来水应放水冲洗管道后采集;江湖水应在中心位或水面下 500mm 处采集。

3.6 砂如何分类?何为天然砂?何为人工砂?

砂按产源分为两类:天然砂和人工砂。

1. 天然砂:由自然风化、水流搬运和分选、堆积形成的、粒径小于 4.75mm 的岩石颗粒,但不包括软质岩、风化岩石的颗粒。天然砂包括河砂、湖砂、山砂、淡化海砂。

2. 人工砂:经除土处理的机制砂、混合砂的统称。

(1) 机制砂:由机械破碎、筛分制成的,粒径小于是 4.75mm 的岩石颗粒,但不包括软质岩、风化岩石的颗粒。

(2) 混合砂:由机制砂和天然砂混合制成的砂。

3.7 砂的类别如何划分?各类砂用途如何?

砂按技术要求分为Ⅰ类、Ⅱ类、Ⅲ类。

Ⅰ类宜用于强度等级大于 C60 的混凝土;Ⅱ类宜用于强度等级 C30～C60 及抗冻、抗渗或其他要求的混凝土;Ⅲ类宜用于强度等级小于 C30 的混凝土和建筑砂浆。

3.8 何为砂的细度模数?砂的规格如何划分?

1. 衡量砂粗细度的指标称为砂的细度模数。

2. 砂按细度模数分为粗、中、细三种规格,其细度模数分别为:

粗:3.7～3.1

中:3.0～2.3

细:2.2～1.6

3.9 砂的颗粒级配有何规定?

砂的颗粒级配分为 3 个区,颗粒级配规定见表 3-3。

砂颗粒级配 表 3-3

方筛孔 \ 累计筛余(%) \ 级配区	1	2	3
9.50mm	0	0	0
4.75mm	10～0	10～0	10～0
2.36mm	35～5	25～0	15～0
1.18mm	65～35	50～10	25～10
600μm	85～71	70～41	40～16
300μm	95～80	92～70	85～55
150μm	100～90	100～90	100～90

说明：1. 砂的实际颗粒级配与表中所列数字相比，除 4.75mm 和 600μm 筛档外，可以略有超出，但超出总量应小于 5%。

2. 1 区人工砂中 150μm 筛孔的累计筛余可以放宽到 100～85；2 区人工砂中 150μm 筛孔的累计筛余可以放宽到 100～80；3 区人工砂中 150μm 筛孔的累计筛余可以放宽到 100～75。

3.10 何为砂中的含泥量、泥块含量和石粉含量？各有哪些规定？

(1) 含泥量：天然砂中粒径小于 75μm 的颗粒含量。

(2) 石粉含量：人工砂中粒径小于 75μm 的颗粒含量。

(3) 泥块含量：砂中原粒径大于 1.18mm，经水浸洗、手捏后小于 600μm 的颗粒含量。

(4) 砂的含泥量和泥块含量见表 3-4。

砂含泥量和泥块含量 表 3-4

项 目	指 标		
	Ⅰ类	Ⅱ类	Ⅲ类
含泥量(按质量计),%	＜1.0	＜3.0	＜5.0
泥块含量(按质量计),%	0	＜1.0	＜2.0

(5) 人工砂的石粉含量见表 3-5。

人工砂的石粉含量 **表 3-5**

<table>
<tr><th colspan="4" rowspan="2">项目</th><th colspan="3">指标</th></tr>
<tr><th>Ⅰ类</th><th>Ⅱ类</th><th>Ⅲ类</th></tr>
<tr><td>1</td><td rowspan="2">亚甲蓝试验</td><td>MB 值<1.40 或合格</td><td>石粉含量（按质量计），%</td><td><3.0</td><td><5.0</td><td><7.0</td></tr>
<tr><td>2</td><td>MB 值≥1.40 或不合格</td><td>石粉含量（按质量计），%</td><td><1.0</td><td><3.0</td><td><5.0</td></tr>
</table>

说明：1. 亚甲蓝 *MB* 值：用于判定人工砂中粒径小于 75μm 颗粒含量主要是泥土还是与被加工母岩化学成分相同的石粉的指标。
2. 泥块含量见表 3-4。

3.11 砂中不应含有哪些杂物和有害物质？

（1）杂物：砂中不应混有草根、树叶、树枝、塑料、煤块、炉渣等杂物。

（2）有害物质：砂中有害物质如云母、轻物质、有机物、硫化物、硫酸盐、氯盐等。其含量应符合表 3-6 的规定。

砂中有害物质含量 **表 3-6**

项目		指标		
		Ⅰ类	Ⅱ类	Ⅲ类
云母(按质量计)(%)	<	1.0	2.0	2.0
轻物质(按质量计)(%)	<	1.0	1.0	1.0
有机物(比色法)		合格	合格	合格
硫化物及硫酸盐(按 SO_3 质量计)(%)	<	0.5	0.5	0.5
氯化物(以氯离子质量计)(%)	<	0.01	0.02	0.06

3.12 砂的坚固性指标有哪些规定？

砂子的坚固性指标是指砂子在自然风化和其他外界物理化学因素作用下能够抵抗破裂的能力。

（1）天然砂采用硫酸钠溶液法进行试验，砂样经 5 次循环后其质量损失应符合表 3-7 的规定。

天然砂坚固性指标　　表 3-7

项　目		指　标		
		Ⅰ类	Ⅱ类	Ⅲ类
质量损失(%)	<	8	8	10

(2) 人工砂采用压碎指标法进行试验,压碎指标值应小于表3-8的规定。

人工砂压碎指标　　表 3-8

项　目		指　标		
		Ⅰ类	Ⅱ类	Ⅲ类
单级最大压碎指标(%)	<	20	25	30

3.13 采用海砂拌制混凝土时,氯化物总含量有哪些规定?

当使用海砂拌制混凝土时,混凝土拌合物中的氯化物总含量(以氯离子重量计)应符合下列规定:

(1) 对素混凝土,不得超过水泥重量的2%;

(2) 对处于干燥环境或有防潮措施的钢筋混凝土,不得超过水泥重量的1%;

(3) 对处在潮湿而不含有氯离子环境中的钢筋混凝土,不得超过水泥重量的0.3%;

(4) 对在潮湿并含有氯离子环境中的钢筋混凝土,不得超过水泥重量的0.1%;

(5) 预应力混凝土及处于易腐蚀环境中的钢筋混凝土,不得超过水泥重量的0.06%。

3.14 对重要工程混凝土用砂有何要求?

对重要工程混凝土中使用的砂子,应用化学法和砂浆长度法进行碱活性检验。经过检验判断有潜在危害时:

(1) 应当采用含碱量小于0.6%的水泥,使混凝土中的含碱量少些。或者采用能抑制碱与骨料反应的混合料，经过掺加混合料，使混凝土中的碱不能与骨料进行反应，从而保证混凝土的安全而不致受损。

(2) 在使用钾、钠离子的外加剂时，必须通过专门的试验来决定，不可轻易使用，导致混凝土受害。

3.15 何为轻物质?

表观密度小于 2000kg/m^3 的物质。

3.16 何为碱集料反应? 碱集料反应试验有何规定?

指水泥、外加剂等混凝土组成物及环境中的碱与集料中碱活性矿物在潮湿环境下缓慢发生并导致混凝土开裂破坏的膨胀反应。

经碱集料反应试验后，由砂制备的试件无裂缝、酥裂、胶体外溢等现象，在规定的试验龄期膨胀率应小于 0.10%。

3.17 砂的表观密度、堆积密度、空隙率有何规定?

砂表观密度、堆积密度、空隙率应符合如下规定：表观密度大于 2500kg/m^3；松散堆积密度大于 1350kg/m^3；空隙率小于 47%。

3.18 砂的验收有哪些规定?

(1) 验收批的划分：用大型运输工具时，以 400m^3 或 600t 为一验收批；用小型工具运输时，以 200m^3 或 300t 为一验收批。不足上述数量以一批论。

(2) 试验项目：

1) 必试项目：颗粒级配、含泥量和泥块含量检验。海砂还应进行氯离子含量检验。

2) 其他试验项目：密度、有害物质含量、坚固性、碱活性检验、含水率等。

3) 当质量比较稳定，进料量又较大时，可定期检验。使用新产源的砂时，应进行全面检验。

(3) 单项试验取样数量：单项试验的最少数量应符合表3-9的规定。做几项试验时，如确能保证试样经一项试验后不致影响另一项试验的结果，可用同一试样进行几项不同的试验。

单项试验取样数量　　表3-9

<table>
<tr><th>序号</th><th colspan="2">试验项目</th><th>最少取样数量(kg)</th></tr>
<tr><td>1</td><td colspan="2">颗粒级配</td><td>4.4</td></tr>
<tr><td>2</td><td colspan="2">含泥量</td><td>4.4</td></tr>
<tr><td>3</td><td colspan="2">石粉含量</td><td>6.0</td></tr>
<tr><td>4</td><td colspan="2">泥块含量</td><td>20.0</td></tr>
<tr><td>5</td><td colspan="2">云母含量</td><td>0.6</td></tr>
<tr><td>6</td><td colspan="2">轻物质含量</td><td>3.2</td></tr>
<tr><td>7</td><td colspan="2">有机物含量</td><td>2.0</td></tr>
<tr><td>8</td><td colspan="2">硫化物与硫酸盐含量</td><td>0.6</td></tr>
<tr><td>9</td><td colspan="2">氯化物含量</td><td>4.4</td></tr>
<tr><td rowspan="2">10</td><td rowspan="2">坚固性</td><td>天然砂</td><td>8.0</td></tr>
<tr><td>人工砂</td><td>20.2</td></tr>
<tr><td>11</td><td colspan="2">表观密度</td><td>2.6</td></tr>
<tr><td>12</td><td colspan="2">堆积密度与空隙率</td><td>5.0</td></tr>
<tr><td>13</td><td colspan="2">碱集料反应</td><td>20.0</td></tr>
</table>

(4) 取样：

1) 在料堆上取样时，取样部位应均匀分布。取样前先将取样部位表层铲除，然后从不同部位抽取大致等量的砂8份，组成一组样品。

2) 从皮带运输机上取样时，应用接料器在皮带运输机机尾的出料处定时抽取大致等量的砂4份，组成一组样品。

3) 从火车、汽车、货船上取样时，从不同部位和深度抽取大致等量的砂8份，组成一组样品。

取样时，每验收批取样部位应均匀分布，将表面层铲去，然后由8个部位取大致等量的砂，组成一组样品。

(5) 缩分：人工四分法缩分至20kg。将所取每组样品置于平板上，在潮湿状态下拌合均匀，堆成厚度约20mm的“圆饼”。然后沿互相垂直的两条直径把“圆饼”分成四等份，取对角两份重新拌均，再堆成“圆饼”，重新再分。直到缩分后的材料量略多于进行试验所需量为止。也可用分料器缩分。

砂的堆积密度和紧密密度及含水率所用试样可不经缩分，在拌匀后直接进行试验。

注：若检验不合格时，应重新取样。对不合格项应加倍复验，若仍有一个试样不能满足标准要求，应按不合格品处理。

(6) 检验报告内容：委托单位、样品编号、工程名称、样品产地和名称、代表数量、检测条件、检测依据、检测项目、检测结果和结论等。

3.19 砂的产品合格证应包括哪些内容？

砂出厂时，供需双方在厂内验收产品，生产厂应提供产品质量合格证书，其内容包括：

(1) 砂类别、规格和生产厂名。

(2) 批量编号及供货数量。

(3) 检验结果、日期及执行标准编号。

(4) 合格证编号及发放日期。

(5) 若是海砂应注明氯离子含量。

(6) 检验部门及检验人员签章。

3.20 砂在运输和堆放时应注意什么？

(1) 砂应按产地、类别、规格分别堆放和运输并加以标识，防止人为碾压及混入杂质杂物等污染产品。

(2) 运输时，应认真清扫车船等运输设备并采取措施防止杂物混入和粉尘飞扬。

3.21 混凝土用粗骨料如何分类？何为卵石？何为碎石？

混凝土用粗骨料分为卵石和碎石。

(1) 卵石：由自然风化、水流搬运和分选、堆积形成的、粒径大于 4.75mm 的岩石颗粒。

（2）碎石：天然岩石或卵石经机械破碎、筛分制成的，粒径大于 4.75mm 的岩石颗粒。

3.22 卵石、碎石规格、类别和用途有何规定？

（1）规格：按卵石、碎石粒径尺寸分为单粒粒级和连续粒级。亦可以根据需要采用不同单粒径卵石、碎石混合成特殊粒级的卵石、碎石。

（2）类别：按卵石、碎石技术要求分为Ⅰ类、Ⅱ类、Ⅲ类。

（3）用途：Ⅰ类宜用于强度等级大于 C60 的混凝土；Ⅱ类宜用于强度等级 C30～C60 及抗冻、抗渗或其他要求的混凝土；Ⅲ类宜用于强度等级小于 C30 的混凝土。

3.23 针片状颗粒定义是什么？对其含量有哪些规定？

（1）针状颗粒：在碎石和卵石中，凡是颗粒长度大于该颗粒所属料级的平均粒径 2.4 倍细而长的颗粒。

（2）片状颗粒：在碎石和卵石中，凡是粒径厚度小于该颗粒所属粒级平均粒径的 0.4 倍，大而薄的颗粒。

（3）混凝土中用的石子，粒径比较均匀的为好，其抗压、抗折强度都比较好。细而长的颗粒和大而薄的颗粒影响混凝土的强度。

针片状颗粒既然对混凝土强度有一定的影响，那么在碎石和卵石中的针片状颗粒含量就必须有一定限制（按质量计）。

Ⅰ类：石子中针片状颗粒含量小于 5％。

Ⅱ类：石子中针片状颗粒含量小于 15％。

Ⅲ类：石子中针片状颗粒含量小于 25％。

3.24 卵石和碎石的颗粒级配应符合哪些规定？

石子是混凝土中的粗骨料，在混凝土中占的比重很大，因此，应控制石子的颗粒级配。卵石和碎石的颗粒级配应按表 3-10 规定执行。

卵石、碎石颗粒级配　　表 3-10

累计筛余(%) 方筛孔(mm) / 公称粒径(mm)		2.36	4.75	9.50	16.0	19.0	26.5	31.5	37.5	53.0	63.0	75.0	90
连续粒级	5～10	95～100	80～100	0～15	0								
	5～16	95～100	85～100	30～60	0～10	0							
	5～20	95～100	90～100	40～80	—	0～10	0						
	5～25	95～100	90～100	—	30～70	—	0～5	0					
	5～31.5	95～100	90～100	70～90	—	15～45	—	0～5	0				
	5～40	—	95～100	70～90	—	30～65	—	—	0～5	0			
单粒粒级	10～20		95～100	85～100		0～15	0						
	16～31.5		95～100		85～100			0～10	0				
	20～40			95～100		80～100			0～10	0			
	31.5～63				95～100			75～100	45～75		0～10	0	
	40～80					95～100			70～100		30～60	0～10	0

3.25 何为卵石和碎石中含泥量和泥块含量？对其含量有何规定？

(1) 含泥量：卵石、碎石中粒径小于 75μm 的颗粒含量。

(2) 泥块含量：卵石、碎石中原粒径大于 4.75mm，经水浸洗、手捏后小于 2.36mm 的颗粒含量。

卵石和碎石中的含泥量和泥块含量对混凝土的强度有很大的影响，因此，在拌制混凝土时，对石子中的含泥量和泥块含量要有一定的限制。具体含量应符合表 3-11 的规定。

卵石、碎石中含泥量和泥块含量 **表 3-11**

项目	指标		
	Ⅰ类	Ⅱ类	Ⅲ类
含泥量(按质量计)(%)	<0.5	<1.0	<1.5
泥块含量(按质量计)(%)	0	<0.5	<0.7

3.26 卵石和碎石中有害物质含量有何规定？

有害物质主要有杂物和硫化物等。

(1) 杂物：卵石和碎石中不应混有草根、树叶、树枝、塑料、煤块、炉渣和垃圾等杂物。

(2) 硫化物、硫酸盐等。

杂物和硫化物、硫酸盐等对混凝土的质量有很大影响，因此，对卵石和碎石中有害物质的含量应予以控制，其含量应符合表 3-12的规定。

卵石、碎石有害物质含量 **表 3-12**

项目	指标		
	Ⅰ类	Ⅱ类	Ⅲ类
有机物	合格	合格	合格
硫化物及硫酸盐(按 SO_3 质量计)(%) <	0.5	1.0	1.0

3.27 卵石和碎石坚固性如何试验？其质量损失应符合哪些规定？

卵石和碎石的坚固性是指石子在气候、环境变化或其他物理因素作用下抵抗碎裂的能力。其试验方法是用硫酸钠溶液去检验。把石子放进硫酸钠溶液中，然后再捞出来，这样往返 5 次，看其重量损失，损失量不超过表 3-13 规定的为合格。

卵石、碎石中坚固性指标　　表 3-13

项　目	指　标		
	Ⅰ类	Ⅱ类	Ⅲ类
质量损失(%)　＜	5	8	12

3.28 卵石和碎石的强度如何表示？

卵石强度可用压碎指标值来表示。碎石强度可用岩石的抗压强度和压碎指标表示。

（1）卵石和碎石的压碎指标见表 3-14。

卵石、碎石压碎指标　　表 3-14

项　目	指　标		
	Ⅰ类	Ⅱ类	Ⅲ类
卵石压碎指标＜	12	16	16
碎石压碎指标＜	10	20	30

（2）岩石抗压强度：在水饱和状态下，其抗压强度：火成岩应不小于 80MPa；变质岩石应不小于 60MPa；水成岩应不小于 30MPa。

3.29 卵石和碎石的表观密度、堆积密度和空隙率有何规定？

（1）表观密度：大于 2500kg/m^3。

（2）松散堆积密度：大于 1350kg/m^3。

(3) 空隙率：小于47%。

3.30 什么情况下对卵石和碎石应进行碱活性检验？

对重要工程的混凝土所使用的卵石或碎石应进行碱活性检验。首先应采用岩相法检验碱活性骨料的品种、类型和数量。若含有活性二氧化硅时，应采用化学法和砂浆长度法进行检验；若含有活性碳酸盐骨料时，应采用岩石柱法进行检验。

判定有潜在危害时，拌制混凝土应使用含碱量小于0.6%的水泥。

当使用钾、钠离子混凝土外加剂时，必须进行专门试验。

3.31 卵石和碎石验收时如何进行取样？

(1) 试样数量

单项试验的最少取样数量应符合表3-15的规定。当需要做几项试验时，如果确实能保证试样经一项试验后不致影响另一项试验的结果，可用同一试样进行几项不同的试验。

卵石、碎石单项试验取样数量(kg) **表3-15**

序号	试验项目	不同最大粒径(mm)下的最少取样量							
		9.5	16.0	19.0	26.5	31.5	37.5	63.0	75.0
1	颗粒级配	9.5	16.0	19.0	25.0	31.5	37.5	63.0	80.0
2	含泥量	8.0	8.0	24.0	24.0	40.0	40.0	80.0	80.0
3	泥块含量	8.0	8.0	24.0	24.0	40.0	40.0	80.0	80.0
4	针片状颗粒含量	1.2	4.0	8.0	12.0	20.0	40.0	40.0	40.0
5	有机物含量	按试验要求的粒级和数量取样							
6	硫酸盐和硫化物含量								
7	坚固性								
8	岩石抗压强度	随机选取完整石块锯切或钻取成试验用样品							
9	压碎指标值	按试验要求的粒级和数量取样							
10	表观密度	8.0	8.0	8.0	8.0	12.0	16.0	24.0	24.0
11	堆积密度与空隙率	40.0	40.0	40.0	40.0	80.0	80.0	120.0	120.0
12	碱集料反应	20.0	20.0	20.0	20.0	20.0	20.0	20.0	20.0

(2) 取样方法

1) 在料堆上取样时,取样部位应均匀分布。取样前先将取样部位表层铲除,然后从 5 个不同部位抽取大致等量的试样 15 份(在料堆的顶部、中部和底部均匀分布的 15 个不同部位取得)组成一组样品。每份 5～40kg,然后缩分到 40kg 或 60kg,按规定送试。

2) 从皮带运输机上取样时,应用接料器在皮带运输机机尾的出料处定时抽取大致等量的石子 8 份,组成一组样品。

3) 从火车、汽车、货船上取样时,从不同部位和深度抽取大致等量的石子 16 份,组成一组样品。

(3) 试样处理(缩分)

将所取样品置于平板上,在自然状态下拌和均匀,并堆成锥体,然后沿互相垂直的两条直径把锥体分成大致相等的四份,取其对角线的两份重新拌匀,堆成锥体再分成四等份。重复上述过程,直至把样品缩分到略多于试验所需量为止。

(4) 堆积密度检验所用试样可不经缩分,在拌匀后直接进行试验。

3.32 卵石和碎石如何进行验收?

(1) 验收批的划分

卵石和碎石的验收取样应按批进行。大型工具运输时,以 $400m^3$ 或 600t 为一验收批;小型工具运输时,以 $200m^3$ 或 300t 为一验收批。不足一批的按一批计。

(2) 试验项目

1) 必试项目

每验收批至少应进行筛分析(颗粒级配)、含泥量、泥块含量及针片状颗粒含量、压碎指标。

2) 其他试验项目:密度、有害物质含量、坚固性、碱活性检验和含水率。

3）当质量较稳定，进料量又不大时，可定期检验。卵石、碎石的验收可按重量或体积计算。对重要工程应根据工程要求增加检测项目。使用新产源的卵石、碎石时，应按质量要求进行全面检验。检验项目应按质量要求的项目进行。

（3）检验报告

检验报告内容应包括：委托单位、样品编号、工程名称、样品产地、类别、代表数量、检测依据、检测条件、检测项目、检测结果和结论等。

3.33 卵石和碎石产品合格证应包括哪些内容？

卵石、碎石出厂时，供需双方在厂内验收产品，生产厂应提供产品质量合格证书，其内容包括：

（1）类别、规格和生产厂名及产地。

（2）批量编号及供货数量。

（3）检验结果、日期及执行标准编号。

（4）合格证编号及发放日期。

（5）检验部门及检验人员签章。

3.34 卵石和碎石在堆放和运输时应注意什么？

（1）卵石、碎石应按类别、规格分别堆放和运输，防止人为辗压及污染产品。

（2）运输时，应认真清扫车船等运输设备并采取措施防止杂物混入和粉尘飞扬。

（3）堆放一般以5m高为宜。

3.35 常用水泥品种有哪些？其强度等级如何确定？

（1）按水泥命名、定义标准为通用水泥、专用水泥、特性水泥三大类。通用水泥有6个品种；专用水泥和特性水泥种类较多，具体分类如下：

水泥
- 通用水泥
  - 硅酸盐水泥
  - 普通硅酸盐水泥
  - 矿渣硅酸盐水泥
  - 火山灰质硅酸盐水泥
  - 粉煤灰硅酸盐水泥
  - 复合硅酸盐水泥
- 专用水泥　　如砌筑水泥、A级油井水泥等
- 特性水泥：特性水泥种类较多，有以水泥的主要水硬性矿物名称为主要成分的水泥；有以火山灰性或潜在水硬性材料及其他活性材料为主要组分的水泥，如快硬硅酸盐水泥、低热矿渣硅酸盐水泥、膨胀硫铝酸盐水泥、石膏矿渣水泥、石灰火山灰水泥等。

（2）水泥强度等级

1）通用水泥强度等级详见表3-16。

水泥强度等级表　　**表3-16**

序号	水泥名称	强度等级	数量
1	硅酸盐水泥	42.5、42.5R、52.5、52.5R、62.5、62.5R	6
2	普通硅酸盐水泥	32.5、32.5R、42.5、42.5R、52.5、52.5R	6
3	矿渣水泥、火山灰水泥、粉煤灰水泥	32.5、32.5R、42.5、42.5R、52.5、52.5R	6
4	复合硅酸盐水泥	32.5、32.5R、42.5、42.5R、52.5、52.5R	6

2）道路硅酸盐水泥：425、525、625等3个标号。

3）快硬硅酸盐水泥(以3d强度表示)：325、375、425等3个标号。

4）白色硅酸盐水泥：325、425、525、625等4个标号。

（3）水泥强度等级和标号的换算

强度等级＝(原标号－100)÷10

例如：　原425号＝(425－100)÷10＝32.5级

注：强度等级后面符号"R"代表早强型。

3.36 专用水泥和特性水泥组成及适用范围如何?

(1) 快硬硅酸盐水泥

组成:凡以硅酸盐水泥熟料、适量石膏磨细制成的,以 3d 抗压强度表示的水硬性胶凝材料。

适用范围:用于要求早期强度高的工程、紧急抢修工程及冬期施工工程。

(2) 抗硫酸盐硅酸盐水泥

组成:凡以适当成分的生料,烧至部分熔融,所得的以硅酸钙为主的特定矿物组成的熟料,加入适量石膏,磨细制成的具有一定抗硫酸盐侵蚀性能的水硬性胶凝材料。

适用范围:用于硫酸盐侵蚀的海港、水利、地下、隧涵、引水、道路和桥梁基础等工程。

(3) 白色硅酸盐水泥

组成:由白色硅酸盐水泥熟料加入适量石膏,磨细制成的水硬性胶凝材料。

适用范围:适用于建筑物内外表面的装饰工程;配制彩色人造大理石、水磨石等。

注意事项:使用时严禁混入其他物质,搅拌、运输等工具必须清洗干净,以免影响白度。

(4) 高铝水泥

组成:凡以铝酸钙为主,氧化铝含量约为 50%的熟料,磨制的水硬性胶凝材料。

适用范围:适用于抢修及需早强的工程;冬期施工及防水耐硫酸盐腐蚀的工程。

注意事项:不宜高温施工,不宜蒸汽养护,施工时不得与石灰和硅酸盐类水泥混合。

(5) 低热膨胀水泥

组成:凡以粒化高炉矿渣为主要组分,加入适量硅酸盐水泥熟料和石膏,磨细制成的具有低热和微膨胀性能的水硬性胶凝材料。

适用范围：适用配制防水砂浆、混凝土，可用于结构加固、接缝修补及机械底座、地脚螺栓等。

（6）砌筑水泥

组成：凡以活性混合材料或具有水硬性的工业废料为主要原材料，加入少量硅酸盐水泥熟料和石膏，经过磨细制成的水硬性胶凝材料。

适用范围：适用于建筑工程中的砌筑砂浆和内墙抹面砂浆。

注意事项：不得用于钢筋混凝土结构和构件。

（7）无收缩快硬硅酸盐水泥

组成：凡以硅酸盐水泥熟料与适量二水石膏和膨胀剂共同粉磨制成的具有快硬、无收缩性能的水硬性胶凝材料，又称"建筑水泥"。

适用范围：适用于抢修、修补及结构加固工程；预制梁、板接头和预制构件拼装接头；大型机械底座及地脚螺栓的固定。

注意事项：除一般硅酸盐水泥外，不得与其他品种水泥混合使用、运输。贮存中须严防受潮。

（8）复合硅酸盐水泥

组成：凡由硅酸盐水泥熟料、两种或两种以上规定的混合材料、适量石膏磨细制成的水硬性胶凝材料。

适用范围：适用于配制一般混凝土和砌筑、粉刷用的砂浆。

注意事项：不宜用于耐腐蚀工程。

（9）快硬硫铝酸盐水泥

组成：凡以适当成分的生料，经煅烧所得以无水硫铝酸钙和硅酸二钙为主要矿物成分的熟料，加入适量石膏磨细制成的早期强度高的水硬性胶凝材料。

适用范围：适于配制早强、抗冻、抗渗和抗硫酸盐侵蚀混凝土，并适用于冬期（负温）施工及浆锚、抢修、堵漏等工程。

注意事项：施工时（夏季）应及时保湿养护；不得用于温度经常处于100℃以上的混凝土工程；使用时不得与石灰及其他品种水泥混合。

(10) Ⅰ型低碱度硫铝酸盐水泥

组成:是以无水硫铝酸钙为主要成分的硫铝酸盐水泥熟料,配以一定量的硬石膏磨细而成,具有碱度较低特性的水硬性胶凝材料。

适用范围:适用于碱度要求低的工程。

3.37 常用水泥优、缺点是什么?

常用水泥优、缺点见表 3-17。

常用水泥优缺点 表 3-17

名称	代号	包装印刷	强度等级	特性	
				优点	缺点
硅酸盐水泥	P·Ⅰ P·Ⅱ	红色	42.5 42.5R 52.5 52.5R 62.5 62.5R	1. 强度高 2. 快硬、早强 3. 抗冻性好、耐磨性和不透水性强	1. 水化热高 2. 抗水性差 3. 耐蚀性差
普通硅酸盐水泥 (普通水泥)	P·O	红色	32.5 32.5R 42.5 42.5R 52.5 52.5R	与硅酸盐水泥性能基本相同,仅有如下改变: 1. 抗冻、耐磨性稍有下降 2. 早期强度增进率略有减少 3. 抗硫酸盐侵蚀能力有所增强	
矿渣硅酸盐水泥 (矿渣水泥)	P·S	绿色	32.5 32.5R 42.5 42.5R 52.5 52.5R	1. 水化热低 2. 抗硫酸盐侵蚀性好 3. 蒸汽养护有较好效果 4. 耐热性较好	1. 早期强度低、后期强度增进率大 2. 保水性差 3. 抗冻性差
火山灰质 硅酸盐水泥 (火山灰水泥)	P·P	黑色	32.5 32.5R 42.5 42.5R 52.5 52.5R	1. 保水性好 2. 水化热低 3. 抗硫酸盐侵蚀性好	1. 需水性、干缩性大 2. 早期强度低、后期强度增进率大 3. 抗冻性差

续表

名称	代号	包装印刷	强度等级	特性	
				优点	缺点
粉煤灰硅酸盐水泥 （粉煤灰水泥）	P·F	黑色	32.5 32.5R 42.5 42.5R 52.5 52.5R	1. 水化热低 2. 抗硫酸盐侵蚀性好 3. 能改善砂浆和混凝土的和易性	1. 早期强度低，而后期强度增进率大 2. 抗冻性差
复合水泥	P·C	黑色	32.5 32.5R 42.5 42.5R 52.5 52.5R	适用于大体积混凝土、地下工程和一般工业与民用建筑工程。不适用于需要早强和受冻融循环干涉交替的工程	

3.38 通用水泥如何选用？

通用水泥可按表3-18有关要求进行选用。

通用水泥选用要求 **表3-18**

混凝土工程特点或所处环境条件		优先选用	可以使用	不得使用
环境条件	在普通气候环境中的混凝土	普通硅酸盐水泥	矿渣硅酸盐水泥、水山灰质硅酸盐水泥、粉煤灰硅酸盐水泥	
环境条件	在干燥环境中的混凝土	普通硅酸盐水泥	矿渣硅酸盐水泥	火山灰质硅酸盐水泥、粉煤灰硅酸盐水泥
环境条件	在高湿度环境中或永远处在水下的混凝土	矿渣硅酸盐水泥	普通硅酸盐水泥、水山炭质硅酸盐水泥、粉煤灰硅酸盐水泥	
环境条件	严寒地区的露天混凝土、寒冷地区的处在水位升降范围内的混凝土	普通硅酸盐水泥（强度等级≥32.5级）	矿渣硅酸盐水泥（强度等级≥32.5级）	火山灰质硅酸盐水泥、粉煤灰硅酸盐水泥

续表

	混凝土工程特点或所处环境条件	优先选用	可以使用	不得使用
环境条件	严寒地区处在水位升降范围内的混凝土	普通硅酸盐水泥(强度等级≥42.5级)		火山炭质硅酸盐水泥、粉煤灰硅酸盐水泥、矿渣硅酸盐水泥
	受侵蚀性环境水或侵蚀性气体作用的混凝土	根据侵蚀性介质的种类、浓度等具体条件按专门(或设计)规定选用		
工程特点	厚大体积的混凝土	粉煤灰硅酸盐水泥、矿渣硅酸盐水泥	普通硅酸盐水泥、火山灰质硅酸盐水泥	硅酸盐水泥、快硬硅酸盐水泥
	要求快硬的混凝土	快硬硅酸盐水泥、硅酸盐水泥	普通硅酸盐水泥	矿渣硅酸盐水泥、火山炭质硅酸盐水泥、粉煤灰硅酸盐水泥
	高强混凝土	硅酸盐水泥	普通硅酸盐水泥、矿渣硅酸盐水泥	火山灰质硅酸盐水泥、粉煤灰硅酸盐水泥
	有抗渗性要求的混凝土	普通硅酸盐水泥、火山灰质硅酸盐水泥		不宜使用矿渣硅酸盐水泥
	有耐磨性要求的混凝土	硅酸盐水泥、普通硅酸盐水泥(强度等级≥32.5级)	矿渣硅酸盐水泥(强度等级≥32.5级)	火山灰质硅酸盐水泥、粉煤灰硅酸盐水泥

注：蒸汽养护时用的水泥品种，宜根据具体条件通过试验确定。

3.39 水泥进场必须具备什么条件?

水泥进场必须具备以下条件:

(1) 水泥进场前必须有生产厂家的出厂合格证,作为对水泥质量、性能保证的依据。一般情况下,合格证(质量证明)是3d或7d的强度(根据不同品种水泥而定)。生产厂在32d内必须补发28d的质量证明。质量证明应包括:水泥的品种、出厂日期、抗压强度、抗折强度、安定性、试验编号和性能指标等。

(2) 外观检查:

1) 检查标志。水泥袋上标明产品名称、代号、生产厂家和地址、生产许可证号、出厂编号、品种、净含量、强度等级、执行标准号、包装、年、月、日和编号。掺火山灰质混合材料的水泥应标上"掺火山灰"字样,包装袋两侧印有水泥名称和强度等级。散装时,应提供与袋装标志相同内容卡片。

硅酸盐水泥和普通水泥采用红色印刷;矿渣水泥采用绿色印刷;火山灰质硅酸盐水泥、粉煤灰水泥、复合硅酸盐水泥、石灰石硅酸盐水泥等用黑色印刷。

水泥出厂应有水泥生产厂家合格证书,内容有:厂别、品种、出厂日期、出厂编号和必要的试验数据。其中包括相应水泥指标规定的各项技术要求及试验结果。

2) 检查包装:水泥可以袋装或散装,袋装水泥每袋净含量50kg,且不得少于标志质量的98%;随机抽取20袋总质量不得少于1000kg。其他包装形式由供需双方协商确定,但有关袋装质量要求,必须符合上述原则规定。

3) 检查是否受潮、结块,是否混入杂质,是否有不同品种、不同标号的水泥混在一起。

上述条件都符合要求时,水泥则可以进场。进场后还必须取样复试,合格后方可使用。

(3) 废品与不合格品:

凡氧化镁、三氧化硫、初凝时间、安定性中的任一项不符合相应产品标准规定时，均为废品。

凡细度、终凝时间、不溶物和烧失量中的任一项不符合相应产品标准规定或混合材料掺加量超最高限量和强度低于商品强度等级的指标时为不合格品。水泥包装标志中水泥品种、强度等级、生产者名称和出厂编号不全的也属于不合格品。

3.40 水泥进场复验有何规定？

按照《混凝土结构工程施工质量验收规范》(GB 50204—2002)规定及工程质量管理的有关要求，用于承重结构、使用部位有强度等级要求的混凝土用水泥、或水泥出厂超过3个月(快硬硅酸盐水泥为一个月)和进口水泥，在使用前都必须进行复试，并提供试验报告。

水泥复试项目：水泥标准中规定，水泥技术要求包括的各项技术指标，水泥生产在出厂时已经提供了标准规定的有关技术要求的试验结果。通常复试项目只做安定性、凝结时间和强度3项必试项目。

水泥安定性或初凝时间不符合相应标准规定时均为废品，废品水泥严禁用于工程；强度低于标准相应强度等级规定指标时为不合格品。对强度低于相应标准的不合格品水泥，可降级使用，按实际试验结果配制混凝土。

对使用《水泥强度快速检验方法》预测水泥28d强度，主要用于硅酸盐水泥、普通硅酸盐水泥、矿渣水泥、火山灰水泥和粉煤灰水泥。用该方法预测的28d水泥强度不作水泥品质鉴定的最终结果，只是水泥生产和使用的质量控制措施。

3.41 水泥进场检查数量如何确定？怎样取样？

(1) 取样规定：同一厂家、同品种、同强度等级、同一生产时间、同一进场日期的水泥每400t为一批，不足者亦为一批。

(2) 取样数量：从一批水泥中选取平均试样20kg。

(3) 取样方法：从同部位的至少15袋或15处水泥中抽取，手捻不碎的受潮水泥结块应过 64 孔/cm² 筛筛除。拌合均匀后分成 2 等份，一份送试验室按标准进行检验，一份密封保存，备校验用。

3.42　硅酸盐水泥和普通硅酸盐水泥进场如何检验？

(1) 定义与代号

1) 硅酸盐水泥

凡由硅酸盐水泥熟料、0～5%石灰石或粒化高炉矿渣、适量石膏磨细制成的水硬性胶凝材料，称为硅酸盐水泥(即国外通称的波特兰水泥)。硅酸盐水泥分两种类型，不掺加混合材料的称Ⅰ类硅酸盐水泥，代号 P·Ⅰ。在硅酸盐水泥粉磨时掺加不超过水泥质量 5%石灰石或粒化高炉矿渣混合材料的称Ⅱ型硅酸盐水泥，代号P·Ⅱ。

2) 普通硅酸盐水泥

凡由硅酸盐水泥熟料、6%～15%混合材料、适量石膏磨细制成的水硬性胶凝材料、称为普通硅酸盐水泥(简称普通水泥)，代号 P·O。

掺活性混合材料时，最大掺量不得超过 15%，其中允许用不超过水泥质量 5%的窑灰或不超过水泥质量 10%的非活性混合材料来代替。

掺非活性混合材料时，最大掺量不得超过水泥质量 10%。

(2) 主要检测项目

凝结时间、安定性和强度。

(3) 判定标准

1) 凝结时间：

硅酸盐水泥初凝不得早于 45min，终凝不得迟于 6.5h。普通水泥初凝不得早于 45min，终凝不得迟于 10h。

2) 安定性：

用沸煮法检验必须合格。

3) 强度：

水泥强度等级按规定龄期的抗压强度和抗折强度来划分，各强度等级水泥的各龄期强度不得低于表3-19的规定。

硅酸盐水泥、普通水泥各龄期强度表　　表3-19

品种	强度等级	抗压强度(MPa)		抗折强度(MPa)	
		3d	28d	3d	28d
硅酸盐水泥	42.5	17.0	42.5	3.5	6.5
	42.5R	22.0	42.5	4.0	6.5
	52.5	23.0	52.5	4.0	7.0
	52.5R	27.0	52.5	5.0	7.0
	62.5	28.0	62.5	5.0	8.0
	62.5R	32.0	62.5	5.5	8.0
普通水泥	32.5	11.0	32.5	2.5	5.5
	32.5R	16.0	32.5	3.5	5.5
	42.5	16.0	42.5	3.5	6.5
	42.5R	21.0	42.5	4.0	6.5
	52.5	22.0	52.5	4.0	7.0
	52.5R	26.0	52.5	5.0	7.0

(4) 判定

上述项目中有一项不符合标准规定,为不合格品。

3.43　矿渣、火山灰质、粉煤灰硅酸盐水泥进场如何检验?

(1) 定义与代号

1) 矿渣硅酸盐水泥

凡由硅酸盐水泥熟料和粒化高炉矿渣、适量石膏磨细制成的水硬性胶凝材料称为矿渣硅酸盐水泥(简称矿渣水泥),代号P·S。水泥中粒化高炉矿渣掺加量按质量百分比计为20%～70%。允许用石灰石、窑灰、粉煤灰和火山灰质混合材料中的一种材料代替矿渣,代替数量不得超过水泥质量的8%,替代后水泥中粒化高炉矿渣不得少于20%。

2) 火山灰质硅酸盐水泥

凡由硅酸盐水泥熟料和火山灰质混合材料、适量石膏磨细制成的水硬性胶凝材料称为火山灰质硅酸盐水泥（简称火山灰水泥），代号 P·P。水泥中火山灰质混合材料掺量按质量百分比计为 20%～50%。

3）粉煤灰硅酸盐水泥

凡由硅酸盐水泥熟料和粉煤灰、适量石膏磨细制成的水硬性胶凝材料称为粉煤灰硅酸盐水泥（简称粉煤灰水泥），代号 P·F。水泥中粉煤灰掺量按质量百分比计为 20%～40%。

（2）主要检测项目

凝结时间、安定性和强度。

（3）判定标准

1）凝结时间

初凝不得早于 45min，终凝不得迟于 10h。

2）安定性

用沸煮法检验必须合格。

3）强度

水泥强度等级按规定龄期的抗压强度和抗折强度来划分，各强度等级水泥的各龄期强度不得低于表 3-20 的规定。

矿渣（火山灰质、粉煤灰）硅酸盐水泥各龄期强度　　表 3-20

强度等级	抗压强度（MPa）		抗折强度（MPa）	
	3d	28d	3d	28d
32.5	10.0	32.5	2.5	5.5
32.5R	15.0	32.5	3.5	5.5
42.5	15.0	42.5	3.5	6.5
42.5R	19.0	42.5	4.0	6.5
52.5	21.0	52.5	4.0	7.0
52.5R	23.0	52.5	4.5	7.0

（4）判定

上述项目中有一项不符合标准规定，为不合格品。

3.44 复合硅酸盐水泥进场如何检验?

凡由硅酸盐水泥熟料、两种或两种以上规定的混合材料、适量石膏磨细制成的水硬性胶凝材料,称为复合硅酸盐水泥(简称复合水泥),代号P·C。水泥中混合材料总掺加量按质量百分比计应大于15%,但不超过50%。

水泥中允许用不超过8%的窑灰代替部分混合材料,掺矿渣时混合材料掺量不得与矿渣硅酸盐水泥重复。

(1) 主要检测项目

凝结时间、安定性和强度。

(2) 判定标准

1) 凝结时间

初凝不得早于45min,终凝不得迟于10h。

2) 安定性

用沸煮法检验必须合格。

3) 强度

水泥强度等级按规定龄期的抗压和抗折强度来划分,各强度等级水泥的各龄期强度不得低于表3-21的规定。

各强度等级水泥的各龄期强度 **表3-21**

强度等级	抗压强度(MPa)		抗折强度(MPa)	
	3d	28d	3d	28d
32.5	11.0	32.5	2.5	5.5
32.5R	16.0	32.5	3.5	5.5
42.5	16.0	42.5	3.5	6.5
42.5R	21.0	42.5	4.0	6.5
52.5	22.0	52.5	4.0	7.0
52.5R	26.0	52.5	5.0	7.0

(3) 判定

上述项目中有一项不符合标准规定,为不合格品。

3.45 通用水泥试验报告和交货与验收有何规定?

(1) 试验报告

试验报告内容应包括标准规定的各项技术要求及试验结果、助磨剂、工业副产石膏、混合材料的名称和掺加量,属旋窑或立窑生产。当用户需要时,水泥厂应在水泥发出之日起 7d 内寄发除 28d 强度以外的各项试验结果。28d 强度数值,应在水泥发出之日起 32d 内补报。

(2) 交货与验收

1) 交货时水泥的质量验收可抽取实物试样以其检验结果为依据,也可以水泥厂同编号水泥的检验报告为依据。采取何种方法验收由买卖双方商定,并在合同或协议中注明。

2) 以抽取实物试样的检验结果为验收依据时,买卖双方应在发货前或交货地共同取样和签封。取样方法按第 3.41 进行,取样数量为 20kg,缩分为二等份。一份由卖方保存 40d,一份由买方按本标准规定的项目和方法进行检验。

在 40d 以内,买方检验认为产品质量不符合标准要求,而卖方又有异议时,则双方应将卖方保存的另一份试样送省级或省级以上国家认可的水泥质量监督检验机构进行仲裁检验。

3) 以水泥厂同编号水泥的检验报告为验收依据时,在发货前或交货时买方在同编号水泥中抽取试样,双方共同签封后保存 3 个月;或委托卖方在同编号水泥中抽取试样,签封后保存 3 个月。

在 3 个月内,买方对水泥质量有疑问时,则买卖双方应将签封的试样送省级或省级以上国家认可的水泥质量监督检验机构进行仲裁检验。

3.46 石灰石硅酸盐水泥进场如何检验?

凡由硅酸盐水泥熟料和石灰石、适量石膏磨制成的水硬性胶凝材料,称为石灰石硅酸盐水泥。代号 P·L。水泥中石灰石掺加量按重量百分比计应大于 10%,不超过 25%。

(1) 主要检测项目

氧化镁含量、三氧化硫含量、凝结时间、安定性和强度。

(2) 判定标准

1) 氧化镁含量：

熟料中氧化镁含量不得超过 5.0%，如果水泥经压蒸安定性试验合格，则熟料中氧化镁的含量允许放宽到 6.0%。

2) 三氧化硫含量：

水泥中三氧化硫含量不得超过 3.5%。

3) 凝结时间：

初凝不得早于 45min，终凝不得迟于 10h。

4) 安定性：

用沸煮法检验必须合格。

5) 强度：

各龄期强度不得低于表 3-22 的规定。

石灰石硅酸盐水泥不同龄期强度　　表 3-22

标　　号	抗压强度(MPa)		抗折强度(MPa)	
	3d	28d	3d	28d
325	12.0	32.5	2.5	5.5
425	16.0	42.5	3.5	6.5
425R	21.0	42.5	4.0	6.5
525	22.0	52.5	4.0	7.0
525R	26.0	52.5	5.0	7.0

(3) 判定

上述项目中有一项不符合标准规定，为不合格品。

3.47　白色硅酸盐水泥(简称白水泥)进场如何检验?

由白色硅酸盐熟料加入适量石膏，磨细制成的水硬性胶凝材料。

(1) 主要检测项目

凝结时间、安定性、强度和白度。

(2) 判定标准

1) 凝结时间:

初凝不得早于 45min,终凝不得迟于 12h。

2) 安定性:

用沸煮法检验必须合格。

3) 强度:

各标号、各龄期强度不得低于表 3-23 的规定。

白色水泥不同龄期强度 **表 3-23**

标　号	抗压强度(MPa)			抗折强度(MPa)		
	3d	7d	28d	3d	7d	28d
325	14.0	20.5	32.5	2.5	3.5	5.5
425	18.0	26.5	42.5	3.5	4.5	6.5
525	23.0	33.5	52.5	4.0	5.5	7.0
625	28.0	42.5	62.5	5.0	6.0	8.0

4) 白度:

白度应符合表 3-24 的规定。

白色水泥白度表 **表 3-24**

等　级	特　级	一　级	二　级	三　级
白度(%)	86	84	80	75

(3) 判定

上述项目中有一项不符合标准规定,为不合格品。

3.48　彩色硅酸盐水泥进场如何检验?

由硅酸盐水泥熟料、适量石膏(或白色硅酸盐水泥)、混合材料及着色剂磨细混合制成的带有色彩的水硬性胶凝材料。

(1) 检测项目

凝结时间、安定性、强度、色差和颜色耐久性。

（2）判定标准

1）凝结时间：

初凝不得早于 1h，终凝不得迟于 10h。

2）安定性：

用沸煮法检验必须合格。

3）强度：

各强度等级水泥的各龄期强度不得低于表 3-25 的规定。

彩色硅酸盐水泥不同龄期强度 **表 3-25**

强度等级	抗压强度(MPa)		抗折强度(MPa)	
	3d	28d	3d	28d
27.5	7.5	27.5	2.0	5.0
32.5	10.0	32.5	2.5	5.5
42.5	15.0	42.5	3.5	6.5

4）色差：

① 生产者应自行制备并妥善保存代表各种彩色硅酸盐水泥颜色的颜色对比样，以控制彩色硅酸盐水泥颜色均匀性。同一种颜色，可根据其色调，彩度或明度的不同，制备多个颜色对比样。压制样板或目视比对使用后的颜色对比样不得回用。

② 同一颜色不同编号彩色硅酸盐水泥的色差。

同一颜色每一编号彩色硅酸盐水泥每一分割样或每磨取样与该水泥颜色对比样的色差 ΔEab 不得超过 3.0CIELAB 色差单位。用目视比对方法作为参考时，颜色不得有明显差异。

③ 不同编号彩色硅酸盐水泥的色差。

同一种颜色的各编号彩色硅酸盐水泥的混合样与该水泥颜色对比样之间的色差 ΔEab 不得超过 4.0CIELAB 色差单位。

5）颜色耐久性：

500h 人工加速老化试验，老化前后的色差 ΔEab* 不得超过 6.0CIELAB 色差单位。

（3）判定

上述项目中有一项不符合标准规定为不合格品。

3.49 道路硅酸盐水泥进场如何检验?

(1) 定义

1) 道路硅酸盐水泥熟料。以适当成分的生料烧至部分熔融，得以硅酸钙为主要成分和较多量的铁铝酸钙的硅酸盐水泥熟料称为道路硅酸盐水泥熟料。

2) 道路硅酸盐水泥。由道路硅酸盐水泥熟料、0～10%活性混合材料和适量石膏磨细制成的水硬性胶凝材料，称为道路硅酸盐水泥(简称道路水泥)。

注：水泥粉磨时允许加入不损害水泥性能的助磨制，其加入量不得超过水泥重量的1%。

(2) 主要检测项目

凝结时间、安定性、耐磨性和强度。

(3) 判定标准

1) 凝结时间：

初凝不得早于1h，终凝不得迟于10h。

2) 安定性：

用沸煮法检验必须合格。

3) 耐磨性：

以磨损量表示，不得大于3.6kg/m²。

4) 强度：

各标号的各龄期强度不得低于表3-26的规定。

道路硅酸盐水泥不同龄期强度　　表3-26

标号	抗压强度(MPa)		抗折强度(MPa)	
	3d	28d	3d	28d
425	22.0	42.5	4.0	7.0
525	27.0	52.5	5.0	7.5
625	32.0	62.5	5.5	8.5

(4) 判定

上述项目中有一项不符合标准规定，为不合格品。

3.50 什么样的结构中，严禁使用含氯化物的水泥？

钢筋混凝土结构、预应力混凝土结构中，严禁使用含氯化物的水泥。

3.51 为什么说安定性是水泥质量标准中重要内容？

(1) 水泥的安定性是指水泥在硬化过程中体积变化的均匀性能。如果水泥中含有的游离石灰、氧化镁和三氧化硫超过规定标准，硬化过程中就会使水泥结构产生不均匀变形，严重的可能造成结构破坏。

在水泥的安定性试验中，若体积膨胀不均匀且超过 0.5%时，或者浆餅出现龟裂、弯曲，则属于安定性不合格。

若在结构中使用安定性不合格的水泥，在温度变化的情况下其变形过大而且不均匀，就很可能造成结构破坏，成为不安全的隐患。所以说安定性是水泥质量标准的一项重要指标。

(2) 水泥安定性不良的主要原因。

1) 水泥生产过程中，熟料烧结不充分，产生较多游离氧化钙和氧化镁，在凝结过程中，初期不发生水化反应，经过相当长的时间，水泥浆硬化后，氧化钙和氧化镁和水缓慢地发生反应并生成氢氧化钙和氢氧化镁，这两种水化物，体积比原来体积增大 2 倍以上，破坏了已凝结硬化的结构。

2) 石膏掺量过多或粉磨不均匀。水泥硬化后，石膏还会与固态的水化铝酸钙反应，生成水化硫铝酸钙，体积增大 1.5 倍以上，导致结构破坏。

水泥安全性不良会导致混凝土出现龟裂、弯曲、松脆或崩溃等现象。为了确保安定性合乎要求，国家标准规定水泥熟料中游离氧化镁不得超过 5%，水泥中三氧化硫含量不得超过 3.5%。

3.52 对安定性不良的水泥怎样处理？

（1）将水泥在磨细之前放入仓中储存 7～14d，熟料冷却，使游离氧化钙吸收空气中的水分，进行充分的熟化。这样能使熟料松软，硬度降低，易于磨细。

（2）对安定性不良的水泥也可掺入一些优质活性混合材料，在一定程度上可以克服游离氧化钙含量高而引起的水泥体积安定性不良。

3.53 水泥在进行水化反应时放热对大体积混凝土质量有何影响？

水泥的水化反应是放热反应，放出的热量称为水化热。水化热绝大部分是在水泥水化反应 3～7d 放出。

（1）放热过程。

水泥与水发生水化反应时，有 3 个放热过程：一是水泥本身颗粒表面发生水化反应，放出热量，但这个过程的放热量不多；二是水化反应速度加快，热量大量放出，温度明显提高；三是放热不多，但放热的时间持续很长。

（2）对混凝土质量影响。

由于混凝土体积较大，在水泥进行水化放热反应时，大量放出热，使混凝土温度升高。众所周知，混凝土表面热量易于散失，混凝土内部的热量却不易散失。因此，使混凝土内外产生了温差，导致内外膨胀和收缩不一，内部因温度高而膨胀，外部则因温度低而收缩，结果产生不均匀的内应力造成混凝土裂缝，影响结构安全和使用功能，缩短使用年限。

3.54 不同品种的水泥为什么不能混合使用？

不同品种的水泥，所含矿物成分不同，各矿物成分在水泥中所占比例也不相同，因而不同品种的水泥，具有不同的化学物理特性。在各类工程结构中，根据工程特点、使用要求和各种水泥的特性，对采用的水泥品种应加以选择，所以在施工过程中，不应将不同品种的水泥随意更换或混合使用。

从下面列举的几种水泥特性，可看出不同品种水泥是不能混合使用的。

(1) 普通水泥：由石灰质原料和黏土原料，经煅烧而得到以硅酸钙为主的水泥熟料。其主要化学成分是：

$3CaO \cdot SiO_2$(硅酸三钙)约占37%～60%

$2CaO \cdot SiO_2$(硅酸二钙)约占15%～37%

$3CaO \cdot Al_2O_3$(铝酸三钙)约占7%～15%

$4CaO \cdot Al_2O_3 \cdot F_2O_3$(铁铝酸四钙)约占10%～18%

在熟料磨细过程中，加入适量石膏，即为普通水泥。普通水泥的主要物理性能是，早期强度高，凝结硬化快，抗冻性好。但水化热较高，其化学性能是抗酸、抗碱及抗硫酸盐类侵蚀能力差，所以多用于混凝土、钢筋混凝土及预应力混凝土结构、易受冰冻侵袭的混凝土及早期强度要求高的混凝土，不宜用于大体积混凝土工程及受化学物质侵蚀的工程。

(2) 矿渣水泥：在水泥熟料的磨细过程中，加入水泥成品重量20%～85%的高炉矿渣和适量石膏而成。由于矿渣中含有相当数量的活性氧化硅和氧化铝，使矿渣水泥具有耐热性好、水化热低、后期强度增长快、耐腐蚀和耐水性能好等优点。但早期强度低，干缩性大，所以多用于大体积混凝土结构、蒸养构件和混凝土、钢筋混凝土和预应力混凝土结构等。不宜用于早期强度要求高的工程。

(3) 火山灰水泥：水泥熟料磨细过程中，加入20%～50%火山灰质混合料及适量石膏，性能与矿渣水泥有些相同。其特点：水化热低，有较好的抗腐性、抗水性、后期强度增长快。但早期强度较低，抗冻性差，干缩性和吸水性大，宜用于大体积混凝土、地下及水中混凝土、钢筋混凝土结构等。不宜用于受冰冻作用及早期强度要求高的混凝土。

当然，还有其他品种水泥，如粉煤灰硅酸盐水泥、矾土水泥、膨胀水泥、白水泥等等。各种水泥因矿物组成和各种矿物质的含量不同，具有不同的化学物理性能。如将具有不同水化热的水泥混合使用，则可能造成混凝土的内部局部温高或局部温低的现象，这种温差不一致将产生不均匀的收缩变形是形成温度裂缝的主要原因之一。所以，不能将不同品种的水泥任意混合使用，以免影响工程质量。

3.55 水泥“假凝”现象对混凝土质量有何影响？怎样预防？

（1）假凝原因：混凝土拌合物搅拌后放置 8min 左右，发生类似凝结变硬的现象，称之为“假凝”，但随之又变软，进行正常凝结。

引起水泥产生“假凝”现象的主要原因是拌合用水温度过高，当拌合用水温度超过 80℃时，在水泥颗粒表面生成薄薄的一层硬壳，使拌合物短时间内出现凝结变硬的“假凝”现象。

（2）质量影响：由于水泥颗粒表面出现了硬壳薄层，影响拌合的和易性，造成混凝土后期强度降低。

（3）如何预防：为了防止“假凝”现象的发生，在冬期施工需要用热水拌合混凝土时，拌合用水的温度不得超过 80℃，并要按照先将热水与粗细骨料拌合之后再加入水泥的投料顺序进行。拌合物的温度不得超过 35℃。

3.56 水泥运输和堆放应注意哪几点？

（1）水泥运输

1）装车码放高度不能超过 10 袋。

2）同一品种、同强度等级和出厂日期的水泥应单独运输，不得混装、混运。

3）水泥运输过程中应有防雨设施。

（2）入库堆放

1）水泥堆放整齐、高度不能超过 10 袋，宽度一般在 5～10 袋，垛与垛之间一定要有足够的通道。

2）水泥垛应有标识，标识内容为：水泥的品种、强度等级、产地厂家和进场日期。

3）水泥垛码放应离开墙面 200mm 以上；地面上要铺防潮层或垫木板；雨期时，地面应留有通风孔道。

4）先进场水泥先用，水泥存放不超过 3 个月，若超过 3 个月时，应先做试验，确定其实际强度等级，然后再用。

5）若水泥受潮，应先做试验，确定强度等级，使用时把结块砸碎过筛，然后按试验确定的强度等级使用。

6）散装水泥应有专用防潮筒仓，且便于随时使用。

7）露天码放的水泥，应垫好木板，板上铺好油毡，水泥上面用苫布盖好，防止雨雪。

3.57 对现场储存“超期”和“受潮”的水泥及对水泥质量有怀疑时，应如何处理？

水泥在现场储存期超过 3 个月，不论受潮与否，均需经实验室重新化验，按照新定的强度等级使用。

对受潮的水泥，视受潮程度不同作不同的处理。对已经结成大块，并已达到一定强度的受潮水泥，一般来讲，应予报废。对轻微结块的水泥，须把小块重新粉碎过筛，经实验室鉴定之后，方准使用。但只可用于钢筋混凝土结构的次要部位或受力小的部位，也可用作砖石的砌筑砂浆。对结块较严重的水泥，要进行粉碎、磨细，可作为混合材料掺入新鲜水泥中使用（掺量不超过 25%）。

3.58 什么叫外加剂？掺用外加剂对混凝土性能有何改善？

（1）混凝土拌合时，掺入能按要求改善混凝土性能（一般掺量不超过水泥重量 5%）的材料称为混凝土外加剂。

（2）混凝土外加剂技术是发展较快的一项混凝土新技术。应用混凝土外加剂可改善混凝土的性能，节省水泥和能源，提高施工速度和施工质量，改善施工工艺和劳动条件，具有显著的经济效益和社会效益。

1）改变混凝土的流动性能。如减水剂、引气剂等。

2）改变混凝土的凝结和硬化性能。如：早强剂、缓凝剂、速凝剂等。

3）改善混凝土的防冻性、耐久性和防水性能。如：防冻剂、防水剂、阻锈剂等。

4）改善混凝土的特殊性能。如：膨胀剂、着色剂、碱骨料反应抑制剂等。

(3) 在使用外加剂时，首先要根据使用目的选用不同的外加剂。其次，在选用时，应根据混凝土性能的要求、施工条件及气候条件，结合混凝土的原材料及配合比等因素，经试验后选定外加剂的品种和用量。具体注意以下几点：

1）外加剂的品种应根据工程设计和施工要求选择，通过试验及技术经济比较确定。

2）严禁使用对人体产生危害、对环境产生污染的外加剂。

3）掺外加剂混凝土所用水泥，宜采用硅酸盐水泥、普通硅酸盐水泥、矿渣硅酸盐水泥、火山灰质硅酸盐水泥、粉煤灰硅酸盐水泥和复合硅酸盐水泥，并应检验外加剂与水泥的适应性，符合要求方可使用。

4）掺外加剂混凝土所用材料如水泥、砂、石、掺合料、外加剂均应符合国家现行的有关标准的规定。试配掺外加剂的混凝土时，应采用工程使用的原材料，检测项目应根据设计及施工要求确定，检测条件应与施工条件相同，当工程所用原材料或混凝土性能要求发生变化时，应再进行试配试验。

5）不同品种外加剂复合使用时，应注意其相容性及对混凝土性能的影响，使用前应进行试验，满足要求方可使用。

3.59 常用的外加剂有哪些？如何进行分类？

(1) 在混凝土工程中，常用外加剂有：

1）普通减水剂

木质素磺酸盐类：木质素磺酸钙、木质素磺酸钠、木质素磺酸镁及丹宁等。

2）高效减水剂

① 多环芳香族横酸盐类：萘和萘的同系磺化物与甲醛缩合的盐类、胺基磺酸盐等；

② 水溶性树脂磺酸盐类：磺化三聚氰胺树脂、磺化古码隆树脂等；

③ 脂肪族类：聚羧酸盐类、聚丙烯酸盐类、脂肪族羟甲基磺酸盐高缩聚物等；

④ 其他：改性木质素磺酸钙、改性丹宁等。

3）引气剂及引气减水剂

① 松香树脂类：松香热聚物、松香皂类等；

② 烷基和烷基芳烃磺酸盐类：十二烷基磺酸盐、烷基苯磺酸盐、烷基苯酸聚氧乙烯醚等；

③ 脂肪醇磺酸盐类：脂肪醇聚氧乙烯醚、脂肪醇聚氧乙烯磺酸钠、脂肪醇硫酸钠等；

④ 皂甙类：三萜皂甙等；

⑤ 其他：蛋白质盐、石油磺酸盐等；

⑥ 由引气剂与减水剂复合而成的引气减水剂。

4）缓凝剂及缓凝减水剂

① 糖类：糖钙、葡萄糖酸盐等；

② 木质素磺酸盐类：木质素磺酸钙、木质素磺酸钠等；

③ 羟基羧酸及其盐类：柠檬酸、酒石酸钾钠等；

④ 无机盐类：锌盐、磷酸盐等；

⑤ 其他：胺盐及其衍生物、纤维素醚等。

5）缓凝高效减水剂

由缓凝剂与高效减水剂复合而成的缓凝高效减水剂。

6）早强剂

① 强电解质无机盐类早强剂：硫酸盐、硫酸复盐、硝酸盐、亚硝酸盐、氯盐等；

② 水溶性有机化合物：三乙醇胺，甲酸盐、乙酸盐、丙酸盐等；

③ 其他：有机化合物、无机盐复合物。

7）早强减水剂

由早强剂与减水剂复合而成的早强减水剂。

8）防冻剂

① 强电解质无机盐类：

a. 氯盐类：以氯盐为防冻组分的外加剂；

b. 氯盐阻锈类：以氯盐与阻锈组分为防冻组分的外加剂；

c. 无氯盐类：以亚硝酸盐、硝酸盐等无机盐为防冻组分的外加剂。

② 水溶性有机化合物类：以某些醇类等有机化合物为防冻组分的外加剂；

③ 有机化合物与无机盐复合类；

④ 复合型防冻剂：以防冻组分复合早强、引气、减水等组分的外加剂。

9）膨胀剂

① 硫铝酸钙类；

② 硫铝酸钙-氧化钙类；

③ 氧化钙类。

10）泵送剂

由减水剂、缓凝剂、引气剂等复合而成的泵送剂。

11）防水剂

① 无机化合物类：氯化铁、硅灰粉末、锆化合物等。

② 有机化合物类：脂肪酸及其盐类、有机硅表面活性剂（甲基硅醇钠、乙基硅醇钠、聚乙基羟基硅氧烷）、石蜡、地沥青、橡胶及水溶性树脂乳液等。

③ 混合物类：无机类混合物、有机类混合物、无机类与有机类混合物。

④ 复合类：上述各类与引气剂、减水剂、调凝剂等外加剂复合的复合型防水剂。

12）速凝剂

① 粉状速凝剂：以铝酸盐、碳酸盐等为主要成分的无机盐类

混合物。

② 液体速凝剂：以铝酸盐、水玻璃等为主要成分，与其他无机盐复合而成的复合物。

(2) 外加剂分类

外加剂可按主要作用和化学性质进行分类。

1) 按外加剂在混凝土中的主要作用分类，见表3-27。

按主要作用分类 **表3-27**

分 类	主 要 作 用
速凝剂、早强剂	调节混凝土、砂浆或水泥净浆凝结硬化速度
缓凝剂	
普通减水剂、引气剂	能改善新拌混凝土、砂浆或水泥净浆和易性
高效能减水剂	
发泡剂、泡沫剂	调节混凝土、砂浆或水泥净浆空气含量(空隙率)
引气剂、消泡剂	
引气剂、膨胀剂	改善混凝土、砂浆或水泥净浆物理力学性能
抗冻剂、防水剂	
阻锈剂	能增强混凝土中钢筋抗腐蚀性
引气剂、着色剂	能为混凝土、砂浆或水泥净浆提供特殊性能
脱膜剂	

2) 按外加剂化学性质分类，见表3-28。

按化学性质分类 **表3-28**

分 类	主 要 作 用
无 机 物	大多用于调凝剂、防冻剂、着色剂及发泡剂等
有 机 物	大多属于表面活性剂的范畴内，有阴离子、阳离子型，非离子型以及高分子型表面活性剂等

3.60 外加剂主要功能和适用范围如何？

外加剂主要功能和适用范围见表3-29。

外加剂适用范围表　　表 3-29

外加剂类型	主 要 功 能	适 用 范 围
普通减水剂	1. 在保证混凝土工作性及强度不变条件下，可节约水泥用量。 2. 在保证混凝土工作性及水泥用量不变条件下，可减少用水量，提高混凝土强度。 3. 在保持混凝土用水量及水泥用量不变条件下，可增大混凝土流动性	1. 用于日最低气温＋5℃以上的混凝土施工。 2. 各种预制及现浇混凝土、钢筋混凝土及预应力混凝土。 3. 大模板施工、滑模施工、大体积混凝土、泵送及流动性混凝土。 4. 不宜单独用于蒸养混凝土
高效减水剂	1. 在保证混凝土工作性及水泥用量不变条件下，可大幅度减少用水量(减水率大于 12%)可制备早强、高强混凝土。 2. 在保持混凝土用水量及水泥用量不变条件下，可增大混凝土拌合物流动性，制备大流动性混凝土	1. 用于日最低气温 0℃以上的混凝土施工。 2. 用于钢筋密集、截面复杂、空间窄小及混凝土不易振捣的部位。 3. 凡普通减水剂适用的范围高效减水剂亦适用。 4. 制备早强、高强混凝土以及流动性混凝土
早强剂及早强减水剂	1. 缩短混凝土的热蒸养时间。 2. 加速自然养护混凝土的硬化	1. 用于日最低温度－3℃以上时，自然气温正负替的亚寒地区的混凝土施工。 2. 用于蒸养混凝土、早强混凝土
引气剂及引气减水剂	1. 改善混凝土拌合物的工作性，减少混凝土泌水离析。 2. 提高硬化混凝土的抗冻融性	1. 有抗冻融要求的混凝土，如公路路面、飞机跑道等大面积易受冻部位。 2. 骨料质量差以及轻骨料混凝土。 3. 提高混凝土抗渗性，可用于防水混凝土。 4. 改善混凝土的抹光性。 5. 泵送混凝土。 6. 不宜用于蒸养混凝土及预应力混凝土
缓凝剂及缓凝减水剂	降低热峰值及推迟热峰出现的时间	1. 大体积混凝土 2. 夏季和炎热地区的混凝土施工。 3. 用于日最低气温 5℃以上的混凝土施工。 4. 预拌混凝土、泵送混凝土以及滑模施工的混凝土。 不宜单独用于有早强要求的混凝土和蒸养混凝土

续表

外加剂类型	主 要 功 能	适 用 范 围
泵送剂	改装混凝土拌合物的流动性、黏聚性和黏滞性，从而提高其可泵性	用于泵送混凝土
防冻剂	混凝土在负温条件下，使拌合物中仍有液相的自由水，以保证水泥水化，使混凝土达到预期强度	1. 冬季负温(0℃以下)混凝土施工。 2. 含硝酸盐亚硝酸盐、碳酸盐类防冻剂，不得用于预应力混凝土结构及与镀锌钢材或铝铁相接触部位的钢筋混凝土结构
膨胀剂	使混凝土体积在水化、硬化过程中产生一定膨胀，以减少混凝土干缩裂缝，提高抗裂性和抗渗性能	1. 补偿收缩混凝土，用于自防水屋面、地下防水及基础后浇缝、防水堵漏等。 2. 填充用膨胀混凝土、用于设备底座灌浆，地脚螺栓固定等。 3. 用于自应力混凝土压力管。 4. 掺铝酸盐类膨胀剂，不得用于长期处于环境温度为80℃以上的工程。 5. 掺铁屑膨胀剂不得用于有杂散电流的工程与铝镁材料接触部位
速凝剂	速凝、早强	用于喷射混凝土
微沫剂	改善砂浆稠度，节约白灰及水泥	砌筑砂浆

3.61 外加剂如何进行进场检验？

(1) 外加剂进场检验及复验

1) 混凝土中掺用的外加剂应有产品合格证、出厂检验报告，并按进场的批次和产品的抽样检验方案进行复验，其质量及应用技术应符合现行国家标准《混凝土外加剂》GB 8076、《混凝土外加剂应用技术规范》(GB 50119—2003)等及有关环境保护的规定。

2) 预应力混凝土结构中，严禁使用含氯化物的外加剂。钢筋混凝土结构中，当使用含氯化物的外加剂时，混凝土中氯化物的总含量应符合现行国家标准《混凝土质量控制标准》(GB 50164—92)的规定，选用的外加剂，需要时还应检验其氯化物、硫酸盐等有害物质的含量，经验证确认对混凝土无害影响时方可使用。

3）不同品种外加剂应分别存储，做好标记，在运输和存储时不得混入杂物和遭受污染。

（2）检验项目

1）混凝土外加剂（普通减水剂、高效减水剂、早强减水剂、缓凝减水剂、引气减水剂、早强剂、缓凝剂和引气剂等）。

① 出厂检验项目见表 3-30。

出厂检验项目 **表 3-30**

外加剂品种 / 测定项目	普通减水剂	高效减水剂	早强减水剂	缓凝减水剂	引气减水剂	早强剂	缓凝剂	引气剂	备注
固体含量	√	√	√	√	√	√	√	√	
密度									液体外加剂必测
细度									粉状外加剂必测
pH 值	√	√	√	√	√				
表面张力		√							
泡沫性能					√		√		
氯离子含量	√	√	√	√	√	√	√	√	
硫酸钠含量									含有硫酸钠的早强减水剂或早强剂必测
还原糖份				√			√		木质素磺酸钙减水剂必测
水泥净浆流动度	√	√	√	√	√				两种任选一种
水泥砂浆流动度	√	√	√	√	√	√	√	√	

② 形式检验项目包括匀质性指标和混凝土性能指标。

a. 匀质性指标项目是含固量或含水量、密度、氯离子含量、水泥净浆流动度。

b. 混凝土性能指标项目是减水率、泌水率比、含气量、凝结时间之差、抗压强度比、收缩率比、相对耐久性、钢筋锈蚀。

2）混凝土泵送剂。

① 出厂检验包括固体泵送剂和液体泵送剂。固体泵送剂项目：含水量、细度、氯离子含量、水泥净浆流动度。液体泵送剂项目：固体含量、密度、氯离子含量、水泥净浆流动度。

② 形式检验项目包括匀质性指标和混凝土性能指标。匀质性指标有含固量或含水量、密度、氯离子含量、细度、水泥净浆流动度。受检混凝土性能包括混凝土所用材料细度和含水率、配合比、混凝土搅拌和试样数量、混凝土拌合物性能、硬化混凝土性能。

3）混凝土防冻剂。

① 出厂检验包括匀质性试验：含固量、含水量、密度、氯离子含量、水泥净浆流动度、细度。

② 形式检验包括匀质性试验（与出厂试验项目相同）和掺防冻剂混凝土性能试验：减水率、泌水率、含气量、凝结时间差、抗压强度比、收缩率比、抗渗压力比、冻融强度损失率比、钢筋锈蚀。混凝土拌合物性能、硬化混凝土性能。

4）混凝土膨胀剂。

① 出厂检验包括细度、含水率、氧化镁测定。

② 型式检验包括混凝土膨胀剂的性能（细度、含水率和氧化镁的测定）和掺混凝土膨胀剂的砂浆性能（材料——水泥和砂质量、凝结时间、限制膨胀率、抗压强度和抗折强度）。

5）喷射混凝土用速凝剂。

① 出厂检验包括凝结时间、细度、含水率。

② 型式检验包括凝结时间、细度、含水率、1d 抗压强度和 28d 抗压强度比。

6）砂浆、混凝土防水剂。

出厂检验包括匀质性检验：含固量、含水量、密度、氯离子含量、水泥净浆流动度、细度。

型式检验包括匀质性指标和砂浆、混凝土性能。受检砂浆的性能有安定性、凝结时间、抗压强度比、透水压力比、吸水量比、收缩率比。受检混凝土的性能有净浆安定性、凝结时间差、泌水率比、抗压强度比、渗透高度比、吸水量比、收缩率比、抗冻性能。

(3) 出厂合格证及检验报告

1) 产品有下列情况之一不得出厂：无性能检验合格证；技术文件不全；包装不符；量不足；产品受潮变质以及超过有效期限。

2) 产品出厂应随货提供技术文件和产品说明书、产品合格证，其内容必须有：产品名称及型号，出厂日期，主要特征及成分，适用范围及适宜掺量，性能检验合格证，贮存条件及有效期，使用方法及注意事项。此外，泵送剂还应提供 pH 值，凝结时间差、含硫酸钠的泵送剂应提供和说明对钢筋有无锈蚀，防冻剂还应提供减含量($N_2O+0.658K_2O$)，适用温度及适宜掺量，喷射混凝土用速凝剂还应提供产品质量等级、推荐掺量，砂浆、混凝土防水剂还应提供最佳掺量。

检验报告及合格证，其内容包括匀质性指标及混凝土性能指标。

3.62 外加剂进场复验的批量划分、取样方法和数量有何规定？

(1) 外加剂进场复验批量划分、取样方法和数量见表 3-31。

取样方法及数量　　表 3-31

名　称	验收批组成	每批数量	取样方法及数量
普通减水剂 高效减水剂 早强减水剂 缓凝减水剂 引气减水剂 早强剂 缓凝剂 引气剂	根据产量和生产设备条件，将产品分批编号，同一编号的产品必须是混合均匀的，同一品种的	每一编号取样量不少于 0.5t 水泥所需用的外加剂量	试样分点样和混合样。点样是在一次生产的产品所得试样，混合样是三个或更多的点样等量均匀混合而取得的试样。每一编号取得的试样应充分混匀，分为两等份，一份按标准规定方法与项目进行试验，另一份密封保存半年，以备进行复验或仲裁用

续表

名　　称	验收批组成	每批数量	取样方法及数量
混凝土泵送剂	根据产量和生产设备条件，将产品分批编号，同一编号的产品必须是混合均匀的，同一品种的	每 50t 泵送剂为一批，不足 50t 也作为一批	每一批以至少 10 个不同容器中抽取等量试样，混合均匀，总数量不少于 0.5t 水泥所需用泵送剂量，每一批取得试样分成两等份，一份按标准规定进行试验，另一份封存半年，以备复验或仲裁用
混凝土防冻剂			每批取样量应不少于 0.15t 水泥所需的防冻剂（以其最大掺量计）。每一批取得样品应充分拌匀，分为两等份，一份按标准项目进行试验，另一份封存半年，以备复验或仲裁用
混凝土膨胀剂		每 60t 为一批，不足 60t 时也作为一批	抽样应有代表性，可以连续抽取，也可从 20 个以上的不同部位取等量样品，每批抽样总数不小于 10kg，充分混合均匀后分为两等份，一份做试验，一份密封 3 个月，以备复验或仲裁用
喷射混凝土用速凝剂		每 20t 为一批，不足 20t 也可作为一批	每一批应于 16 个不同点取样，每个点取样 250g，共取 4 000g。将试验充分混合均匀，分为两等份，其中一份用做试验，另一份密封半年，供复验和仲裁用
砂浆混凝土防水剂		年产 500t 以上的，每 50t 为一批，年产 500t 以下的，每 30t 为一批	每批取样量不少于 0.2t 水泥所需用的防水剂量 每批取得的试样应充分混匀，分为两等份，一份按标准规定的方法与项目进行试验，另一份密封保存一年，以备复验和仲裁用

（2）合格判定

产品经检验全部项目都符合某一等级规定时，则判为相应等级产品。其中，混凝土防冻剂产品经检验新拌混凝土的含气量和硬化混凝土性能项目应全部符合标准，即可判定为相应等级的产品，其余项目作为参考指标。混凝土膨胀剂的各项性能均符合某一等级时，判定为相应等级的产品，按限制膨胀率分为一等品和合格品。

当生产和使用单位对性能有争议时，可以复验，复验以封存样进行。

3.63 如何选用外加剂？外加剂掺量有何规定？

（1）选用和掺量原则

选用外加剂时，应根据混凝土的性能要求、施工工艺及气候条件，结合混凝土的原材料性能、配合比以及对水泥的适应性能因素，通过试验确定其品种和掺量。

（2）减水剂的选用和掺量

普通减水剂宜用于最低气温5℃以上施工的混凝土，不宜单独用于蒸汽养护混凝土；高效减水剂可用于最低气温0℃以上施工混凝土，并适用于制备大流动性混凝土、高强混凝土以及蒸汽养护混凝土。普通减水剂的掺量为水泥重量的0.2％～0.3％，但不得大于0.5％；高效减水剂的掺量宜为0.5％～1.0％。

（3）引气剂的选用和掺量

引气剂可用于抗冻、防渗、抗硫酸盐、轻骨料以及对饰面有要求的混凝土，不宜用于蒸汽养护混凝土及预应力混凝土。抗冻融性能要求高的混凝土，必须掺用引气剂和引气减水剂，其掺量应根据混凝土的含气量，通过试验确定。引气剂及引气减水剂混凝土的含气量不宜超过表3-32的规定。

掺引气剂及引气减水剂混凝土的含气量　　表3-32

粗骨料最大粒径(mm)	20(19)	25(22.4)	40(37.5)	50(45)	80(75)
混凝土含气量(％)	5.5	5.0	4.5	4.0	3.5

注：括号内数值为《建筑用卵石、碎石》GB/T 14685中标准筛的尺寸。

引气剂及引气减水剂混凝土必须采用机械搅拌，其搅拌时间不宜大于5min和小于3min。

(4) 缓凝剂的选用和掺量

缓凝剂可用于大体积混凝土、炎热气候条件下施工的混凝土以及需长时间停放或长距离运输的混凝土。不宜用于日最低气温5℃以下施工的混凝土和有早强要求的混凝土及蒸汽养护混凝土。

缓凝剂和缓凝减水剂的掺量可按表3-33的规定选用。掺缓凝剂的混凝土应在混凝土终凝后浇水养护。

缓凝剂及缓凝减水剂常用掺量 **表3-33**

类　别	掺量(水泥重量%)	类　别	掺量(水泥重量%)
醣类	0.1～0.3	羟基羧酸盐类	0.03～0.1
木质素磺酸盐类	0.2～0.3	无机盐类	0.1～0.2

(5) 早强剂的选用和掺量

1) 早强剂可用于蒸汽养护混凝土以及有早强或防冻要求的混凝土工程。

2) 在有特殊要求的结构中,不得在钢筋混凝土中采用氯盐、含氯盐的复合早强剂及早强减水剂。

3) 含有强电解质无机盐类的早强剂,如硫酸盐等早强减水剂,不得用于下列结构:

① 与镀锌钢材或铝铁相接触部位的结构;以及有外露钢筋预埋铁件而无防护措施的结构;

② 使用直流电源的工厂,及使用电气化运输设施的钢筋混凝土结构;

③ 含有活性骨料的混凝土结构。

4) 常用早强剂的掺量不应大于表3-34的规定。

早 强 剂 掺 量 **表3-34**

混凝土种类及使用条件	早强剂品种	掺量(水泥重量%)
预应力混凝土	1. 硫酸钠 2. 三乙醇胺	1 0.05

续表

混凝土种类及使用条件		早强剂品种	掺量(水泥重量%)
钢筋混凝土	干燥环境	1. 氯盐	1
		2. 硫酸钠	2
		3. 硫酸钢与缓凝减水剂复合使用	3
		4. 三乙醇胺	0.05
	潮湿环境	1. 硫酸钠	1.5
		2. 三乙醇胺	0.05
有饰面要求的混凝土		硫酸钠	1
无筋混凝土		氯盐	3

注：1. 在预应力混凝土中，由其他原材料带入的氯盐总量，不应大于水泥重量的0.1%；在潮湿环境下的钢筋混凝土中，不应大于水泥重量的0.25%。

2. 表中氯盐含量，以无水氯化钙计。

(6) 防冻剂的选用和掺量

防冻剂适用于负温条件下施工的混凝土，氯盐类防冻剂的使用应符合早强剂中的有关规定。防冻剂中防冻组分掺量，应符合表3-35规定。

防冻组分掺量 **表3-35**

防冻剂类别	防冻组分掺量
氯盐类	氯盐掺量不得大于拌合水重量的7%
氯盐阻锈类	总量不得大于拌合水重量的15% 当氯盐掺量为水泥重量的0.5%～1.5%时，亚硝酸钠与氯盐之比应大于1 当氯盐掺量为水泥重量的1.5%～3%时，亚硝酸钠与氯盐之比应大于1.3
无氯盐类	总量不得大于拌合水重量的20%，其中亚硝酸钠、亚硝酸钙、硝酸钠、销酸钙均不得大于水泥重量的8%，尿素不得大于水泥重量的4%，碳酸钾不得大于水泥重的10%

(7) 膨胀剂的选用、掺量及所用水泥的选用

1) 下列工程中应选用膨胀剂。

屋面防水，地下防水，贮罐水池，基础后浇缝，混凝土构件补强，防水堵漏，预填骨料混凝土以及钢筋混凝土，预应力钢筋混凝土等。

机械设备的底座灌浆，地脚螺栓的固定，梁柱接头的浇注，管道接头的填充和防水堵漏等。

2) 膨胀剂的掺量按表 3-36 选用。

膨胀剂的常用掺量 **表 3-36**

膨胀混凝土(砂浆),种类	膨胀剂名称	掺量(水泥重量%)
补偿收缩混凝土(砂浆)	明矾石膨胀剂	13～17
	硫铝酸钙膨胀剂	8～10
	氧化钙膨胀剂	3～5
	氧化钙-硫铝酸钙复合膨胀剂	8～12
填充用膨胀混凝土(砂浆)	明矾石膨胀剂	10～13
	硫铝酸钙膨胀剂	8～10
	氧化钙膨胀剂	3～5
	氧化钙-硫铝酸钙复合膨胀剂	8～10
	铁屑膨胀剂	30～35
自应力混凝土(砂浆)	硫铝酸钙膨胀剂	15～25
	氧化钙-硫铝酸钙复合膨胀剂	15～25

注：内掺法指实际水泥用量(C')与膨胀剂用量(P)之和为计算水泥用量(C)，即：$C=C'+P$。

3) 掺膨胀剂混凝土所用水泥的选用：对硫铝酸钙类膨胀剂(明矾石膨胀剂除外)、氧化钙类膨胀剂，宜用于硅酸盐水泥、普通硅酸盐水泥，如选用其他水泥应由试验确定；明矾石膨胀剂宜用于普通硅酸盐水泥、矿渣硅酸盐水泥。

膨胀混凝土应采用机械搅拌。搅拌时间应不少于 3min，并应比不掺外加剂的混凝土延长 30s。

膨胀混凝土必须在潮湿状态下养护 14d 以上,在日最低气温低于 5℃时,应采取保温措施。

3.64 使用外加剂应注意哪些问题?

(1) 外加剂必须有专人保管,要按品种放置,建立严格的领料制度,防止混杂用错,或误食中毒,对现场职工要进行安全交底,以免发生事故

(2) 配制外加剂和掺入外加剂都要有专人负责,严格保证掺量的准确性,防止因掺量不准而影响混凝土质量。

(3) 混凝土掺入外加剂之后,要掌握好停放时间,防止坍落度和稠度损失过大,影响混凝土浇筑。

(4) 掺入外加剂的混凝土必须加强养护,尤其是早期更应加强。

(5) 减水剂对不同品种的水泥适应性也不同,有的水泥可以掺入减水剂,有的水泥不能掺入减水剂。因此,必须经过试验,方可决定是否掺用减水剂。

(6) 必须严格控制外加剂掺量。掺量在 1%以下的外加剂如高效减水剂、普通减水剂、糖蜜、引气剂等,应以水溶液掺入。

(7) 两种或两种以上外加剂复合使用,在配制溶液时,如产生絮凝或沉淀等现象,应分别配制溶液并分别加入搅拌机内。

(8) 在用硬石膏或工业废料石膏作调凝剂的水泥中,掺用木质素磺酸盐类减水剂或糖蜜类缓凝剂时,常常会产生速凝或假凝现象。因此,使用前需先做水泥适应性试验,合格后方可使用。

(9) 外加剂因受潮结块时,粉状外加剂应再粉碎并通过 0.63mm 筛子才能使用,液体外加剂应重新测定外加剂的固体含量。

3.65 因掺用外加剂造成混凝土的质量问题有哪些?原因是什么?

(1) 裂缝:掺用外加剂的钢筋混凝土,在初凝后会出现若干短

而直、宽而浅的裂缝，并且裂缝往往发生在钢筋位置的上面。

裂缝原因：混凝土掺外加剂后稠度增大，粘度增强了，不泌水，不易全部沉平、沉实，特别是在钢筋部位更不易下沉，因此产生裂缝。

(2) 粘罐：掺外加剂的混凝土出罐后，因部分水泥浆粘贴在转鼓的内壁上，因而使混凝土不均匀，使混凝土中的砂浆减少了。

粘罐原因：加入外加剂的混凝土，粘稠度显著提高了，因而产生粘罐现象。

(3) 假凝：出罐后的混凝土失去了流动性，甚至无法浇捣。

假凝的原因有二：一是水泥在磨细时使部分二水石膏脱水；二是减水剂对该种水泥适应性差。

(4) 迟凝：混凝土浇注 20 余 h 后仍不凝结，其表面泌浆并呈黄褐色。

(5) 强度减低：混凝土虽已凝固，但强度比同龄期试件强度低得多。

强度降低原因：

1) 引气性减水剂掺量过大，使混凝土内含气量过大，相对降低密实度；

2) 掺用引气性减水剂后捣固不良，密实性不好；

3) 没减水，或增大了水灰比；

4) 三乙醇胺掺量过大；

5) 减水剂本身质量不合格，其有效成分含量过低。

3.66 哪些工程结构部位不允许掺用含氯化物的外加剂？

以下工程结构或部位不允许使用含氯化物的外加剂混凝土。

(1) 在高湿度空气环境中使用的钢筋混凝土结构，如排出大量蒸气的车间、澡堂、洗衣房以及经常处于空气相对湿度大于80%的房间和有顶盖的钢筋混凝土蓄水池等。

(2) 处于水位升降部位的钢筋混凝土结构。

(3) 露天或经常受水淋的钢筋混凝土结构。

(4) 有镀锌钢材或铝铁相接触部位的钢筋混凝土结构,以及有外露预制件而无防护措施的钢筋混凝土结构。

(5) 与含有酸、碱和硫酸盐等侵蚀性介质相接触的钢筋混凝土结构。

(6) 使用中经常处于环境温度为60℃以上的钢筋混凝土结构。

(7) 使用冷拉钢筋或冷拔低碳钢丝的钢筋混凝土结构。

(8) 薄壁结构、中级或重级工作制吊车梁、屋架、落锤或锻锤基础等钢筋混凝土结构。

(9) 电解车间或直接靠近直流电源的钢筋混凝土结构。

(10) 直接靠近高压电源,如发电站、变电所等的钢筋混凝土结构。

(11) 预应力混凝土结构。

3.67 掺用含有碱成分的外加剂对混凝土质量有何危害?

含碱成分的外加剂遇水后可以水解生成氢氧化钠,如速凝剂中的铝酸钠、碳酸钠和早强剂中的硫酸钠等。生成的氢氧化钠使混凝土拌合物中的含碱量增高,如果粗骨料中含有活性骨料时,极易发生碱-骨料反应,引起混凝土的破坏。

3.68 何为轻骨料混凝土?混凝土轻骨料主要技术性能有哪些?

轻骨料混凝土一般为1900kg/m^3,与普通混凝土相比约减少20%左右;特轻混凝土可减少到1000kg/m^3,与普通混凝土相比,有成倍地减小。因此,能否采用轻骨料配制高强混凝土,对高层建筑、大跨度结构以及已建建筑加层的结构设计和施工等均具有重要意义,轻质高强是混凝土材料发展的一个方向。

混凝土轻骨料主要技术性能有:轻骨料密度分类、颗粒级配、堆积密度、筒压强度与强度标号、吸水率与软化系数、粒型系数和有害物质含量。

（1）按轻骨料密度分类，见表 3-37。

轻骨料密度分类 **表 3-37**

名称	类别	定义
轻细骨料		堆积密度不大于 1200kg/m^3
轻粗骨料	超轻骨料	堆积密度不大于 500kg/m^3 的保温用或结构保温用
	普通轻骨料	堆积密度大于 510kg/m^3
	高强轻骨料	强度等级不小于 25MPa 的结构用

（2）按材料来源可分为：

1）人造轻骨料：如黏土陶粒、页岩陶粒；

2）天然轻骨料：如浮石、火山渣等；

3）工业废料轻骨料：如粉煤灰陶粒、膨胀矿渣珠等。

（3）颗粒级配。

各种轻骨料的颗粒级配要求见表 3-38，但人造轻粗骨粒的最大粒径不宜大于 20.0mm。

轻骨料颗粒级配 **表 3-38**

编号	轻骨料种类	级配类别	公称粒级(mm)	各号筛的累计筛余(按质量计)(%) 筛孔尺寸(mm)										
				40.0	31.5	20.0	16.0	10.0	5.00	2.50	1.25	0.630	0.135	0.160
1	细骨料	—	0～5					0	0～10	0～35	20～60	30～80	65～90	75～100
2	粗骨料	连续粒级	5～40	0～10	—	40～60	—	50～85	90～100	95～100				
3			5～31.5	0～5	0～10	—	40～75	—	90～100	95～100				
4			5～20	—	0～5	0～10	—	40～80	90～100	95～100				
5			5～16	—	—	0～5	0～10	20～60	85～100	95～100				
6			5～10	—	—	—	0	0～15	80～100	95～100				
7		单粒级	10～16	—	—	0	0～15	85～100	90～100					

注：公称粒级的上限，为该粒级的最大粒径。

轻细骨料的细度模数在2.3～4.0范围内。

(4) 堆积密度。

轻骨料按堆积密度划分的密度等级见表3-39。轻骨料的匀质性指标，以堆积密度的变异系数计，不应大于0.10。

堆　积　密　度　　　　**表3-39**

密度等级		堆积密度范围 (kg/m³)	密度等级		堆积密度范围 (kg/m³)
轻粗骨料	轻细骨料		轻粗骨料	轻细骨料	
200	—	110～200	800	800	710～800
300	—	210～300	900	900	810～900
400	—	310～400	1000	1000	910～100
500	500	410～500	1100	1100	1010～1100
600	600	510～600	—	1200	1110～1200
700	700	610～700			

(5) 筒压强度与强度等级。

1) 不同密度等级超轻粗骨料的筒压强度应不低于表3-40的规定。

超轻粗骨料筒压强度　　　　**表3-40**

超轻骨料品种	密度等级	筒压强度(MPa)		
		优等品	一等品	合格品
黏土陶粒 页岩陶料 粉煤灰陶粒	200	0.3	0.2	
	300	0.7	0.5	
	400	1.3	1.0	
	500	2.0	1.5	
其他超轻粗骨料	≤500		—	

2) 不同密度等级的普通轻粗骨料的筒压强度应不低于表3-41的规定。

普通轻粗骨料筒压强度　　　　表 3-41

轻骨料品种	密度等级	筒压强度(MPa) 优等品	一等品	合格品
黏土陶粒 页岩陶粒 粉煤灰陶粒	600	3.0	2.0	
	700	4.0	3.0	
	800	5.0	4.0	
	900	6.0	5.0	
浮石火山渣煤渣	600	—	1.0	0.8
	700	—	1.2	1.0

轻骨料品种	密度等级	筒压强度(MPa) 优等品	一等品	合格品
浮　石 火山渣 煤　渣	800	—	1.5	1.2
	900	—	1.8	1.5
	900	—	3.5	3.0
自然煤矸石 膨胀矿渣珠	1000	—	4.0	3.5
	1100	—	4.5	4.0

3）不同密度等级高强轻粗骨料的筒压强度和强度等级均应不低于表 3-42 的规定。

高强轻粗骨料的筒压强度和强度等级　　　　表 3-42

密度等级	筒压强度(MPa)	强度等级	密度等级	筒压强度(MPa)	强度等级
600	4.0	25	800	6.0	35
700	5.0	30	900	6.5	40

(6) 吸水率与软化系数。

1）不同密度等级轻粗骨料的吸水率应不大于表 3-43 的规定。

轻粗骨料的吸水率　　　　表 3-43

类　别	轻骨料品种	密度等级	吸水率(%)
超轻骨料	黏土陶粒 页岩陶粒 粉煤灰陶粒	200	30
		300	25
		400	20
		500	15
普通轻骨料	黏土陶粒 页岩陶粒	600～900	10
	粉煤类陶粒	600～900	22

类　别	轻骨料品种	密度等级	吸水率(%)
普通轻骨料	煤　渣	600～900	10
	自然煤矸石	600～900	10
	膨胀矿渣珠	900～1100	15
	天然轻骨料	—	不作规定
高强轻骨料	黏土陶粒 页岩陶粒	600～900	8
	粉煤灰陶粒	600～900	15

2）软化系数：人造轻粗骨料和工业废料轻粗骨料的软化系数应不小于 0.8，天然轻粗骨料的软化系数应不小于0.7。

3）轻细骨料的吸水率和软化系数不作规定。

（7）粒型系数。

不同粒型轻粗骨料的粒型系数应符合表 3-44 的规定。

轻粗骨料的粒型系数 **表 3-44**

轻骨料粒型	平均粒型系数		
	优等品	一等品	合格品
圆球型≤	1.2	1.4	1.6
普通型≤	1.4	1.6	2.0
碎石型≤	—	2.0	2.5

（8）有害物质含量。

轻骨料有害物质含量应符合表 3-45 的规定。

轻骨料有害物质含量 **表 3-45**

项目名称	质量指标	备注
煮沸质量损失（%） ≤	5	
烧失量（%） ≤	5	天然轻骨料不作规定，用于无盘混凝土的煤渣允许达 20
硫化物和硫酸盐含量（按 SO 计）（%） ≤	1.0	用于无盘混凝土的自然煤矸石允许含量≤1.5
含泥量（%） ≤	3	结构用轻骨料≤2；不允许含有黏土块
有机物含量	不深于标准色	
放射性比活度	符合 GB 9196 规定	煤渣、自然煤矸石应符合 GB 6763 的规定

3.69 轻骨料如何进行验收？

(1) 检验项目

1) 轻粗骨料出厂检验包括颗粒级配、堆积密度、粒型系数、筒压强度(高强轻粗骨料尚应检测强度标号)和吸水率。轻细骨料出厂检验包括细度模数、堆积密度。

2) 轻骨料形式检验包括颗粒级配、堆积密度、筒压强度和强度等级、吸水率、软化系数、粒型系数、有害物质含量。

(2) 出厂合格证及检验报告

1) 生产厂应保证产品质量符合标准要求，产品出厂时，生产厂应提供质量合格证书，内容包括：产品品种名称和生产厂名；合格证编号及发放日期；检验结果及执行标准编号；批量编号及供货数量；检验部门及检验人员签章。

2) 试验报告内容：材料名称、品种和产地；试验项目；数据的记录；试验结果的计算及取值；结果评定及执行标准编号；试验日期和试验人员。

(3) 复试

1) 批量划分及取样方法和数量见表 3-46。

轻骨料批量划分、取样方法和数量　　表 3-46

验收批组成	每批数量	取样方法及数量
按品种、种类、密度等级和质量等级分批检验和验收	每 $200m^3$ 为一批，不足 $200m^3$ 亦以一批计	每批产品中抽取有代表性的试样。初次抽取的试样应不少于 10 份，其总料量应多于试验用料量的 1 倍，初取试样应在下列场合抽取：生产企业中进行检验时，应在通往料仓或料堆的运输机的整个宽度上，在一定的时间间隔内；对均匀推进行取样时，试样可以从料堆锥体自上到下的不同方向任选 10 个点抽取，但要避免抽取离析的及面层的材料；以袋装料和散装料抽取时，应以 10 个不同位置和高度(或料袋)中抽取 按(GB/T 17431.2—98)规定检验

2）合格判定

检验(含复验)后,各项性能指标都符合标准的相应等级规定时,可判为该等级。等级按其技术指标分为优等品(A);一等品(B);合格品(C)。

若有一项性能指标不符合标准要求时,则应从同一批轻骨料中加倍取样,对不符合标准要求的项目进行复验。复验后,仍不符合标准要求时,则该产品判为降等或不合格。

3.70 轻骨料堆放和运输有何要求?

(1) 轻骨料应按品种、密度等级、质量等级和颗粒级配类别分别堆放和运输。必要时,应有防雨淋措施。

(2) 可用车、船散装或袋装运输。运输过程中应避免污染或压碎。

(3) 运输时,应采取措施以防粉尘飞扬。

3.71 用于水泥和混凝土中粉煤灰有何技术要求?

粉煤灰成品的细度、需水量比、烧失量、含水量、三氧化硫等指标,见表 3-47。

用于水泥和混凝土中的粉煤灰技术指标　　表 3-47

序号	指标		级别		
			Ⅰ	Ⅱ	Ⅲ
1	细度(0.045mm 方孔筛筛余)(%)	≤	12	20	45
2	需水量比(%)	≤	95	105	115
3	烧失量(%)	≤	5	8	15
4	含水量(%)	≤	1	1	不规定
5	三氧化硫(%)	≤	3	3	3

3.72 粉煤灰出厂检验有何规定?

(1) 型式检验。

1）拌制水泥混凝土和砂浆时掺合料的粉煤灰供方应符合技术要求，每半年做一次检验。

2）烧失量、三氧化硫和含水量每月检验一次，28d 强度每季度检验一次。

（2）出厂检验。

1）拌制混凝土和砂浆时掺合料的粉煤灰，应进行细度、烧失量和含水量检验。

2）水泥厂作活性混合料时，应进行烧失量、含水量检验。

3.73 粉煤灰复验有何规定？

（1）出厂合格证。

粉煤灰出厂必须具有出厂合格证，其内容包括：厂名、批号、合格证编号、日期、粉煤灰的级别、数量和质量检验结果。

袋装粉煤灰的包装袋上应清楚标明"粉煤灰"厂名、级别、重量、批号及包装日期。

（2）复试。

1）批量划分、抽样方法和数量，见表 3-48。

批量、抽样方法和数量　　表 3-48

验收批组成	每批数量	取样方法及数量
以连续供应的相同等级	每 200t 为一批，不足 200t 者按一批论 粉煤灰的数量按干灰（含水量小于 1%）的重量计算	散装灰取样：以运输工具、贮灰库或堆场中不同部位取 15 份试样，每份试样 1～3kg，混合拌匀，按四分法，缩取出比试验所需量大一倍的试样（称为平均样） 袋装灰取样：以每批任取 10 袋，从每袋中分取试样不少于 1kg，混合拌匀，按四分法缩取平均试样 拌制水泥混凝土和砂浆时作掺合料的粉煤灰成品，必要时，需方可对粉煤灰的质量进行随机抽样

2）合格判定。

① 符合技术要求的为等级品，若其中任何一项不符合要求的，应重新加倍取样，进行复验。复验不合格的需降级处理。

② 低于技术要求中最低级别技术要求的粉煤灰为不合格品。

③ 28d 抗压强度比指标低于 60％的粉煤灰，可作为水泥生产中的非活性混合材料。

3.74 普通混凝土中掺粉煤灰取代水泥率有何规定？

普通混凝土中，粉煤灰取代水泥率规定见表 3-49。

粉煤灰取代水泥百分率 **表 3-49**

混凝土强度等级	普通硅酸盐水泥(％)	矿渣硅酸盐水泥(％)
C15 以下	15～25	10～20
C20	10～15	10
C25～C30	15～20	10～15

注：1. 以 32.5 级水泥配制成的混凝土取表中下限值；以 42.5 级水泥配制的混凝土取上限值。

2. C20 以上的混凝土宜采用Ⅰ、Ⅱ级粉煤灰；C15 以下的素混凝土可采用Ⅲ级粉煤灰。

3.75 钢筋如何分类？

钢筋按外形、机械性能、钢种或化学成分以及生产工艺进行分类。

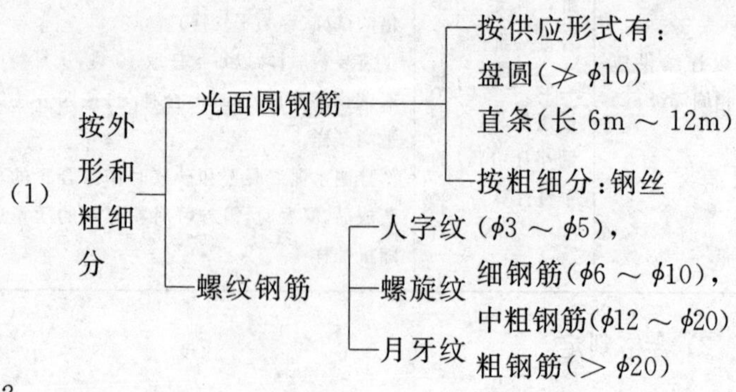

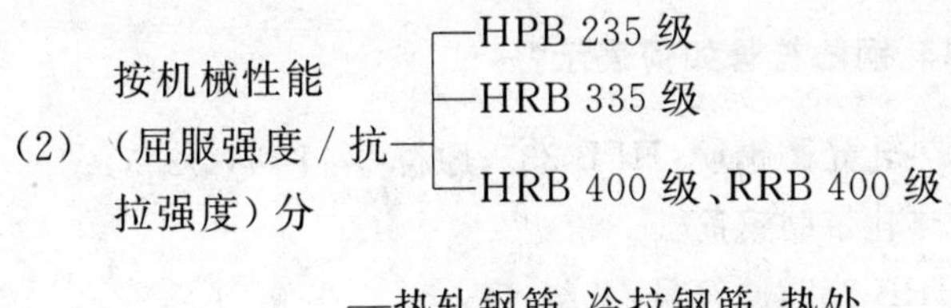

(3) 按生产工艺(钢筋和钢丝及其制品)

- 热轧钢筋、冷拉钢筋、热处理钢筋、冷轧螺纹钢筋
- 预应力混凝土结构用碳素钢丝——系用优质碳素结构钢圆盘条冷拔而成可作钢弦、钢丝束、钢丝等
- 预应力混凝土结构用刻痕钢丝——系用上项钢丝经刻痕而成
- 预应力钢筋混凝土用钢绞线——系用上项(碳素钢丝)绞捻而成
- 冷拔低碳钢丝——系用普通低碳钢的热轧盘圆冷拔而成

注:热处理碳钢筋、冷轧螺纹钢筋可用于预应力混凝土结构。

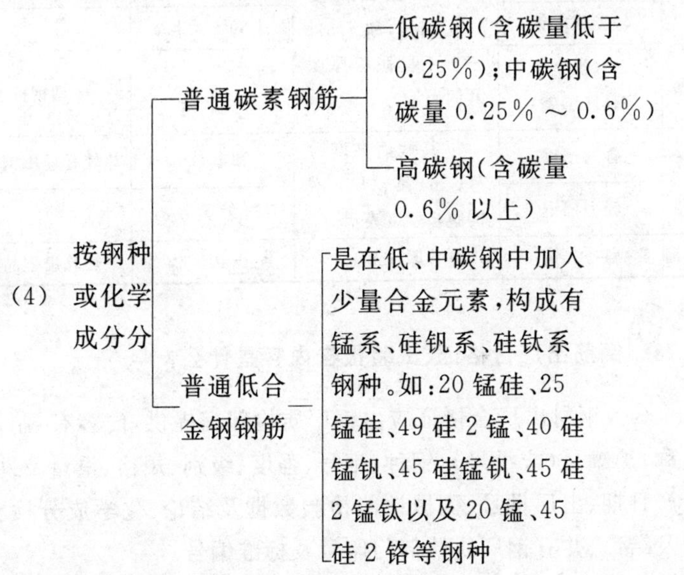

3.76 热轧钢筋符号如何表示？

（1）热轧光圆钢筋：HPB 235，原符号：Ⅰ级（Q235）。

（2）热轧带肋钢筋：

1）HRB 335，原符号：Ⅱ级（Q335）。

2）HRB 400，RRB 400（余热处理），原符号：Ⅲ级。

3）HRB 500，原符号：Ⅳ级。

3.77 型钢如何分类？

型钢可分为角钢、工字钢、槽钢和扁钢等，具体分类见表3-50。

型 钢 分 类 **表 3-50**

型钢名称及分类		表示方法	表　例	标准名称
角钢	等边角钢	边宽和厚度（mm）	L110×10	热轧等边三角钢品种
	不等边角钢	长边、短边、厚度	L110×70×80	热轧不等边角钢品种
工字钢	普通工字钢	以其截面高度（cm）编号，和a、b、c三种不同腹板厚度共同表示	Ⅰ35b（cm）	热轧普通工字钢品种
	轻型工字钢		Ⅰ30 a无b、c	
	宽翼缘工字钢（H型钢）			H型钢标准
槽钢	普通槽钢	以其截面高度为号（cm）和a、b、c不同腹板厚度表示	[28 b（cm）	热轧普通槽钢品种
	轻型槽钢		[24 a（无b、c）	
扁钢	扁　钢	宽和厚（mm）	—40×6	热轧扁钢品种

3.78 钢筋出厂合格证、试验报告内容是什么？

（1）钢材出厂合格证应由钢厂质检部门提供，内容有：制作厂名称、炉罐号（或批号）、钢种、钢号、强度、级别、规格、重量及件数、生产日期、出厂批号、机械性能检验数据及结论、化学成分检验数据及结论、并有钢厂质检部门印章及标准编号。

(2) 钢材试验报告内容应有:委托单位、工程名称、使用部位、钢材级别、钢种、钢号、外形标志、出厂合格证编号、代表数量、送样日期,原始记录编号、报告编号、试验日期、试验数据及结论(伸长率指标应注明标距,冷弯指标应注明弯心半径、弯曲角度及弯曲结果)。

3.79 钢筋复试批量如何划分?

(1) 批量划分原则。

关于检验批的组成及抽样检查数量,由于工程量、运输条件、现场储存条件和各种钢筋用量等差异,很难对各种钢筋的进场检查数量作出统一规定。实际检查时,可以按照下列原则:若有关标准中对进场检验数量作了具体规定,应遵照执行;若有关标准中只有对产品出厂检验数量的规定,则在进场检验时,检查数量可按下列情况确定:

1) 当一次进场的数量大于该产品的出厂检验批量时,应划分为若干个出厂检验批量,然后按出厂检验的抽样方案执行;

2) 当一次进场的数量小于或等于该产品的出厂检验批量时,应作为一个检验批量,然后按出厂检验的抽样方案执行;

3) 对连续进场的同批钢筋,当有可靠依据时,可按一次进场的钢筋处理。

涉及原材料进场检查数量和检验方法时,除有明确规定外,都可按上述要求执行。

(2) 批量划分。

每批钢筋由同一牌号、同一炉罐号(批号)、同一规格(直径)、同一交货状态的钢筋组成,每批重量不大于 60t,即按进场时钢筋批号及直径分批检验。

3.80 钢筋复试项目和取样有何规定?如何判定?

(1) 钢筋进场验收、复试主要项目

1) 拉力试验

① 屈服点或屈服强度 σ_s 或 $\sigma_{0.2}$;

② 抗拉强度 σ_b；

③ 伸长率 δ_{10}、δ_5 或 δ_{100}（测量标距为 $10d$，$5d$ 或 100_{mm}，650 级、550 级、800 级）；

2）冷弯试验

3）反复弯曲试验

4）必要时进行化学分析

C（碳）、S（硫）、P（磷）、Si（硅）、Mn（锰）、Ti（钛）、V（钒）等含量。

（2）热轧、热处理钢筋取样及检验项目

热轧、热处理钢筋取样及检验项目见表 3-51。

取样及检验项目 **表 3-51**

	序号	检验项目	取样数量	取 样 方 法
钢筋混凝土用热轧带肋钢筋	1	化学成分	1	GB 222
	2	力　学	2	任选两根钢筋切取
	3	弯　曲	2	任选两根钢筋切取
	4	反向弯曲	1	
	5	尺　寸	逐　支	
	6	表　面	逐　支	
	7	重量偏差	不少于 10 支	长度逐支测量
钢筋混凝土用热轧光圆钢筋	1	化学成分	1	GB 222
	2	拉　伸	2	任选两根钢筋切取
	3	冷　弯	2	任选两根钢筋切取
	4	尺　寸	逐　支	
	5	表　面	逐　支	
	6	重量偏差	GB 13013	GB 13013
钢筋混凝土用余热处理钢筋	1	化学成分	1	GB 222
	2	拉　伸	2	任选两根钢筋切取
	3	冷　弯	2	任选两根钢筋切取
	4	尺　寸	逐　支	
	5	弯　曲	逐　支	
	6	重量偏差	GB 13014	GB 13014

(3) 预应力混凝土用热处理钢筋、钢丝、钢绞线检验项目

预应力混凝土用热处理钢筋检验项目有以下内容：力学性能试验、表面质量、尺寸偏差、松弛试验。

预应力混凝土用钢丝和钢绞线检验项目内容：表面质量、尺寸偏差、拉伸试验、弯曲试验、松弛试验。

(4) 钢筋验收批及取样

钢筋验收批及取样，见表 3-52。

钢筋验收批及取样 **表 3-52**

钢筋种类	验收批钢筋组成	每批数量	取样数量
热轧钢筋	每批应由同一牌号、同一炉罐号、同一规格、同一交货状态的钢筋组成； 允许由同一牌号、同一冶炼方法、同一浇注方法的不同炉罐号组成混合批，但各炉号含碳量之差不大于 0.02%，含锰量之差不大于 0.15%	≤60t	在任意 2 根钢筋上，分别从每根上切取 1 根拉力试件和 1 根冷弯试件
热处理钢筋	每批由同一外形截面尺寸、同一热处理制度、同一炉罐号钢筋组成； 同钢号混合批不超过 10 个炉罐号	≤60t	取 10% 的盘数（不少于 25 盘）每盘取 1 个拉力试件
碳素刻痕钢丝	同一钢号、同一形状尺寸、同一交货状态		取 5% 的盘数（但不少于 3 盘），优质钢丝取 10%（不少于 3 盘）每盘取 1 个拉力和 1 个弯曲试件
钢绞丝	同一钢号、同一规格、同一生产工艺	≤60t	任取 3 盘取 1 根拉力试件
冷拉钢筋	同级别、同直径	≤20t	任取 2 根钢筋上分别从每根上切取 1 根拉力和 1 根冷弯试件
冷拔低碳钢丝	同一钢号、同一规格、同一直径、同一交货状态	5t	甲级： 每盘上任一端截去 500mm 后取两个试样，作拉力和 180°反复弯曲试验 乙级： 任取三盘，每盘各截取两个试样，作拉力和反复弯曲试验

(5) 合格判定

1) 热轧钢筋、热处理钢筋、碳素刻痕钢丝、钢绞线

如有某一项目试验结果不符合标准要求,则从同一批中再任取双倍数量的试件进行该不合格项目的复验,复验结果(包括该项试验所要求的任一指标)即使一个指标不合格,则整批不合格。

2) 冷拉钢筋

当有一项试验不合格时,应另取双倍数量试件重做各项试验,仍有一项不合格时,则为不合格。

3) 冷拔低碳钢丝

如有一个试样不合格,应在未取过试样的钢丝盘中,另取双倍数量的试样,再做各项试验;如仍有一个试样不合格,则应对该批钢丝逐盘检验,合格者方可使用。

如有某一项试验结果不符合标准规定,则从同一批中再任取双倍数量的试件进行试验。

3.81 钢筋出现哪些情况必须进行化学成分检验或其他专项检验?

(1) "混凝土验收规范"第 5.2.3 条规定,无论何时,一旦发现钢筋脆断、焊接性能不良或力学性能显著不正常等现象时,应对该批钢筋进行化学成分检验或其他专项检验。这是针对异常情况作出的预防和补救措施。

(2) 钢筋出现下列情况之一者,必须做化学成分检验:

1) 无出厂证明书或钢种钢号不明的;

2) 有焊接要求的进口钢筋;

3) 在加工过程中,发生脆断、焊接性能不良或力学性能显著不正常的。

3.82 一、二级抗震等级的框架结构纵向受力筋强度实测值有何要求?

"混凝土验收规范"第 5.2.2 条规定:对有抗震设防要求的框

架结构，其纵向受力钢筋的强度应满足设计要求；当设计无具体要求时，对按一、二级抗震等级设计的框架结构中的纵向受力钢筋，其强度实测值应满足以下两条规定：

(1) 钢筋的抗拉强度实测值与屈服强度实测值的比值(强屈比)不应小于1.25。

(2) 钢筋的屈服强度实测值与强度标准值的比值(超强比)不应大于1.3。

3.83 钢筋外观质量有何要求？

为了加强对钢筋外观质量的控制，“混凝土验收规范”规定：钢筋进场时，以及存放了一段较长时间后在使用前，均应对外观质量进行全数检查。弯折过的钢筋不得敲直后作为受力钢筋使用。钢筋表面不应有影响钢筋强度和锚固性能的锈蚀或污染。这条规定也适用于加工以后较长时期未使用而可能造成外观质量达不到要求的钢筋半成品的检查。

(1) 对钢筋外观质量主要检查：钢筋应平直、无损伤，表面不得有裂纹、油污、颗粒状或片状老锈。

(2) 钢筋外观、外形要求。

1) 符合规范规定：钢筋表面清洁，接头设置应符合施工验收规范规定，如经除锈后仍留有麻点的钢筋，严禁按原规格使用。

2) 满足设计要求：钢筋的规格、形状、尺寸、数量和锚固长度，应根据设计图纸注明的要求进行配置，若有变更，应有设计变更通知。

(3) 钢筋表面质量要求，见表3-53。

钢筋表面质量 表3-53

钢筋种类	表面质量
热轧钢筋	表面不得有裂缝、结疤、折叠，如有凸块不得超过横肋的高度，其他缺陷的高度和深度不得大于所在部位尺寸的允许偏差
热处理钢筋	表面无肉眼可见裂纹、结疤、折叠、如有凸块不得超过横肋的高度，表面不得沾有油污

续表

钢筋种类	表 面 质 量
冷拉钢筋	表面不得有裂纹和局部缩颈
碳素钢丝	表面不得有裂纹、小刺、机械损伤、氧化铁皮和油迹，允许有浮锈
刻痕钢丝	表面不得有裂纹、分层、铁锈、结疤，但允许有浮锈
钢绞线	不得有折断、横裂和相互交叉的钢丝，表面不得有润滑剂、油渍，允许有轻微浮锈，但不得有锈麻坑

注：钢筋表面质量检查用肉眼观察，逐盘（支）进行检查。

3.84 钢筋工程施工技术资料有哪些要求？

（1）资料齐全：各种规格、各种型号、各个批量的钢筋（焊条、焊剂的牌号）的出厂质量证明书和试验报告（含复试报告、进口钢筋的化学成分分析和焊接试验），必须齐全。进场时应按炉罐（批）号及直径（d）分批验收。

（2）符合标准规范：钢筋的机械性能（如屈服点、抗拉强度、伸长率、冷弯等）、化学成分、可焊性和其他专项（如疲劳强度、冲击韧性等）均必须符合标准规定的要求。

（3）满足设计要求，钢筋（含焊条、焊剂）规格、型号（含牌号）、化学成分、力学性能等必须与设计提出的要求相符合。

冷拔、冷拉钢筋除上述要求外，还需查冷拉记录。

3.85 热轧钢筋的应用情况如何？

在热轧钢筋中应用最多的是 HPB 235，它的强度虽不算高，但塑性、焊接性能都好，便于加工成型。盘圆钢筋多用于中型构件的受力筋或一般构件的构造筋；它还是冷拔钢丝的原材料。HRB 335 级和 HRB 400 级和 RRB 400 级热轧钢筋多用于大、中型钢筋混凝土结构中的主筋，其强度、塑性及焊接性能都较好。

3.86 钢筋质量通病有哪些？原因是什么？如何预防？

（1）常见钢筋质量通病有：钢筋呈弯折扭曲状；加工时发现有

的钢筋脆断或在弯折处产生横向裂纹;钢筋焊接性能不良或机械性能指标不符合要求;钢筋截面不圆;钢筋两端呈扁圆,或呈多边形;钢筋两端直径变小;钢筋纵向劈裂,纵向贴肉或重皮等。还有的经试验,钢筋强度不足,或冷弯性能不良等。

(2) 原因

1) 造成钢筋硬弯、死折和扭曲的主要原因是由 4 个环节造成。即装车时不精心,快装快吊快放将钢筋压弯,有的还把长筋装入短车厢内,人为地把长筋折起;运输时,钢筋伸出车厢之外,拖在地面;卸车时不注意,猛摔猛放,造成压弯;不按规定堆放,垫的不好,堆得过多,重量过大,使钢筋弯折扭曲。

2) 造成钢筋脆断或弯曲处产生横向裂纹的原因,一是钢筋冷弯性能不符合技术要求;二是在严寒季节施工时,由于在室外作业,工作环境温度低,又无采暖设备,使钢筋在低温环境下加工,造成弯折处外侧裂纹。

3) 钢筋截面不圆、劈裂、结疤、重皮、贴肉等欠缺,是轧钢厂在轧制时不按规定工艺操作造成的。

4) 钢筋强度不足,主要是材质不合格。冷弯性能不合格主要是含碳量过高,塑性不良,钢筋轧制造成的劈裂、结疤、贴肉、折叠、重皮等缺陷均是造成冷弯性能不佳的原因。

(3) 预防措施

1) 要严格注意钢筋的吊装、运输、卸料和堆放等环节。较长钢筋要用吊架吊装装车和卸车,不得用钢丝绳拦腰捆绑,运输时不得将长钢筋一端拖地运输,要根据钢筋的长短配备运输车辆,不准用短车厢运输长钢筋。堆垛要按规定进行,要把钢筋理顺,不准横七竖八的乱堆乱放。

2) 对已弯折扭曲的钢筋,在使用之前,必须经过矫直处理。对“硬弯”、“死折”,在矫直之后应仔细检查弯折处有无裂纹。对有“死弯”难以矫直或已矫直但在弯折处产生裂纹的钢筋,不能用作受力筋。

3) 冬期施工时,对钢筋加工场所要采取保温措施,使钢筋在

0℃以上环境中加工，防止钢筋在加工时发生脆断或弯折外侧产生裂纹。

4）对发生脆断或弯折处外侧横向裂纹部位，进行外观检查，看是否有局部机械外伤痕迹。如果脆断和裂纹非由外伤引起，要抽样重新进行冷弯试验，或进行化学成分检验及其他专项检查。

5）通过外观检查发现扁圆、"鼠尾"、劈裂、贴肉、折叠、重皮等外观质量通病的钢筋，要求厂方要对钢筋质量负责。对已进库的这类钢筋，要按照钢筋的质量技术标准严格检查，对直径误差小于允许值的钢筋，可以使用。但对椭圆度较大，直径误差超过允许值的钢筋，要对截面积进行检算，按小直径使用这样的钢筋；对螺纹钢筋，因不易计算截面积，可进行实验确定。

6）对强度过高或波动过大的钢筋，要抽取双倍试件，按照实验规程进行冷弯试验。

3.87 如何防止钢筋锈蚀？对已锈蚀的钢筋如何处理？

（1）钢筋锈蚀会直接影响钢筋混凝土的质量。防止钢筋锈蚀的主要措施是：钢材库要保持库内干燥，通风良好，库内地面要高出库外地坪200mm，库顶不得漏雨。要坚持先进库先用，尽量缩短储存时间。施工现场无库房时，宜选择地势高，地面干燥之处，同时要将钢筋垫起，并在四周设置排水沟，遇雨雪天时应及时用苫布盖好。

（2）对已锈蚀的钢筋，应进行处理

1）浮锈。钢筋表面出现一层淡淡的黄褐色或黑色氧化物。浮锈一般可不进行处理。

2）老锈。呈深褐色，在使用前必须进行人工除锈或机械除锈。人工除锈一般是用钢丝刷刷除、用粗糙布类反复撸擦或用砂纸打或把钢筋插入砂箱内，来回抽插等方法。机械除锈就是用除锈机进行除锈。

严重锈蚀，锈皮呈鳞片状，当锈皮剥落后，在钢筋表面有斑点和麻坑。对这类锈蚀严重的钢筋，不得按原规格使用。

3.88 钢筋验收有哪些要求？

(1) 钢筋质量的国家标准

混凝土结构构件所采用的热轧钢筋、热处理钢筋、碳素钢丝、刻痕钢丝和钢绞线的质量，必须符合下列有关现行国家标准的规定：

1)《钢筋混凝土用热轧带肋钢筋》(GB 1499—98)；

2)《钢筋混凝土用热轧光圆钢筋》(GB 13013—91)；

3)《钢筋混凝土用余热处理钢筋》(GB 13014—91)；

4)《冷轧带肋钢筋》(GB 13788—92)；

5)《普通低碳钢热轧圆盘条》(GB 701—97)；

6)《预应力混凝土用热处理钢筋》(GB 4463—84)；

7)《预应力混凝土用钢丝》(GB/ T 5223—95)；

8)《预应力混凝土用钢绞线》(GB/ T 5224—95)；

9) 其他有关建筑用钢材(产品)标准及质量指标检测方法标准。

(2) 钢筋进场检查及验收

1) 检查产品合格证、出厂检验报告

钢筋从钢厂发出时，应具有产品合格证书、出厂试验报告单，作为质量的证明材料，所列出的品种、规格、型号、化学成分、力学性能等，必须满足设计要求，符合有关的现行国家标准的规定。当用户有特别要求时，还应列出某些专门的检验数据。

2) 检查进场复试报告

进场复试报告是钢筋进场抽样检验的结果，以此作为判断材料能否在工程中应用的依据。

钢筋进场时，应按现行国家标准《钢筋混凝土用热轧带肋钢筋》(GB 1499—98)等的有关规定抽取试件作力学性能检验，其质量符合有关标准规定的钢筋，可在工程中应用。

检查数量按进场的批次和产品的抽样检验方案确定。有关标准中对进场检验数量有具体规定的，应按标准执行；如果有关标准只对产品出厂检验数量有规定的，检查数量可按下列情况确定：

① 当一次进场的数量大于该产品的出厂检验批量时，应划分为若干个出厂检验批量，然后按出厂检验的抽样方案执行；

② 当一次进场的数量小于或等于该产品的出厂检验批量时，应作为一个检验批量，然后按出厂检验的抽样方案执行。

③ 对连续进场的同批钢筋，当有可靠依据时，可按一次进场的钢筋处理。

3）进场的每捆（盘）钢筋均应有标牌，按炉罐号、批次及直径分批验收，分别堆放整齐，严防混料，并应对其检验状态进行标识，防止混用。

（3）检查的主要内容和方法

1）钢筋进场时和使用前应全数检查其外观质量。钢筋应平直、无损伤，表面不得有裂纹、油污、颗粒状或片状老锈。

2）当进口钢筋需要焊接时，必须进行化学成分检验。

3）预制构件的吊环，应采用 HPB 235 级钢筋制作，严禁使用冷加工钢筋。

4）检查现场复试报告时，对于有抗震设防要求的框架结构，其纵向受力钢筋的强度应满足设计要求；当设计无具体要求时，对一、二级抗震等级，检验所得的强度实测值应符合本章第 3.82 条规定。

5）在钢筋工程施工过程中，若发现钢筋脆断、焊接性能不良或力学性能显著不正常等现象时，应立即停止使用，并对该批钢筋进行化学成分检验或其他专项检验，按其检验结果进行技术处理。

3.89 预应力筋常用品种有哪些？进场复验应验收哪些内容？

常用的预应力筋有钢丝、钢绞线、热处理钢筋等，其质量应符合相应的现行国家标准《预应力混凝土用钢丝》（GB/ T 5223—95）、《预应力混凝土用钢绞线》（GB/ T 5224—95）、《预应力混凝土用热处理钢筋》（GB 4463—84）等的要求。

预应力筋是预应力分项工程中最重要的原材料，进场时应根据进场批次和产品的抽样检验方案确定检验批，进行进场复验。由于各厂家提供的预应力筋产品合格证内容与格式不尽相同，为统一及明确有关内容，要求厂家除了提供产品合格证外，还应提供反映预应力筋主要性能的出厂检验报告，两者也可合并提供。进场检验可仅作主要的力学性能试验。

(1) 预应力筋进场时，应具有产品合格证、出厂检验报告，使用前应作进场复验，按现行国家标准规定，按批次抽取试件作力学性能检验，其质量必须符合有关标准的规定。

(2) 预应力筋应进行外观检查。

1) 有粘结预应力筋展开后应平顺，不得弯折，表面不应有裂纹、机械损伤、氧化铁皮或油污。

2) 无粘结预应力筋护套应光滑、无裂缝，无明显褶皱。

3) 无粘结预应力筋的涂包质量应符合无粘结预应力钢绞线标准的规定。进场时应具备产品合格证、出厂检验报告和进场复验报告。涂包质量的检验是按每 60t 为一批，每批抽取一组试件，检查涂包层油脂用量。

4) 无粘结预应力筋护套，有严重破损的不得使用，有轻微破损的应外包防水塑料胶带修补好。当有工程经验，并经观察认为质量有保证时，可不作油脂用量和护套厚度的进场复验。

3.90 预应力筋如何验收？批量如何组成？

预应力筋进场时，应按下列规定进行检验、验收。

(1) 碳素钢丝

1) 批量组成

钢丝应成批验收，每批应由同一厂家、同一牌号、同一规格、同一生产工艺制作的钢丝组成，每批不大于 60t。

2) 外观检查

钢丝外观应逐盘检查。钢丝表面不得有裂缝、小刺、劈裂、机械损伤、氧化铁皮和油迹，但表面上允许有浮锈和回火色。钢丝直径检查按10％盘选取，但不得少于6盘。

3）力学性能试验

从每批中任意选取10％盘（不少于6盘）的钢丝，从每盘钢丝的两端各截取1个试样，1个做拉伸试验（抗拉强度与伸长率），1个做反复弯曲试验。如有某1项试验结果不符合GB/T 5223标准要求，则该盘钢丝为不合格品；并从同一批未经试验的钢丝盘中再取双倍数量的试样进行复验（包括该项试验所要求的任一指标）。如仍有1个指标不合格，则该批钢丝为不合格品或逐盘检验取用合格品。

（2）钢绞线

1）批量组成

应成批验收，每批应由同一厂家、同一牌号、同一规格、同一生产工艺制作的钢绞线组成，每批不大于60t。从每批钢绞线中任取3盘，进行表面质量、直径偏差、捻距和力学性能试验。屈服强度和松弛试验每季度由生产厂抽验一次，每次不少于1根。

2）检验及合格判定

从每盘所选的钢绞线端部正常部位取1根试样进行上述试验。试验结果，如有1项不合格时，则为不合格盘，报废。再从未试验过的钢绞线中取双倍数量的试样进行该不合格项的复验。如仍有1项不合格，则该批判为不合格品。

（3）热处理钢筋

1）批量组成

每批由同一外形截面尺寸、同一热处理制度和同一炉罐号的钢筋组成，每批重量不大于60t。公称容量不大于30t炼钢炉冶炼的钢轧成的钢材，允许不同钢筋号组成的混合批，但每批中不得多于10个炉号。各炉号间钢的含碳量差不得大于0.02％，含锰量差不得大于0.15％，含硅量差不得大于0.20％。

2）外观检查

从每批钢筋中选取10％盘数（不少于25盘）进行表面质量与尺寸偏差检查。钢筋表面不得有裂纹、结疤和折叠，钢筋表面允许有局部凸块,但不得超过螺纹筋的高度。钢筋尺寸要用卡尺测量。如检查不合格,则应将该批钢筋进行逐盘检查。

3）拉伸试验

从每批钢筋中选取10%盘数(不少于25盘)进行拉伸试验。如某盘中有一项不合格,则该盘报废。再从未试验过的钢筋中取双倍数量的试样进行复验,如仍有一项不合格,则该批判为不合格品。

3.91 预应力筋如何进行存放与保管?

预应力钢筋由于其强度高、塑性低,在无应力状态下对腐蚀作用比普通钢材敏感,且成盘时的外部纤维就有拉力存在,在运输与存放过程中如遭受雨露、湿气或腐蚀介质的侵蚀,易发生锈蚀,不仅降低质量,而且将出现腐蚀坑,有时甚至会造成钢材脆断。因此要特别注意存放和保管。

(1) 预应力钢材长途运输时应用篷车或油布严密覆盖。

(2) 预应力钢材储存时应架空堆放在有遮盖的棚内或仓库内,其周围环境不得有腐蚀介质。

(3) 如储存时间较长,宜用乳化防锈剂喷涂表面。

3.92 预应力钢材性能、特点和应用有何规定?

预应力钢筋(丝)的性能、特点和应用见表3-54。

预应力钢材性能、特点及应用 **表3-54**

序号	项目	性能、特点及应用
1	高强钢丝	1. 预应力高强钢丝的直径一般为3～7mm,其中直径3～4mm丝主要用于先张法,直径5～7mm的用于后张法。 2. 高强钢丝系采用优质碳素钢盘圆,经冷拔制得,钢丝内部有较大的内应力存在,所以,通常采用低温回火处理以消除其内应力,经处理后高强钢丝的比例极限、条件屈服强度、屈强比(屈服强度与抗拉强度之比)和弹性模量等物理力学性能指标与处理前相比有所提高,塑性也有所改善。屈强比一般都达到0.85。如经"稳定化"处理工艺回火处理,其屈服比可以提高到$0.9f_{pu}$

续表

序号	项　目	性能、特点及应用
2	高强钢绞线	1. 钢绞线是用2、3、7或19根高强钢丝扭结制成的一种高强预应力钢材。 2. 高强钢绞线应用最多的是由6根钢丝围绕着一根芯丝（芯丝直径比钢丝大5%～7%）顺一个方向扭结而成的7股钢绞线。 3. 捻距为其公称直径的12～16倍。常用的钢绞线有7ϕ4mm和7ϕ5mm，其公称直径为ϕ12mm和ϕ15mm的两种。 4. 用于先张法的钢绞线是由2根或3根钢丝组成的钢绞线，其钢丝直径通常为ϕ3mm和ϕ4mm。这种钢绞线与混凝土结合可以提高粘结力。7股的钢绞线面积较大，比较柔软，操作方便，既适用于先张法，也适用于后张法
3	高强钢筋	1. 预应力高强钢筋的物理力学标准是750/850（分子表示屈服强度，分母分抗拉强度，单位为MPa）。 2. 预应力钢筋为圆钢时，将钢筋两端滚压成螺丝口，用螺帽或套筒进行锚固或连接，其螺帽和套筒应采用与预应力高强钢筋匹配的定型制件
4	热处理钢筋	采用热处理钢筋的直径通常为ϕ8.2～ϕ10mm
5	精制螺纹钢筋	1. 钢筋接头用连接器，端头锚固直接用螺母。 2. 钢筋连接可靠、锚固简单、施工方便、无需焊接

3.93 常用焊条型号和主要用途有何规定？

（1）型号划分原则

焊条型号根据熔敷金属的力学性能、药皮类型、焊接位置和焊接电流种类划分。

（2）常用碳钢焊条型号及主要用途见表3-55。

常用碳钢焊条型号及主要用途　　**表3-55**

焊条型号	药皮类型	焊接位置	电流种类	主要用途
E4301、E5001	钛铁矿型	平、立、仰、横	交流或直流正、反接	重要碳钢结构
E4303、E5003	钛钙型			
E4310、E5010	高纤维素钠型		直接反接	一般碳钢结构
E4311、E5011	高纤维素钾型		交流或直流反接	同上

续表

<table>
<tr><th>焊条型号</th><th>药皮类型</th><th>焊接位置</th><th>电流种类</th><th>主要用途</th></tr>
<tr><td>E4312</td><td>高钛钠型</td><td rowspan="4">平、立、仰、横</td><td>交流或直流正接</td><td>同上</td></tr>
<tr><td>E4313</td><td>高钛钾型</td><td>交流或直流正、反接</td><td>一般碳钢结构或薄板结构</td></tr>
<tr><td>E4315、E5015</td><td>低氢钠型</td><td>直流反接</td><td>重要碳钢结构</td></tr>
<tr><td>E4316、E5016</td><td>低氢钾型</td><td>交流或直流反接</td><td>同上</td></tr>
<tr><td rowspan="2">E4320</td><td rowspan="3">氧化铁型</td><td>平</td><td>交流或直流正、反接</td><td rowspan="2">较重要碳钢结构</td></tr>
<tr><td>平角焊</td><td>交流或直流正接</td></tr>
<tr><td>E4322</td><td>平</td><td>交流或直线正接</td><td>碳钢薄板结构</td></tr>
<tr><td>E4323、E5023</td><td>铁粉钛钙型</td><td rowspan="2">平、平角焊</td><td rowspan="2">交流或直流正、反接</td><td>重要碳钢结构</td></tr>
<tr><td>E4324、E5024</td><td>铁粉钛型</td><td>一般碳钢结构</td></tr>
<tr><td rowspan="2">E4327、E5027</td><td rowspan="2">铁粉氧化铁型</td><td>平</td><td>交流或直流正、反接</td><td rowspan="2">较重要碳钢结构</td></tr>
<tr><td>平角焊</td><td>交流或直流正接</td></tr>
<tr><td>E4328、E5028</td><td>铁粉低氢型</td><td>平、平角焊</td><td rowspan="3">交流或直流反接</td><td></td></tr>
<tr><td>E5018</td><td>铁粉低氢钾型</td><td>平、立、仰、横</td><td rowspan="2">重要碳钢结构</td></tr>
<tr><td>E5048</td><td></td><td>平、仰、横、立向下</td></tr>
<tr><td>E5016-1、E5018-1</td><td colspan="3">同 5016、5018</td><td>焊缝脆性转变温度较低结构</td></tr>
<tr><td>E5018M</td><td colspan="3">铁粉低氢型　同 5018</td><td>重要的碳钢结构、高强度低合金结构、高碳钢结构</td></tr>
</table>

注：① 焊接位置栏中文字涵义：平——平焊、立——立焊、仰——仰焊、横——横焊、平角焊——水平角焊、立向下——向下立焊。

② 焊接位置栏中立和仰系指适用于立焊和仰焊的直径不大于 4.0mm 的 E5014、EXX15、EXX16、E5018 和 E5018M 型焊条及直径不大于 5.0mm 的其他型号焊条。

③ E4322 型焊条适宜单道焊。

④ 其他焊条型号等见相关标准。

(3) 焊条型号编制方法

焊条型号编制方法如下：字母“E”表示焊条；前两位数字表示熔敷金属抗拉强度的最小值；第三位数字表示焊条的焊接位置，“0”及“1”表示焊条适用于全位置焊接（平、立、仰、横），“2”表示焊条适用于平焊及平角焊，“4”表示焊条适用于向下立焊；第三位和第四位数字组合时表示焊接电流种类及药皮类型。在第四位数字后附加“R”表示耐吸潮焊条；附加“M”表示耐吸潮和力学性能有特殊规定的焊条；附加“－1”表示冲击性能有特殊规定的焊条。

3.94 焊丝、焊剂型号如何分类？

(1) 焊丝、焊剂型号分类

型号分类根据焊丝-焊剂组合的熔敷金属力学性能，热处理状态进行划分。以埋弧焊用焊丝、焊剂介绍。

1) 碳钢焊丝和焊剂

① 焊丝-焊剂组合的型号编制方法如下：字母“F”表示焊剂；第一位数字表示焊丝-焊剂组合的熔敷金属抗拉强度的最小值；第二位字母表示试件的热处理状态，“A”表示焊态，“P”表示焊后热处理状态；第三位数字表示熔敷金属冲击吸收功不小于 27J 时的最低试验温度；“-”后面表示焊丝的牌号，焊丝的牌号按 GB/ T 14957。

② 完整的焊丝-焊剂型号示例如下：

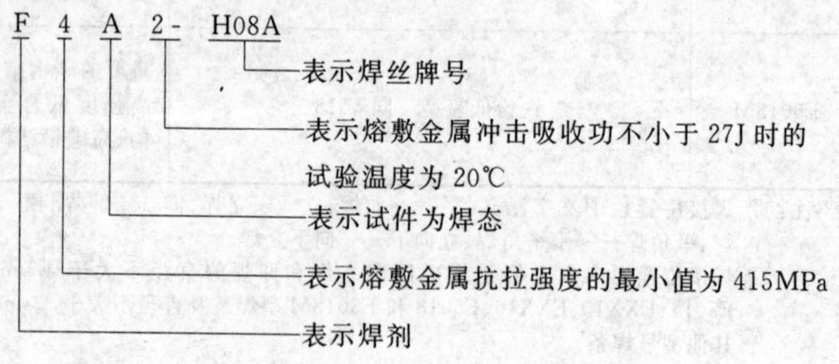

2) 低合金钢焊丝和焊剂

① 焊丝-焊剂组合的型号编制方法为F××××-H×××。其中字母"F"表示焊剂；"F"后面的两位数字表示焊丝-焊剂组合的熔敷金属抗拉强度的最小值；第二位字母表示试件的状态，"A"表示焊态，"P"表示焊后热处理状态；第三位数字表示熔敷金属冲击吸收功不小于27J时的最低试验温度；"-"后面表示焊丝的牌号，焊丝的牌号按GB/T 14957和GB/T 3429。如果需要标注熔敷金属中扩散氢含量时，可用后缀"H×"表示。

② 完整的焊丝-焊剂型号示例如下：

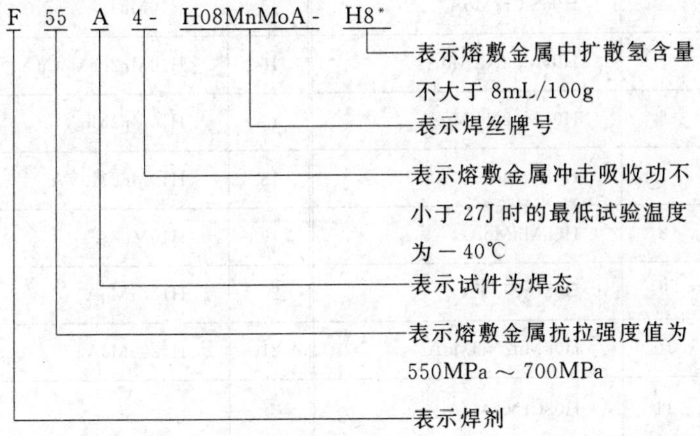

* 此代号标注与否由焊剂生产厂决定。

(2) 焊丝牌号

1）碳钢焊丝牌号见表3-56。

碳钢焊丝牌号　　表3-56

焊丝种类	牌　号
低锰焊丝	A08A、H08E、H08C、H15A
中锰焊丝	H08MnA、H15Mn
高锰焊丝	H10Mn2、H08Mn2Si、H08Mn2SiA

注：牌号第一字母"H"表示焊丝含量，字母后面的两位数字表示焊丝中平均碳含量，如含有其他化学成分，在数字的后面用元素符号表示；牌号最后的A、E、C分别表示硫、磷杂质含量的等级。

2）低合金钢焊丝牌号见表 3-57。

低合金钢焊丝牌号 **表 3-57**

序号	焊丝牌号	序号	焊丝牌号
1	H08MnA	12	H08Mn2MoA
2	H15Mn	13	H08Mn2MoVA
3	H05SiCrMoA	14	H10MoCrA
4	H05SiCr2MoA	15	H10Mn2
5	H05Mn2Ni2MoA	16	H10Mn2NiMoCuA
6	H08Mn2Ni2MoA	17	H10Mn2MoA
7	H08CrMoA	18	H10Mn2MoVA
8	H08MnMoA	19	H10Mn2A
9	H08CrMoVA	20	H13CrMoA
10	H08Mn2Ni3MoA	21	H18CrMoA
11	H08CrNi2MoA		

注：牌号第一字母“H”表示焊丝，字母后面的两位数字表示焊丝中平均碳含量，如含有其他化学成分，在数字的后面用元素符号表示；牌号最后的 A、E、C 分别表示硫、磷杂质含量的等级。

(3) 焊剂型号

焊剂型号是根据使用各种焊丝与焊剂组合而形成的熔敷金属的力学性能而划分的。焊剂型号的示例如下：

F4A0 - H08A、F5P6 - H08MnA、F5P4 - H10Mn2、F55A4 - H08MnMoA 等

“F”表示焊剂，“F”后面的数字表示抗拉强度的级别，强度级别后面的字母“A”表示在焊态下测试的力学性能，“P”表示经热处理后测试的力学性能；在字母“A”或“P”后面的数字表示熔敷金属

冲击吸收功不小于 27J 时，对试验温度的要求。

任何牌号的焊剂，由于使用的焊丝、热处理状态不同，其分类型号可能有许多类别，因此，焊剂应至少标出一种或所有的试验类别型号。

由于原焊剂企业标准，焊剂牌号的划分不涉及到填充焊丝，适合于钢筋埋弧压力焊和电渣压力焊实际情况；并且绝大部分焊剂生产厂至今仍沿用原企业标准。因此，《钢筋焊接及验收规程》(JGJ 18—2003、J 253—2003) 中规定可采用 HJ 431 焊剂。其型号仍然用 HJ××来表示。

3.95 焊条、焊剂、焊丝出厂检验项目有何规定？什么情况下为不合格品？

(1) 焊条出厂检验项目有角焊缝、熔敷金属化学成分、熔敷金属力学性能、焊缝射线探伤、焊条药皮含水量、熔敷金属扩散氢含量等项目检验。

焊条出厂应按批号，每 25.5kg 或 10kg 净重或按相应的根数作一包装，包装应封口，并能保证焊条存放在干燥仓库中，至少一年不致变质损坏。每箱及每包外面应标出标准号、焊条型号及焊条牌号；制造厂名及商标；规格及净重或根数；批号及检验号。

(2) 焊剂出厂应在每个焊剂包装上都标有焊剂的商品名称；焊剂型号和标准号；焊剂批号；焊剂净重；生产日期；供方名称。

(3) 焊丝以焊丝盘、焊丝卷及焊丝筒的形式供货。包装采用适当形式的内包装，以利焊丝的防锈和存放。焊丝外包装上应标有焊丝型号、批号、规格、净重、制造厂名称、生产日期。每件焊丝内包装应标有焊丝型号、标准号、检验号、规格、净重、制造厂名称。

(4) 不合格品

焊条、焊剂无合格证，或其性能不符合设计要求和有关标准规定的为不合格品。

3.96 焊条、焊剂如何进行复试？

（1）批量划分

1）每批焊条由同一批号焊芯、同一批号主要涂料原料、以同样涂料配方及制造工艺制成。碳钢焊条的 EXX01、EXX03 或 E4313 型焊条的每批最高量为 100t。其他型号焊条的每批最高量为 50t。低合金钢焊条批量划分见表 3-58。

2）每批焊剂系指用批号不变的原材料、按同一配方、以相同的制造工艺所生产的焊剂而言，且每批焊剂的最高质量不得超过 60t。

3）成品焊丝按批验收。每批焊丝由同一炉号，同一形状、同一尺寸、同一交货状态的焊丝组成。

焊条每批最高量 **表 3-58**

<table>
<tr><th>焊条型号</th><th>每批最高量(t)</th><th>焊条型号</th><th>每批最高量(t)</th></tr>
<tr><td>EXX03X
EXX13X</td><td>50</td><td rowspan="2">EXX11-X
EXX15-X
EXX16-X
EXX18-X
EXX20-X
EXX27-X</td><td rowspan="2">30</td></tr>
<tr><td>EXX00-X
EXX10-X</td><td>30</td></tr>
</table>

（2）取样

1）焊条：每批焊条试验时，按照需要数量至少在 3 个部位平均取有代表性的样品。

2）焊丝：每批焊丝中，抽取 3％。但不少于 2 盘(卷、捆)，进行化学成分、尺寸和表面质量检验。

2）焊剂：散装每批焊剂抽样不少于 6 处。若从包装的焊剂中取样，每批至少抽取 6 袋，每袋抽取一定量焊剂，总量不少于

10kg。并混合均匀，用四分法取出 5kg，供焊接试件用，余下的 5kg 用于其他项目检验。

(3) 复验

1) 焊条：任何一项检验不合格时，该项检验应加倍复验，当复验拉伸试验时，抗拉强度、屈服强度及伸长率同时作为复验项目。其试样可在原试板或新焊的试板上截取。加倍复验结果应符合对该项检验的规定。

2) 焊剂、焊丝：任何一项检验不合格时，该项检验应加倍复验。当复验拉伸试验时，抗拉强度、屈服强度及伸长率同时作为复验项目。

取样可在原试件或新试件上截取。加倍复验结果应符合对该项检验的规定。

3) 焊丝表面质量

① 焊丝表面应光滑，无毛刺、凹陷、裂纹、折痕、氧化皮等缺陷或其他不利于焊接操作以及对焊缝金属性能有不利影响的外来物质。

② 焊丝表面允许有不超出直径允许偏差之半的划伤及不超出直径偏差的局部缺陷存在。

③ 根据供需双方协议，焊丝表面可采用镀铜，其镀层表面应光滑，不得有肉眼可见的裂纹、麻点、锈蚀及镀层脱落等。

3.97 预制构件出厂时应在明显部位标明哪些内容？

预制构件应在明显部位标明生产单位、构件型号、生产日期和质量验收标志。

3.98 预制构件的预埋件、插筋和预留孔洞应检查哪些内容？

构件上的预埋件、插筋和预留孔洞的规格、位置和数量应符合标准图或设计的要求。

检查数量：全数检查。

检验方法：观察。

3.99 预制构件外观质量要求如何？出现质量缺陷应如何处理？

（1）预制构件的外观质量不应有严重缺陷。对已经出现的严重缺陷，应按技术处理方案进行处理，并重新检查验收。

（2）预制构件的外观质量不宜有一般缺陷。对已经出现的一般缺陷，应按技术处理方案进行处理，并重新检查验收。

技术处理方案参见本书第 7.63 条。

3.100 预制构件的主控项目中对尺寸偏差有何要求？

（1）预制构件不应有影响结构性能和安装、使用功能的尺寸偏差。对超过尺寸允许偏差且影响结构性能和安装、使用功能的部位，应按技术处理方案进行处理，并重新检查验收。

（2）预制构件的尺寸偏差应符合表 3-59 的规定。

预制构件尺寸的允许偏差及检验方法　　表 3-59

<table>
<tr><th colspan="2">项　目</th><th>允许偏差(mm)</th><th>检验方法</th></tr>
<tr><td rowspan="4">长　度</td><td>板、梁</td><td>+10，−5</td><td rowspan="4">钢尺检查</td></tr>
<tr><td>柱</td><td>+5，−10</td></tr>
<tr><td>墙　板</td><td>±5</td></tr>
<tr><td>薄腹梁、桁架</td><td>+5，−10</td></tr>
<tr><td>宽　度、高(厚)度</td><td>板、梁、柱、墙板、薄腹梁、桁架</td><td>±5</td><td>钢尺量一端及中部，取其中较大值</td></tr>
<tr><td rowspan="2">侧向弯曲</td><td>板、梁、柱</td><td>$L/750$ 且 $\leqslant 20$</td><td rowspan="2">拉线、钢尺量最大侧向弯曲处</td></tr>
<tr><td>墙板、薄腹梁、桁架</td><td>$L/1000$ 且 $\leqslant 20$</td></tr>
<tr><td rowspan="3">预埋件</td><td>中心线位置</td><td>10</td><td rowspan="3">钢尺检查</td></tr>
<tr><td>螺栓位置</td><td>5</td></tr>
<tr><td>螺栓外露长度</td><td>+10，−5</td></tr>
</table>

续表

<table>
<tr><th colspan="2">项　　目</th><th>允许偏差(mm)</th><th>检验方法</th></tr>
<tr><td>预留孔</td><td>中心线位置</td><td>5</td><td>钢尺检查</td></tr>
<tr><td>预留洞</td><td>中心线位置</td><td>15</td><td>钢尺检查</td></tr>
<tr><td rowspan="2">主筋保护层厚度</td><td>板</td><td>+5,−3</td><td rowspan="2">钢尺或保护层厚度测定仪量测</td></tr>
<tr><td>梁、柱、墙板、薄腹梁、桁架</td><td>+10,−5</td></tr>
<tr><td>对角线差</td><td>板、墙板</td><td>10</td><td>钢尺量两个对角线</td></tr>
<tr><td>表面平整度</td><td>板、墙板、柱、梁</td><td>5</td><td>2m 靠尺和塞尺检查</td></tr>
<tr><td>预应力构件预留孔道位置</td><td>梁、墙板、薄腹梁、桁架</td><td>3</td><td>钢尺检查</td></tr>
<tr><td rowspan="2">翘　曲</td><td>板</td><td>$L/750$</td><td rowspan="2">调平尺在两端量测</td></tr>
<tr><td>墙　板</td><td>$L/1000$</td></tr>
</table>

注：1. L 为构件长度(mm)；

2. 检查中心线、螺栓和孔道位置时，应沿纵、横两个方向量测，并取其中的较大值；

3. 对形状复杂或有特殊要求的构件，其尺寸偏差应符合标准图或设计的要求。

检查数量：同一工作班生产的同类型构件，抽查 5%且不少于 3 件。

3.101　混凝土用材料试验有何规定?

混凝土用材料试验分为“必试项目”和“其他试验项目”。“必试项目”为对材料进行验收时必须试验的项目，“其他试验项目”为根据需要进行的试验项目。

试验材料名称、相关标准规范和试验项目以及具体组批原则和取样规定，见表 3-60。

材料试验及检验规则　　　　**表 3-60**

序号		材料名称及相关标准、规范代号	试验项目	组批原则及取样规定
1	水泥	(1) 硅酸盐水泥 (2) 普通硅酸盐水泥 (3) 矿渣硅酸盐水泥 (4) 粉煤灰硅酸盐水泥 (5) 火山灰质硅酸盐水泥 (6) 复合硅酸盐水泥 (GB 175—1999) (GB 1344—1999) (GB 12958—1999)	必试：安定性 凝结时间 强度 其他：细度 烧失量 三氧化硫 碱含量	1. 散装水泥 ① 对同一水泥厂生产的同期出厂的同品种、同强度等级、同一出厂编号的水泥为一验收批，但一验收批的总量不得超过 500t ② 随机地从不少于 3 个车罐中各采取等量水泥，经混拌均匀后，再从中称取不少于 12kg 的水泥作为试样 2. 袋装水泥 ① 对同一水泥厂生产的同期出厂的同品种、同强度等级、同一出厂编号的水泥为一验收批，但一验收批的总量不得超过 200t ② 随机地从不少于 20 袋中各采取等量水泥，经混拌均匀后，再从中称取不少于 12kg 的水泥作为试样
		(7) 砌筑水泥 (GB/T 3183—1997)	必试：安定性 凝结时间 强度 其他：泌水性 细度 流动度	
		(8) 高铝水泥 (GB 201—2000)	必试：强度 凝结时间 细度 其他：化学成分	1. 同一水泥厂、同一类型、同一出厂编号的水泥，每 120t 为一取样单位，不足 120t 也按一取样单位计 2. 取样要有代表性，可从 20 袋中各采取等量样品，总量至少 15kg 注：水泥取样后，超过 45d，使用时须重新取样试验

续表

序号	材料名称及相关标准、规范代号		试验项目	组批原则及取样规定
		(9) 快硬硅酸盐水泥 (GB 199—90)	必试：强度 凝结时间 安定性 其他：细度 氧化镁 三氧化硫	1. 同一水泥厂、同一类型、同一出厂编号的水泥，每 400t 为一取样单位，不足 400t 也按一取样单位计 2. 取样要有代表性，可从 20 袋中各采取等量样品，总量至少 14kg
2	掺合料	(1) 粉煤灰 (GB 1596—91)	必试：细度 烧失量 需水量比 其他：含水量 三氧化硫	1. 以连续供应相同等级的不超过 200t 为一验收批，每批取试样一组(不少于 1kg) 2. 散装灰取样，从不同部位取 15 份试样，每份 1～3kg，混合拌匀按四分法缩取出 1kg 送试(平均样) 3. 袋装灰取样，从每批任抽 10 袋每袋不少于 1kg，按上述方法取平均样 1kg 送试
		(2) 天然沸石粉 (JGJ/ T 112—97)	必试：细度 需水量比 吸铵值 其他：水泥胶砂 28d 抗压强度	1. 以相同等级的沸石粉每 120t 为一验收批，不足 120t 也按一批计。每一验收批取样一组(不少于 1kg) 2. 袋装粉取样时，应从每批中任抽 10 袋，每袋中各取样不得少于 1kg，按四分法缩取平均试样 3. 散装沸石粉取样时，应从不同部位取 10 份试样，每份不少于 1kg。然后缩取平均试样

续表

序号	材料名称及相关标准、规范代号	试验项目	组批原则及取样规定
3	砂 (GB/T 14684—2001) (JGJ 52—92)	必试:筛分析 含泥量 泥块含量 其他:密度 有害物质含量 坚固性 碱活性检验 含水率	1. 以同一产地、同一规格每 400m³ 或 600t 为一验收批,不足 400m³ 或 600t 也按一批计。每一验收批取样一组(20kg) 2. 当质量比较稳定、进料量较大时,可定期检验 3. 取样部位应均匀分部,在料堆上从 8 个不同部位抽取等量试样(每份 11kg)。然后用四分法缩至 20kg,取样前先将取样部位表面铲除
4	卵石或碎石 (GB/T 14685—2001) (JGJ 53—92)	必试:筛分析含泥量 泥块含量 针片壮颗粒含量 压碎指标 其他:密度 有害物质含量 坚固性 碱活性检验 含水率	1. 以同一产地、同一规格每 400m³ 或 600t 为一验收批,不足 400m³ 或 600t 也按一批计。每一验收批取样一组 2. 当质量比较稳定、进料量较大时,可定期检验 3. 一组试样 40kg(最大粒径 10mm、16mm、20mm)或 80kg(最大粒径 31.5mm、40mm)取样部位应均匀分布,在料堆上从五个不同的部位抽取大致相等的试样 15 份(料堆的顶部、中部、底部)。每份 5～40kg,然后缩分到 40kg 或 60kg 送试
5	混凝土拌合用水 (JGJ 63—89)	必试:pH 值 氯离子含量 其他:不溶物 硫化物含量	1. 取样数量为 23L 2. 取样方法:井水、钻孔水和自来水应放水冲洗管道后采集;江湖水应在中心位或水面下 500mm 处采集

续表

序号	材料名称及相关标准、规范代号		试验项目	组批原则及取样规定
6	轻集料	粗轻集料 (GB/T 17431.1.2—1998)	必试:筛分析 堆积密度 吸水率 筒压强度 粒型系数 其他:软化系数 有害物质含量 烧失量	1. 以同一品种、同一密度等级每 200m³ 为一验收批,不足 200m³ 也按一批计 2. 试样可以从料堆自上到下不同部位、不同方向任选 10 点(袋装料应从 10 袋中抽取)应避免取离析的及面层的材料 3. 初次抽取的试样量应不少于 10 份,其总料应多于试验用料量的 1 倍。拌合均匀后,按四分法缩分到试验所需的用料量;轻粗集料为 50L(以必试项目计)轻细集料为 10L(以必试项目计)
		细轻集料 (GB/T 17431.1.2—1998)	必试:筛分析 堆积密度 其他:同上	
7	钢材	(1) 碳素结构钢 (GB 700—88)	必试:拉伸试验(屈服点、抗拉强度、伸长率)弯曲试验 其他:断面收缩率、硬度、冲击、化学成分	同一厂家,同一炉罐号、同一规格、同一交货状态每 60t 为一验收批,不足 60t 也按一批计。每一验收批取一组试件(拉伸、弯曲各 1 个)

续表

序号		材料名称及 相关标准、规范代号	试验项目	组批原则及取样规定
7	钢材	(2) 钢筋混凝土用热轧带肋钢筋 (GB 1499—1998) (GB 2975—1998) (GB 2101—89) (3) 钢筋混凝土用热轧光圆钢筋 (GB 13013—91) (GB 2975—1998) (GB 2101—89) (4) 钢筋混凝土用余热处理钢筋 (GB 13014—91) (GB 2975—1998) (GB 2101—89)	必试：拉伸试验(屈服点、抗拉强度、伸长率)弯曲试验 其他：反向弯曲 化学成分	1. 同一厂家、同一炉罐号、同一规格、同一交货状态，每 60t 为一验收批，不足 60t 也按一批计 2. 每一验收批取拉伸试件 2 个、弯曲试件 2 个(在任选的两根钢筋切取)
		(5) 低碳钢热轧圆盘条 (GB/T 701—1997) (GB 2975—1998) (GB/T 2101—89)	必试：拉伸试验(屈服点、抗拉强度、伸长率)弯曲试验 其他：化学成分	1. 同一厂家、同一炉罐号、同一规格、同一交货状态，每 60t 为一验收批，不足 60t 也按一批计 2. 每一验收批取一组试件，其中拉伸 1 个、弯曲 2 个(取自不同盘)

续表

序号		材料名称及相关标准、规范代号	试验项目	组批原则及取样规定
7	钢材	(6) 冷轧带肋钢筋 (GB 13788—2000) (GB 2975—1998) (GB/T 2101—89)	必试:拉伸试验(屈服点、抗拉强度、伸长率) 弯曲试验 其他:松弛率 化学成分	1. 同一牌号、同一外形、同一生产工艺、同一交货状态,每60t为一验收批,不足60t也按一批计 2. 每一验收批取拉伸试件1个(逐盘),弯曲试件2个(每批),松弛试件1个(定期) 3. 在每(任)盘中的任意一端截去500mm后切取
		(7) 冷轧扭钢筋 (JC 3046—1998) (GB 2975—1998) (GB/T 2101—89)	必试:拉伸试验(屈服点、抗拉强度、伸长率) 弯曲试验 重量 节距 厚度 其他:—	1. 同一牌号、同一规格尺寸、同一台轧机、同一台班每10t为一验收批,不足10t也按一批计 2. 每批取弯曲试件1个,拉伸试件2个,重量、节距、厚度各3个
		(8) 预应力混凝土用钢丝 (GB/T 2103—88) (GB/T 5223—1995)	必试:抗拉强度 伸长率 弯曲试验 其他:屈服强度 松弛率(每季度抽验)	1. 同一牌号、同一规格、同一生产工艺制度的钢丝组成,每批重量不大于60t 2. 钢丝的检验应按(GB/T 2103)的规定执行。在每盘钢丝的两端进行抗拉强度、弯曲和伸长率的试验。屈服强度和松弛率试验每季度抽验一次。每次至少3根

续表

序号		材料名称及相关标准、规范代号	试验项目	组批原则及取样规定
7	钢材	(9) 中强度预应力混凝土用钢丝 (YB/T 156—1999) (GB/T 2103—88) (GB/T 10120—96)	必试:抗拉强度 伸长率 反复弯曲 其他:非比例极限($\delta_{0.2}$) 松弛率(每季度)	1. 钢丝应成批验收,每批由同一牌号、同一规格、同一强度等级、同一生产工艺制度的钢丝组成。每批重量不大于60t 2. 每盘钢丝的两端取样进行抗拉强度、伸长率、反复弯曲检验 3. 规定非比例伸长应力($\delta_{0.2}$)和松弛率试验,每季度抽检一次,每次不少于3根
		(10) 预应力混凝土用钢棒 (GB/T 111—1997)	必试:抗拉强度、伸长率、平直度 其他:规定非比例伸长应力、松弛率	1. 钢棒应成批验收,每批由同一牌号、同一外形、同一公称截面尺寸、同一热处理制度加工的钢棒组成 2. 不论交货状态是盘卷或直条,试件均在端部取样,各试验项目取样数量均为1根 3. 批量划分按交货状态和公称直径而定(盘卷:≤13mm,批量为≤5盘);(直条:≤13mm,批量为≤1000条;>13mm~<26mm,批量为≤200条;≥26mm,批量为≤100条) 注:以上批量划分仅适用于必试项目

续表

序号		材料名称及相关标准、规范代号	试验项目	组批原则及取样规定
7	钢材	(11) 预应力混凝土用钢绞线 (GB/T 5224—1995)	必试：整根钢绞线的最大负荷、屈服负荷、伸长率、松弛率、尺寸测量 其他：弹性模量	1. 预应力用钢绞线应成批验收，每批由同一牌号、同一规格、同一生产工艺制度的钢绞线组成，每批重量不大于 60t 2. 从每批钢绞线中任取 3 盘，从每盘所选的钢绞线端部正常部位截取一根进行表面质量、直径偏差、捻距和力学性能试验。如每批少于 3 盘，则应逐盘进行上述检验。屈服和松弛试验每季度抽检一次，每次不少于 1 根
		(12) 预应力混凝土用低合金钢丝 (YB/T 038—93)	必试： ① 拔丝用盘条： 抗拉强度 伸长率 冷弯 ② 钢丝： 抗拉强度 伸长率 反复弯曲 应力松弛 其他：—	1. 拔丝用盘条：见表 7-(5) 2. 钢丝： ① 每批钢丝应由同一牌号、同一形状、同一尺寸、同一交货状态的钢丝组成 ② 从每批中抽查 5%，但不少于 5 盘进行形状、尺寸和表面检查 ③ 从上述检查合格的钢丝中抽取 5%，优质钢抽取 10%，不少于 3 盘，拉伸试验每盘一个（任意端）；不少于 5 盘，反复弯曲试验每盘一个（任意端去掉 500mm 后取样）

续表

序号		材料名称及相关标准、规范代号	试验项目	组批原则及取样规定
7	钢材	(13) 一般用途低碳钢丝 (GB/T 343—94) (GB/T 2103—88)	必试：抗拉强度、180°弯曲试验次数、伸长率(标距 100mm) 其他：—	1. 每批钢丝应由同一尺寸、同一锌层级别、同一交货状态的钢丝组成 2. 从每批中抽查 5%，但不少于 5 盘进行形状、尺寸和表面检查 3. 从上述检查合格的钢丝中抽取 5%，优质钢抽取 10%，不少于 3 盘，拉伸试验、反复弯曲试验每盘各一个(任意端)
8	混凝土外加剂	(GB 8087—1999)	必试	1. 掺量大于1%(含 1%) 的同品种、同一编号的外加剂，每 100t 为一验收批，不足 100t 也按一批计。掺量不小于 1%的同品种、同一编号的外加剂，每 50t 为一验收批，不足 50t 也按一批计 2. 从不少于三个点取等量样品混匀 3. 取样数量，不少于是 0.5t 水泥所需量
		(1) 普通减水剂	钢筋锈蚀，28d 抗压强度比，减水率	
		(2) 高效减水剂	钢筋锈蚀，28d 抗压强度比，减水率	
		(3) 早强减水剂	钢筋锈蚀，1d、28d 抗压强度比，减水率	
		(4) 缓凝减水剂	钢筋锈蚀，凝结时间差，28d 抗压强度比，减水率	

续表

序号	材料名称及相关标准、规范代号		试验项目	组批原则及取样规定
8	混凝土外加剂	（5）引气减水剂	钢筋锈蚀，28d 抗压强度比，减水率，含水量	1. 掺量大于1%（含1%）的同品种、同一编号的外加剂，每 100t 为一验收批，不足 100t 也按一批计。掺量不小于1%的同品种、同一编号的外加剂，每 50t 为一验收批，不足 50t 也按一批计 2. 从不少于三个点取等量样品混匀 3. 取样数量，不少于是 0.5t 水泥所需量
		（6）缓凝高效减水剂	钢筋锈蚀，凝结时间差，28d 抗压强度比，减水率	
		（7）缓凝剂	钢筋锈蚀，凝结时间差，28d 抗压强度比	
		（8）引气剂	钢筋锈蚀，28d 抗压强度比，含气量	
		（9）早强剂	钢筋锈蚀，1d、28d 抗压强度比	
		（10）泵送剂 （JG 473—92）（1998） （GB 8087—1999）	必试：钢筋锈蚀，28d 抗压强度比，坍落度保留值，压力泌水率比	1. 以同一生产厂，同品种、同一编号的泵送剂每 50t 为一验收批，不足 50t 也按一批计 2. 从 10 个容器中取等量样混匀 3. 取样数量，不少于 0.5t 水泥所需量

续表

序号		材料名称及相关标准、规范代号	试验项目	组批原则及取样规定
8	混凝土外加剂	(11) 防水剂 (JG 474—92)(1998)	钢筋锈蚀，28d 抗压强度比，渗透比	1. 年产 500t 以上的防水剂每 50t 为一验收批，500t 以下的防水剂每 30t 为一验收批，不足 50t 或 30t 也按一批计 2. 取样数量，不少于 0.2t 水泥所需量
		(12) 防冻剂 (JC 475—92)(1998)	钢筋锈蚀，－7d、－7d＋28d 抗压强度比	1. 以同一生产厂，同品种、同一编号的防冻剂，每 50t 为一验收批，不足 50t 也按一批计 2. 取样数量不少于 0.15t 水泥所需量
		(13) 膨胀剂 (JC 476—92)(1998)	钢筋锈蚀，28d 抗压抗折强度比，限制膨胀率	1. 以同一生产厂，同品种、同一编号的膨胀剂每 20t 为一验收批，不足 20t 也按一批计 2. 从 20 个容器中取等量样混匀。取样数量不少于 0.5t 水泥所需量
		(14) 喷射用速凝剂 (JC 477—92)(1998)	钢筋锈蚀，凝结时间，28d 抗压强度比	1. 同一生产厂，同品种、同一编号，每 60t 为一验收批，不足 60t 也按一批计 2. 从 16 个不同点取等量试样混匀。取样数量不少于 4kg

4 模板工程

4.1 什么是模板工程？

模板工程是混凝土浇筑成型用的模板及支架的设计、安装、拆除等一系列工作和完成实体的总称，是混凝土结构施工过程中的工具设备。模板本身虽然不是结构的一部分，但是对混凝土结构有着极为重要的影响，在混凝土结构上留下的“痕迹”处处可见，可以说模板工程具有“质量、安全”双重重要性。因此，模板及支架必须具有足够的强度、刚度和稳定性，可靠地承受钢筋和混凝土的自重、侧压力以及施工荷载，确保混凝土工程结构和构件形体几何尺寸和相互位置的正确性。做到不胀模(不变形)、不跑模(不位移)，更不允许坍塌。同时，模板组合要紧密，严禁漏浆，且易于维修，还应装拆简单，便于施工，应尽量采用定型模板。

正常情况下，模板工程的费用，约占现浇混凝土结构费用的1/3左右，支模与拆除用工量约占1/2左右，因此，模板的正确选用、安装拆除，对于提高工程质量、加速施工进度、降低工程造价都具有重要的影响。

4.2 模板结构如何分类？

模板结构可按混凝土结构类别、构造部位、所用材料、装拆方法、模板型式和用途等进行分类。

(1) 按结构类别分

模板按结构类别可分为：现浇混凝土结构模板和预制混凝土结构模板。

(2) 按构造部位分

模板按构造部位分为：基础模板（如独立基础和条形基础）、柱模板、梁模板（含圈梁）、板模板、悬臂模板、墙体模板、楼梯模板等。

（3）按使用材料分

模板按使用材料分，有木模板、钢模板、钢木模板、铝合金模板、塑料模板、玻璃钢模板、竹模板等。

（4）按装拆方法分

模板按装拆方法分，有固定式模板、移动式模板、永久式模板等。

1）固定式。一般常用的模板及支架安装完后，直至拆除其位置固定不变。

2）移动式。模板及支架安装完成后，可以随混凝土结构移动施工，直至混凝土结构全部浇筑完成后一次拆除。如滑升模板，水平移动式模板等。

3）永久式。模板在混凝土浇筑以后与构件连成整体而不可拆除。如叠合板。

（5）按模板型式分

模板按型式分，有定型模板、非定型模板、工具式模板、滑动模板、翻转模板、胎模等。

（6）按用途分类

可分为通用模板和专用模板等。

1）通用模板分为散装模板和组合模板。组合模板包括组合钢模板和钢框人造模板。

2）专用模板又分为：

① 混凝土墙体专用模板，有大模板、滑动模板和爬升模板等。

② 楼板专用模板，有台板和永久性模板。

③ 混凝土壁和顶板整体浇筑用模板。

4.3 模板分项工程中应掌握的重点是什么？

模板分项工程重点应掌握：

（1）了解模板分项工程的一般内容。

（2）了解模板设计的重要性，掌握模板设计的考虑因素，掌握模板及其支架的承载能力、刚度和稳定性要求。

(3) 了解模板安装和浇筑混凝土时,应进行观察和维护。

(4) 掌握安装现浇结构的上层模板及支架时的要求。

(5) 掌握模板本身应满足的基本要求。

(6) 掌握现浇结构和预制构件模板安装的偏差要求。

(7) 掌握模板及支架拆除的要求。

(8) 掌握模板拆除时对混凝土强度的要求。

(9) 掌握预应力构件拆模的要求。

(10) 掌握混凝土后浇带模板的拆除和支顶要求。

4.4 模板工程应满足混凝土施工哪些基本要求?

为保证混凝土结构工程质量和施工安全,加快施工进度、降低工程造价,“混凝土验收规范”对模板工程提出 4 点基本要求。

(1) 保证混凝土结构、构件尺寸和相互位置正确,保证混凝土表面质量。要求模板平面位置、标高、形状以及截面尺寸符合设计要求,混凝土浇筑完毕后,上述位置、标高、形状和截面尺寸不超出允许偏差范围。

(2) 具有足够的承载能力、刚度和稳定性。能可靠地承受混凝土的重量和侧压力,以及在施工过程中所产生的荷载。亦即要求模板工程能承受在正常施工和正常使用时可能出现的各种作用力,不致出现倾覆、失稳等。

(3) 构造简单,装拆方便。便于钢筋的连接与安装和混凝土的浇筑及养护等要求。因为构造简单,则受力明确,容易加工,适合集中制造,节约原材料;装拆方便,减轻劳动强度,提高工效,加快施工进度。

(4) 模板接缝严密不漏浆。对于接缝不符合要求处应及时采取可靠的处理方法,以保证不漏浆。

4.5 模板设计要点是什么?

模板及支架应根据工程结构形式、荷载大小、地基土类别、施工设备和材料供应等条件进行设计。应保证模板及支架具有足够的承载能力、刚度和稳定性，能可靠地承受浇筑混凝土的重量、侧压力以及施工荷载。

(1) 模板的受力情况分析

首先应了解和掌握模板及支架在施工过程中各部位的受力状况。一般底模承受竖向荷载，侧模承受水平荷载。各种模板及构件受力情况大致如下：

1) 板模板、梁模板、挡板、搁栅等都是受弯构件；

2) 支撑、立柱为承受压力构件；

3) 支撑桁架的下弦受拉、上弦受压和受弯，腹杆为受拉或受压构件，桁架支座处受剪。

(2) 模板设计技术要点

1) 模板设计时，正常情况下应考虑下列各项荷载：

① 模板及支架自重；

② 钢筋重量；

③ 混凝土重量；

④ 施工荷载。包括浇筑混凝土时倾倒混凝土产生的荷载，振捣混凝土时产生的荷载，以及施工人员、机械等运动产生的荷载等；

⑤ 钢模板及支架的设计，其截面塑性发展系数取 1.0；其荷载设计值可乘系数 0.85；

⑥ 木模板及支架的设计，当木材含水率小于 25%时，其荷载设计值可乘系数 0.90。

2) 模板及支架的刚度计算，其最大变形值不得超过下列允许值。

① 结构表面外露的模板，为构件计算跨度的 1/400；

② 结构表面隐蔽的模板，为构件计算跨度的 1/250；

③ 模板支架的压缩变形值或弹性挠度，应小于或等于相应结构自由跨度的 1/1000。

3) 模板及支架的稳定性：

① 支架的立柱或桁架应保持稳定，并应用撑拉杆件固定；

② 为防止模板及支架在风荷载作用下倾覆，应从构造上采取有效的防倾覆措施。当验算模板及支架在自重和风荷载作用下的抗倾覆稳定性时，风荷载按有关规定取值，抗倾覆稳定安全系数不宜小于1.15。

4.6　模板设计时，各项荷载参考值是多少？

(1) 模板及支架自重

按模板设计图纸计算确定。对肋形楼板及无梁楼板，其模板及支架自重可参考表4-1选用。

楼板模板及其支架自重标准值　　**表4-1**

序号	模板构件名称	木模板(kN/m^2)	定型组合钢模板(kN/m^2)
1	平模板及小楞自重	0.30	0.50
2	肋形楼板(包括肋梁)模板自重	0.50	0.75
3	楼板模板及支架自重(层高≤4m)	0.75	1.10

(2) 浇筑混凝土自重

普通混凝土的湿重力密度按$2.4kN/m^3$采用，其他混凝土根据实际的湿重力密度确定。

(3) 钢筋自重

一般梁板结构，可按下列数值采用：

楼板(每$1m^3$混凝土)1.1kN；梁(每$1m^3$混凝土)1.5kN。

(4) 施工人员及施工设备自重

1) 模板及直接支承模板的小楞：均布荷载为$2.5kN/m^2$，集中荷载2.5kN作用在最不利位置进行计算，比较两者所算得的弯矩值，按其中较大者采用。

2) 直接支承小楞结构构件：其均布活荷载标准值按$1.5kN/m^2$采用。

3) 支架立柱及其支承结构构件：均布活荷载按$1.0kN/m^2$采用。

注：对大型浇筑设备和混凝土堆积料＞100mm 时应按实际情况计算。

（5）振捣混凝土时产生的荷载

1）水平模板：按 2kN/m² 考虑。

2）垂直模板（侧模）：在新浇混凝土侧压力有效压头高度内按 4kN/m² 考虑。有效压头高度以外可不考虑。

（6）倾倒混凝土时产生的荷载

倾倒混凝土时对模板垂直面产生的水平荷载可按表 4-2 采用。

倾倒混凝土时对模板垂直面产生的水平荷载　　表 4-2

项次	向模板内供料方法	水平荷载（kN/m²）
1	溜槽、串筒或导管	2.0
2	容量小于 0.2m³ 的运输工具	2.0
3	容量为 0.2～0.8m³ 的运输工具	4.0
4	容量大于 0.8m³ 的运输工具	6.0

注：该水平荷载作用在有效压头高度范围以内。

（7）荷载计算时分项系数

以上各项荷载乘以相应的荷载分项系数，可得各项荷载设计值。分项系数可参照表 4-3 采用。

荷载分项系数　　表 4-3

<table>
<tr><th>向模板内供料方法</th><th>荷载分项系数</th></tr>
<tr><td>模板及支架自重</td><td rowspan="3">1.2</td></tr>
<tr><td>新浇筑混凝土自重</td></tr>
<tr><td>钢筋自重</td></tr>
<tr><td>施工人员及施工设备荷载</td><td rowspan="2">1.4</td></tr>
<tr><td>振捣混凝土时产生的荷载</td></tr>
<tr><td>新浇混凝土对模板侧面的压力</td><td>1.2</td></tr>
<tr><td>倾倒混凝土时产生的荷载</td><td>1.4</td></tr>
</table>

4.7　模板材料应符合哪些要求？

模板材料宜选用钢材、木材、胶合板、塑料、竹胶板等，模板支架宜选用钢材，其材料的材质应符合设计要求。

(1) 木模板材料要求

模板如采用木材时，常用红松、白松、落叶松、马尾松及杉木等，材质不宜低于Ⅲ等材。木材上如有节疤、缺口等疵病，在拼制模板时，一般应截去疵病部分，对不贯通截面的疵病部分，可放在模板的反面。废烂木枋不可用作龙骨。

(2) 定型组合钢模板材料要求

模板如采用 Q235 钢板时，厚度一般为 2.3mm、2.5mm、2.8mm 等，宽度模数为 50mm，长度模数为 150mm，钢模板应能纵向、横向进行拼装。

(3) 预制构件模板材料要求

预制构件模板包括模板、模具、台座等。

1) 新制作的模板和大修后的模板应逐件检验，检验合格的模板应标明验收合格的标志。使用中发现模板变形，尺寸偏差不符合要求，应及时整修。

2) 长线台座的台面应平整，不得有下沉、开裂、起鼓、起砂或起皮等缺陷。其平整度在 2m 内不得超过 3mm。台座的基层和面层之间应有可靠的隔离措施。

(4) 大模板材料要求

大模板主要由面板、加劲肋、竖楞、支撑桁架、稳定机构、操作平台和穿墙螺栓等组成。

面板常用 3～5mm 厚钢板或 7～9 层木、竹胶合板面板，要求板面平整，拼缝严密，且具有足够刚度。

加劲肋采用型钢(角钢∟6.3 或槽钢[6.3)，肋的间距一般 300～500mm。

竖楞一般用[6.3 或[8 制作，间距一般为 1.0～1.2m。

(5) 滑升模板材料要求

滑升模板一般采用钢板冷压成型，板厚 1.5～2.5mm，有时也可在钢板上焊角钢∟30×4 或∟40×4 的加强肋条。围圈可用角钢∟75×6 或槽钢[8、[10 制作。提升架立柱可采用槽钢[12～[16

或角钢∟60×5、∟45×5焊接而成。

横梁可用槽钢[12或者角钢∟60×5制作。

(6) 爬升模板

爬升模板由大模板、爬升支架、爬升设备、脚手架等组成。

1) 大模板见本条第“4. 大模板材料要求”。

2) 爬升支架由支承架、附墙架吊模扁担等组成。

3) 爬升设备有倒链、千斤顶等。爬杆采用HPB235钢筋，直径ϕ25mm。

4) 脚手架一般可采用悬挂脚手架。

(7) 泵送混凝土模板要求

泵送混凝土对模板的要求与常规作业不同，必须通过混凝土侧压力计算，采取增强模板支撑，将对拉螺栓加密、截面加大，减少围檩间距或增大围檩截面等措施，防止模板变形。

(8) 清水混凝土和装饰装修混凝土模板要求

为适应混凝土结构施工技术发展的要求，满足装饰装修的需要，对清水混凝土工程和装饰装修混凝土工程，应使用能够达到相应设计效果的模板。

4.8 组合式钢模板有何要求？

在建筑施工中，推广应用钢模板，特别是组合钢模板，是房屋建筑混凝土施工工艺的重大改革。实践证明，组合钢模板组合简便、可操作性强，有利于提高施工质量。

(1) 由于对钢模板采用模数制设计，横竖都可拼装，通用性强，可以一模多用，不仅可用作房屋建筑工程模板，也可以用作水工工程、场道工程、地下工程，以及高大构筑物的滑动模板等，从而可以扩大模板使用范围，增加模板周转次数，提高使用效果。

(2) 钢模板加工精度高，成型混凝土的尺寸准确，表面平整光滑，施工质量有显著提高。

(3) 由于钢模板易于标准化，可以简化施工工艺。施工设计时，只要做好施工配板设计，模板的施工工艺和操作方法则可达到比较简单，改善施工作业条件之目的。

(4) 完善了组合模板体系。为了适应不同工程的需要，模板的规格品种，除了有平面模板、阴角模板、阳角模板和连接角模外，还增加了嵌补模板、倒棱模板、梁腋模板和可调模板等。钢模板的连接件和支承件也更加完善，初步形成了一套适合我国施工特点的组合钢模板体系。

(5) 钢模板采用 Q235 钢板制作，厚度一般为 2mm、2.5mm、2.8mm；宽度模数为 50mm；长度模数为 150mm，钢模板应能纵向、横向连接。钢模板在使用中不应随意开孔，如需开孔用后应及时修补，钢模板板面应保持平整不翘曲，尤其是边框应保持平直不弯折，使用中有变形的应及时整修。

(6) 配件连接件有 U 形卡、L 形插销、紧固螺栓、钩头螺栓、对拉螺栓、扣件等。除 U 形卡用 30 号圆钢外，其他均用 Q235 圆钢和钢板。规格除对拉螺栓和扣件按设计要求选用外，其他均采用 $\phi 12$。

(7) 配件支架有木支架和钢支架。支架必须有足够强度、刚度和稳定性。支架应能承受浇筑混凝土的重量、模板重量、侧压力，以及施工荷载。

(8) 组合钢模板规格见表 4-4 所示。

组合钢模板规格(mm) **表 4-4**

名称 规格 项目	平面模板	阴角模板	阳角模板	连接角模
宽　度	300、250、200、150、100	150×150 100×150	100×100 50×50	50×50
长　度	1500、1200、900、750、600、450			
肋　高	55			

4.9 组合式钢模板有何优缺点？

(1) 优点

1) 组装灵活，通用性强，可以拼成梁、板、柱、墙、基础等各种结构构件和构筑物的模板。

2）装拆方便，节省用工，安装工效比木模板高 2 倍以上。

3）浇筑成型的混凝土构件尺寸准确、表面光滑、棱角整齐。

4）周转次数多。

5）可节省大量木材。据统计使用 1t 钢模板可以代替 $10m^3$ 的木材。

（2）缺点

1）一次投资大。一套组合钢模反复周转使用 50 次以上才能收回成本。因而使用组合钢模板必须加强维护保养，加速周转增加使用次数。

2）钢模板浇筑成型的混凝土表面过于光滑，粘着性差，不利于表面装修，有时需要进行凿毛处理（清水混凝土和装饰装修混凝土除外）。

4.10 新型材料组合式模板有哪些？主要优缺点是什么？

（1）塑料模板

定型组合式增强塑料模板，是以玻璃纤维增强的聚丙烯为主要原料注塑成型。模板结构和模数按设计要求，规格尺寸与钢模板基本相同。

1）优点：重量轻，导热系数小，耐腐蚀性好；表面光滑，易脱模；回收率高，施工工艺和操作方法简单等。

2）缺点：模板的承载力和刚度较低，耐热性和耐久性较差。

（2）玻璃钢圆柱模板

采用玻璃纤维布为原材料，不饱和聚酯树脂为粘结剂制作。

1）优点：重量轻、施工方便；易脱模，表面光滑；易成型，加工制作简单；强度高，可多次使用。

2）缺点：通用性差，一种规格模板只能用于一种直径柱子。玻璃钢材料主要适用于小曲率圆柱模板和玻璃钢衬模板等。

（3）中密度纤维板模板

这种模板是在模板表面涂布一层纤维布。

1）优点：可以提高模板的承载力，改善模板的脱模能力；易于脱模，混凝土表面质量好；模板面积大，重量轻，使用较方便。

2）缺点：中密度纤维板强度和刚度较低，防水性能较差，模板使用寿命较短。

(4) 复面麻屑板模板

这种模板是利用生产亚麻纤维的废料——麻屑模压成板材。

优点：利废为宝，模板价格较低；麻屑板的承载力、刚度、表面硬度、防水性能等均能满足建筑模板要求。所以，麻屑板是一种有发展前途的新型模板材料。

(5) 胶合板模板

优点：制作质量好，表面光滑，脱模容易；模板的承载力、刚度较好，能多次重复使用；模板的耐磨性强，防水性较好；材质轻，适宜加工大面积模板。

(6) 竹胶板模板

竹胶板模板是以竹篾纵横交错编织热压而成，纵横向的力学性能差异很小，其强度、刚度和硬度都比木材高。

优点：不仅富有弹性，而且耐磨耐冲击，使用寿命长，能多次周转使用。竹胶板的收缩率、膨胀率、吸水率都比木材低，因而竹胶模板的耐水性好，受潮后不会变形，竹胶板重量较轻，加工方便，适用性强。所以，竹胶板是用作建筑模板的理想材料。

4.11 模板支承工具有哪些？

模板支承工具由桁架、三角架、托具、钢管支柱和模板成型卡具组成。

(1) 桁架。用于支承梁、板类结构模板的支架。可调节长度，以适应不同跨度使用。一般以两榀为一组，荷载较大时，可多榀组成排放，并在下弦加设水平支撑，使其相互连接固定，增加侧向刚度。

(2) 三角支架。用于悬挑结构模板的支承，如雨罩、阳台、挑檐等。采用角钢铆轴连接构成，悬臂长以不大于 1200mm 为宜，跨度应为 600mm 左右，每榀三角支架的控制荷载应不大于 4.5kN。

(3) 支柱。有钢管支柱和组合支柱两种。钢管支柱采用两根直径各为 600mm 及 50mm 的钢管(管壁厚度不小于 3.5mm)承插组成，沿钢管孔眼以一对销子插入固定。上下两钢管的承插搭接长度不小于 300mm。柱帽为角钢或钢板，下部焊有底板。组合支柱用钢筋或小规格角钢、钢板焊成。支柱高度可在 2.6～3.8m 范围内调节，支柱之间设水平拉杆，每根支柱的受压控制荷载为 20kN。

(4) 斜撑。用于支撑墙或预制梁模板，构造与钢管支柱基本相同，两端分别设有卡座，以便与墙或梁的横挡等连接固定。

(5) 托具。用来靠墙支承楞木、斜撑、桁架等。用钢筋锻打焊接成型，上面焊一块钢托板，托具两齿间距为三皮砖厚。在砌体强度达到支模强度时将托具垂直打入灰缝内。在梁端荷载集中部位安设托具数量不少于 3 个，承受均布荷载部位，间距不大于 1m，且在全长不得少于 3 个。每个托具控制使用荷载不得小于 4kN。

(6) 模板成型卡具。用于支承柱、梁、墙等结构构件的模板。常用的有钢管卡具和柱箍。

钢管卡具适用于矩形梁、圈梁等模板，以固定侧模于底板上，也可以用作侧模上口的卡具定位。如用角钢代替钢管，则成为角钢卡具。

柱箱由角钢、压型角铁(L 形)或扁铁做成的夹板、插销和限位器组成，间距为 400～800mm，适用于柱宽小于 700mm 的柱子。

4.12 模板配件、连接件有哪些？

连接件有 U 形卡、圆形卡、钢板卡、L 形插销、紧固螺栓、对拉螺栓、扣件等。制作材料规格除对拉螺栓和扣件按设计要求选用外，其他均采用 $\phi12$ 圆钢。

4.13 模板安装应注意哪些事项?

(1) 对于多层现浇结构,上层模板及支架必然支撑在下层楼板上。此时应注意3点:一是下层楼板应具有足够的承载能力,必要时应加设支架;二是为了使力的传递不至对结构产生不利影响,上下层支架的立柱应基本对准;三是支架的立柱下应铺设垫板。在施工中,铺设垫板的要求不仅对于楼层,对于在地面上安装的模板立柱也同样适用。

(2) 基土上安装竖向模板和支架时,基土应坚实并有排水措施,并应加设垫板;对湿陷性黄土,必须有防水措施;对冻胀性土,必须有防冻融措施。

(3) 模板接缝不应漏浆:模板漏浆,会造成混凝土外观蜂窝麻面,直接影响混凝土质量。因此无论采用何种材料制作模板,其接缝都应严密,不漏浆。采用木模板时,由于木材吸水会胀缩,故木模板安装时的接缝不宜过于严密,安装完成后应浇水湿润,使木板接缝闭合。浇水时湿润即可,模板内不应积水。

(4) 模板内部应清理干净。模板内遗留杂物,会造成混凝土夹碴等缺陷。为了清除模板内的杂物,应该预留清扫口。

(5) 模板应涂刷隔离剂。涂刷时,应选取适宜的隔离剂品种。注意不要使用影响结构或妨碍装饰装修工程施工的油性隔离剂。同时,由于隔离剂沾污钢筋和混凝土接槎处可能对混凝土结构受力性能造成明显的不利影响,故应避免涂刷时污染钢筋。

(6) 对清水混凝土工程及装饰混凝土工程,两者对所使用的模板均有较高要求,应使用能达到设计效果的模板。

(7) 对跨度不小于4m的现浇梁、板,其模板应起拱。起拱应当按照设计要求;当设计无具体要求时,起拱高度可以取跨度的1/1000～3/1000左右。

对超过一定跨度的现浇混凝土梁、板,适度起拱有利于保证构件的形状和尺寸。执行时应注意上述要求的起拱高度,未包括设计要求的起拱值。要求起拱,主要考虑的是抵消模板在自重和混凝土重量等荷载下的下垂。使用时对钢模板可取偏小值，对木模板可取偏大值。

（8）支模时，对预埋件、预留洞的要求。即：应同时固定好模板上的预埋件、预留孔和预留洞。一是不应遗留；二是位置、尺寸应符合要求；三是安装应牢固；四是偏差应符合验收规范规定。允许偏差见本章第4.29、4.30和4.31。

4.14 如何控制模板安装偏差？

（1）木工翻样应考虑建筑装饰装修工程的厚度尺寸，留出装饰厚度。

（2）模板轴线放线后，应进行技术复核，无误后方可支模。

（3）模板安装的根部及顶部应设标高标记，并设限位措施，确保标高尺寸准确。

（4）支模时应拉水平通线，设竖向垂直度控制线，确保横平竖直，位置正确。

（5）基础的杯芯模板应刨光直拼，并钻有排气孔，杯口模板中心线应准确，模板钉牢。

（6）应根据使用材料，确定模板安装接缝。

（7）柱子支模前必须先校正钢筋位置。

（8）成排柱子模时应先立两端柱模，在底部弹出通线，定出位置并兜方找中，校正与复核位置无误后，顶部拉通线，再立中间柱模。柱箍间距按柱截面大小及高度确定，一般控制在500～1000cm，柱间剪刀撑、水平撑及四面斜撑应撑牢。

（9）梁模板上口应设临时撑头，侧模下口应贴紧底模或墙面，斜撑与上口钉牢，保持上口呈直角；深梁应根据梁的高度及核算的荷载及侧压力适当加设横挡。

（10）梁柱节点连接处一般下料尺寸略缩短，采用边模包底模，拼缝应严密，支撑牢靠，发生错位及时纠正。

（11）模板厚度应一致，搁栅面应平整，搁栅木料要有足够强度和刚度。

(12) 墙模板的穿墙螺栓直径、间距和垫块规格应符合设计要求。

4.15 如何控制模板安装变形和确保支架稳定?

(1) 模板变形控制

1) 严格控制木材含水率,拼缝要严密;木模板安装周期不宜过长,浇混凝土前模板应提前浇水湿润。

2) 脚手板不得搁置在模板上,以防模板变形。

3) 钢管卡具滑扣的应立即调换。

4) 超过 3m 高度的大型模板的侧模应留门子板;模板应留清扫口。

5) 混凝土浇筑高度应控制在允许范围内,浇筑时应均匀、对称下料,避免局部侧压力过大造成胀模。

6) 控制模板起拱高度,对跨度≥4m 的混凝土梁、板,应按设计要求起拱;当设计无具体要求时,起拱高度宜为跨度的 1/1000～3/1000。钢模板可取偏小值,木模板可取偏大值。

(2) 支架稳定控制

1) 用作模板的地坪、胎模等应平整光洁,不得产生影响构件下沉、裂缝、起砂或起鼓。

2) 上、下层立柱应对齐,且应有垫块。

3) 支架的立柱底部应铺设垫板,并应有足够有效的支承面积,使上部荷载通过立柱均匀传递到支承面上。支承在疏松土质上时,基土必须经过夯实,必要时采取排水措施。

4) 立柱与立柱之间的带锥销横杆,应钉紧,防止立柱失稳,支撑完毕应进行检查。

5) 安装现浇结构的上层模板及支架时,下层楼板应具有承受上层荷载的承载能力或加设支架支撑,确保有足够的刚度和稳定性。

4.16 模板预埋件、预留孔及模板清理有何要求?

(1) 固定在模板上的预埋件、预留孔和预留洞,应按图纸逐个核对其质量、数量、位置，不得遗漏，并应安装牢固。

（2）模板与混凝土的接触面应清理干净并涂刷隔离剂，严禁隔离剂沾污钢筋和混凝土接槎处。

（3）浇筑混凝土前，模板内的杂物应清理干净。

4.17 基础模板安装技术要点是什么？

（1）安装要点

基础的特点是高度较小而体积较大。

在安装基础模板前，应将地基垫层的标高及基础中心线核对准确，弹出基础边线和中心控制线。独立柱基，应将模板中心线对准基础中心线；条形基础，将模板对准基础边线。然后再校正模板上口的标高，使其标高和中心线符合设计要求。经复核测量无误后将模板钉（卡、栓）牢固、支撑稳定。在安装柱基础模板时，应与钢筋工程配合进行。

（2）基础木模板安装

在模板安装前，应平整好基础底面（有的基础根据设计要求还要先做好垫层），并根据基础纵横轴中心线，放出模板安装边线，据此边线安装模板。模板定位后用木条、撑木、斜撑等固定侧模板。为了抵抗混凝土的侧压力，还要用铁丝将侧模板互相拉牢。

1）柱形基础。柱形基础有阶梯形和环形。每级阶梯由 4 块拼板组成，其中 2 块对面板与阶梯等长，另 2 块对面板长于阶梯。杯形基础是在基础杯口位置安装杯芯模。如果下台阶顶面带有坡度，应在上台阶模板的两侧钉上轿杠，轿杠端头下方加钉托木，以便于搁置在下台阶模板上。近旁有基坑壁时，可贴基坑壁设垫木，用斜撑支撑侧板木挡。

2）条形基础。条形基础模板一般由侧板、斜撑、平撑组成。侧板可用长条木板加钉竖向木挡拼成，或用短条木板加横向木挡拼成。斜撑和平撑钉在木桩（或垫木）与木挡之间。

条形基础模板安装时，先在基槽底弹出基础边线，再把侧板对准边线垂直竖立，校正调平无误后，用斜撑和平撑钉牢。如基础较长，可先立基础两端的两块侧板，校正后再在侧板上口拉通线，依照通线再立中间侧板。当侧板高度大于基础台阶高度时，可在侧板内侧按台阶高度弹出准线，并每隔 2m 左右在准线上钉圆钉，作为浇捣混凝土的标志。每隔一定距离在侧板上口钉上搭头木，防止模板变形。

带有地梁的条形基础，轿杠布置在侧板上口，用斜撑、吊木将侧板吊在轿杠上，吊木间距为 800～1200mm。

(3) 基础钢模板安装

基础模板一般在现场拼装。拼装时先依照边线安装下层阶梯模板，用角钢三角撑或其他设备撑牢箍紧（如钢管围檩等）。然后在下层阶梯模板上安装上层阶梯钢模板，并在上层阶梯钢模板下方垫以混凝土垫块或钢筋支架作为附加支撑点。

4.18 基础模板安装易出现哪些通病？原因是什么？如何预防？

(1) 柱形基础

1) 通病。模板及支架的安装常常发生中心线偏差超限、杯口模板位移、杯芯模板上移以及拆模时芯模难以拆除等通病。

2) 原因。主要原因是杯基放线不准；芯模固定方法不妥或固定不牢，在浇捣混凝土时，使芯模上浮；模板侧向支撑不良、振捣操作不妥，造成模板位移；脚手板直接压在杯口模板上，或操作人员在模板上行走，造成模板下沉；杯芯模板拆除不及时，粘结挤压牢固，难以拆除。

3) 措施。在支模之前应将中心线及标高找准放好，然后按线安装模板，确保位置准确；芯模要刨光，并涂刷脱模剂；浇筑混凝土时，应分层对称均衡下料，振捣要妥善均衡进行；脚手板不准直接压在模板上，施工人员不立在模板上行走；初凝后就可以敲打芯模，使其松动，以利拔出。

(2) 带形基础

1) 通病。模板及支架安装容易出现沿带形基础的通长方向，模板上口不成直线，并且宽度不一致；模板下口陷入混凝土中；模板底部安装不牢固等问题。因此，拆模时可见混凝土几何尺寸超差，缺棱掉角，平整度不良等混凝土质量通病。

2）原因。安装模板时没有挂线或挂线不准；模板上口没有钉木拉结或钉的木间距过大，当浇筑混凝土时，产生的侧向压力，使模板位移；模板上口没有固定牢固，在自重的作用下，陷入混凝土中；支撑不牢固，有的支撑直接支撑在基坑边坡的松软土石上等。

3）措施。预防措施：模板及支架必须具有足够的强度和刚度，安装时要挂好线，垂直度要找准；模板上口要钉木拉结牢固，木间距要经过计算确定，一般为500mm；模板上口要拉通线，以确保上口平直，侧模支撑要坚固稳定，支点处，如土石松软，可使用垫板，为保持斜撑稳定，可将斜撑钉木条拉紧。

4.19 柱模板安装技术要点是什么？

柱子断面尺寸不大，但高度较高，因此，柱模主要控制中心线和垂直度，施工时的侧向稳定及抵抗混凝土的侧压力等。同时也应考虑方便浇筑混凝土，模板根部留置清扫口，钢筋绑扎时，设置保护层垫块安装牢固，位置准确。

在安装柱模板前，应先绑扎好钢筋，同时在基础面上或楼面上弹出纵横轴线和四周边线，固定小方盘；然后立模板，并用临时斜撑固定；再由顶部用垂球校正，检查其标高位置无误后，即用斜撑卡牢固定。柱高≥4m时，一般应四面支撑；当柱高＞6m时，不宜单根柱支撑，宜几根柱同时支撑连成构架。对通排柱模板，应先装两端柱模板，校正固定，再在柱模上口拉通长线校正中间各柱模板。

1）柱木模板安装

柱模板由4块拼板组成，两块内拼板宽度与柱截面相同，两块外拼板宽度应比柱截面宽度大两个拼板的厚度。拼板长度等于基础面（或楼面）至上一层楼板底面。若与梁相接，尚应留出梁的缺口。拼板的外面应加柱箍。当混凝土侧压力较大时，还要在柱模板中加对拉螺栓。由于柱上部混凝土侧压力较柱底小,故柱箍应上疏下密,间距由计算确定。柱模板底部应留有清理孔,以便清理木屑垃圾,清理完毕后再钉牢。

当柱较高时,在柱模板中部尚应留有混凝土浇筑孔,其做法与垃圾清理孔相同。浇筑混凝土时首先应浇孔以下的部分,钉牢盖板后再浇筑孔以上部分。

2) 柱钢模板安装

柱模板由 4 块拼板组成,拼板由若干块钢板拼成,四角由连接角模连接。若柱子较高,可在柱中部设混凝土浇筑孔,柱下端可留垃圾清理孔。

柱顶部与梁相接处需留出连接口,安装模板时在梁底标高以下用钢模板,以上与梁接头部分用木板镶拼。柱模板可在现场拼装,亦可预拼装再安装。

① 现场拼装时,按配板图逐块安装钢模板,板与板之间用 U 形卡、L 形插销连接,先安装最下一圈,然后逐圈至柱顶。拼完经垂直度校正后,便可装设柱箍,并用拉杆固定。

② 场外预拼装。在钢模板拼装平台上将柱模板按配板图预拼成四片,然后运往现场安装就位,用连接角模连成整体,最后用柱箍固定。

③ 亦可在拼装平台上将钢模板拼装成整体,安装好柱箍、拉杆等加固件,在现场整体安装。

④ 柱模与钢筋同时安装。将柱钢筋穿入柱模板桶中,并伸出钢模板底部 1m 左右,将钢筋临时固定在钢模板上,先连接好柱钢筋,再将柱模板就位固定。

4.20 柱模板安装易出现哪些通病?原因是什么?如何预防?

(1) 通病。安装柱模板时易出现胀模、歪斜、扭曲等通病。

(2) 原因。柱模箍套不坚固;模板拼缝不严;钢筋位置未找正就安装柱模;成排柱子未拉通线;柱模安装后未经仔细校正等。

(3) 措施。在安装前,应在底部放通线,找准柱位,校准钢筋位置；柱的根部应用柱箍安装牢固；安装成排柱模时，先安两端柱模，然后在顶部拉通线，再安装中间各根柱模，柱距不大时可以互相用平拉与斜拉固定，柱距较大时，各柱自成独立支撑体系，四面用支撑固定，确保柱位置准确无误；根据柱断面的大小和高度不同，在柱模外每隔 50～100cm 应加设牢固的柱箍，以防胀模；木模板的拼缝要刨光拼严，防止漏浆。

4.21 梁模板安装技术要点是什么？

梁模板主要由侧模、底模、夹木及支撑系统组成。

(1) 安装要点

1) 当跨度≥4m 时，模板应起拱；一般起拱高度设计时应给出，当设计无要求时，起拱高度宜为全跨长度的 1/1000～3/1000。

2) 在梁的底模下每隔 800～1200mm 应用顶撑支顶。支承梁模的顶撑由立柱、帽头、斜撑等组成；上下层模板支柱应在同一竖向中心线上，且柱下应设垫板。

3) 当梁高度较大时，应在侧模外另加斜撑。

4) 梁模安装后应拉中心线检查，以校正梁模的位置，梁的底模安装后，则应检查并调整标高，将木楔钉牢在垫板上。各顶撑之间要加水平支撑或剪刀撑，保持顶撑的稳固，以防失稳。

5) 圈梁由于其断面小但长度长，一般除门窗洞口及其他个别地方是架空外，其余均搁在墙上；故圈梁模板主要是由侧模和固定侧模用的卡具组成。底模仅在架空部分使用，如架空跨度较大，也要用支柱(琵琶撑)撑住底模。

(2) 梁木模板安装

梁木模板一般由一块底板和 2 块侧板组成，支柱可用木支柱和钢管支柱。此外还有固定模板用的各种构件。

1) 安装梁底模板，将梁底模板两端搁置在柱模板顶端梁的缺口处，下面用立柱撑起，再用楔块或螺旋底座调整高度、梁底模板安装要求平直。

2) 安装侧模板，将梁侧模板紧靠梁底模板放在支柱顶的横木上，用夹板将侧模板钉夹牢。梁侧模应垂直，边梁外侧模板上边用立木及斜撑固定，一般梁侧模板的上边用楼板的底模板顶紧。梁侧模板之间应临时用撑木撑牢。若梁的高度较大，为抵抗混凝土的侧压力，还要设对拉螺栓。

(3) 梁钢模板安装

梁钢模板由一块底模和 2 块侧模用连接角模连接组成，并用支柱或支架进行支承。

先立好支柱或支架，调整好支柱顶的标高，并以撑杆加固。再将梁底模板安装在支柱顶上，最后安装梁侧模板。

梁模板也可采用整体安装的办法，就是在钢模板拼装平台上，将 3 片钢模板用钢楞、对拉螺栓等加固稳妥后，放入梁的钢筋，吊装就位。

4.22 梁模板安装易出现哪些通病？原因是什么？如何预防？

(1) 通病

模板及支架易产生沿梁长的方向不平不直，侧模板严重变形(跑模)；局部模板嵌入柱与梁之间，难以拆除；混凝土表面粗糙、缺棱掉角、有水平裂缝等。

(2) 原因

模板安装没找平校直，立柱支撑不稳；立柱支撑于松软的地面上，未加垫板；梁底模板未按规定起拱；梁侧模板固定不牢；木材不合格，因模板变形裂缝，导致混凝土表面出现缺陷。

(3) 措施

支模时要按照边模包底模原则安装，使用木模要注意吸湿后长向膨胀的因素，下料时应略缩短；梁底支柱间距以能保证在混凝土和其他施工荷载作用下不发生变形为原则。支撑在泥土上时，应夯实并垫上通长垫木，防止支撑下沉；保证侧模刚度，并要设置足够的固定构件；梁侧模下口要设置夹条木，并与支撑木紧密结合，防止跑模；梁上口模板要支撑牢固防止上口开缝；木模材质要保证，在浇筑混凝土之前，要浇水充分润湿木模。

4.23 板模板安装技术要点是什么?

(1) 安装要点

板的特点是面积大而厚度小,因此横向侧压力很小。板模板及其支撑系统主要用于抵抗混凝土和其他施工垂直荷载,保证板不变形下垂。

板模板安装时,首先复核板底标高,搭设模板支架,然后用阴角模板从四周与墙、梁模板连接后再向中部铺设。为方便拆模,木模板宜在两端及接头处钉牢,中间尽量少钉或不钉;钢模板拼缝处宜采用最少的U形卡;支柱底部应设长垫板及木楔找平。挑檐模板必须撑牢拉紧,防止向外倾覆,确保安全。

(2) 板木模板安装

板木模板可由若干拼板组成,一般情况下多用定型板拼装,空缺部分加板补齐。

楼板模板铺放前,应先在梁侧模板外边钉立木及横挡,在横挡上安装搁栅。搁栅不平时可在两端加木楔调平,然后铺放楼板模板。若跨度过大,可在搁栅中间加支柱。

(3) 板钢模板安装

板模板由平面钢模板拼装而成,其周边用阴角模板与梁或墙模板相连接,用钢楞及支架支承。亦可用伸缩式桁架支承。

模板安装时,先安装支承架、钢楞或桁架,再安装板模板。板模板的安装可以散拼,也可以整体安装。散拼装是在已安装好的支架上按配板图逐块拼装。整体安装是在钢模板拼装平台上,按配板图拼装成一大块,然后以钢楞条、钩头螺栓等加固后,整体吊装。

4.24 板模板安装及支架易出现哪些通病?原因是什么?如何预防?

(1) 通病

板模板安装及支架安装易出现板中部下挠,板底面混凝土平整度超差、楼板边模部分嵌入梁内等。

(2) 原因

底板断面较小,受载后产生挠度;板下支撑不牢,或支承基土下沉,使模板下挠;模板底模薄厚不一,造成混凝土表面平整度超过允许偏差;楼板底模钉置于梁的侧模上,当浇筑混凝土之后,模板吸收水分而膨胀,使楼板边缘底模的一小部分嵌入梁内。

(3) 措施

板模板厚度应相同,板要有足够的断面,以使其具有满足要求的强度与刚度,并要求平整;支撑用料尺寸要满足安装要求,并且要相互结合,形成稳定的支撑系统;如支撑在松软的基土上,则要求夯实,并铺设通长垫木;板底模应按规定起拱;板模与梁模连接处要科学合理,应将板底模铺置于梁侧模上与外口齐平,并固定牢靠。

4.25 悬臂模板安装技术要点是什么?

悬臂模板包括过梁和板两部分,板为悬挑结构,必须支撑牢固且拉紧,以防倾覆,见图 4-1 所示。

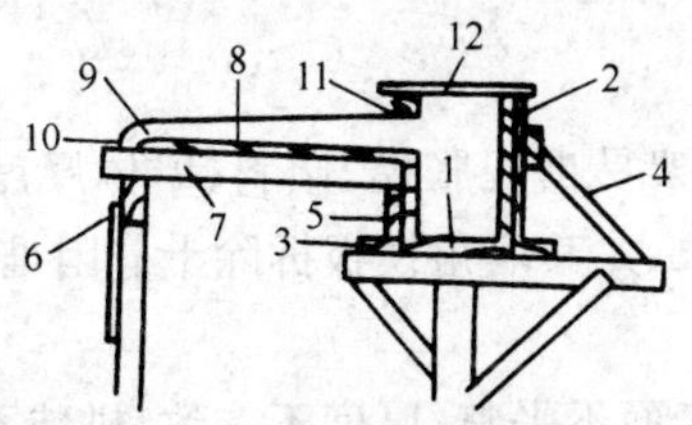

图 4-1 悬臂木模板

1—过梁底板;2—过梁侧板;3—夹板;
4—斜撑;5—托件;6—牵杠;7—楞杆;
8—悬臂底板;9—悬臂侧板;10—三角铁;
11—木条;12—搭头卡杆

4.26 墙体模板安装技术要点是什么?

(1) 安装要点。墙体高度大而厚度小,其模板主要承受混凝土的侧压力,因此,必须加强墙体模板的刚度和设置足够的支撑,以确保模板不变形和不位移。

安装墙体模板时，要先弹出中心线和墙体两边线，选择一边先安装，设好支撑，在顶部用线锤吊直，拉线找平后支撑固定；待钢筋绑扎好后，墙基础清理干净，再安装另一边模板，并用斜撑固定。为了保证墙体的厚度，两模板间应加撑头或对拉螺栓。

（2）墙体木模板安装，在安装要点基础上，为保证墙体厚度，在两侧模板之间可用长度等于墙厚小方木支撑，防水混凝土墙要加有正水板的撑头。浇筑混凝土逐个取出小方木，为了防止浇筑混凝土的墙身鼓胀，可用螺栓拉接两侧模板，间距 1m 左右。

（3）墙体钢模板安装。墙模板由两片模板组成，模板可以横拼也可以竖拼，外面用竖横钢楞加固，用对拉螺栓或对称钢拉杆撑住两侧模，并用斜撑保持稳定。

安装时，首先沿边线抹水泥砂浆，作好安装模板的基底处理。

墙模板的钢模可以散拼，即按配板图由一端向另一端，由下向上，逐层拼装，也可以在钢模板拼装平台上，预拼装成整片，现场吊装。

4.27 墙模板安装时易出现哪些通病？原因是什么？如何预防？

（1）通病

安装墙模板及支架易出现胀模、倾斜、墙体厚度不一样，墙面高低不平，墙根部烂根，尤其墙角模板拆除十分困难等缺陷。

（2）原因

模板制作不佳，表面不平整，厚度不一致，拼装不严密，没设对拉螺杆，或螺栓直径偏小，或根数不足；模板支撑方法不科学，没有形成稳定的体系，当混凝土浇筑后使模板变形；混凝土一次投料过多使支撑变形；角模与墙模拼装不严密，漏出的水泥浆把模板缝嵌满，模板下口被水泥浆包住使模板不易拆除。

（3）措施

墙模板要有足够的强度和刚度，并要求拼装平整和严密；如有几道墙时，墙顶部用方木连接定位，同时各道墙之间用剪刀撑支撑牢固，墙中间用直径为 12～16mm 的对拉螺杆固定稳妥；浇筑混凝土时应分层均匀倾倒。

4.28 楼梯模板安装技术要点是什么?

(1) 安装要点

楼梯模板除了具有楼板模板特点外,还有支设倾斜、有踏步的特点,因此,楼梯模板与楼板模板既相似又有区别。楼梯有板式楼梯和梁式楼梯。

楼梯模板施工前应根据实际放样,先安装平台梁及基础模板,再安装楼梯斜梁或楼梯底模板,最后安装楼梯外帮侧板。外帮侧板应先在其内侧弹出楼梯底板厚度线,用套板画出踏步侧板位置线,钉好固定踏步侧板的挡木,再装侧板。踏步高度要均匀一致,特别要注意每层楼梯最下一步及最上一步的高度,必须考虑到地面面层厚度,防止由于面层厚度不同而形成踏步高差过大。

(2) 楼梯木模板安装

楼梯木模板图,见图 4-2。安装方法见"安装要点"。

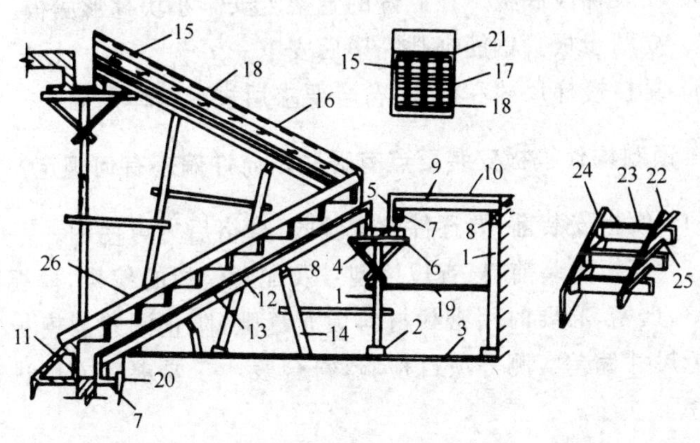

图 4-2 楼梯木模板

1—支柱;2—木楔;3—垫板;4—平台梁底板;5—侧板;6—夹板;7—托板;8—牵杠;9—楞杆;10—平台底板;11—梯基侧板;12—斜楞;13—楼梯底板;14—斜向支柱;15—外帮板;16—横档;17—反三角;18—踏步侧板;19—拉杆;20—钎桩;21—平台梁模;22—长挡板;23—踏步侧板;24—边模板;25—小拉杆;26—踏步侧板加强杆

(3) 楼梯钢模板安装

楼梯钢模板由梯板底模板、梯板侧模板、踏步模板、踏步侧模板组成。梯板底模板和侧模板用平面钢模板拼成,与楼梯梁连接部分,构造比较复杂,可用木模板镶拼。踏步侧模板则可用薄钢板及槽钢制作,用U形卡固定。踏步模板则插入槽钢口内,用木楔固定。

楼梯钢模板可在现场拼装,也可以在钢模板的拼装平台上拼装成一个整体,连同钢筋一起吊装。具体可参阅“安装要点”。

(4) 旋转楼梯模板安装

旋转楼梯模板安装要点原则上和普通楼梯相同,其安装顺序主要有以下几点。

1) 立支柱,安横撑,形成支撑骨架。在相邻支柱间连接撑木,使骨架稳固。

2) 安侧帮。把梯形侧模板,分别安装在同一踏步的两端。要把每个侧帮靠紧,两相邻侧帮连接牢固。

3) 安装梯段底板。在立好的骨架上安牢小块梯形底板。

4) 立踏步板。钢筋绑扎完毕后安牢。

5) 复核楼梯尺寸和标高,符合要求后进行整体加固。

4.29 预制构件模板安装要点有哪些?允许偏差有何规定?

(1) 模板安装前,要逐件检查验收,合格后方可使用。

(2) 模板拼装前,核查规格型号及配套模板的编号,模板拼缝应平整、严密,必要时用密封材料填充缝隙,防止漏浆。模板安装后进行尺寸偏差实测等项目检验,符合表4-5要求后方可进行下道工序。

预制构件模板安装的允许偏差及检验方法　　　表4-5

项目		允许偏差(mm)	检验方法
长度	板、梁	±5	钢尺量两角边,取其中较大值
	薄腹梁、桁架	±10	
	柱	0,−10	
	墙板	0,−5	

续表

项 目		允许偏差(mm)	检 验 方 法
宽 度	板、墙板	0,−5	钢尺量一端及中部,取其中较大值
	梁、薄腹梁、桁架、柱	+2,−5	
高(厚)度	板	+2,−3	钢尺量一端及中部,取其中较大值
	墙板	0,−5	
	梁、薄腹梁、桁架、柱	+2,−5	
侧向弯曲	梁、板、柱	l/1000 且≤15	拉线、钢尺量最大弯曲处
	墙板、薄腹梁、桁架	l/1500 且≤15	
板的表面平整度		3	2m 靠尺和塞尺检查
相邻两板表面高低差		1	钢尺检查
对角线差	板	7	钢尺量两个对角线
	墙板	5	
翘 曲	板、墙板	l/1500	调平尺在两端量测
设计起拱	薄腹梁、桁架、梁	±3	拉线、钢尺量跨中

注：l 为构件长度(mm)。

检查数量:首次使用和大修后的模板应全数检查;使用中的模板应定期检查和不定期抽查。

4.30 模板安装预埋件及预留孔和预留洞允许偏差值是多少?

(1) 固定在模板上的预埋件、预留孔和预留洞均不得遗漏,且应安装牢固,其偏差应符合表 4-6 的规定。

预埋件和预留孔洞的允许偏差 **表 4-6**

项 目		允 许 偏 差(mm)
预埋钢板中心线位置		3
预埋管、预留孔中心线位置		3
插 筋	中心线位置	5
	外 露 长 度	+10,0
预埋螺栓	中心线位置	2
	外 露 长 度	+10,0
预 留 洞	中心线位置	10
	尺 寸	+10,0

注：检查中心线位置时,应沿纵、横个两个方向量测,并取其中的较大值。

(2) 检查数量。

在同一检验批内，对梁、柱和独立基础，应抽查构件数量的10%，且不少于 3 件；对墙和板，应按有代表性的自然间抽查10%，且不少于 3 间；对大空间结构，墙可按相邻轴线间高度 5m 左右划分检查面，板可按纵横轴线划分检查面，抽查 10%，且均不少于 3 面。

(3) 检验方法：钢尺检查。

4.31 现浇结构模板安装允许偏差是多少？

(1) 允许偏差

现浇结构模板安装的偏差及检验方法见表 4-7。

现浇结构模板安装的允许偏差及检验方法　　表 4-7

项　目		允许偏差(mm)	检　验　方　法
轴线位置		5	钢尺检查
底模上表面标高		±5	水准仪或拉线、钢尺检查
截面内部尺寸	基　础	±10	钢尺检查
	柱、墙、梁	+4，-5	钢尺检查
层高垂直度	不大于 5m	6	经纬仪或吊线、钢尺检查
	大于 5m	8	经纬仪或吊线、钢尺检查
相邻两板表面高低差		2	钢尺检查
表面平整度		5	2m 靠尺和塞尺检查

注：检查轴线位置时，应沿纵、横两个方向量测，并取其中的较大值。

(2) 检查数量

在同一检验批内，对梁、柱和独立基础，应抽查构件数量的10%，且不少于 3 件；对墙和板，应按有代表性的自然间抽查10%，且不少于 3 间；对大空间结构，墙可按相邻轴线间高度 5m 左右划分检查面，板可按纵、横轴线划分检查面，抽查 10%，且均不少于 3 面。

4.32 门窗洞口组合模板安装技术要点是什么？

混凝土外观质量不仅取决于混凝土浇筑和振捣质量，而且取决于模板安装质量。具体制作和安装技术要点如下：

(1) 按门窗洞口的实际尺寸，以厚度适当的松木板制成木模板，模板宽度和墙体厚度相同。

(2) 木模 4 个角部无论阴角还是阳角均用角钢固定，中间用螺栓固定。

(3) 木模内撑用角钢固定。

(4) 木模板的外侧面，用塑料板贴面，并用木螺栓加以固定。

门窗洞口组合模板，见图 4-3。

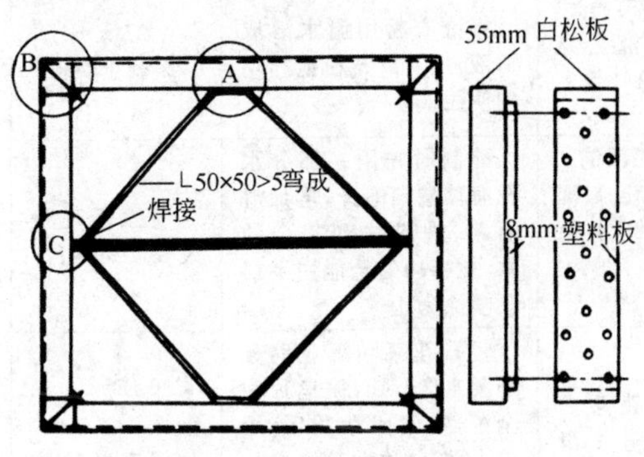

图 4-3 门窗洞口组合模板

4.33 模板常用隔离剂有哪些？

涂刷隔离剂(脱模剂)是为了保证模板与混凝土易于脱模和混凝土表面光滑。常用隔离剂，见表 4-8。

(1) 模板与混凝土的接触面应涂刷隔离剂。涂刷时严禁隔离剂沾污钢筋与混凝土接槎处，以免影响钢筋与混凝土的握裹力和混凝土接槎处的有机结合。故不得在模板安装后涂刷隔离剂。

(2) 涂刷隔离剂不得采用影响结构性能或妨碍装饰工程施工

的隔离剂。

常用隔离剂类别及特点 **表 4-8**

类别	配方(重量比)	配制要点	使用方法与部位	主要特点
水质类	皂角：水=1.5：7	将热溶的皂角用热水搅拌均匀，使其呈浆糊状，冷却12～14h后使用	涂刷于台座、台面上	1. 配制简单，使用方便，货源充足，成本经济，普遍用于预制构件底模、台面、胎模等处，有较好的隔离性能，使构件表面平整光洁无油污，不影响装饰工艺 2. 掺有滑石粉的隔离剂，用于现浇大模板时，清模效率低，操作者在飞扬的粉尘中工作，需配带防护用品 3. 呈碱性的隔离剂(如海藻酸钠)长时间使用将对钢模有锈蚀作用，需要采取防锈措施 4. 水质类隔离剂涂刷后应避免受水影响，雨期露天时慎用，冻结不宜使用
	皂角：滑石粉：水=1：2：5	将皂角用热水稀释后，加入滑石粉搅拌均匀使用	涂刷于模板	
	肥皂+滑石粉+水	配制时没有明确比例，主要是控制粘度，过粘用水稀释，过薄增加肥皂，以使涂刷时无粘滞性，并能涂刷均匀	涂刷于现浇大模板钢模上	
	洗衣粉：滑石粉：温水=1：5：适量	将洗衣粉用温水溶成稀液，加入滑石粉搅拌均匀使用	涂刷于模板	
	海藻酸钠：滑石粉：洗衣粉：水=1.5：20：1.5：80	配制时先用一部分水把海藻酸钠泡开，再加滑石粉、洗衣粉和其余的水，搅拌均匀至能用手摇泵喷涂为止	喷涂于现浇大模板钢模上	
	石花菜：工业皂：滑石粉：水=1：38：85：适量	将石花菜和工业皂分别浸水3～4h，使皂片完全溶解，清除杂质后，用文火熬制，边熬制边搅拌至石花菜全部溶解成稀糊状的胶体为止，冷却后加入滑石粉和肥皂水搅拌均匀使用	喷刷在胎模上	
	低碳脂肪酸钠皂：水=1：3	先将低碳脂肪酸钠皂加热熔化，用三倍水稀释使用	涂刷于底模台面上	
	高碳脂肪酸钠皂：水=1：10(15、20)	将高碳脂肪酸钠皂用热水或蒸汽加热溶解，控制比例，搅拌均匀后，即可使用	涂刷用于电杆等预制构件的模板上	
	松节油+碱+水		涂刷用于预制构件的模板上	

续表

类别	配方(重量比)	配制要点	使用方法与部位	主要特点
树脂类	甲基硅树脂	在瓷杯内把乙醇胺用少量酒精稀释,经搅拌后,倒入甲基硅树脂中,继续搅拌均匀即成	涂刷用于现浇的大模板上	脱模效果好,可重复使用3～5次,无污染,但清模困难
	不饱和聚脂+硅油		喷涂在阳台隔板的钢模上	喷涂一次,不必清模,周转使用10次以上
	不饱和聚脂与水解物			有微毒、干燥慢、货源缺、价格贵,可连续脱模7～8次

4.34 浇筑混凝土前如何对模板进行检查?

(1) 牢固稳定性检查。模板及其支架必须具有足够的强度,牢固可靠。其支撑部分应有足够的支撑面积。如安装在基土上,基土必须坚实,有垫板,并有排水措施。冬期施工必须有防冻融技术措施。

(2) 表面质量检查。模板表面应平整,接缝应严密,模板与混凝土接触面应洁净,并应涂刷隔离剂,不得漏刷。

(3) 预埋件孔洞检查。预埋件、预留孔和预留洞位置正确,不得遗漏,预埋件和预留孔洞的偏差见表4-6。

(4) 现浇结构模板几何尺寸检查允许偏差见表4-7。

(5) 预制构件模板安装允许偏差检查,允许偏差见表4-5。

(6) 浇筑混凝土前检查。浇筑混凝土前,模板内的杂物应清理干净。如系木模板应浇水湿润,但模板内不应有积水。

检查合格后则可进行混凝土浇筑。

4.35 我国新型模板发展情况怎样?

20世纪90年代以来,我国建筑结构体系又有了很大发展,首先是高层建筑和超高层建筑大量兴建；其次是大规模的基础设施建设的增加；第三是城市交通和高速公路的飞速发展，需要建造大量桥梁、隧道和立交桥。这些现代化的大型建筑体系，工程质量要求高，施工技术复杂，施工工期要求紧，使我国建筑施工技术必须进行重大改革。同样，对模板技术也提出了新要求，必须采用先进模板技术，才能满足现代建筑工程施工的要求。因此，我国在不断引进国外先进模板的同时，也研制开发了各种新型模板。

国家科委和建设部对新型模板、脚手架的推广应用十分重视，尤其是1994年新型模板、脚手架应用技术被建设部选定为建筑业重点推广应用10项新技术之一以来，新型模板和脚手架的研究开发和推广应用工作，取得了重大进展。国内多家科研、生产单位研制开发了多种新型模板体系，有着较高的技术含量，在很多示范工程和重点工程中均已大量应用，取得显著经济效益和社会效益。

4.36 各种新型模板材料有何特点？

各种新型模板的特点如下：

(1) 塑料模板。

优点是重量轻、导热系数小，耐腐蚀性好；表面光滑，易脱模；回收率高，加工制作简单等。

缺点是模板的强度和刚度较低，耐热性和耐久性较差。有的塑料原材料价格较高，影响其推广应用。塑料模板较适宜于地下工程、矿井、海堤坝等工程中使用。

(2) 铸铝合金模板。

铸铝合金模板重量轻，强度高，标准化。

铸铝合金模板主要由于铝原材料非常缺乏和铝价格十分昂贵，模板一次性投资很高。所以，不可能大量推广应用。

(3) 玻璃钢圆柱模板。

玻璃钢圆柱模板采用玻璃纤维布为原材料，不饱和聚酯树脂为粘结剂。

优点是重量轻，施工方便；易脱模，表面光滑；易成型，加工制作简单;强度高,可多次使用。

缺点是通用性差,一种规格模板只能用于一种直径柱子;模板价格较高,玻璃钢材料主要适用于小曲率圆柱模板和玻璃钢衬模等。

(4) 中密度纤维板模板。

中密度纤维板模板的优点是在模板表面涂布一层纤维布,从而提高模板的强度,改善模板的脱模能力;模板易于脱模,混凝土表面质量好;模板面积大,重量轻,使用较方便。

缺点是中密度纤维板本身强度和刚度较低,防水性能较差,模板使用寿命较短,所以在一些施工工程应用后,未能得到大量推广应用。

(5) 砂塑料和木塑料模板。

砂塑板是以废砂、炉渣、矿渣、石英砂等为主要原材料,以废塑料为粘结剂的复合材料。可用来做地砖、装饰板、包装箱板、隔墙板、排水管等。木塑板是以木屑、茶子壳为主要原材料,以废塑料为粘结剂。

优点是模板材料均为废料,利废为宝;当时模板价格很低,砂塑模板每平方米价格为 25 元左右,木塑模板每平方米价格为 17 元左右;模板一次热压成型,加工工艺简单;表面光滑,脱模性能好。

缺点是模板的强度和刚度较差,使用寿命较短。因此,也未能推广应用。

木塑板与竹(木)胶合板复合成混凝土模板。这种模板基材为竹(木)胶合板,强度和刚度较好,耐磨性、耐腐蚀和防水性好,板面为木塑板,表面质量较好,使用寿命大大提高。

(6) 覆面麻屑板模板。

覆面麻屑板模板主要优点是利用生产亚麻纤维的废料—麻屑模压成板材,不仅可节省钢材和木材,而且能利废为宝,降低模板成本。麻屑板的强度、刚度、表面硬度、防水性能等均能满足建筑模板的要求。所以,麻屑板是一种有发展前途的新型模板材料。

其他材料的模板，如透水模板，用50mm原木模板或胶合板作模板，里面钉细白布作过波布，柱模混凝土浇灌1h左右即可拆模。橡胶布制充气模板，来施工壳体结构。密肋网眼钢模板用于混凝土竖向施工缝的挡板等。

4.37 各种新型模板有何特点？

(1) 木胶合板模板

木胶合板模板是国外应用最广泛的模板型式之一，经酚醛覆膜表面处理的木胶合板模板，具有表面平整光滑、容易脱模，耐磨性强，防水性较好；模板强度，刚度较好，能多次周转使用；材质轻，适宜加工大面模板等特点，可适用于墙体，楼板等各种结构施工。

(2) 竹胶合板模板

竹胶合板是充分利用我国丰富竹材资源，自行研制的一种新型模板材料。我国是世界上竹材资源最丰富的国家之一，竹材面积占世界的1/4，竹材年产量占世界的1/3。竹林产区分布较广，主要产地在华东、中南和西南地区，其中以福建、湖南、浙江、江西等省的竹材资源最丰富。竹材生长期短，一般3年左右即可成材，并且一次种植，可多次砍伐。

竹胶合板的物理力学性能也较好，它的强度、刚度和硬度都比木材高，而其收缩率、膨胀率和吸水率都低于木材。另外，竹胶合板不仅富有弹性，而且耐磨耐冲击，使用寿命长，能多次周转使用。

(3) 钢框胶合板模板

钢框胶合板模板是指钢框与竹(木)胶合板组合的一种模板，这种模板采用模数制设计，横竖都可拼装，使用灵活，适用范围广，并有较完整的支撑体系，可适用于墙体、楼板、梁、柱等多种结构施工，是国内外建筑工程中，应用最广泛的模板形式之一。

钢框胶合板模板根据模板面积大小，可分为大、中、小型3种，中、小型模板的边框是板式实心截面，边框截面高度为63～80mm，由于模板面积小，重量轻，适宜于手工操作，装拆比较灵活方便。20世纪80年代以来，不少国家开发大型模板，边框采用箱形空心冷弯型钢，边框截面高度为100～140mm，由于这种模板框架的强度和刚度较大，模板面积可以扩大，并且可以替代钢楞，安装模板时，只需用连接件直接将相邻模板的框架固定，接缝处安装短钢楞，模板支承系统大大简化，装拆方便，支承用料省，施工速度快。

(4) 中型钢模板

中型钢模板也可称宽面钢模板，目前有55型和70型两种，由于55型钢竹模板的强度和刚度较小，使用寿命不长，价格也比钢模板还贵，因此，一些钢模板厂结合工程需要，开发了55型宽面钢模板。这种模板具有模板面积较大，施工工效高，拼缝少，使用寿命长，价格也较低等特点，所以，在一些工程中应用后，很快得到施工企业的欢迎。这种模板可与组合钢模板配套使用，应用范围广，是钢模板技术的进一步发展。这种模板的规格为长度有1800mm、1500mm、1200mm、900mm和600mm等5种，宽度有600mm、550mm、500mm、450mm、400mm等5种。肋高为55mm，其连接件和支承件可与组合钢模板通用。1997年中国模板协会国家标准"组合钢模板技术规范"进行修订，将宽面钢模板的规格、标准等扩充到国家标准中，使宽面钢模板的生产和应用得到规范化。

70型钢模板是北新施工技术研究所结合钢框胶合板模板和组合钢模板的特点，研究开发的一种新产品。模板的长度规格有1500mm、1200mm、900mm等3种，宽度有600mm、300mm两种标准块，有250mm、200mm、150mm、10mm等4种非标准块，这种模板可适用于各种现浇混凝土结构工程，与组合钢模板相比具有以下特点：①刚度大。由于肋高为7mm，截面惯性矩大一倍以上，能满足侧压力50kN/m^2的要求；②用钢省。由于边肋刚度大，整体受力性能好，拼装模板的连接件和支撑件省，综合用钢量可比组合钢模板节省15%左右；③工效高。由于模板和配件的数量少，拼装速度快；④使用寿命长。由于模板的整体刚度较大，能散装也能拼装大模整体吊装，使用寿命达到200次左右。

(5) 塑料和玻璃钢模板

1) 塑料模板具有表面光滑、易于脱模，重量轻，耐腐蚀性好，回收率高，加工制作简单等特点。另外，它允许设计有较大的自由度，可以根据设计要求，加工各种形状或花纹的异形模板。

缺点是强度和刚度较低，耐热性和耐久性较差，价格较高等。

硬质增强塑料模板的特点是板面平整光滑，厚薄均匀；使用寿命长，可周转使用100次以上；模板修复方便，报废模板可以回收，有利于环境保护；重量轻，施工方便。

2）玻璃钢模板是采用玻璃纤维布为基材，不饱和聚酯树脂为粘结剂，利用模具加工的一种模板。它具有重量轻，施工方便；易脱模，表面光滑；易成型，加工制作简单，强度高，可多次重复使用等特点。由于原材料价格较贵，目前主要生产玻璃钢模壳和小曲率圆柱模板。

4.38 台模有哪几种？

台模亦称飞模，它是由面板和支架两部分组成，可以整体安装、脱模和转运，利用起重设备在施工中层层向上转运使用。台模施工方法适用于各种结构体系的现浇混凝土楼板和梁的模板工程。

台模有立柱式台模、桁架式台模、悬架式台模、门架式台模、构架式台模等。图4-4为德国活动钢支柱台模。图4-5为加拿大铝合金型材台模。

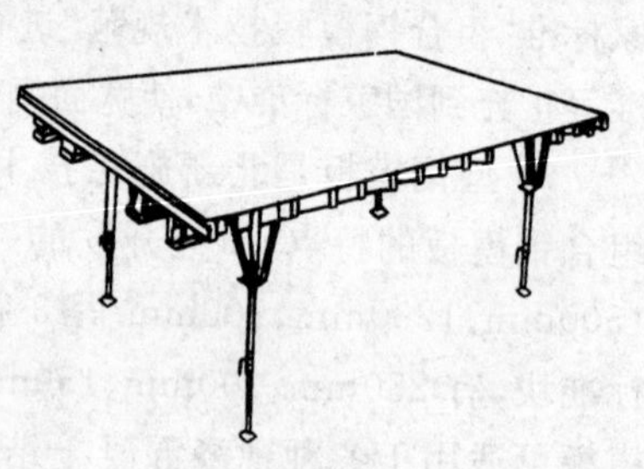

图4-4　活动钢支柱台模

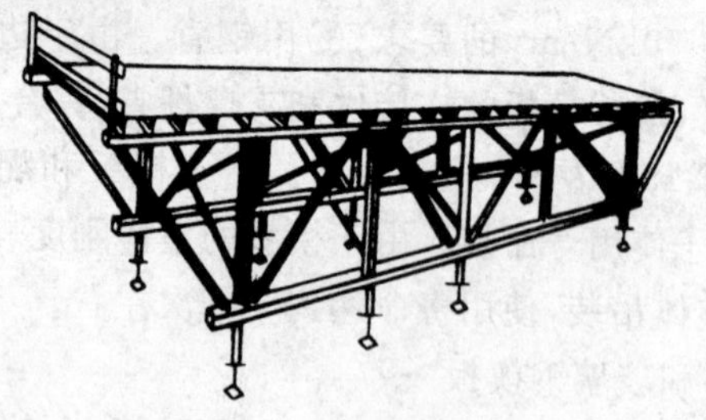

图4-5　铝合金型材台模

4.39 立柱式台模有何特点?

立柱式台模是由传统的满堂支模形式演变而来,其特点是结构简单,加工容易。面板主要采用组合钢模板,支架的主次梁和立柱采用钢管。所以,一般施工单位利用自备的钢模板和钢管就可以制作。这种台模应用范围较广,可适用于各种结构体系的楼板施工,见图 4-6。

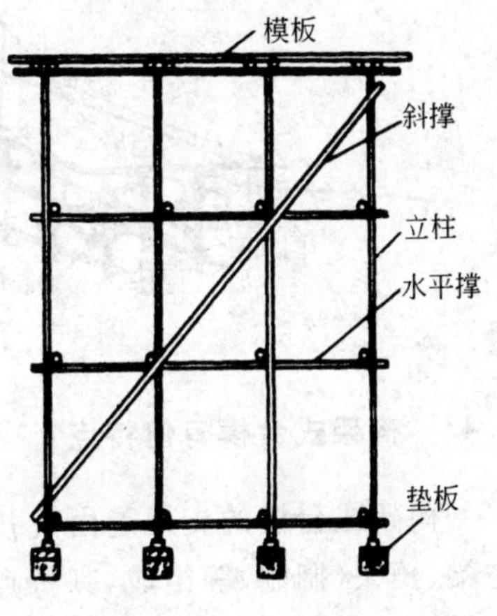

图 4-6 立柱式台模

4.40 桁架式台模有何特点?

桁架式台模面板可选用组合钢模板或胶合板,支架由桁架、檩条和可调底座组成。桁架可采用型钢或铝合金型材组装。其特点是可以整体脱模和转运,承载力强、装拆速度快、台模面积大,尤其适用于大开间、大进深、无柱帽的现浇无梁楼盖结构。

4.41 悬架式台模有何特点?

悬架式台模没有立柱,其特点是台模自重和上部荷载不是传递到下层楼面,而是将台模支承在混凝土柱或墙体的托架上,从而可加速台模周转,缩短施工周期。台模的面板可采用组合钢模板或胶合板,支架由桁架、檩条、翻转翼板和剪刀撑等组成。这种台模尤其适用于框架结构和剪力墙结构体系。

4.42 门架式台模有何特点?

门架式台模的支架是由门架、交叉斜撑、水平架和可调底座等组成。其特点是可以利用施工企业已有的门式脚手架进行组装,拼装简便,拆除后仍可用作脚手架,节省施工费用。这种台模也可适用于各种结构体系的楼板施工，见图 4-7。

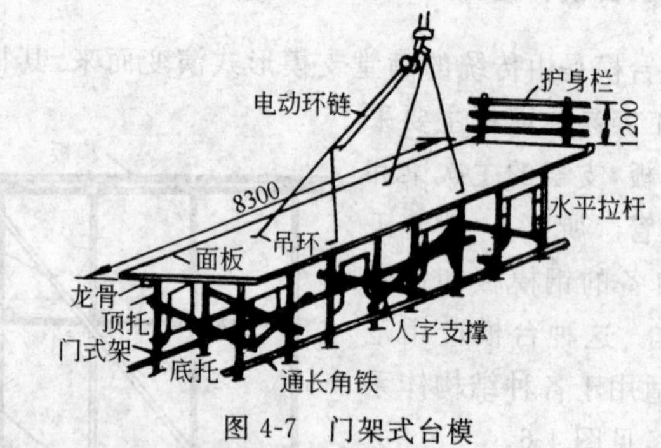

图 4-7　门架式台模

4.43　构架式台模有何特点？

构架式台模的支架是由碗扣式脚手架等各种承插式脚手架、主梁、檩条（搁栅）等组成，其特点和适用范围与门架式台模相同，见图 4-8。

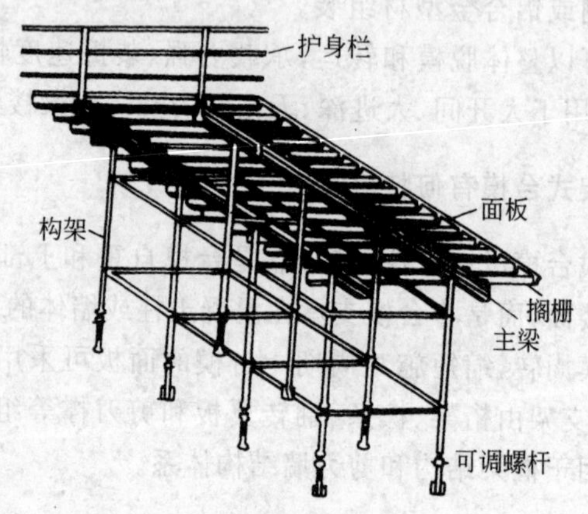

图 4-8　构架式台模

4.44　滑升模板有何特点？

滑升模板（简称滑模）是由模板结构系统和提升系统两部分组

成，在液压控制装置的控制下，千斤顶带着模板和操作平台沿爬杆连接或间断自动向上爬升。主要用于筒仓、烟囱和高层建筑施工，也可以水平横向滑动，用于隧道、地沟等工程，见图 4-9。

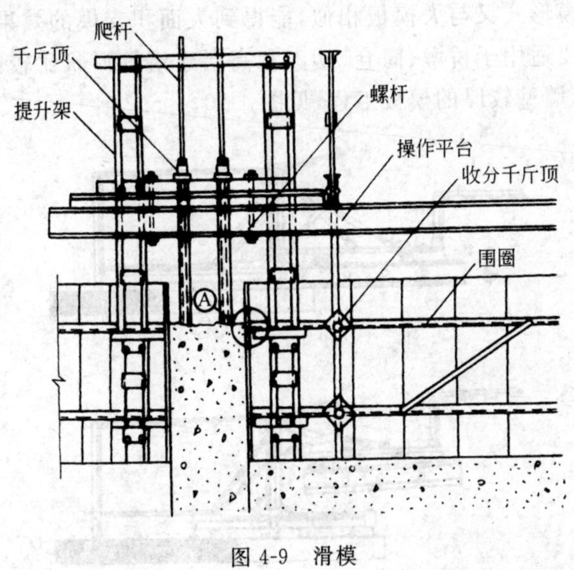

图 4-9　滑模

滑模所用的爬杆（支承杆）是工具式的承重支柱，杆外有一段套管起到加固保护作用，使爬杆在使用过程中不会弯曲，并可拔出重复使用。为了利用结构钢筋兼作爬杆，取消了套管，这样的爬杆容易弯曲倾斜，需要随时用钢筋或角钢焊接加固，多花费了工料。有时用结构钢筋兼作支承杆，使钢筋预先受到压缩和倾斜变位，对工程质量不利。

滑模工艺的特点是模板要贴紧混凝土面进行滑升，对正在初凝的混凝土容易产生扰动，混凝土表面提前脱模，也不利于混凝土的养护。虽然规范规定用滑模施工的工程，混凝土强度等级应提高一级，但这并不能补偿特殊工艺所造成的强度损失。

4.45　爬升模板有何特点？

爬升模板是由大模板、爬升系统和爬升设备 3 部分组成，以钢筋混凝土墙体为支承点，利用爬升设备自下而上地逐层爬升施工，不需要落地脚手架。这种模板吸收了滑模和大模板两者的优点，所有墙体模板能像滑模一样，不依赖起吊设备而自行向上爬升，模板的支模形式又与大模板相似，能得到大面积支模的效果。爬升模板主要适用于桥墩、筒仓、烟囱和高层建筑等形状比较简单，高度较大，墙壁较厚的模板工程，见图 4-10。

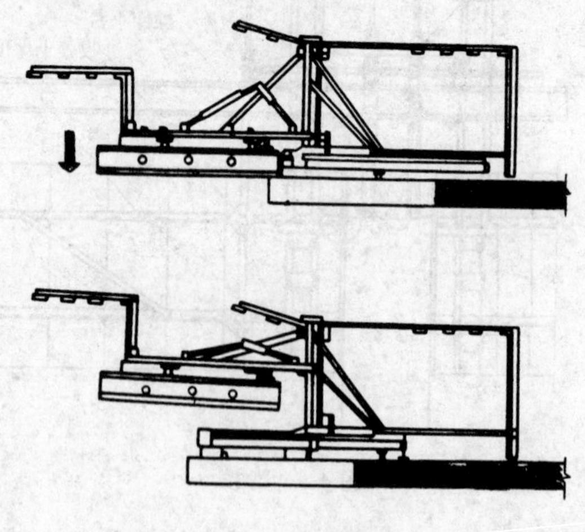

图 4-10 爬模示意图

(1) 优点

1）滑升模板必须在混凝土初期强度时滑升，需要连续滑升施工，要有熟练的操作工人，否则易产生质量和安全事故。而爬升模板不需要连续爬升施工，混凝土灌筑与大模板施工相似，工人较易操作。

2）爬升模板施工是在混凝土达到一定强度后脱模，混凝土结构尺寸和表面质量都较好，施工也较安全可靠。

(2) 发展趋势

1）在爬升设备方面，从采用倒链葫芦的手动爬升发展到采用液压千斤顶或电动设备的自动爬升。

2）在模板材料方面，从采用组合钢模板拼装成大模板，发展到采用设计要求加工的大钢模板或钢框胶合板模板等。

3）在爬升方法方面，从“架子爬架子”，即以混凝土墙体为支承点，通过提升设备，使大爬架与小爬架交替爬升，不断循环，使固定在大爬架上的模板同步爬升。发展到“架子爬模板，模板爬架子”，即爬架上升时，以模板为支点，通过提升设备，使爬架同步上升，到达位置后，固定在墙壁上，模板爬升时，以爬架为支点，通过提升设备，使模板同步上升。以及发展到“模板爬模板”，见图 4-11。

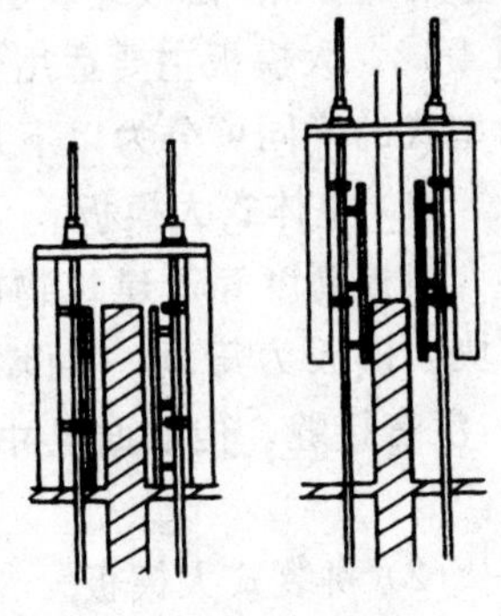

图 4-11　爬模爬升示意图

4）在爬升施工范围方面，从外墙爬升施工发展到内、外墙同时爬升施工和无爬架升模施工方法。

4.46　大模板有何特点？

大模板混凝土侧压力由较强的支撑系统来承担，而且模板上

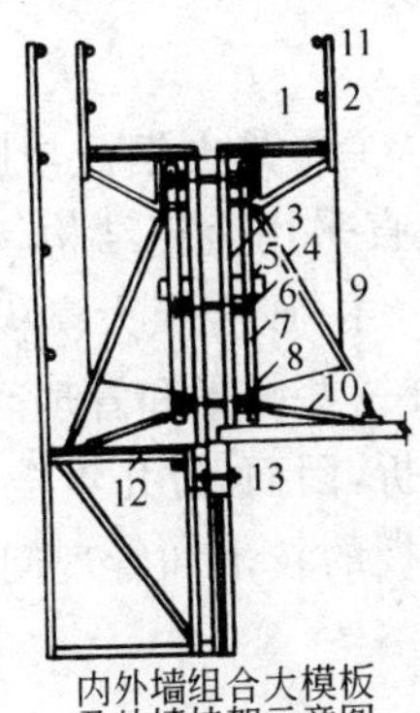

图 4-12　大模板示意图

1—吊环；2—操作平台；3—平面模板块；4—斜支撑斜杆；
5—工具箱；6—穿墙对拉螺栓；7—(50×100)方钢管纵龙骨；
8—(50×100)方钢管横龙骨；9—钢筋爬梯；10—斜支撑横杆；
11—护身栏立杆；12—外墙挂架；13—高强穿墙对拉螺栓

可带有脚手架，模板组装、拆除和搬运都较方便，工人操作简便，见图 4-12。大模板主要适用于浇筑钢筋混凝土墙体，大模板按其结构型式的不同可分为以下几种：

（1）整体式大模板

模板高度等于建筑物的层高，长度等于房间的进深或开间，一块大模板为房间一面墙大小。其特点是拆模后墙面平整光滑，没有接缝。但墙面尺寸不同时，就不能重复利用，模板利用率低。

（2）拼装式大模板

用组合钢模板根据所需模板尺寸和形状，在现场拼装成大模板。其特点是大模板可以重新组装，适应不同板面尺寸的要求，提高模板的利用率。

（3）模数式大模板

模板根据一定模数进行设计，用骨架和面板组成各种不同尺寸的模板，在现场可按墙面尺寸大小进行组合成大模板。其特点是能适应不同建筑结构的要求，提高模板的利用率。

（4）大模板发展趋势

1）材料方面：

国外的大模板材料，主要是由钢框与胶合板面板组成的。我国的大模板材料过去一直采用全钢结构，1994 年以来，在许多工程中曾大量应用钢框竹（木）胶合板大模板，并且在工程应用中取得较好效果，但由于存在一些技术和管理问题没有解决，这种模板的推广应用受到一定挫折，因而，近几年全钢大模板又得到大量应用。随着钢框胶合板模板的技术和管理问题得到解决，这种模板将会得到很快发展。

2）结构方面：

过去大多数采用整体式大模板，模板应用不灵活，周转使用率低。目前已发展到采用拼装式大模板和模数式大模板，模数制的钢框胶合板大模板将是今后的发展方向。

3）施工方法方面：

过去主要采用“外挂内浇”施工方法，即外墙采用预制混凝土挂板，内墙采用大模板浇筑混凝土。后来，发展到采用“外砌内浇”施工方法，即外墙采用砌砖，内墙采用大模板浇筑混凝土。近年来，又发展到采用“内、外墙全现浇”大模板施工方法，这种方法也将是今后的发展方向。

4.47 筒模有何特点？

筒模是由模板、角模和紧伸器等组成。主要适用于电梯井内模的支设，同时也可用于方形或矩形狭小建筑空间、建筑构筑物及筒仓等结构。由于筒模具有结构简单、装拆方便、施工速度快、劳动工效高、整体性能好、使用安全可靠等特点，随着高层建筑的大量兴建，电梯井筒模的推广应用发展很快，许多模板公司研制开发了各种形式的筒模。

(1) 筒模的模板为 4 面模板，采用大型钢模板或钢框胶合板模板拼装而成。一个工程完成后，模板可以整体拆散，再按工程需要的尺寸重新组装，满足不同尺寸电梯的施工要求。

筒模的角模有固定角模和活动角模两种。固定角模即为一般的阴角钢模板，见图 4-13，活动角模已开发出单铰链角模和三铰链角模等的多种不同构造型式；单铰链角模，见图 4-14，只在转角

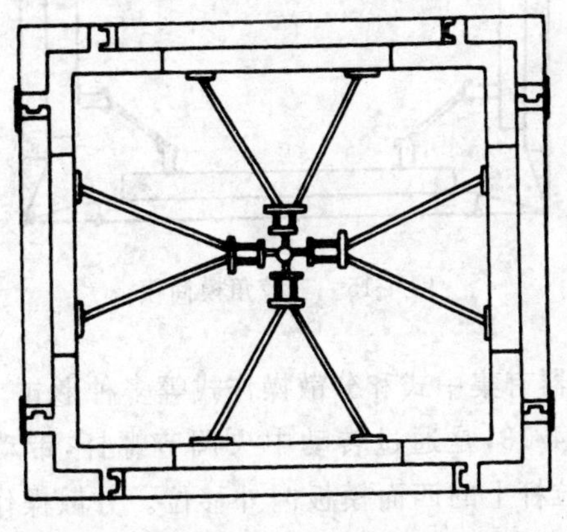

图 4-13 固定角模筒模

处设铰链；三铰链角模，见图 4-15，在转角和角模与平模相接处都设铰链，这种角模收合比较灵活方便。

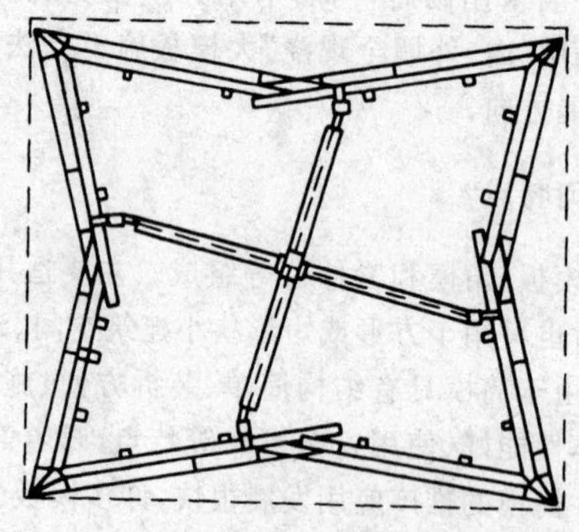

图 4-14　单铰角模筒模

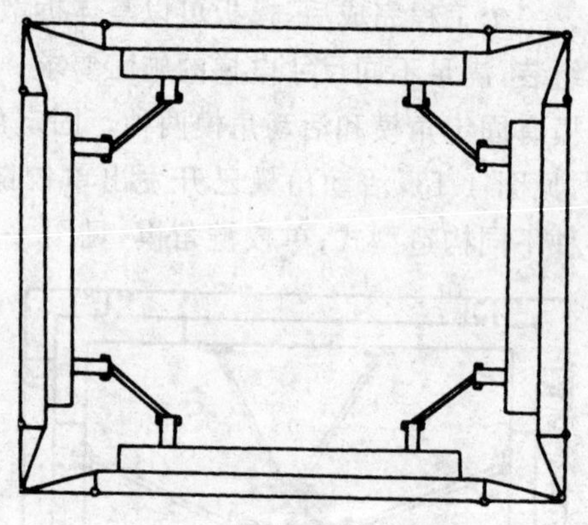

图 4-15　三铰角模筒模

（2）紧伸器有集中式和分散操作式等多种形式。集中操作式紧伸器，见图 4-13，是通过转动中央调节螺杆，带动四面拉杆伸缩，使支撑在拉杆上的四面模板内外移位。分散操作式紧伸器是各面模板的内外移位，均通过各自的调节螺杆来完成，其形式较多,见图 4-14 和 4-16 所示。连接相对模板的紧伸器,在脱模时,通过旋转调节螺杆,牵动两对面模板向内移动,使角模收缩,达到脱模的目的。支模时,反转调节螺杆,使两对面模板向外推移和角模伸张,达到支模的目的。图 4-17 为目前常用的电梯井筒板支模透视图。

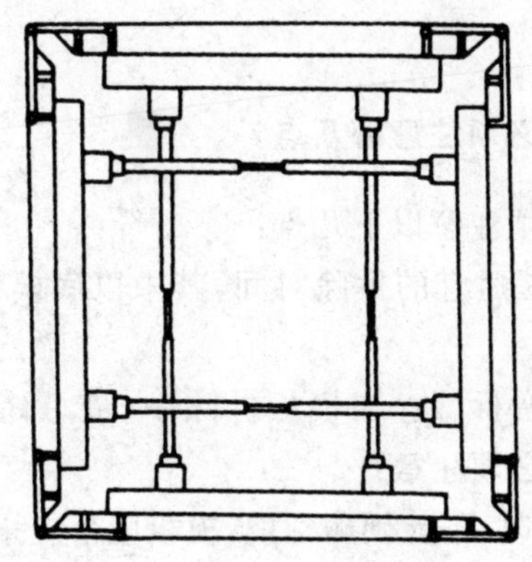

图 4-16　筒模分散紧伸器

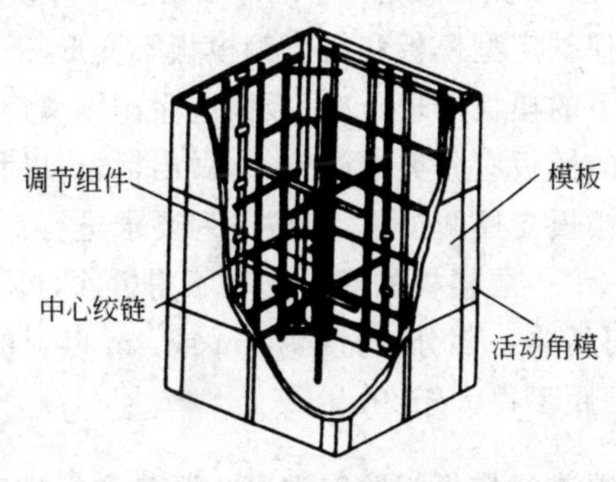

图 4-17　筒模透视图

(3) 提升筒模一般采用塔吊,先将筒模工作平台吊装上升,待工作平台上的支腿上升到上一层预留洞时,自动弹入洞内,再将工作平台落实就位。然后将筒模吊运在平台上，调整紧伸器，使角模伸张至与平模成一个平面。为了解决在塔吊运输条件缺乏的情况下，进行筒模的安装、拆卸和搬动工作，有的模板公司已开发了自升筒模技术，即在原筒模和工作平台基础上，增加提升架和提升机，将提升机固定在提升架底座上，通过 4 个导轮、4 根钢丝绳及其紧绳器，将筒模和提升架互为提升，完成筒模提升操作施工。

4.48 模板拆除必须注意哪几点？

模板拆除必须注意以下几点：

(1) 必须掌握适宜的拆除时间，其中以底模和模板支架的拆除时间更为重要。

(2) 忌讳野蛮拆除。在模板拆除中，最忌讳的是野蛮拆除。模板及支架拆除必须注意：

1) 模板拆除时，不能硬砸猛撬，模板坠落应采取缓冲措施，不应对楼层形成冲击荷载。

2) 拆除下来的模板和支架不宜过于集中存放，宜分散堆放，并应及时清运走，以免在楼层上积压，形成过大荷载。

(3) 注意保护定型模板和组合钢模板不变形。

(4) 将拆下的模板清理干净，板面应涂刷隔离剂。

(5) 拆下的模板应分类堆放整齐，做出标志，以利再用。

(6) 多层楼板支柱的拆除，应按下列要求进行：上层楼板正在浇筑混凝土时，下一层楼板的模板支柱不得拆除，再下一层楼板模板的支柱，仅可拆除一部分；跨度为 4m 或 4m 以上的梁下均应保留支柱，支柱间距不得大于 3m。

4.49 如何正确掌握模板拆除时混凝土强度和拆模时间？

模板及其支架拆除应按施工技术方案执行，模板拆除时混凝土强度以同条件养护混凝土试件的抗压强度为判定依据。

模板及其支架拆除时，混凝土的抗压强度应符合设计要求，当设计无具体要求时，应符合下列规定：

(1) 侧模拆除。

应在混凝土强度能保证其表面及棱角不因拆除模板而受损坏后，方可拆除。

(2) 底模拆除。

当设计无具体要求时，不同构件类型、不同构件跨度，其底模拆除对混凝土强度要求不同，混凝土强度应符合表 4-9 规定后，方可拆除。

度模拆模时混凝土强度要求 **表 4-9**

构件类型	构件跨度(m)	达到设计的混凝土立方体抗压强度标准值的百分率(%)
板	≤2	≥50
	>2、≤8	≥75
	>8	≥100
梁、拱、壳	≤8	≥75
	>8	≥100
悬臂构件	—	≥100

(3) 后张法预应力混凝土结构构件模板拆除。

对后张法预应力混凝土结构构件，侧模宜在预应力张拉前拆除。底模支架的拆除应按施工技术方案执行，当无具体要求时，不应在结构构件建立预应力前拆除。

(4) 预制构件模板拆除。

1) 侧模拆除时的混凝土强度，应能保证构件不变形、棱角完整不受损伤。

2) 芯模和预留孔洞内模拆除时的混凝土强度，应保证构件和孔洞表面不发生坍陷和裂缝。

3) 底模拆除时的混凝土强度：

当构件跨度≤4m 时，混凝土强度达到设计强度标准值的50%以上。

当构件跨度>4m 时，混凝土强度达到设计强度标准值的75%以上。

(5) 后浇带两侧的梁和板应按施工技术方案，后浇带跨的梁、板底模拆除时，必须待后浇带内的混凝土强度达到设计强度标准值的100%方可拆除。

4.50 模板拆除顺序和方法有何要求？

拆除模板时必须确保混凝土结构安全和外观质量。

(1) 拆模顺序

一般情况下是先装后拆，后装先拆。先拆除承重较小部位的模板及其支架，然后拆除其他部位的模板及支架。

1) 普通模板：一般先拆非承重模板，后拆承重模板；先拆侧模，后拆底模。

2) 大型结构模板：必须按预先制订的施工技术方案进行。

3) 框架模板：一般是先拆柱模，再拆楼板模，然后拆梁侧模，最后拆梁底板模。

4) 楼梯模板的拆模顺序是梯级板→梯级侧板→梯板侧板→梯板底板。

5) 发现问题处理。在拆除模板过程中，不应对楼层形成冲击荷载。如发现混凝土出现异常现象，可能影响混凝土结构的安全和质量等问题时，应立即停止拆模，并经处理认证后方可继续拆模。

6) 冬期施工。模板与保温层应在混凝土冷却到5℃后方可拆模。当混凝土与外界温差大于20℃时，拆模后应对混凝土表面采取保温措施，如加临时覆盖，使其缓慢冷却等。

(2) 拆模操作工艺和方法

1) 柱模板。

单块组拼在应先拆除钢楞、柱箍和对拉螺栓等连接、支撑件，再由上而下逐步拆除；预组拼的则应先拆除两个对角的卡件，并作临时支撑后，再拆除另两个对角的卡件，待吊钩挂好，拆除临时支撑，方能脱模起吊。

2）墙模板。

单块组拼的，在拆除对拉螺栓、大小钢楞和连接件后，从上而下逐步拆除；预组拼的应在挂好吊钩，检查所有连接件是否拆除后，方能拆除临时支撑脱模起吊。对拉螺栓拆除时，可将对拉螺栓凹进墙面 5mm 切断，亦可在混凝土内加埋套管，将对拉螺栓从套管中抽出重复作用。

3）梁、楼板模板。

① 应先拆梁侧模，再拆楼板底模，最后拆除梁底模。拆除跨度较大的梁下支柱时，应先从跨中开始分别拆向两端。

② 多层楼板模板和支柱的拆除，应按下列要求进行：上层楼板正在浇筑混凝土时，下一层楼板的模板支柱不得拆除，再下一层楼板模板的支柱，仅可拆除一部分，跨度 4m 及 4m 以上的梁下均应保留支柱，其间距不得大于 3m。

4.51 模板工程安全施工有何基本要求？

（1）一般要求

1）模板工程作业高度在 2m 及 2m 以上时，要根据高空作业安全技术规范的要求进行操作和防护，要有可靠安全的操作架子，4m 以上或二层以上周围应围设安全网，防护栏杆。

2）操作人员严禁攀登模板或脚手架上下通行，严禁在墙顶、独立梁及其他狭窄又无防护栏的模板面上行走。

3）高处作业支架、平台一般不宜堆放模板料，必须短时间堆放时，一定要码平稳，不能堆得过高，必须控制在架子或平台的允许荷载范围内。

4）高处支模工人所用工具不用时要放在工具袋内，不能随意将工具、模板零件放在脚手架上，以免坠落伤人。

5）模板支撑不能固定在脚手架上或门窗上，避免发生倒塌或模板位移。

6）液压滑动模板及其他特殊模板应按相应的专门安全技术规程进行施工准备和作业。

7）注意防火。易燃材料应远离火源堆放，且应备有消防器材。

（2）天气要求

1）雨期施工，高空作业应有避雷设施，其接地电阻≤10Ω。

2）夜间施工，必须有足够的照明，照明电源电压不得超过36V，在潮湿地点或易触及带电体场所，照明电源电压不得超过24V。各种电源线应为绝缘线，并且不允许直接固定在钢模板上。

3）冬期施工，操作地点和人行通道的冰雪应事先清除掉，避免人员滑倒摔伤。

4）5级以上大风天气，不宜进行大块模板拼装和吊装作业。

（3）电源要求

1）采用电热养护的模板要有可靠的绝缘及漏电和接地保护装置，按电气安全操作规范要求做。

2）架空输电线路下进行模板安装，最好能停电作业，否则应采取防护措施，其安全操作距离为：

① 输电线路电压<1kV，最小安全距离4m；

② 输电线路电压1～20kV，最小安全距离6m；

③ 输电线路电压35～110kV，最小安全距离8m；

④ 输电线路电压150kV，最小安全距离10m；

⑤ 输电线路电压200kV，最小安全距离15m。

3）吊运模板的起重机任何部位和被吊的物件边缘与10kV以下架空线路边缘最小水平距离不得小于2m。如果达不到要求。必须采取防护措施，增设屏障、遮栏、围护或保护网，并悬挂醒目的警告标志牌。

4.52 模板安装安全施工一般技术要求是什么？

（1）模板安装必须按模板工程的施工组织设计和施工技术方

案进行，严禁随意变动。

(2) 多层建筑物模板及其支架。

1) 下层楼板结构强度，只有达到承受上层模板、支撑和新浇混凝土的重量时，方可进行上层模板的架设。否则，下层楼板结构的支撑体系不能拆除，同时上下支柱应在同一垂直线上。

2) 如采用悬吊模板、桁架支模方法，其支撑结构必须要有足够的强度和刚度。

(3) 当层间高度＞5m 时，若采用多层支架支模，则在两层支架立柱间应铺设垫板，且应平整，上下层支柱要垂直，并应在同一垂直线上。

(4) 模板及支撑体系在安装过程中，必须设置临时固定设施，严防倾覆。

(5) 支柱安装完毕后，应及时加固。当柱高＞4m 时，应设上下两道水平撑，并加设剪刀撑。支柱每增高 2m 再增加一道水平撑和一道剪刀撑。

(6) 采用分节脱模时，底模支点应按设计要求设置。

(7) 承重焊接钢筋骨架和模板一起安装。

1) 模板必须固定在承重焊接钢筋骨架的节点上。

2) 安装钢筋模板组合体时，吊索应按模板设计的吊点位置连接。

(8) 组合钢模板采取预拼装时整体吊装。

1) 拼装完毕的大块模板或整体模板，吊装前应确定吊点位置，先进行试吊，确认无误后，方可正式吊运安装。

2) 使用吊装机械安装大块整体模板时，必须在模板就位并连接牢固后主可脱钩。

3) 安装整块柱模板时，不得将其支在柱子钢筋上代替临时支撑。

4.53 模板拆除安全施工有何基本要求?

(1) 拆模必须提出申请，并根据混凝土同条件养护试件强度达到本章第 4.49 条规定时，方可批准拆除。

(2) 对于大体积混凝土，除应满足混凝土强度要求外，还应考虑保温措施，拆模之后要保证混凝土内外温差不超过 20℃，以免发生温差裂缝。

(3) 在拆模过程中，如发现实际结构混凝土强度未达到要求，有影响结构安全的质量问题，应暂停拆模。经妥善处理，实际强度达到要求后，方可继续拆除。

(4) 各类模板拆除的顺序和方法，应根据模板设计和本章第 4.50 条规定进行。一般情况，先拆非承重的模板，后拆承重的模板及支架的顺序进行。

(5) 拆除模板必须随拆随清理，即做到现场整洁、文明施工，又不阻碍通行及发生坠落伤人事故。

(6) 拆模时，下方不能有人，拆模区应设警戒线，以防伤人。

(7) 拆除模板向下运送传递，一定要上下呼应，不能采取猛撬，致使大片塌落的方法拆除。用起重机吊运拆除模板时，模板应堆码整齐并捆牢，方可吊装，以防散落。

(8) 遇 6 级以上大风时，应暂停室外的高处作业。有雨、雪、霜时，应先清理施工现场，以防滑倒。

(9) 冬期拆除应遵守冬期施工有关规定，其中主要是要考虑混凝土模板拆除后的保温养护，如果不能进行保温养护，必须暴露在大气中，要考虑混凝土受冻的临界强度。

4.54 模板设计应验收哪些内容?

(1) 模板设计验收内容主要包括选型、选材、荷载计算、结构设计、绘制模板施工图以及拟定制作、安装、拆除方案等。

(2) 检查安全性。各项设计内容深度是否满足结构设计要求，保证施工中不变形、不倒塌。

(3) 检查各项设计是否与施工条件相符。

(4) 检查模板设计的实用性。例如：

1) 接缝严密性。

2）保证构件的形状尺寸和相互位置的正确性。

3）模板的构造简单，支拆方便等。

（5）检查经济性。是否根据工程的具体情况，因地制宜，就地取材，在确保工期、质量的前提下，尽量减少一次性投入，增加模板周转，减少支模用工，实现文明施工等。

4.55 模板安装检验批质量验收有哪些规定？

（1）模板安装验收强制性条文

模板及其支架应根据工程结构形式、荷载大小、地基土类别、施工设备和材料供应等条件进行设计。模板及其支架应具有足够的承载能力、刚度和稳定性，能可靠地承受浇筑混凝土的重量、侧压力以及施工荷载。

（2）主控项目

1）安装现浇结构的上层模板及其支架时，下层楼板应具有承受上层荷载的承载能力，或加设支架；上、下层支架的立柱应对准，并铺设垫板。

检查数量：全数检查。

检验方法：对照模板设计文件和施工技术方案观察。

2）在涂刷模板隔离剂时，不得沾污钢筋和混凝土接槎处。

检查数量：全数检查。

检验方法：观察。

（3）一般项目

1）模板安装应满足下列要求：

① 模板的接缝不应漏浆；在浇筑混凝土前，木模板应浇水湿润，但模板内不应有积水；

② 模板与混凝土的接触面应清理干净并涂刷隔离剂，但不得采用影响结构性能或妨碍装饰工程施工的隔离剂；

③ 浇筑混凝土前，模板内的杂物应清理干净；

④ 对清水混凝土工程及装饰混凝土工程，应使用能达到设计效果的模板。

检查数量：全数检查。

检验方法：观察。

2）用作模板的地坪、胎模等应平整光洁，不得产生影响构件质量的下沉、裂缝、起砂或起鼓。

检查数量：全数检查。

检验方法：观察。

3）对跨度大小于 4m 的现浇钢筋混凝土梁、板，其模板应按设计要求起拱；当设计无具体要求时，起拱高度宜为跨度的 1/1000～3/1000。

检查数量：在同一检验批内，对梁，应抽查构件数量的 10%，且不少于 3 件；对板，应按有代表性的自然间抽查 10%，且不少于 3 间；对大空间结构，板可按纵、横轴线划分检查面，抽查 10%，且不少于 3 面。

检验方法：水准仪或拉线、钢尺检查。

4）固定在模板上的预埋件、预留孔和预留洞均不得遗漏，且应安装牢固，其偏差、检查数量和检验方法见本章第 4.30 条。

5）现浇结构模板安装的偏差、检查数量和检验方法见本章第 4.31 条。

6）预制构件模板安装的偏差、检查数量和检验方法见本章第 4.29 条。

4.56 模板安装检验批质量验收用表有何规定？

模板分项工程安装项目有 2 张检验批质量验收用表。其中地基与基础分部工程和主体分部工程共用表格有 1 张，即《模板安装工程检验批质量验收记录表》(GB 50204—2002)(Ⅰ)，010601□□，020101□□，见表 4.10；主体结构分部工程单独验收用表 1 张，即《预制构件模板工程检验批质量验收记录表》(GB 50204—2002)(Ⅱ)，020101□□，见表 4-11。表 4-10、表 4-11 为××工程模板施工时的验收报表。

模板安装工程检验批质量验收记录表

表 4-10

GB 50204—2002

（Ⅰ）

010601□□

020101 [0][2]

单位（子单位）工程名称					××4 号住宅楼										
分部（子单位）工程名称					主体结构								验收部位		一层①～⑩梁
施工单位					××建筑工程公司								项目经理		××
施工执行标准名称及编号					QJ 002—007—2002 模板工艺标准										
施工质量验收规范的规定					施工单位检查评定记录								监理（建设）单位验收记录		
主控项目	1	模板支撑、立柱位置和垫板		第 4.2.1 条	√								同意验收		
	2	避免隔离剂沾污		第 4.2.2 条	√										
一般项目	1	模板安装的一般要求		第 4.2.3 条	√								符合验收规范要求，同意验收		
	2	用作模板地坪、胎膜质量		第 4.2.4 条	√										
	3	模板起拱高度		第 4.2.5 条	√（按 1‰起拱）										
	4	预埋件、预留孔允许偏差	预埋钢板中心线位置（mm）	3											
			预埋管、预留孔中心线位置（mm）	3	2	3	3	1	2	④	1	1			
			插筋 中主线位置（mm）	5											
			插筋 外露长度（mm）	+10，0											
			预埋螺栓 中心线位置（mm）	2											
			预埋螺栓 外露长度（mm）	+10，0											
			预留洞 中心线位置（mm）	10	7	8	9	6	7	⑬	5	8			
			预留洞 尺寸（mm）	+10，0	8	7	6	9	7	5	⑪	7			

续表

一般项目	5	预制构件模板允许偏差	轴线位置(mm)		5	2	3	5	4	2	4			符合验收规范要求，同意验收
			底模上表面标高(mm)		±5	−2	2	3	4	0	3	−1	0	
			截面内部尺寸(mm)	基础	+10									
				柱、墙、梁	+4，−5	2	−2	−3	0	1	5	1	2	
			层高垂直度(mm)	不大于5m	6									
				大于5m	8									
			相邻两板表面高低差(mm)		2	1	1	③	1	1	2	1	2	
			表面平整度(mm)		5	3	4	5	3	1	2	⑥	4	

施工单位检查评定结果	专业工长(施工员)	×××	施工班组长	××
	主控项目、一般项目均合格 项目专业质量检查员：××× ××××年×月×日			
监理(建设)单位验收结论	同意验收 专业监理工程师：×× (建设单位项目专业技术负责人)： ××××年×月×日			

表 4-11

预制构件模板工程检验批质量验收记录表
GB 50204—2002
（Ⅱ）

020101 [0][2]

单位（子单位）工程名称				××4 号住宅楼		
分部工程名称				主体结构	验收部位	二层
施工单位				××建筑工程公司	项目经理	××
施工执行标准名称及编号				QJ 002—007—2002 模板工艺标准		
施工质量验收规范的规定					施工单位检查评定记录	监理（建设）单位验收记录
主控项目	1	避免隔离剂沾污		第 4.2.2 条	√	同意验收
一般项目	1	模板安装的一般要求		第 4.2.3 条	√	符合验收规范要求，同意验收
	2	用作模板地坪、胎膜质量		第 4.2.4 条	√	
	3	模板起拱高度		第 4.2.5 条	√	
	4	预埋件、预留孔允许偏差	预埋钢板中心线位置(mm)	3		
			预埋管、预留孔中心线位置(mm)	3		
		插筋	中主线位置(mm)	5		
			外露长度(mm)	+10,0		
		预埋螺栓	中心线位置(mm)	2		
			外露长度(mm)	+10,0		
		预留洞	中心线位置(mm)	10		
			尺寸(mm)	+10,0		
	5	预制构件模板允许偏差 长度(mm)	板、梁	±5		
			薄腹梁、桁梁	±10		
			柱	0,−10		
			墙板	0,−5		

续表

一般项目	5	预制构件模板允许偏差	宽度(mm)	板、墙板	0，−5									符合验收规范要求，同意验
				梁、薄腹梁、桁架、柱	+2，−5									
			高（厚）度(mm)	板	+2，−3									
				墙板	0，−5									
				梁、薄腹梁、桁架、柱	+2，−5									
			假向弯曲(mm)	梁、板、柱	L/1000 且≤15									
				墙板、薄腹梁、桁架	L/1500 且≤15									
			板的表面平整度(mm)		3									
			相邻两板表面高低差(mm)		1									
			对角线差(mm)	板	7									
				墙板	5									
			翘曲	板、墙板	L/1500									
			设计起拱(mm)	薄腹梁、桁架、梁	±3									

施工单位检查评定结果	专业工长（施工员）		施工班组长	
	主控项目、一般项目均合格 项目专业质量检查员：　　　　年　月　日			
监理（建设）单位验收结论	同意验收 专业监理工程师： （建设单位项目专业技术负责人）：　　　　年　月　日			

注：一般项目中允许偏差栏填写方法同表 4-10。

4.57 模板拆除检验批质量验收有哪些规定？

（1）模板拆除验收强制性条文

模板及其支架拆除的顺序及安全措施应按施工技术方案执行。

（2）主控项目验收

1）底板及其支架拆除时的强度应符合设计要求；当设计无具体要求时，混凝土强度应符合本章第 4.49 中表 4-9 的规定。

检查数量：全数检查。

检验方法：检查同条件养护试件强度试验报告。

2）对后张法预应力混凝土结构构件，侧模宜在预应力张拉前拆除；底模支架的拆除应按施工技术方案执行，当无具体要求时，不应在结构构件建立预应力前拆除。

检查数量：全数检查。

检验方法：观察。

3）后浇带模板的拆除和支顶应按施工技术方案执行。

检查数量：全数检查。

检验方法：观察。

（3）一般项目

1）侧模拆除时的混凝土强度应能保证其表面及棱角不受损伤。

检查数量：全数检查。

检验方法：观察。

2）模板拆除时，不应对楼层形成冲击荷载。拆除的模板和支架宜分散堆放并及时清运。

检查数量：全数检查。

检验方法：观察。

4.58 模板拆除检验批质量验收用表有哪些？

模板拆除检验批质量验收用表有 1 张，地基基础分部工程和主体结构工程共用，即《模板拆除工程检验批质量验收用表》(GB 50204—2002)(Ⅲ)，010601□□，020101□□，见表4-12(为填写样式表)。

模板拆除工程检验批质量验收记录表　　表4-12

GB 50204—2002

(Ⅲ)　　010601□□

020101 [0][2]

<table>
<tr><td colspan="3">单位(子单位)工程名称</td><td colspan="4">××4号住宅楼</td></tr>
<tr><td colspan="3">分部(子分部)工程名称</td><td>主体结构</td><td>验收部位</td><td colspan="2">二层①～⑩板</td></tr>
<tr><td colspan="2">施工单位</td><td colspan="2">××建筑工程公司</td><td>项目经理</td><td colspan="2"></td></tr>
<tr><td colspan="3">施工执行标准名称及编号</td><td colspan="4">QJ 002—007—2002模板工艺标准</td></tr>
<tr><td colspan="4">施工质量验收规范的规定</td><td colspan="2">施工单位检查评定记录</td><td>监理(建设)单位验收记录</td></tr>
<tr><td rowspan="3">主控项目</td><td>1</td><td>底模及其支架拆除时的混凝土强度</td><td>第4.2.1条</td><td colspan="2">同条件养护试件强度达80%设计强度，开始拆模</td><td rowspan="3">同意验收</td></tr>
<tr><td>2</td><td>后张法预应力构件侧模和底模的拆除时间</td><td>第4.2.2条</td><td colspan="2"></td></tr>
<tr><td>3</td><td>后浇带拆模和支顶</td><td>第4.2.3条</td><td colspan="2">√</td></tr>
<tr><td rowspan="2">一般项目</td><td>1</td><td>避免拆模损伤</td><td>第4.2.4条</td><td colspan="2">√</td><td rowspan="2">同意验收</td></tr>
<tr><td>2</td><td>模板拆除、堆放和清运</td><td>第4.2.5条</td><td colspan="2">√</td></tr>
<tr><td colspan="3" rowspan="2">施工单位检查评定结果</td><td>专业工长(施工员)</td><td></td><td>施工班组长</td><td></td></tr>
<tr><td colspan="4">主控项目、一般项目均合格，符合验收规范要求
项目专业质量检查员：　　年　月　日</td></tr>
<tr><td colspan="3">监理(建设)单位验收结论</td><td colspan="4">同意验收
专业监理工程师：
(建设单位项目专业技术负责人)：　　年　月　日</td></tr>
</table>

4.59 模板工程常见质量问题有哪些？原因是什么？

(1) 柱、墙板轴线偏位

1) 现象

拆除模板后，发现混凝土柱、墙板实际轴线位置与建筑物轴线位置不符。

2) 原因分析

① 放线错误。

② 柱、墙模板顶部及根部无限位措施，发现偏位不及时纠正，造成累计误差。

③ 无纵向垂直度控制措施。

④ 模板刚度差，螺栓及支撑松动。

(2) 爆模

1) 现象

浇筑混凝土时或拆模后，发现模板变形，出现向外凸或翘曲。

2) 原因分析

① 支架支撑在未夯实的基土上，或因基土积水下沉。

② 模板厚度不够，支撑及围檩间距过大，刚度差。

③ 墙模板的穿墙螺栓直径过小，间距过大。振捣混凝土时螺栓变形或螺帽脱落。

④ 墙模板中的洞口内模对撑不牢固，当振捣混凝土时被挤偏位。

⑤ 梁、柱模板卡具间距过大，不能承受振捣混凝土时产生的侧向压力。

⑥ 混凝土一次浇筑高度过高，下料过快，下料集中，振捣时间过长。

(3) 标高偏差

1) 现象

混凝土结构层标高与图纸设计标高不符。

2) 原因分析

① 木工翻样没考虑装饰装修层厚度。

② 竖向楼板根部没找平。

③ 模板顶部无标高标记或不按标记施工。

④ 结构层无标高控制点。

⑤ 楼梯踏步板没考虑装饰层厚度。

(4) 模板拼缝不严密

1) 现象

模板间接缝有空隙,混凝土浇筑时漏浆。

2) 原因分析

① 木模板含水率过大,安装时间过长,木模板干缩裂缝。

② 浇筑混凝土时,木模板没提前浇水湿润,接缝没有胀紧。

③ 模板制作粗糙,拼缝不严密,梁柱接头部位模板尺寸错位、不吻合。

④ 使用已变形的钢模板,边框弯折,接缝措施不当,且不进行修整。

(5) 拆除模板时损坏混凝土

1) 现象

拆除模板时将混凝土的边角损坏或碰撞混凝土,造成裂缝。

2) 原因分析

① 混凝土强度低,拆除模板时间过早。

② 使用拆除后没清理干净的模板,模板上没涂刷隔离剂,模板与混凝土有粘结面。

③ 拆除模板时用大锤硬砸或用撬棍硬撬,损坏模板及混凝土。

(6) 模板内清理不净

1) 现象。模板内残留杂物等垃圾污物。

2) 原因分析

① 墙、柱根部的拐角、梁柱接头最低处不留清扫孔,或所留位置无法清扫。

② 封模前未进行清扫。

③ 钢筋绑孔完毕，模内未用压缩空气或压力水清扫。

(7) 隔离剂使用不当

1）现象。混凝土表面被污染，或混凝土残浆不清除即刷脱模剂，造成混凝土表面出现麻面等缺陷。

2）原因分析

① 拆模后不清理残浆即刷隔离剂。

② 隔离剂涂刷不匀或漏涂，或涂层过厚。

③ 使用废机油作隔离剂，污染钢筋、混凝土，影响混凝土表面质量。

5 钢 筋 工 程

5.1 钢筋分项工程包括哪些内容？重点应掌握哪些要求？

钢筋加工、钢筋连接和安装是影响结构质量的一个重要环节，如：受力钢筋弯钩、弯折的形状和尺寸、钢筋连接的方式、接头位置、搭接长度、接头试件的力学性能检验、钢筋安装的位置、特别是受力钢筋的位置等，对于保证钢筋与混凝土协同受力非常重要。因此，确保钢筋加工质量、连接质量和安装质量，是保证钢筋混凝土结构安全的重要因素。

（1）钢筋分项工程包括钢筋进场检验、钢筋加工、钢筋连接、钢筋安装等一系列技术工作和完成的实体。

（2）重点应掌握以下要求。

1）了解钢筋分项工程的一般内容。

2）掌握钢筋进场时质量检验的基本要求、检验方法和抽样方案。

3）掌握对有抗震设防要求的框架结构纵向受力钢筋的要求。

4）掌握当钢筋脆断、焊接性能不良或力学性能显著不正常时的处理方法。

5）掌握对钢筋外观、形状的基本要求及检验方法。

6）掌握受力钢筋的弯钩、弯折和箍筋的有关规定。

7）了解对钢筋调直方法的要求，掌握冷拉调直时对冷拉率的要求。

8）掌握对钢筋加工的形状、尺寸及偏差要求。

9）掌握对纵向受力钢筋的连接方式要求。熟悉施工现场机械连接接头、焊接接头的外观质量要求，以及力学性能检验方法和质量标准。

10）了解钢筋的接头位置要求，掌握各种连接方式的接头面积百分率要求。

11）掌握梁、柱类构件纵向受力钢筋搭接长度范围内配置箍筋的要求。

12）掌握钢筋安装时，对受力钢筋的品种、级别、规格和数量的基本要求和对钢筋安装位置偏差的要求。

5.2 钢筋分项工程所含检验批划分原则是什么？

钢筋分项工程所含的检验批数量，应该根据施工现场的材料种类、施工工序和验收的需要具体加以确定。“混凝土验收规范”分别从“一般规定”、“原材料”、“钢筋加工”、“钢筋连接”、“钢筋安装”等5个方面做出了规定。在实际施工中，施工单位、监理单位和建设单位可在施工前根据与施工方式相一致且便于控制施工质量的原则，按工作班、楼层、结构缝或施工段划分为若干检验批。

5.3 钢筋需代换时，有何要求？

钢筋代换是施工现场经常遇到的关系钢筋质量控制的一个重要问题。在施工过程中，当施工单位缺乏设计所要求的钢筋品种、级别或规格时，可以进行钢筋代换。但为了保证对设计意图的理解不产生偏差，“混凝土验收规范”明确规定钢筋代换应由设计单位负责。因此，钢筋代换时应办理设计变更文件，以确保满足原结构设计的要求。这一规定为“强制性条文”，应严格执行。

钢筋代换时，应符合下列要求：

(1) 不同种类钢筋的代换，应按钢筋受拉承载力设计值相等的原则进行。代换后应满足混凝土结构设计规范中有关间距、锚固长度、最小钢筋直径、根数等要求。

(2) 对有抗震要求的框架钢筋需代换时，不宜以强度等级较高的钢筋代替原设计中的钢筋；对重要受力结构，不宜用HPB 235级钢筋代换变形钢筋。

(3) 当构件受抗裂、裂缝宽度或挠度控制时，钢筋代换时应重新进行验算；梁的纵向受力钢筋与弯起钢筋应分别进行代换。

5.4 钢筋调直有几种方法？冷拉调直时，如何控制冷拉率？

(1) 钢筋调直可采用机械调直方法和冷拉调直方法。一般情况下宜采用机械方法。

(2) 冷拉调直。

当采用冷拉方法调直钢筋时，HPB235 级钢筋的冷拉率不宜大于 4%，HRB335 级、HRB400 级和 RRB400 钢筋的冷拉率不宜大于 1%。

1) 控制冷拉力

冷拉力 $$N=\delta_{yk}\cdot A_o \tag{5-1}$$

式中 δ_{yk}——控制应力(N/mm²)；

A_o——冷拉前截面面积(mm²)。

冷拉钢筋至控制应力后，应剔除个别超过最大冷拉率的钢筋，若较多钢筋超过最大冷拉率，则应进行抗拉强度试验，符合有关标准规定者仍可使用。冷拉应力与冷拉率应控制在表 5-1 范围内。

冷拉控制应力及最大冷拉率 **表 5-1**

钢筋级别	钢筋直径 (mm)	冷拉控制应力 (N/mm²)	最大冷拉率 (%)
HPB235 级	≤12	280	10.0
HRB335 级	≤25	450	5.5
	28～40	430	
HRB400 级、RRB400 级	8～40	500	5.0

2) 控制冷拉率

冷拉钢筋的冷拉率由试验确定，测定同炉罐批次钢筋冷拉率时，钢筋的冷拉应力应符合表 5-2 规定，其试件不少于 4 个，取其平均值为冷拉率。

测定冷拉率时钢筋的冷拉应力 **表 5-2**

钢筋级别	钢筋直径(mm)	冷拉应力(N/mm^2)
HPB235 级	≤12	310
HRB335 级	≤25	480
	28～40	460
HRB400 级、RRB400 级	8～40	530

注:当钢筋平均冷拉率低于1%时,仍应按1%进行冷拉。

冷拉伸长值 $$\Delta L = r \cdot L \qquad (5\text{-}2)$$

式中 r——钢筋冷拉率;

L——钢筋冷拉前长度。

5.5 钢筋冷拉控制要点有哪些?

(1) 冷拉前,使用的测力器和各项计算数据应进行校验和复验。

(2) 冷拉速度不宜过快。

(3) 自然失效的冷拉钢筋,需放置7～15d方可使用。

(4) 冷拉钢筋力学性能试验必须符合有关标准规定。

(5) 预应力钢筋应先对焊,后冷拉。

5.6 受力钢筋的弯钩和弯折应符合哪些质量要求?

受力钢筋的弯钩和弯折应符合下列规定:

(1) HPB 235 级钢筋末端应作180°弯钩,其弯弧内直径不应小于钢筋直径的2.5倍,弯钩的弯后平直部分长度不应小于钢筋直径的3倍。

(2) 当设计要求钢筋末端需作135°弯钩时,HRB 335 级、HRB 400 级钢筋的弯弧内直径不应小于钢筋直径的4倍,弯钩的弯后平直部分长度应符合设计要求。

(3) 钢筋作不大于90°的弯钩时,弯折处的弯弧内直径不应小于钢筋直径的5倍。

5.7 箍筋末端的弯钩应符合哪些规定?

除焊接封闭环式箍筋外,箍筋的末端应作弯钩,弯钩形式应符合设计要求;当设计无具体要求时,应符合下列规定:

(1) 箍筋弯钩的弯弧内直径除应满足本章第 5.5 的规定外,尚应不小于受力钢筋直径。

(2) 箍筋弯钩的弯折角度:对一般结构,不应小于 90°;对有抗震等要求的结构,应为 135°。

(3) 箍筋弯后平直部分长度:对一般结构,不宜小于箍筋直径的 5 倍;对有抗震等要求的结构,不应小于箍筋直径的 10 倍。

5.8 钢筋冷拔时,应控制哪几点?

钢筋冷拔时重点应控制以下两点:

(1) 冷拔总压缩率控制

$$\beta=\frac{d_0^2-d^2}{d_0^2} \tag{5-3}$$

式中 β——冷拔总压缩率(盘条拔成钢丝的横截面总压缩率);

d_0——盘条钢筋直径(mm);

d——成品钢筋直径(mm)。

(2) 冷拔控制要点

1) 原材料必须符合 HPB 235 级钢标准的 HPB235 钢盘条。

2) 必须控制总压缩率。

3) 控制冷拔的次数,过多钢丝易发脆,过少易断丝。后道钢筋的直径以 0.85~0.9 倍前道钢丝直径为宜。

4) 合理选择润滑剂。

5) 冷拔钢筋力学性能试验必须符合有关标准规定。

5.9 钢筋加工的允许偏差是多少?为何要求应保证箍筋内净尺寸?

(1) 钢筋加工的形状、尺寸应符合设计要求,偏差应符合表

5-3的规定。

钢筋加工尺寸的偏差限值(mm)　　表5-3

序号	项目	偏差限值	检查方法
1	受力钢筋顺长度方向全长的净尺寸	±10	用尺量测
2	弯起钢筋的弯折位置	±20	用尺量测
3	箍筋内净尺寸	±5	用尺量测

检查数量:每工作班按同一设备、同一类型的钢筋抽查不少于3件。

(2) 因为箍筋内净尺寸对保证受力钢筋位置和箍筋本身的受力性能具有重要作用,钢筋加工时应予以保证。

5.10 钢筋材料和加工检验批质量验收有何规定?

(1) 主控项目

1) 钢筋进场时,应按现行国家标准《钢筋混凝土用热轧带肋钢筋》GB 1499 等规定,抽取试件作力学性能检验,其质量必须符合有关标准规定。检查产品合格证和复验报告。

检查数量:按进场批次和产品抽样方案确定。

2) 有抗震要求的框架结构纵向受力钢筋的强度,当设计无要求时,对一、二级抗震等级检验所得的强度实测值应符合下列要求:

① 钢筋抗拉强度实测值与屈服强度实测值的比值不小于1.25;

② 钢筋屈服强度实测值与强度标准值的比值不应大于1.3;检查钢筋复试报告。

检查数量:按进场批次和产品抽样方案确定。

3) 当钢筋发生脆断,焊接性能不良或力学性能显著不正常等现象时,应对该批钢筋进行化学成分检验或其他专项检验。检查化学成分等专项检验报告。

4) 受力钢筋弯钩和弯折应符合下列规定:

① HPB235 级钢筋末端应作 180°弯钩，其弯弧内径不应小于钢筋直径的 2.5 倍，弯钩的弯后平直部分长度不应小于钢筋直径的 3 倍。

② 当设计要求钢筋末端需作 135° 弯钩时，HRB335 级、HRB400 级钢筋的弯钩内直径不应小于钢筋直径的 4 倍，弯钩的弯后平直部分长度应符合设计要求。

③ 钢筋作不大于 90°的弯折时，弯折处的弯弧内径不应小于钢筋直径的 5 倍。尺量检查。

检查数量：按每工作班同一类型钢筋、同一加工设备抽查不应少于 3 件。

5）除焊接封闭环式箍筋外，箍筋末端均应作弯钩，弯钩形式应符合设计要求，当设计无具体要求时，应符合下列规定：

① 箍筋弯钩的弯弧内直径应满足本条主控项目中 5.3.1 条的要求，尚应不小于受力钢筋直径；

② 箍筋弯钩的弯折角度：一般结构，不应小于 90°；对有抗震等级要求的结构，应为 135°；

③ 箍筋弯后平直部分长度：对一般结构，不应小于箍筋直径的 5 倍；对有抗震等级要求的结构，不应小于箍筋直径的 10 倍。

检查数量：全数检查。

(2) 一般项目

1）钢筋应平直、无损伤，表面不得有裂纹、油污、颗粒状或片状老锈。

检查方法：观察检查。

检查数量：全数检查。

2）钢筋调直宜采用机械方法，也可采用冷拉方法。当采用冷拉法时，HPB235 级钢筋的冷拉率不宜大于 4%；HRB335 级、HRB400 级、RRB400 级钢筋的冷拉率不宜大于 1%。

检查方法：观察及尺量检查。

检查数量：按每工作班同一类型钢筋、同一加工设备抽查不应少于 3 件。

3）钢筋加工的形状尺寸应符合设计要求，偏差率见表 5-3 一般项目序 3。

检查方法：尺量检查。

检查数量：按每工作班同一类型钢筋、同一加工设备抽查不应少于 3 件。

（3）检验批质量验收记录见表 5-4。

钢筋材料和加工检验批质量验收记录表 **表 5-4**

GB 50204-2002

（Ⅰ）

010602□□
020102□□

<table>
<tr><td colspan="4">单位(子单位)工程名称</td><td colspan="12">××4 号住宅楼</td></tr>
<tr><td colspan="4">分部(子分部)工程名称</td><td colspan="6">主体结构</td><td colspan="4">验收部位</td><td colspan="2">一层梁、板</td></tr>
<tr><td colspan="2">施工单位</td><td colspan="8">××建筑工程公司</td><td colspan="4">项目经理</td><td colspan="2"></td></tr>
<tr><td colspan="4">施工执行标准名称及编号</td><td colspan="12">QJ002-009-2002 钢筋工艺标准</td></tr>
<tr><td colspan="5">施工质量验收规范的规定</td><td colspan="10">施工单位检查评定记录</td><td>监理(建设)
单位验收记录</td></tr>
<tr><td rowspan="5">主控项目</td><td>1</td><td colspan="2">力学性能检验</td><td>第 5.2.1 条</td><td colspan="10">√</td><td rowspan="5">同意验收</td></tr>
<tr><td>2</td><td colspan="2">抗震用钢筋强度实测值</td><td>第 5.2.2 条</td><td colspan="10">√</td></tr>
<tr><td>3</td><td colspan="2">化学成分等专项检验</td><td>第 5.2.3 条</td><td colspan="10"></td></tr>
<tr><td>4</td><td colspan="2">受力钢筋的弯钩和弯折</td><td>第 5.3.1 条</td><td colspan="10">√</td></tr>
<tr><td>5</td><td colspan="2">箍筋弯钩形式</td><td>第 5.3.2 条</td><td colspan="10">√</td></tr>
<tr><td rowspan="5">一般项目</td><td>1</td><td colspan="2">外观质量</td><td>第 5.2.4 条</td><td colspan="10">√</td><td rowspan="5">同意验收</td></tr>
<tr><td>2</td><td colspan="2">钢筋调直</td><td>第 5.3.3 条</td><td colspan="10">√</td></tr>
<tr><td rowspan="3">3</td><td rowspan="3">钢筋加工的形状、尺寸</td><td>受力钢筋顺长度方向全长的净尺寸</td><td>±10</td><td>5</td><td>5</td><td>8</td><td>7</td><td>6</td><td>△11</td><td>8</td><td>7</td><td>⑨</td><td>6</td></tr>
<tr><td>弯起钢筋的弯折位置</td><td>±20</td><td>10</td><td>12</td><td>15</td><td>13</td><td>−3</td><td>6</td><td>8</td><td>−3</td><td>5</td><td>7</td></tr>
<tr><td>箍筋内净尺寸</td><td>±5</td><td>1</td><td>2</td><td>4</td><td>⑤</td><td>−1</td><td>−1</td><td>3</td><td>2</td><td>0</td><td>1</td></tr>
</table>

续表

施工单位 检查评定结果	专业工长(施工员)		施工班组长	
	主控项目、一般项目均合格。 项目专业质量检查员：　　年　月　日			
监理(建设) 单位验收结论	同意验收。 专业监理工程师： (建设单位项目专业技术负责人)：　　年　月　日			

5.11 钢筋连接常用的方法、接头形式有几种？有何技术要求？

钢筋工程一是现场加工连接；二是在场外先将钢筋加工成骨架和网片，运至现场后安装。

(1) 钢筋连接可分为：绑扎连接、机械连接和焊接连接。连接方法如下：

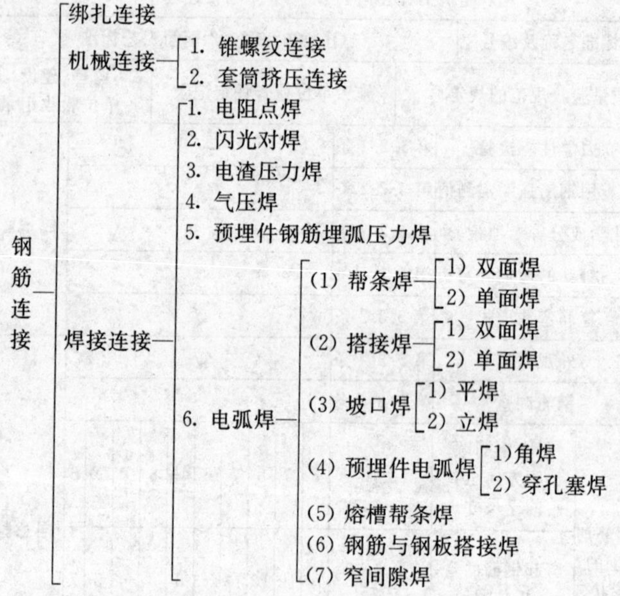

(2) 钢筋连接接头型式有 3 种：对接接头、交叉接头和 T 形接头。

(3) 钢筋连接主要技术要求见表 5-5。

钢筋连接主要技术要求　　表5-5

<table>
<tr><th>要求＼内容
连接方式</th><th>接头位置</th><th>接头末端至弯起点距离</th><th>接头面积(%)</th><th>搭接长度</th><th>同一连接区段长度</th><th>箍　筋</th><th>钢筋横向净距</th></tr>
<tr><td>绑扎连接</td><td rowspan="3">1. 宜设在受力较小处；
2. 同一纵向受力筋不宜设2个或2个以上接头；
3. 相邻钢筋接头错开；
4. 不宜设在有抗震要求的框架梁端、柱端箍筋加密区</td><td rowspan="3">≥10d</td><td>1. 梁、板、墙≤25；
2. 柱≤50；
3. 确需增大时，梁≤50，其他适当</td><td rowspan="3">见表5-6及表注</td><td>1. 3倍搭接长度(图5-1)</td><td rowspan="3">1. 直径：为0.25d(粗筋)；
2. 间距：受拉区为5d(细筋)，且≤100mm；受压区为10d(细筋)，且≤200mm；
3. 柱筋d>25mm时，接头端面外100mm内设2个，间距50mm</td><td>≥d，且≥25mm</td></tr>
<tr><td>机械连接</td><td rowspan="2">1. 受拉区≤50；
2. 框架梁端、柱端≤50；
3. 直接承受动力荷载机构连接≤50</td><td rowspan="2">35d(粗筋直径)，且≥500mm</td><td></td></tr>
<tr><td>焊接连接</td><td></td></tr>
</table>

注：1. 表中内容和要求均为同一构件、同一连接区段内。

2. 表中内容均为受力钢筋。

3. 接头面积百分率$=\frac{\text{纵向受力钢筋截面面积}}{\text{全部纵向受力钢筋截面面积}}\times 100\%$

5.12　钢筋连接接头处的弯折角度和轴线偏移有何规定？

(1) 钢筋连接时，钢筋连接接头处的弯折角不得大于4°。

(2) 轴线位移不应超过0.1倍钢筋直径，且不得大于2mm。

5.13　纵向受力钢筋连接方式有何要求？最小搭接长度如何确定？

(1) 连接方式：必须按设计要求采用。目前，钢筋连接方式已有多种，而纵向受力钢筋连接方式的选用，是保证受力钢筋应力传递及结构构件的受力性能所必需，因此，纵向受力钢筋的连接方式必须按设计要求采用。

(2) 纵向受力钢筋的最小搭接长度按下述要求进行控制

1) 当纵向受拉钢筋的绑扎搭接接头面积百分率不大于25%时，其最小搭接长度应符合表5-6的规定。

纵向受拉钢筋的最小搭接长度 **表5-6**

钢筋类型		混凝土强度等级			
		C15	C20～C25	C30～C35	≥C40
光圆钢筋	HPB 235级	45*d*	35*d*	30*d*	25*d*
带肋钢筋	HRB 335级	55*d*	45*d*	35*d*	30*d*
	HRB 400级、RRB 400级	—	55*d*	40*d*	35*d*

注：两根直径不同钢筋的搭接长度，以较细钢筋的直径计算。

2) 当纵向受拉钢筋搭接接头面积百分率大于25%，但不大于50%时，其最小搭接长度应按表5-5中的数值乘以系数1.2取用；当接头面积百分率大于50%时，应按表5-5中的数值乘以系数1.35取用。

3) 当符合下列条件时，纵向受拉钢筋的最小搭接长度应在(2)中确定后，按下列规定进行修正：

① 当带肋钢筋的直径大于25mm时，其最小搭接长度应按相应数值乘以系数1.1取用；

② 对环氧树脂涂层的带肋钢筋，其最小搭接长度应按相应数值乘以系数1.25取用；

③ 当在混凝土凝固过程中受力钢筋易受扰动时(如滑模施工)，其最小搭接长度应按相应数值乘以系数1.1取用；

④ 对末端采用机械锚固措施的带肋钢筋，其最小搭接长度可按相应数值乘以系数0.7取用；

⑤ 当带肋钢筋的混凝土保护层厚度大于搭接钢筋直径的3倍且配有箍筋时，其最小搭接长度可按相应数值乘以系数0.8取用；

⑥ 对有抗震设防要求的结构构件，其受力钢筋的最小搭接长度对一、二级抗震等级应按相应数值乘以系数1.15采用；对三级

抗震等级应按相应数值乘以系数 1.05 采用。

4）纵向受压钢筋搭接时，其最小搭接长度应按 3）款规定确定相应数值后，乘以系数 0.7 取用。

5.14 施工现场依据什么标准对连接接头进行力学性能试验？

在施工现场，应按国家现行标准《钢筋机械连接通用技术规程》JGJ 107、《钢筋焊接及验收规程》JGJ 18 的规定抽取钢筋机械连接接头、焊接接头试件作力学性能检验，其质量应符合有关规程的规定。

检查数量：按有关规程确定。

检验方法：检查产品合格证、接头力学性能试验报告。

5.15 钢筋连接的同一连接区段长度有何规定？

纵向受力钢筋机械连接接头及焊接接头连接区段的长度为 35 倍 d（d 为纵向受力钢筋的较大直径）且不小于 500mm，凡接头中点位于该连接区段长度内的接头均属于同一连接区段。同一连接区段内，纵向受力钢筋机械连接及焊接的接头面积百分率为该区段内有接头的纵向受力钢筋截面面积与全部纵向受力钢筋截面面积的比值。

5.16 受力钢筋接头位置宜设置在何处？有何具体要求？

（1）接头位置设置原则。对受力钢筋的连接接头位置，可以归纳为以下 3 个原则性要求：第一，设置在同一构件内的接头，应相互错开；第二，接头宜设置在受力较小处；第三，同一钢筋在同一受力区段内不宜多次连接，以保证钢筋的承载、传力性能。

（2）钢筋接头设置：

1）钢筋的接头宜设置在受力较小处。同一纵向受力钢筋不宜设置 2 个或 2 个以上接头。接头末端至钢筋弯起点的距离不应小于钢筋直径的 10 倍。

2）机械连接接头或焊接接头：设置在同一构件内的接头宜相

互错开。

同一连接区段内，纵向受力钢筋的接头面积百分率应符合设计要求；当设计无具体要求时，应符合下列规定：

① 在受拉区不宜大于50%；

② 接头不宜设置在有抗震设防要求的框架梁端、柱端的箍筋加密区；当无法避开时，对等强度高质量机械连接接头，不应大于50%；

③ 直接承受动力荷载的结构构件中，不宜采用焊接接头；当采用机械连接接头时，不应大于50%。

5.17 相邻纵向受力钢筋绑扎连接接头有何规定？

(1) 绑扎连接接头。同一构件中相邻纵向受力钢筋绑扎搭接接头宜相互错开。绑扎连接接头中钢筋的横向净距不应小于钢筋直径，且不应小于25mm。

(2) 钢筋绑扎搭接接头连接区段的长度为$1.3l_l$（l_l为搭接长度），凡搭接接头中点位于该连接区段长度内的搭接接头均属于同一连接区段。同一连接区段内，纵向钢筋搭接接头面积百分率为该区段内有搭接接头的纵向受力钢筋截面面积与全部纵向受力钢筋截面面积的比值，见图5-1。

(3) 同一连接区段内，纵向受拉钢筋搭接接头面积百分率应符合设计要求；当设计无具体要求时，应符合下列规定：

1）对梁类、板类及墙类构件，不宜大于25%；

2）对柱类构件，不宜大于50%；

3）当工程中确有必要增大接头面积百分率时，对梁类构件，不应大于50%；对其他构件，可根据实际情况放宽。

纵向受力钢筋绑扎搭接接头的最小搭接长度应符合表5-6的规定。

5.18 纵向受拉、受压钢筋搭接时，最小搭接长度为多少？

(1) 在任何情况下，受拉钢筋的搭接长度不应小于300mm。

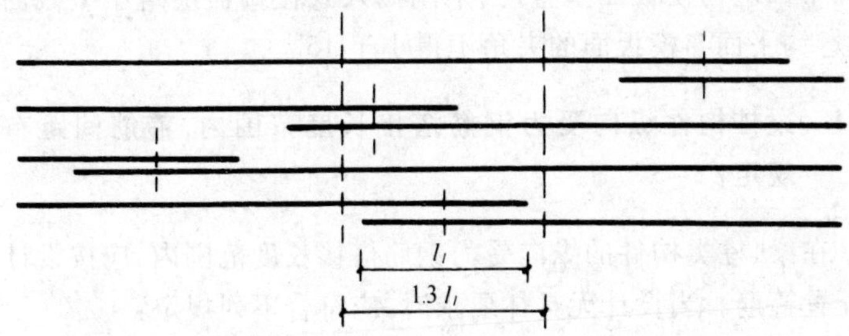

图 5-1　钢筋绑扎搭接接头连接区段及接头面积百分率

注:图中所示搭接接头同一连接区段内的搭接钢筋为两根,当各钢筋直径相同时,接头面积百分率为 50%。

(2) 在任何情况下,受压钢筋的搭接长度不应小于 200mm。

5.19　钢筋同截面接头过多表现为哪些现象? 主要原因是什么?

(1) 现象。

钢筋同截面接头百分率不符合第 5.16 条的要求和超过规范规定。

(2) 原因分析。

1) 不熟悉规范规定。

2) 钢筋配料没考虑原材料长度。

5.20　钢筋绑扎连接基本规定是什么?

(1) 钢筋的交叉点应采用铁丝绑扎牢固。

(2) 板和墙的钢筋网,除靠近外围两排钢筋的相交点全部绑牢外,中间部分交叉点可间隔交错绑牢,但必须保证受力钢筋不产生位置偏移;双向受力的钢筋,必须全部绑牢。

(3) 梁和柱的箍筋,除设计有特殊要求外,应与受力钢筋垂直设置,箍筋弯钩叠合处,应沿受力钢筋方向错开设置。

(4) 在柱中竖向钢筋搭接时,角部钢筋的弯钩平面与模板面的夹角,对矩形柱应为 45°角,对多边形柱应为模板内角的平分角;对圆形柱钢筋的弯钩平面应与模板的切平面垂直;中间钢筋的弯钩平面应与模板面垂直；当采用插入式振捣器浇筑小型截面柱时，弯钩平面与模板面的夹角不得小于15°。

5.21 梁柱构件纵向受力钢筋搭接长度范围内，箍筋间距有何规定？

在梁、柱类构件的纵向受力钢筋搭接长度范围内，应按设计要求配置箍筋。当设计无具体要求时，应符合下列规定：

（1）箍筋直径不应小于搭接钢筋较大直径的0.25倍；

（2）受拉搭接区段的箍筋间距不应大于搭接钢筋较小直径的5倍，且不应大于100mm；

（3）受压搭接区段的箍筋间距不应大于搭接钢筋较小直径的10倍，且不应大于200mm；

（4）当柱中纵向受力钢筋直径大于25mm时，应在搭接接头两个端面外100mm范围内各设置两个箍筋，其间距宜为50mm。

5.22 绑扎节点松扣有哪些现象？主要原因是什么？

（1）现象。

钢筋绑扎接头松脱。

（2）原因分析。

1）绑扎铁丝太硬或粗细不当。

2）绑扣形式不正确。

3）接头没绑扎牢固。

5.23 钢筋焊接基本要求是什么？

（1）焊工必须持证上岗，且应在资格允许范围内进行焊接。

（2）焊接前，必须根据施工条件进行试焊，合格后方可施工。

（3）集中加工的钢筋，加工单位应提供焊接试验报告。

（4）冷拔低碳钢丝的力学性能应符合现行国家标准《混凝土结构工程施工质量验收规范》(GB 50204—2002)的规定。

（5）预埋件接头、熔槽帮条焊接头和坡口焊接头中的钢板和型钢，宜采用低碳钢或低合金钢，其性能应符合现行国家标准《碳素结构钢》GB 700 或《低合金结构钢》GB 1591 的规定。

（6）电弧焊所采用的焊条，其性能应符合现行国家标准《碳钢焊条》GB 5117 或《低合金钢焊条》GB 5118 的规定，其型号应根据设计确定；若设计无规定时，可按表 5-7 选用。

钢筋电弧焊焊条型号　　表 5-7

钢筋级别	电弧焊接头形式			
	帮条焊 搭接焊	坡口焊 熔槽帮条焊 预埋件穿孔塞焊	窄间隙焊	钢筋与钢板搭接焊预埋件 T 形角焊
HPB 235 级	E4303	E4303	E4316 E4315	E4303
HRB 335 级	E4303	E5003	E5016 E5015	E4303
HRB 400 级、RRB 400 级	E5003	E5503	E6016 E6015	—

注：窄间隙焊不适用于余热处理 RRB400 级钢筋。

（7）当采用低氢型碱性焊条时，应按使用说明书的要求烘焙，且宜放入保温筒内保温使用；酸性焊条若在运输或存放中受潮，使用前亦应烘焙后方能使用。

（8）在电渣压力焊和埋弧压力焊中所用的焊剂，可采用 HJ 431焊剂。

（9）焊剂应存放在干燥的库房内，当受潮时，在使用前经 250～300℃烘焙 2h。

使用中回收的焊剂应清除熔渣和杂物，并应与新焊剂混合均匀后使用。

（10）焊条、焊剂应有产品合格证。

（11）冷拔低碳钢丝的接头，不得焊接。

（12）冷拉钢筋的闪光对焊或电弧焊，应在冷拉前进行。

5.24　钢筋焊接方法、接头形式和适用范围有何规定？

焊接方法、接头形式、适用范围见表 5-8。

钢筋焊接方法的适用范围　　表 5-8

焊接方法			接头型式	适用范围	
				钢筋级别	钢筋直径(mm)
电阻点焊				HPB235 HRB335 HRB400 CRB550	8～16 6～16 6～16 4～12
闪光对焊			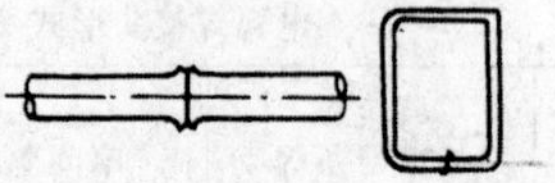	HPB235 HRB335 HRB400 RRB400 HRB500 Q235	8～20 6～40 6～40 10～32 10～40 6～14
电弧焊	帮条焊	双面焊	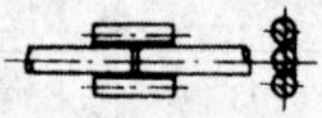	HPB235 HRB335 HRB400 RRB400	10～20 10～40 10～40 10～25
电弧焊	帮条焊	单面焊	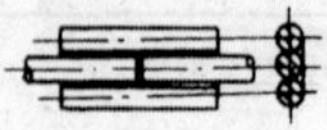	HPB235 HRB335 HRB400 RRB400	10～20 10～40 10～40 10～25
电弧焊	搭接焊	双面焊	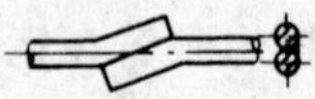	HPB235 HRB335 HRB400 RRB400	10～20 10～40 10～40 10～25
电弧焊	搭接焊	单面焊		HPB235 HRB335 HRB400 RRB400	10～20 10～40 10～40 10～25
电弧焊	熔槽帮条焊		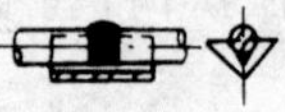	HPB235 HRB335 HRB400 RRB400	20 20～40 20～40 20～25
电弧焊	坡口焊	平焊		HPB235 HRB335 HRB400 RRB400	18～20 18～40 18～40 18～25
电弧焊	坡口焊	立焊		HPB235 HRB335 HRB400 RRB400	18～20 18～40 18～40 18～25
电弧焊	钢筋与钢板搭接焊		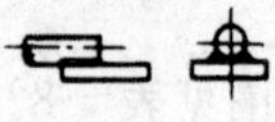	HPB235 HRB335 HRB400	8～20 8～40 8～25

续表

焊接方法			接头型式	适用范围	
				钢筋级别	钢筋直径(mm)
电弧焊	窄间隙焊			HPB235 HRB335 HRB400	16～20 16～40 16～40
电弧焊	预埋件电弧焊	角焊		HPB235 HRB335 HRB400	8～20 6～25 6～25
电弧焊	预埋件电弧焊	穿孔塞焊		HPB235 HRB335 HRB400	20 20～25 20～25
电渣压力焊				HPB235 HRB335 HRB400	14～20 14～32 14～32
气压焊			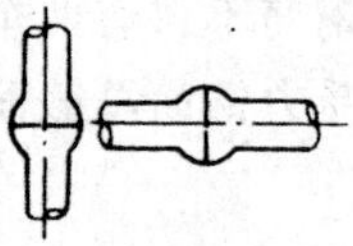	HPB235 HRB335 HRB400	14～20 14～40 14～40
预埋件钢筋埋弧压力焊			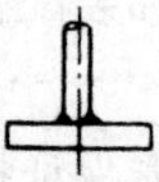	HPB235 HRB335 HRB400	8～20 6～25 6～25

注：1. 电阻点焊时，适用范围的钢筋直径系指 2 根不同直径钢筋交叉叠接中较小钢筋的直径；

2. 当设计图纸规定对冷拔低碳钢丝焊接网进行电阻点焊，或对原 RL540 钢筋(Ⅳ级)进行闪光对焊时，可按相关条款的规定实施；

3. 钢筋闪光对焊含封闭环式箍筋闪光对焊。

5.25 钢筋焊接的偏差有何规定？

钢筋焊接的偏差：当直径＞20mm 时，为 2mm；直径≤20mm 时，为 $d/10$。

5.26 有抗震要求的受力钢筋焊接接头应符合哪些要求？

对有抗震要求的受力钢筋的接头，宜优先采用焊接或机械连接。当采用焊接连接时，接头应符合下列规定：

（1）纵向钢筋的接头，对一级抗震等级，应采用焊接接头；对二级抗震等级，宜采用焊接接头；

（2）框架底层柱、剪力墙加强部位纵向钢筋的接头，对一、二级抗震等级，应采用焊接接头；对三级抗震等级，宜采用焊接接头；

（3）钢筋接头不宜设置在梁端、柱端的箍筋加密区范围内。

5.27 同一构件内，有焊接接头的受力钢筋有何要求？

当受力钢筋采用焊接接头时，设置在同一构件内的焊接接头应相互错开。在任一焊接接头中心至长度为 35 倍钢筋直径且不小于 500mm 的区段内，同一根钢筋不得有两个接头；在该区段内有接头的受力钢筋截面面积占受力钢筋总截面面积的百分率，应符合下列规定：

（1）非预应力筋。

受拉区不宜超过 50％；受压区和装配式构件连接处不限制。

（2）预应力筋。

受拉区不宜超过 25％，当有可靠保证措施时，可放宽至 50％；受压区和后张法的螺丝端杆不限制。

注：① 接头宜设置在受力较小部位，且在同一根钢筋全长上宜少设接头；

② 承受均布荷载作用的屋面板、楼板、檩条等简支受弯构件，当在受拉区内配置的受力钢筋少于 3 根时，可在跨度两端各四分之一跨度范围内设置一个焊接接头。

5.28 焊接接头距钢筋弯折处位置有何规定？

焊接接头距钢筋弯折处，不应小于钢筋直径的 10 倍，且不宜位于构件的最大弯矩处。

5.29 电阻点焊操作要点是什么？

电阻点焊包括预压、通电、锻压 3 个阶段。操作要点：

（1）钢筋必须除锈，保持钢筋与电极之间表面清洁、平整，使其接触良好。

（2）焊接不同直径钢筋，其较小钢筋直径为 10mm 时，大小钢筋直径之比不宜大于 3。若较小钢筋直径为 12～14mm 时，大小钢筋直径之比不宜大于 2。

（3）点焊的压入深度应符合以下要求：点焊热轧钢筋时，压入深度为较小钢筋直径的 25％～45％；点焊冷拔低碳钢丝、冷轧带肋钢筋时为 25％～40％。

（4）骨架的所有钢筋相交点必须焊接；网片单向受力主筋与两端 2 根横向钢筋相交点全部焊接；双向受力其四边用 2 根钢筋相交点全部焊接；其余的相交点可间隔焊接。

（5）网的纵向钢筋可采用单根或双根，横向钢筋应采用单根。

5.30 点焊制品缺陷有哪些？

主要缺陷及消除措施见表 5-9。

点焊制品焊接缺陷及消除措施 表 5-9

缺陷	消除措施
焊点过烧	1. 降低变压级数。 2. 缩短通电时间。 3. 切断电源，校正电极。 4. 清理触点，调节间隙
焊点脱落	1. 提高变压器级数。 2. 加大弹簧压力或调大气压。 3. 调整两极间距离符合压入深度要求。 4. 延长通电时间

续表

缺陷	消除措施
钢筋表面烧伤	1. 清刷电极与钢筋表面的铁锈和油污。 2. 保证预压过程和适当的预压力。 3. 降低变压器级数。 4. 修理或更换电极

5.31 如何预防电阻点焊质量缺陷？

（1）电阻点焊产生质量问题的原因

1）操作者粗心，造成漏焊，或是没有按规定的焊接参数操作，电极压力、电流闭合时间长短不一，使得焊接较差的点，在吊装、运卸、堆放过程中开焊。

2）点焊钢筋或钢丝网片，扭曲不平的原因是，钢筋调直不良；点焊工作台不平整；点焊用的模架不平；网片吊装、运卸、堆放不合理，乱扔乱摔；没有按照规定的焊接参数操作等等。

3）电阻点焊造成焊点开焊的原因是，操作者在焊接时电流控制不稳，通电时间短，使焊点强度不足，在吊装、运卸和堆放时扔摔，以及电极压力小，使焊点焊接不牢，也容易开焊。

4）电阻点焊造成焊点过火的原因是，电流强度；通电时间超过要求的时间；钢筋表面锈蚀，使局部导电不良，操作者便反复施焊；电极表面不平，使接触面积减小了，致使电阻增大，温度增高，或电极漏水滴于焊接处，促成焊点焊接过火。

5）电阻点焊造成钢筋表面烧伤、压坑过大等质量问题的原因是：

① 焊件本身的原因。主要是钢筋表面有油渍、脏物、铁锈等，在焊接时，钢筋与钢筋、电极与钢筋之间的接触电阻增大，使电流和热量的分布发生异常。特别是锈蚀严重的钢筋表面，在锈蚀或锈斑处的老锈皮不易消除，在施焊时，电流强度增大。因此，造成局部熔化或产生电弧，将钢筋表面烧伤，焊花飞溅，铁浆溢流，钢筋表面出现压坑。

② 焊接设备的原因。主要是电极失修，表面不平整，常常出现凹坑或凹槽，这样就使电极断面积减小了，电阻增大，热量增高，使钢筋表面被烧伤，冷却水滴漏在焊点上也会造成钢筋表面烧伤或出现压坑现象。

③ 电流强度不稳定，当施焊时，电流增大，使电阻压力加大，于是产生严重的压坑。

6）电阻点焊产生脆断的原因是，钢筋不合格，硫与磷的化学成分含量超过标准；冷拔钢丝本身塑性不良，也易产生脆断，焊点处压坑过深，或焊点处过烧，使钢筋或钢丝断面积减小了，同时又硬化，故此也易产生脆断现象。

7）电阻点焊产生压陷深度不合格的原因是，电流强度不稳定，电流小时便产生压陷深度达不到要求的现象，相反，如果电流过大，则又使压陷深度超过了规定的标准；施焊时通电时间控制得不好，通电时间过短，则压坑深度就浅，通电时间过长，则压坑深度就过深；电极压力掌握的不准，压力大则压陷深度就大，压力小则压陷深度就小。

（2）电阻点焊的质量问题预防

1）电阻点焊开焊的预防办法，宜采用短时间、大电流焊接工艺参数。为了可靠，要严格遵守通过实验来确定合理焊接参数的原则。待通过实验优选出焊接参数之后，再通知焊工正式施焊。另外采用大电流、长时间的焊接参数，尽量消除电流分流对钢筋点焊强度的影响。

施焊前必须把钢筋表面的锈皮、灰渣、油污等杂物清除干净，使钢筋导电良好，提高焊接强度。

2）钢筋电阻点焊过烧的预防办法。

① 确定合理的焊接参数，控制好电流和通电时间。按照通过实验优选出来的焊接参数进行操作，对焊接的试焊样品进行质量自检，如确认外形与几何尺寸符合规范与设计要求，点焊外观与合格试件相同时，方可正式施焊。

② 要严格控制电压，一般电压波动范围控制在±5%以内为

宜。电压降低,焊点强度也会随之降低。

③ 发现焊点过烧,应降低变压器级数,缩短通电时间。需重新通过实验确定适宜的焊接参数,经对焊接制品质量检查确认合格后再进行成批生产。

3）钢筋电阻点焊钢筋表面烧伤、压坑大等质量通病的预防办法是施焊之前对钢筋表面的铁锈必须除净,对灰渣、油渍等杂物也要清除干净。

① 锈蚀严重的钢筋不能用于点焊。

② 电极要经常维修,使电极面经常保持平整。如发现电极表面不平时,应及时锉平。安装电极时,必须使电极握杆中心垂直,上下电极对中。

③ 电极压力要适中,需依据钢筋的品种及直径的大小不同及时进行调整。

4）钢筋电阻点焊,产生焊点冷弯脆断预防办法是:

① 对钢筋焊点进行冷弯试验,如不合格,再对同一试件进行化学元素分析试验,对硫、磷含量进行检查,如硫、磷含量超过国家规定标准,就说明这批钢筋不能用于焊接。

② 调整电流大小和通电时间长短是防止产生压坑过大和过烧的主要措施。

③ 对冷拔钢丝在焊接前应作强度试验,如不合格时,这批冷拔钢丝不能用于焊接。

5）预防钢筋电阻点焊产生压陷深度不符合要求的措施是,施焊者要精心操作,严格掌握通电时间、电流大小及电极压力。欲求焊点最佳压陷深度,必须优选出适宜的焊接参数,通过施焊试验,并确认合格后,方准正式生产。

5.32　点焊的试件检测与外观质量有何要求?

(1) 强度检验

1）抽样数量:取样从成品中切取,热轧钢筋焊点作抗剪试验,试件为 3 件;冷拔低碳钢丝焊点除作抗剪试验外,还应对较小钢丝作拉伸试验，试件各为 3 件；30t 或 200 件为一批。外观检查每批抽查 5%，梁、柱、桁架等重要制品抽查 10%，均不得少于 3 件。

2）试验结果

① 抗剪试验结果应符合表 5-10 要求。

焊点抗剪力指标(kN) **表 5-10**

钢筋种类	较小钢筋直径(mm)								
	3	4	5	6	6.5	8	10	12	14
HPB235 级钢筋				6.7	7.8	11.9	18.4	26.6	36.2
HRB335 级钢筋						16.8	26.2	37.8	51.3
冷拔低碳钢丝	2.5	4.4	6.9						

② 拉伸试验结果：乙级冷拔低碳钢丝抗拉强度不低于 540MPa；伸长率不低于 2%。

以上试验结果如有 1 个试件达不到上述要求时，应加倍取样复试，复试结果仍有 1 个试件不符合上述要求，则该批制品不合格。

(2) 外观质量

1）焊点处熔化金属均匀。

2）压入深度应符合电阻点焊操作要点(3)的要求。

3）焊点无脱落、漏焊、裂纹、多孔性缺陷及明显的烧伤现象。

5.33 闪光对焊适用什么范围？如何选用焊接方法？

(1) 闪光对焊种类适用范围见表 5-11。

闪光对焊适用范围 **表 5-11**

钢筋直径(d)	钢筋级别	焊接方法
22mm 以下	HPB235 级、HRB335 级、HRB400 级	连续闪光焊
25mm 以下钢筋端面平整	HRB335 级、HRB500 级、RRB400 级	预热闪光焊
25mm 以下钢筋端面不平整	HRB335 级、HRB400 级、RRB400 级	闪光-预热闪光焊

(2) 焊接方法选用

闪光对焊包括连续闪光焊、预热闪光焊和闪光-预热闪光焊。

1) 当钢筋直径较小,钢筋级别较低,可采用"连续闪光焊"。

2) 当超过有关规定,且钢筋端面较平整,宜采用"预热闪光焊"。

3) 当钢筋端面不平整,应采用"闪光-预热闪光焊"。

5.34 闪光对焊操作要点是什么?应注意哪些事项?

(1) 操作要点

1) 合理选择焊接参数。施焊前,应对调伸长度,闪光留量,闪光速度,顶锻留量,顶锻速度,顶锻压力,变压器级次,一、二次烧化留量和预热时间参数等,应根据不同工艺要求进行合理选择。

2) 钢筋夹紧、加热均匀。施焊时要保证钢筋两端面紧密接触,且用夹具夹紧,焊缝和钢筋轴线相互垂直,接头处钢筋轴线偏移≤0.1d,且≤2mm。

3) 预热接触时间。钢筋级别愈高,预热频率愈低,预热接触时间为0.5~2s/次之间。预热时压紧力应≥3N/mm^2。

4) 烧化速度。烧化时间要短、速度要快,应稳妥、且强烈,防止焊缝金属氧化;与电极接触处的钢筋表面不得有明显烧伤,高强度等级(HRB500级)钢筋不得有烧伤。

5) 顶锻速度。顶锻过程快速有力,应在有足够大的压力下快速完成,保证焊口闭合良好和使接头处产生适当的镦粗变形。接头处不得有横向裂纹。

6) 焊后要求。接头焊完后,待冷却后方能移动,以防堆放时弯折,接头处的弯折不得大于4°。

(2) 注意事项

1) 班前要进行试验,试件为2个,冷弯试验合格后方可正式加工。

2) 做好焊前准备工作,如钢筋端头有弯曲时应矫直或切除。

3) 焊接过程中,应随时清除粘附在电极上的氧化物,并常观察网路电压情况，如有问题，及时采取相应措施。

4）顶锻过程结束，应待稍冷却后才松开夹具，平稳地取出钢筋。

5）对全部接头，先应进行自检评定，凡不符合要求的应剔除重焊。

6）当焊接后张预应力钢筋时，应在焊后趁热将焊缝周围毛刺打掉，以便钢筋穿入预留孔道。

7）不同钢筋直径对焊时，其截面面积之比不宜大于1.5倍；并按大直径钢筋选择焊接参数。

8）焊接场地应有防风、雨、雪等措施，以免接头处骤然冷却而发生脆裂。

5.35 闪光对焊焊接缺陷有哪些？如何消除？

闪光对焊焊接时发生的缺陷以及消除措施见表5-12。

闪光对焊焊接缺陷及消除措施　　表5-12

焊接缺陷	消除措施
烧化过分剧烈并产生强烈的爆炸声	1. 降低变压器级数。 2. 减慢烧化速度
闪光不稳定	1. 清除电极底部和表面的氧化物。 2. 提高变压器级数。 3. 加快烧化速度
接头中有氧化膜、未焊透或夹渣	1. 增加预热程度。 2. 加快临近顶锻时的烧化程度。 3. 确保带电顶锻过程。 4. 加快顶锻速度。 5. 增大顶锻压力
接头中有缩孔	1. 降低变压器级数。 2. 避免烧化过程过分强烈。 3. 适当增大顶锻留量及顶锻压力
焊缝金属过烧	1. 减小预热程度。 2. 加快烧化速度，缩短焊接时间。 3. 避免过多带电顶锻

续表

焊接缺陷	消除措施
接头区域裂纹	1. 检验钢筋的碳、硫、磷含量；若不符合规定时应更换钢筋。 2. 采取低频预热方法，增加预热程度
钢筋表面微熔及烧伤	1. 消除钢筋被夹紧部位的铁锈和油污。 2. 消除电极内表面的氧化物。 3. 改进电极槽口形状，增大接触面积。 4. 夹紧钢筋
接头弯折或轴线偏移	1. 正确调整电极位置。 2. 修整电极钳口或更换已变形的电极。 3. 切除或矫直钢筋的弯头

5.36 闪光对焊试件检测与外观质量检验有哪些要求？

(1) 试件机械性能试验

1) 取样。每 300 个同类型接头为一批，从每批成品中取 6 个试件，进行 3 个拉伸试验和 3 个弯曲试验。

2) 拉伸试验。3 个试件的抗拉强度均不得低于规定抗拉强度值；至少有 2 个试件断于焊缝之外，并呈塑性断裂。当有 1 个试件的抗拉强度低于规定指标，或有 2 个试件在焊缝或热影响区发生脆性断裂时，应取双倍试件进行复验。复验结果仍有 1 个试件的抗拉强度低于规定指标，或有 3 个试件呈脆性断裂，则该批接头即为不合格品。

3) 弯曲试验。试验时焊缝应处于弯曲中心，弯心直径见表 5-13。弯曲到 90°时，接头外侧不得出现宽度大于 0.15mm 的横向裂缝。

弯曲试验所用弯心直径 **表 5-13**

钢筋级别	HPB235 级		HRB335 级		HRB400 级、RRB400 级	
钢筋直径(mm)	≤25	＞25	≤25	＞25	≤25	＞25
弯心直径	$2d$	$3d$	$4d$	$5d$	$5d$	$6d$

注：d 为钢筋直径。

如弯曲试验结果有 2 个试件未达到上述要求，应取双倍数量的试件进行复试，复试结果仍有 3 个试件不符合要求，则该批接头判为不合格品。

(2) 外观质量

1) 接头处不得有横向裂纹。

2) 与电极接触处的钢筋表面，对于 HPB235 级、HRB335 级、HRB400 级和 RRB400 级钢筋不得有明显的烧伤。

3) 接头处的弯折不得大于 4°。

4) 接头处的钢筋轴线偏移不得大于 0.1d；且不得大于 2mm。

5.37 电渣压力焊适用范围和操作要点是什么？

(1) 适用范围

电渣压力焊操作方便、效率高，适用于混凝土结构中竖向或斜向钢筋连接，钢筋级别为 HPB235 级和 HRB335 级，直径一般为 12～40mm。

(2) 操作要点

1) 焊前准备

① 根据施焊钢筋直径选择具有足够容量的焊接变压器，配备电源开关和电源线。施焊钢筋端部如有锈斑、水泥、油污等附着物必须清理干净，端部的弯折、扭曲部位应矫直或切除。

② 施焊前检查电源及控制电路是否正常，如电源的电压降大于 5%，不宜进行焊接。

2) 安装钢筋

钢筋安装应上下同心，竖肋对齐，紧固夹具，严防晃动，避免夹具变形。

3) 选择合适的焊接参数

引弧过程力求可靠，引弧后，应控制焊接电压值为 40～50V，进入全部电弧过程，使其达到全部焊接时间的 3/4；随着电弧过程的完成，稍快送上钢筋，保持焊接电压值在 22～27V，转变为电渣过程的延时，使其为全部焊接时间的 1/4；顶压钢筋时，压力应适当，保持压力数秒钟后方可松开操纵杆，以免接头偏斜或接合不良。

4）控制通电时间

① 在焊接过程中，要准确掌握好焊接通电时间，注意工作电压变化情况提升或降低上钢筋，使工作压力稳定在参数内；在施焊过程中，应采取措施扶正钢筋上端，防止上下钢筋错位和夹具变形。

② 接头焊接完毕应停歇至少 30s 后，方可卸下焊接夹具，清除熔渣。

5）质量要求

① 接头周围焊包应均匀，突出部分最少高出钢筋表面 4mm；电极与钢筋接触处，无明显的烧伤缺陷。

② 接头处的轴线偏移应不超过 $0.1d$，同时不大于 2mm；接头处的弯折角不大于 4°。

③ 外观检查不合格的接头应切除重焊，或采取补强措施。

5.38 电渣压力焊试件检测与外观质量有何要求？

(1) 强度检验

1）取样。300 个同类型接头为一批，从每批成品中切除 3 个试件进行拉伸试验。

2）对试验结果的要求。3 个试件均不得低于该级别钢筋规定的抗拉强度值。若有 1 个试件的抗拉强度低于规定数值，应取双倍数量的试件进行复验；复验结果仍有 1 个试件的强度达不到要求，该批接头即为不合格品。

(2) 外观质量

1）接头焊包均匀，不得有裂纹，钢筋表面无明显烧伤等缺陷。

2）接头处的钢筋轴线偏移不得超过 $0.1d$，同时不得大于 2mm。

3）接头处弯曲不得大于 4°。

5.39 电渣压力焊接头焊接缺陷与消除措施是什么?

电渣压力焊接头的焊接缺陷与消除措施见表5-14。

电渣压力焊接头焊接缺陷及消除措施 **表5-14**

焊接缺陷	消除措施
轴线偏移	1. 矫直钢筋端部。 2. 正确安装夹具和钢筋。 3. 避免过大的顶压力。 4. 及时修理或更换夹具
弯 折	1. 矫直钢筋端部。 2. 注意安装和扶持上钢筋。 3. 避免焊后过快卸夹具。 4. 修理或更换夹具
咬 边	1. 减小焊接电流。 2. 缩短焊接时间。 3. 注意上钳口的起点和止点,确保上钢筋顶压到位
未焊合	1. 增大焊接电流。 2. 避免焊接时间过短。 3. 检修夹具,确保上钢筋下送自如
焊包不匀	1. 钢筋端面力求平整。 2. 填装焊剂要均匀。 3. 延长焊接时间,适当增加熔化量
气 孔	1. 按规定要求烘焙焊剂。 2. 清除钢筋焊接部位的铁锈。 3. 确保接缝在焊剂中合适埋入深度
烧 伤	1. 钢筋导电部位除净铁锈。 2. 尽量夹紧钢筋
焊包下淌	1. 彻底封堵焊剂筒的漏孔。 2. 避免焊后过快回收焊剂

5.40 埋弧压力焊适用范围和操作要点是什么?

埋弧压力焊焊接质量好、速度快等特点。主要适用于各种预埋件“T”型接头钢筋与钢板的连接。

(1) 适用范围

埋弧压力焊适用于热轧直径 6～25mmHPB235 级和 HRB335 级钢筋的焊接。必要时也适用于直径 28mm 和 32mm 钢筋的焊接;钢板为 Q235A,厚度 6～20mm。

(2) 操作要点

1) 钢板应放平,并与铜板电极接触紧密。

2) 将锚固钢筋夹牢于夹钳内;并应放好挡圈,注满焊剂。

3) 接通电源后,应立即将钢筋上提 2.5～4.0mm,并引燃电弧。根据钢筋直径大小,适当延时,使电弧稳定燃烧;当钢筋直径较大时,宜继续缓慢提升 3～4mm,再渐渐下送。

4) 应迅速顶压,但不得用力过猛。

5) 敲去渣壳,四周焊包应较均匀,凸出钢筋表面的高度应≥4mm。

(3) 注意事项

1) 经常维护电极钳口,保证与钢筋之间有足够和良好的导电面积。

2) 注视网路电压的波动情况,及时调整焊接电流。

3) 随时根据出现的问题,调整焊接参数或采取其他措施。

4) 焊接前,应制作 3 个试件进行抗拉试验,强度达到该级别钢筋的抗拉强度时,方可按确定的焊接参数进行焊接。

5.41 埋弧压力焊试件检测与外观质量有何要求?

(1) 强度检验

1) 取样。300 个同类型试件为一批,从每批成品中切除 3 个试件进行拉伸试验。

2) 试验结果。HPB235 级和 HRB335 级钢筋接头的强度分别不低于 350MPa 和 490MPa。如有 1 个试件达不到上述要求,应取双倍数量的试件进行复验,复验结果仍有 1 个试件低于上述规定数值,则该批预埋件为不合格品。

(2) 外观质量

1）焊包应均匀。

2）钢筋咬边深度不得超过0.5mm。

3）钢板无焊穿、凹陷现象。

4）钢筋相对钢板的直角偏差不大于4°。

5）钢筋间距偏差不大于±10mm。

5.42 埋弧压力焊接头缺陷及消除措施有哪些？

预埋件钢筋埋弧压力焊接头缺陷及消除措施见表5-15。

预埋件钢筋埋弧压力焊接头焊接缺陷及消除措施　　表5-15

焊接缺陷	消除措施
钢筋咬边	1. 减小焊接电流或缩短焊接时间。 2. 增大压入量
气孔	1. 烘焙焊剂。 2. 清除钢板和钢筋上的铁锈、油污
夹渣	1. 清除焊剂中熔渣等杂物。 2. 避免过早切断焊接电流。 3. 加快顶压速度
未焊合	1. 增大焊接电流，增加焊接通电时间。 2. 适当加大顶压力
焊包不均匀	1. 保证焊接地线的接触良好。 2. 使焊接处对称导电
钢板焊穿	1. 减小焊接电流或减少焊接通电时间。 2. 避免钢板局部悬空
钢筋淬硬脆断	1. 减小焊接电流，延长焊接时间。 2. 检查钢筋化学成分
钢板凹陷	1. 减小焊接电流，延长焊接时间。 2. 减小顶压力，减小压入量

5.43 气压焊适用范围和操作要点是什么？

气压焊可在钢筋水平位置、竖直位置和倾斜位置进行焊接。

气压焊可分为等压法、二次加压法和三次加压法等焊接工艺。

(1) 适用范围

气压焊适用于直径 14～40mm 的热轧 HPB235 级、HRB335 级和 HRB400 级钢筋的焊接。

(2) 操作要点

1) 施焊前，钢筋端面应切平，并宜与钢筋轴线相垂直；在钢筋端部 100mm 范围内，边角毛刺、铁锈、油污和氧化膜应清除，并经打磨，露出金属光泽，不得有氧化现象。

2) 安装钢筋时要上紧夹具，上、下钢筋轴线对齐，保持钢筋与地面垂直，利用加压器对钢筋施加约 30～40MPa 的预压力。

3) 加热焊缝温度至规定温度（约 1000～1100℃，焊点呈橘黄色），待焊缝闭合后，立即施加顶锻压力，使焊缝焊点镦粗至钢筋直径的 1.4 倍以上。

4) 接头处两根钢筋轴线弯折≤4°。

5) 气压焊施焊中，通过最终的加热加压，应使接头的镦粗区形成规定的形状，然后应停止加热，在接头表面火红色消失后才能拆卸夹具，避免过早卸除而导致接头变形。

(3) 注意事项

1) 当两根钢筋直径不同时，直径相差≤7mm，不能差异过大。

2) 在加热过程中，如果在压焊面间隔完全闭合之前发生灭火中断现象，应将钢筋端面重新打磨安装，然后点燃火焰进行焊接。如果发生在间隙完全闭合之后，则可以再次加热、加压。

3) 在正式施焊前，对钢筋气压焊设备和安全技术措施进行仔细检查，确保正常投入使用。对钢筋端部加工质量和压焊面进行检查，不得有过大间隙、偏心和弯曲现象。若不符合要求，应重新加工安装。

4) 遇有较大风雨时不许作业，若风雨不大，可采取防护措施。

5) 使用氧气、乙炔应注意安全。

5.44 气压焊接头焊接缺陷及消除措施有哪些？

气压焊接头焊接缺陷及消除措施见表 5-16。

气压焊接头焊接缺陷及消除措施　　表 5-16

焊接缺陷	消除措施
轴线偏移(偏心)	1. 检查夹具,及时修理或更换。 2. 重新安装夹条。 3. 切平钢筋端面。 4. 夹紧钢筋再焊
弯折	1. 检查夹具,及时修理或更换。 2. 熄火后半分钟再拆夹具
镦粗直径不够	1. 检查夹具和顶压油缸,及时更换。 2. 采用适宜的加热温度及压力
镦粗长度不够	1. 增大加热热幅度。 2. 加压时应平稳
压焊面偏移	1. 同径钢筋焊接时两侧加热温度和加热长度基本一致。 2. 异径钢筋焊接时对较大直径钢筋加热时间稍长
钢筋表面严重烧伤	调整加热火焰,正确掌握操作方法
未焊合	合理选择焊接参数,正确掌握操作方法

5.45 气压焊试件检测与外观质量有何要求？

(1) 试件检测机械性能

1) 取样。300 个同类型接头为一批,从每批成品中切除 3 个试件进行拉伸试验。

2) 拉伸试验。3 个试件的抗拉强度均不得低于该级别钢筋规定的抗拉强度值;3 个试件均断于压焊面外。当 1 个试件的抗拉强度低于规定指标,或有 1 个试件在压焊面或热影响区发生脆性断裂时,应取双倍数量的试件进行复验,复验结果仍有 1 个试件达不到要求,则该批接头为不合格品。

3）弯曲试验的弯心直径见表 5-17。

弯曲试验时的弯心直径　　表 5-17

钢筋等级	弯心直径	
	$d\leqslant 25$mm	$d>25$mm
HPB235	$2d$	$3d$
HRB335	$4d$	$5d$

弯曲试验结果：弯至 90°，试件不得在压焊面发生破断。若有 1 个试件不符合要求，应取双倍数量试件进行复试，若仍有 1 个试件达不到要求，则该批接头判定为不合格品。

(2)外观质量

1）压焊区两钢筋轴线的相对偏心量不得$\geqslant 0.15d$，同时不得大于 4mm。

2）镦粗区最大直径不得$<1.4d$。

3）镦粗区长度 L 不得$<1.2d$，且凸起部分平缓圆滑。

4）接头处两钢筋轴线弯折不得$>4°$。

5.46　电弧焊适用范围是什么？有几种接头形式？

(1) 电弧焊适用于钢筋与钢筋、钢筋与钢板和钢筋与型钢的焊接。

(2) 电弧焊接头形式有 7 种。

帮条焊、搭接焊、坡口焊、预埋件电弧焊、熔槽帮条焊、钢筋与钢板搭接焊及预埋件电弧焊。

5.47　电弧焊焊接时基本要求是什么？应注意哪些事项？

(1) 基本要求

1）应根据钢筋级别、直径、接头形式和焊接位置，选择焊条、焊接工艺和焊接参数。

2）焊接时，引弧应在垫板、帮条或形成焊缝的部位进行，不得烧伤主筋。

3）焊接地线与钢筋应接触紧密。

4）焊接过程中应及时清渣，焊缝表面应光滑，焊缝余高应平缓过渡，弧坑应填满。

（2）注意事项

1）钢筋电弧焊施焊前，应仔细清除焊接区内的铁锈、溶渣、油漆及其他污物。检查帮条尺寸、钢筋间隙、坡口角度及表面状态等是否符合要求。地线应放在合适位置，与钢筋应接触良好。

2）对每一级别钢筋正式进行焊接生产之前，采用与之相同的钢筋、同牌号焊条以及相接近的焊接条件下，按工程所用的接头形式分别焊接三个抗拉试件，进行强度试验，合格后才正式焊接。

3）钢筋的坡口加工及钢筋预留长度的切除，应采用氧乙炔焰、氧液化石油气焰等切割，不得用电弧切割。切割后的坡口表面应比较平顺，切口边缘不得有裂缝和较大的钝边、缺棱等。

5.48 帮条焊和搭接焊操作要点是什么？

（1）帮条焊和搭接焊宜采用双面焊，当不能进行双面焊时，可采用单面焊。

（2）帮条焊，帮条长度 l 和搭接焊搭接长度相同，见表 5-18。当帮条级别与主筋相同时，帮条直径可与主筋相同或小一个规格；当帮条直径与主筋相同时，帮条级别可与主筋相同或低一个级别。

钢筋帮条长度　　表 5-18

钢筋级别	焊缝形式	帮条或搭接长度 l
HPB235	单面焊	$\geqslant 8d$
	双面焊	$\geqslant 4d$
HRB335、HRB400、RRB400	单面焊	$\geqslant 10d$
	双面焊	$\geqslant 5d$

注：d 为主筋直径（mm）。

（3）接头的焊缝厚度 s 应≥主筋直径的 0.3 倍；焊缝宽度 b 应≥主筋直径的 0.7 倍，见图 5-2。

（4）钢筋的装配和焊接

1）帮条焊：两主筋端面的间隙应为 2～5mm。

2）搭接焊：焊接端钢筋应预弯，并应使两钢筋的轴线在一直线上。

3）帮条焊时，帮条与主筋之间应用四点定位焊固定；搭接焊时，应用两点固定。定位焊缝与帮条端部或搭接端部的距离应≥20mm。

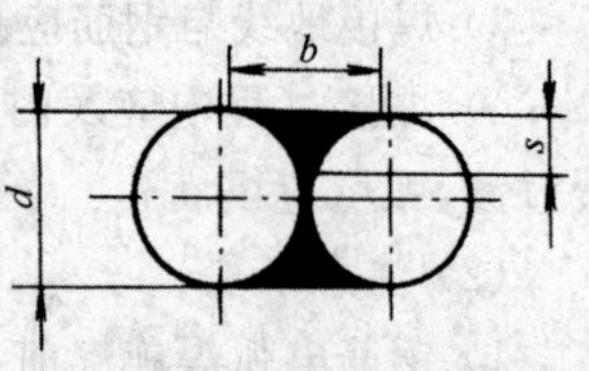

图 5-2　焊缝尺寸示意图

b—焊缝宽度；*s*—焊缝厚度；*d*—钢筋直径

4）焊接焊时，应在形成焊缝中引弧；在端头收弧前应填满弧坑，并应使主焊缝与定位焊缝的始端和终端熔合。

5.49　坡口焊应做好哪些准备工作？操作要点是什么？

钢筋坡口焊有平焊和立焊。见图 5-3。

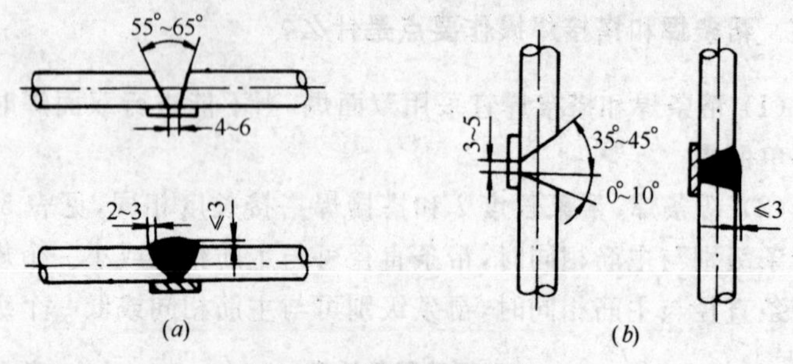

图 5-3　钢筋坡口焊接头

(*a*)平焊；(*b*)立焊

(1) 坡口焊准备工作

1）坡口应平顺，切口边缘不得有裂纹、钝边和缺棱。

2）坡口平焊时，V 形坡口角度宜为 55°～65°。见图 5-3(*a*)。坡口立焊时，坡口角度宜为 40°～55°，其中，下钢筋宜为 0°～10°，上钢筋宜为 35°～45°。见图 5-3(*b*)。

3）钢垫板厚度宜为 4～6mm，长度宜为 40～60mm。坡口平焊时，垫板宽度应为钢筋直径加 10mm；立焊时，垫板宽度宜等于钢筋直径。

4）钢筋根部间隙，平焊时宜为 4～6mm；立焊时，宜为 3～5mm。其最大间隙均不宜超过 10mm。

（2）坡口焊要点

1）焊缝根部、坡口端面以及钢筋与钢板之间均应熔合。焊接过程中应经常清渣。钢筋与钢垫板之间，应加焊 2～3 层侧面焊缝。

2）宜采用几个接头轮流进行施焊。

3）焊缝的宽度应大于 V 形坡口的边缘 2～3mm，焊缝余高不得大于 3mm，并宜平缓至钢筋表面。

4）当发现接头中有弧坑、气孔及咬边等缺陷时，应立即补焊。HRB400 级、RRB400 级钢筋接头冷却后补焊时，应采用氧乙炔焰预热。

5.50 预埋件电弧焊操作要点是什么？

（1）预埋件钢筋电弧焊 T 形接头可分为角焊和穿孔塞焊，见图 5-4。

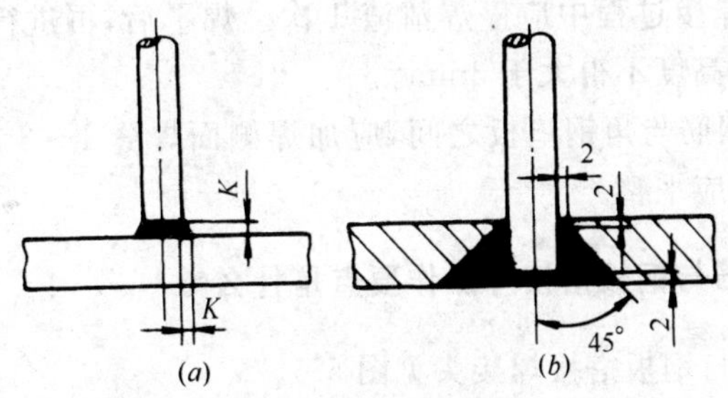

图 5-4 预埋件钢筋电弧焊 T 形接头

(a)角焊；(b)穿孔塞焊（K-焊脚）

（2）钢板厚度 $\delta \geqslant 0.6d$，且不应＜6mm。

（3）受力锚固钢筋的直径不宜＜8mm；构造锚固钢筋的直径不宜＜6mm。

（4）当采用 HPB235 级钢筋时，角焊缝焊脚 K 不得＜$0.5d$；采用 HRB335 级钢筋时，焊脚 K 不得＜$0.6d$。

（5）施焊中，不得使钢筋咬边和烧伤。

5.51 熔槽帮条焊操作要点是什么?

(1) 熔槽帮条焊宜用于直径 20mm 及以上钢筋的现场安装焊接。焊接时应加角钢作垫板模。接头形式见图 5-5。

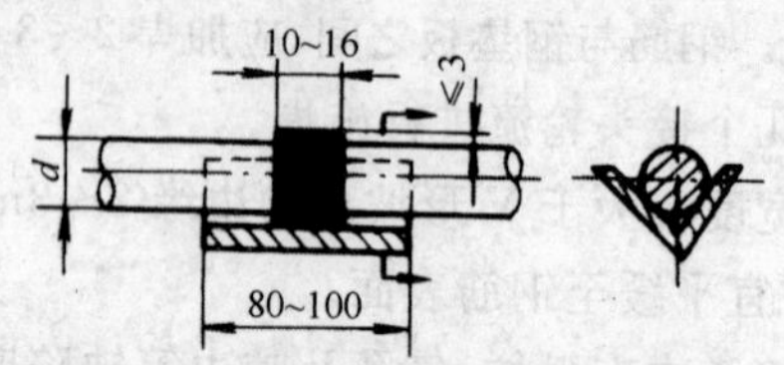

图 5-5 钢筋熔槽帮条焊接头

(2) 角钢边长宜为 40～60mm,长度宜为 80～100mm。

(3) 钢筋端头应加工平整;两钢筋端面的间隙应为 10～16mm。

(4) 从接缝处垫板引弧后应连续施焊,并应使钢筋端部熔合,防止未焊透、气孔或夹渣。

(5) 焊接过程中应停焊清渣 1 次。焊平后,再进行焊缝余高的焊接,其高度不得大于 3mm。

(6) 钢筋与角钢垫板之间,应加焊侧面焊缝 1～3 层,焊缝应饱满,表面应平整。

5.52 钢筋与钢板搭接焊操作要点是什么?

钢筋与钢板搭接焊接头见图 5-6。

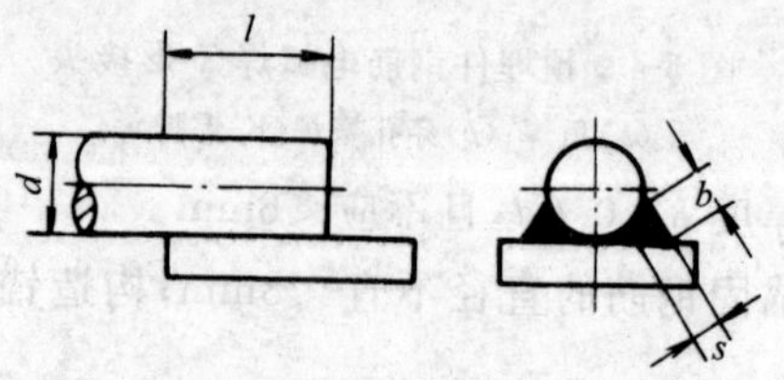

图 5-6 钢筋与钢板搭接焊接头

d—钢筋直径;l—搭接长度;b—焊缝宽度;

s—焊缝厚度

(1) HPB235 级钢筋的搭接长度 $l \geqslant 4d$，HRB335 级钢筋搭接长度 $\iota \geqslant 5d$。

(2) 焊缝宽度 $\geqslant 0.5d$，焊缝厚度 $\geqslant 0.35d$。

5.53 窄间隙焊操作要点是什么？

窄间隙焊适用于直径 16mm 及以上钢筋的现场水平连接。

(1) 焊接时，钢筋应置于铜模中，并应留出一定间隙，用焊条连续焊接，熔化钢筋端面和使熔敷金属填充间隙，形成接头，见图 5-7。

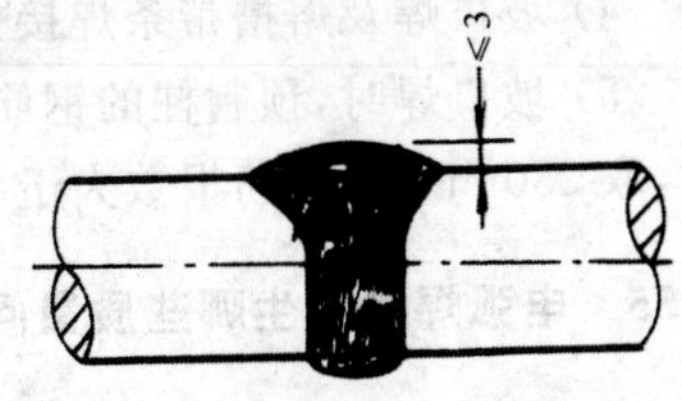

图 5-7 钢筋窄间隙焊接头

(2) 焊接操作要点

1) 钢筋端面应平整。

2) 应选用低氢型碱性焊条。

3) 端面间隙依钢筋直径确定。

4) 从焊缝根部引弧后应连续进行焊接，左、右往返运弧，在钢筋端面处电弧应少许停留，并使熔合。

5) 当焊至端面间隙的 4/5 高度后，焊缝应逐渐扩宽；当熔池过大时，应改连续焊为断续焊，避免过热。

6) 焊缝余高不得大于 3mm，且应平缓至钢筋表面。

5.54 电弧焊试件检验与外观质量有何要求？

(1) 试件检验：拉伸试验

1) 取样。300 个同类型接头为一批，从成品中每批切取 3 个接头进行拉伸试验。

2) 试验结果。3 个试件的抗拉强度均不得低于该级别钢筋的规定抗拉强度值；至少有 2 个试件呈塑性断裂。当检验结果有 1 个试件的抗拉强度低于规定指标，或有 2 个试件发生脆性断裂时，应取双倍试件进行复验。复验结果仍有 1 个试件的抗拉强度低于规定指标，或有 3 个试件呈脆性断裂时，则该批接头即为不合格品。

(2) 外观质量

1) 焊缝表面平整,不得有较大的凹陷、焊瘤。

2) 接头处不得有裂缝。

3) 帮条焊的帮条沿接头中心线纵向偏移不得超过 0.5d;各种接头弯折不应超过 4°,接头处钢筋轴线的偏移不得超过 0.1d 或 3mm。

4) 坡口焊及熔槽帮条焊接头的焊缝加强高度为 2～3mm。

5) 坡口焊时,预制柱的钢筋外露长度,当钢筋根数少于 14 根时,取 250mm;当钢筋根数大于 14 根时,取 350mm。

5.55 电弧焊常发生哪些质量问题?

电弧焊常发生的质量问题有:

(1) 焊接接头部位尺寸超差;帮条及搭接接头焊缝长度不足;帮条沿接头中心线纵向偏移;接头处钢筋轴线弯折或偏移;焊缝尺寸不足或过大。

(2) 焊缝不规整,焊缝宽窄不一,薄厚不均。

(3) 焊缝附近有焊瘤,使焊缝尺寸发生偏移。

(4) 咬肉,焊缝和钢筋交接处烧成缺口,没有熔化的金属填充。

(5) 钢筋表面被烧伤、有缺肉、大麻斑或凹坑。烧伤部位产生脆化,极易产生脆性断裂。

(6) 收弧时,弧坑未被熔化的金属物填满,焊缝处缺肉。

(7) 接头在承受拉、弯等应力时,发生突然脆断。

(8) 在焊接区段或在焊接所产生的热影响区内产生裂纹。

(9) 未焊透,焊缝处可见焊肉与钢筋局部没有熔接结合。

(10) 焊肉中夹渣。

(11) 焊肉中有气孔。

5.56 电弧焊质量缺陷原因是什么?如何预防?

(1) 质量缺陷原因

1) 接头尺寸超差。施焊前准备工作没有做好,施焊者不认真负责；预留钢筋位置偏大，钢筋或帮条下料尺寸有误或不精确。

2）焊缝宽窄不一。焊接参数选择不当，施焊者操作水平低，粗枝大叶，不认真。

3）产生焊瘤。焊接温度过高，熔化的金属液自上而下流坠；焊条角度不对或操作不当。

4）焊接咬肉。操作不认真，或因电流过大、电弧太长。

5）电弧烧伤表面。操作失误，把焊条触及非焊接部位，使局部表面缺肉、烧伤。

6）弧坑过大。焊接过程中突然灭弧引起。

7）产生脆断。

① 焊接时造成咬边缺肉，使局部应力集中；

② 连续焊接，使焊缝和热影响区温度过高，导致接头部位的塑性降低；

③ 负温焊接时，焊接参数选择不合适或者施焊时违反操作规程。

8）焊接区产生裂纹。

① 当钢筋的化学成分中碳、锰、硫、磷含量较高时，在焊接热循环作用下，遇温度较低时，极易产生裂纹；

② 焊条不合格；

③ 施焊次序不合理，导致接头部位裂纹；

④ 焊接环境温度偏低，使焊缝突然降温；

⑤ 焊接参数选择不当。

9）焊不透。

① 搭接焊或帮条焊时，电流不合适；

② 坡口平焊或立焊时，电流过小，焊接太快，间隙过小，操作不当。

10）夹渣。

① 施焊者运条不当；

② 焊接电流小；

③ 坡口角度小，焊条粗；

④ 钢筋表面不洁净，如铁锈、水泥浆等污物侵入焊缝，熔化金属之中；

⑤ 多层施焊，熔渣清理不干净。

11）产生气孔。

① 电流过大，使焊条温度过高，保护失效，使空气侵入；

② 焊接速度过快，空气湿度大；

③ 焊接区段内有污物；

④ 焊条缺陷，焊条药皮偏心；碱性低氢型焊条受潮，药皮变质或脱落，钢芯生锈；酸性焊条烘焙温度过高，使药皮变质失效。

（2）预防措施

1）尺寸不准预防措施。施焊者要精心操作，钢筋下料和组对要一丝不苟，经检查确认尺寸准确时，方可施焊。

2）焊缝宽窄不一、高低不平预防措施。施焊者精心操作，采用合理的焊接参数。

3）产生焊瘤预防措施。

① 施焊者采用正确的施焊程序和操作手势。如焊搭接、帮条立焊时，电流应比平焊时适当减少，焊条摆动中间部位要快，两边要慢；

② 坡口立焊宜采用3.2mm的焊条，同时要适当减小电流。

4）咬肉预防措施。控制电流，防止电流过大，同时要掌握好焊条的角度和运行方法，操作时电弧不可拉得过长。

5）钢筋表面烧伤预防措施。

① 施焊者要精心操作，细心观察，动作准确，不准带电金属触及钢筋，防止产生电弧，烧伤钢筋表面；

② 严格遵守操作规程，禁止在非焊接区内引燃电弧；

③ 接地线与钢筋联结要牢固。

6）产生过大弧坑预防措施。施焊者在收弧时要稍微多停留片刻，待弧坑填满后再收弧，也可采用断续灭弧补焊，以便填满弧坑。

7）脆断预防措施。

① 施焊者严格遵守操作规程，对焊接质量负责，不得在非焊接区段任意打火引弧，接地线要联结牢固，防止松动引起电弧，烧伤钢筋。灭弧时要将弧坑填满并将灭点拉向焊缝端部。在坡口立焊加强焊缝时，宜采用小电流，短弧焊接；

② 因接头连续施焊会使接头过热，导致产生脆硬组织。所以HRB335级、HRB400级和RRB400级钢筋坡口焊接时，可采用几个接头轮换施焊的方法，以免接头过热；

③ 负温条件下进行帮条和搭接接头平焊时，首层焊肉应从中间向两端运弧，这样可以使接头处达到预热的目的。HRB335级、HRB400级和RRB400级钢筋多层施焊时，最后一层焊道应比前两层焊道两端各缩短4～6mm，这样可以消除或减少前层焊道及其临近区域的淬硬组织，改善接头性能，防止脆断。

8）产生裂缝预防措施。

① 对钢筋和焊条进行检查和实验，确认合格后才可使用，同时要优选焊接参数，采用合理的施焊程序；

② 负温焊接的环境温度不应低于－20℃，为了使温度不致再下降，可以采取防护措施，设置挡风、防雪围墙，为防止温差过大，宜采用焊前预热，焊后逐步冷却等办法，焊完尚未冷却的接头禁止接触雨雪；

9）焊不透预防措施。

① 严格掌握焊接电流，防止电流过小，焊接速度不可过快，以利接头熔合，以防焊不透；

② 焊条规格应根据钢筋直径合理选用；

③ 施焊前对要焊接的钢筋接头进行清理，将铁锈等杂物清除干净，组对时要掌握好尺寸，确认合格后方可施焊。

10）产生夹渣预防措施。

① 合理选择焊接电流，采用焊接性能良好的优质焊条；

② 将焊接区段内的灰渣、油渍、杂物等清除干净，多层施焊时，每层的焊渣要认真清除。

5.57 钢筋负温焊接适用范围与操作要点是什么？

(1) 适用范围

闪光对焊、电弧焊、电渣压力焊及气压焊等均可在温度不低于－20℃的条件下进行。雪天不宜施焊，必须施焊时，应当采取遮蔽措施。焊后未冷却的接头不得碰到冰雪。当温度低于－15℃，应对接头采取预热和保温缓冷措施。

在负温条件下进行闪光对焊、电弧焊、电渣压力焊时，应对焊接设备采取防寒措施，特别是对焊机，要预防冷却水管的冻裂。

(2) 闪光对焊负温焊接

1) 在环境温度低于－5℃的条件下进行闪光对焊时，应采用预热闪光焊或闪光—预热闪光焊工艺，以增大热容量。当钢筋端面比较平整，宜采用预热闪光焊；端面不够平整时，宜采用闪光—预热闪光焊。

焊接参数的选择，与常温焊接相比，可采取下列调整措施：

① 增加调伸长度。

② 采用较低的焊接变压器级数。

③ 增加预热次数和间歇时间。

2) 电弧焊负温焊接

在环境温度低于－5℃的条件下进行电弧焊时：

① 帮条焊或搭接焊时，第一层焊缝应在中间引弧；平焊时，应从中间向两端施焊；立焊时，应先从中间向上端施焊，再从下端向中间施焊；以后各层焊缝，应采取控温施焊，层间温度宜控制在150～350℃之间，使接头热影响区附近的冷却速度减慢1～2倍左右，从而减弱了淬硬倾向。

② HRB335、HRB400、RRB400级钢筋多层施焊时，焊后可采用回火焊道施焊，回火温度为500℃左右，其回火焊道长度宜比前一焊道在两端后缩4～6mm。见图5-8。

③ 坡口焊的焊缝余高应分层控温施焊。

④ 与常温焊接相比，宜增大焊接电流、减慢焊接速度，以增大

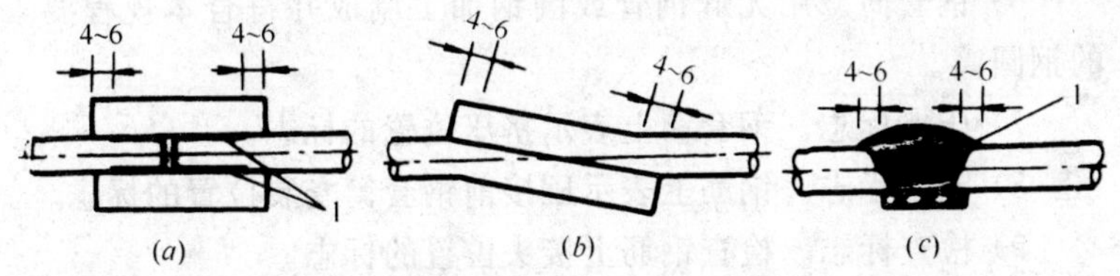

图 5-8 钢筋负温电弧焊回火焊道示意图

(a)帮条焊;(b)搭接焊;(c)坡口焊

线能量,有利于改善接头的性能。

5.58 钢筋机械连接有什么优点?

钢筋机械连接设备简单,连接可靠,技术易于掌握,节省钢筋,施工速度快,适用于钢筋在任何位置与方向的连接,不受气候条件影响,尤其在易燃、易爆、高空等施工条件下安全可靠。虽然机械连接接头成本较高,但其综合经济效益与技术效果显著。特别适用于高层建筑、大跨度结构、水工工程及塔架工程等。

5.59 机械连接术语及符号有何规定?

(1) 术语

1) 钢筋机械连接。通过连接件的机械咬合作用或钢筋端面的承压作用,将一根钢筋中的力传递至另一根钢筋的连接方法。

2) 接头抗拉强度。接头试件在拉伸试验过程中所达到的最大拉应力值。

3) 接头残余变形。接头试件按表 5-22 加载制度加载后,在规定标距内所测得的变形。

4) 接头极限应变。接头试件在规定标距内测得的最大拉应力下的应变值。

5) 带肋钢筋挤压连接。将两根带肋钢筋插入钢套筒,用压钳向钢套筒径向加压,使之产生塑性变形,依靠变形后的钢套筒与被连接钢筋紧密结合成整体的钢筋连接方法。

6）钢套筒。用无缝钢管或圆钢加工制成并符合本规程要求的钢圆筒。

7）压接标志。钢套筒上表示挤压位置的标志。

8）定位标志。钢筋上表示压接前钢套筒安装位置的标志。

9）检查标志。检查钢筋上接头位置的标志。

10）压钳。对钢套筒进行挤压的液压机具。

11）压模。压钳挤压钢套筒所用的模具。

12）钢筋挤压接头。采用挤压连接方法制作的钢筋接头。

13）压痕最小直径。挤压连接接头压痕处径向截面的最小直径。

14）压痕总宽度。接头一侧每道压痕底部平直部分宽度的总和。

（2）符号

符号见表 5-19。

主要符号 **表 5-19**

编号	符号	单位	含义
1	E_s^o	N/mm²	钢筋弹性模量实测值
2	$E_{0.7}$，$E_{0.9}$	N/mm²	接头在 0.7、0.9 倍钢筋屈服强度标准值下的割线模量
3	E_1，E_{20}	N/mm²	接头在第 1、20 次加载至 0.9 倍钢筋屈服强度标准值时的割线模量
4	ε_u		受拉接头试件极限应变
5	ε_{yk}		钢筋在屈服强度标准值下的应变
6	U	mm	接头单向拉伸的残余变形
7	U_4，U_8，U_{20}	mm	接头反复拉压 4、8、20 次后的残余变形
8	f_{mst}^o，$f_{mst}^{o\prime}$	N/mm²	机械连接接头的抗拉、抗压强度实测值
9	f_{st}^o	N/mm²	钢筋抗拉强度实测值
10	f_{tk}，f'_{tk}	N/mm²	钢筋抗拉、抗压强度标准值

5.60 钢筋机械连接常用方法有哪些？各有什么技术特点？

(1) 钢筋机械连接方法

1) 钢筋镦粗直螺纹连接。这种连接方法是通过钢筋端头特制的直螺纹和直螺纹套筒啮合的连接。

2) 钢筋锥螺纹连接。这种连接方法是通过钢筋端头特制的锥形螺纹和锥螺纹套筒啮合的连接。

3) 钢筋套筒挤压连接。这种连接方法是通过挤压力使套筒塑性变形，带肋钢筋紧密咬合的连接。

4) 钢筋熔融金属充填套筒连接。这种连接方法是由高热剂反应产生熔融金属填充在套筒内形成的连接。

5) 钢筋水泥灌浆充填套筒连接。这种连接方法是用特制的水泥浆充填在特制的套筒内硬化后形成的连接。

6) 受压钢筋端面平接头。这种连接方法是钢筋端头按规定平切后，端面直接接触传递压力的连接。

施工中常用的是钢筋锥螺纹连接和套筒挤压连接。

(2) 钢筋机械连接特点

1) 设备功率小，一般小于 3kW，可以多台设备同时作业。

2) 设备采用三相电源，作业时对电网干扰少。

3) 不同级别、不同直径钢筋的连接方便快捷。

4) 不受气候影响，可以全天候作业。

5) 作业无明火，无火灾隐患。

6) 部分作业可预加工，少占用施工时间，有利于缩短工期。

7) 接头质量好，质量稳定。

8) 作业效率高，人为影响因素少。

5.61 钢筋机械连接还有哪几种形式？

除常用的钢筋锥螺纹连接、钢筋套筒挤压连接以及 5.60 条介绍的连接方法外，近年来，不少单位还在开发研制各种新的钢筋机械连接形式，例如：

(1) 等强钢筋锥螺纹连接技术

为克服钢筋螺纹接头强度低的缺点,有将钢筋端头先行冷压加工,再在冷强段上制作锥螺纹的。这种接头要增加冷压加工工序,当钢筋带弯段不便旋转时,锥螺纹也不便连接。

(2) 整形滚压直螺纹接头

先将钢筋表面纵肋和横肋通过挤压机经 2~3 次挤压后成圆形截面(整形)再利用滚丝机在圆钢筋表面加工出直螺纹。这种经整形后形成的滚压直螺纹接头可以达到与钢筋母材等强的目的。其基本原理是通过钢材侧向滚丝加工后,提高了钢筋抗拉强度(钢材的冷作硬化)。利用强度的提高来补偿因滚丝削减的钢筋横截面。

(3) 直接滚压直螺纹接头

将 HRB335 级或 HRB400 级带肋钢筋不经任何处理直接送进滚丝机进行滚丝,形成所需的螺纹规格,再用连接套筒连接。这种方式加工钢筋丝头的最大优点是工序简单、成本较低。但其根本性缺点在于滚丝机按不同规格标准丝头调整好以后,很难适应国产钢筋横截面尺寸公差过大的问题,以 ϕ32mm 钢筋为例,基圆直径 d 的公差按 GB 1499—98 为±0.6mm,即基圆直径从 31.4~32.6mm 均为合格。对于带纵肋和横肋的钢筋外围直径而言,其公差范围更大,可以从 33.8~38.0mm 均为合格,显然,正公差钢筋可能造成钢筋强化过度,脆性过大,或滚丝机过载无法加工或部件损坏,负公差钢筋形成断牙、缺牙,影响强度。

(4) 削肋滚压直螺纹接头

在滚压螺纹前先将纵横肋部分切平,以减少纵肋横肋对滚丝的不良影响,增加滚丝轮寿命,削肋和滚压可在同一台设备上完成,操作简便、质量较为稳定,有较大发展前景。

(5) 直接挤压螺纹接头

利用油压千斤顶将分成数瓣的带内螺纹的模具合拢将钢筋挤压出螺纹外形,为消除缝隙处螺纹的不连续性,要将钢筋转动一个角度后再压一次或二次。

5.62 钢筋机械连接接头性能分几级？各级性能有何规定？

（1）性能分级

钢筋机械连接接头根据静力单向拉伸性能及大应力和大变形条件下反复拉、压性能的差异，分 A 级、B 级和 C 级等 3 个性能等级。

（2）各级性能

1）A 级接头抗拉强度达到或超过母材抗拉强度标准值，并具有高延性及反复拉压性能。

2）B 级接头抗拉强度达到或超过母材屈服强度标准值的 1.35 倍，具有一定的延性及反复拉压性能。

3）C 级接头仅能承受压力。

注：随着钢筋机械连接技术的发展和生产应用的需要，国家拟在钢筋性能等级中补充一个等强级(SA 级)，个别变形性能指标作适当调整，应用范围和接头百分率按性能等级作适当调整，形式检验中测量标距作些调整。

（3）性能检验指标

各级接头性能指标应符合表 5-20 的规定。

接头性能检验指标　　表 5-20

等　级		A 级	B 级	C 级
单向拉伸	强　度	$f_{mst}^{o} \geqslant f_{tk}$	$f_{mst}^{o} \geqslant 1.35 f_{yk}$	单向受压 $f_{mst}^{\prime o} \geqslant f_{yk}$
	割线模量	$E_{0.7} \geqslant E_{s}^{o}$ 且 $E_{0.9} \geqslant 0.9E_{s}^{o}$	$E_{0.7} \geqslant 0.9E_{s}^{o}$ 且 $E_{0.9} \geqslant 0.7E_{s}^{o}$	—
	极限应变	$\varepsilon_{u} \geqslant 0.04$	$\varepsilon_{u} \geqslant 0.02$	—
	残余变形	$u \leqslant 0.3$mm	$u \leqslant 0.3$mm	—
高应力反复拉压	强　度	$f_{mst}^{o} \geqslant f_{tk}$	$f_{mst}^{o} \geqslant 1.35 f_{yk}$	—
	割线模量	$E_{20} \geqslant 0.85E_{1}$	$E_{20} \geqslant 0.5E_{1}$	—
	残余变形	$u_{20} \leqslant 0.3$mm	$u_{20} \leqslant 0.3$mm	—

续表

等级		A级	B级	C级
大变形反复拉压	强度	$f^{o}_{mst} \geqslant f_{tk}$	$f^{o}_{mst} \geqslant 1.35 f_{yk}$	—
	残余变形	$u_4 \leqslant 0.3$mm 且 $u_8 \leqslant 0.6$mm	$u_4 \leqslant 0.6$mm	—

注：f^{o}_{mst}——机械连接接头抗拉强度实测值；

$f^{o\prime}_{mst}$——机械连接接头抗压强度实测值；

$E_{0.7}$——接头在 0.7 倍钢筋屈服强度标准值下的割线模量；

$E_{0.9}$——接头在 0.9 倍钢筋屈服强度标准值下的割线模量；

E^{o}_{s}——钢筋弹性模量实测值；

ϵ'_{u}——受拉接头试件极限应变；

u——接头单向拉伸的残余变形；

u_4——接头反复拉压 4 次后的残余变形；

u_8——接头反复拉压 8 次后的残余变形；

u_{20}——接头反复拉压 20 次后的残余变形；

E_1——接头在第 1 次加载至 0.9 倍钢筋屈服强度标准值时的割线模量；

E_{20}——接头在第 20 次加载至 0.9 倍钢筋屈服强度标准值时的割线模量；

f_{tk}——钢筋抗拉强度标准值；

f_{yk}——钢筋屈服强度标准值；

f_{yk}——钢筋抗压屈服强度标准值。

5.63 钢筋机械连接接头设计原则是什么?

钢筋机械连接接头设计原则有以下几点：

（1）钢筋机械连接接头的设计应满足接头强度(屈服强度及抗拉强度)及变形性能的要求。

（2）钢筋机械连接件的屈服承载力和抗拉承载力的标准值不应小于被连接钢筋的屈服承载力和抗拉承载力标准值的 1.10 倍。

（3）钢筋接头应根据接头的性能等级和应用场合,对静力单向拉伸性能、高应力反复拉压、大变形反复拉压、抗疲劳、耐低温等各项性能确定相应的检验项目。

（4）对直接承受动力荷载的结构,其接头应满足设计要求的抗疲劳性能。

当无专门要求时,对连接 HRB335 级钢筋的接头,其疲劳性能应能经受应力幅为 100N/mm^2,上限应力为 180 N/mm^2 的 200

万次循环加载。对连接 HRB400 级和 RRB400 级钢筋的接头,其疲劳性能应能经受应力幅为 $100N/mm^2$,上限应力为 $190\ N/mm^2$ 的 200 万次循环加载。

(5) 当混凝土结构中钢筋接头部位的温度低于－10℃时,应进行专门的试验。

(6) 各级接头性能指标应符合表 5-20 规定。

5.64 钢筋机械连接接头应用有何规定?

(1) 接头性能等级的选定。

1) 混凝土结构中要求充分发挥钢筋强度或对接头延性要求较高的部位,应采用 A 级接头。

2) 混凝土结构中钢筋受力小或对接头延性要求不高的部位,可采用 B 级接头。

3) 非抗震设防和不承受动力荷载的混凝土结构中钢筋只承受压力的部位,可采用 C 级接头。

(2) 混凝土保护层厚度。

钢筋连接件的混凝土保护层厚度不得小于 15mm。连接件之间的横向净距不宜小于 25mm。

(3) 接头位置。受力钢筋机械连接接头的位置应相互错开。

(4) 有接头受力筋截面积占受力筋总截面积百分率。在任一接头中心至长度为钢筋直径 35 倍的区段范围内,有接头的受力钢筋截面面积占受力钢筋总截面面积的百分率,应符合下列规定。

1) 受拉区的受力钢筋接头百分率不宜超过 50%。

2) 在受拉区的钢筋受力小的部位,A 级接头百分率可不受限制。

3) 接头宜避开有抗震设防要求的框架的梁端和柱端的箍筋加密区;当无法避开时,接头应采用 A 级,且接头百分率不应超过 50%。

4) 受压区和装配式构件中钢筋受力较小部位,A 级和 B 级接头百分率可不受限制。

(5) 当对具有钢筋接头的构件进行试验并取得可靠数据时，接头的应用范围可根据工程实际情况进行适当调整。

5.65 什么情况下钢筋机械连接接头应进行形式检验？

在下列情况时应进行形式检验：

(1) 确定接头性能等级时。

(2) 材料、工艺、规格需要改动时。

(3) 监理(建设)单位或质量监督机构提出专门要求时。

5.66 钢筋机械连接如何进行形式检验？

(1) 用于形式检验的钢筋母材的性能除应符合有关标准的规定外，其屈服强度及抗拉强度实测值不宜大于相应屈服强度和抗拉强度标准值的 1.10 倍。当大于 1.10 倍时，对 A 级接头，接头的单向拉伸强度实测值尚应大于等于 0.9 倍钢筋实际抗拉强度。

(2) 形式检验的接头试件见图 5-9，尺寸应符合表 5-21 的要求。

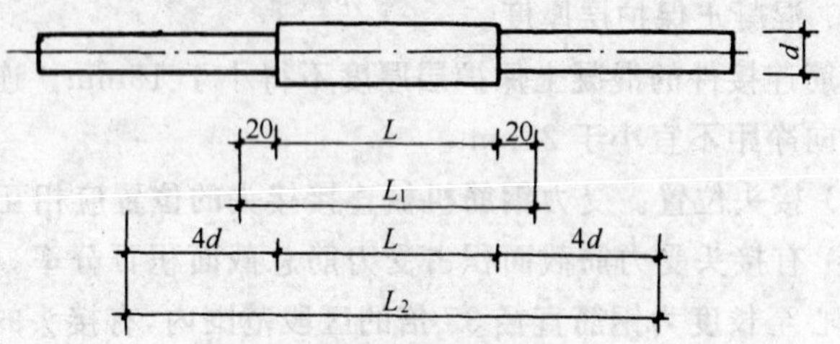

图 5-9 接头试件尺寸(mm)

形式检验接头试件尺寸 **表 5-21**

编号	符号	含 义	尺寸(mm)
1	L	接头试件连接件长度	实测
2	L_1	接头试件割线模量及残余变形的量测标距	$L+40$
3	L_2	接头试件极限应变的量测标距	$L+8d$
4	d	钢筋直径	公称直径

(3) 对每种形式、级别、规格、材料、工艺的机械连接接头，形

式检验试件不应少于12个：其中单向拉伸试件不应少于6个，高应力反复拉压试件不应少于3个，大变形反复拉压试件不应少于3个。同时，尚应取3根同批、同规格钢筋试件做力学性能试验。

(4) 形式检验的加载制度应按表5-22规定和有关要求进行。

1) 加载制度

接头形式检验的加载制度　　表5-22

试验项目		加载制度
单向拉伸试验		$0 \to 0.9f_{yk} \to 0.02f_{yk} \to$ 破坏
高应力反复拉压试验		$0 \to (0.9f_{yk} \to -0.50f_{yk}) \to$ 破坏 （反复20次）
大变形反复拉压试验	A级	$0 \to (2\varepsilon_{yk} \to -0.50f_{yk}) \to (5\varepsilon_{yk} \to -0.50f_{yk}) \to$ 破坏 （反复4次）　（反复4次）
	B级	$0 \to (2\varepsilon_{yk} \to -0.50f_{yk}) \to$ 破坏 （反复4次）

2) 试验方法

接头形式检验时应按照单向拉伸试验(图5-10)，高应力反复拉压试验(图5-11)和大变形反复拉压试验(图5-12)的要求进行。

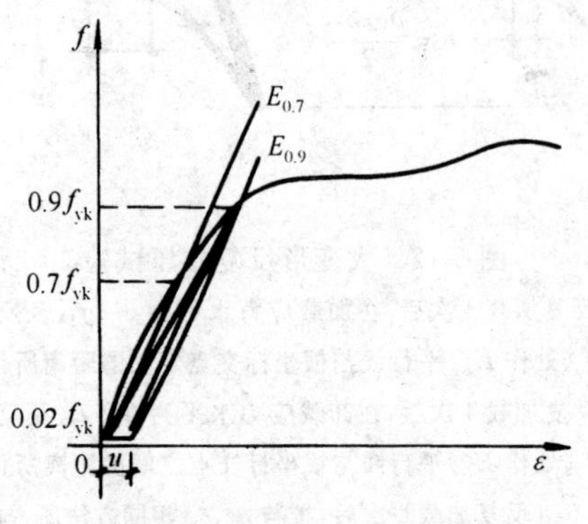

图5-10　单向拉伸试验

3) 接头现场单向拉伸试验可采用零到破坏的一次加载制度。

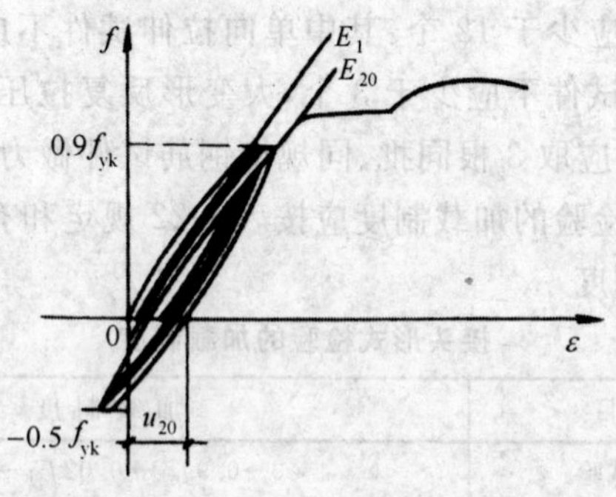

图 5-11 高应力反复拉压试验

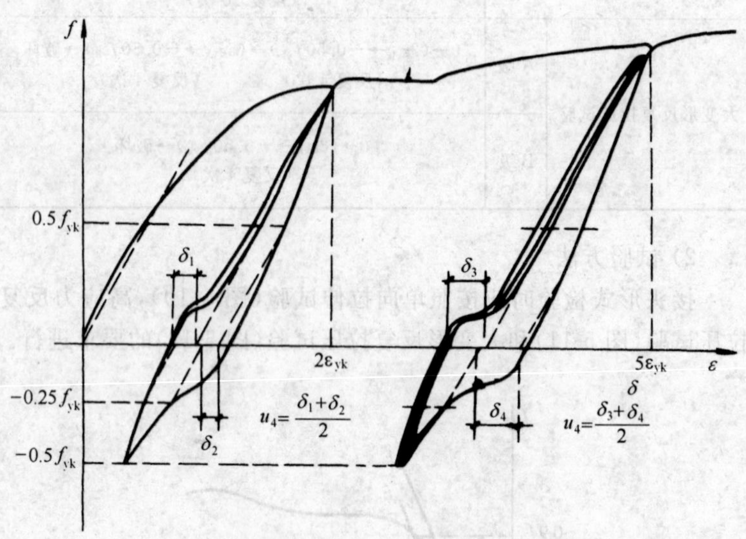

图 5-12 大变形反复拉压试验

注：1. δ_1 为 $2\varepsilon_{yk}$ 反复加载 4 次后，在加载应力水平为 $0.5f_{yk}$ 及反向卸载应力水平为 $-0.25f_{yk}$ 处作 $E_{0.7}$ 平行线与横坐标交点之间的距离所代表的应变值。

2. δ_2 为 $2\varepsilon_{yk}$ 反复加载 4 次后，在卸载应力水平为 $0.5f_{yk}$ 及反向加载应力水平为 $-0.25f_{yk}$ 处作 $E_{0.7}$ 平行线与横坐标交点之间的距离所代表的应变值。

3. δ_3、δ_4 为在 $5\varepsilon_{yk}$ 反复加载 4 次后，按与 δ_1、δ_2 相同方法所得的应变值。

(5) 合格条件。

1) 强度检验：每个试件的实测值均应符合表 5-20 规定的相

应性能等级的检验指标。

2）割线模量、极限应变、残余变形检验：每组试件的实测平均值均应符合表 5-20 规定的相应性能等级的检验指标。

（6）形式检验应由国家、省部级主管部门认可的检测机构进行，并应按表 5-23 的格式出具试验报告和评定结论。

接头试件形式检验试验报告 **表 5-23**

接头名称			送检验试件数量			送检日期		
送检单位						设计接头等级	A 级 B 级	
接头试件基本参数	连接件示意图					连接件各部位尺寸(mm)		
						连接件各部位尺寸(mm)		
						连接件原材料		
						连接工艺参数		
	钢筋母材编号		1	2	3	4	5	6
	钢筋公称直径(　)(mm)	实际面积(mm²)						
		屈服强度(N/mm²)						
		抗拉强度(N/mm²)						
		弹性模量(N/mm²)						
试验结果	试 件 编 号		No1	No2	No3	No4	No5	No6
	单向拉伸	强度(N/mm²)						
		割线模量(N/mm²)						
		极限应变(%)						
		残余变形(mm)						
	高应力反复拉压	强度(N/mm²)						
		割线模量(N/mm²)						
		残余变形(mm)						

续表

接头名称			送检验试件数量			送检日期		
试验结果	大变形反复拉压	强度（N/mm^2）						
		残余变形（mm）						
评定结论								

试验单位：＿＿＿＿＿负责人：＿＿＿＿＿试验员：＿＿＿＿＿校核：＿＿＿＿＿

注：接头试件基本参数栏应详细记载。对套筒挤压接头，应包括套筒长度、外径、内径、挤压道次、挤压力（kN）、压痕处平均直径（或挤压后套筒长度）、压痕总宽度。对锥螺纹接头应包括连接套长度、外径、内径、锥度、牙形角平分线垂直于钢筋轴线（或垂直于锥面）、扭紧力矩值（N·m）。可加页描述，盖章有效。

5.67 钢筋机械连接检验与验收有何规定？

（1）工程中应用钢筋机械连接时，应由该技术提供单位提交有效的形式检验报告。

（2）工程开始前及施工过程中，应对每批进场钢筋按下列要求进行接头工艺检验：

1）每种规格钢筋的接头试件不应少于 3 根。

2）对接头试件的钢筋母材应进行抗拉强度试验。

3）3 根接头试件的抗拉强度均应满足本章第 5-62 中表 5-20 的强度要求；对于 A 级接头，试件抗拉强度尚应大于等于 0.9 倍钢筋母材的实际抗拉强度 f_{st}^{o}。计算实际抗拉强度时，应采用钢筋的实际横截面面积。

（3）检验项目。现场检验应进行外观质量检查和单向拉伸试验。对接头有特殊要求的结构，应在设计图纸中另行注明相应的检验项目。

（4）检验数量。

1）接头的现场检验按验收批进行。同一施工条件下采用同一批材料的同等级、同形式、同规格接头，以 500 个为一个验收批进行检验与验收，不足 500 个也作为一个验收批。

2）对接头的每一验收批，必须在工程结构中随机截取 3 个试件作单向拉伸试验，按设计要求的接头性能等级进行检验与评定，并按表 5-23 的格式记录。

（5）判定。

1）当 3 个试件单向拉伸试验结果均符合表 5-20 的强度要求时，该验收批评为合格。

2）如有 1 个试件的强度不符合要求，应再取 6 个试件进行复检。复检中如仍有 1 个试件试验结果不符合要求，则该验收批评为不合格。

（3）在现场连续检验 10 个验收批，其全部单向拉伸试件一次抽样均合格时，验收批接头数量可扩大一倍。

（6）外观质量检验。外观质量检验的质量要求、抽样数量、检验方法及合格标准见各类型式接头有关条款。

5.68 钢筋锥螺纹连接适用范围是什么？性能等级有何规定？

（1）适用范围

钢筋锥螺纹连接适用于工业与民用建筑的混凝土结构中，钢筋直径为 16～40mm 的 HRB335 级、HRB400 级和 RRB400 级的钢筋连接。

（2）性能等级

钢筋锥螺纹连接划分为两个性能等级，即 A 级和 B 级。A 级和 B 级接头的性能应符合表 5-20 的规定。

5.69 钢筋锥螺纹连接接头如何选用？

（1）钢筋锥螺纹接头性能等级的选用。

1）混凝土结构中要求充分发挥钢筋强度或对接头延性要求较高的部位应采用 A 级接头。

2）混凝土结构中钢筋受力较小对接头延性要求不高的部位可采用 B 级接头。

（2）设置在同一构件内同一截面受力钢筋的接头位置应相互错开。在任一接头中心至长度为钢筋直径的 35 倍区段范围内，有接头的受力钢筋截面积占受力钢筋总截面面积的百分率应符合下列规定：

1）受拉区的受力钢筋接头百分率不宜超过50%。

2）在受拉区的钢筋受力小部位，A级接头百分率不受限制。

3）接头宜避开有抗震设防要求的框架梁端和柱端的箍筋加密区；当无法避开时，接头应采用A级接头，且接头百分率不应超过50%。

4）受压区和装配式构件中钢筋受力较小部位，A级和B级接头百分率可不受限制。

（3）接头端头距钢筋弯曲点不得小于钢筋直径的10倍。

（4）不同直径钢筋连接时，一次连接钢筋直径规格不宜超过2级。

（5）钢筋连接套的混凝土保护层厚度宜满足本章第5.81条和表5-35的要求，且不得小于15mm。连接套之间的横向净距不宜小于25mm。

5.70 如何检查钢筋锥螺纹连接的钢丝头外观质量？

钢丝头外观质量可进行牙形、丝头锥度与小端直径和连接套检验。

（1）丝头牙形检验

1）质量要求：牙形饱满，无断牙、秃牙缺陷，与牙形规的牙形吻合，牙齿表面光洁为合格。

2）检验方法：用牙形规检查，见图5-13。

（2）丝头锥度与小端直径检验

1）质量要求：丝头锥度与卡规或环规吻合，小端直径在卡规或环规的允许误差之内为合格。

2）检验方法：用卡规或环规检验，见图5-14（*a*）、（*b*）。

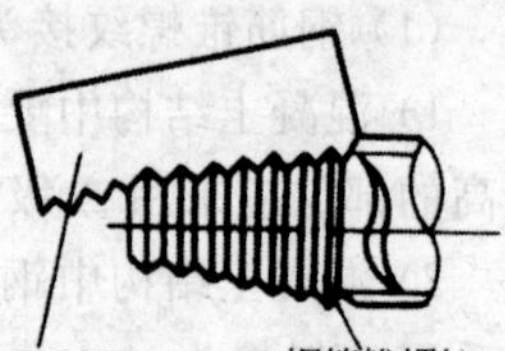

图5-13 牙形规检查

（3）连接套检验

1）质量要求：锥螺纹塞规拧入连接套后，连接套的大端边缘

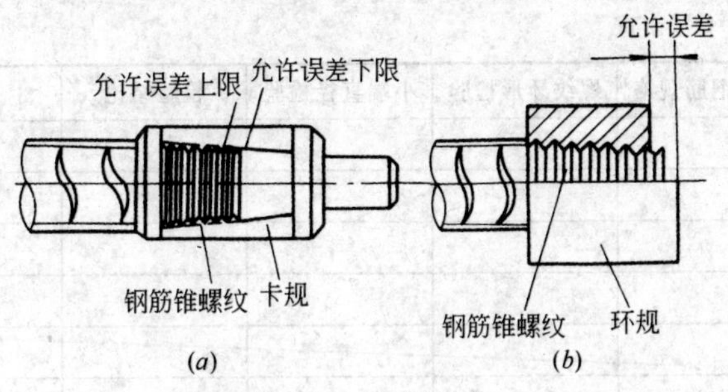

图 5-14　卡规检查

在锥螺纹塞规大端的缺口范围内为合格。

2）检验方法：用锥螺纹塞规检查，见图 5-15。

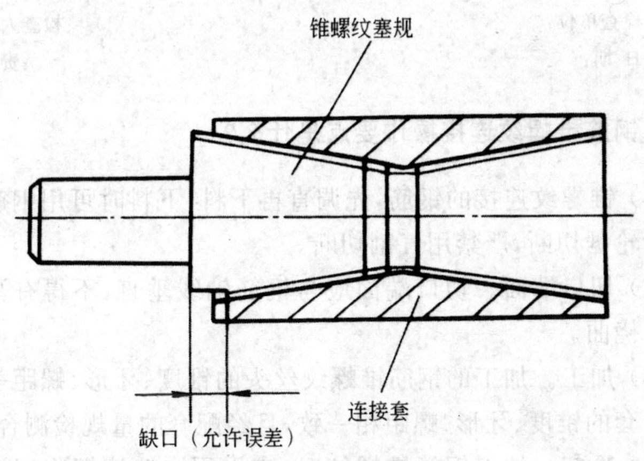

图 5-15　塞规检查

注：牙形规、卡规或环规、塞规应由钢筋连接技术提供单位配套提供。

(4) 填写钢筋锥螺纹加工检验记录

钢筋锥螺纹加工检验记录见表 5-24。

钢筋锥螺纹加工检验记录　　　　表 5-24

工程名称				结构所在层数	
接头数量		抽检数量		构件种类	
序号	钢筋规格	螺纹牙形检验	小端直径检验	检验结论	

续表

序号	钢筋规格	螺纹牙形检验	小端直径检验	检验结论	

注：1. 按每批加工钢筋锥螺纹丝头数的10%检验；

2. 牙形合格、小端直径合格的打“√”；否则打“×”。

检查单位：　　　　　　　　　　　　　　　　　　检查人员：

日 期：　　　　　　　　　　　　　　　　　　　　负责人：

5.71 钢筋锥螺纹连接操作要点是什么？

(1) 锥螺纹连接的钢筋，先调直再下料，下料时可用钢筋切断机或砂轮锯切断，严禁用气割切断。

(2) 切口端面。切口端面应与钢筋轴线垂直，不得有马蹄形或端头挠曲。

(3) 加工。加工的钢筋锥螺纹丝头的锥度、牙形、螺距等必须与连接套的锥度、牙形、螺距相一致，且经配套的量规检测合格。

(4) 冷却。加工钢筋锥螺纹时，应采用水溶液切削润滑液进行冷却润滑，当气温低于0℃时，应掺入15%～20%亚硝酸钠，不得用机油作润滑液或不加润滑液套丝。

(5) 连接。连接钢筋时，钢筋规格和连接套的规格应一致，并确保钢筋和连接套的丝扣干净完好无损。

(6) 拧紧。必须用精度±5%的力矩扳手拧紧接头，连接钢筋时，应对正轴线将钢筋拧入连接套，然后用力矩扳手拧紧。接头拧紧值应满足表5-25规定的力矩值，不得超拧。拧紧后的接头应作上标志。

接头拧紧力矩值 **表 5-25**

钢筋直径(mm)	16	18	20	22	25～28	32	36～40
拧紧力矩(N·m)	118	145	177	216	275	314	343

(7) 端头保护。连接合格后,一端拧上塑料保护帽,另一端用力矩扳手拧紧连接套,并扣上塑料封盖。运输过程中应防止塑料保护帽受损,以保护丝扣完好。

(8) 常用接头连接方法。

1) 同径或异径普通接头:

分别用力矩扳手将①与②、②与③拧到规定的力矩值,见图5-16(*a*)。

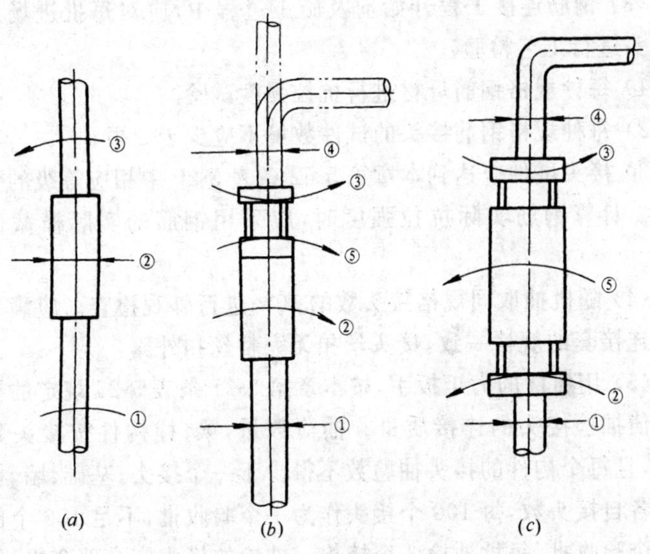

图 5-16 锥螺纹连接

(*a*) ①、③钢筋;②接连套;(*b*) ①、④钢筋;③可调连接器;②连接套;⑤锁母

(*c*) ①、④钢筋;②、③可调连接器;⑤连接套

2) 单向可调接头:

分别用力矩扳手将①与②、③与④拧到规定的力矩值,再把⑤

与②拧紧，见图 5-16(b)。

3）双向可调接头：

分别用力矩扳手将①与②、③与④拧到规定的力矩值，且保持②、③的外露丝扣数相等，然后分别夹住②与③，把⑤拧紧，见图 5-16(c)。

5.72 钢筋锥螺纹连接如何进行现场验收？

(1) 工程中应用钢筋锥螺纹接头时，该技术提供单位应提供有效的型式检验报告。

(2) 连接钢筋时，应检查连接套出厂合格证、钢筋锥螺纹加工检验记录。

(3) 钢筋连接工程开始前及施工过程中，应对每批进场钢筋和接头进行工艺检验：

1）每种规格钢筋母材进行抗拉强度试验。

2）每种规格钢筋接头的试件数量不应少于 3 根。

3）接头试件应达到本章第 5-62 条表 5-20 中相应等级的强度要求。计算钢筋实际抗拉强度时，应采用钢筋的实际横截面积计算。

(4) 随机抽取同规格接头数的 10％进行外观检查。应满足钢筋与连接套的规格一致，接头丝扣无完整丝扣外露。

(5) 用质检的力矩扳手，按本章第 5-71 条表 5-25 规定的接头拧紧值抽检接头的连接质量。抽检数量：梁、柱构件按接头数的 15％，且每个构件的接头抽验数不得少于一个接头；基础、墙、板构件按各自接头数，每 100 个接头作为一个验收批，不足 100 个也作为一个验收批，每批抽检 3 个接头。抽检的接头应全部合格，如有一个接头不合格，则该验收批接头应逐个检查，对查出的不合格接头应进行补强，并填写接头质量检查记录，见表 5-26。

(6) 接头的现场检验按验收批进行。同一施工条件下的同一批材料的同等级、同规格接头，以 500 个为一个验收批进行检验与验收，不足 500 个也作为一个验收批。

钢筋锥螺纹接头质量检查记录　　表 5-26

工程名称				检验日期	
结构所在层数				构件种类	
钢筋规格	接头位置	无完整丝扣外露	规定力矩值(N·m)	施工力矩值(N·m)	检验力矩值(N·m)	检验结论

注：检验结论：合格的打"√"；否则打"×"。

检查单位：　　　　检查人员：

日　期：　　　　负责人：

(7) 对接头的每一验收批，应在工程结构中随机截取 3 个试件单向拉伸试验，按设计要求的接头性能等级进行检验与评定，并填写接头拉伸试验报告。见表 5-27。

钢筋锥螺纹接头拉伸试验报告　　表 5-27

工程名称			结构层数		构件名称	接头等级	
试件编号	钢筋规格 d (mm)	横截面积 $A(mm^2)$	屈服强度标准值 f_{yk} (N/mm^2)	抗拉强度标准值 f_{tk} (N/mm^2)	极限拉力实测值 P(kN)	抗拉强度实测值 $f^{o}_{mst}=P/A$ (N/mm^2)	评定结果
评定结论							
备　注	1. $f^{o}_{mst} \leqslant f_{tk}$ 且 $f^{o}_{mst} \geqslant 0.9\ f^{o}_{st}$ 为 A 级接头； 2. $f^{o}_{mst} \geqslant 1.35 f_{yk}$ 为 B 级接头； 3. f^{o}_{st}—钢筋母材抗拉强度实测值						

试验单位：　　（盖章）　　负责人：　　试验员：　　试验日期：

(8) 在现场连接检验 10 个验收批，全部单向拉伸试件一次抽样均合格时，验收批接头数量可扩大一倍。

（9）外观质量。

1）抽样：同规格接头数随机抽查10%。

2）钢筋与连接套规格应一致。

3）无完整接头丝扣外露。

5.73 锥螺纹连接用力矩扳手为何不能与质量检查用力矩扳手混用？

钢筋锥螺纹连接使用的力矩扳手精度要求高，其精度为±5%，否则不能保证连接质量。因此，连接使用的力矩扳手应由具有生产计量器具许可证的工厂加工制造，产品出厂时应有产品出厂合格证。使用时，一般情况下，要求每半年用扭力仪检定一次，亦可根据需要将使用频繁的力矩扳手提前检定。力矩扳手应轻拿轻放，不准用力矩扳手当锤子或撬棍使用，不用时将力矩扳手调到0刻度，以保持力矩扳手的精度。

使用于质量检查的力矩扳手与钢筋锥螺纹连接使用的力矩扳手不得混用。

5.74 钢筋套筒挤压连接适用范围是什么？性能等级有何规定？

（1）适用范围

适用于工业及民用建筑的混凝土结构钢筋直径为16～40mm的HRB335级、HRB400级、RRB400级带肋钢筋的径向挤压连接。见图5-17。

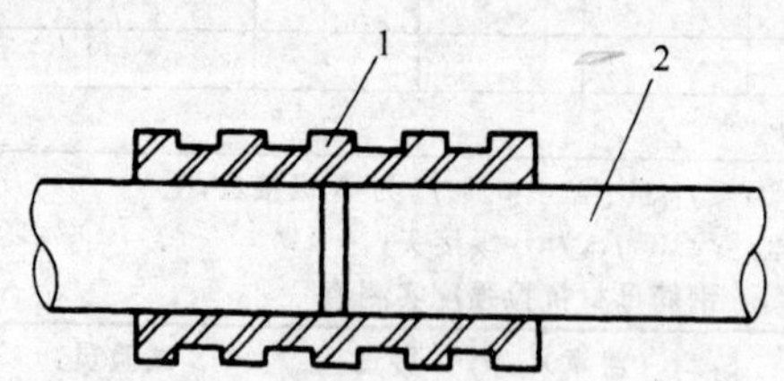

图5-17　带肋钢筋套筒挤压连接

1—套筒；2—钢筋

（2）性能等级

挤压接头划分为A级、B级2个性能等级。性能应符合表5-20的规定。

5.75 钢筋套筒挤压连接接头如何选用？

（1）应用范围

1）混凝土结构中要求充分发挥钢筋强度或对接头延性要求较高的部位，应采用A级接头。

2）混凝土结构中钢筋受力小或对接头延性要求不高的部位，可采用B级接头。

3）非抗震设防和不承受动力荷载的混凝土结构中钢筋只承受压力的部位，可采用C级接头。

（2）混凝土保护层厚度

挤压接头的混凝土保护层厚度宜满足本章第5.81条和表5-35的要求，且不得小于15mm，连接套筒之间的横向净距不宜小于25mm。

（3）接头位置

设置在同一结构构件内的挤压接头宜相互错开。

（4）有接头受力筋截面积占受力筋总截面积百分率

在任一接头中心至长度为钢筋直径35倍的区段范围内，有接头的受力钢筋截面面积占受力钢筋总截面面积的百分率，应符合下列规定：

1）受拉区的受力钢筋接头百分率不宜超过50%。

2）在受拉区的钢筋受力小的部位，A级接头百分率可不受限制。

3）接头宜避开有抗震设防要求的框架的梁端和柱端的箍筋加密区；当无法避开时，接头应采用A级，且接头百分率不应超过50%。

4）受压区和装配式构件中钢筋受力较小部位，A级和B级接头百分率可不受限制。

(5) 不同直径的带肋钢筋可采用挤压接头连接。当套筒两端外径和壁厚相同时，被连接钢筋的直径相差不应大于5mm。

(6) 对直接承受动力荷载的结构，其接头应满足设计要求的抗疲劳性能。

当无专门要求时，对连接 HRB335 级钢筋的接头，其疲劳性能应能经受应力幅为 $100N/mm^2$，上限应力为 $180N/mm^2$ 的 200 万次循环加载。对连接 HRB400 级和 RRB400 级钢筋的接头，其疲劳性能应能经受应力幅为 $100N/mm^2$，上限应力为 $190N/mm^2$ 的 200 万次循环加载。

(7) 当混凝土结构中挤压接头部位的温度低于−20℃时，宜进行专门的试验。

5.76 对钢筋挤压接头的套筒如何进行检验?

(1) 对 HRB335 级、HRB400 级和 RRB400 级带肋钢筋挤压接头所用套筒材料应选用适于压延加工的钢材。其实测力学性能应符合表 5-28 的要求。

套筒材料的力学性能　　表 5-28

项　目	力学性能指标
屈服强度(N/mm^2)	225～350
抗拉强度(N/mm^2)	375～500
延伸率 δ_5(%)	≥20
硬 度(HRB)	60～80
或(HB)	102～133

(2) 设计连接套筒时，套筒的承载力应符合下列要求：

$$f_{s1yk}A_{s1} \geqslant 1.10 f_{yk}A_s$$

$$f_{s1tk}A_{s1} \geqslant 1.10 f_{tk}A_s$$

式中 f_{s1yk}——套筒屈服强度标准值；

f_{s1tk}——套筒抗拉强度标准值；

f_{yk}——钢筋屈服强度标准值；

f_{tk}——钢筋抗拉强度标准值；

A_{s1}——套筒的横截面面积；

A_s——钢筋的横截面面积。

(3) 套筒的尺寸偏差宜符合表 5-29 要求。

套筒尺寸的允许偏差(mm) **表 5-29**

套筒外径 D	外径允许偏差	壁厚(t)允许偏差	长度允许偏差
≤50	±0.5	+0.12t −0.10t	±2
>50	±0.01D	+0.12t −0.10t	±2

(4) 套筒应有出厂合格证。套筒在运输和储存中,应按不同规格分别堆放整齐,不得露天堆放,防止锈蚀和沾污。

5.77 套筒挤压连接技术要点是什么?

(1) 材料。挤压连接的原材料应选择强度适中、延性好的优质钢材。

(2) 承载力。套筒设计屈服承载力和极限承载力应比钢筋标准屈服承载力和极限承载力大 10%以上。

(3) 套筒强度。套筒全截面强度应大于被连接钢筋强度。

(4) 异径筋连接。连接不同直径带肋钢筋,当套筒两端外径和壁厚相同时,被连接钢筋的直径相差不应大于 5mm。

(5) 抗疲劳试验。对直接承受动力荷载的结构,其接头应满足设计要求的抗疲劳性能。当无专门要求时,对连接 HRB335 级钢筋的接头,其疲劳性能应能经受应力幅为 $100N/mm^2$,上限应力为 $190N/mm^2$ 的 200 万次循环加载。对连接 HRB400 级和 RRB400 级钢筋接头,其疲劳性能应能经受应力幅为 $100N/mm^2$,上限应力为 $190N/mm^2$ 的 200 万次循环加载。

(6) 挤压前准备工作。

1) 端头清理。钢筋端头的锈皮、泥沙、油污等杂物应清理干净。

2）套筒检查。应对套筒作外观尺寸检查，并对钢筋与套筒进行试套，如钢筋有马蹄、弯折或纵肋尺寸过大者，应预先矫正或砂轮打磨；对不同直径钢筋的套筒不得相互串用。

3）伸入定位。钢筋连接端头应划出明显定位标记，确保在挤压时和挤压后可按定位标记检查钢筋伸入套筒内的长度。

4）设备检查：检查挤压设备情况，并进行试压，符合要求后方可作业。

5）端部处理：钢筋接头处宜采用砂轮切割机断料；钢筋端部的扭曲、弯折、斜面等应予以校正或切除；钢筋连接部位的飞边或纵肋过高时应采用砂轮机修磨，以保证套筒能自由套入钢筋。

(7) 挤压操作

1）插入深度：应按标记检查钢筋插入套筒内深度，钢筋端头离套筒长度中点不宜超过 10mm。

2）轴线要求：挤压时挤压机与钢筋轴线应保持垂直。

3）挤压顺序：挤压宜从套筒中央开始，并依次向两端挤压。宜先挤压一端套筒，在施工作业区插入待接钢筋后再挤压另一端套筒。

4）挤压压力：挤压操作时采用的挤压力、压模宽度、压痕直径或挤压后套筒长度的波动范围以及挤压道数，均应符合经型式检验确定的技术参数要求。

5）负温施工：当混凝土结构中挤压接头部位的温度低于 −20℃时，宜进行专门的试验。

5.78 钢筋挤压接头的形式检验和现场验收有何规定？

(1) 钢筋挤压接头的形式检验应符合本章第 5.66 条有关规定。

(2) 现场验收。

1）工程中应用带肋钢筋套筒挤压接头时，应由该技术提供单位提交有效的型式检验报告。

2）施工开始前及施工过程中，应对每批进场钢筋进行挤压连接工艺检验，并应符合下列要求：

① 每种规格钢筋的接头试件不应少于 3 根。

② 接头试件的钢筋母材应进行抗拉强度试验。

③ 3 根接头试件的抗拉强度均应符合本章表 5-20 中的强度要求；对于 A 级接头，试件抗拉强度尚应大于等于 0.9 倍钢筋母材的实际抗拉强度 f_{st}^{o}。计算实际抗拉强度时，应采用钢筋的实际横截面面积。

3）验收批组成。挤压接头的现场检验按验收批进行。同一施工条件下采用同一批材料的同等级、同型式、同规格接头，以 500 个为一个验收批进行检验与验收，不足 500 个也作为一个验收批。

在现场连续检验 10 个验收批，全部单向拉伸试验一次抽样均合格时，验收批接头数量可扩大一倍。

4）检验项目。

① 单向拉伸试验。

对每一验收批，均应按设计要求的接头性能等级，在工程中随机抽 3 个试件做单向拉伸试验。按表 5-30 的格式记录，并做出评定。

挤压接头单向拉伸性能试验报告 **表 5-30**

工程名称					楼层号		构件类型	
设计要求接头性能等级			A 级　B 级	检验批接头数量				
试件编号	钢筋公称直径 D(mm)	实测钢筋横截面积 A_s^o (mm^2)	钢筋母材屈服强度标准值 f_{yk} (N/mm^2)	钢筋母材抗拉强度标准值 f_{tk} (N/mm^2)	钢筋母材抗拉强度实测值 f_{st}^o (N/mm^2)	接头试件极限拉力 P(kN)	接头试件抗拉强度实测值 $f_{mst}^o=P/A_s^o$ (N/mm^2)	接头破坏形态	评定结果

续表

工程名称						楼层号		构件类型	
设计要求接头性能等级		A级　B级			检验批接头数量				
试件编号	钢筋公称直径 D(mm)	实测钢筋横截面积 A_s^o (mm^2)	钢筋母材屈服强度标准值 f_{yk} (N/mm^2)	钢筋母材抗拉强度标准值 f_{tk} (N/mm^2)	钢筋母材抗拉强度实测值 f_{st}^o (N/mm^2)	接头试件极限拉力 P(kN)	接头试件抗拉强度实测值 $f_{mst}^o=P/A_s^o$ (N/mm^2)	接头破坏形态	评定结果
评定结论									
备　注	1. $f_{mst}^o \geqslant f_{tk}$为A级接头；$f_{mst}^o \geqslant 1.35f_{yk}$为B级接头； 2. 实测钢筋横截面面积$A_s^o$用称重法确定； 3. 破坏形态仅做记录备查，不作为评定依据								

试验单位________(盖章)负责________校核________

日　期________　　　　抽样________试验________

当3个试件检验结果均符合本章表5-20中的强度要求时，该验收批为合格。

如有一个试件的抗拉强度不符合要求，应再取6个试件进行复验。复验中如仍有一个试件检验结果不符合要求，则该验收批单向拉伸试验为不合格。

注：对挤压接头有特殊要求的结构，应在设计图纸中另行注明相应的检验项目。

② 外观质量检验。

a 外形尺寸：挤压后套筒长度应为原套筒长度的1.10～1.15倍；或压痕处套筒的外径波动范围为原套筒外径的0.8～0.90倍；

b 挤压接头的压痕道数应符合型式检验确定的道数；

c 接头处弯折不得大于 4°；

d 挤压后的套筒不得有肉眼可见裂缝；

e 检查数量：每一验收批中应随机抽取 10%的挤压接头作外观质量检验，如外观质量不合格数少于抽检数的 10%，则该批挤压接头外观质量评为合格。当不合格数超过抽检数的 10%时，应对该批挤压接头逐个进行复检，对外观不合格的挤压接头采取补救措施；不能补救的挤压接头应作标记，在外观不合格的接头中抽取 6 个试件作抗拉强度试验，若有一个试件的抗拉强度低于规定值，则该批外观不合格的挤压接头，应会同设计单位商定处理，并按表 5-31 记录存档。

施工现场挤压接头外观检查记录 **表 5-31**

<table>
<tr><td colspan="2">工程名称</td><td></td><td>楼层号</td><td colspan="2"></td><td colspan="2">构件类型</td><td colspan="2"></td></tr>
<tr><td colspan="2">验收批号</td><td></td><td>验收批数量</td><td colspan="2"></td><td colspan="2">抽检数量</td><td colspan="2"></td></tr>
<tr><td colspan="2">连接钢筋直径(mm)</td><td colspan="2"></td><td colspan="3">套筒外径(或长度)(mm)</td><td colspan="3"></td></tr>
<tr><td colspan="2" rowspan="2">检查内容</td><td colspan="2">压痕处套筒外径
(或挤压后套筒长度)</td><td colspan="2">规定挤压道次</td><td colspan="2">接头弯折
≤4°</td><td colspan="2">套筒无肉眼
可见裂缝</td></tr>
<tr><td>合格</td><td>不合格</td><td>合格</td><td>不合格</td><td>合格</td><td>不合格</td><td>合格</td><td>不合格</td></tr>
<tr><td rowspan="10">外观检查不合格接头编号</td><td>1</td><td></td><td></td><td></td><td></td><td></td><td></td><td></td><td></td></tr>
<tr><td>2</td><td></td><td></td><td></td><td></td><td></td><td></td><td></td><td></td></tr>
<tr><td>3</td><td></td><td></td><td></td><td></td><td></td><td></td><td></td><td></td></tr>
<tr><td>4</td><td></td><td></td><td></td><td></td><td></td><td></td><td></td><td></td></tr>
<tr><td>5</td><td></td><td></td><td></td><td></td><td></td><td></td><td></td><td></td></tr>
<tr><td>6</td><td></td><td></td><td></td><td></td><td></td><td></td><td></td><td></td></tr>
<tr><td>7</td><td></td><td></td><td></td><td></td><td></td><td></td><td></td><td></td></tr>
<tr><td>8</td><td></td><td></td><td></td><td></td><td></td><td></td><td></td><td></td></tr>
<tr><td>9</td><td></td><td></td><td></td><td></td><td></td><td></td><td></td><td></td></tr>
<tr><td>10</td><td></td><td></td><td></td><td></td><td></td><td></td><td></td><td></td></tr>
<tr><td colspan="2">评定结论</td><td colspan="8"></td></tr>
</table>

备注：1. 接头外观检查抽检数量应不少于验收批接头数量的 10%。
2. 外观检查内容共四项，其中压痕处套筒外径(或挤压后套筒长度)，挤压道次，二项的合格标准由产品供应单位根据型式检验结果提供。接头弯折≤4°为合格，套筒表面有无裂缝以无肉眼可见裂缝为合格。
3. 仅要求对外观检查不合格接头做记录，四项外观检查内容中，任一项不合格即为不合格，记录时可在合格与不合格栏中打√。
4. 外观检查不合格接头数超过抽检数的 10%时，该验收批外观质量评为不合格

检查人：__________ 负责人：__________ 日期：__________

5.79 钢筋连接试验项目有哪些规定？

钢筋连接试验项目、组批原则及取样规定，见表5-32。

钢筋连接试验项目表 表5-32

序号		材料名称及相关标准、规范代号	试验项目	组批原则及取样规定
1	机械连接	(1) 锥螺纹连接 (2) 套筒挤压接头 (3) 镦粗直螺纹钢筋接头 (GB 50204—2002) (JGJ 107—96) (JGJ 108—96) (JGJ 109—96) (JGJ/T 3057—1999)	必试项目：抗拉强度	1. 工艺检验：在正式施工前，按同批钢筋、同种机械连接形式的接头试件不少于3根，同时对应截取接头试件的母材，进行抗拉强度试验。 2. 现场检验：接头的现场检验按验收批进行。同一施工条件下采用同一批材料的同等级、同形式、同规格的接头每500个为一验收批。不足500个接头也按一批计。每一验收批必须在工程结构中随机截取3个试件做单向拉伸试验。在现场连续检验10个验收批，其全部单向拉伸试件一次抽样均合格时，验收批接头数量可扩大一倍
2	钢筋焊接	焊接： (GB 50204—2002) (JGJ/T 27—2001) (JGJ 18—96) 1. 钢筋电阻点焊	必试项目： 抗拉强度 抗剪强度 弯曲试验	班前焊(可焊性能试验)在工程开工或每批钢筋正式焊接前，应进行现场条件下的焊接性能试验。试验合格后方可正式生产。试件数量及要求见以下： 1. 电阻点焊制品 (1) 钢筋焊接骨架： ① 凡钢筋级别、直径及尺寸相同的焊接骨料应视为同一类制品，且每200件为一验收批，一周内不足200件的也按一批计。 ② 试件应从成品中切取，当所切取试件的尺寸小于规定的试件尺寸时，或受力钢筋大于8mm时，可在生产过程中焊接试验网片，从中切取试件。试件尺寸见图

续表

序号	材料名称及相关标准、规范代号		试验项目	组批原则及取样规定
2	钢筋焊接	焊接：(GB 50204—2002)(JGJ/T 27—2001)(JGJ 18—96) 1. 钢筋电阻点焊	必试项目：抗拉强度 抗剪强度 弯曲试验	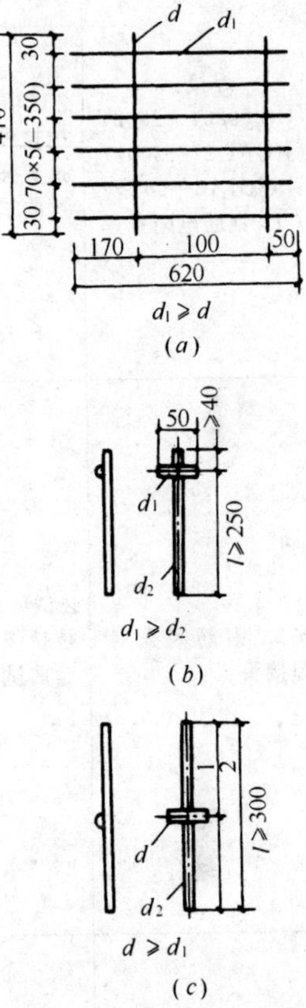 钢筋焊接试验网片与试件 (*a*)焊接试验网片简图；(*b*)钢筋焊点抗剪试件；(*c*)钢筋焊点拉伸试件 ③ 由几种钢筋直径组合的焊接骨架，应对每种组合做力学性能检验；热轧钢筋焊点，应作抗剪试验，试件数量 3 件；冷拔低碳钢丝焊点，应作抗剪试验及对较小的钢筋作拉伸试验，试件数量 3 件

续表

序号	材料名称及相关标准、规范代号		试验项目	组批原则及取样规定
2	钢筋焊接	焊接： (GB 50204—2002) (JGJ/T 27—2001) (JGJ 18—96) 1. 钢筋电阻点焊	必试项目： 抗拉强度 抗剪强度 弯曲试验	(2) 钢筋焊接网： ① 凡钢筋级别、直径及尺寸相同的焊接骨架应视为同一类制品，每批不应大于30t，或每200件为一验收批，一周内不足30t或200件的也按一批计。 ② 试件应从成品中切取。 ③ 冷轧带肋钢筋或冷拔低碳钢丝焊点应作拉伸试验，试件数量1件，横向试件数量1件；冷轧带肋钢筋焊点应作弯曲试验，纵向试件数量1件，横向试件数量1件；热轧钢筋、冷轧带肋钢筋或冷拔低碳钢丝的焊点应作抗剪试验，试件数量3件
		2. 钢筋闪光对焊接头	必试项目： 抗拉强度 弯曲试验	1. 同一台班内由同一焊工完成的300个同级别、同直径钢筋焊接接头应作为一批。当同一台班内，可在一周内累计计算；累计仍不足300个接头，也按一批计。 2. 力学性能试验时，试件应从成品中随机切取6个试件，其中3个做拉伸试验，3个做弯曲试验。 3. 焊接等长预应力钢筋(包括螺丝杆与钢筋)。可按生产条件作模拟试件。 4. 螺丝端杆接头可只做拉伸试验。 5. 若当出现试验结果不符合要求时，可随机再取双倍数量试件进行复试。 6. 当模拟试件试验结果不符合要求时，复试应从成品中切取，其数量和要求与初试时相同
		3. 钢筋电弧焊接头	必试项目： 抗拉强度	1. 工厂焊接条件下：同钢筋级别300个接头为一验收批。 2. 在现场安装条件下：每一至二层楼同接头形式、同钢筋级别的接头300个为一验收批。不足300个接头也按一批计。 3. 试件应从成品中随机切取3个接头进行拉伸试验。 4. 装配式结构节点的焊接接头可按生产条件制造模拟试件。 5. 当初试结果不符合要求时应再取6个试件进行复试

续表

序号	材料名称及相关标准、规范代号		试验项目	组批原则及取样规定
2	钢筋焊接	4. 钢筋电渣压力焊接头	必试项目：抗拉强度	1. 一般构筑物中以300个同级别钢筋接头作为一验收批。 2. 在现浇钢筋混凝土多层结构中，应以每一楼层或施工区段中300个同级别钢筋接头作为一验收批，不足300个接头也按一批计。 3. 试件应从成品中随机切取3个接头进行拉伸试验。 4. 当初试结果不符合要求时应再取6个试件进行复试
		5. 钢筋气压焊接头	必试项目：抗拉强度 弯曲试验（梁、板的水平筋连接）	1. 一般构筑物中以300个接头作为一验收批。 2. 在现浇钢筋混凝土房屋结构中，同一楼层中应以300个接头作为一验收批，不足300个接头也按一批计。 3. 试件应从成品中随机切取3个接头进行拉伸试验；在梁、板的水平钢筋连接中，应另切取3个试件做弯曲试验。 4. 当初试结果不符合要求时应再取6个试件进行复试
		6. 预埋件钢筋T形接头	必试项目：抗拉强度	1. 预埋件钢筋埋弧压力焊，同类型预埋件一周内累计每300件时为一验收批，不足300个接头也按一批计。每批随机切取3个试件做拉伸试验。 60×60 1 2 l≥200 预埋件T形接头拉伸试件 1—钢板；2—钢筋 2. 当初试结果不符合规定时再取6个试件进行复试

5.80 钢筋机械连接质量缺陷与消除措施有哪些?

(1) 锥螺纹连接质量缺陷与消除措施,见表 5-33。

锥螺纹连接质量缺陷与消除措施　　表 5-33

缺　陷	消除措施
1. 原材料 (1) 钢筋端部混有焊接接头。 (2) 端头气割切断。 (3) 钢筋下料时,端头出现挠曲或马蹄形。 (4) 钢筋纵肋超差	1. 对(1)、(2)、(3)情况,采用无齿锯切掉,若端头微有翘曲,应进行调直处理。 2. 对(4)情况,用锤子将端头边肋砸扁。 3. 钢材材质应符合国家有关标准的规定。 4. 钢筋切断机械应经常保养、维修
2. 钢筋套丝 钢筋的牙形与牙形规不吻合,套丝丝扣有损坏	1. 套丝必须用水溶性切削冷却润滑液,不得用机油润滑或不加润滑油套丝。 2. 锥螺纹丝扣完整,牙数不得小于下表规定。钢筋牙形必须与牙形规相吻合。 3. 应用砂轮片切割下料。 4. 钢筋套丝质量必须逐个用牙形规与卡规检查,合格者一端拧上塑料保护帽,另一端用扳手拧紧连接套。 5. 对丝扣有损坏的应将其切除,重新套丝
3. 套筒 (1) 有裂纹。 (2) 长度及内外径尺寸不符合设计要求。 (3) 锥螺纹塞规拧入连接套后,连接端边缘不在螺纹塞规端的缺口范围内	1. 套筒应有产品合格证;两端锥孔应有密封盖;套筒表面应有规格标记。 2. 套筒允许误差必须符合有关规程规定,检查方法见图 5-15。 3. 套筒应妥善保管,防止雨淋、碰撞、油污及泥浆沾污等
4. 接头露丝 接头拧紧后外露丝扣超过 1 个完整扣	1. 同径或异径接头连接时,应采用二次拧紧连接方法。 2. 单向可调,双向可调接头连接时,应采用 3 次拧紧方法。连接水平钢筋时,必须先将钢筋托平对正,用手拧紧,再按规定的力矩值,用力矩扳手拧紧接头。 3. 接头连接后必须作标记,防止漏拧。 4. 对外露丝扣超过 1 个完整扣的接头,应重新拧紧接头或补焊。补焊的焊缝高度≥5mm

续表

缺　陷	消除措施
5. 接头质量不合格 (1) 连接套规格与钢筋不一致或套丝误差大。 (2) 接头强度达不到要求。 (3) 漏拧	1. 套筒表面中部标记与连接钢筋同规格，并用扭力扳手按规定的力矩值把钢筋头拧紧，并做出标记以防接头漏拧。 2. 力矩扳手出厂时应有产品合格证，并定期检定。 3. 连接钢筋时，应先将钢筋对正轴线后拧入锥螺纹连接套筒，再用力矩扳手拧到规定的力矩值。不许在钢筋锥螺纹未拧入连接套筒，即用力矩扳手连接钢筋。 4. 防止钢筋堆放、吊装、搬运过程中弄脏或碰坏钢筋丝头，要求检验合格的丝头必须一端套上保护帽，另一端拧紧连接套。 5. 按本章第5.71规定方法连接

(2) 钢筋套筒挤压连接质量缺陷与消除措施见表5-34。

钢筋套筒挤压连接质量缺陷与消除措施　　表5-34

缺　陷	消除措施
1. 压空、压痕分布不均 (1) 钢筋插入钢套筒的长度不够。 (2) 压痕明显不均	1. 先在钢筋上标好定位标志，定位标志距钢筋端部的距离为套筒长度的1/2左右。 2. 严格按套筒上的压痕分格线挤压，挤压时，压钳的压接应对准套筒压痕标志，并垂直于被压钢筋轴线，挤压应从套筒中央逐道向端部压接
2. 偏心、弯折 被连接的钢筋的轴线与套筒的轴线不在同一轴线上，接头处弯的大于4°	1. 被连接钢筋处于同一轴线上，调整压钳，使压模对准套筒表面的压痕标志，并使压模压接方向与钢套筒轴线垂直，钢筋压接过程中，两端钢筋轴线应保持一致。 2. 切除或调直钢筋接头
3. 钢筋不能进入套筒	1. 钢筋有扭曲、弯折应切除或矫直，端部纵肋尺寸过大时应用砂轮修磨。 2. 严禁用电气焊切割。 3. 钢筋下料切面与钢筋轴线应垂直。 4. 钢筋规格应符合要求。 5. 选用钢套筒的规格和尺寸应符合规定。 6. 套筒应有出厂合格证。 7. 套筒在运输和储存中，不同规格应分别堆放，并应防止锈蚀和沾污

续表

缺　陷	消除措施
4. 套筒外径变形过大、裂纹	1. 根据不同型号的挤压设备，选择合适的压接参数。 2. 钢筋挤压接头采用轴向挤压工艺，钢套筒的材质、力学性能必须满足下列要求。 (1) 外观：表面光滑、无裂缝、折叠、锈迹等缺陷，表面经防锈处理。 (2) 力学性能：见本章表 5-28 3. 更换压模。 4. 治理方法 钢套筒接头压痕深度不够时应补压，经过两次仍达不到要求的压模，不得再继续使用，超压者应切除重新挤压
5. 被连接钢筋两纵肋不在同一平面	按照套筒压痕位置标记，对正压模位置，并使压模的运动方向与钢筋纵肋所在平面相垂直，即保证最大接触面在钢筋的横肋上

5.81　钢筋安装，对受力钢筋要注意什么？

钢筋安装要特别注意受力钢筋的品种、级别、规格和数量，必须按设计要求采用，并且应全数检查。这是因为受力钢筋的品种、级别、规格和数量十分重要，对结构构件的受力性能有重大影响，直接涉及结构安全。这条规定被列为《混凝土结构工程施工质量验收规范》(GB 50204)强制性条文，必须严格执行。

在许多情况下，钢筋位置不仅影响构件的耐久性，还可能影响结构性能。尤其是梁、板类构件的上部纵向受力钢筋位置，对梁、板的承载能力和抗裂性能等有重要影响。工程中因上部纵向受力钢筋严重移位而引发的事故时有发生，应加以避免。钢筋安装时要通过对保护层厚度偏差的要求，对上部纵向受力钢筋的位置加以控制，特别注意的是梁、板类构件上部纵向受力钢筋保护层厚度偏差的合格点率要求为 90％及以上；其他部位保护层厚度的允许偏差的合格点率可放宽到 80％及以上。

5.82 钢筋安装时，纵向受力钢筋混凝土保护层最小厚度有何规定？

钢筋安装时，受力钢筋的混凝土保护层厚度，应符合设计要求。当设计无具体要求时，应符合下列规定。

(1) 纵向受力的普通钢筋及预应力钢筋，其混凝土保护层厚度（钢筋外边缘至混凝土表面的距离）不应小于钢筋的公称直径，且应符合表 5-35 的规定。

纵向受力钢筋的混凝土保护层最小厚度(mm)　　**表 5-35**

<table>
<tr><th colspan="2" rowspan="2">环境类别</th><th colspan="3">板、墙、壳</th><th colspan="3">梁</th><th colspan="3">柱</th></tr>
<tr><th>≤C20</th><th>C25～C45</th><th>≥C50</th><th>≤C20</th><th>C25～C45</th><th>≥C50</th><th>≤C20</th><th>C25～C45</th><th>≥C50</th></tr>
<tr><td colspan="2">一</td><td>20</td><td>15</td><td>15</td><td>30</td><td>25</td><td>25</td><td>30</td><td>30</td><td>30</td></tr>
<tr><td rowspan="2">二</td><td>a</td><td>—</td><td>20</td><td>20</td><td>—</td><td>30</td><td>30</td><td>—</td><td>30</td><td>30</td></tr>
<tr><td>b</td><td>—</td><td>25</td><td>20</td><td>—</td><td>35</td><td>30</td><td>—</td><td>35</td><td>30</td></tr>
<tr><td colspan="2">三</td><td>—</td><td>30</td><td>25</td><td>—</td><td>40</td><td>35</td><td>—</td><td>40</td><td>35</td></tr>
</table>

注：1. 基础中纵向受力钢筋的混凝土保护层厚度不应小于 40mm；当无垫层时不应小于 70mm。

2. 环境类别：

A(一类)：室内正常环境。

B(二类)：a 室内潮湿环境，非严寒和非寒冷地区露天环境，与无侵蚀性的水或土壤直接接触的环境；b 严寒和寒冷地区的露天环境，与无侵蚀性的水或土壤直接接触的环境。

C(三类)：使用除冰盐的环境；严寒和寒冷地区冬季水位变动的环境；滨海室外环境。

(2) 处于一类环境且由工厂生产的预制构件，当混凝土强度等级不低于 C20 时，其保护层厚度可按表 5-35 中规定减少 5mm，但预应力钢筋的保护层厚度不应小于 15mm；处于二类环境且由工厂生产的预制构件，当表面采取有效保护措施时，保护层厚度可按表 5-35 中一类环境数值取用。

预制钢筋混凝土受弯构件钢筋端头的保护层厚度不应小于

10mm;预制肋形板主肋钢筋的保护层厚度应按梁的数值取用。

(3) 板、墙、壳中分布钢筋的保护层厚度不应小于表 5-35 中相应数值减 10mm,且不应小于 10mm;梁、柱中箍筋和构造钢筋的保护层厚度不应小于 15mm。

(4) 当梁、柱中纵向受力钢筋的混凝土保护层厚度大于 40mm 时,应对保护层采取有效的防裂构造措施。

(5) 对有防火要求的建筑物,其混凝土保护层厚度尚应符合国家现行有关标准的要求。

处于四、五类环境中的建筑物,其混凝土保护层厚度尚应符合国家现行有关标准的要求。

注:四类环境:海水环境。

五类环境:受人为或自然的侵蚀性物质影响的环境。

5.83 如何控制钢筋安装质量?

(1) 钢筋安装最重要的一点是对照施工图纸检查受力钢筋的品种、级别、规格和数量是否符合设计要求。这是“混凝土验收规范”的强制性条文。必须全数检查。

(2) 施工人员必须熟悉施工图纸,合理安排钢筋安装进度和施工程序。

(3) 钢筋应绑扎牢固,防止钢筋移位。

1) 板和墙。

① 板和墙的钢筋网,除靠近外围两行钢筋的相交点全部扎牢处,中间部分交叉点可间隔交错扎牢;双向受力钢筋,必须全部扎牢。

② 墙体中配置双层钢筋时,可采用细钢筋撑件加以固定;板中配置双层钢筋网,需用撑脚支托钢筋网片,撑脚可用相应的钢筋制成。

2) 梁和柱。

① 梁和柱的箍筋,应与受力钢筋垂直设置;箍筋弯钩叠合处,应沿受力钢筋方向错开设置(设计有特殊要求的按设计要求进

行）。

② 柱中竖向钢筋搭接时，角部钢筋的弯钩平面与模板面的夹角，对矩形柱应为 45°角，对多边形柱应为模板内角的平分角；对圆形柱钢筋的弯钩平面应与模板的切平面垂直；中间钢筋的弯钩平面应与模板面垂直；当采用插入式振捣器浇筑小型截面柱时，弯钩平面与模板面的夹角不得小于 15°。

③ 梁和柱的箍筋，应按确定的位置，将各箍筋弯钩处，沿受力钢筋方向错开放置。绑扎扣应变换方向绑扎，以防钢筋骨架倾斜。

④ 基础内的柱子插筋，其箍筋应比柱的箍筋小一个箍筋直径，以便连接。下层柱的钢筋露出楼面部分，宜用工具式箍筋将其收进一个柱筋直径，以利上层柱的钢筋搭接。

3）面积大的竖向钢筋网，可采用钢筋斜向拉结加固；各交叉点的绑扎扣应变换方向绑扎。

（4）控制钢筋保护层厚度

根据钢筋的直径、间距，均匀、适量、可靠的垫好混凝土保护层砂浆垫块或塑料卡，竖向钢筋可采用带铁丝的垫块，绑在钢筋骨架外侧；当梁中配有两排钢筋时，可采用短钢筋作为垫筋垫在下排钢筋上。

受力钢筋的混凝土保护层厚度，应符合本章第 5-35 条规定。

1）水泥砂浆垫块的厚度，应等于保护层厚度。当保护层厚度≤20mm 时，为 30mm×30mm；＞20mm 时，为 50mm×50mm。垂直方向用的垫块可埋入 20 号铁丝。

2）塑料卡有塑料垫块和塑料环圈。塑料垫块用于水平构件，如梁、板，在两个方向均有凹槽，以便适应两种保护层厚度。塑料环圈用于垂直构件，如柱、墙，使用时钢筋从卡嘴进入卡腔。见图 5-18。

（5）钢筋骨架吊装入模时，应力求平稳，吊点应根据骨架外形预先确定，骨架钢筋各交叉点应绑扎牢固，必要时焊接牢固；绑扎和焊接的钢筋网和钢筋骨架，不得有变形、松脱和开焊。

（6）安装钢筋时，钢筋位置的允许偏差，应符合表 5-36 的要求。

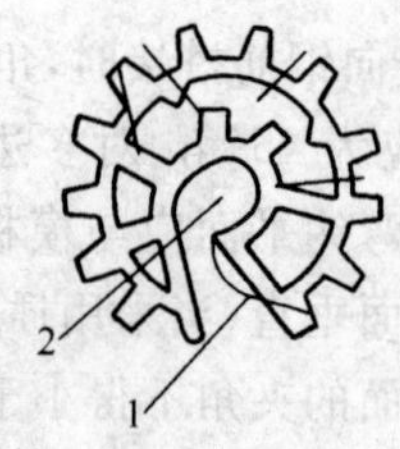

图 5-18　保护层塑料卡

(*a*) 塑料垫块；(*b*) 塑料环圈

1—卡嘴；2—卡腔

钢筋安装位置的允许偏差和检验方法　　　　表 5-36

<table>
<tr><th colspan="3">项　目</th><th>允许偏差(mm)</th><th>检 验 方 法</th></tr>
<tr><td rowspan="2">绑扎钢筋网</td><td colspan="2">长、宽</td><td>±10</td><td>钢尺检查</td></tr>
<tr><td colspan="2">网眼尺寸</td><td>±20</td><td>钢尺量连续三档，取最大值</td></tr>
<tr><td rowspan="2">绑扎钢筋骨架</td><td colspan="2">长</td><td>±10</td><td>钢尺检查</td></tr>
<tr><td colspan="2">宽、高</td><td>±5</td><td>钢尺检查</td></tr>
<tr><td rowspan="5">受力钢筋</td><td colspan="2">间 距</td><td>±10</td><td rowspan="2">钢尺量两端、中间各一点，取最大值</td></tr>
<tr><td colspan="2">排 距</td><td>±5</td></tr>
<tr><td rowspan="3">保护层厚度</td><td>基 础</td><td>±10</td><td>钢尺检查</td></tr>
<tr><td>柱、梁</td><td>±5</td><td>钢尺检查</td></tr>
<tr><td>板、墙、壳</td><td>±3</td><td>钢尺检查</td></tr>
<tr><td colspan="3">绑扎箍筋、横向钢筋间距</td><td>±20</td><td>钢尺量连续三档，取最大值</td></tr>
<tr><td colspan="3">钢筋弯起点位置</td><td>20</td><td>钢 尺 检 查</td></tr>
<tr><td rowspan="2">预埋件</td><td colspan="2">中心线位置</td><td>5</td><td>钢尺检查</td></tr>
<tr><td colspan="2">水平高差</td><td>+3,0</td><td>钢尺和塞尺检查</td></tr>
</table>

注：1. 检查预埋件中心线位置时，应沿纵、横两个方向量测，并取其中的较大值。

2. 表中梁类、板类构件上部纵向受力钢筋保护层厚度的合格点率应达到 90% 及以上，且不得有超过表中数值 1.5 倍的尺寸偏差。

(7) 必须严格控制梁、板、悬挑构件上部纵向受力钢筋位置正确。浇筑混凝土时，应随时检查钢筋，有松脱或位移的及时纠正，以免影响构件承载能力和抗裂性能。

5.84 基础常用类型有几类？钢筋安装应控制哪几点？

(1) 基础类型

基础类型及特点和适用条件见表 5-37。

基础类型　　表 5-37

序号	名称	形式	特点	适用条件
1	杯形基础		施工简便	适用于地基土质较均匀、地基承载力较大、荷载不大的一般厂房
2	壳体基础		壁薄，受力性能较好，省料，但施工较复杂	适用于轴向荷载大而弯矩小的柱下基础，或烟囱，水塔等独立构筑物基础
3	条形基础	(*a*) 现浇柱条形基础 (*b*) 预制柱条形基础	刚度大，能调整纵向柱列的不均匀沉降，但材料耗用量比独立基础大	地基承载力小而柱荷载较大时，或为了减小地基不均匀变形时可采用
4	爆扩短桩基础		荷载通过端部扩大的短桩传递到好的土层上，能节约土方和混凝土	适用于冻土地基或地基表层土松软、合适持力层较深而柱荷载又较大的情况

续表

序号	名称	形式	特点	适用条件
5	桩基础		通过打入地基的钢筋混凝土长桩，将上部荷载传到桩尖和桩侧土中，可得到较高的承载力，而且地基变形将减小；但需打桩设备，材料费，造价高，施工周期长	适用于上部荷载大、地基土软弱而坚实土层较深，或对厂房地基变形值限制较严的情况

(2) 基础钢筋安装重点应控制以下几点：

1) 按设计在垫层上排好纵横向钢筋间距，要注意底层钢筋弯钩朝上，上层钢筋弯钩朝下。

2) 基础四周两根钢筋交叉点应全部绑扎，中间部分每隔一根呈梅花绑牢；双向主筋的钢筋网，则需将全部钢筋相交点扎牢。绑扎时应注意相邻绑扎点的铁丝扣要成“八”字形(或左右扣绑扎)。

3) 独立柱基础为双向弯曲时，钢筋网的长向钢筋应放在短向钢筋的下面。

4) 现浇柱与基础连接用的插筋下端，用90°弯钩与基础钢筋进行绑扎，箍筋比柱箍筋缩小一个柱筋直径，以便连接。插筋位置应采用木条或钢筋架成井字形固定牢固，以免造成柱子轴线偏移。

5) 基础配有双层钢筋网时，应在上层钢筋网下面设置钢筋撑脚或混凝土撑脚，以保证上下层钢筋间距和位置的正确。

例如：带肋条形基础安装。

墙下带纵肋的条形基础构造配筋，见图5-19。

为了加强条形基础的纵向受弯承载力，可做成有纵肋的板式条形基础，纵肋宽度为墙厚加100mm。当肋宽>350mm时，应采用四肢箍筋；当肋宽>800mm时，应采用六肢箍筋。箍筋为$\phi6$～$\phi8$mm，间距为200～400mm。纵肋内的纵向受力钢筋，按构造要求应配置上下相同的双筋，其配筋率均应≥0.2%bh。

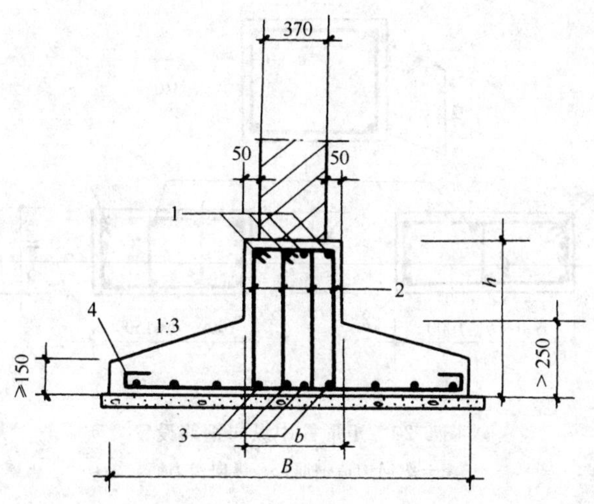

图 5-19　带肋条形基础

1—上部配筋；2—箍筋；3—下部配筋；4—横向受力分布筋

5.85　柱配筋构造如何？钢筋安装应控制哪几点？

(1) 柱配筋构造

柱主要承受轴向荷载，所以，柱是建筑物中的重要构件，框架柱、排架柱、屋盖和楼板的支柱等。柱的质量及承载能力直接影响建筑结构的安全性能和使用功能。

1) 根据钢筋混凝土柱受力的特点，柱内的配筋有两类；一类是受力钢筋，沿柱的纵向布置。另一类是沿横向布置的构造箍筋。按设计要求柱中受力筋不少于 4 根，其直径均应≥ϕ12mm。横向构造钢筋的配置，应根据柱的配箍形式而确定。

2) 柱中纵向构造钢筋设置。

① 偏心受压柱的截面高度 $h\geqslant$ 600mm 时，在柱的侧面应配置 ϕ10～ϕ16mm 构造钢筋，其间距不应>500mm，见图 5-20。

② 工字形截面柱的纵向受力钢筋设置见图 5-21。

③ 双肢柱纵向钢筋设置见图 5-22。

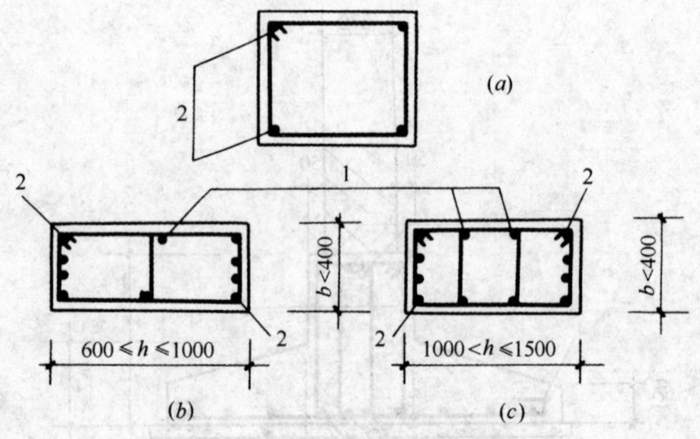

图 5-20 矩形柱中纵向钢筋设置

1—纵向构造钢筋；2—纵向受力筋

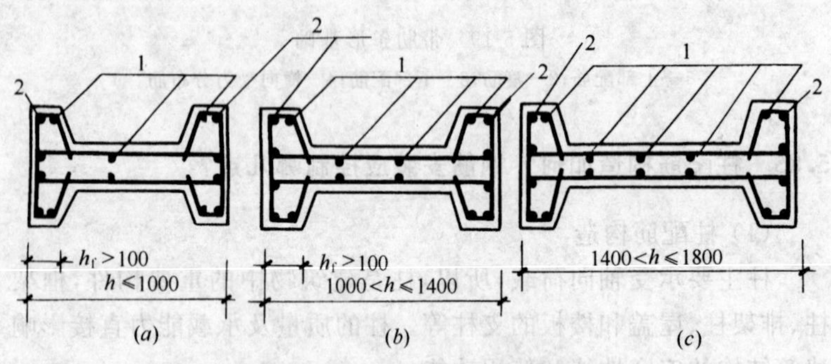

图 5-21 工形截面柱纵向受力筋

1—纵向构造筋；2—纵向受力筋

（2）柱钢筋安装重点，应控制以下几点：

1）柱中的竖向钢筋搭接时，角部钢筋的弯钩应与模板成 45°（多边形柱为模板内角的平分角，圆形柱应与模板切线垂直），中间钢筋的弯钩应与模板成 90°。如果用插入式振捣器浇筑小型截面柱时，弯钩与模板的角度不得＜15°。

2）箍筋的接头（弯钩叠合处）应交错布置在四角纵向钢筋上；箍筋转角与纵向钢筋交叉点均应扎牢（箍筋平直部分与纵向钢筋

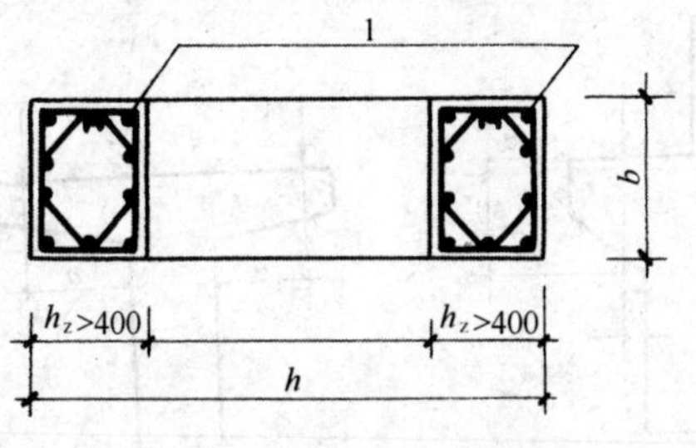

图 5-22　双肢柱纵向受力筋

1—纵向受力筋

交叉点可间隔扎牢),绑扎箍筋时绑扣相互间应成八字形。

3)下层柱的钢筋露出楼面部分,宜用工具式柱箍将其收进一个柱筋直径,以利上层柱的钢筋搭接。当柱截面有变化时,其下层柱钢筋的露出部分,必须在绑扎梁的钢筋之前,先行收缩准确。

4)框架梁、牛腿及柱帽等钢筋,应放在柱的纵向钢筋内侧。

5)柱钢筋的绑扎,应在模板安装前进行。

6)注意钢筋保护层的厚度。

例如:牛腿柱钢筋安装控制要点。

钢筋混凝土牛腿为柱结构的重要组成部分。设置牛腿的目的是在不增大柱截面的情况下,加大其支承面积,既可提高与被支承构件间连接的可靠性、又利于安装时的稳定性。所以,牛腿是建筑中重要结构,常用以支承屋架、墙梁或吊车梁等,负荷大、应力状态复杂。牛腿施工时应充分掌握设计意图及配筋形式,这是保证牛腿结构的刚度和强度的重要环节。

第一根据牛腿所承受竖向荷载作用点到牛腿根部的水平距离 a 与牛腿有效高度 h_0 的比值不同,将牛腿划分为长牛腿和短牛腿,即 $a>h_0$ 者为长牛腿,$a<h_0$ 者为短牛腿,见图 5-23。

第二严格控制弯起钢筋弯起点的位置,应位于梁的底部,以承受梁的全部荷载,配筋形式见图 5-24。

第三牛腿内纵向钢筋构造见图5-25。

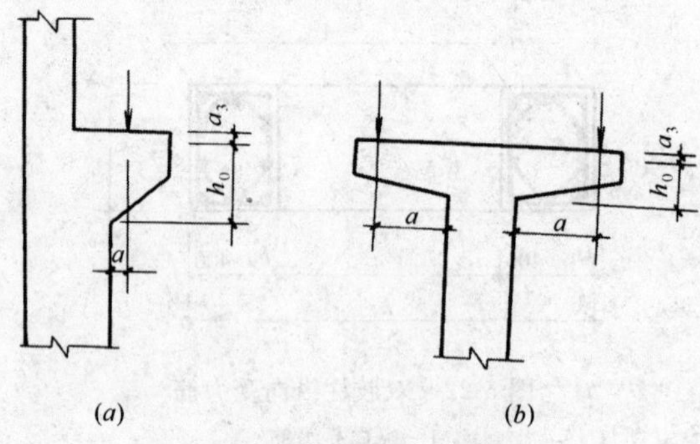

图 5-23 牛腿的分类

(a) 短牛腿；(b) 长牛腿

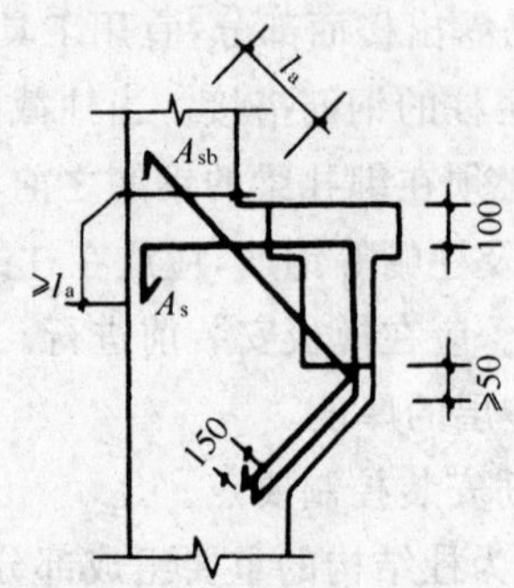

图 5-24 牛腿配筋形式

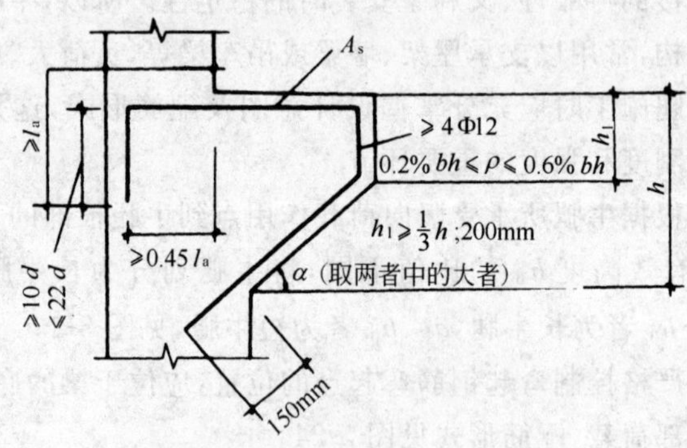

图 5-25 牛腿内纵向钢筋构造

5.86 柱中箍筋常用哪些类型？箍筋最大间距有何要求？

（1）柱中箍筋类型常用有 8 种，见图5-26。

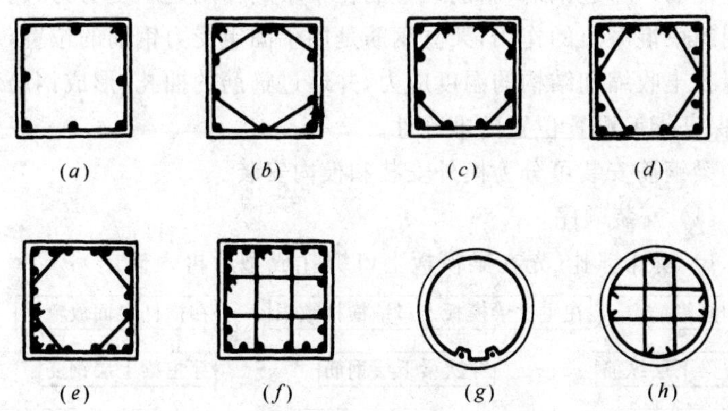

图 5-26 柱箍筋类型

（2）柱中箍筋最大间距见表 5-38。

柱中箍筋最大间距 **表 5-38**

序号	配筋百分率	简图	最大间距
1	≤3％		不应＞400mm，并不应大于柱截面的短边尺寸，绑扎骨架中不应＞15d，焊接骨架中不应＞20d（d 为纵向筋的最小直径）
2	＞3％		不应＞200mm，并不应＞10d（d 为纵向受力钢筋的最小直径）

注：1. 表中"配筋百分率"指"柱中全部纵向受力钢筋的配筋率"；

2. 在配有螺旋式或焊接环式间接钢筋的柱中，如计算中考虑间接钢筋的作用，则间接钢筋的间距不应＞80mm 及 $d_{cor}/5$（d_{cor} 为间接钢筋内表面直径），且不应＜40mm，见图 5-27。

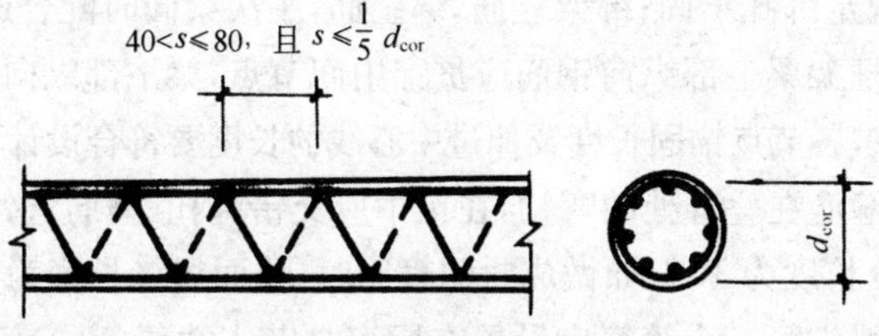

图 5-27 间接钢筋间距

5.87 梁钢筋安装应控制哪几点?

梁中的钢筋,通常配有纵向受力钢筋、弯起钢筋和箍筋,还有架立钢筋。弯起钢筋(斜筋)、箍筋在梁中的作用是承受剪力,同时起到约束混凝土的作用;架立钢筋是用于固定受力钢筋的位置,承受混凝土收缩和结构的温度应力,并通过箍筋的捆扎,形成钢筋骨架,保证钢筋配置位置的准确性。

梁钢筋安装可分为模外安装和模内安装。

(1) 安装顺序

1) 模外绑扎(先在梁模板上口绑扎成型后再入模内):

画箍筋 → 在主次梁模板上口铺横杆数根 → 在横杆上面放箍筋 → 穿立梁下层纵筋 → 穿次梁下层钢筋 → 穿主梁上层钢筋 → 按箍筋间距绑扎 → 穿次梁上层纵筋 → 按箍筋间距绑扎 → 抽出横杆落骨架于模板内

2) 模内绑扎:

画主次梁箍筋间距 → 放主梁次梁箍筋 → 穿主梁底层纵筋及弯起筋 → 穿次梁底层纵筋并与箍筋固定 → 穿主梁上层纵向架立筋 → 按箍筋间距绑扎 → 穿次梁上层纵向钢筋 → 按箍筋间距绑扎

(2) 控制要点

1) 在梁侧模板上画出箍筋间距,摆放箍筋。

2) 先穿主梁的下部纵向受力筋及弯起筋,将箍筋按画好的间距分开;穿次梁的下部纵向受力筋及弯起筋,套好箍筋;放架立筋;与箍筋按规定绑扎牢固;绑架立筋,绑主筋,主次梁同时配合进行。

3) 框架梁上部纵向钢筋应贯穿中间节点,梁下部纵向钢筋伸入中间节点,各节点锚固长度及伸过中心线的长度要符合设计要求。

4) 箍筋在叠合处的弯钩,在梁中应交错绑扎,箍筋弯钩为135°,平直部分长度为10d,如做成封闭箍筋时,单面焊缝长度为5d。

5) 梁端第一个箍筋应设置在距离柱节点边缘50mm处。梁端与柱交接处箍筋应加密,其间距与加密区长度均应符合设计要求。

6）受力钢筋搭接长度应符合本章第 5.13 条的规定。

7）钢筋保护层厚度应符合本章第 5.82 条的规定。

5.88 梁纵向受力钢筋安装应控制哪几点?

(1) 纵向受力钢筋的直径及伸入支座的根数,应按设计要求配置,并应符合表 5-39 的规定。

纵向受力钢筋直径及伸入支座的钢筋根数　　表 5-39

梁截面宽 b(mm)	梁截面高 h(mm)	钢筋直径 d(mm)	伸入支座钢筋根数 n
＜150	≤200	≥6	≥1
≥150	≥300	≥10	≥2

注:① 梁内纵向钢筋直径常取为 $d=12\sim25$mm,一般不宜＞28mm。

② 同一根梁内纵向钢筋直径的种类宜少,两种不同直径钢筋,其直径差宜为 2mm。

(2) 梁内纵向受力钢筋的层数、间距,应符合表 5-40 的规定。见图 5-28 所示。

梁内纵向受力钢筋的布置规定　　表 5-40

序号	钢筋部位	具体规定	备　注
1	梁的下部纵向钢筋净距	≥25mm,≥d,取两者中的大者	
2	梁的上部纵向钢筋净距	≥30mm,≥1.5d,取两者中的大者	

注:① 表中 d 为梁内纵向受力钢筋中的最大直径。

② 如图 5-28 所示,上、下层钢筋宜互相对齐,这样有利于将混凝土浇捣密实。

(3) 连续梁或框架梁上部纵向钢筋应贯穿其中间支座或中间节点,其配筋部位的要求见表 5-41。

连续梁中间支座、框架梁中间节点、端节点配筋要求　　表 5-41

序号	配筋部位		配筋要求
1	连续梁中间支座、框架梁中间节点	上部钢筋 下部钢筋	应使钢筋贯穿中间支座或中间节点 应使纵向钢筋伸入中间支座或中间节点范围内的锚固长度: (1) 月牙纹钢筋:伸入节点内的锚固长度≥12d。 (2) 螺纹钢筋:伸入节点内的锚固长度≥10d。 (3) 光面钢筋:伸入节点内的锚固长度≥15d

续表

序号	配筋部位		配筋要求
2	框架梁端节点	上部钢筋	锚固长度在满足要求外，并应伸过节点中心线；当上部纵向钢筋在节点内水平锚固长度不够时，应沿柱节点外边向下弯折，但弯折前的水平锚固长度不应小于 $0.45l_a$，弯折后的垂直锚固长度不应小于 $15d$，也不宜大于 $22d$
		下部钢筋	下部纵向钢筋伸入节点内的锚固长度，应符合中间节点处的要求

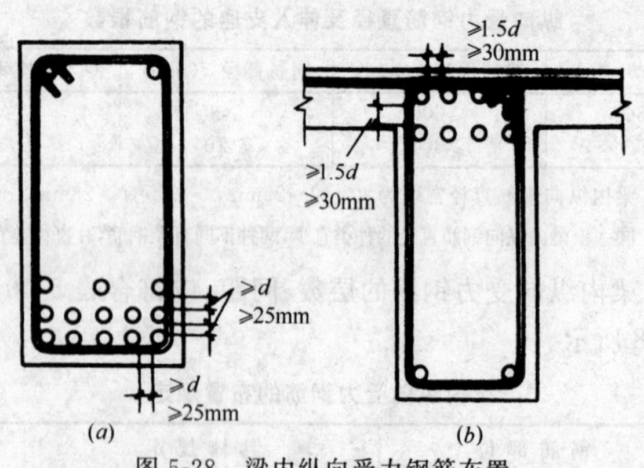

图 5-28　梁内纵向受力钢筋布置

(a) 梁的下部纵向受力钢筋布置规定；(b) 梁的上部纵向受力钢筋布置规定

5.89　梁弯起钢筋和鸭筋构造有哪些要求？

(1) 弯起钢筋端部构造

1) 弯起钢筋的弯终点外应留有锚固长度，其长度在受拉区不应小于 $20d$，在受压区不应小于 $10d$。对光面钢筋在末端尚应设置弯钩，见图 5-29(a)、(b)。

2) 支座处弯起钢筋的布置，见图 5-30。

(2) 鸭筋构造

在支座附近或集中荷载处(次梁部位)设置补充的斜钢筋即鸭筋。见图 5-31。

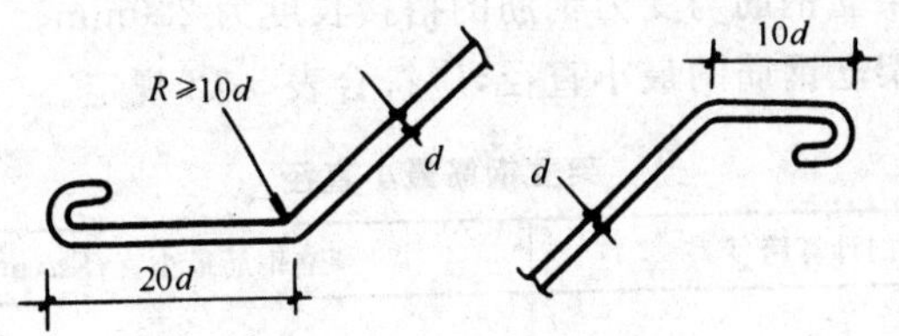

图 5-29　梁弯起钢筋构造

(a) 受拉区；(b)受压区

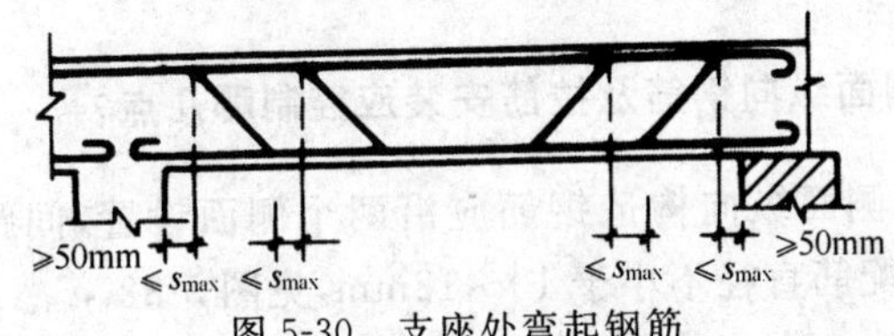

图 5-30　支座处弯起钢筋

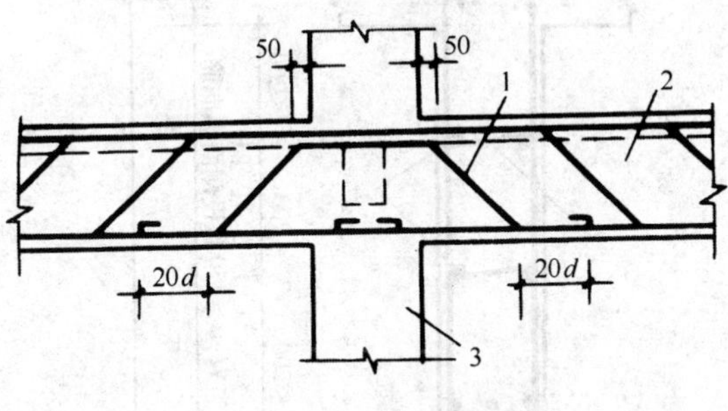

图 5-31　鸭筋构造

1—鸭筋；2—主梁；3—柱

5.90　梁架立钢筋安装应控制哪几点?

(1) 梁内配置箍筋，并在梁顶面箍筋转角处无纵向受力钢筋时，应设置架立钢筋。架立钢筋的作用是形成钢筋骨架和承受温度和收缩应力，以及在构件吊装过程中可能产生的拉力。

(2) 采用绑扎骨架配筋时，架立钢筋最少为 2 根；采用四肢箍时，架立钢筋应为 3～4 根。

（3）架立钢筋与受力钢筋的搭接长度为 200mm。

（4）架立钢筋的最小直径，应符合表 5-42 规定。

架立钢筋最小直径　　表 5-42

梁的计算跨度 l	架立钢筋最小直径 d(mm)
$l<4$	≥6
$l=4\sim6$	≥8
$l>6$	≥10

5.91　梁侧面纵向钢筋及拉筋安装应控制哪几点？

（1）梁侧面纵向构造钢筋应沿两个侧面设置，间距为 300～400mm，其配筋直径不小于 10～12mm，见图 5-32。

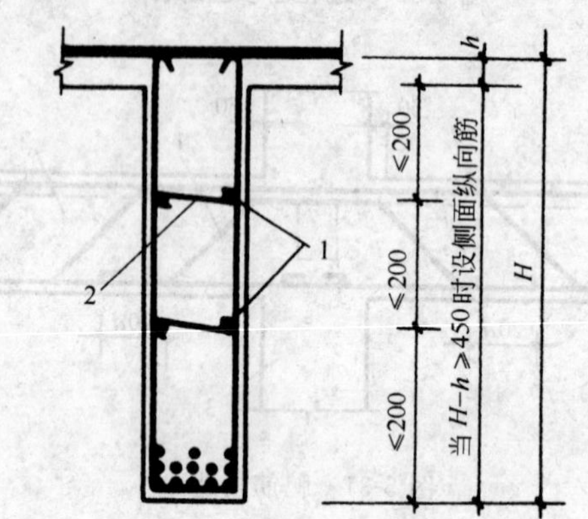

图 5-32　梁侧面纵向钢筋及拉筋

1—梁纵向构造钢筋；2—拉筋

（2）梁两侧面的纵向构造钢筋用拉筋联系。拉筋直径一般与箍筋相同，拉筋间距为 500～700mm，常规为两倍的箍筋间距。

5.92　悬臂梁钢筋安装应控制哪几点？

（1）悬臂梁的受力钢筋应按设计要求进行配筋，受力钢筋不得少于 2 根，其伸入支座的长度应满足锚固要求。

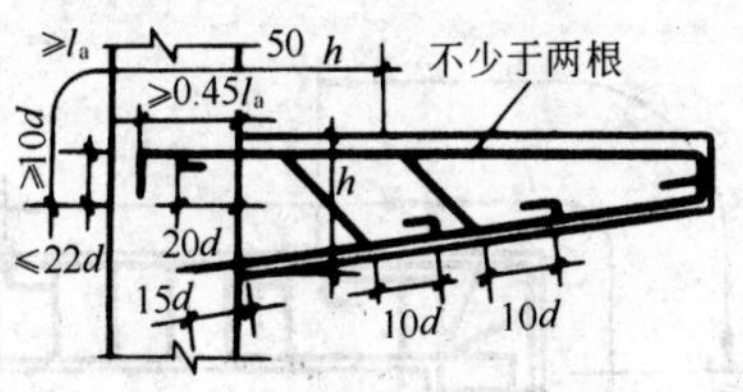

图 5-33 悬臂梁配筋构造

(2) 悬臂梁的弯起钢筋应按设计配制，如悬臂长度大于 1.5m 时，均应设置一排(从根部算起)弯起钢筋。悬臂端有集中荷载作用时，应设置第二排弯起钢筋，见图 5-33。

(3) 悬臂梁的下部架立钢筋应不少于 2 根，直径不应 $<$12mm。

5.93 圈梁钢筋安装应控制哪几点?

(1) 圈梁应连续设置在墙的同一水平面上，并尽可能地形成封闭圈，且圈梁应与横向墙柱、排架柱、框架柱加以连接。

(2) 圈梁的宽度一般与墙厚相同，当墙厚为 240mm 时，不宜小于 2/3 墙厚。圈梁的高度应为砌体每皮厚度的倍数，且不小于 120mm。

(3) 圈梁被门窗洞口切断时，应在洞口中部设置一道附加圈梁，其截面应不小于切断的圈梁。附加圈梁和圈梁的钢筋搭接长度应不小于 1 000mm。

(4) 圈梁的纵向钢筋不宜小于 4ϕ10，钢筋的搭接长度为 $1.2l_a$，箍筋间距不大于 300mm，如兼作过梁时，过梁部位配筋应按设计确定。见图 5-34。

5.94 梁垫钢筋安装应控制哪几点?

(1) 梁垫的设置范围。砌体墙或柱上承受梁、屋架、吊车梁等集中荷载，支承处砌体局部受压承载力不能满足要求时，应设置混凝土或钢筋混凝土梁垫。

(2) 屋面梁(屋架)跨度 $>$6m 和跨度 $>$4.8m 的梁，在支承面下应设置梁垫。当墙中设有圈梁时，梁垫与圈梁宜浇筑成整体。

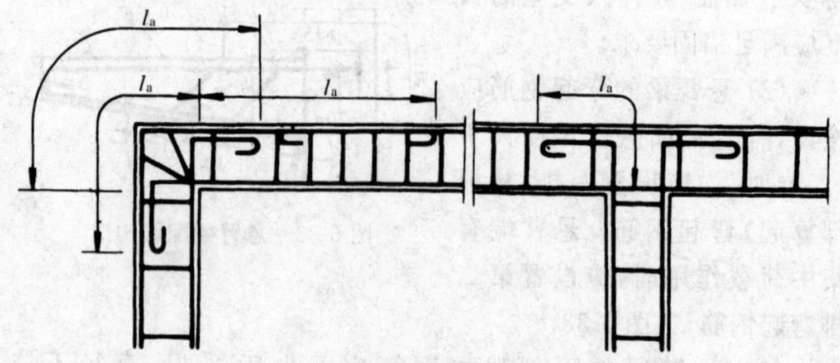

图 5-34 圈梁配筋构造

支承在独立砌体柱上时,不论跨度大小均应设置梁垫。

(3) 梁垫安装

1) 现浇梁垫,如按刚性角传力时,可用素混凝土,见图 5-35(*a*);当梁垫较长,不能满足按刚性角传力时可在底部配筋,见图 5-35(*b*)。

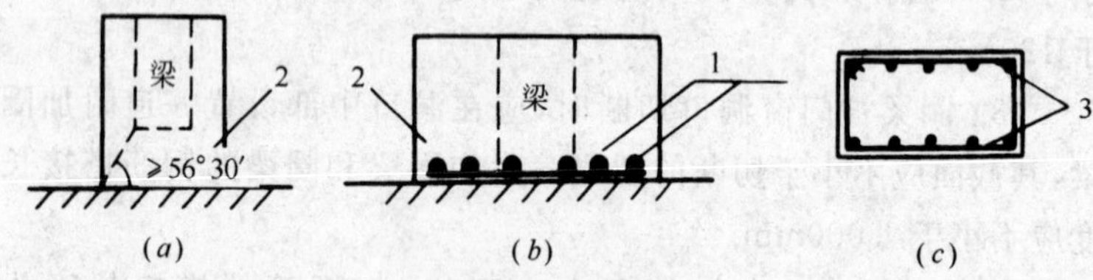

图 5-35 梁垫构造

1—钢筋;2—梁垫;3—封闭箍筋

2) 梁垫厚度宜≥180mm;梁垫厚度 t_d 与梁垫尽端至梁边的长度 c 的比值宜符合下式要求:

$$t_d/c \geqslant 1, c = 1/2(b_d - b) \quad (5\text{-}4)$$

式中 b_d—梁垫长度

b—梁的宽度

3) 按构造要求配置双层钢筋网的梁垫,钢筋网的钢筋总用量应≥0.5%梁垫体积,且钢筋网片不得小于 ϕ6@100。

4）当采用绑扎骨架时，梁垫的配筋应采用封闭箍筋，见图5-35(c)。

5.95 深梁钢筋安装应控制哪几点？

深梁可分为简支深梁和连续深梁。

(1) 简支深梁

1）钢筋混凝土简支深梁的下部纵向钢筋配置，见图5-36。

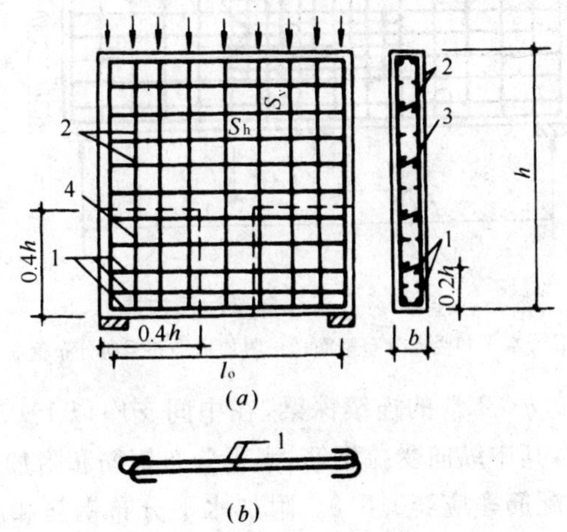

图 5-36 简支深梁配筋构造

(a) 纵向受拉钢筋及钢筋网的配置；(b) 同一水平层纵向受拉钢筋的弯折锚固

1—下部纵向受拉钢筋；2—水平及竖向分布钢筋；3—拉筋；4—拉筋加密区

2）简支深梁下部的纵向受拉钢筋应全部伸入支座，不得在跨中弯起或切断。纵向受拉钢筋应在端部沿水平方向弯折锚固。

3）深梁应配置双排钢筋网。水平和竖向分布钢筋直径均应≥ϕ8mm，网格间距应≤200mm。拉筋的分布，钢筋网之间应设置拉筋，拉筋纵横两个方向的间距均宜≤600mm，在支座区高度与宽度各为0.4h的范围内，如图5-36中的虚线部位，应适当增加拉筋。

(2) 连续深梁

1) 连续深梁($l_0/h<1.5$)中间支座部位分布钢筋的配置,见图 5-37。

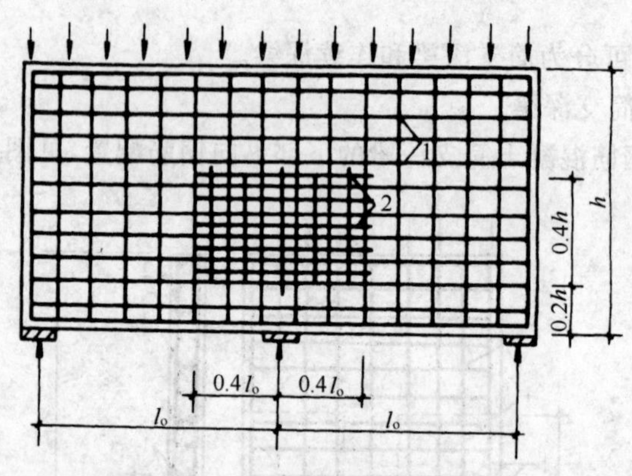

图 5-37 连续深梁配筋构造

1—水平和竖向分布钢筋;2—附加水平和竖向分布钢筋

2) 对 $l_0/h<1.5$ 的连续深梁,在中间支座以上 0.2h 至 0.6h 高度范围内,其中纵向受拉钢筋,水平分布钢筋和附加水平分布钢筋在内的总配筋率应≥0.5%。附加水平分布钢筋和附加竖向分布钢筋应布置在支座两侧各 $0.4l_0$ 范围内。

3) 附加竖向分布钢筋按构造配置。

4) 深梁配筋率见表 5-43。

深梁中钢筋的配筋率(%) **表 5-43**

钢筋级别	纵向受拉钢筋	水平分布钢筋	竖向分布钢筋
HPB235 级	0.20	0.25	0.20
HRB335 级、HRB400 级、RRB400 级	0.15	0.20	0.15

注:1. 集中荷载作用于连续深梁顶部,且 $l_0/h>1.5$ 时,竖向分布钢筋的最小配筋百分率应增加 0.05;

2. 集中荷载作用于深梁的下部时,应根据可靠的设计经验或试验分析设置吊筋和分布钢筋。

5）深梁的竖向吊筋应沿梁的全跨均匀配置，吊筋应伸入到梁顶，并应做成封闭形式，其间距应≤200mm。

5.96 梁箍筋安装应控制哪几点？

按设计要求梁承受集中荷载，第一个集中荷载到支座之间的整个区段内承受最大剪力值，箍筋和弯起钢筋共同起着防止斜拉破坏作用。

（1）梁的箍筋设置应按设计确定，箍筋沿梁跨长设置范围构造见表 5-44。

箍筋设置范围构造规定 **表 5-44**

梁截面高度(h)	箍筋设置范围	备　注
h<150mm	可不设置箍筋	
h≤300mm h≤150mm	可仅在梁端部各 1/4 跨度范围内设置箍筋	当在梁中部 1/2 跨度范围内有集中荷载作用时，应沿梁跨全长设置箍筋
h>300mm	应沿梁全长设置箍筋	

（2）箍筋形式

箍筋有封闭式和开口式。见图 5-38。

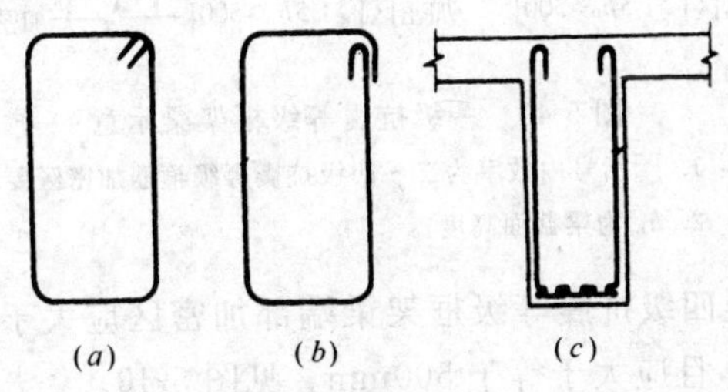

图 5-38　箍筋形式

（3）受扭作用的构件中，箍筋必须为封闭式，箍筋的弯钩应做成 135°，弯钩端头平直段长度应≥5d 和 50mm，见图 5-38。

（4）箍筋肢数

箍筋的肢数有单肢、双肢、四肢等，见图 5-39。

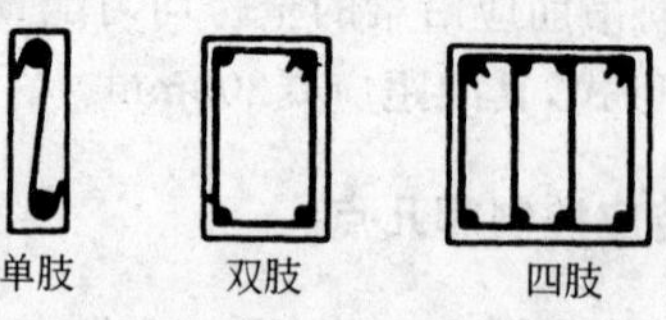

图 5-39 箍筋肢数

5.97 框架梁端部箍筋加密区和受力筋接头设置有何规定?

(1) 箍筋加密区确定

1) 一级抗震等级框架梁端部加密区应大于等于 2 倍梁截面高度,且应大于等于 500mm。见图 5-40。

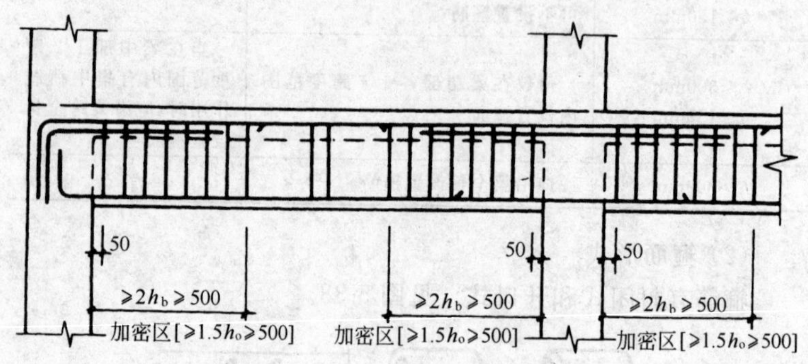

图 5-40 一级抗震等级框架梁示意

注:1. [ ]括号内数字为二～四级抗震等级箍筋加密区要求。

2. h_b 为梁截面高度。

2) 二至四级抗震等级框架梁端部加密区应大于等于 1.5 倍梁截面高度,且应大于等于 500mm。见图 5-40。

(2) 受力筋接头设置

1) 钢筋接头不宜设置在有抗震设防要求的框架梁端、柱端的箍筋加密区。

2) 当无法避开时,对等强度高质量机械连接接头,不应大于 50%。

5.98 板钢筋安装应控制哪几点?

(1) 安装顺序如下:

清理模板 → 模板上画线 → 绑板下受力筋 → 绑负弯矩钢筋

(2) 安装控制点:

1) 清理模板上面的杂物,在模板上定好主筋,分布筋间距。

2) 按定好的间距,先摆放受力主筋、后放分布筋。预埋件、穿线管、预留孔等同时安装。

3) 在现浇板中有板带梁时,应先安装板带梁钢筋,再安装板钢筋。

4) 绑扎板筋时一般用顺扣或八字扣,除外围两根筋的相交点应全部绑扎外,其余各点可交错绑扎(双向板相交点须全部绑扎)。如板为双层钢筋,两层筋之间须加钢筋撑脚。负弯矩钢筋每个相交点均应绑扎。

5) 控制好钢筋保护层厚度,具体应符合本章第 5.82 条规定。

5.99 板常规配筋种类及作用是什么?受力筋配置有何要求?

板有单向板、双向板、密肋板和悬臂板等。

(1) 板的配筋种类及作用

板中配筋常规有两种,即分布筋与受力筋。

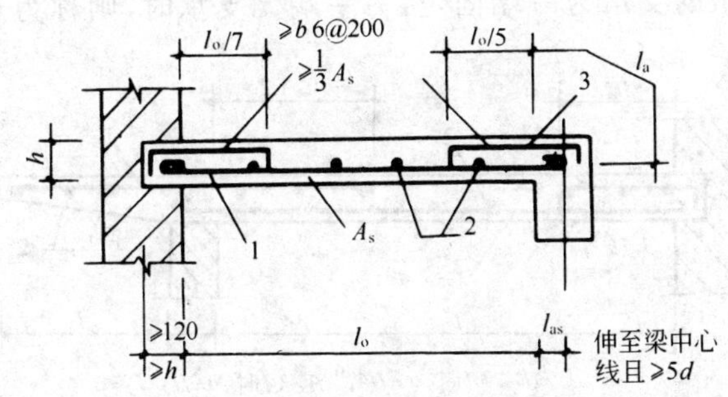

图 5-41 单向板配筋

1—受力钢筋;2—分布钢筋

1）分布钢筋的作用是将受力钢筋在横向连成一片，保持受力钢筋的位置不致因受外力作用而产生位移，同时将集中荷载分散给受力钢筋，并将混凝土的收缩与温度变形引起的应力分散承受。

2）单向板受力钢筋布置在受力方向，放在下层；分布钢筋布置在非受力方向，放在上层。见图 5-41。

3）双向板在板中双向都配受力筋，在受力大的方向受力钢筋布置在下层。见图 5-42。

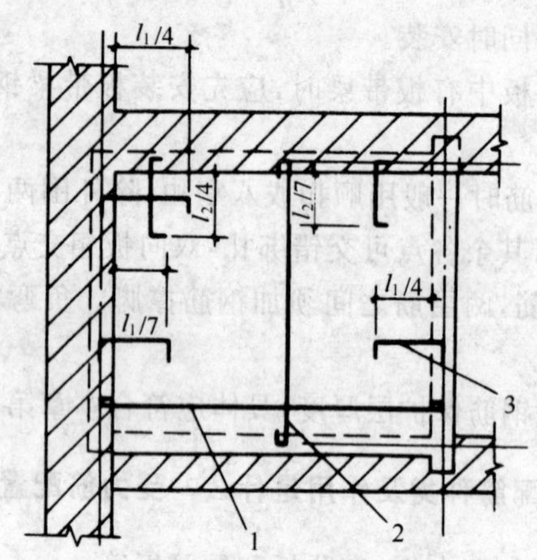

图 5-42　双向板配筋

1、2—受力筋；3—支座筋

4）板的支承为一端固定，另一端无支承时，则称为悬臂板。

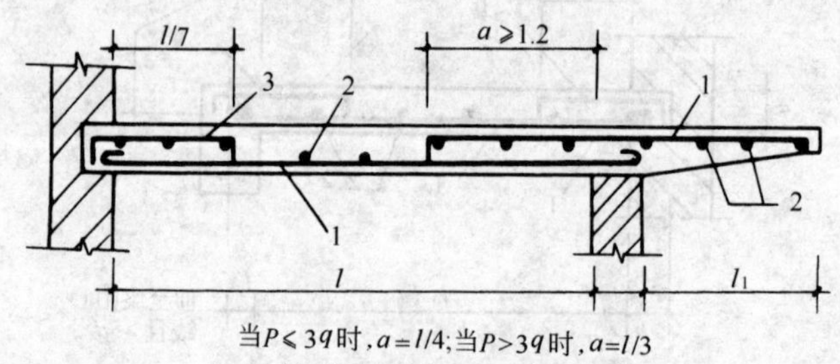

当$P \leqslant 3q$时，$a=l/4$；当$P>3q$时，$a=l/3$

P—可变荷载设计值；q—永久荷载设计值

图 5-43　悬臂板配筋

1—受力钢筋；2—分布钢筋；3—支座筋

见图 5-43。

5）悬臂板产生的变形与两端支承板刚好相反，其曲面朝上，故受力钢筋的配置也与简支板相反，受力钢筋配置在板的上部。这种板除受弯承载力外，还应考虑抗剪承载力。

6）板直接支承在地基上时，一般按地基反力为线性分布根据板中产生的内力进行配筋。

（2）受力筋配置

1）受力钢筋的直径配置应按设计要求，最小配筋率应符合 $P_{min}>0.2\%$ 和 $45f_t/f_y$ 的规定。

2）受力钢筋的间距应符合设计要求，并应符合表 5-45 的规定。

受力钢筋的间距（mm） **表 5-45**

序号	间距	跨中		支座	
		板厚 $h\leqslant150$	板厚 $h>150$	下部	上部
1	最大	200	$1.5h$ 及 $\leqslant300$	400 不小于 1/3 跨中受力钢筋截面面积	200
2	最小	70	70	70	70

注：板中受力钢筋一般距墙边或梁边 50mm 开始配置。

5.100 梁和板钢筋安装控制要点有哪些？

（1）纵向受力钢筋采用双层排列时，两排钢筋之间垫以直径 ≥25mm 的短钢筋，以保持其设计距离。

（2）箍筋的接头（弯钩叠合处）应交错布置在两根架立钢筋上，其余同柱。

（3）板的钢筋网绑扎与基础相同，但应注意板上部的负筋，要防止被踩下；特别是雨篷、挑檐、阳台等悬臂板，要严格控制负筋位置，以免拆模后断裂。

（4）板、次梁与主梁交叉处，板的钢筋在上，次梁的钢筋居中，主梁的钢筋在下。见图 5-44。当有圈梁或垫梁时，主梁的钢筋在上，见图 5-45。

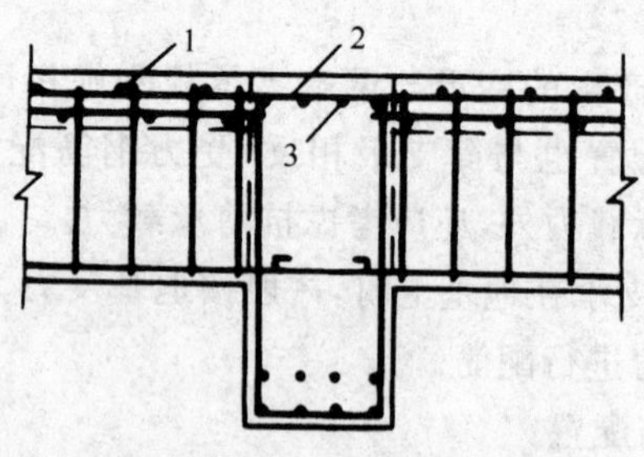

图 5-44 板、次梁与主梁交叉处钢筋

1—板钢筋；2—次梁钢筋；3—主梁钢筋

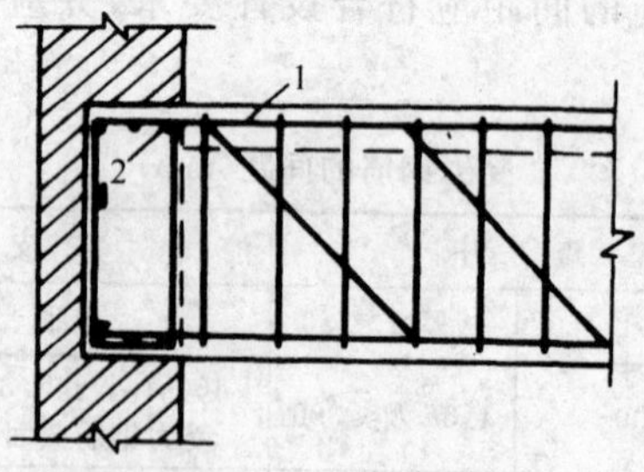

图 5-45 主梁与圈梁、垫梁交叉处钢筋

1—主梁钢筋；2—垫梁（圈梁）钢筋

（5）框架节点处钢筋穿插十分稠密时，应特别注意梁顶面主筋间的净距要有 30mm，以利浇筑混凝土。

（6）梁的钢筋绑扎与模板安装之间的配合关系

1）梁的高度较小时，梁钢筋架空在梁顶上绑扎，然后再落位。

2）梁的高度较大（≥1.2m）时，梁的钢筋宜在梁底模上绑扎，其两侧模或一侧模后安装。

（7）梁板钢筋绑扎时应防止水电管线将钢筋抬起或压下。

（8）圈梁配筋　箍筋不宜小于 $\phi6@200$ 或 $\phi6@150$，为封闭式箍筋，搭接长度不小于锚固长度，受扭纵向钢筋宜≥4ϕ12，圈梁下部纵向钢筋两端伸到柱边，上部纵向钢筋须通长布置，搭接点宜在跨中，见图 5-46。

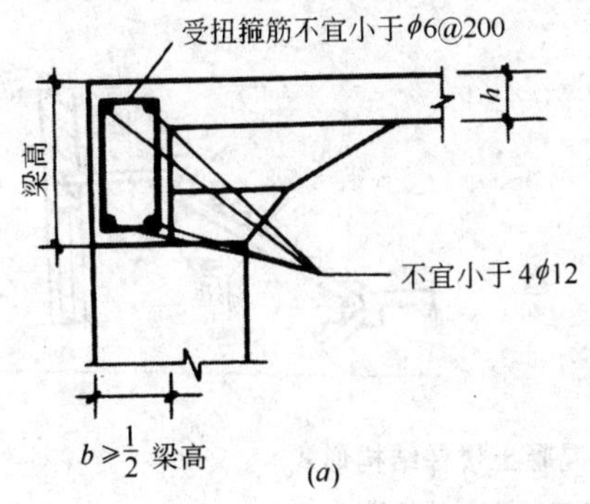

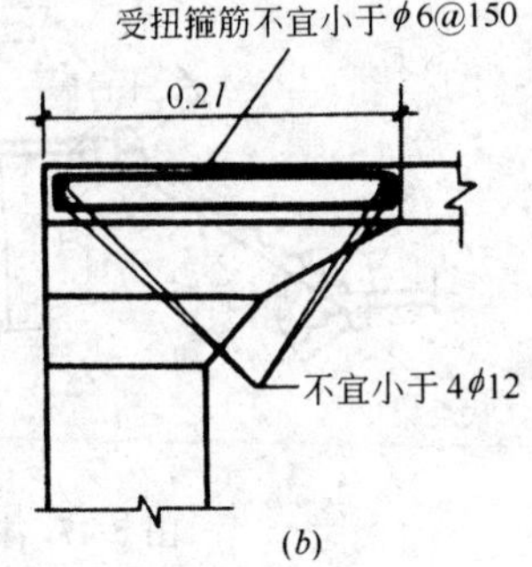

图 5-46 圈梁配筋构造

(a) 圈梁外露构造结构配筋；(b) 圈梁不外露构造结构配筋

5.101 墙钢筋安装应控制哪几点？

墙、水塔壁、池壁和烟囱等钢筋安装应控制以下几点：

(1) 钢筋安装可参照基础工程。

(2) 采用双层钢筋网时，在两层筋间应设置撑铁，以固定钢筋间距。撑铁长度等于两层网片的净距，间距约为 1m，相互错开排列。

(3) 垂直钢筋安装时，每段长度可按下述掌握。

1) 钢筋直径≤12mm 时，每段长不宜超过 4m。

2) 钢筋直径＞12mm 时，每段长不宜超过 6m。

(4) 水平钢筋每段长度不宜超过 8m。

(5) 钢筋安装应在模板安装前进行。

5.102 楼梯结构形式分几类？安装时注意哪几点？

(1) 楼梯结构形式

楼梯按结构构造分为板式楼梯和梁式楼梯（单梁和双梁）。结构形式见图 5-47。按其形式和施工方法又可分为现浇楼梯、装配式楼梯、悬挑楼梯和螺旋式楼梯等。

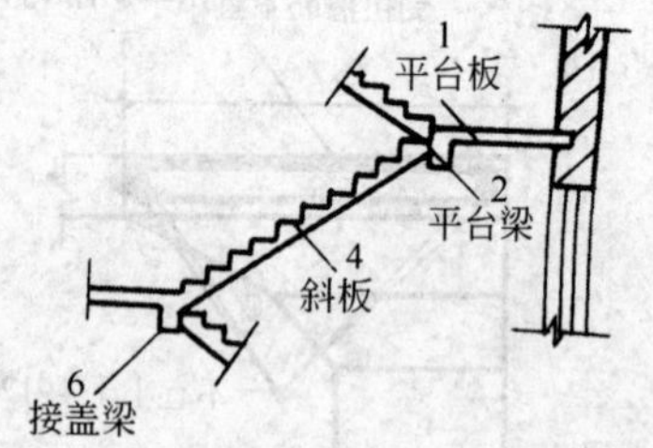

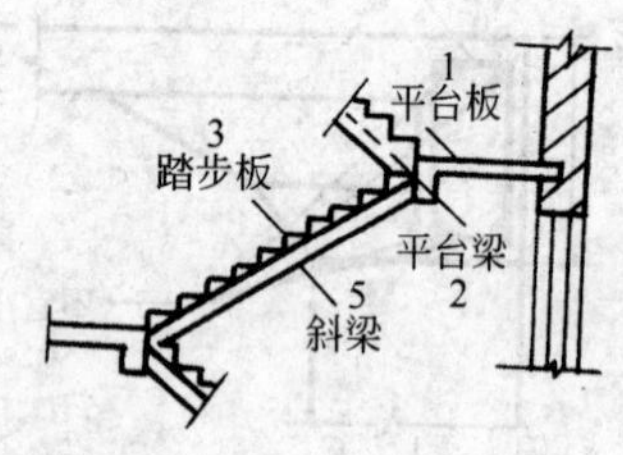

图 5-47　钢筋混凝土楼梯结构形式

(*a*) 板式楼梯；(*b*) 梁式楼梯

1—平台板；2—平台梁；3—踏步板；4—斜板；5—斜梁；6—接盖梁

(2) 楼梯钢筋安装注意问题

1) 工艺流程如下：

划位置线 → 绑主筋 → 绑分布筋 → 绑踏步筋

2) 在楼梯支好的底模上，弹上主筋和分布筋的位置线。按设计图纸中主筋和分布筋的排列，先绑扎主筋，后绑扎分布筋，每个交点均应绑扎。如有楼梯梁时，则先绑扎梁钢筋，后绑扎板钢筋，板钢筋要锚固到梁内。

3) 底板钢筋绑扎完，待踏步模板支好后，再绑扎踏步钢筋，并垫好垫块(支架)。

4) 其他可参照梁板钢筋安装控制内容。

① 板式楼梯钢筋安装

板中纵向受力钢筋按设计要求配置，并应有弯起钢筋。踏步板内横向分布筋，每踏步至少 1 根 $\phi6$ 钢筋。

② 梁式楼梯钢筋安装

a. 踏步板内横向分布钢筋要求每个踏步范围内不少于 2 根，且应沿垂直于纵向受力钢筋方向布置，间距≤300mm。

b. 梯段梁的纵向受力筋在平台梁中应有足够的锚固长度。

c. 边梁配筋参照梁钢筋安装。

5.103 现浇钢筋混凝土房屋适用高度有何规定？抗震等级如何划分？

（1）现浇钢筋混凝土房屋适用的最大高度见表5-46。

现浇钢筋混凝土房屋适用的最大高度(m) **表5-46**

结构类型	烈度			
	6	7	8	9
框　架	60	55	45	25
框架-抗震墙	130	120	100	50
抗震墙	140	120	100	60
部分框支抗震墙	120	100	80	不应采用
框架-核心筒	150	130	100	70
筒中筒	180	150	120	80
板柱-抗震墙	40	35	30	不应采用

注：1. 房屋高度指室外地面到主要屋面板板顶的高度(不包括局部突出屋顶部分)。
2. 框架-核心筒结构指周边稀柱框架与核心筒组成的结构。
3. 部分框支抗震墙结构指首层或底部两层框支抗震墙结构。
4. 乙类建筑可按本地区抗震设防烈度确定适用的最大高度。
5. 超过表内高度的房屋，应进行专门研究和论证，采取有效的加强措施。

（2）混凝土结构的抗震等级见表5-47。

混凝土结构的抗震等级 **表5-47**

结构类型		烈度						
		6		7		8		9
框架结构	高度(m)	≤30	>30	≤30	>30	≤30	>30	≤25
	框架	四	三	三	二	二	一	一
	剧场、体育馆等大跨度公共建筑	三		二		一		一
框架-剪力墙结构	高度(m)	≤60	>60	≤60	>60	≤60	>60	≤50
	框架	四	三	三	二	二	一	一
	剪力墙	三		二		一		一

续表

结构类型			烈度						
			6		7		8		9
剪力墙结构	高度(m)		≤80	>80	≤80	>80	≤80	>80	≤60
	剪力墙		四	三	三	二	二	一	一
部分框支剪力墙结构	剪力墙		三	二	二		一		不应采用
	框支层框架		二	二	一		一		
筒体结构	框架-核心筒	框架	三		二		一		一
		核心筒	二		二		一		一
	筒中筒	外筒	三		二		一		一
		内筒	三		二		一		一
板柱-剪力墙结构	板柱的柱		三		二		一		不应采用
	剪力墙		二		二		二		
单层厂房结构	铰接排架		四		三		二		一

注：1. 丙类建筑应按本地区的设防烈度直接由本表确定抗震等级；其他设防类别的建筑，应按现行国家标准《建筑抗震设计规范》GB 50011 的规定调整设防烈度后，再按本表确定抗震等级。

2. 建筑场地为Ⅰ类时，除 6 度设防烈度外，应允许按本地区设防烈度降低一度所对应的抗震等级采取抗震构造措施，但相应的计算要求不应降低。

3. 框架—剪力墙结构，当按基本振型计算地震作用时，若框架部分承受的地震倾覆力矩大于结构总地震倾覆力矩的 50%，框架部分应按表中框架结构相应的抗震等级设计。

4. 部分框支剪力墙结构中，剪力墙加强部位以上的一般部位，应按剪力墙结构中的剪力墙确定其抗震等级。

5.104 框架柱钢筋安装控制要点有哪些？

(1) 钢筋混凝土抗震结构中，加密区柱箍筋肢距宜≤200mm，每隔一根纵向钢筋都应有两个方向的约束；箍筋应有 135°弯钩，弯钩端头平直段长度≥10d(d 为箍筋直径)。

(2) 安装时，按设计要求的箍筋间距和数量，先将箍筋按弯钩错开要求套在下层伸出的搭接筋上，再立起柱子钢筋，在搭接长度内与搭接筋绑好，绑扣不少于 3 个，绑扣向里，便于箍筋向上移动。如柱子主筋采用圆钢筋搭接时，角部弯钩应与模板成 45°，中间钢筋的弯钩应与模板成 90°。

(3) 柱主筋绑扎接头的搭接长度按设计要求，如设计图纸无要求时，可按表 5-5 绑扎。

(4) 绑扎接头的位置应相互错开，在受力钢筋直径 30 倍区段范围内(且≥500mm)，有绑扎接头的受力钢筋截面面积占受力钢筋总截面面积百分率，受拉区不得超过 25%，受压区不得超过 50%。

(5) 在立好的柱主筋上标出箍筋间距，然后将套好的箍筋向上移置，由上往下宜用缠扣绑扎。

(6) 箍筋应与主筋垂直，箍筋转角与主筋交点均要绑扎，主筋与箍筋非转角部分的相交点成梅花或交错绑扎，但箍筋的平直部分与纵向钢筋交叉点可成梅花式交错扎牢，以防骨架歪斜。箍筋的接头(即弯钩叠合处)应沿柱子竖向交错布置，并位于箍筋与柱角主筋的交接点上。在有抗震要求的地区，柱箍筋端头应弯成 135°，平直长度≥10d(d 为箍筋直径，下同)。如箍筋采用 90°搭接，搭接处应焊接，焊缝长度单面焊缝≥10d。柱基、柱顶、梁柱交接处，箍筋间距应按设计要求加密。

(7) 下层柱的主筋露出楼面部分，宜将其收进一个柱筋直径，以利上层柱钢筋的搭接；当上下层柱截面有变化时，下层钢筋的伸出部分，必须在绑扎梁钢筋之前收缩准确，不宜在楼面混凝土浇筑后再扳动钢筋。

(8) 框架梁、牛腿及柱帽中的钢筋，应放在柱的纵向钢筋内侧。

(9) 如设计要求箍筋设有拉筋时，拉筋应钩住箍筋。

(10) 柱筋控制保护层可用塑料卡等固定在柱立筋外皮上，间距一般 1000mm。

5.105　框架梁钢筋安装控制要点有哪些？

（1）框架梁上部纵向钢筋应贯穿中间节点，梁的下部纵向钢筋伸入中间节点的锚固长度应≥l_{aE}，且伸过中心线应≥$5d$。当为一级抗震等级时，宜在柱轴线附近的上部纵向钢筋上增加附加锚固措施。

框架梁的纵向钢筋在节点内的锚固长度除应符合规范的规定外，并应伸过节点中心线，当纵向钢筋在端节点内的水平锚固长度不够时，沿柱节点外边向下弯折，但弯折前的水平锚固长度应≥$0.45l_{aE}$，弯折后的垂直锚固长度应≥$10d$，但也不宜>$22d$。

框架梁的顶层端节点锚固，应使梁顶面钢筋伸至边柱外侧后，弯转向下，并伸过梁底.

（2）梁全长箍筋最小面积配筋率见表 5-48。

框架梁全长箍筋最小面积配筋率（%）　　表 5-48

混凝土强度等级		C25	C30	C35	C40	C45	C50
非抗震设计		0.145	0.163	0.179	0.195	0.206	0.216
弯剪扭受力		0.169	0.191	0.209	0.228	0.240	0.252
抗震设计	一级	—	0.204	0.224	0.244	0.257	0.270
	二级	0.169	0.191	0.209	0.228	0.240	0.252
	三、四级	0.157	0.177	0.194	0.212	0.223	0.234

注：1. 表内数值为 HPB235 级钢筋的最小面积配筋率，当箍筋为 HRB335 级钢筋时，表内数值需乘以折减系数 0.70。

2. 当箍筋为 HRB400 级钢筋时，表内数值需乘以折减系数 0.583。

3. 表中非抗震设计箍筋最小面积配筋率适用于梁的剪力设计值大于 $0.7f_tbh_0$时。

5.106　框架剪力墙钢筋安装控制要点有哪些？

（1）一般先立 2～4 根竖筋，与下层伸出的搭接筋绑扎，划好水平筋间距，然后在下部及中部绑两根定位横筋，并在横筋上划上竖筋间距，接着绑扎其余竖筋，最后绑扎其余横筋。

(2) 竖筋、横筋设在里面或设在外面应按设计要求。钢筋的弯钩应朝向混凝土内。

(3) 墙钢筋应逐点绑扎，于四面对称进行，避免墙钢筋向一个方向歪斜，水平的绑扎接头应错开。在钢筋外皮及时绑扎垫块或塑料卡，以控制保护层厚度。

(4) 当墙配有双排钢筋时，在双排钢筋之间应绑 $\phi8\sim10$mm 拉筋或撑铁(钩)，其纵横间距 $\leqslant600$mm，以保持两排钢筋间距正确。

(5) 墙横向钢筋在两端头、转角、十字节点、联梁等部位的锚固长度及洞口周围加固筋等，均应符合设计要求。

(6) 墙模板合模后，应对伸出的钢筋进行一次修整，宜在搭接处绑一道临时定位横筋，浇筑混凝土过程中应有人随时检查和修整，以保证竖筋位置正确。

5.107 框架结构板钢筋安装控制要点有哪些?

(1) 绑扎前应修整模板，将模板上垃圾杂物清扫干净，用粉笔在模板上划好主筋、分布筋的间距。

(2) 按划好的钢筋间距，先排放受力主筋，后放分布筋，预埋件、电线管、预留孔等同时配合安装并固定。

(3) 钢筋搭接长度、位置和数量的要求，同梁钢筋安装。

(4) 板与次梁、主梁交叉处，板的钢筋应在上，次梁的钢筋居中，主梁的钢筋在下。

(5) 板绑扎一般用顺扣或八字扣，对外围两根钢筋的相交点应全部绑扎外，其余各点可隔点交错绑扎(双向配筋板相交点，则须全部绑扎)。如板配双层钢筋，两层钢筋之间须设钢筋支架，以保持上层钢筋的位置正确。

(6) 对板的负弯矩配筋，每个扣均要绑扎，并在主筋下垫砂浆垫块等，以防止被踩下。特别对雨篷、挑檐、阳台等悬臂板，要严格控制负筋的位置，防止变形。

（7）楼板钢筋的弯起点，应按设计规定，设计图纸未注明时，板的边跨支座可按跨度的 $L/10$ 为弯起点，板的中跨及连续多跨可按支座中线的 $L/6$ 为弯起点（L：板的中—中跨度）。

5.108 钢筋连接检验批质量验收有哪些规定？

（1）主控项目

纵向受力钢筋的连接方式应符合设计要求。

检查数量：全数检查。

检验方法：观察。

在施工现场，应按国家现行标准《钢筋机械连接通用技术规程》JGJ 107、《钢筋焊接及验收规程》JGJ 18 的规定抽取钢筋机械连接接头、焊接接头试件作力学性能检验，其质量应符合有关规程的规定。

检查数量：按有关规程确定。

检验方法：检查产品合格证、接头力学性能试验报告。

（2）一般项目

1）钢筋的接头宜设置在受力较小处。同一纵向受力钢筋不宜设置两个或两个以上接头。接头末端至钢筋弯起点的距离不应小于钢筋直径的 10 倍。

检查数量：全数检查。

检验方法：观察，钢尺检查。

2）在施工现场，应按国家现行标准《钢筋机械连接通用技术规程》JGJ 107、《钢筋焊接及验收规程》JGJ 18 的规定对钢筋机械连接接头、焊接接头的外观进行检查，其质量应符合有关规程的规定。

检查数量：全数检查。

检验方法：观察。

3）当受力钢筋采用机械连接接头或焊接接头时，设置在同一构件内的接头宜相互错开。

纵向受力钢筋机械连接接头及焊接接头连接区段的长度为

35 倍 d(d 为纵向受力钢筋的较大直径)且不小于 500mm,凡接头中点位于该连接区段长度内的接头均属于同一连接区段。同一连接区段内,纵向受力钢筋机械连接及焊接的接头面积百分率为该区段内有接头的纵向受力钢筋截面面积与全部纵向受力钢筋截面面积的比值。

同一连接区段内,纵向受力钢筋的接头面积百分率应符合设计要求;当设计无具体要求时,应符合下列规定:

① 在受拉区不宜大于 50%;

② 接头不宜设置在有抗震设防要求的框架梁端、柱端的箍筋加密区;当无法避开时,对等强度高质量机械连接接头,不应大于 50%。

③ 直接承受动力荷载的结构构件中,不宜采用焊接接头。

当采用机械连接接头时,不应大于 50%。

检查数量:在同一检验批内,对梁、柱和独立基础,应抽查构件数量的 10%,且不少于 3 件;对墙和板,应按有代表性的自然间抽查 10%,且不少于 3 间;对大空间结构,墙可按相邻轴线间高度 5m 左右划分检查面,板可按纵横轴线划分检查面,抽查 10%,且均不少于 3 面。

检验方法:观察,钢尺检查。

4) 同一构件中相邻纵向受力钢筋的绑扎搭接接头宜相互错开。绑扎搭接接头中钢筋的横向净距不应小于钢筋直径,且不应小于 25mm。

钢筋绑扎搭接接头连接区段的长度为 $1.3L_1$(L_1 为搭接长度)。凡搭接接头中点位于该连接区段长度内的搭接接头均属于同一连接区段。同一连接区段内,纵向钢筋搭接接头面积百分率为该区段内有搭接接头的纵向受力钢筋截面面积与全部纵向受力钢筋截面面积的比值。

同一连接区段内,纵向受拉钢筋搭接接头面积百分率应符合设计要求;当设计无具体要求时,应符合下列规定:

① 对梁类、板类及墙类构件,不宜大于 25%。

② 对柱类构件，不宜大于50%。

③ 当工程中确有必要增大接头面积百分率时，对梁类构件，不应大于50%；对其他构件，可根据实际情况放宽。

纵向受力钢筋绑扎搭接接头的最小搭接长度应符合本章第5-11条的规定。

检查数量：在同一检验批内，对梁、柱和独立基础，应抽查构件数量的10%，且不少于3件；对墙和板，应按有代表性的自然间抽查10%，且不少于3间；对大空间结构，墙可按相邻轴线间高度5m左右划分检查面，板可按纵、横轴线划分检查面，抽查10%，且均不少于3面。

检验方法：观察，钢尺检查。

5）在梁、柱类构件的纵向受力钢筋搭接长度范围内，应按设计要求配置箍筋。当设计无具体要求时，应符合下列规定：

① 箍筋直径不应小于搭接钢筋较大直径的0.25倍。

② 受拉搭接区段的箍筋间距不应大于搭接钢筋较小直径的5倍，且不应大于100mm。

③ 受压搭接区段的箍筋间距不应大于搭接钢筋较小直径的10倍，且不应大于200mm。

④ 当柱中纵向受力钢筋直径大于25mm时，应在搭接接头两个端面外100mm范围内各设置两个箍筋，其间距宜为50mm。

检查数量：在同一检验批内，对梁、柱和独立基础，应抽查构件数量的10%，且不少于3件；对墙和板，应按有代表性的自然间抽查10%，且不少于3间；对大空间结构，墙可按相邻轴线间高度5m左右划分检查面，板可按纵、横轴线划分检查面，抽查10%，且均不少于3面。

检验方法：钢尺检查。

（3）检验批质量验收记录见表5-49。

钢筋连接与安装工程检验批质量验收记录表

表 5-49

GB 50204-2002

（Ⅱ）

010602□□
020102□□

单位(子单位)工程名称					××4 号楼								
分部(子分部)工程名称					主体结构		验收部位			二层①～⑩轴板			
施工单位					××建筑工程公司		项目经理			××			
施工执行标准名称及编号					QJ002-008-2002 钢筋工艺标准								
施工质量验收规范的规定					施工单位检查评定记录								监理(建设)单位验收记录
主控项目	1	纵向受力钢筋的连接方式			第 5.4.1 条	√							同意验收
	2	机械连接和焊接接头的力学性能			第 5.4.2 条	√							
	3	受力钢筋的品种、级别、规格和数量			第 5.5.1 条	√							
一般项目	1	接头位置和数量			第 5.4.3 条	√							
	2	机械连接、焊接的外观质量			第 5.4.4 条	√							
	3	机械连接、焊接的接头面积百分率			第 5.4.5 条	√							
	4	绑扎搭接接头面积百分率和搭接长度			第 5.4.6 条 附录 B	√							
	5	搭接长度范围内的箍筋			第 5.4.7 条	√							
	6	钢筋安装允许偏差	绑扎钢筋网	长、宽(mm)	−3	8	7	6	5	⑩	9	7	−3
				网眼尺寸(mm)	±20	15	12	16	18	17	−13	15	−10
			绑扎钢筋骨架	长(mm)	±10	−5	−2	0	7	6	5	4	−3
				宽、高(mm)	±5	1	2	4	⑤	4	△7	0	0

续表

单位(子单位)工程名称						××4号楼								
分部(子分部)工程名称						主体结构				验收部位			二层①～⑩轴板	
施工单位	××建筑工程公司									项目经理			××	
施工执行标准名称及编号						QJ002-008-2002 钢筋工艺标准								
施工质量验收规范的规定						施工单位检查评定记录								监理(建设)单位验收记录
一般项目	6	钢筋安装允许偏差	受力钢筋	间距(mm)		±10	9	7	4	−5	2	−3	−4	6	同意验收
				排距(mm)		±5	⑤	0	△7	−1	−2	3	2	0	
				保护层厚度(mm)	基础	±10									
					柱、梁	±5	4	4	△6	2	1	0	⑤	3	
					板、墙、壳	±3	2	1	0	−1	−2	③	1	0	
			绑扎箍筋、横向钢筋间距(mm)			±20	⑳	18	15	0	−4	1	13	12	
			钢筋弯起点位置(mm)			20	18	9	11	15	7	㉕	7	4	
			预埋件	中心线位置(mm)		5									
				水平高差(mm)		+3,0									
施工单位检查评定结果	专业工长(施工员)					×××				施工班组长			××	
	主控项目、一般项目均合格,符合验收规范要求。 项目专业质量检查员：　　　　年　月　日													
监理(建设)单位验收结论	同意验收。 专业监理工程师： (建设单位项目专业技术负责人)：　　　　年　月　日													

注：1. 检查预埋件中心线位置时,应沿纵、横两个方向量测,并取其中的较大值。

2. 表中梁类、板类构件上部纵向受力钢筋保护层厚度的合格点率应达到90%及以上,且不得有超过表中数值的1.5倍的尺寸偏差

5.109　钢筋安装检验批验收有哪些规定？

(1) 主控项目

钢筋安装时，受力钢筋的品种、级别、规格和数量必须符合设计要求。

检查数量：全数检查。

检验方法：观察，钢尺检查。

(2) 一般项目

钢筋安装位置的偏差应符合表5-49的规定。

检查数量：在同一检验批内，对梁、柱和独立基础，应抽查构件数量的10%，且不少于3件；对墙和板，应按有代表性的自然间抽查10%，且不少于3间；对大空间结构，墙可按相邻轴线间高度5m左右划分检查面，板可按纵、横轴线划分检查面，抽查10%，且均不少于3面。

(3) 钢筋连接与安装工程检验批质量验收记录表见表5-49。

5.110　钢筋分项工程施工质量验收重点应检查验收哪些内容？

(1) 钢筋分项工程施工质量验收共有5方面内容，即：一般规定、原材料、钢筋加工、钢筋连接和钢筋安装。钢筋分项工程施工质量验收时，应依据"混凝土验收规范"重点检查验收以下内容。

1) 钢筋进场时质量检验、检验方法和抽样方案。

2) 有抗震设防要求的框架结构纵向受力钢筋。

3) 钢筋脆断、焊接性能不良或力学性能显著不正常时的处理。

4) 钢筋外观、形状的检验。

5) 受力钢筋的弯钩、弯折和箍筋。

6) 钢筋调直，冷拉调直时冷拉率。

7) 钢筋加工的形状、尺寸及偏差。

8) 纵向受力钢筋的连接方式。连接接头、焊接接头的外观质量，以及力学性能检验和质量。

9）钢筋的接头位置，各种连接方式的接头面积百分率。

10）梁、柱类构件纵向受力钢筋搭接长度范围内箍筋配置。

11）钢筋安装时，受力钢筋的品种、级别、规格和数量，钢筋安装位置偏差等。

（2）钢筋分项工程检验批质量验收记录表共有 2 张。其中钢筋原材料和钢筋加工共用 1 张记录表，见表 5-4。钢筋连接与安装共用 1 张记录表，见表 5-49。

这两张记录表在地基与基础分部工程和主体结构分部工程中通用。

（3）钢筋分项工程质量验收记录表

钢筋分项工程质量验收记录表及填写方法见表 5-50。

钢筋分项工程质量验收记录表 **表 5-50**

单位（子单位）工程名称			结构类型	框架
分部（子分部）工程名称			检验批数	10
施工单位			项目经理	
分包单位			分包项目经理	
序号	检验批部位、区段	施工单位检查评定结果	监理（建设）单位验收结论	
1	一层墙板①～⑩轴	√	同意验收	
2	二层墙板①～⑩轴	√		
3	三层墙板①～⑩轴	√		
4	四层墙板①～⑩轴	√		
5	五层墙板①～⑩轴	√		
6	六层墙板①～⑩轴	√		
7	七层墙板①～⑩轴	√		
8	八层墙板①～⑩轴	√		
9	九层墙板①～⑩轴	√		
10	十层墙板①～⑩轴	√		
说明				
检查结论	符合施工质量验收规范要求。 项目专业技术负责人： 年 月 日	验收结论	同意验收。 监理工程师： （建设单位项目专业技术负责人） 年 月 日	

5.111 钢筋分项工程应具备哪些技术资料？隐蔽验收哪些内容？

(1) 应具备的技术资料

1）钢筋产品合格证、出厂检验报告。

2）钢筋进场复验报告。

3）钢筋冷拉记录。

4）钢筋焊接接头力学性能试验报告。

5）钢筋机械连接接头力学性能试验报告。

6）焊条(剂)试验报告。

7）钢筋隐蔽工程验收记录。

8）钢筋锥螺纹加工检验记录及连接套产品合格证。

9）钢筋锥螺纹接头质量检查记录。

10）施工现场挤压接头质量检查记录。

11）设计变更和钢材代用证明。

12）见证检测报告。

13）检验批质量验收记录。

14）钢筋分项工程质量验收记录。

(2) 隐蔽验收内容

1）纵向受力钢筋品种、规格、数量、形状、尺寸、位置、间距、锚固长度等。

2）钢筋连接方式、接头位置、接头数量、接头面积百分率等。

3）箍筋、横向钢筋的品种、规格、数量、间距等。

4）预埋件规格、数量、位置等。

5）钢筋混凝土保护层厚度。

5.112 钢筋工程质量缺陷与消除措施是什么？

钢筋工程质量缺陷与消除措施，见表5-51。

钢筋工程质量缺陷与消除措施 **表 5-51**

缺陷	消除措施
1. 骨架外形尺寸不准，模外加工的骨架放不进模，或划刮模板	1. 钢筋加工外形应准确，偏差在允许范围内。 2. 安装时将多根钢筋端部对齐。 3. 钢筋绑孔应正确，严禁偏斜或骨架扭曲。 一旦出现上述情况，应将骨架个别钢筋松绑，重新整理安装绑扎。切忌用锤子敲击，以免骨架其他部位变形或松扣
2. 网片歪斜、扭曲	堆放地面要平整；搬运过程要轻抬轻放；按绑扎规定进行绑扎，并适当增加有绑扣的钢筋交点；对面积较大的网片，可适当地用一些直钢筋作斜向拉结固定
3. 板钢筋混凝土保护层不符合要求，板底出现裂缝	1. 检查混凝土保护层垫块厚度是否准确，并按规定垫够。 2. 钢筋网片有可能随混凝土浇捣而沉落时，应采取措施防止下沉，例如用铁丝将网片绑吊在模板楞上；采用翻转模板时，也可用钢筋承托网片等。 3. 如构件已成型，则应根据平板受力状态和结构重要程度，结合保护层厚度实际偏差情况，对其采取加固措施
4. 构件的垂直偏差超过允许值	1. 确保骨架本身刚度，刚度较差的骨架应加固。 2. 起吊操作力求平稳，防止悠荡或碰撞。 3. 骨架各钢筋交点都要绑扎牢固，必要时可适当点焊几点加固。 4. 变形骨架应修复平整，严重的应重新矫直组装
5. 构件平移或安装时桩身产生裂缝	1. 外伸插筋用箍筋套好，并利用端部模板进行固定。端部模板一般做成上、下两片，在钢筋位置上留卡口，深度约等于外伸插筋半径，每根钢筋都由上、下卡口卡位，再加以固定。 2. 浇筑混凝土时避免碰撞。 3. 浇筑过程中应随时注意检查，如固定处松脱应及时补救。 4. 梁与柱插筋如不能对顶施加坡口焊，可以通过设计部门同意，采取垫筋焊接联系

续表

缺陷	消除措施
6. 柱子外伸钢筋错位，下柱外伸钢筋从柱顶甩出，与上柱钢筋搭接不上	1. 在外伸部分加一道临时箍筋，按图纸位置安设好，并固定。 2. 浇筑混凝土前如发现移位，则应矫正。 3. 注意浇筑操作，不要碰撞钢筋，若碰歪撞斜应立即校正。 4. 对错位严重的外伸钢筋，应视实际情况由有关技术部门确定，采取专门措施处理，例如加大柱截面，设置附加箍筋以联系上、下柱钢筋等
7. 同一连接区段接头过多（在绑孔或安装钢筋骨架时发现同一连接区段内受力钢筋接头过多，其截面面积占受力钢筋总截面面积的百分率超出规范规定数值）。	1. 轴心受拉和小偏心受拉杆件中的受力钢筋接头，均应焊接，不得绑扎。 2. 配料时，注明搭配编号，对于同一组搭配而安装方法不同的（同一组搭配而各分号是一顺一倒安装的），要加文字说明。 3. 充分理解验收规范中规定的同一连接区段含义。 4. 如分不清受拉或受压区时，接头设置均应按受拉区的规定办理
8. 露筋	1. 垫块或卡按规定数量垫牢，保证保护层厚度符合要求。 2. 混凝土应振捣密实，防止出现孔洞等缺陷。 3. 范围不大的轻微露筋可用灰浆堵抹；混凝土出现麻点的，应沿周围敲开或凿掉，用砂浆抹平。 4. 重要受力部位的露筋，应经技术鉴定后，根据露筋严重程序，采取措施补救
9. 箍筋间距不一致	1. 根据构件配筋情况，预先算好箍筋实际分布间距，作为绑扎钢筋骨架时依据。 2. 如箍筋已绑扎成钢筋骨架，则根据具体情况，适当增加一个或两个箍筋
10. 柱箍筋接头位置重复交搭于一根或两根纵筋上	1. 安装时，将接头位置错开绑扎。 2. 适当解开几个箍筋，转个方向，重新绑扎，力求上、下接头互相错开

续表

缺陷	消除措施
10. 柱箍筋接头位置重复交搭于一根或两根纵筋上	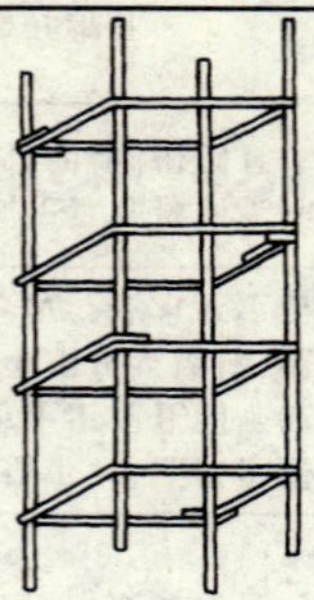 正确 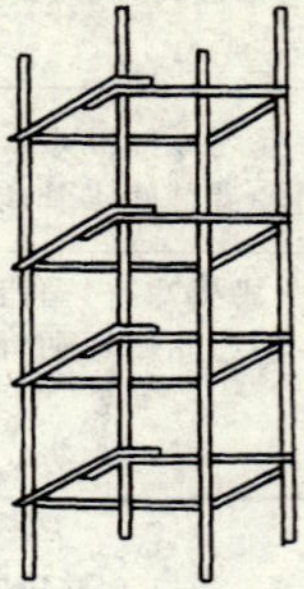　错误
11. 绑扎搭接接头松脱	1. 钢筋搭接处应扎紧。绑扎部位在搭接部分的中心和两端。 2. 搬运时轻抬轻放。 3. 将松脱的接头再用钢丝绑紧。如条件允许，可用电弧焊焊上 1～2 点
12. 在悬臂梁中弯起钢筋的弯起方向放反	1. 对操作人员专门交底。 2. 在钢筋骨架上挂牌，提醒安装人员注意 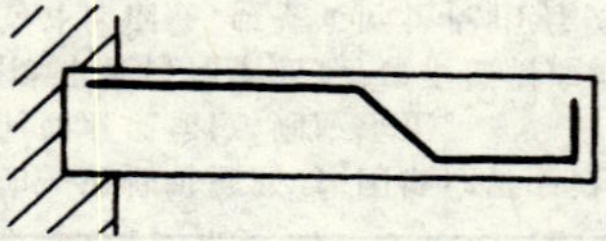错误 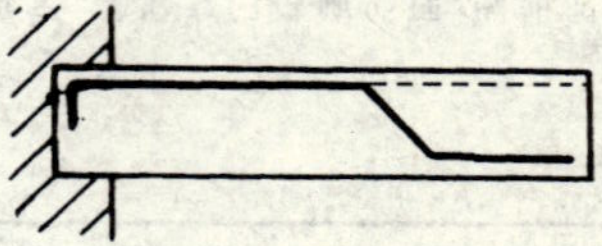　正确

续表

缺 陷	消 除 措 施
13. 检查核对连接好的钢筋骨架时,发现有遗漏钢筋现象	1. 绑扎钢筋骨架之前要熟悉图纸,按材料表核对、检查钢筋数量是否与图纸相符。 2. 仔细研究钢筋绑扎安装顺序和步骤。 3. 钢筋骨架连接完后,检查有无钢筋遗漏。 4. 漏掉钢筋要全部补上
14. 钢筋网主、副筋位置放反	1. 要向有关人员和直接操作者做专门交底。 2. 钢筋网主、副位置放反,如已浇筑混凝土,必须通过设计单位复核后,再确定是否采取加固措施或减轻外加荷载 ①② 错误 ①—主筋 ②— 副筋 正确 ②①
15. 绑扎接点松扣	1. 一般采用 20～22 号钢丝作为钢线。绑扎直径 12mm 以下钢筋宜用 22 号钢丝;绑扎直径 12～16mm 钢筋宜用 20 号钢丝;绑扎梁、柱等直径较大的钢筋可用双根 22 号钢丝。 2. 绑扎时,要尽量选用不易松脱的绑扣形式,例如绑平板钢筋网时,除了用一面顺扣外,还应加一些十字花扣;钢筋转角处要采用兜扣并加缠;对竖立的钢筋网,除了十字花扣外,也要适当加缠。 3. 将接点松扣重新绑牢
16. 柱钢筋骨架绑成后,安装时发现弯钩方向不对,超出模板范围	1. 绑扎时使柱的纵向钢筋弯钩朝向柱心。 2. 将弯钩方向不对的钢筋拆掉,调准方向再绑。严禁不拆掉钢筋而硬将其拧转,硬拧不但会拧松绑扣,还可能导致骨架变形

续表

缺陷	消除措施
17. 浇筑混凝土后发现薄板表面有钢筋弯钩露出	1. 检查弯钩立起高度是否超过板厚，如超过，则将弯钩放斜，甚至放倒。 2. 绑扎完发现钢筋弯钩会露出板面时，应松掉钢筋，并把弯钩转个方向。 3. 如果已浇筑混凝土，则抠去弯钩处的混凝土，用扳子或钳子将弯钩扭至板的厚度之内，再填补混凝土抹压平整
18. 绑扎基础底面钢筋网时，钢筋弯钩平放	1. 绑扎时切记要使弯钩朝上，以增强锚固能力。 2. 将弯钩已平放的钢筋松扣，扶起后重绑
19. 牛腿处配筋密集，交叉重叠频繁，难以安装或安装错误	1. 加强牛腿部分配筋状况的图纸审查，在钢筋施工准备阶段就要事先对图纸的可行性进行全面了解、分析和改进。 2. 绑扎前务必确定好交叉重叠的钢筋的定位
20. 构件的某些杆件交叉时，各杆件主筋位于同一平面内，因交点处碰撞，无法安装	1. 加强对杆件交叉处配筋情况的图纸审查，绑扎之前发现症结所在，及时予以纠正。 2. 在征得设计人员同意的情况下，可调整横杆主筋的位置及箍筋尺寸，使横杆主筋的混凝土保护层加大

6 预应力工程

6.1 预应力混凝土工程较钢筋混凝土有何优点？对施工单位资质有何规定？

预应力混凝土可分为：全预应力混凝土和部分预应力混凝土。全预应力混凝土是在全部使用荷载下受拉边缘不允许出现拉应力的预应力混凝土，适用于要求混凝土不开裂的结构。部分预应力混凝土是在全部使用荷载下受拉边缘允许出现一定的拉应力或裂缝的混凝土，其综合性能较好，费用较低，适用范围广。

（1）优点。预应力混凝土与钢筋混凝土比较，具有构件截面小、自重轻、抗裂度高、耐久性好、材料省等优点，但预应力混凝土施工，需要专门的材料与设备、特殊的工艺、单价较高。但在大开间、大跨度与重荷载的结构中，采用预应力混凝土结构，可减少材料用量，扩大使用功能，综合经济效益好，在现代结构中具有广阔的发展前景。

（2）对施工单位要求。由于预应力施工工艺复杂，专业性强，技术含量高、操作要求严、质量要求较高，因此，预应力工程施工应由获得有关部门批准的预应力专项施工资质的施工单位承担。施工前，要求专业施工单位应根据设备图纸，编制预应力施工方案。当设计图纸深度不具备施工条件时，预应力施工单位予以完善，并经设计单位审核后实施。

6.2 预应力分项工程主要包括哪些内容？

预应力工程是预应力筋、锚具、夹具、连接器等材料的进场检验、后张法预留管道设置或预应力筋布置、预应力筋张拉、放张、灌浆和锚固等一系列技术工作和完成实体的总称。

由于预应力施工工艺复杂，质量要求较高，故预应力分项工程所含检验项目较多，且规定较为具体。根据具体情况，预应力分项工程可与混凝土结构一同验收，也可以单独验收。“混凝土验收规范”对预应力分项工程规定了“一般规定”、“原材料”、“制作与安装”、“张拉和放张”、“灌浆及封锚”等5个方面内容。

重点应掌握以下要求：

(1) 了解预应力分项工程的一般内容。

(2) 理解后张法预应力工程施工单位资质等级要求的必要性。

(3) 了解预应力筋张拉机具设备及仪表定期维护和校验的重要性，掌握张拉设备标定和使用的要求。

(4) 了解原材料的重要性，熟悉原材料检验的相关标准，掌握原材料的检验要求和抽样方案。

(5) 掌握预应力筋安装的基本要求，理解避免隔离剂沾污预应力筋和避免电火花损伤预应力筋的重要性。

(6) 掌握预应力筋下料和各种端部锚具的质量要求。

(7) 掌握预留孔道的质量要求、预应力筋束形控制点的偏差要求及无粘结预应力筋的敷设要求。

(8) 掌握预应力筋张拉及放张时对混凝土强度的要求及对预应力筋的张拉顺序、张拉力的要求。

(9) 掌握对预应力筋实际建立的预应力值的要求及对张拉过程中预应力筋断裂或滑脱的限制规定。

(10) 掌握及时进行孔道灌浆的要求及对孔道内水泥浆的水灰比、泌水率及抗压强度等性能要求。

(11) 掌握锚固后预应力筋外露部分的切割方法、外露长度要求及封闭要求。

6.3 预应力筋张拉设备及仪表维护、校验和标定有何要求？

(1) “混凝土验收规范”规定：预应力筋张拉机具及仪表，应定期维护和校验。张拉设备应配套标定，并配套使用。张拉设备的标定期限不应超过半年。当在使用过程中出现反常现象时或在千斤顶检修后，应重新标定。

注：① 张拉设备标定时，千斤顶活塞的运行方向应与实际张拉工作状态一致。

② 压力表的精度不应低于1.5级，标定张拉设备用的试验机或测力计精度不应低于±2%。

(2) 张拉设备(千斤顶、油泵及压力表等)配套标定，以确定压力表读数与千斤顶输出力之间的关系曲线。这种关系曲线对应于特定的一套张拉设备，故配套标定后应配套使用。由于千斤顶主动工作和被动工作时，压力表读数与千斤顶输出力之间的关系是不一致的，故要求标定时千斤顶活塞的运行方向应与实际张拉工作状态一致。

6.4 预应力混凝土施工常用方法有几种？

预应力混凝土常用施工方法有以下几种。

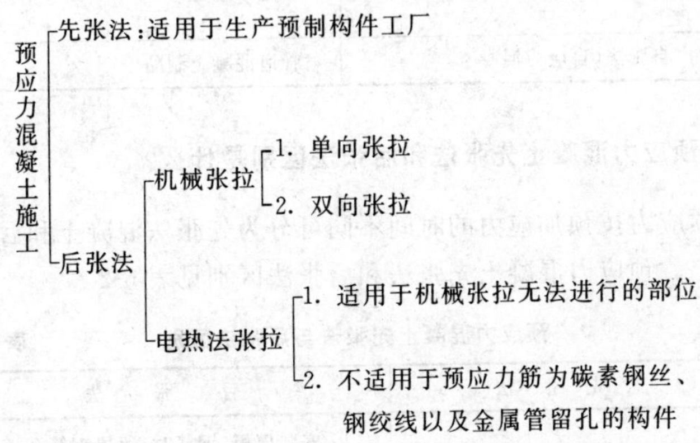

6.5 预应力混凝土适用范围是什么？

预应力冷拔低碳钢丝混凝土、预应力钢筋混凝土、预应力钢绞线(钢丝束)混凝土等的适用范围见表6-1。

预应力钢筋混凝土技术的分类与适用范围　　表 6-1

<table>
<tr><th>类别</th><th colspan="2">名　称</th><th>适　用　范　围</th></tr>
<tr><td rowspan="4">先张法</td><td rowspan="2">预应力钢丝混凝土</td><td>甲级冷拔低碳钢丝</td><td>中小型建筑构件，离心成型制品</td></tr>
<tr><td>碳素钢丝</td><td>中小型建筑构件、轨枕、离心成型制品</td></tr>
<tr><td colspan="2">预应力钢筋(钢丝束、钢绞线)混凝土</td><td>大中型建筑构件、桥梁构件、管桩</td></tr>
<tr><td colspan="2">LL650 级或 LL800 级冷轧带肋钢筋</td><td>中小型建筑构件</td></tr>
<tr><td rowspan="4">后张法</td><td rowspan="2">预留孔法</td><td>抽管成孔法</td><td rowspan="4">大、中型建筑构件，桥梁、水工构件；现浇预应力混凝土结构</td></tr>
<tr><td>预埋管法</td></tr>
<tr><td colspan="2">无粘结法</td></tr>
<tr><td colspan="2">电热法</td></tr>
<tr><td colspan="3">连续配筋法</td><td>先张法：用于短线钢模生产的中、小型构件；因装备较复杂，极少采用。
后张法：用于各种圆形贮罐或管形构件的壁外缠丝</td></tr>
<tr><td colspan="3">自张法(自应力混凝土)</td><td>管道混凝土制品</td></tr>
</table>

6.6 预应力混凝土先张法和后张法区别是什么？

预应力按预加应力的时间不同可分为先张法混凝土和后张法混凝土。预应力混凝土先张法和后张法区别见表 6-2。

预应力混凝土先张法与后张法区别　　表 6-2

项目	先张法	后张法
施工程序	1. 在台座或模板先张拉预应力钢筋，后浇筑混凝土。 2. 待混凝土达到设计强度标准值的 75%以上时，才能放张切断预应力筋	1. 安装模板、钢筋时，留置钢筋孔道或无粘结钢筋，先浇筑混凝土。 2. 待混凝土达到设计强度标准值的 75%以上时，才能张拉预应力筋。 3. 张拉预应力筋后进行孔道灌浆，填充孔道

续表

项目	先张法	后张法
锚固方法	1. 用台座墩、横梁、钢模端板等支承预应力筋张拉力。 2. 放张后，利用混凝土对预应力筋的握裹力传递预压应力。 3. 所用夹具可以卸下，重复使用	1. 利用浇筑后达到强度要求的混凝土结构支承张拉力。 2. 预压应力由锚具或自锚头锚固，由混凝土两端传递给混凝土。 3. 所用锚具即为构件组成的一部分，不能卸下，还应设法封闭保护
施工设施	1. 与混凝土模板基本相同。 2. 需有支承张拉力的承力支架(墩)、横梁、支承端板、台座地坪等	1. 与混凝土模板基本相同，只增加预留孔道的设备。 2. 利用已浇筑好的混凝土结构作张拉力的承力支架，不需其他承力设施
适用范围	1. 只能用于预制构件。 2. 适宜于在工厂用工业化方式生产中小型构件	1. 适宜于在现场预制大型构件，运输条件许可的可在工厂预制。 2. 适宜于现浇整体结构
优缺点	1. 生产周期较短。 2. 设施费用较多。 3. 预应力损失较大	1. 设施费用较少。 2. 在完成张拉后仍等候灌浆强度，生产周期较长。 3. 预应力损失较小

6.7 预应力钢筋锚固长度有何规定？

计算先张法预应力混凝土构件端部锚固区的正截面和斜截面受弯承载力时，锚固区内的预应力钢筋抗拉强度设计值在锚固起点处应取零，在锚固终点处应取 f_{py}，在两点之间可按直线内插法取值。对采用冷拉Ⅱ级、Ⅲ级钢筋和冷轧带肋钢筋的先张法构件，其锚固区预应力钢筋的抗拉强度设计值可不折减。

预应力钢筋的锚固长度 l_a 应按表 6-3 采用。

预应力钢筋锚固长度(mm) **表 6-3**

序号	种类		混凝土强度等级		
			C30	C40	≥C50
1	刻痕钢丝(ϕ5)		170d	105d	85d
2	钢绞线	三股	—	100d	100d
3		七股	—	120d	120d
4	冷拔低碳钢丝		110d	100d	100d

注：1. 当采用骤然放松预应力钢筋的施工工艺时，锚固长度的起点应从离构件末端 0.25l_{tr}处开始。

2. 表中钢筋强度标准值为：刻痕钢丝 1570N/mm^2；钢绞线 1860N/mm^2；冷拔低碳钢丝 700N/mm^2。当强度标准值为其他数值时，锚固长度按强度比例增减。

3. ϕ7 刻痕钢丝和二股钢绞线的锚固长度应根据试验确定。

6.8 预应力混凝土强度等级最小值是多少？

预应力混凝土构件混凝土强度等级最小值与使用钢材有关。

(1) 碳素钢丝、刻痕钢丝、钢绞线、热处理钢筋，其混凝土强度最小值为 C40。

(2) 冷拉Ⅱ、Ⅲ、Ⅳ级钢筋和甲级冷拔低碳钢丝，其混凝土强度最小值为 C30。

(3) LL650 级和 LL800 级冷轧带肋钢筋，其混凝土强度最小值为 C20。

(4) 混凝土和孔道灌浆用的材料中均不得掺用有侵蚀作用的外加剂，如氧化钙、氯化钠等。

6.9 预应力筋锚具如何分类？

预应力筋锚具分类如下：

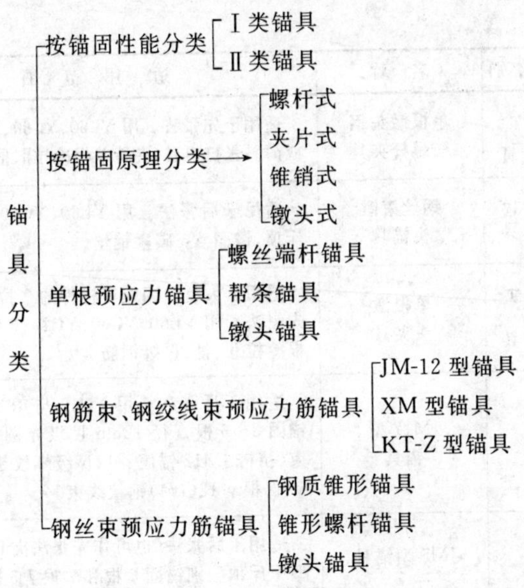

注：① Ⅰ类锚具：适用于承受动载、静载的预应力混凝土结构。

② Ⅱ类锚具：仅适用于有粘结预应力混凝土结构中预应力钢筋应力变化不大的部位。

6.10 预应力筋锚具和夹具适用范围是什么？

锚具与夹具适用范围见表 6-4。

锚具与夹具适用范围　　表 6-4

序号	型式	类别	名　称	适　用　范　围
1	螺杆式	锚具	螺丝端杆锚具	适用于先张法、后张法或电张法。用 YL60、YC60、YC20 型千斤顶或简易张拉机具，锚固直径 36mm 以下的冷拉Ⅱ、Ⅲ级钢筋
			锥形螺杆锚具	适用于后张法。用 YL60、YC60、YC20 型千斤顶或简易张拉机具，内锚固 28 根以下的 ϕ^s5 碳素钢丝束
			精轧螺纹钢筋锚具	适用于后张法。用 YL60、YC60、YC20 千斤顶，锚固精轧螺纹钢筋

续表

序号	型式	类别	名称	适用范围
1	螺杆式	夹具	单根镦头钢筋螺杆夹具	适用于先张法。用 YL60、YC60、YC20 千斤顶或简易张拉机具,夹持单根冷拉Ⅱ、Ⅲ、Ⅳ级钢筋
2	镦头式	锚具	钢丝束镦头锚具	适用于后张法。用 YL60、YC60、YC20 型千斤顶,锚固 ϕ^s5 碳素钢丝
2	镦头式	夹具	单根镦头夹具	适用于大型屋面板等构件的张拉工艺或台座先张法。用 YL60、YC60、YC20 千斤顶,夹持单根冷拉Ⅱ、Ⅲ、Ⅳ级钢筋
3	夹片式	锚具	JM12 型锚具	适用于后张法。用 YC60 与 120 型千斤顶,锚固 3～6 根直径 12mmⅣ级光圆或螺纹钢筋束(精铸 JM12 锚固 ϕ^l12Ⅳ级螺纹钢筋束)以及 5～6 根 $\phi^s12(7\phi4)$钢绞线束
3	夹片式	锚具	JM5 型锚具	适用于后张法(也可作先张法夹具),用 YC60 型千斤顶分别锚固 6 根和 7 根 ϕ^s5 碳素钢丝
3	夹片式	锚具	JM 型锚具	适用于后张法,用 YC60 与 120 千斤顶,锚固 ϕ^j12 和 ϕ^j15 钢绞线,也可作先张法夹具
3	夹片式	锚具	XM 型锚具	适用于后张法。用 YCD100 与 200 型千斤顶,锚固 1～12ϕ^j15 钢绞线,也可用于锚固钢丝束
3	夹片式	夹具	圆套筒三片式夹具	适用于先张法。用 YC20D、YC18 型千斤顶夹持 ϕ12～16mm 的单根冷拉Ⅱ、Ⅲ、Ⅳ级钢筋
4	锥锚式	锚具	KT-Z 型锚具	适用于后张法。用于锚固 ϕ12mm 的螺纹钢筋束与钢绞线束,用 YC60 型千斤顶
4	锥锚式	锚具	钢质锥形锚具(弗氏锚具)	适用于后张法,用 YZ38、60 和 85 型千斤顶,锚固 18ϕ^s5 碳素钢丝束或 ϕ^s4 碳素钢丝
4	锥锚式	夹具	圆锥齿板式夹具	适用于先张法,用手动或电动螺杆张拉机,夹持 ϕ^b3～5 碳素低碳钢丝和 ϕ^k5 碳素(刻痕)钢丝
4	锥锚式	夹具	单根钢绞线夹具	适用先张法,用于夹持 ϕ^j12 和 ϕ^j15 钢绞线,用 YC20D、YC18 型千斤顶,也可作为千斤顶的工具锚使用
5	帮条式	锚具	帮条锚具	适用于先张法、后张法及电张法。锚固ϕ12～40mm 的冷拉Ⅱ、Ⅲ级钢筋

6.11 锚具、夹具和连接器应验收哪些项目?

目前国内锚具生产厂家较多,各自形成配套产品,产品结构尺寸及构造也不尽相同。为确保实现设计意图,要求锚具、夹具和连接器按设计规定采用。锚具、夹具和连接器的进场检验主要做锚具(夹具、连接器)的静载试验,材质、机加工尺寸及热处理硬度等只需按出厂检验报告中所列指标进行核对。

当锚具、夹具及连接器进场入库时间较长时,可能造成锈蚀、污染等,影响其使用性能,所以使用前应重新对其外观进行检查,并根据检查结果确定是否能应用于工程和相应的处理措施。

(1) 预应力筋用锚具、夹具和连接器性能应符合现行国家标准《预应力筋用锚具、夹具和连接器》GB/T 14370 和《预应力筋用锚具、夹具和连接器应用技术规程》JGJ 85 的规定。

(2) 预应力筋端部锚具的制作质量应符合下列要求:

1) 挤压锚具制作时压力表油压应符合操作说明书的规定,挤压后预应力筋外端应露出挤压套筒 1~5mm。

2) 钢绞线压花锚成形时,表面应洁净无污染,梨形头尺寸和直线段长度应符合设计要求。

3) 钢丝镦头的强度不得低于钢丝强度标准值的 98%。

制作预应力锚具,每工作班应进行抽样检查,对挤压锚,每工作班抽查 5%,且不应少于 5 件;对压花锚每工作班抽查 3 件;对钢丝镦头,主要是检查钢丝的可镦性,故按钢丝进场批量,每批钢丝检查 6 个镦头试件的强度试验报告。

(3) 预应力筋用锚具、夹具和连接器进场时作进场复验,主要对锚具、夹具、连接器作静载锚固性能试验,并按出厂检验报告中所列指标,核对材质、机加工尺寸等。对锚具使用较少的一般工程,如供货方提供了有效的出厂试验报告,可不再作静载锚固性能试验。

(4) 锚具、夹具和连接器使用前应进行外观质量检查,其表面应无污物、锈蚀、机械损伤和裂纹,否则应根据不同情况进行处理,确保使用性能。

6.12 锚具、夹具和连接器如何验收？

(1) 验收批划分

预应力筋锚具、夹具和连接器验收批的划分，在同种材料和同一生产条件下，锚具、夹具应以不超过 1 000 套组为一个验收批；连接器应以不超过 500 套组为一个验收批。

(2) 锚具验收

1) 检查出厂证明文件，核对性能、类别、品种、规格及数量，应全部符合要求。

2) 外观质量。应从每批中抽取 10%但不小于 10 套锚具，检查其外观和尺寸。当有一套表面有裂纹或超过产品标准及设计图纸规定尺寸的允许偏差时，应另取双倍数量的锚具重做检查，如仍有一套不符合要求，则不得使用或逐套检查，合格者方可使用。

3) 硬度检查。应从每批中抽取 5%但不少于 5 件锚具，对其中有硬度要求的零件做硬度试验，对多孔夹片式锚具的夹片，每套至少抽 5 片。每个零件测试 3 点，其硬度应在设计要求范围内，当有一个零件不合格时，应另取双倍数量的零件重做试验，如仍有一个零件不合格，则不得使用或逐个检查，合格者方可使用。

4) 静载锚固性能试验。经上述两项试验合格后，应从同批中抽取 6 套锚具(夹具或连接器)组成 3 个预应力筋锚具组装件，进行静载锚固性能试验，当有一个试件不符合要求时，应另取双倍数量的锚具重做试验，如仍有一套不合格，则该批锚具为不合格品。

5) 对一般工程的锚具进场验收，其静载锚固性能，也可由锚具生产厂提供试验报告。

(3) 夹具验收

预应力夹具的进场验收，只做静载锚固性能试验。试验方法与预应力筋锚具相同。

由于夹具的锚固性能不影响结构的使用性能，只要能满足工艺过程中的使用要求即可。为简化验收手续，可不作外观检查和硬度检验。

（4）连接器验收

后张法预应力连接器的进场验收，应与预应力筋锚具相同；先张法预应力筋连接器进场验收，应与预应力筋夹具相同，但静载锚固性能试验时，可从同批中抽取3套连接器，组装成3个预应力筋连接器组装件进行试验。

6.13 锚具、夹具和连接器使用时注意哪些事项？

（1）应有专人保管，在贮存、运输及使用期间均应妥善维护，避免锈蚀、沾污、遭受机械损伤和混淆。临时性维护措施，应不影响使用性能和永久性防锈措施的实施。

（2）安装前必须清洗干净。凡设计规定需要在锚固零件上涂抹不影响锚固性能物质的锚具、夹具和连接器，应在安装前临时涂抹。

（3）为保证预应力筋锚具和连接器安装时与孔道对中，锚垫板上应设置对中止口或对中标志。

（4）负责张拉的技术人员和操作人员，应严格执行有关技术规定和安全措施，以确保张拉质量和人身及设备安全。

（5）利用螺纹锚固的支承式锚具，安装前应逐个检查螺纹的配合情况。对于大直径螺纹的表面应涂润滑油脂，以确保质量和锚固过程中顺利旋合。

（6）夹片式、锥塞式等具有自锚性能的锚具，在预应力筋张拉和锚固过程中以及锚固以后，均不得大力敲击或振动，防止因锚固失效预应力筋飞出伤人。

（7）预应力筋锚固后，如因故必须放松时，对于支承式锚具可用张拉设备松开锚具，将预应力逐渐缓慢地卸除；对于夹片式、锥塞式等具有自锚性能的锚具，宜用专门的放松设备将锚具松开，不宜直接将锚具切去。

(8) 预应力筋张拉锚固完成后,应尽快灌浆,切割外露于锚具的预应力筋。切割后的外露长度一般不得小于30mm。

(9) 预应力筋张拉锚固完毕后,对暴露于结构外部的锚具或连接器,必须尽快实施永久性防护措施,防止水分和其他有害介质侵入。防护措施还应具有一定的防火、隔热功能。

6.14 孔道成型及灌浆材料如何进行验收?

孔道灌浆一般采用素水泥浆。由于普通硅酸盐水泥浆的泌水率较小,故规定应采用普通硅酸盐水泥配制水泥浆。水泥浆中掺入外加剂可改善其稠度和密实性等;但预应力筋对应力腐蚀较为敏感,故水泥和外加剂中均不能含有对预应力筋有害的化学成分。

孔道灌浆所采用水泥和外加剂数量较少的一般工程,如果由使用单位提供近期的相同品牌和型号的水泥及外加剂的检验报告,也可不作水泥和外加剂性能的进场复验。

(1) 后张预应力混凝土孔道成型材料应具有刚度和密闭性,在铺设及浇筑混凝土过程中不应变形,其咬口及连接处不应漏浆。成型后的管道应能有效地传递灰浆和周围混凝土的粘结力。

(2) 预应力混凝土用金属螺旋管进场时应具备产品合格证、出厂检验报告,使用前作进场复验,其尺寸、径向刚度和抗渗性能等应符合现行国家标准《预应力混凝土用金属螺旋管》JG/T 3013的规定。对金属螺旋管用量较少的一般工程,如有可靠依据时,可不作径向刚度、抗渗漏性能的进场复试。

(3) 预应力混凝土用金属螺旋管在使用前应进行外观质量检查。其内外表面应清洁,无锈蚀、无油污,不应有变形、孔洞和不规则的褶皱,咬口不应有开裂和脱扣。

(4) 孔道灌浆用水泥应采用普通硅酸盐水泥,水泥及水泥浆中掺入的外加剂应符合本书中对水泥及混凝土外加剂的相关要求。预应力混凝土结构中严禁使用含氯化物的外加剂。

孔道灌浆用水泥及外加剂进场,应具备产品合格证,使用前作进场复验，对孔道灌浆用水泥和外加剂用量较少的一般工程，如果由使用单位提供了近期采用的相同品牌和型号的水泥及外加剂的检验报告，可不作材料性能的进场复试。

6.15 金属螺旋管容易出现哪些质量缺陷？使用前应检查哪些项目？

（1）后张预应力工程中多采用金属螺旋管预留孔道。金属螺旋管运输、存放可能出现裂痕、变形、锈蚀、污染等质量缺陷。

（2）使用前应进行尺寸和外观质量检查。金属螺旋管的刚度和抗渗性能是很重要的质量指标，但试验较为复杂。当使用单位能提供近期采用的相同品牌和型号金属螺旋管的检验报告或有可靠工程经验时，也可不作这两项检验。

6.16 预应力原材料检验批质量验收有哪些规定？

（1）主控项目

1）预应力筋进场时，应按现行国家标准《预应力混凝土用钢绞线》GB/T 5224 等的规定抽取试件作力学性能检验，其质量必须符合有关标准的规定。

检查数量：按进场的批次和产品的抽样检验方案确定。

检验方法：检查产品合格证、出厂检验报告和进场复验报告。

2）无粘结预应力筋的涂包质量应符合无粘结预应力钢绞线标准的规定。

检查数量：每 60t 为一批，每批抽取一组试件。

检验方法：观察，检查产品合格证、出厂检验报告和进场复验报告。

注：当有工程经验，并经观察认为质量有保证时，可不作油脂用量和护套厚度的进场复验。

3）预应力筋用锚具、夹具和连接器应按设计要求采用，其性能应符合现行国家标准《预应力筋用锚具、夹具和连接器》GB/T

14370 等的规定。

检查数量:按进场批次和产品的抽样检验方案确定。

检验方法:检查产品合格证、出厂检验报告和进场复验报告。

注:对锚具用量较小的一般工程,如供货方提供有效的试验报告,可不作静载锚固性能试验。

4) 孔道灌浆用水泥应采用普通硅酸盐水泥,其质量应符合本书第 7.15 条 7.2.1 的规定。孔道灌浆用外加剂的质量应符合本书第 7.15 条 7.2.2 的规定。

检查数量:按进场批次和产品的抽样检验方案确定。

检验方法:检查产品合格证、出厂检验报告和进场复验报告。

注:对孔道灌浆用水泥和外加剂用量较小的一般工程,当有可靠依据时,可不作材料性能的进场复验。

(2) 一般项目

1) 预应力筋使用前应进行外观检查,其质量应符合下列要求:

① 有粘结预应力筋展开后应平顺,不得有弯折,表面不应有裂纹、小刺、机械损伤、氧化铁皮和油污等。

② 无粘结预应力筋护套应光滑、无裂缝,无明显褶皱。

检查数量:全数检查。

检验方法:观察。

注:无粘结预应力筋护套轻微破损者应外包防水塑料胶带修补,严重破损者不得使用。

2) 预应力筋用锚具、夹具和连接器使用前应进行外观检查,其表面应无污物、锈蚀、机械损伤和裂纹。

检查数量:全数检查。

检验方法:观察。

3) 预应力混凝土用金属螺旋管的尺寸和性能应符合国家现行标准《预应力混凝土用金属螺旋管》JG/T 3013 的规定。

检查数量:按进场批次和产品的抽样检验方案确定。

检验方法:检查产品合格证、出厂检验报告和进场复验报告。

注:对金属螺旋管用量较少的一般工程,当有可靠依据时,可不作径向刚度、抗渗漏性能的进场复验。

4）预应力混凝土用金属螺旋管在使用前应进行外观检查,其内外表面应清洁,无锈蚀,不应有油污、孔洞和不规则的褶皱,咬口不应有开裂或脱扣。

检查数量:全数检查。

检验方法:观察。

(3) 预应力原材料检验批验收记录

预应力原材料检验批质量验收记录见表 6-5。

预应力原材料检验批质量验收记录表 **表 6-5**

GB 50204—2002

(Ⅰ)

020104□□

<table>
<tr><td colspan="3">单位(子单位)工程名称</td><td colspan="3"></td></tr>
<tr><td colspan="3">分部(子分部)工程名称</td><td colspan="2"></td><td>验收部位 3层梁</td></tr>
<tr><td colspan="2">施工单位</td><td colspan="3"></td><td>项目经理</td></tr>
<tr><td colspan="3">施工执行标准名称及编号</td><td colspan="3">QJ 002—009—2003 预应力工艺标准</td></tr>
<tr><td colspan="4">施工质量验收规范的规定</td><td>施工单位检查评定记录</td><td>监理(建设)单位验收记录</td></tr>
<tr><td rowspan="4">主控项目</td><td>1</td><td>预应力筋力学性能检验</td><td>第 6.2.1 条</td><td>√</td><td rowspan="4">同意验收</td></tr>
<tr><td>2</td><td>无粘结预应力筋的涂包质量</td><td>第 6.2.2 条</td><td>√</td></tr>
<tr><td>3</td><td>锚具、夹具和连接器的性能</td><td>第 6.2.3 条</td><td>√</td></tr>
<tr><td>4</td><td>孔道灌浆用水泥和外加剂</td><td>第 6.2.4 条</td><td>√</td></tr>
<tr><td rowspan="4">一般项目</td><td>1</td><td>预应力筋外观质量</td><td>第 6.2.5 条</td><td>√</td><td rowspan="4">同意验收</td></tr>
<tr><td>2</td><td>锚具、夹具和连接器的外观质量</td><td>第 6.2.6 条</td><td>√</td></tr>
<tr><td>3</td><td>金属螺旋管的尺寸和性能</td><td>第 6.2.7 条</td><td>√</td></tr>
<tr><td>4</td><td>金属螺旋管的外观质量</td><td>第 6.2.8 条</td><td>√</td></tr>
</table>

续表

<table>
<tr><td rowspan="2">施工单位
检查评定结果</td><td>专业工长（施工员）</td><td></td><td>施工班组长</td><td></td></tr>
<tr><td colspan="4">主控项目、一般项目均合格，符合验收规范要求。

项目专业质量检查员：　　　　　　　　年　月　日</td></tr>
<tr><td>监理（建设）单位
验收结论</td><td colspan="4">同意验收。

专业监理工程师：
（建设单位项目专业技术负责人）：　　　　年　月　日</td></tr>
</table>

6.17 预应力筋下料长度应考虑哪几点影响因素？

计算预应力筋下料长度时，应考虑 10 点影响因素。

(1) 结构的孔道长度。

(2) 锚夹具厚度。

(3) 千斤顶长度。

(4) 焊接接头或镦头的预留量。

(5) 冷拉伸长值。

(6) 弹性回缩值。

(7) 张拉伸长值。

(8) 台座长度等。

(9) 构件长度、构件间隔距离。

(10) 张拉设备及施工方法等。

6.18 预应力筋下料有何要求？

(1) 钢筋束的钢筋直径一般为 12mm 左右，下料前应经开盘、冷拉、调直，镦粗（仅用镦粗锚具），下料时长度误差不超过 5mm。

(2) ϕ5mm 大盘径钢丝用调直机调直；小盘径钢丝应采用冷

拉设备，取下料应力为300N/mm²，一次完成开盘、调直和在同一应力状态下量出需要下料长度，然后放松切断。当用锥形锚具时，只需调直，下料应考虑温度变化的影响。

(3) 两端采用镦头锚具时，同一束中各根钢丝下料长度相对差值，应不大于钢丝束长度的1/5000，且不得大于5mm。当成组张拉长度不大于10m的钢丝时，同组钢丝长度的根差不得大于2mm。

(4) 对长度不大于6m的先张法预应力构件，当钢丝成组张拉时，同组钢丝下料长度的相对差值，不得大于2mm。

(5) 出厂前未经低温回火处理，钢绞线下料前应进行预拉，预拉应力值取钢绞线抗拉强度的80%～85%，保持5～10min再放松。下料时，在切口的两侧各50mm处用20号铁丝扎紧后切割，切口应立即焊牢。

6.19 预应力筋宜采用什么方法切断？不得采用什么方法？

预应力筋应采用砂轮锯或切断机切断。不得采用电弧切割。

6.20 预应力筋端头镦粗有哪两种工艺？

预应力筋(丝)采用镦头夹具时，端头应进行镦粗。镦粗分热镦和冷镦两种。

(1) 热镦时，端头150～200mm范围内应先经除锈、矫直、端面磨平等，再夹入模具，并留出一定镦头留量(1.5～2d)，操作时使钢筋头与紫铜棒相接触，在一定压力下进行多次脉冲式通电加热，待端头发红变软时，即转入交替加热加压，直至预留硬镦头留量完全压缩为止，镦头外径为1.5～1.8d。操作时需注意中心线对准，夹具要夹紧；加热应缓慢进行；通电时间要短，压力要小，防止成型不良或过热烧伤，同时避免骤冷。

(2) 冷镦时，机械式镦头要调整好镦头模具与夹具间的距离，使钢筋有一定的镦头留量，ϕ^s3、ϕ^s4、ϕ^s5钢丝的留量分别为8～

9mm、10～11mm、12～13mm。液压式镦头留量为1.5～2.0d，要求下料长度一致。

6.21 预应力筋如何进行编束？

(1) 穿束前应逐根理顺，捆扎成束，不得紊乱。成束预应力筋宜采用穿束网套穿束。

(2) 钢筋编束系按规定根数排列理顺，一端对齐，每隔1m左右用18～22号铁丝编织成片，然后同等间距放置一个与钢筋束内径相同的弹簧衬圈，将钢筋片围捆在衬圈上扎紧。对镦粗头钢筋，在编束时，先将镦粗头相互错开50～100mm，穿入孔道后用锤敲齐。

(3) 钢丝束编束应在平地上进行，逐根排列理顺，一端在挡板上对齐，离端头200mm和每隔1.5m间距安放梳子板，理顺钢丝，然后用20号铁丝在梳子板处按次序编织成片，再每隔1.5m放一个弹簧衬圈，将钢丝片合拢捆扎成束。

(4) 钢绞线编束方法同钢筋束，但须将钢绞线理直，并尽量使各根钢绞线松紧一致。

(5) 钢筋束、钢绞线束的制作。钢筋束所用的钢筋一般是成盘供应的，不需对焊接长，制作工序包括：冷拉、下料、编束等。

6.22 预应力筋储存、运输有何要求？

预应力筋在储存、运输和安装过程中，应采取防止锈蚀及损坏措施。

6.23 预应力筋安装应控制哪几点？

预应力筋安装重点应控制：预应力筋孔道成型、预留孔道、束形控制点、隔离剂涂刷及预应力筋铺设等。

(1) 预应力筋孔道种类及成型方法

1) 预应力的孔道有直线、曲线和折线3种。

2) 孔道直径。孔道直径、长度和形状应由设计确定，如设计无规定时，对粗钢筋，孔道直径应比预应力筋外径、钢筋对接头外径大 10～25mm；对于钢丝或钢绞线，孔道的直径应比预应力束外径或锚具外径大 5～10mm，且孔道面积应大于预应力筋截面积的 2 倍。

3）成型方法。预应力筋的孔道常采用钢管抽芯法、胶管抽芯法等方法成型。孔道的尺寸与位置应正确，孔道应平顺，端部预埋钢板应垂直孔道中心线。

(2) 预留孔道

1）后张法有粘结预应力筋预留孔道的规格、数量、位置和形状除应符合设计要求外，尚应符合下列规定：

① 预留孔道的定位应牢固，浇筑混凝土时不应出现移位和变形；

② 孔道应平顺、畅通，端部的预埋锚垫板应垂直于孔道中心线；

③ 成孔用管道应密封良好，接头应严密且不得漏浆；

④ 灌浆孔的间距：对预埋金属螺旋管不宜大于 30m；对抽芯成形孔道不宜大于 12m；

⑤ 在曲线孔道的曲线波峰部位应设置排气兼泌水管，必要时可在最低点设置排水孔；灌浆孔及泌水管的孔径应能保证浆液畅通；

⑥ 固定成孔管道的钢筋马凳间距：对钢管不宜大于 1.5m；对金属螺旋管及波纹管不宜大于 1.0m；对胶管不宜大于 0.5m；对曲线孔道宜适当加密。

2）钢管抽芯。钢管抽芯法适宜用于留设直线孔道，为了转管和抽管的需要，钢管两端应伸出构件约 500mm。钢管必须平直光滑、预埋前应除锈、刷油。钢管在构件中应用钢筋井字架固定，井字架间距不大于 1.0m。每根钢管长度不超过 15m，较长的构件可采用两根钢管组合，中间用铁皮套管连接。

(3) 束形控制点

预应力筋束形控制点的竖向位置偏差应符合表 6-6 的规定。

束形控制点的竖向位置允许偏差　　表 6-6

截面高(厚)度(mm)	$h \leqslant 300$	$300 < h \leqslant 1\,500$	$h > 1\,500$
允许偏差(mm)	±5	±10	±15

检查数量　同一检验批内，抽查各类型构件中预应力筋总数的 5%，且对各类型构件均不少于 5 束，每束不应少于 5 处。

注：束形控制点的竖向位置偏差合格点率应达到 90%及以上，且不得有超过表中允许偏差数值 1.5 倍的尺寸偏差。

(4) 涂刷隔离剂

为了便于脱模，在预应力筋铺设前，对台面及模板应先刷非油质类隔离剂，并应避免沾污预应力筋。为避免铺设预应力筋时因其自重下垂破坏隔离剂，沾污预应力筋，影响预应力筋与混凝土的粘结，应在预应力筋设计位置下面先放置好垫块或定位钢筋后铺设。如果预应力筋被污染应立即清洗干净。在生产过程中，应防止雨水等冲刷掉台面上的隔离剂。

(5) 预应力筋的铺设

1) 预应力钢丝宜用牵引车铺设，如遇钢丝需要接长，可使用图 6-1 所示的钢丝拼接器，用 20～22 号铁丝将钢丝连接段密排绑扎。对冷拔低碳钢丝绑扎长度不得小于 $40d$，对高强刻痕钢丝不得小于 $80d$(d 为钢筋直径)。

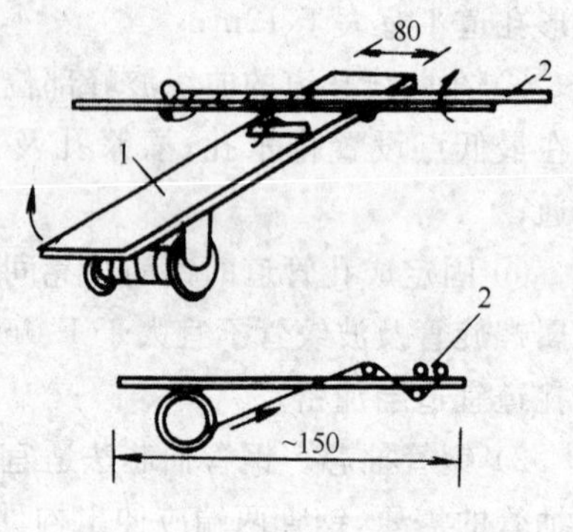

图 6-1　钢丝拼接器

1—拼接器；2—钢丝

预应力钢筋铺设时，钢筋接长或钢筋与螺杆的连接，可采用图 6-2所示对拼式套筒连接器。连接器必须符合夹具的锚固性能要求。

钢筋采用焊接时，应合理布置接头位置，尽可能避免将焊接接

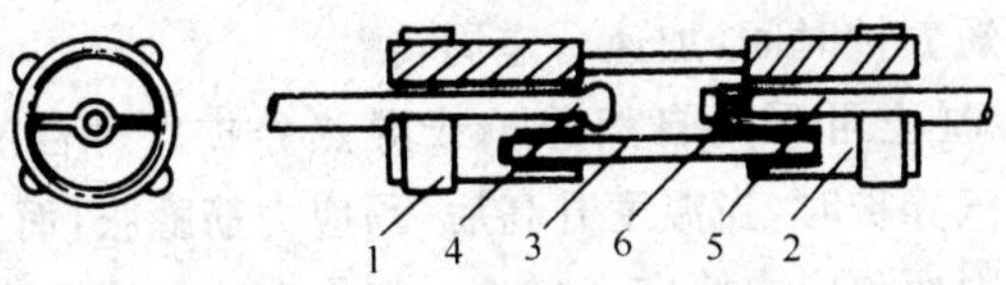

图 6-2　对拼式套筒连接器
1—钢圈；2—半圆形套筒；3—连接钢筋；
4—预应力筋；5—螺丝端杆；6—螺母

头拉入构件内。

2）无粘结预应力筋的铺设

① 无粘结预应力筋的定位应牢固，浇筑混凝土时不应出现移位和变形。

② 端部的预埋锚垫板应垂直于预应力筋。

③ 内埋式固定端垫板不应重叠，锚具与垫板应贴紧。

④ 无粘结预应力筋成束布置时应能保证混凝土密实并能裹住预应力筋。

⑤ 无粘结预应力筋的护套应完整，局部破损处应采用防水胶带缠绕紧密。

注：① 施工过程中应防止电火花损伤预应力筋，对有损伤的预应力筋应予以更换。

② 浇筑混凝土前穿入孔道的后张法有粘结预应力筋，宜采取防止锈蚀的措施。

6.24　混凝土浇筑与养护应注意哪几点？

(1) 预应力筋张拉完毕后，即应绑扎骨架、立模、浇筑混凝土。构件应避开台面的伸缩缝及裂缝，当不可能避开时，在伸缩缝及裂缝处可先铺薄钢板或填细砂等，然后浇筑混凝土，振捣时，应避免碰击预应力筋。混凝土必须振捣密实，混凝土未达到一定强度前，不允许碰撞或踩动钢筋。当叠层生产时，应待下层构件的混凝土强度达 8～10N/mm^2 后，方可浇筑上层构件的混凝土。一般当平均温度高于20℃时，每$2d$可叠浇一层；气温较低时，可采用早强措施，以缩短养护时间，加速台座周转。

（2）混凝土可采用自然养护或湿热养护。对台座法生产构件，如用蒸汽养护时，当温度升高后，预应力筋膨胀，而台座的长度并无变化，因而预应力筋应力减少。如果在这种情况下，混凝土逐渐凝结，则在混凝土硬化前预应力筋由于温度升高而引起的应力减小，将永远不能恢复（采用机组流水法用钢模生产，在蒸汽养护时，由于钢模与预应力筋同时胀缩，故无温差引起应力损失）。为减少温差所引起的预应力损失则应采取二次升温制。初次升温，应控制温差不超过20℃；当构件混凝土强度达到7.5～10N/mm^{2}时，再按一般规定养护。

6.25 预应力制作与安装检验批质量验收有哪些规定？

（1）主控项目

1）预应力筋安装时，其品种、级别、数量必须符合设计要求。

检查数量：全数检查。

检验方法：观察，钢尺检查。

2）先张法预应力施工时应选用非油质类模板隔离剂，并应避免沾污预应力筋。

检查数量：全数检查。

检验方法：观察。

3）施工过程中应避免电火花损伤预应力筋；受损伤的预应力筋应予以更换。

检查数量：全数检查。

检验方法：观察。

（2）一般项目

1）预应力筋下料应符合下列要求；

① 预应力筋应采用砂轮锯或切断机切断，不得采用电弧切割。

② 当钢丝束两端采用镦头锚具时，同一束中各根钢丝长度的极差不应大于钢丝长度的 1/5000，且不应大于 5mm。当成组张拉长度不大于 10m 的钢丝时，同组钢丝长度的极差不得大于 2mm。

检查数量：每工作班抽查预应力筋总数的 3%，且不少于 3 束。

检验方法：观察，钢尺检查。

2）预应力筋端部锚具的制作质量应符合下列要求：

① 挤压锚具制作时压力表油压应符合操作说明书的规定，挤压后预应力筋外端应露出挤压套筒 1～5mm。

② 钢绞线压花锚成形时，表面应清洁、无油污，梨形头尺寸和直线段长度应符合设计要求。

③ 钢丝镦头的强度不得低于钢丝强度标准值的 98%。

检查数量：对挤压锚，每工作班抽查 5%，且不应少于 5 件；对压花锚，每工作班抽查 3 件；对钢丝镦头强度，每批钢丝检查 6 个镦头试件。

检验方法：观察，钢尺检查，检查镦头强度试验报告。

3）后张法有粘结预应力筋预留孔道的规格、数量、位置和形状除应符合设计要求外，尚应符合下列规定：

① 预留孔道的定位应牢固，浇筑混凝土时不应出现移位和变形。

② 孔道应平顺，端部的预埋锚垫板应垂直于孔道中心线。

③ 成孔用管道应密封良好，接头应严密且不得漏浆。

④ 灌浆孔的间距：对预埋金属螺旋管不宜大于 30m；对抽芯成形孔道不宜大于 12m。

⑤ 在曲线孔道的曲线波峰部位应设置排气兼泌水管，必要时可在最低点设置排水孔。

⑥ 灌浆孔及泌水管的孔径应能保证浆液畅通。

检查数量：全数检查。

检验方法：观察，钢尺检查。

4）预应力筋束形控制点的竖向位置偏差应符合表 6-7 规定。

束形控制点的竖向位置允许偏差　　表 6-7

截面高(厚)度（mm）	$h \leqslant 300$	$300 < h \leqslant 1500$	$h > 1500$
允许偏差（mm）	±5	±10	±15

检查数量：在同一检验批内，抽查各类型构件中预应力筋总数的 5%，且对各类型构件均不少于 5 束，每束不应少于 5 处。

检验方法：钢尺检查。

注：束形控制点的竖向位置偏差合格点率应达到 90%及以上，且不得有超过表中数值 1.5 倍的尺寸偏差。

5）无粘结预应力筋的铺设除应符合上述第 6.3.7 的规定外，尚应符合下列要求：

① 无粘结预应力筋的定位应牢固，浇筑混凝土时不应出现移位和变形。

② 端部的预埋锚垫板应垂直于预应力筋。

③ 内埋式固定端垫板不应重叠，锚具与垫板应贴紧。

④ 无粘结预应力筋成束布置时应能保证混凝土密实并能裹住预应力筋。

⑤ 无粘结预应力筋的护套应完善，局部破损处应采用防水胶带缠绕紧密。

检查数量：全数检查。

检验方法：观察。

6）浇筑混凝土前穿入孔道的后张法有粘结预应力筋，宜采取防止锈蚀的措施。

检查数量：全数检查。

检验方法：观察。

（3）预应力制作与安装检验批质量验收记录

预应力制作与安装检验批质量验收记录见表 6-8。

预应力制作与安装检验批质量验收记录表 表 6-8

GB 50204—2002

(Ⅱ)

020104[0][2]

<table>
<tr><td colspan="3">单位(子单位)工程名称</td><td colspan="4">××住宅楼</td></tr>
<tr><td colspan="3">分部(子分部)工程名称</td><td colspan="2">主体结构</td><td>验收部位</td><td>3层梁</td></tr>
<tr><td colspan="2">施工单位</td><td colspan="3">××建筑工程公司</td><td>项目经理</td><td></td></tr>
<tr><td colspan="3">施工执行标准名称及编号</td><td colspan="4">QJ 002—009—2002 预应力工艺标准</td></tr>
<tr><td colspan="5">施工质量验收规范的规定</td><td>施工单位检查评定记录</td><td>监理(建设)单位验收记录</td></tr>
<tr><td rowspan="3">主控项目</td><td>1</td><td colspan="2">预应力筋品种、级别、规格和数量</td><td>第 6.3.1 条</td><td>√</td><td rowspan="3">同意验收</td></tr>
<tr><td>2</td><td colspan="2">避免隔离剂沾污</td><td>第 6.3.2 条</td><td>√</td></tr>
<tr><td>3</td><td colspan="2">避免电火花损伤</td><td>第 6.3.3 条</td><td>√</td></tr>
<tr><td rowspan="6">一般项目</td><td>1</td><td colspan="2">预应力筋切断方法和钢丝下料长度</td><td>第 6.3.4 条</td><td>√</td><td rowspan="6">同意验收</td></tr>
<tr><td>2</td><td colspan="2">锚具制作质量</td><td>第 6.3.5 条</td><td>√</td></tr>
<tr><td>3</td><td colspan="2">预留孔道质量</td><td>第 6.3.6 条</td><td>√</td></tr>
<tr><td>4</td><td colspan="2">预应力筋束形控制</td><td>第 6.3.7 条</td><td>√</td></tr>
<tr><td>5</td><td colspan="2">无粘结预应力筋铺设</td><td>第 6.3.8 条</td><td>√</td></tr>
<tr><td>6</td><td colspan="2">预应力筋防锈措施</td><td>第 6.3.9 条</td><td>√</td></tr>
<tr><td colspan="3" rowspan="2">施工单位
检查评定结果</td><td>专业工长(施工员)</td><td></td><td>施工班组长</td><td></td></tr>
<tr><td colspan="4">主控项目、一般项目均合格,符合验收规范要求。

项目专业质量检查员: 年 月 日</td></tr>
<tr><td colspan="3">监理(建设)
单位验收结论</td><td colspan="4">同意验收。

专业监理工程师:
(建设单位项目专业技术负责人): 年 月 日</td></tr>
</table>

6.26 预应力筋张拉和放张时，对混凝土强度有何要求？

预应力筋张拉或放张时，混凝土强度应符合设计要求；当设计无具体要求时，不应低于设计的混凝土立方体抗压强度标准值的75%。

6.27 预应力筋张拉控制应力值是多少？

预应力钢筋的张拉控制应力值σ_{con}不宜超过表6-9规定的张拉控制应力限值，且不应小于$0.4f_{ptk}$。

当符合下列情况之一时，表6-9中的张拉控制应力限值可提高$0.05f_{ptk}$。

张拉控制应力限值　　表6-9

钢筋种类	张拉方法	
	先张法	后张法
消除应力钢丝、钢绞线	$0.75f_{ptk}$	$0.75f_{ptk}$
热处理钢筋	$0.70f_{ptk}$	$0.65f_{ptk}$

1）要求提高构件在施工阶段的抗裂性能而在使用阶段受压区内设置的预应力钢筋。

2）要求部分抵消由于应力松弛、摩擦、钢筋分批张拉以及预应力钢筋与张拉台座之间的温差等因素产生的预应力损失。

6.28 预应力筋张拉和放张时应注意哪几点？

（1）当施工需要超张拉时，最大张拉应力不应大于表6-9的规定。

（2）张拉工艺应能保证同一束中各根预应力筋的应力均匀一致。

（3）后张法施工中，当预应力筋是逐根或逐束张拉时，应保证各阶段不出现对结构不利的应力状态；同时宜考虑后批张拉预应力筋所产生的结构构件的弹性压缩对先批张拉预应力筋的影响，确定张拉力。

（4）先张法预应力筋放张时，宜缓慢放松锚固装置，使各根预应力筋同时缓慢放松。

（5）当采用应力控制方法张拉时，应校核预应力筋的伸长值。实际伸长值与设计计算理论伸长值的相对允许偏差为±6%。

6.29 预应力筋张拉和放张时对机具和仪表有何要求？

（1）机具设备及仪表校验与安装。张拉设备应配套校验，以确定张拉力与仪表读数的关系曲线。压力表的精度不宜低于1.5级，校验张拉设备用的试验机或测力计精度不得低于±2%。校验时千斤顶活塞的运行方向，应与实际张拉工作状态一致。

张拉设备的校验期限，不宜超过半年。如在使用过程中，张拉设备出现反常现象或在千斤顶检修以后，应重新校验。

（2）安装张拉设备时，直线预应力筋，应使张拉力的作用线与孔道中心线重合；曲线预应力筋，应使张拉力的作用线与孔道中心线末端的切线重合。

6.30 预应力筋先张法控制要点是什么？

（1）施工工艺控制程序见图6-3。

（2）先张法施工工艺是在浇筑混凝土前在台座上或在钢模上张拉预应力筋，并用夹具将张拉的预应力筋临时固定在台座的横梁上或钢模上，然后进行非预应力钢筋的绑扎，支设模板、浇筑混凝土、养护混凝土至设计强度等级的70%以上，放松预应力筋，使混凝土在预应力筋的反弹力作用下，通过混凝土与钢筋之间的粘结力传递预应力，从而使混凝土构件受拉区的混凝土承受预压应力。先张法施工工艺见图6-4所示。

（3）先张法墩式台座承力台墩的承载能力和刚度必须满足设计要求。要确保台座的稳定性。不得倾覆和滑动。台座的构造，应适应构件生产工艺的要求，必须能承受预应力筋的全部张拉力。所以，台座应具有足够的强度、刚度和稳定性。台座按构造形式分为墩式台座和槽式台座。

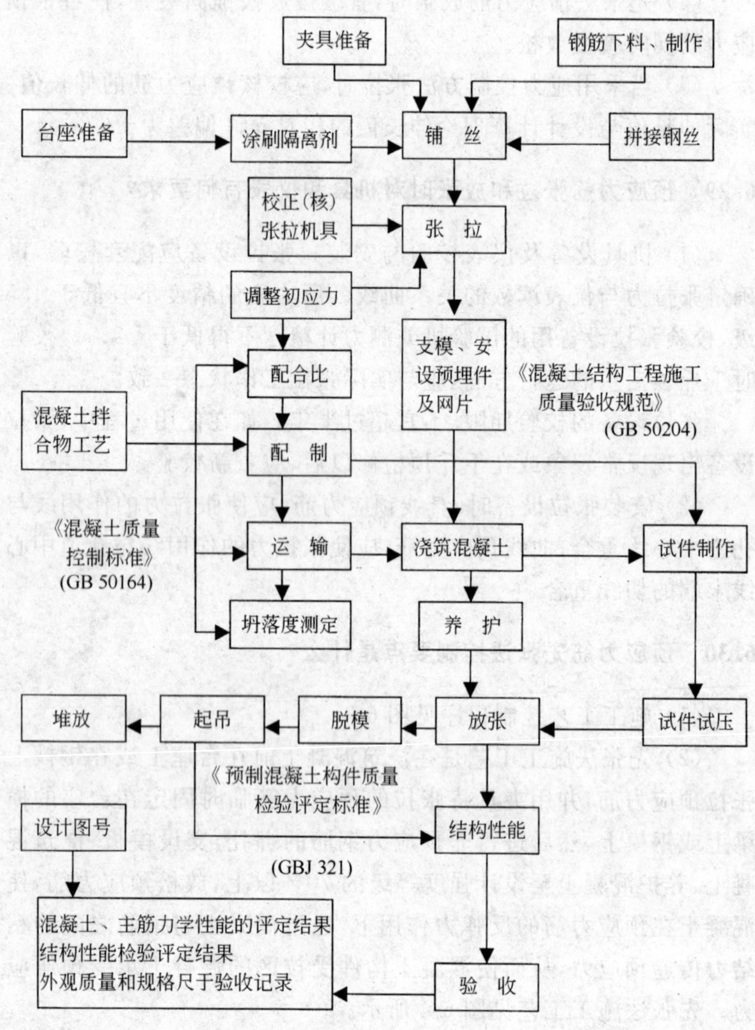

图 6-3　先张法施工工艺控制程序

1）墩式台座由传力墩、台面和横梁组成。

2）槽式台座由端柱、传力柱，上、下横梁及砖墙组成。

(4) 夹具是对预应力筋进行张拉和临时固定的工具。夹具的

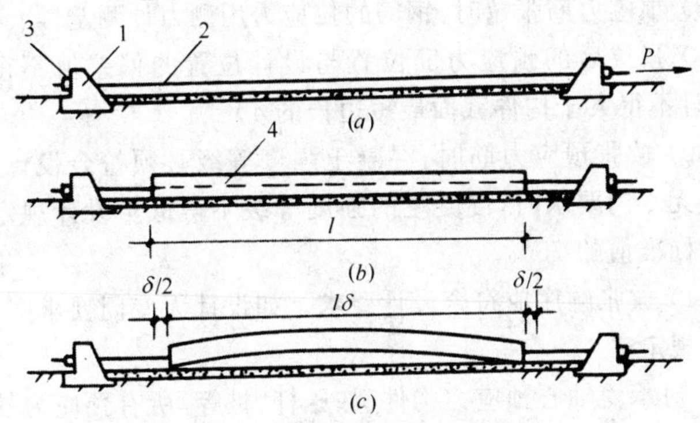

图 6-4 先张法施工示意图

(a) 张拉预应力筋；(b) 锚固预应力筋；支模浇筑混凝土；(c) 放松预应力筋
1—台座；2—预应力筋；3—夹具；4—混凝土构件

强度和刚度必须符合设计要求，工作可靠，构造简单，施工方便。夹具分为张拉夹具和锚固夹具。

夹具必须具备自锁和自锚能力。自锁即锥锁或齿板打入后预应力筋即不致弹回脱出。自锚即能可靠地锚固预应力筋。

(5) 张拉预应力筋的机械，工作性能应可靠，操作方便简单，并能以稳定的速率加荷。在先张法施工中，预应力筋可单根或多根组进行张拉。常用的张拉机械，见表 6-10。也可以用卷扬机或倒链来张拉钢筋。

常用的张拉设备 **表 6-10**

动力分类	机 械 张 拉		液压千斤顶拉伸机			
类 别	手动式	电动式	拉杆式	穿心式	锥锚式	台座式
常用型号	SL-1	DL-1	YL-60	YC-18 YC-60	YZ-60 TD-60	YQ-50 YQ-100

(6) 铺放预应力筋时，应采取行之有效的技术措施，防止隔离剂沾污预应力筋。

(7) 同时张拉多根预应力筋时，应预先调整它们的初应力，以使其相互之间的应力一致。

(8) 预应力筋张拉时,钢筋的拉应力用测力计测定。

(9) 张拉后的预应力筋位置与设计位置的偏差值不得大于5mm,且不得大于构件截面最短边长的4%。

(10) 放张预应力筋时,混凝土强度等级必须符合设计要求。如设计无专门要求时,混凝土的强度等级不得低于设计规定混凝土强度标准值的75%。

(11) 放张顺序应符合设计要求。如设计无专门要求时,应符合以下规定:

1) 对承受轴心预应力构件(如压杆、桩等)所有预应力筋应同时放张。

2) 对承受偏心预压力的构件,应先同时放张预压力较小区域的预应力筋,再同时放张预压力较大区域的预应力筋。

3) 当不能按上述规定放张时,应分阶段、对称、相互交错地放张。

(12) 放张后预应力筋的切断顺序,宜由放张端开始,逐次地向另一端。

对于配筋较多的构件可利用楔块或砂箱装置,进行缓慢的放张,以避免预应力筋一次放张时,对构件产生过大的冲击力。

6.31 预应力筋后张法控制要点是什么?

(1) 施工工艺控制程序见图6-5。

后张法施工是在钢筋混凝土构件或块体成型时,在设计规定的位置上预留孔道,待混凝土达到设计规定的强度等级后,再将预应力筋穿入孔道中,然后对预应力筋施加预应力进行张拉,并用锚具将预应力筋锚固在构件上,最后进行孔道灌浆。预应力筋承受的张拉应力通过锚具传递给预应力混凝土构件,使混凝土获得预应力。

(2) 孔道设置

孔道的设置是后张法预应力混凝土构件制作的关键工序。孔道留设的方法有钢管抽芯法和胶管抽芯法。预留孔道的尺寸与位

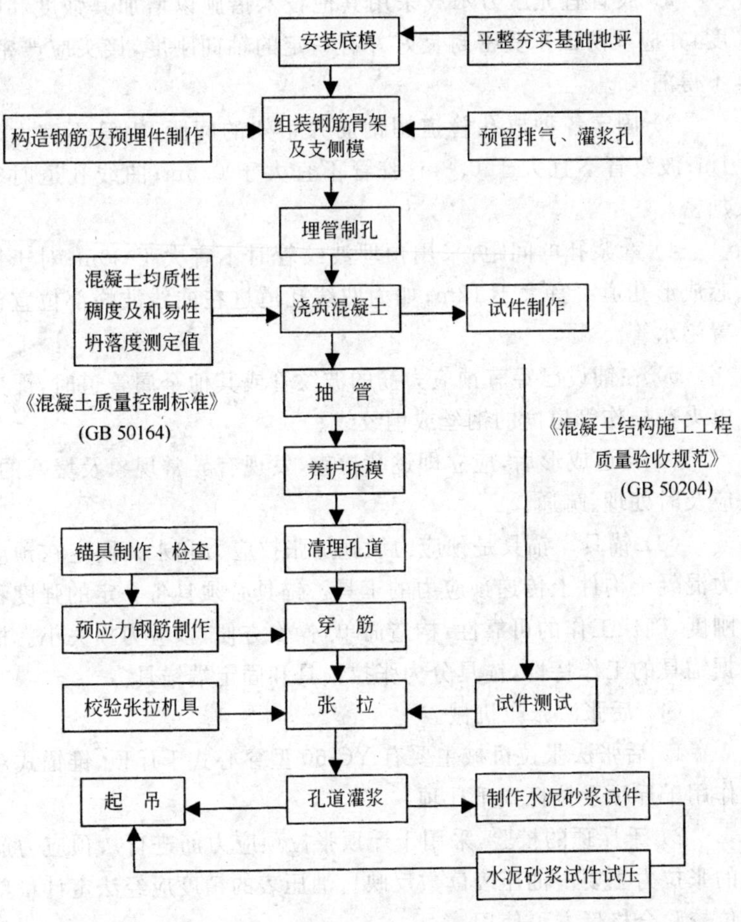

图 6-5　后张法施工程序

置应正确，孔道应平顺。孔道的直径应比预应力筋的外径、钢筋对焊接头的外径、穿过孔道的锚具外径各大 10～25mm。其端部的预埋钢板应垂直于孔道中心线。

1）采用预埋波纹管和钢管抽芯方法的成形的工艺，钢筋应平直光滑，波纹管应密封良好并有一定的轴向刚度，接头应严密，不得漏浆。

2）胶管宜充压力水或采用其他技术措施以增加其强度和刚度，并应严防因承受密封良好并有一定的轴向刚度，接头应严密，不得漏浆。

3）固定各种成孔管道用钢筋井字架的间距：钢管不宜大于1m；波纹管不宜大于0.8m；胶管不宜大于0.5m；曲线孔道时宜加密。

4）灌浆孔的间距：采用预埋波纹管时不宜大于30m；对于抽芯成形孔道不宜大于12m；如为曲线孔道进在曲线波峰部位宜设置泌水管。

5）在铺设已穿有预应力筋的波纹管或其他金属管道时，严禁电火花损伤管道内的钢丝或钢绞线。

6）孔道成形后，应立即逐孔检查，发现有异常现象及堵塞的，应及时处理、疏通。

（3）锚具。锚具是预应力筋施加张拉应力和永久固定在预应力混凝土构件上传递预应力的工具。锚具必须具备一定的强度和刚度，确保工作的可靠性，构造简单，操作方便，预应力损失小。根据锚具的工作特性，锚具分为张拉锚具和固定端锚具。

（4）后张法张拉机械。

1）后张法张拉机械主要有YC-60型穿心式千斤顶、锥锚式双作用千斤顶及拉杆式千斤顶。

2）千斤顶的校验，采用千斤顶张拉预应力筋进行。预应力筋的张拉力主要由油压表读数反映。油压表的精度应经法定计量单位校验合格后方可使用。

（5）预应力筋的张拉。

1）预应力筋张拉时，混凝土构件的强度等级应符合设计要求，不应低于设计强度标准值的75％。

2）预应力筋的张拉顺序应符合设计要求，也可采用分批、分阶段对称张拉。采用分批张拉时，应计算分批张拉的预应力损失值，并分别加到各分批张拉预应力筋的张拉控制应力值内，或采用同一张拉值逐根复拉补足。

3）采用张拉方法减少预应力筋的松弛损失，预应力筋的两种张拉程序为：

$0 \rightarrow 1.05$ 控制应力 $\xrightarrow{\text{持荷 2min}}$ 控制应力；

$0 \rightarrow 1.03$ 控制应力。

（6）孔道灌浆和封锚。

1）后张法有粘结预应力筋张拉后应尽早进行孔道灌浆，孔道内水泥浆应饱满、密实。

2）锚具的封闭保护应符合设计要求，当设计无具体要求时，应符合下列规定：

① 应采取防止锚具腐蚀和遭受机械损伤的有效措施。

② 凸出式锚固端锚具的保护层厚度不应小于 50mm。

③ 外露预应力筋的保护层厚度：处于正常环境时，不应小于 20mm；处于易受腐蚀的环境时，不应小于 50mm。

3）水泥浆应采用 32.5 级普通硅酸盐水泥配制的水泥浆。对空隙大的孔道，也可采用砂浆灌浆。

4）灌浆用水泥浆的水灰比宜为 0.45 左右，拌制后 3h 内的泌水率宜控制在 2％以内，最大不得超过 3％，泌水应能在 24h 内全部重新被水泥浆吸收。当需要增加孔道灌浆的密实性时，水泥浆中可掺入对预应力筋无腐蚀作用的外加剂。

5）预应力筋张拉完毕，孔道应尽快灌浆，以增加结构的整体性和耐久性，防止钢筋锈蚀。

6）灌浆利用电动灰浆泵进行，灌浆前首先要清洗、湿润孔道，按先下后上的顺序灌浆，避免上层孔道漏浆阻塞下层孔道。灌浆要求缓慢、均匀地进行，一次完成，不得中断。灌浆孔道应排气通顺，在灌满后即封闭排气孔，再继续加压至 0.5～0.6MPa，稍后再封闭灌浆孔。

（7）后张法预应力筋锚固后外露部分处理

后张法预应力筋锚固后外露部分宜采用机械方法（无齿锯）切割，其外露长度不宜小于预应力筋直径的 1.5 倍，且不宜小于 30mm。

（8）预应力芯棒

预应力芯棒通常采用的混凝土强度等级为 C40、C50。混凝土芯棒配筋不少于 2 根预应力筋，采用直径为 $\phi4\sim\phi5$ 的碳素钢丝，刻痕钢丝和冷拔低碳钢丝。

芯棒中的预应力钢筋的重心应与混凝土截面重心相重合，防止芯棒弯曲。钢筋净距宜≥15mm，保护层厚度宜≥20mm，成组钢丝间距宜≥20mm。钢丝的布置，见图 6-6 所示。

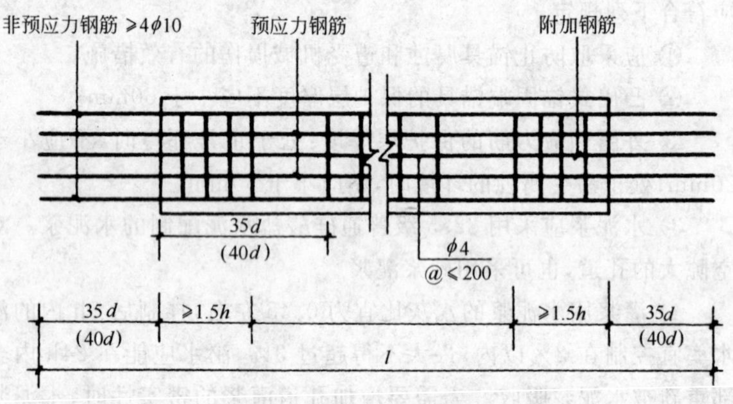

图 6-6　预应力芯棒配筋

芯棒与构件后浇混凝土接触的部分应划毛，必要时其接触面可做成凸凹形。芯棒之间的净距不宜小于 50mm，采用预应力混凝土芯棒配筋的构件应配置箍筋，在构件的端部尚需适当加密。

6.32　预应力筋电热法施工控制要点是什么？

（1）施工工艺控制程序，见图 6-7。

电热法为后张法采用电热法张拉预应力筋的一种施工工艺。电热法是利用钢筋热胀冷缩原理，以强大的低电压高电流使其预

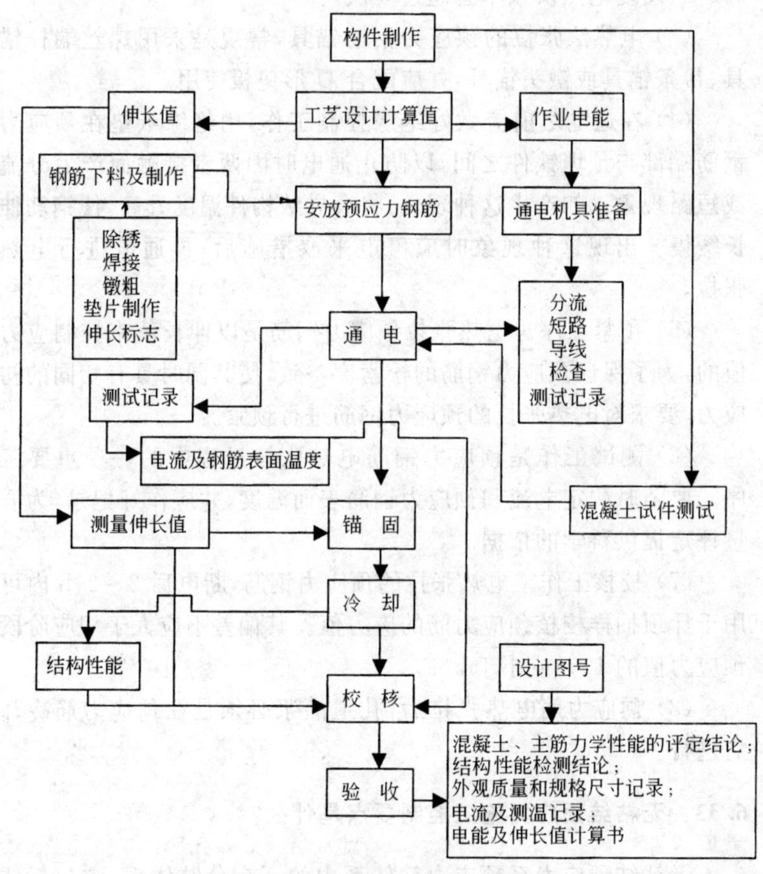

图 6-7　电热法施工工艺控制程序

应力筋在短时间内发热伸长至设计伸长值时锚固,然后停电,使钢筋冷缩,使混凝土构件获得预压应力。

电热法施工工艺,张拉设备简单、工序少、操作方便。此方法可同时张拉多根钢筋,施加应力效率高。采用电热法张拉钢筋伸长值控制应力是不准确的,所以,必须进行校核张拉力,确保预应力混凝土构件的性能。

(2) 采用电热法张拉时,预应力筋的电势温度不应超过

350℃，反复电热次数不宜超过 3 次。

（3）电热法张拉的预应力钢筋锚具，常规是采用螺丝端杆锚具、帮条锚具或镦头锚具，并应配合 U 形垫板使用。

（4）在通电之前应做好绝缘控制工作，用绝缘纸垫在预应力钢筋端部与预埋铁件之间，以防止通电时因两者接触而产生分流或短路现象。如产生这种现象，将会导致构件温度升高，使钢筋伸长缓慢。出现这种现象时应停电采取措施后，再通电进行电热张拉。

（5）预紧工序。电热张拉预应力钢筋是以伸长值来控制应力值的，为了保证预应力钢筋的松紧度一致，使其同时具有相同的初应力，要求对电热张拉的预应力钢筋进行预紧。

（6）测试工作是预应力钢筋电热张拉过程中的一项重要工序。要随时测定电流和预应力钢筋表面温度，并应作好记录，为质量评定提供科学的依据。

（7）校核工作。电热张拉的预应力钢筋，断电后 2～24h 内可用千斤顶抽样校核预应力筋的应力值。其偏差不应大于相应阶段预应力值的 10％或小于 5％。

（8）预应力筋电热张拉后，孔道灌浆必须是在预应力筋冷却后进行。

6.33 无粘结预应力施工控制要点是什么?

无粘结预应力系预应力筋体系中的一个分肢体系，它包括体内无粘结筋和体外无粘结筋（束、索）两种。体内预应力筋是指同普通钢筋一样浇筑于结构混凝土体内的。体外预应力筋是指放置在结构混凝土体外的，例如体外无粘结预应力束加固梁体及斜拉桥的预应力斜拉索等。

（1）在房屋建筑中通常采用的是由单根 ϕ15 或 ϕ12 钢绞线以及由 7ϕ5 钢丝束组成的无粘结束。无粘结束是工厂定型制品，它先对钢绞线或钢丝束涂敷润滑防锈油脂，然后用挤塑机挤出高密聚乙烯护套作为外包层。外包层应符合以下要求：

1）在－20～＋70℃温度范围内，低温不脆化，高温化学稳定性好。

2）应具有足够的韧性，抗破损性强。

3）对周围材料无侵蚀作用。

4）防水性好。

5）外包层应松紧适度。

（2）无粘结筋的锚具性能，必须符合设计要求，以及I类锚具的规定。

（3）无粘结筋使用前，应逐根进行全面检查，外包层必须完好无破损。对有破损者应及时补包塑料带封好后待用。

（4）无粘结筋应按设计规定的曲率铺设。无粘结筋的曲率，可垫铁马凳控制。铁马凳高度应根据设计要求的无粘结筋曲率确定。铁马凳间隔不宜大于2m，并应用铁丝与无粘结筋扎紧。

（5）双向配筋的无粘结筋铺设，应先铺设标高低的无粘结筋，再铺设标高较高的无粘结筋，以避免两个方向的无粘结筋相互穿插编结。

（6）无粘结筋张拉过程中，当有个别钢丝发生滑脱或断裂时，可相应降低张拉力，但滑脱或断裂的数量，不应超过结构同一截面无粘结预应力筋总量的2％。

（7）锚固区，必须有严格的密封防护措施，严防水气进入，锈蚀预应力筋。外露的预应力筋应分散弯折后，再浇筑在封头混凝土内，并做好无粘结筋及端头锚固区的防护措施。

（8）无粘结束配套的锚具有夹片式的QM型、XM型、BGS型和镦头锚等。其中XM型主要用于7ϕ5无粘结束。

6.34 预应力混凝土强度等级有何规定？

为了能建立较高的预应力值，混凝土的强度等级一般不低于C30，特殊构件的混凝土强度等级，可控制在C50～C60，这是为了满足预应力混凝土耐久性的要求。预应力混凝土构件的混凝土强度等级的最小值，见表6-11。

预应力混凝土构件混凝土强度等级　　表 6-11

序　号	预应力筋种类	混凝土强度等级最小值
1	碳素钢丝 刻痕钢丝 钢绞线 热处理钢筋	C40
2	冷拉Ⅰ、Ⅱ、Ⅳ级钢筋 甲级冷拔低碳钢丝	C30

6.35 预应力结构高强混凝土操作要点是什么?

(1) 预应力结构的高强混凝土除要求高强、快硬、早强之外,在配合比设计时还应充分考虑和时间有关的混凝土性能,如收缩与徐变等,以防止因为混凝土的收缩与徐变而影响预应力筋应力的长期损失以及结构的长期反拱和挠度。

(2) 高强混凝土的配制材料,应采用高等级水泥,高质量的骨料。选用的外加剂品种应符合配合比规定的技术标准值。质量坚实、吸水率低。弹性模量高的集料将有利于减少混凝土的徐变。

(3) 高强混凝土配合比应严格控制它的水灰比,一般应采用低水灰比。在混凝土拌合物掺入减水剂和高效塑化剂可以显著降低水灰比、增大混凝土的坍落度和提高混凝土强度。在配合比设计中对掺加有外加剂的拌合物,应严格控制水泥用量和拌合水用量。这是一项提高混凝土性能的重要技术措施。

(4) 高强混凝土拌合物,应严格按试验配合比中的各项技术指标进行计量(重量)投料、充分拌合均匀,以制得匀质性好的混凝土拌合物,且其坍落度测定值必须符合设计要求。

拌制混凝土拌合物时,应严格控制用水量,如用水量超过水泥水化的需要,其多余水分的蒸发将导致混凝土体积产生收缩。如混凝土的变形受到约束,收缩应变则往往酿成混凝土开裂。

6.36 预应力钢筋混凝土施工操作安全有何规定?

预应力钢筋混凝土构件采用高强钢绞线与钢丝进行张拉时,无论是先张还是后张,在施工全过程中应特别注意施工的操作安全,并特别注意对放张及锚固区的保护等问题。

(1) 预应力筋是在高应力状态下进行张拉的,所以,施加预应力时带有危险性,因为在施加应力进行张拉过程中拉断钢筋,或者锚具松脱失效,致使其预应力筋或锚具向后飞出的可能性是存在的。

(2) 预应力筋张拉锚固后,在灌浆硬化之前,仍存在有延滞断裂和锚具滑脱的可能性。

(3) 钢丝束镦头脱落飞出的可能性也是存在的,整束钢丝和锚具飞出的破坏力很大,可导致产生操作者的伤亡事故。

预应力结构构件生产前,必须制定操作规程和安全技术措施及安全制度。充分向操作者进行技术安全交底。在高应力状态下的预应力筋的施加应力时,操作人员必须严格执行操作规程和遵守安全制度。作业时必须设置安全防护保障设施,于结构构件两端设置砂袋或木制挡板等防护措施,确保操作人员及现场的安全。

6.37 先张法放张应符合什么要求?

先张法预应力筋的放张应防止因放张产生冲击力而加长应力传递长度,降低结构质量,甚至影响强度。所以,预应力筋的放张应采用整体放张,以确保构件受力的均匀性。常规是用千斤顶松开张拉架或用砂箱放张。

6.38 锚固区的保护措施有何规定?

锚固区的封闭保护,是对防止无粘结筋和锚具遭受腐蚀的重要技术措施。为避免腐蚀,必须严格防止水、潮气和可能引起腐蚀的化学物质接触锚具与预应力钢筋。

（1）在浇筑振捣混凝土时，操作者必须精心作业，以防止振动棒碰撞塑料护套管，严防破坏无粘结筋的套管，而导致形成水、气体进入管内的通道，引入腐蚀预应力筋的根源。

（2）对锚环、夹片和外露预应力筋的保护，应采用注油脂的塑料帽外罩，然后再浇筑锚穴封闭混凝土，这样既保证质量，又增加了一道抗腐蚀防线。

（3）对锚固区的保护施工必须制订严格的操作规程及管理制度，并应认真组织操作人员学习施工图纸及施工工艺，了解每一工序的作用、重要性和操作方法，精心操作，以高标准，树立优质工作作风。

6.39 预应力值的损失原因是什么？如何预防？

（1）预应力值损失原因

1）先张法在张拉预应力筋过程中有预应力筋与模板的摩擦，特别是在弯折折点处摩擦的预应力损失。

2）锚固与放张损失。因锚具变形、应力筋回缩的锚具损失和放张时混凝土受压缩而引起的弹性压缩损失。

3）蒸汽养护由温差引起的损失。

4）后张法因预应力筋与孔道壁的摩擦损失、锚固损失、后张拉束对先张拉束由于混凝土压缩变形而引起的损失。

5）因混凝土收缩、混凝土的徐变变形以及由于钢筋松弛引起的损失。

（2）减少预应力损失值的技术措施

1）为减少因收缩与徐变引起的预应力损失，必须尽量降低配制混凝土拌合物中的水泥用量和减小水灰比，选用弹性模量高、质地坚硬密实和吸水率低的粗骨料、石灰岩、花岗石等石材料。

2）加强早期养护、是防止混凝土收缩行之有效的措施。

3）采用高强混凝土和推迟对混凝土施加预应力的时间，对减少徐变也是有效的。

4）采用低松弛钢材，可有效地减少钢材松弛损失。

5）防止锚具变形及内缩值、曲线与直线的摩擦等损失，应确保预应力束的铺设质量，安装位置的正确性，锚具安装定位准确牢固，千斤顶的正确对中垂直等。在施工过程中必须严格检查，对施工损失值应及时测定和校正，来提高操作水平和降低损失值。

6.40 先张法预应力混凝土构件端部构造有何规定？

（1）单根预应力筋（如板肋的配筋），其端部应套设长度不小于 150mm 的螺旋式钢筋环。当钢筋直径 $d \leqslant 16$mm 时，亦可和用支座垫板上的插筋代替螺旋筋，但是插筋数量不应少于 4 根，其长度不宜小于 120mm，见图 6-8 所示。

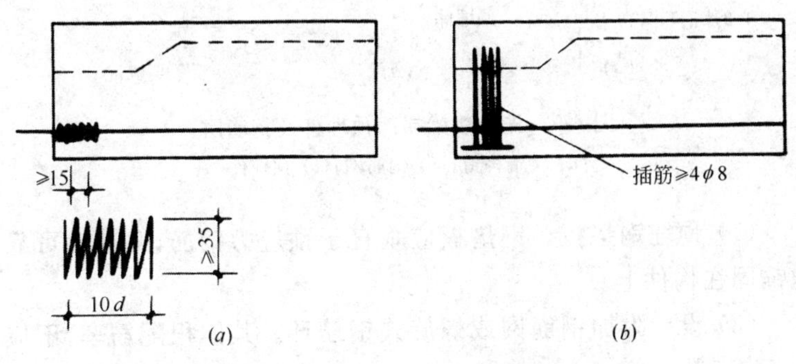

图 6-8 纵肋端头的螺旋筋和插筋

（a）螺旋筋环；（b）支座垫板插筋

（2）对多根预应力筋在构件端部 10d（d 为预应力钢筋直径）范围内设置 4～8 片钢筋网，见图 6-9。

（3）对用钢筋配筋的薄板，在板端 100mm 范围内应适当加密横向钢筋，见图 6-10。

6.41 后张法预应力混凝土构件端部构造有何规定？

在预应力混凝土梁的构件中（屋面梁、吊车梁），为了防止由于施加预应力而产生预拉区的裂缝和减少支座附近区域内的主拉应力，在近支座部分，宜将一部分预应力钢筋弯起，并在预应力钢筋锚固处进行局部加强，见图 6-11。局部加强措施如下：

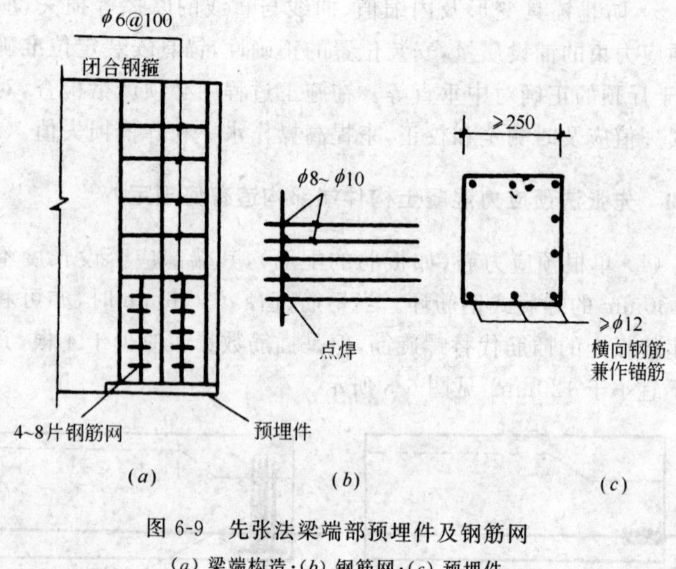

图 6-9　先张法梁端部预埋件及钢筋网

(*a*) 梁端构造；(*b*) 钢筋网；(*c*) 预埋件

(1) 预埋钢垫板。钢垫板应垂直于预应力钢筋，并准确可靠地锚固在构件上。

(2) 设置附加钢筋网或螺旋式钢筋环。其体积配筋率，不应小于 0.5%。

(3) 适当加大构件端部截面尺寸。为考虑锚具的布置，张拉设备尺寸和局部受压力的大小，在必要时可适当加大构件端部截面尺寸。

(4) 后张自锚预应力混凝土构件，在构件端部应预留自锚头孔，自锚孔的形状以矩形和圆形为主。图 6-12(*a*)为多孔自锚头、(*b*)为单体自锚头。自锚头外应设置螺旋方箍，见图 6-12(*c*)所示。方箍直径≥60mm，螺距≥20mm。

注：① 多个自锚头长度不宜小于 400mm，矩形自锚孔外口尺寸(高×宽)为 110mm×80mm，内孔口尺寸为 70mm×70mm。

② 圆形自锚孔的外孔口直径为 120mm，外孔口间的水平净距≥40mm、垂直净距≥80mm，孔外口的水平边距≥60mm，垂直边距≥110mm。

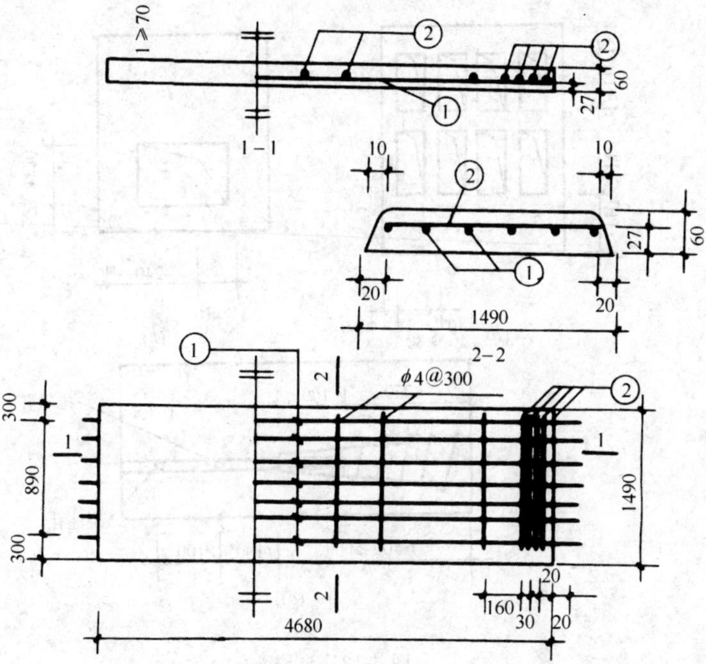

图 6-10　薄板配筋

① 受力钢筋；② 分布筋

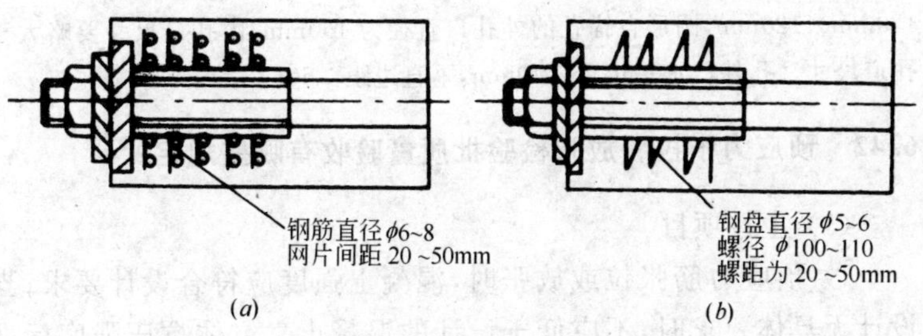

图 6-11　钢筋锚固端部加固方法

(*a*) 钢筋网片；(*b*) 螺旋式钢筋

③ 自锚头的灌注孔到外孔口听距离为 250mm。孔道的浇注孔到内口听距离宜大于 150mm，还应设置排气孔。

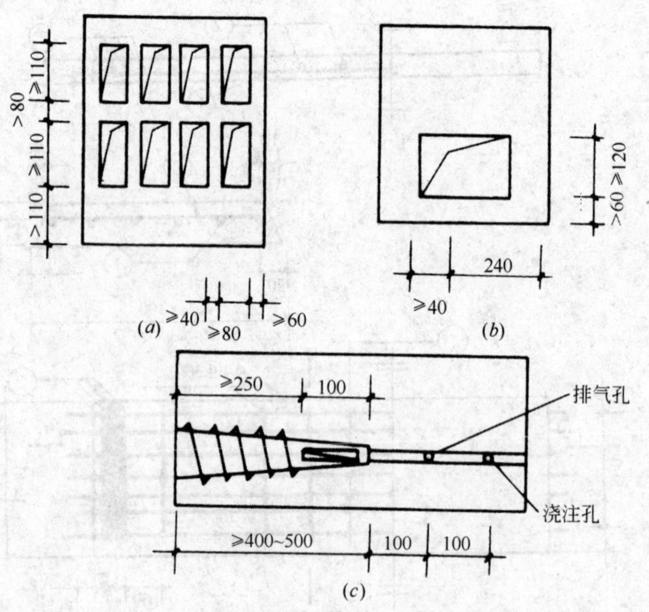

图 6-12　自锚头

(*a*) 自锚孔形状;(*b*) 单自锚头;(*c*) 自锚头外设螺旋方箍

④ 单个自锚头的长度不宜小于 450mm,矩形外孔口听高×宽为 120mm×120mm,圆形自锚孔的外孔口直径为 150mm,内孔口尺寸要略大于孔道尺寸。孔外口水平边距≥40mm,垂直边距≥60mm。

6.42　预应力张拉和放张检验批质量验收有哪些规定?

(1) 主控项目

1) 预应力筋张拉或放张时,混凝土强度应符合设计要求;当设计无具体要求时,不应低于设计的混凝土立方体抗压强度标准值的 75%。

检查数量:全数检查。

检验方法:检查同条件养护试件试验报告。

2) 预应力筋的张拉力、张拉或放张顺序及张拉工艺应符合设

计及施工技术方案的要求,并应符合下列规定:

① 当施工需要超张拉时,最大张拉应力不应大于国家现行标准《混凝土结构设计规范》(GB 50010—2002)的规定。

② 张拉工艺应能保证同一束中各根预应力筋的应力均匀一致。

③ 后张法施工中,当预应力筋是逐根或逐束张拉时,应保证各阶段不出现对结构不利的应力状态;同时宜考虑后批张拉预应力筋所产生的结构构件的弹性压缩对先批张拉预应力筋的影响,确定张拉力。

④ 先张法预应力筋放张时,宜缓慢放松锚固装置,使各根预应力筋同时缓慢放松。

⑤ 当采用应力控制方法张拉时,应校核预应力筋的伸长值。实际伸长值与设计计算理论伸长值的相对允许偏差为±6%。

检查数量:全数检查。

检验方法:检查张拉记录。

3) 预应力筋张拉锚固后实际建立的预应力值与工程设计规定检验值的相对允许偏差为±5%。

检查数量:对先张法施工,每工作班抽查预应力筋总数的1%,且不少于3根;对后张法施工,在同一检验批内,抽查预应力筋总数的3%,且不少于5束。

检验方法:对先张法施工,检查预应力筋应力检测记录;对后张法施工,检查见证张拉记录。

4) 张拉过程中应避免预应力筋断裂或滑脱;当发生断裂或滑脱时,必须符合下列规定:

① 对后张法预应力结构构件,断裂或滑脱的数量严禁超过同一截面预应力筋总根数的3%,且每束钢丝不得超过一根;对多跨双向连续板,其同一截面应按每跨计算。

② 对先张法预应力构件,在浇筑混凝土前发生断裂或滑脱的预应力筋必须予以更换。

检查数量:全数检查。

检验方法：观察，检查张拉记录。

(2) 一般项目

1) 锚固阶段张拉端预应力筋的内缩量应符合设计要求；当设计无具体要求时，应符合表6-12的规定。

张拉端预应力筋的内缩量限值　　表6-12

锚具类别		内缩量限值(mm)
支承式锚具(镦头锚具等)	螺帽缝隙	1
	每块后加垫板缝隙	1
锥塞式锚具		5
夹片式锚具	有顶压	5
	无顶压	6～8

检查数量：每工作班抽查预应力筋总数的3%，且不少于3束。

检验方法：钢尺检查。

2) 先张法预应力筋张拉后与设计位置的偏差不得大于5mm，且不得大于构件截面短边边长的4%。

检查数量：每工作班抽查预应力筋总数的3%，且不少于3束。

检验方法：钢尺检查。

(3) 检验批质量验收记录

预应力张拉、放张检验批质量验收记录见表6-13。

6.43 预应力灌浆和封锚检验批质量验收有哪些规定？

(1) 主控项目

1) 后张法有粘结预应力筋张拉后应尽早进行孔道灌浆，孔道内水泥浆应饱满、密实。

检查数量：全数检查。

检验方法：观察，检查灌浆记录。

2）锚具的封闭保护应符合设计要求；当设计无具体要求时，应符合下列规定：

① 应采取防止锚具的保护层遭受机械损伤的有效措施。

② 凸出式锚固端锚具的保护层厚度不应小于50mm。

③ 外露预应力筋的保护层厚度：处于正常环境时，不应小于20mm；处于易受腐蚀的环境时，不应小于50mm。

检查数量：在同一检验批内，抽查预应力筋总数的5%，且不少于5处。

检验方法：观察，钢尺检查。

（2）一般项目

1）后张法预应力筋锚固后的外露部分宜采用机械方法切割，其外露长度不宜小于预应力筋直径的1.5倍，且不宜小于30mm。

检查数量：在同一检验批内，抽查预应力筋总数的3%，且不少于5束。

检验方法：观察，钢尺检查。

2）灌浆用水泥浆的水灰比不应大于0.45，搅拌后3h泌水率不宜大于2%，且不应大于3%。泌水应能在24h内全部重新被水泥浆吸收。

检查数量：同一配合比检查一次。

检验方法：检查水泥浆性能试验报告。

3）灌浆用水泥浆的抗压强度不应小于30N/mm^2。

检查数量：每工作班留置一组边长为70.7mm的立方体试件。

检验方法：检查水泥浆试件强度试验报告。

注：① 一组试件由6个试件组成，试件应标准养护28d。

② 抗压强度为一组试件的平均值，当一组试件中抗压强度最大值或最小值与平均值相差超过20%时，应取中间4个试件强度的平均值。

（3）检验批质量验收记录

预应力灌浆及封锚检验批质量验收记录见表6-13。

预应力张拉、放张、灌浆及封锚检验批质量验收记录表　　表 6-13

GB 50204—2002

（Ⅲ）　　020104⓪②

单位(子单位)工程名称		××4 号住宅楼		
分部(子分部)工程名称		主体结构	验收部位	三层梁、板
施工单位		××建筑工程公司	项目经理	
施工执行标准名称及编号		QJ 002—009—2002　预应力工艺标准		

		施工质量验收规范的规定		施工单位检查评定记录	监理(建设)单位验收记录
主控项目	1	张拉或放张时的混凝土强度	第 6.4.1 条	√	同意验收
	2	张拉力、张拉或放张顺序及张拉工艺	第 6.4.2 条	√	
	3	实际预应力值控制	第 6.4.3 条	√	
	4	预应力筋断裂或滑脱	第 6.4.4 条	√	
	5	孔道灌浆的一般要求	第 6.5.1 条	√	
	6	锚具的封闭保护	第 6.5.2 条	√	
一般项目	1	锚固阶段张拉端预应力筋的内缩量	第 6.4.5 条	√	同意验收
	2	先张法预应力筋张拉后位置	第 6.4.6 条	√	
	3	外露预应力筋的切断方法和外露长度	第 6.5.3 条	√	
	4	灌浆用水泥浆的水灰比和泌水率	第 6.5.4 条	√	
	5	灌浆用水泥浆的抗压强度	第 6.5.5 条	√	

续表

<table>
<tr><td rowspan="2">施工单位
检查评定结果</td><td>专业工长(施工员)</td><td></td><td>施工班组长</td><td></td></tr>
<tr><td colspan="4">主控项目、一般项目均合格，符合验收规范要求。

项目专业质量检查员：　　　　　　　　年　月　日</td></tr>
<tr><td>监理(建设)
单位验收结论</td><td colspan="4">同意验收。

专业监理工程师：
(建设单位项目专业技术负责人)：　　　　年　月　日</td></tr>
</table>

6.44 预应力分项工程施工质量验收重点应检查验收哪些内容?

(1) 预应力分项工程施工质量验收共有5方面内容，即：一般规定、预应力制作与安装、原材料、预应力张拉和放张、灌浆及封锚。预应力分项工程施工质量验收时应依据“混凝土验收规范”重点检查验收以下内容：

1) 后张法预应力工程施工单位资质等级要求。

2) 预应力筋张拉机具设备及仪表定期维护和校验，张拉设备标定和使用。

3) 原材料检验的相关标准，原材料的检验要求和抽样方案，原材料质量。

4) 预应力筋安装，避免隔离剂沾污预应力筋和避免电火花损伤预应力筋。

5) 预应力筋下料和各种端部锚具的质量。

6) 预留孔道的质量、预应力筋束形控制点的偏差要求及无粘结预应力筋的敷设。

7) 预应力筋张拉及放张时混凝土强度及预应力筋张拉顺序、张拉力。

8) 预应力筋实际建立的预应力值及张拉过程中预应力筋断裂或滑脱的限制。

9) 孔道灌浆及孔道内水泥浆的水灰比、泌水率及抗压强度等性能。

10）锚固后预应力筋外露部分的切割、外露长度及封闭等。

（2）检验批质量验收用表

预应力分项工程检验批质量验收用表共有3种用表。预应力原材料检验批质量验收记录表见表6-5，预应力制作与安装检验批质量验收记录表见表6-7，预应力张拉、放张、灌浆与封锚检验批质量验收记录表见表6-13。具体验收内容分别见第6.16条、6.25条和6.43条。上述表格只适用于主体结构分部工程。

（3）预应力分项工程质量验收记录表

预应力分项工程质量验收记录表，见表6-14。

预应力分项工程质量验收记录表　　表6-14

单位(子单位)工程名称	××4号住宅楼	结构类型	框　架
分部(子分部)工程名称	主体结构	检验批数	6
施工单位	××建筑工程公司	项目经理	
分包单位		分包项目经理	
序　号	检验批部位、区段	施工单位检查评定结果	监理(建设)单位验收结论
1	五层Ⓐ～Ⓑ轴、⑤轴	√	同意验收
2	六层Ⓐ～Ⓑ轴、⑤轴	√	
3	七层Ⓐ～Ⓑ轴、⑤轴	√	
4	八层Ⓐ～Ⓑ轴、⑤轴	√	
5	九层Ⓐ～Ⓑ轴、⑤轴	√	
6	十层Ⓐ～Ⓑ轴、⑤轴	√	
7			
说　明			
检查结论	符合施工质量验收规范要求。 项目专业技术负责人： 年　月　日	验收结论	同意验收。 监理工程师： （建设单位项目专业技术负责人） 年　月　日

6.45 预应力分项工程应具备哪些技术资料？隐蔽验收哪些内容？

(1) 应具备的技术资料

1) 预应力筋产品合格证、出厂检验报告、进场复验报告。

2) 预应力筋用锚具、夹具和连接器产品合格证、出厂检验报告、进场复验报告。

3) 孔道灌浆用水泥、外加剂产品合格证、出厂检验报告、进场复验报告。

4) 预应力混凝土用金属螺旋管产品合格证、出厂检验报告、进场复验报告。

5) 镦头强度试验报告。

6) 同条件养护混凝土试件试验报告。

7) 预应力张拉记录。

8) 预应力筋应力检测记录;见证张拉记录。

9) 孔道灌浆记录。

10) 孔道灌浆用水泥浆性能试验报告。

11) 孔道灌浆用水泥浆试件强度试验报告。

12) 预应力隐蔽工程验收记录。

13) 张拉机具设备及仪表的配套标定报告单。

14) 检验批质量验收记录。

15) 预应力分项工程质量验收记录。

(2)在浇筑混凝土之前,应进行预应力隐蔽工程验收,验收内容:

1) 预应力筋的品种、规格、数量、位置等。

2) 预应力筋锚具和连接器的品种、规格、数量、位置等。

3) 预留孔道的规格、数量、位置、形状及灌浆孔、排气兼泌水管等。

4) 锚固区局部加强构造等。

6.46 预应力工程常见质量缺陷及消除措施有哪些？

预应力工程常见质量缺陷及消除措施见表 6-15。

预应力工程常见质量缺陷及消除措施　　　表 6-15

缺　　陷	消 除 措 施
螺丝端杆断裂 1. 螺丝端杆在高应力下突然断裂，断口平整，呈脆性破坏	1. 确定合理的热处理工艺参数，选择适当的回火温度。 2. 加强原材料和成品检验。 3. 制作螺丝端杆时，应先将 45 号钢粗加工至接近设计尺寸，再调质热处理，然后精加工至设计尺寸。 4. 加工螺纹时，刀具不宜太尖。 5. 螺丝端杆加工后，进行对焊、冷拉和运输过程中，均应采取保护措施，避免损伤。 6. 螺丝端杆断裂后，可切除重焊新螺杆。焊好后需用应力控制法进行冷拉考验，重复冷拉不得超过 2 次。 7. 如在张拉灌浆后螺丝端杆断裂而未影响预应力筋，可重焊螺丝端杆，随后补浇端部混凝土并养护到规定强度后，再张拉螺丝端杆并用螺母固定
2. 螺丝端杆与预应力粗钢筋对焊后，在冷拉或张拉时端杆螺丝发生塑性变形	1. 加强原材料检验，防止将 Q235 钢当作 45 号钢使用。 2. 选用适当的热处理工艺参数，保证螺丝端杆的质量达到设计要求。 3. 在不影响焊接质量的情况下，适当加大端杆直径，以降低螺丝端杆的使用应力。 4. 螺丝端杆加工后，必须做硬度试验；合格后，方可与预应力筋对焊。 5. 螺丝端杆与预应力筋对焊后进行冷拉时，螺母的位置应在螺丝端杆的端部，经冷拉后螺丝端杆不得发生塑性变形。 6. 端杆螺纹发生塑性变形后，可切除重焊新螺杆
3. 钢丝镦头开裂、滑脱式拉断	1. 钢丝束镦头锚具使用前，首先应确认该批预应力钢丝的可镦性，即其物理力学性能应满足钢丝镦头的全部要求。 2. 钢丝下料时，应采用冷镦器的切筋装置或砂轮切割机，以保证断口平整。采用砂轮机成束切割钢丝时，必须采用冷却措施。 3. 锚板应经过调质热处理。 4. 镦头设备应采用液压冷镦器，其镦头模与夹片同心度偏差应不大于 0.1mm. 5. 钢丝镦头尺寸应不小于规定值。头型应圆整端正，预部母材应不受损伤。通过试镦，合格扣方可正式镦头。 6. 钢丝束两端采用镦头锚具时，同一束中各根钢丝下料长度的相对差值应不大于钢丝束长度的 1/5 000，且不得大于 5mm。

续表

缺　　陷	消 除 措 施
3. 钢丝镦头开裂、滑脱式拉断	7. 对长度不大于10m的先张法构件,当钢丝成组张拉时,同组钢丝下料长度的相对差值不得大于2mm。 8. 钢丝镦头的强度不得低于钢丝抗拉强度标准值的98%;否则应改进镦头工艺后重新镦头。 9. 张拉过程中,钢丝滑脱或断丝的数量,不得超过结构同一截面预应力钢丝总根数的3%,且一束钢丝只允许1根。否则应更换钢丝重新镦头后再张拉
4. 螺纹预应力筋向内回缩值超过设计控制值	1. 采用光面夹片,适当降低夹片硬度。 2. 将螺纹预应力筋的肋对准夹片缝隙,两端分步锚固
5. 锚具夹片碎裂	1. 严格锚具制作质量,选用合适锚具。 2. 选用合理的热处理工艺参数
6. 钢丝束预应力筋内缩量超过设计控制值	1. 选用合适锥形锚具(外软里硬)。 2. 钢丝束中钢丝直径绝对偏差不超过0.15mm,并理顺编扎,避免穿束时钢丝错位。 3. 浇筑混凝土前,应使管道孔和垫板孔对中,并将锚环点焊在垫板上
7. 碳素钢丝镦头强度低于钢丝标准强度的98%	1. 严格钢丝下料和镦头制作,镦头预留长度应控制在10±0.2mm以内,镦头模与夹片同心度偏差应在0.1mm以内,镦头压力控制在使镦头直径为7.0～7.5mm为宜。 2. 锚孔尺寸应控制在ϕ5.20～ϕ5.25mm以内。 3. 锚杯硬度以HB251～283为宜
8. 放张时,钢丝与混凝土粘接力受破坏,钢丝向构件内回缩	1. 保持钢丝表面清洁,无油污。 2. 隔离剂宜用皂角类。 3. 混凝土必须振捣密实,严禁随意扰动外露钢丝。 4. 应在混凝土强度达到设计程度的70%以上时进行放张,先对称试剪1～2根预应力筋,如无滑动现象,再对称继续进行
9. 预应力筋放张后,构件发生严重翘曲影响质量和使用	1. 保持构件制作台面平整坚固。 2. 预应力筋位置必须准确,混凝土质量必须符合要求

续表

缺　　陷	消 除 措 施
10. 张拉和扶直尾架时,尾架上弦节点附近出现裂缝	1. 控制张拉应力(0→105δ_k(2min)→δ_k)。 2. 先张拉至 0.8 ～0.9δ_k,扶直后再予以补足。 3. 按设计要求的位置和数量设置吊点。 4. 缓慢扶直尾架
11. 放张预应力筋时,构件的端横肋处出现斜向裂缝	在构件端部设置活动端模,放张时,先将活动端模拆除,以使构件可自由回缩;采用活动脂模;纵肋和端模肋处设置加强筋

7 混凝土工程

7.1 什么是混凝土工程？

混凝土工程是从水泥、砂、石、水、外加剂、矿物掺合料、构配件等进场检验，混凝土配合比设计及称量、拌制、运输、浇筑、养护、试件制作直至混凝土达到预定强度等一系列技术工作和完成实体的总称。

(1) 普通混凝土：干密度为2000～2800kg/m^3 的水泥混凝土。

(2) 干硬性混凝土：混凝土拌合物的坍落度小于 10mm 且须用维勃稠度(s)表示其稠度的混凝土。

(3) 塑性混凝土：混凝土拌合物坍落度为 10～90mm 的混凝土。

(4) 流动性混凝土：混凝土拌合物坍落度为 100～150mm 的混凝土。

(5) 大流动性混凝土：混凝土拌合物坍落度等于或大于 160mm 的混凝土。

(6) 抗渗混凝土：抗渗等级等于或大于 P6 级的混凝土。

(7) 抗冻混凝土：抗冻等级等于或大于 F50 级的混凝土。

(8) 高强混凝土：强度等级为 C60 及其以上的混凝土。

(9) 泵送混凝土：混凝土拌合物的坍落度不低于 100mm 并用泵送到浇筑部位的混凝土。

(10) 大体积混凝土：混凝土结构物实体最小尺寸等于或大于 1m，或预计会因水泥水化热引起混凝土内外温差过大而导致裂缝的混凝土。

7.2 混凝土分项工程和现浇结构分项工程重点应掌握哪些要求?

混凝土分项工程主要包括一般规定、原材料、配合比设计和混凝土施工等 4 部分内容。"一般规定"中对"混凝土的强度评定、混凝土试件的试验方法、同条件养护试件、异常情况下的验收和混凝土的冬期施工"等做出了规定;"原材料"主要对"水泥、外加剂、氯化物与碱的总含量、掺合料、骨料和拌合用水"等作出了规定;"配合比设计"主要对"配合比设计、开盘鉴定、骨料含水率"等做出了规定;"混凝土施工"对"混凝土试件的取样与留置、抗渗试件、混凝土原材料计量偏差、连续浇筑的混凝土间歇时间、混凝土施工缝、混凝土后浇带和混凝土养护"等做出了规定。

重点应掌握以下要求;

(1) 了解混凝土分项工程的一般内容。

(2) 熟悉《混凝土强度检验评定标准》GBJ 107 等相关标准中有关混凝土强度验收的规定。

(3) 掌握检验评定混凝土强度用的混凝土试件的有关规定。

(4) 了解同条件养护试件的作用及有关规定。

(5) 了解当混凝土试件强度评定不合格时的常用检测方法。

(6) 了解混凝土冬期施工的有关规定。

(7) 掌握水泥进场时的检查内容和复验规定。了解水泥在使用中有怀疑或出厂超过 3 个月(快硬硅酸盐水泥超过一个月)时的处理方法。

(8) 掌握钢筋混凝土结构、预应力混凝土结构中,对氯化物含量的要求和严禁使用含氯化物水泥的规定。

(9) 掌握混凝土中掺用外加剂的质量及应用技术要求。

(10) 掌握混凝土中掺用矿物掺合料时对其质量、掺量的要求。

(11) 掌握普通混凝土对粗、细骨料和拌制用水的要求。

(12) 了解对混凝土配合比及开盘鉴定的有关规定。

(13) 了解混凝土拌制前,应测定砂、石含水率并根据测试结果调整材料用量的规定。

(14) 掌握混凝土强度试件的制作地点、取样方法、取样数量的规定。

(15) 掌握混凝土原材料每盘称量允许偏差的规定。

(16) 掌握混凝土施工中时间控制和混凝土养护的规定。

(17) 掌握施工缝、后浇带留置和处理的规定。

(18) 了解现浇结构分项工程的一般内容。

(19) 理解现浇结构外观质量缺陷的确定原则。

(20) 理解现浇结构拆模后及时检查及修整的必要性,掌握现浇结构外观质量和尺寸偏差验收的基本要求。

(21) 掌握现浇结构外观质量缺陷的处理方法。

(22) 掌握现浇结构过大尺寸偏差的处理方法。

(23) 掌握现浇结构和混凝土设备基础拆模后的尺寸偏差要求。

7.3 结构构件的混凝土强度如何进行检验评定?验收批如何界定?

(1) 混凝土强度评定。

1) 混凝土结构构件的混凝土强度应按现行国家标准《混凝土强度检验评定标准》(GBJ 107—87)的规定分批检验评定。

2) 对采用蒸汽法养护的混凝土结构构件,其混凝土试件应先随同结构构件同条件蒸汽养护,再转入标准条件养护共 28d。

3) 当混凝土中掺用矿物掺合料时,确定混凝土强度时的龄期可按现行国家标准《粉煤灰混凝土应用技术规范》GBJ 146 等的规定取值。

(2) 混凝土强度应分批进行检验评定。

一个验收批的混凝土应由强度等级相同、龄期相同以及生产工艺条件和配合比基本相同的混凝土组成。对施工现场的现浇混凝土,应按单位工程的验收项目划分验收批,每个验收项目应按照现行国家标准《建筑工程施工质量验收统一标准》(GB 50300—

2001)和“混凝土验收规范”确定。

具体试件的制作数量、强度评定见本章混凝土现浇结构验收有关条目。

7.4 检验评定混凝土强度用的混凝土试件有何规定?

检验评定混凝土强度用的混凝土试件的尺寸及强度的尺寸换算系数应按表 7-1 取用;其标准成型方法、标准养护条件及强度试验方法应符合普通混凝土力学性能试验方法标准的规定。

混凝土试件尺寸及强度的尺寸换算系数 表 7-1

骨料最大粒径(mm)	试件尺寸(mm)	强度的尺寸换算系数
≤31.5	100×100×100	0.95
≤40	150×150×150	1.00
≤63	200×200×200	1.05

注:对强度等级为 C60 及以上的混凝土试件,其强度的尺寸换算系数可通过试验确定。

7.5 结构构件拆模及施工期间临时负荷时的混凝土强度如何确定?

由于同条件试件具有与结构混凝土相同的原材料、配合比和养护条件,能比较准确地代表结构混凝土的质量,“混凝土验收规范”规定,结构构件拆模、出池、出厂、吊装、张拉、放张及施工期间临时负荷时的混凝土强度,应根据同条件养护的标准尺寸试件的混凝土强度确定。

7.6 当混凝土试件强度评定不合格时,应如何处理?

当混凝土试件强度评定不合格时,可采用非破损或局部破损的检测方法,按国家现行有关标准的规定对结构构件中的混凝土强度进行推定,并作为处理的依据。

当混凝土出现试件强度评定不符合有关标准的要求时，可根据国家现行标准《回弹法检测混凝土抗压强度技术规程》JGJ/T 23、《超声回弹综合法检测混凝土强度技术规程》CECS 02、《钻芯法检测混凝土强度技术规程》CECS 03、《后装拨出法检测混凝土强度技术规程》CECS 69 等采用各种检测方法推定结构的混凝土强度。通过检测得到的推定强度可作为结构是否需要处理的依据。

7.7 混凝土应根据哪些要求进行配合比设计？

混凝土应按国家现行标准《普通混凝土配合比设计规程》(JGJ 55—2000)的有关规定，根据混凝土强度等级、耐久性和工作性等要求进行配合比设计。

对有特殊要求的混凝土，其配合比设计尚应符合国家现行有关标准的专门规定。

(1) 混凝土配合比，由试验室根据工程特点、组成材料的质量、施工方法等因素，经过理论计算和试配来合理确定。对于泵送混凝土配合比应考虑泵送的垂直和水平距离、弯头设置、泵送设备的技术条件等因素，按有关规定设计，并应符合现行国家标准《混凝土结构工程施工质量验收规范》(GB 50204—2002)的规定。

(2) 由试验室经试配确定的配合比设计资料，在施工中还应测定砂、石含水率并根据测试结果调整材料用量，提出施工配合比。

7.8 混凝土拌合物用水量如何确定？

(1) 水灰比在 0.40～0.80 范围时，根据粗骨料的品种、粒径及施工要求的混凝土拌合物稠度值选用每立方米混凝土拌合物用水量，其用水量可按照表 7-2 和表 7-3 选用。

(2) 水灰比小于 0.40 的混凝土及特殊成型的混凝土用水量应通过试验确定。

干硬性混凝土用水量(kg/m³)　　表 7-2

拌合物稠度		卵石最大粒径(mm)			碎石最大粒径(mm)		
项　目	指　标	10	20	40	16	20	40
维勃稠度(s)	16～20	175	160	145	180	170	155
	11～15	180	165	150	185	175	160
	5～10	185	170	155	190	180	165

塑性混凝土用水量(kg/m³)　　表 7-3

拌合物稠度		卵石最大粒径(mm)				碎石最大粒径(mm)			
项　目	指　标	10	20	31.5	40	16	20	31.5	40
坍落度(mm)	10～30	190	170	160	150	200	185	175	165
	35～50	200	180	170	160	210	195	185	175
	55～70	210	190	180	170	220	205	195	185
	75～90	215	195	185	175	230	215	205	195

注：1. 本表用水量系采用中砂时的平均取值。采用细砂时，每立方米混凝土用水量可增加 5～10kg；采用粗砂时，则可减少 5～10kg。

2. 掺用各种外加剂或掺合料时，用水量应相应调整。

(3) 流动性和大流动性混凝土的用水量宜按下列步骤计算：

1) 未掺外加剂，以表 7-3 中坍落度 90mm 的用水量为基础，按坍落度每增大 20mm 用水量增加 5kg，计算出未掺外加剂时的混凝土的用水量。

2) 掺外加剂的混凝土用水量可按下式计算：

$$m_{wa}=m_{w0}(1-\beta) \tag{7-1}$$

式中　m_{wa}——掺外加剂混凝土每立方米混凝土的用水量(kg)；

m_{w0}——未掺外加剂混凝土每立方米混凝土的用水量(kg)；

β——外加剂的减水率(%)。

3) 外加剂的减水率应经试验确定。

7.9　混凝土的最大水灰比和最小水泥用量有何规定?

为了确保混凝土强度等级、耐久性和工作性，混凝土的最大水灰比和最小水泥用量，可按表 7-4 进行选用。同时混凝土的最大水泥用量也不宜大于 550kg/m³。

混凝土的最大水灰比和最小水泥用量　　表 7-4

<table>
<tr><th rowspan="2" colspan="2">环境类别</th><th rowspan="2">结构物类别</th><th colspan="3">最大水灰比</th><th colspan="3">最小水泥用量(kg/m³)</th></tr>
<tr><th>素混凝土</th><th>钢筋混凝土</th><th>预应力混凝土</th><th>素混凝土</th><th>钢筋混凝土</th><th>预应力混凝土</th></tr>
<tr><td colspan="2">一类
干燥环境</td><td>正常的居住或办公用房屋内部件</td><td>不作规定</td><td>0.65</td><td>0.60</td><td>200</td><td>260</td><td>300</td></tr>
<tr><td rowspan="2">二类
潮湿环境</td><td>无冻害</td><td>1. 高湿度的室内部件
2. 室外部件
3. 在非侵蚀性土和(或)水中的部件</td><td>0.70</td><td colspan="2">0.60</td><td>225</td><td>280</td><td>300</td></tr>
<tr><td>有冻害</td><td>1. 经受冻害的室外部件
2. 在非侵蚀性土和(或)水中且经受冻害的部件
3. 高湿度且经受冻害的室内部件</td><td colspan="3">0.55</td><td>250</td><td></td><td></td></tr>
<tr><td colspan="2">三类 有冻害和除冰剂的潮湿环境</td><td>经受冻害和除冰剂作用的室内和室外部件</td><td colspan="3">0.50</td><td colspan="3">300</td></tr>
</table>

注：1. 当用活性掺合料取代部分水泥时，表中的最大水灰比及最小水泥用量即为替代前的水灰比和水泥用量。

2. 配制 C15 级及其以下等级的混凝土，可不受本表限制。

3. 冬季施工应优先选用硅酸盐水泥和普通硅酸盐水泥。最小水泥用量不应少于 300kg/m³，水灰比不应大于 0.60。

4. 泵送混凝土的原材料选用及配合比，应通过试验确定。泵送混凝土的最小水泥用量为 300 kg/m³；混凝土的坍落度宜为 80～180mm；混凝土内宜掺加适量的外加剂。

7.10　施工前为何要测定骨料含水率？

因为砂和石的实际含水率与配合比设计时存在差异，故在混凝土拌制前,应测定骨料的含水率,并应根据测试的结果调整材料用量,提出施工实际配合比。

7.11 混凝土拌合物砂率应为多少?

(1) 坍落度为10～60mm的混凝土砂率,可根据粗骨料品种、粒径及水灰比按表7-5选取。

混凝土砂率(%) **表7-5**

水灰比(W/C)	卵石最大粒径(mm)			碎石最大粒径(mm)		
	10	20	40	16	20	40
0.40	26～32	25～31	24～30	30～35	29～34	27～32
0.50	30～35	29～34	28～33	33～38	32～37	30～35
0.60	33～38	32～37	31～36	36～41	35～40	33～38
0.70	36～41	35～40	34～39	39～44	38～43	36～41

注:1. 本表数值系中砂的选用砂率,对细砂或粗砂,可相应地减少或增大砂率;
2. 只用一个单粒级粗骨料配制混凝土时,砂率应适当增大;
3. 对薄壁构件,砂率取偏大值;
4. 表中的砂率系指砂与骨料总量的重量比。

(2) 坍落度大于60mm的混凝土砂率,可经试验确定,也可在表7-5的基础上,按坍落度每增大20mm,砂率增大1%的幅度予以调整。

(3) 坍落度小于10mm的混凝土,其砂率应经试验确定。

7.12 如何选用混凝土浇筑时的坍落度?

混凝土浇筑时的坍落度可按表7-6选用。

混凝土浇筑时的坍落度 **表7-6**

结构种类	坍落度(mm)
基础或地面等的垫层、无配筋的大体积结构(挡土墙、基础等)或配筋稀疏的结构	10～30

续表

结构种类	坍落度(mm)
板、梁和大型及中型截面的柱子等	30～50
配筋密列的结构(薄壁、斗仓、筒仓、细柱等)	50～70
配筋特密的结构	70～90

注:1. 本表系采用机械振捣混凝土时的坍落度,当采用人工捣实混凝土时其值可适当增大。
2. 当需要配制大坍落度混凝土时,应掺用外加剂。
3. 曲面或斜面结构混凝土的坍落度应根据实际需要另行选定。
4. 轻骨料混凝土的坍落度,宜比表中数值减少 10～20mm。
5. 泵送混凝土的坍落度宜为 80～180mm;混凝土内宜掺加适量的外加剂。

7.13 混凝土坍落度和维勃稠度如何分级?

混凝土坍落度分级见表 7-7;维勃稠度分级见表 7-8。

混凝土按坍落度的分级 **表 7-7**

级别	名称	坍落度(mm)
T_1	低塑性混凝土	10～40
T_2	塑性混凝土	50～90
T_3	流动性混凝土	100～150
T_4	大流动性混凝土	≥160

混凝土按维勃稠度分级 **表 7-8**

级别	名称	维勃稠度(s)
V_0	超干硬性混凝土	≥31
V_1	特干硬性混凝土	30～21
V_2	干硬性混凝土	20～11
V_3	半干硬性混凝土	10～5

7.14 如何对首次使用的混凝土配合比进行开盘鉴定？

首次使用的混凝土配合比应进行开盘鉴定，其工作性应满足设计配合比的要求。开始生产时应至少留置一组标准养护试件，作为验证配合比的依据。主要是对试件在标准养护条件下，养护 28d，进行试验，以验证混凝土的强度等级（实际质量）及工作性是否满足设计要求。验证配制混凝土拌合物的水泥用量，粗、细骨料用量和用水量以及水灰比值是否符合配合比设计的基准值。

7.15 混凝土原材料及配合比设计检验批质量验收有哪些规定？

（1）原材料

1）主控项目

① 水泥进场时应对其品种、级别、包装或散装仓号、出厂日期等进行检查，并应对其强度、安定性及其他必要的性能指标进行复验，其质量必须符合现行国家标准《硅酸盐水泥、普通硅酸盐水泥》GB 175 等的规定。

当在使用中对水泥质量有怀疑或水泥出厂超过三个月（快硬硅酸盐水泥超过一个月）时，应进行复验，并按复验结果使用。

钢筋混凝土结构、预应力混凝土结构中，严禁使用含氯化物的水泥。

检查数量：按同一生产厂家、同一等级、同一品种、同一批号且连续进场的水泥，袋装不超过 200t 为一批，散装不超过 500t 为一批，每批抽样不少于一次。

检验方法：检查产品合格证、出厂检验报告和进场复验报告。

② 混凝土中掺用外加剂的质量及应用技术应符合现行国家标准《混凝土外加剂》GB 8076、《混凝土外加剂应用技术规范》GB 50119等和有关环境保护的规定。

预应力混凝土结构中，严禁使用含氯化物的外加剂。钢筋混凝土结构中，当使用含氯化物的外加剂时，混凝土中氯化物的总含量应符合现行国家标准《混凝土质量控制标准》GB 50164 的规定。

检查数量：按进场的批次和产品的抽样检验方案确定。

检验方法：检查产品合格证、出厂检验报告和进场复验报告。

③ 混凝土中氯化物和碱的总含量应符合现行国家标准《混凝土结构设计规范》GB 50010 和设计的要求（见本书第 3.2 和 3.3 条）。

检验方法：检查原材料试验报告和氯化物、碱的总含量计算书。

2）一般项目

① 混凝土中掺用矿物掺合料的质量应符合现行国家标准《用于水泥和混凝土中的粉煤灰》GB 1596 等的规定。矿物掺合料的掺量应通过试验确定。

检查数量：按进场的批次和产品的抽样检验方案确定。

检验方法：检查出厂合格证和进场复验报告。

② 普通混凝土所用的粗、细骨料的质量应符合现行国家标准《普通混凝土用碎石或卵石质量标准及检验方法》JGJ 53、《普通混凝土用砂质量标准及检验方法》JGJ 52 的规定。

检查数量：按进场的批次和产品的抽样检验方案确定。

检验方法：检查进场复验报告。

注：① 混凝土用的粗骨料，其最大颗粒粒径不得超过构件截面最小尺寸的 1/4，且不得超过钢筋最小净间距的 3/4。

② 对混凝土实心板，骨料的最大粒径不宜超过板厚的 1/3，且不得超过 40mm。

③ 拌制混凝土宜采用饮水用；当采用其他水源时，水质应符合现行国家标准《混凝土拌合用水标准》JGJ 63 的规定。

检查数量：同一水源检查不应少于一次。

检验方法：检查水质试验报告。

（2）配合比设计

1）主控项目

混凝土应按现行国家标准《普通混凝土配合比设计规程》JGJ 55的有关规定，根据混凝土强度等级、耐久性和工作性等要求进行配合比设计。

对有特殊要求的混凝土，其配合比设计尚应符合国家现行有关标准的专门规定。

检验方法：检查配合比设计资料。

2）一般项目

① 首次使用的混凝土配合比应进行开盘鉴定，其工作性应满足设计配合比的要求。开始生产时应至少留置一组标准养护试件，作为验收配合比的依据。

检验方法：检查开盘鉴定资料和试件强度试验报告。

② 混凝土拌制前，应测定砂、石含水率并根据测试结果调整材料用量，提出施工配合比。

检查数量：每工作班检查一次。

检验方法：检查含水率测试结果和施工配合比通知单。

(3) 混凝土原材料及配合比设计检验批质量验收记录

混凝土原材料及配合比设计检验批质量验收的记录见表7-9。

混凝土原材料及配合比设计

检验批质量验收记录表 **表7-9**

GB 50204—2002

（Ⅰ）

010603□□

020103 0 2

单位(子单位)工程名称	××4号住宅楼		
分部(子分部)工程名称	主体结构	验收部位	一层①～⑩轴梁、板
施工单位	××建筑工程公司	项目经理	
施工执行标准名称及编号	QJ002-010-2002 混凝土工艺标准		
施工质量验收规范的规定		施工单位检查评定记录	监理(建设)单位验收记录

续表

<table>
<tr><td rowspan="4">主控项目</td><td>1</td><td>水泥进场检验</td><td>第 7.2.1 条</td><td>出厂检验、进场复试报告各 1 份，42.5 级</td><td rowspan="4">同意验收</td></tr>
<tr><td>2</td><td>外加剂质量及应用</td><td>第 7.2.2 条</td><td>检验、复试报告各 1 份，掺量 1%</td></tr>
<tr><td>3</td><td>混凝土中氯化物、碱的总含量控制</td><td>第 7.2.3 条</td><td>测试计算合格，有报告</td></tr>
<tr><td>4</td><td>配合比设计</td><td>第 7.3.1 条</td><td>√</td></tr>
<tr><td rowspan="5">一般项目</td><td>1</td><td>矿物掺合料质量及掺量</td><td>第 7.2.4 条</td><td>√</td><td rowspan="5">同意验收</td></tr>
<tr><td>2</td><td>粗细骨料的质量</td><td>第 7.2.5 条</td><td>√</td></tr>
<tr><td>3</td><td>拌制混凝土用水</td><td>第 7.2.6 条</td><td>√</td></tr>
<tr><td>4</td><td>开盘鉴定</td><td>第 7.3.2 条</td><td>√</td></tr>
<tr><td>5</td><td>依据砂、石含水率调整配合比</td><td>第 7.3.3 条</td><td>√</td></tr>
<tr><td colspan="2"></td><td>专业工长(施工员)</td><td></td><td>施工班组长</td><td></td></tr>
<tr><td colspan="2">施工单位检查评定结果</td><td colspan="4">主控项目、一般项目均合格，符合验收规范要求。

项目专业质量检查员：　　　　年　月　日</td></tr>
<tr><td colspan="2">监理(建设)单位验收结论</td><td colspan="4">同意验收。

专业监理工程师：
(建设单位项目专业技术负责人)：　　　　年　月　日</td></tr>
</table>

7.16 拌制混凝土时，影响混凝土质量的因素有哪些？

(1) 水泥等级达不到配合比设计等级，将导致混凝土强度等级降低；水泥用量过多，如果用于大体积混凝土中，水泥水化反应放出的热量会使混凝土内外温差过大而导致出现裂缝。

(2) 砂石骨料的级配。砂率过小或过大，粗骨料相对增多或减小，则流动性变差。只有通过实验确定最佳砂率，才能使拌合物有良好的流动性，易于施工和保证混凝土质量。

(3) 水灰比的大小不仅影响混凝土的强度等级和密实性，而且也影响混凝土的抗渗性、抗冻性、抗蚀性和抗炭化性能。

(4) 混凝土的坍落度小，使混凝土拌合物流动性不良，将直接影响混凝土浇筑，而导致混凝土结构构件产生麻面、蜂窝、孔洞和露筋等质量缺陷，降低混凝土的密实性。

(5) 外加剂的掺入量过多或过少都会影响混凝土的质量。为了改善混凝土的性能，提高混凝土的早强性、抗冻性、抗渗性等，掺入外加剂时必须按试验后确定外加剂的品种和掺量来拌制混凝土。

7.17 现场拌制混凝土时，如何选用搅拌机？

搅拌机可分为自落式搅拌机，包括滚筒式、双锥式和锥形反转式等。强制式搅拌机包括立轴式和卧轴式等。现场拌制混凝土时，可综合考虑以下因素选用搅拌机。

(1) 所需拌制的混凝土总数量和同时需要混凝土的最大数量。

(2) 混凝土的品种和混凝土的流动性。

(3) 混凝土的粗骨料最大粒径。

(4) 混凝土的运输方法等。

7.18 混凝土原材料计量、含碱量和氯化物含量如何控制？

(1) 混凝土原材料的计量

1) 在混凝土每一工作班正式称量前，应先检查原材料质量，必须使用合格材料；各种衡器应定期校核，每次使用前进行零点校核，保持计量准确。

2）施工中应测定骨料的含水率，当雨天施工含水率有显著变化时，应增加测定次数，依据测试结果及时调整配合比中的用水量和骨料用量。

3）水泥、砂、石子、掺合料等干料的配合比，应采用重量法计量，严禁采用容积法；水的计量是在搅拌机上配置的水箱或定量水表上按体积计量；外加剂中的粉剂可按比例稀释为溶液，按用水量加入，也可将粉剂按比例与水泥拌匀，按水泥计量。

（2）混凝土原材料的每盘称量的允许偏差（见表 7-10）

原材料每盘称量的允许偏差 **表 7-10**

材料名称	允许偏差(%)	材料名称	允许偏差(%)
水泥、混合材料	±2	水、外加剂	±2
粗、细骨料	±3		

注：1. 各种衡器应定期校验，每次使用前应进行零点校核，保持计量准确。
2. 骨料含水率应经常测定，雨天施工或含水率有显著变化时应增加测定次数，并及时调整水和骨料的用量。

（3）控制混凝土拌合料含碱量和氯化物含量

1）检查混凝土原材料试验报告和氯化物、碱的含量计算书，混凝土中氯化物和碱的总含量要求见本书第 3.2 条和第 3.3 条。

2）对重要工程的混凝土所使用的碎石或卵石应进行碱活性检验。

3）进行碱活性检验时，首先应采用岩相法检验碱活性骨料的品种、类型和数量（也可由地质部门提供）。若骨料含有活性二氧化硅时，应采用化学法和砂浆长度法进行检验；若含有活性碳酸盐骨料时，应采用岩石柱法时行检验。

4）经上述检验，骨料判定为有潜在危害时，属碱-碳酸盐反应的，如必须使用，应以专门的混凝土试验结果作出最后评定。

7.19 混凝土拌合物稠度有何要求？

(1) 稠度(流动性)是指混凝土拌合物容易流动的性能，与其有关的参数是混凝土的抗剪力和流动速度；其主要因素是单位用水量。稠度是依据搅拌(拌合)、运输、浇筑、振捣等要求决定的，它是混凝土拌合物未凝固时的主要指标。

(2) 稠度：常规是以坍落度或维勃稠度来表示，见本章第7.13条。

(3) 混凝土拌合物在制得所需和易性范围之内，其稠度应尽量小些。因为，混凝土稠度增加后，可塑性好，但泌水增多，粗骨料易从砂浆中分离的倾向增大。

(4) 拌合物的稠度，是以增减单位水泥浆量来调整的。

(5) 稠度应根据所浇筑构件的种类、形状、尺寸、配筋、施工方法等来选择。

7.20 拌制混凝土时投料顺序有何要求？

拌制混凝土时投料顺序一般采用以下几种方法：一次投料法、二次投料法和水泥裹砂法等。各种方法控制要点如下：

(1) 一次投料法。一次投料法是将骨料、水泥和水一次性加入搅拌筒内。

对于自落式搅拌机常采用的投料顺序是先倒粗骨料，再倒水泥，然后倒入细骨料，将水泥夹在粗、细骨料之间，最后加水搅拌，以减少搅拌时水泥飞扬和粘罐。

(2) 二次投料法。二次投料法分为预拌水泥砂浆法、预拌水泥净浆法。

1) 预拌水泥砂浆法

预拌水泥砂浆法是先将水泥、细骨料和水加入搅拌筒内进行充分搅拌，成为均匀的水泥砂浆后，再加入粗骨料搅拌成均匀的混凝土。

2) 预拌水泥净浆法

预拌水泥净浆法是先将水泥和水充分搅拌成均匀的水泥净浆后，再加入骨料搅拌。

二次投料法搅拌的混凝土比一次投料法搅拌的混凝土强度可提高约15%。若混凝土强度相同，这种方法比一次投料法可节约水泥约15%～20%。

(3) 水泥裹砂法。水泥裹砂法又称SEC法，是先加一定量的水，将砂表面含水量调节到某一规定数值后，将粗骨料加入与湿砂拌匀，然后将水泥全部投入，使水泥在粗细骨料表面形成一层低水灰比的水泥浆，最后将剩余的水和外加剂加入搅拌。

优点：水泥裹砂法比一次投料法制成的混凝土其强度可提高约20%～30%，且混凝土不易产生离析现象、泌水少、工作性好。

7.21 热拌混凝土时应控制哪几点？

混凝土热拌是指在混凝土搅拌过程中通入蒸汽使混凝土加热的方法，经热拌工艺制成的混凝土称热拌混凝土。热拌混凝土具有硬化速度快、缩短混凝土养护时间，提高设备利用率，降低成本和在冬期施工中，防止混凝土早期受冻。

拌合热拌混凝土时重点应控制以下几点：

(1) 蒸汽参数

1) 蒸汽压力：一般为0.1～0.5MPa。

2) 通汽时间：一般为30～90s。

3) 通汽量：可根据施工工艺要求进行控制。

4) 最佳温度：一般可控制在45～50℃。

(2) 允许操作时间

1) 流动性混凝土：40min。

2) 干硬性混凝土：25min。

3) 轻混凝土：30min。

4) 高强度硅酸盐水泥混凝土：15min。

注：① 允许操作时间系45℃左右进行热拌时限值。

② 上述数值系以普通水泥为胶凝材料的数值。

③ 当混凝土温度变化时，操作时间亦相应变化。

7.22 混凝土搅拌的最短时间有何规定？

混凝土搅拌的最短时间应符合表 7-11 的规定。

混凝土搅拌的最短时间(s) **表 7-11**

混凝土坍落度(mm)	搅拌机机型	搅拌机出料量(L)		
		<250	250～500	>500
≤30	强制式	60	90	120
	自落式	90	120	150
>30	强制式	60	60	90
	自落式	90	90	120

注：1. 混凝土搅拌的最短时间系指自全部材料装入搅拌筒中起到开始卸料为止的时间。

2. 当掺有外加剂时，搅拌时间应适当延长。

3. 采用强制式搅拌机搅拌轻骨料混凝土的加料顺序：当轻骨料在搅拌前预湿时，先加粗、细骨料和水泥搅拌 30s，再加水继续搅拌；当轻骨料在搅拌前未预湿时，先加 1/2 的总用水量和粗、细骨料搅拌 60s，再加水泥和剩余用水量继续拌合。

4. 当采用其他形式的搅拌设备时，搅拌的最短时间应按设备说明书的规定或经试验确定。

7.23 混凝土搅拌的质量要求有何规定？

(1) 混凝土拌合物的均匀性应符合现行国家标准的规定。检查混凝土拌合物均匀性时，在搅拌机卸料过程中，应从卸料时的 1/4～3/4 之间采样进行试验，检测结果应符合下列规定：

1) 混凝土中砂浆密度两次测值的相对误差不应大于 0.8%。

2) 单位体积混凝土中粗骨料含量两次测值的相对误差不应大于 5%。

(2) 混凝土搅拌后，应按下列要求检测混凝土拌合物的性能：

1）稠度应在搅拌地点和浇筑地点分别取样检测。每一工作班不应少于一次。评定时应以浇筑地点的测值为准。

在预制构件厂，如混凝土拌合物从搅拌机出料起至浇筑入模的时间不超过 15min 时，其稠度可仅在搅拌地点取样检测。

2）在检测坍落度时，还应观察混凝土拌合物的粘聚性和保水性。

3）必要时尚应检测混凝土拌合物的含气量、水灰比和水泥含量等其他质量指标，检测结果应符合相应的有关规定。

7.24 用于检查结构构件混凝土强度的试件取样有何规定？

结构混凝土的强度等级必须符合设计要求。用于检查结构构件混凝土强度的试件，应在混凝土的浇筑地点随机抽取。取样与试件留置应符合下列规定：

（1）每拌制 100 盘且不超过 $100m^3$ 的同配合比的混凝土，取样不得少于一次。

（2）每工作班拌制的同一配合比的混凝土不足 100 盘时，取样不得少于一次。

（3）当一次连续浇筑超过 1 $000m^3$ 时，同一配合比的混凝土每 $200m^3$ 取样不得少于一次。

（4）每一楼层、同一配合比的混凝土，取样不得少于一次。

（5）每次取样应至少留置一组标准养护试件，同条件养护试件的留置组数应根据实际需要确定。

检验方法：检查施工记录及试件强度试验报告。

7.25 对有抗渗要求的混凝土结构，其混凝土试件应如何抽取？

对有抗渗要求的混凝土结构，其混凝土试件应在浇筑地点随机取样，同一工程、同一配合比的混凝土，取样不应少于一次，留置组数可根据实际需要确定。

检验方法：检查试件抗渗试验报告。

7.26 混凝土试件(含同条件养护试件)制作要点是什么?

(1)一般技术规定

1)混凝土物理力学性能试验的试件一般以3块试件为1组。每组试件所用的拌合物应从同盘或同一车运送的混凝土中进行见证取样制作试件,每次取样应至少留置一组标准养护试件,同条件养护试件的留置组数应根据实际需要确定。

2)所有试件应在取样后立即制作。在确定混凝土设计特征值、强度等级或进行材料性能研究时,试件的成型方法应视混凝土设备条件、现场施工方法和混凝土稠度而定,可采用振动台、振动棒或人工插捣。检验工程和构件质量的混凝土试件成型方法应尽可能与实际施工采用的方法相同。

3)棱柱体试件宜采用卧式成型。

4)特殊方法成型的混凝土(离心法、压浆法、真空作业法及喷射法等),其试件的制作应按相应的规定进行。

(2)试件制作的工具

1)试模:由铸铁或钢制成,应具有足够的刚度并便于拆装。试模内表面应光滑,其不平度应不大于试件边长的0.05%。组装后各相邻面不垂直度应不超过±5。

2)捣实设备选用:

① 振动台:其振动频率应为50±3Hz,空载时振幅应为0.5mm。

② 振动棒:直径30mm高频振动棒。

③ 钢制捣棒:直径16mm,长600mm,一端为弹头形。

3)混凝土标准养护室。温度应控制在20±3℃,相对湿度为90%以上。

(3)试件制作步骤

1)检查试模,拧紧螺栓并清刷干净。在其内壁涂上一薄层矿物油脂。

2)室内混凝土拌合应按混凝土拌合规定执行。

3）振捣成型：

① 采用振动台时，应将混凝土拌合物一次装入试模，装料时应用抹刀沿试模内壁略加插捣并应使拌合物稍有富裕。振动时要防止试模在振动台上自由跳动，并振动到表面呈现水加浆为止，刮除多余混凝土用抹刀抹平。

② 用插入式振捣棒时，混凝土拌合物应一次装入试模并稍有富裕。振动时将振捣棒在试模中心插入，振动至表面呈现水泥浆为止。停振前提取振动棒要随振随提，并应缓慢进行。试件面凹坑应及时填补抹平。

③ 人工振捣时，混凝土拌合物分二层装人试模，每层厚度应大致相等。振捣时应按螺旋方向从边缘向中心均匀进行。插捣底层时，捣棒应达到试模底面；插捣上层时，应深入下层深度约 2～3mm。捣棒应垂直插捣，并用抹刀沿试模内壁插入数次，防止产生麻面。每层插捣次数按截面大小而定，每 100cm^2 面积不少于 12 次。最后刮除多余混凝土，沿模口初步抹平。

4）试件成型后，在混凝土初凝前 1～2h 内须进行抹面，沿模口抹平。

5）成型后带模试件应用湿布或塑料布覆盖，并在 20±5℃的室内静置 1d（但不得超过 2d），然后拆模编号。

7.27 混凝土试件养护有哪些要求？

（1）标准养护。拆模后试件应立即送入人工标准养护室养护，试件间应保持 10～20mm 的距离，并避免直接用水冲淋试件。养护龄期为 28d 进行试验。

无标准养护室时，试件可在水温为 20±3℃不流动的水中养护。

（2）同条件养护。

同条件养护的试件成型后应放置在靠近相应结构构件或结构部位的适当位置，将表面加以覆盖，并与结构实体同时、同条件进行养护。试件拆模时间可与构件的实际拆模时间相同；拆模后，试件仍须保持同条件养护。

7.28 抗渗混凝土试件制作要点是什么?

(1) 养护条件

防水抗渗混凝土的抗渗性能,应以标准养护条件下养护的抗渗试块的试验结果评定。

(2) 试件留置组数

抗渗试件留置组数可视结构的规模和要求而定,有抗渗要求的重要部位不得小于2组(每组为6块)。试件应在浇筑现场制作,两组试件中,一组抗渗试件在标准条件下养护,一组在检验相同条件养护,测得抗渗强度等级作为参考数据。试件养护期不少于28d,不超过90d。如现场的原材料、配合比或施工方法有变化时,均应另行留置试件。

(3) 试件尺寸

抗渗性能试验应采用顶面直径175mm、底面直径185mm、高度150mm的圆台体,或直径与高度均为150mm的圆柱体试件(视抗渗设备要求而定)。

(4) 拆模养护

试件成型后24h拆模,用钢丝刷刷去两端面的水泥浆膜,然后送入标准养护室养护。试件一般养护至28d龄期进行试验,如有特殊要求,可按其他龄期进行。

(5) 试验设备

混凝土抗渗性能试验所用设备应符合下列规定:

1) 混凝土抗渗仪:应为能使水压按规定的制度稳定地作用于试件上的装置。

2) 加压装置:螺旋或其他形式,其压力以能把试件压入试件套内为宜。

(6) 试验步骤

混凝土抗渗性能试验应按下列步骤进行:

1) 试件养护至试验前一天取出,将表面晾干,然后在其侧面涂一层溶化的密封材料，随即在螺旋或其他加压装置上，将试件压入经烘箱预热过的试件套中，稍加冷却后即可解除压力，连同试件套装在抗渗仪上进行试验。

2）试验从水压力为 0.1MPa（1kgf/cm^2）开始。以后每隔 8h 增加水压 0.1MPa（1kgf/cm^2），并应随时注意观察试件端面的渗水情况。

3）当 6 个试件中有 3 个试件端面有渗水现象时，即可停止试验，记下当时的水压。

4）在试验过程中，如发现水从试件周边渗出，则应停止试验，重新密封。

（7）抗渗等级的计算

混凝土抗渗等级以每组 6 个试件中 4 个试件未出现渗水时的最大水压力计算，其计算式为：

$$P=10H-1$$

式中　P——抗渗等级；

H——6 个试件中 3 个渗水时的水压力（MPa）。

检验等级是在设计抗渗等级的基础上提高 0.2MPa（2kgf/cm^2）而定的，也是对施工过程中留置的试件试验测得的等级。

7.29　混凝土运输应控制哪几点？

混凝土的运输工序及其技术措施，是保证混凝土施工质量重要环节。在运输全过程中，应保持混凝土的匀质性，确保混凝土浇筑时规定的坍落度（或者维勃稠度）。

运输中装料的容器严禁有漏浆及吸水现象，使用前必须用水湿润，作业过程中应经常清除壁内附着的结硬的混凝土残渣，装料要适当，避免过满溢出。

（1）运输时间。运输时间是运输工序中必须严格控制的技术指标。混凝土拌合物从搅拌机卸出后运至浇筑部位的延续时间越短越好，常规不宜超过表 7-12 的规定。

混凝土拌合料从搅拌机卸出到浇筑完毕的延续时间(min)　表 7-12

	采用搅拌车		采用其他运输设备	
	≤C30	>C30	≤C30	>C30
≤25℃	120	90	90	75
>25℃	90	60	60	45

注：掺有外加剂或采用快硬水泥时,其延续时间应通过试验确定。

(2) 拌合物质量。混凝土在运输中,应保证不离析、不分层,确保组成成分不发生变化和施工所必需的稠度。

(3) 运输道路。施工场地的运输道路应尽量平坦,以减少运输时的振荡,避免酿成混凝土分层离析。

(4) 运输设备。运送混凝土的容器和管道,应不吸水、不漏浆,保证卸料及输送通畅。冬期施工对容器和管道应有保温措施;夏季最高气温超过 40℃时应有隔热措施,以防进水或水分蒸发。

(5) 稠度检测。应于混凝土运至指定卸料地点时进行取样检测。其检测的稠度值必须符合设计和施工的要求。

(6) 离析处理。运送的混凝土拌合物出现离析或分层现象时,应对其进行二次搅拌,方可入模。

7.30 混凝土浇筑应做哪些准备工作?

混凝土浇筑是混凝土结构工程施工中的重要工序。混凝土浇筑质量与其拌合物的和易性、工作性、可塑性有关,并直接影响混凝土制品或结构构件的成型质量。

混凝土浇筑工艺,应根据结构成型设备、成型的工艺方法、结构配筋特点,以及制品或结构构件的外形来确定。

混凝土浇筑前应对模板、支架、钢筋和预埋件的质量、数量、位置等逐一检查,并作好记录,符合要求后方能浇筑混凝土;对模板内的杂物和钢筋上的油污等清理干净,将模板的缝隙、孔洞堵严,并浇水湿润、在地基或基土上浇筑混凝土时，应清除淤泥和杂物，并应有排水和防水措施；在干燥的非粘性上，应用水湿润；对未风化的岩石，应用水清洗，但其表面不得留有积水。

7.31 使用商品混凝土应注意哪几点?

(1) 使用前查清商品混凝土运输能否按时保证供应。

(2) 应向混凝土供应商提出混凝土强度等级、总量、外加剂、掺合料、水泥品种、初凝时间、终凝时间、早强要求、抗渗要求、有害物质含量等。

(3) 检查验收混凝土供应商提供的技术文件资料。

1) 混凝土配合比。

2) 混凝土开盘鉴定。

3) 混凝土碱含量计算书。

4) 水泥准用证。

5) 水泥 3d、28d 出厂质量证明书。

6) 水泥碱含量检测报告。

7) 水泥 3d、28d 复试报告。

8) 细骨料的试验报告，碱含量检测报告。

9) 粗骨料试验报告，碱含量检测报告。

10) 混凝土掺合料合格证。

11) 混凝土掺合料出厂检测报告，碱含量检测报告，试验报告。

12) 混凝土外加剂准用证。

13) 混凝土外加剂出厂合格证、试验报告和复试报告。

14) 混凝土外加剂含量检测报告。

15) 混凝土试件 28d 抗压试验报告及合格证。

(4) 检查坍落度。

在混凝土交货地点检查混凝土坍落度，可根据车数、时间来确定检查次数，一般情况下每天上、下午至少各做 2 次。其允许偏差见表 7-13。

混凝土坍落度与要求坍落度之间的允许偏差(mm)　**表 7-13**

要求坍落度	允许偏差
＜50	±10
50～90	±20
＞90	±30

7.32 混凝土浇筑时的坍落度有何规定？如何检查？

（1）混凝土浇筑时的坍落度，见表 7-14。

混凝土浇筑时的坍落度(mm)　**表 7-14**

结构种类	坍落度
基础或地面等垫层，无筋的大体积结构（挡土墙、基础）或配筋稀疏的结构	10～30
板、梁和大型及中型截面柱等	30～50
配筋密列的结构（薄壁、斗仓、筒仓、细柱等）	50～70
配筋特密的结构	70～90

注：1. 表中规定适用机械振捣混凝土的坍落度，当采用人工振捣时其值可适当增大。
2. 当需要配制大坍落度混凝土时，应掺用外加剂。
3. 曲面或斜面结构混凝土的坍落度应根据实际需要另行选定。
4. 轻骨料混凝土的坍落度，宜比表中数值减少 10～20mm。

（2）坍落度检查。检查拌制混凝土所用原材料的品种、规格和用量，每一工作班至少两次；检查混凝土在浇筑地点的坍落度，每一工作班不少于两次。

7.33 泵送混凝土有何技术要求？使用时注意哪些事项？

泵送混凝土比较起来优点很多，如准备工作时间短、机动灵活、施工方便、速度快、效率高、节省人力和搅拌设备等。

(1) 泵送混凝土技术要求(见表 7-15)

泵送混凝土技术要求 **表 7-15**

泵送混凝土组成成分及有关项目		技术数据及要求
骨料最大粒径与输送管内径之比	碎石不宜大于	1∶3
	卵石不宜大于	1∶2.5
砂	通过 0.315mm 筛孔的砂不应少于	15%
	砂　率	40%～50%
水泥最小用量		300kg/m³
混凝土拌合物坍落度		80～180mm
外加剂及掺合料的掺入量		应试验配合比确定

注：泵送轻骨料混凝土的原材料选用及配合比，应通过试验配合比确定。

(2) 使用泵送混凝土时注意事项

1) 混凝土泵车必须与混凝土运输车配合使用。保证泵车连续作业。混凝土从搅拌站出机后，运输时间一般不超过 1h，泵送时间一般不超过 45min。

2) 泵送管道应尽量减少弯曲，转弯处尽量缓一些，要少用锥形管。

3) 泵送管向下倾斜时要阻止中断而产生的空气阻塞。

4) 泵送管使用前应用水泥浆或水泥砂浆润滑管的内壁。

5) 泵送中断或泵送完毕应立即用高压水清洗管道中残留的混凝土。

6) 运送混凝土时，防止骨料离析。

7.34 混凝土运输、浇筑及间歇的时间有何规定?

为了确保结构整体性，浇筑混凝土应连续进行。当必须间歇时，其间歇时间宜缩短，并应在前一层混凝土初凝之前，将上一层混凝土浇筑完毕。

混凝土运输、浇筑及间歇的全部时间不得超过表 7-16 中的规定，当超过规定时间应留置施工缝。

混凝土运输、浇筑和间歇的允许时间(min)　　表 7-16

时间 混凝土强度等级	气温	
	≤25℃	>25℃
≤C30	210	180
>C30	180	150

注：当混凝土中掺有促凝或缓凝外加剂时，其允许间歇时间应根据试验结果确定。

7.35　混凝土分层浇筑的厚度有何规定？

混凝土应分层浇筑，分层厚度应符合表 7-17 的规定。分层浇筑混凝土厚度与振动棒有效工作长度有关，应以振动棒实际有效长度的 1.25 倍为最大分层厚度。分层浇筑的混凝土量，应控制在混凝土初凝前能完成浇筑的数量为准。为此混凝土浇筑作业应科学组织，精心计划，均匀供应混凝土拌合料，严防间歇待续时间过长，保证拌合料均匀有效，不用设置施工缝。

混凝土浇筑分层厚度(mm)　　表 7-17

捣实混凝土的方法		混凝土浇筑分层厚度
插入式振捣		振捣器作用部分长度的 1.25 倍
表面振动		200
人工捣固	基础、无筋混凝土，或配筋稀疏的结构	250
	梁、墙板、柱结构中	200
	配筋密列的结构构件	150
轻骨料混凝土	插入式振捣	300
	表面振动(振动时需加荷)	200

7.36　混凝土密实成型方法、适用范围及优缺点是什么？

振捣作业是混凝土和钢筋混凝土结构施工中的一种成型与使

其密实的方法;其适用范围优缺点和采用设备见表 7-18。

混凝土密实成型方法 **表 7-18**

成型方法	适用范围	优缺点	采用设备
振动密实成型	广泛用于施工现场及预制构件厂的构件密实成型	密实效果好,但噪声大	振动台、插入式振动器、附着式振动器、振动抽机等
压制密实成型	适用于定型产品的成型	噪声小,密实效果好,但技术性能复杂	模压、挤压和压扎设备等
离心脱水密实成型	适用于管类制品及电杆生产	噪声较小,密实效果好,对钢模要求较高	车床式及托轮摩擦式离心机等
真空脱水密实成型	适用于楼板、地坪等混凝土密实成型	噪声小,混凝土抗渗及耐磨性好,但成型时一般要辅以振动	由真空泵、软管和吸垫等组成
复合密实成型	适用于定型制品	密实效果好但设计复杂	将以上两种以上设备复合使用,如振动加压,振动模压、振动真空、离心振动等

7.37 混凝土振捣器作业有何技术要求?

混凝土振动器作业技术要求,见表 7-19 的有关规定。

混凝土振动器作业技术要求 **表 7-19**

振动器	作业技术要求
内部振动器（插入式振动器）	振捣方法有两种,一种是垂直振捣,即振动棒与混凝土表面垂直。一种是斜向振捣,振动棒与混凝土表面成一定角度,为40°～45°

续表

振动器	作业技术要求
内部振动器 （插入式振动器）	操作方法，要做到“快插慢拔”。为了防止作业混凝土产生分层、离析现象。慢拔是为了使混凝土及时填满振动棒抽出空洞 混凝土浇筑的分层厚度，应不超过振动棒长的1.25倍 在振捣上一层混凝土时，应将振动棒插入到下层中50mm左右。以消除两层之间的接缝，确保混凝土结构的整体性。振捣要在下层混凝土初凝前作业结束 每一插点的振捣时间为20～30s。用高频振捣器时，最短不应小于10s 插点布置要均匀排列，常规采用“行列式”或“交错式”的次序移动，移动位置的距离为振动棒作用半径R的1.5倍。振动棒工作半径为300～400mm 振捣作业时，振动棒距离模板不应大于振动棒作业半径的0.5倍。操作时不宜紧靠模板振动，并应避免碰撞钢筋、预埋件、吊环、芯管或空心胶囊等
表面振动器 （平板式振动器）	在每一振动位置上常规应连续振动25～40s，其移动前后位置和排与排间相互搭接应为30～50mm，以防止漏振 作业深度，在无筋及单筋混凝土结构构件为200mm，双配筋构件为120mm 当振动棒倾斜混凝土表面时，应由低处向外逐渐移动，以保证混凝土振实 对大面积混凝土地坪，可采用两台振动器以同一方向安装在两条木杠上，通过木杠的振动使混凝土密实
外部振动器 （附着式振动器）	外部振动器的安装，应根据构件的厚度而定，其振动作用的深度为250mm左右 待混凝土入模后方可启动振动器，其浇筑高度必须高于振动器安装的部位。如构件与筋较密和断面较深较窄时，应采取边浇筑边振动 振动作业时间和有效作用半径，与结构形状、模板坚固程度、混凝土拌合物和易性及振动器功率大小有关 振动器的设置，常规每隔1～1.5m距离安装一台其作业有效范围和功能应通过试验确定
振动台	混凝土构件厚度小于200mm时，应一次将混凝土拌合物装满振捣成型。构件的厚度大于200mm，则应分层浇筑，每层厚度不应大于200mm，随浇筑随振动密实 振动作为业时间与混凝土构件的形状、尺寸大小及振动功率等因素有关，应通过试验而定 振动干硬性混凝土和轻骨料混凝土时，宜采用加压振动方法，其压力为1～3kN/m^2

7.38 混凝土振捣时间是多少？应注意哪些事项？

(1) 振捣时间。采用振捣器捣实混凝土时，每一振点的振捣时间，应使混凝土表面呈现浮浆和不再下沉为止。

(2) 注意事项。

1) 当采用插入式振捣时，捣实普通混凝土的移动间距，不宜大于振捣器作用半径的1.5倍；捣实轻骨料混凝土的移动间距，不宜大于其作用半径；振捣器与模板的距离，不应大于其作用半径的0.5倍，并应避免碰撞钢筋、模板、芯管、吊环、预埋件或空心胶囊等；振捣器插入下层混凝土内的深度应不小于50mm。

2) 当采用表面振动器时，其移动间距应保证振动器的平板能覆盖已振实部分的边缘。

3) 当采用附着式振动器时，其设置间距应通过试验确定，并应与模板紧密连接。

4) 当采用振动台振实干硬性混凝土和轻骨料混凝土时，宜采用加压振动的方法。

5) 进行振捣作业时，在施振全过程中应经常观察模板、支架、钢筋、预埋件及预留孔洞等有无变形、位移的现象。发现问题时应及时采取措施进行处理，确保浇捣的构件质量，使符合设计要求。

6) 振捣器振动作业的工作质量，必须使受振混凝土表面呈现浮浆及混凝土不再沉落，并应严格控制振动作业的最佳时间，防止超过最佳振动时间后，使混凝土的均匀性遭到破坏，导致受振混凝土产生离析、泌水泛浆等弊病。所以，正确掌握振动时间甚为重要。

7.39 混凝土结构构件产生哪几种内力？

承受外加作用的建筑结构，于结构截面中产生压、弯、拉、剪、扭等5种内力。这几种内力有时是单纯独立存在构件截面上，有时则汇集为复合内力。所以，钢筋混凝土结构构件截面为满足各种受力性能，应合理地选择其采用的混凝土强度等级和配筋，选用经济的截面尺寸和形状，以确保结构的安全性和使用功能。

建筑结构由不同种类的构件组成，由于建筑各部位受力不同，配置构件的截面所受的内力也不一样。如：柱主要承受压力；桁架的拉杆主要承受拉力；梁与板主要承受复合力，以满足于受力的要求，即在受压部位以混凝土抵抗外力，在受拉部位以钢筋抵抗外力。施工中我们应掌握钢筋混凝土构件这条基本原则，了解构件的受力状态，精心组织施工，精心操作，保证施工质量。

7.40 混凝土浇筑前，应进行哪些技术复核？

混凝土浇筑前技术复核内容：

（1）模具的强度及刚度必须满足施工荷载的要求；其几何尺寸、中心线、标高、位置及梁模的拱度，应符合设计要求。

（2）构件的配筋、预埋件及预留孔洞等的位置、标高、几何尺寸、加固钢筋含量等必须符合设计要求；如有变形、位移时，应及时采取措施进行处理，达到要求后，方可开始浇筑。

（3）混凝土拌合物的性能及和易性，应符合施工和设计要求，其拌合物的坍落度，或维勃稠度的测定值必须符合设计要求和施工及验收规范的规定。

（4）振动器振动技术参数，应通过试验确定进行认证，使其振动中的振幅、频率、速度及时间等达到混凝土振动密实成型所需的参数。

7.41 混凝土浇筑控制要点有哪些？

浇筑混凝土控制要点：

（1）浇筑混凝土时，应注意防止混凝土拌合料分层及离析。混凝土自高处从料斗、漏斗卸料倾落浇筑的自由高度，不应超过2m。浇筑竖向结构构件混凝土拌合物的高度不得超过 3m，否则应采用串筒、溜槽、溜管等下料浇筑。

（2）浇筑竖向结构混凝土前，应预先在底部填以 50～100mm 厚与混凝土内砂浆成分相同的水泥砂浆。混凝土的水灰比和坍落度应随浇筑高度的上升，及时进行调整。

（3）浇捣混凝土拌合物全过程中，应经常观察模板、支架、钢筋、预埋件及预留孔洞的情况，当发现有变形、位移时，应立即停止浇筑混凝土，及时准确调整，整修完好，方可继续浇筑。

（4）在浇筑与柱和墙连成整体的梁和板时，应在柱和墙浇筑完后，停歇1～1.5h，再继续绕筑，以防止混凝土下沉及梁板与柱、墙交接处出现裂缝。

（5）梁和板宜同时浇筑混凝土。拱和高度大于1m的梁等结构，可单独浇筑混凝土。

7.42 施工缝的留置有何规定？

施工缝的留置应位于结构受剪力较小且便于施工部位。柱应留置水平缝，梁、板、墙应留置垂直缝。

（1）柱，宜留置在基础的顶面、梁或吊车梁牛腿的下面，吊车梁的上面、无梁楼板柱帽的下面。

（2）与板连成整体的大截面梁，留置在板底面以下20～30mm处，当板下有梁托时，应留置在梁托下部。

（3）单向板，应留置在平行于板短边的任何位置。

（4）有主次梁的楼板，宜顺着次梁方向浇筑，施工缝应留在次梁跨度中间1/3的范围内。

（5）墙，宜留置在门洞口过梁跨中1/3范围内，也可留在纵横墙的交接处。

（6）双向受力楼板、大体积混凝土结构、拱、穹拱、薄壳、蓄水池、斗仓、多层刚架及其他结构复杂的工程，其施工缝的位置应按设计要求留置。

（7）斗仓施工缝可留置在漏斗的根部及上部，或在漏斗斜板与漏斗主壁交接处。

（8）地坑及水池施工缝，可留置在坑壁上，并应距坑（池）底板混凝土上面300～500mm的范围内。

7.43 设备基础是否适宜留置施工缝？必须留置时有何规定？

承受动力作用的设备基础应连续浇筑，不宜留置施工缝，以确保整体性。当必须留置时，应征得设计单位同意。其施工缝的处理应符合以下规定。

（1）标高不同的两个水平施工缝，其高低接合处应留成台阶形，台阶的高宽比不得大于1.0。

（2）基础上的机组在担负互不相关的工作时，可位于其间留置垂直施工缝。输送轨道支架基础之间，可留置垂直施工缝。

（3）垂直施工缝处应加插筋，其钢筋直径为12～16mm，长度500～600mm，间距500mm，在台阶式的施工缝垂直面上也应补插钢筋。

（4）在水平施工缝上继续浇筑混凝土前，应对地脚螺栓进行一次测量校准。

（5）施工缝的混凝土表面应凿毛，在继续浇筑混凝土前，应用洁净水冲洗干净并湿润后在表面上抹10～15mm厚与混凝土内水泥砂浆成分相同的一层水泥砂浆。

（6）设备基础中地脚螺栓范围内施工缝的留置位置，应符合以下要求：

1）水平施工缝.必须低于地脚螺栓底端，与地脚螺栓底端的距离应大于150mm。当地脚螺栓直径小于30mm时，可留置在不小于地脚螺栓埋入混凝土部分总长的3/4处。

2）垂直施工缝与地脚螺栓中心线间的距离不得小于250mm，且不得小于螺栓直径的5倍。

7.44 施工缝处理有哪些要求？

（1）在施工缝处继续浇筑混凝土时，已经浇筑完毕的混凝土抗压强度应大于或等于1.2N/mm² 方可进行。

（2）在施工缝处的混凝土已硬化表面上继续浇筑混凝土前，应认真清除垃圾、水泥浆膜、松动的砂石及软弱混凝土附着层，同时应将其光滑的表面加以凿毛，用水冲洗干净并加以充分湿润，湿润的时间常规不宜少于 24h，并应将残留的积水清理掉。

(3) 施土缝位置附近有弯筋时，必须使钢筋周围的混凝土浇筑密实，严禁产生松动及损坏。钢筋表面必须洁净，不得有油污、浮锈及水泥砂浆等杂物。

(4) 在浇筑新混凝土之前，水平施工缝宜先铺上 10～15mm 厚的水泥砂浆一层，其配合比应为母体混凝土内水泥砂浆相同。

(5) 至施工缝处开始继续浇筑混凝土时，要严格控制避免直接靠近缝边下料。用振动器振捣时，宜向施工缝处逐渐推进，并应距 800～1000mm 处停止振捣，但应加强对施工缝的接缝捣实工作，使其紧密结合。

7.45 大体积混凝土浇筑有何要求?

大体积混凝土的整体性要求高，为确保其整体性，浇筑时应合理分段、分层浇捣，使混凝土浇筑成型沿高度均匀上升，通常要求混凝土连续浇筑。施工操作工艺应做到分层浇筑、分层捣实，但应保证上下层混凝土在初凝前结合好，以防止形成施工缝，影响大体积混凝土的整体性。

7.46 大体积混凝土有哪几种浇筑方式?

大体积混凝土浇筑方式，应根据设计要求的整体性，结构的形式及大小，配筋的疏密，混凝土的级配、供应等具体情况，可采用以下 3 种方式：

(1) 全面分层法。

在整个浇筑体上将混凝土分层循环连续浇筑，各层之间的搭接必须在混凝土初凝前浇捣完毕，直至浇筑结束为止。这种施工方案适用于结构的平面尺寸不很大的工程。浇捣作业可从短边开始，沿长边推进。如作业面较大时也可分为两段同时作业，从中间向两端展开或从两端向中央推进，见图 7-1(a)。

(2) 分段分层方法。

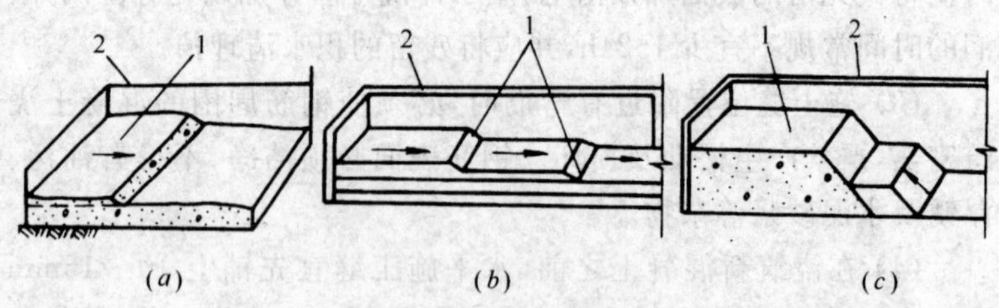

图 7-1 混凝土浇筑法

(a)全面分层;(b)分段分层;(c)斜面分层

1—混凝土;2—模板

适用于板式结构大体积混凝土浇筑。其厚度不宜过大,但面积或长度属于较大的混凝土结构。混凝土的浇筑从底层开始,进行一定距离后再回来浇筑第二层,依次向前浇筑以上各分层。各分层浇筑工序必须在上下层混凝土初凝完成,见图 7-1(b)。

(3) 斜面分层法。

斜面分层浇筑混凝土方法适用于结构的长度超过厚度 3 倍的情况。振捣作业应从浇筑层的下端开始,逐层上移,以确保混凝土浇筑质量,见图 7-1(c)。

综合所述,浇筑混凝土的分层厚度决定于振动器的振动棒长度和振动力的大小,也应考虑混凝土作业量大小和可能浇筑的工作量多少,常规投料厚度以 200~300mm 为宜。

7.47 大体积混凝土浇筑时应控制哪几点?

(1) 浇筑大体积混凝土时,防止混凝土在浇筑过程中产生离析现象。

(2) 混凝土自高处自由倾落高度超过 2m 时,应沿落距(流程)设置串筒、溜槽、溜管等进行下料,以保证混凝土不致产生离析现象。

(3) 投料串筒布置应根据浇筑面积、施工工序、浇筑速度和摊平能力而定,但其间距不得大于 3m,布置方式为交错式或行列式,以确保作业面的展开。

(4) 控制大体积混凝土裂缝的出现与扩展。

7.48 大体积混凝土防裂措施是什么?

大体积混凝土浇筑时,由于混凝土凝结过程中水泥的水化反应会散发出大量的水化热,形成混凝土内外温差较大,极易使混凝土体产生裂缝。水化热是水泥遇水产生的特有的化学反应,它使混凝土在硬化过程中升温而影响混凝土的各项技术性能。

为了减少大体积混凝土裂缝的发生,应从原材料、设计和施工等方面采取措施。

(1) 原材料和配合比

1) 控制水泥品种及技术性能,配制混凝土应选用水化热较低的水泥,如矿渣水泥、火山灰质或粉煤灰水泥等,并掺入缓凝剂或缓凝型减水剂。

2) 砂石级配要合理,尽量减少水泥用量,使混凝土中的水化热相应降低。

3) 科学地调整好水灰比,尽量降低单位体积混凝土拌合物的用水量。

4) 控制粗细骨料含泥量,粗骨料≤1%,细骨料≤3%。

(2) 设计控制措施

1) 增设滑动层

为减小温度应力,防止裂缝,宜在大体积混凝土结构的底面设置滑动层。特别是当结构在坚实的基岩或老混凝土基层上时,外约束力很大,如在基础底部全部或大部分设置滑动层时,将使温度应力大为减小。

隔离层可采用毡砂层、塑料布、纤维布加滑石粉或细砂等材料。

2) 合理分块分缝

合理分块分缝,既可减小温度应力,又可增加散热面,降低混凝土内部温度。分块分缝可根据不同情况采用伸缩缝、施工缝或后浇带。

3）控制混凝土强度等级

大体积混凝土的强度等级通常采用 C20，并以不超过 C30 为宜。

在大体积混凝土结构中，承载力安全贮备通常都很高。过高的安全贮备，将使水泥用量增多，导致施工时混凝土内部温度过高，内外温差过大，引起开裂。

4）构造钢筋适当

钢筋对混凝土抗裂影响不大，但可起到减少混凝土收缩，限制裂缝扩延作用。对于大体积混凝土结构，应适当配置抗拉的温度构造钢筋。

(3) 施工控制措施

1）根据气候条件严格控制混凝土的入模温度，夏季应采用低温水拌合混凝土，混凝土拌合物的浇筑温度不宜超过 28℃。混凝土浇筑温度系指混凝土振捣后，在混凝土 50～100mm 深处的温度。

2）有特殊要求的大体积混凝土结构工程，必要时采用人工导热法，在混凝土体内设置冷却水管，利用循环水来降低混凝土温度，以防止混凝土体内温度上升，形成内外温差较大，导致混凝土产生裂缝。

3）防止拌合物出现泌水现象，在混凝土浇筑完毕后，存在的泌水应及时排除，并进行二次振捣。

7.49 大体积混凝土中掺填大块骨料应注意哪些事项？

大体积混凝土基础中可掺填适量的石块。掺填的石块应符合以下规定：

(1) 对较厚的大体积无筋或配筋稀疏的块体基础结构，为了节约混凝土用量，可掺填适量石块。

(2) 石材质量和粒径要求 首先应符合抗压强度规定，抗压极限强度不应低于 30N/mm²；石块外观应无缝、无夹层和未煅烧的块石;粒径应控制在150～300mm范围内。条形片状的石块及卵石不宜使用。石块投入之前必须用水冲洗干净。

(3) 投放的石块应大面向下,均匀分布,间距应能使插入式振动器在其中正常进行捣实,常规间距应不小于100mm。石块与模板的距离不应小于150mm,亦不得与钢筋接触。

(4) 填充第一层石块前,应先浇筑100～150mm厚的混凝土。在最顶层石块的表面上,应铺设100mm加以上厚度的混凝土保护层。

(5) 受振动较大的大体积混凝土结构中不宜掺入石块。

(6) 浇筑混凝土分段分层的施工缝处,其水平接缝中的石块,应露出所在区段表面,露出部分约为石块体积的1/2,以确保区段之间新旧混凝土的结合良好。

7.50 后浇带浇筑应注意什么?

根据后浇带浇筑的补偿收缩混凝土的膨胀性能及效应,后浇带的作业长度大于50m时,其混凝土浇筑的时间可在5～7d以内。后浇带浇筑的混凝土要求振捣密实,防止漏振,避免过振。应在混凝土浇筑后和硬化前1～2h抹压,以防因沉降产生裂缝。

7.51 后浇带设置原则是什么?构造形式有哪几种?

(1) 后浇带应设在受力和变形较小的部位,间距宜为30～60m,宽度宜为700～1 000mm。应考虑施工方便,避免应力集中,后浇带构造可分为平接式、企口式和台阶式等。见图7-2所示。

(2) 后浇带可做成平直缝,结构主筋不宜在缝中断开,如必须断开,则主筋搭接长度应大于45倍主筋直径,并应按设计要求加设附加钢筋。

7.52 有防水要求的后浇带防水构造要点是什么?

有防水要求的后浇带的防水构造见图7-3、7-4和7-5。

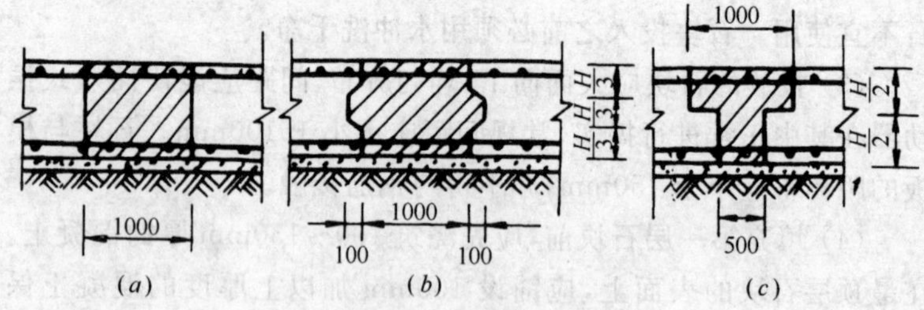

图 7-2 后浇带构造图

(a)平接式；(b)企口式；(c)台阶式

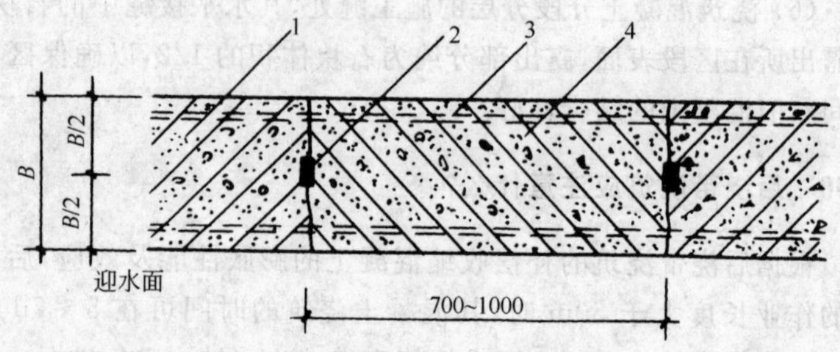

图 7-3 后浇带防水构造(一)

1—先浇混凝土；2—遇水膨胀止水条；3—结构主筋；4—后浇补偿收缩混凝土

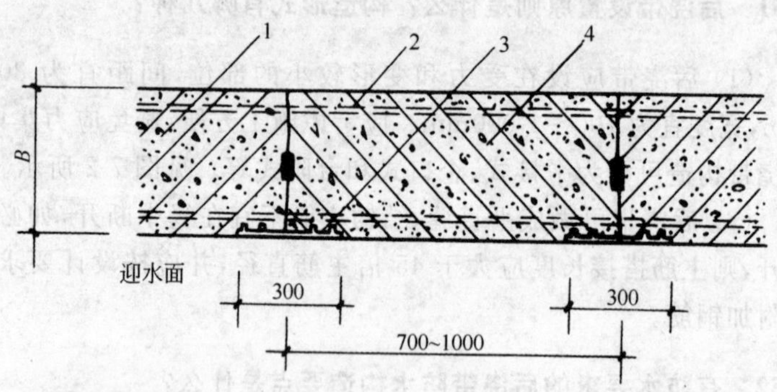

图 7-4 后浇带防水构造(二)

1—先浇混凝土；2—结构主筋；3—外贴式止水带；4—后浇补偿收缩混凝土

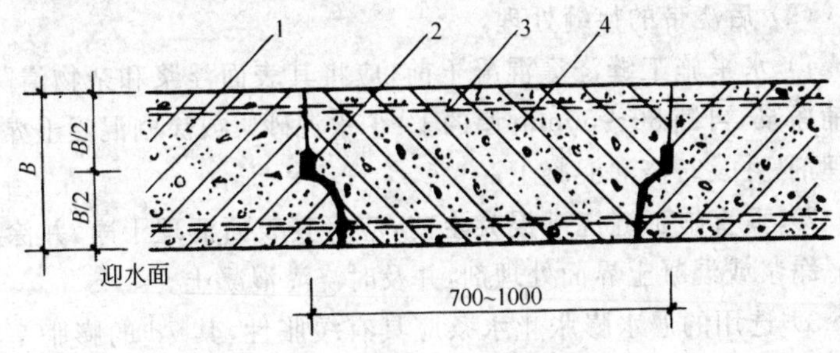

图 7-5　后浇带防水构造（三）

1—先浇混凝土；2—遇水膨胀止水条；3—结构主筋；4—后浇补偿收缩混凝土

7.53　后浇带需超前止水时，其止水构造如何？

后浇带需超前止水时，后浇带部位混凝土应局部加厚，并增设外贴式或中埋式止水带，见图 7-6。

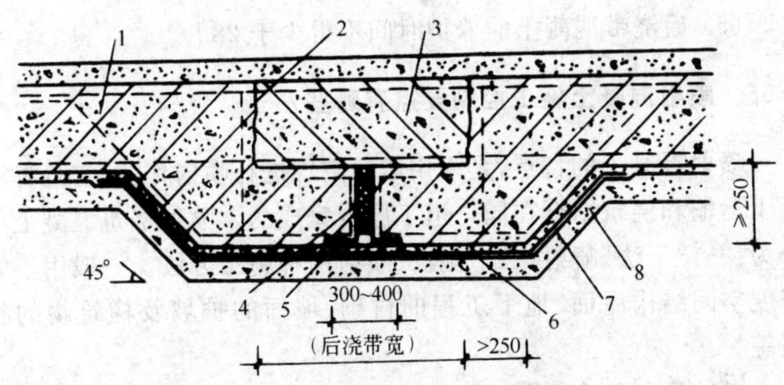

图 7-6　后浇带超前止水构造

1—混凝土结构；2—钢丝网片；3—后浇带；4—填缝材料；5—外贴式止水带；6—细石混凝土保护层；7—卷材防水层；8—垫层混凝土

7.54　后浇带施工控制要点有哪些？

(1) 后浇带应在其两侧混凝土龄期达到设计要求或 42d 后再施工，但高层建筑的后浇带应在结构顶板浇筑混凝土 14d 后进行。

(2) 后浇带的接缝处理。

1) 水平施工缝浇灌混凝土前，应将其表面浮浆和杂物清除，先铺净浆，再铺 30～50mm 厚的 1∶1 水泥砂浆或涂刷混凝土界面处理剂，并及时浇灌混凝土。

2) 垂直施工缝浇灌混凝土前，应将其表面清理干净，并涂刷水泥净浆或混凝土界面处理剂，并及时浇灌混凝土。

3) 选用的遇水膨胀止水条应具有缓胀性，其 7d 的膨胀率不应大于最终膨胀率的 60%。

4) 遇水膨胀止水条应牢固地安装在缝表面或预留槽内。

5) 采用中埋式止水带时，应确保位置准确、固定牢靠。

(3) 后浇带混凝土施工前，后浇带部位和外贴式止水带应予以保护，严防落入杂物和损伤外贴式止水带。

(4) 后浇带应采用补偿收缩混凝土浇筑，其强度等级不应低于两侧混凝土。

(5) 后浇带混凝土的养护时间不得少于 28d。

7.55 喷射混凝土施工控制要点有哪些?

喷射混凝土的特点，是采用压缩空气进行喷射作业，它是将混凝土运输和浇筑结合在同一道工序内完成的。喷射浇筑混凝土可分为：一，“干法”喷射；二，“湿法”喷射两种施工方法。一般用于大跨度空间结构屋面、地下工程的衬砌、坡面的护坡及构筑物的补强等。

(1) 干法喷射工艺。

干法喷射是将砂石和水泥按试验配合比值，经过强制式搅拌机拌合后，用压缩空气将干性混凝土拌合物送入管道，再送到喷嘴内，在喷嘴内引入高压水，与干性拌合料合成混凝土，最终将混凝土喷射到建筑物或构筑物上。

干法喷射工艺，因干料喷射速度快，在喷嘴内与水拌合的物化时间短，水泥的水化作用不充分。另外，由于机械性能和操作上的原因，材料的配合比和水灰比不易控制。其混凝土的匀质性控制不如湿法施工好。

(2) 湿法喷射工艺。

湿法喷射是按混凝土配合比进行投料，于搅拌机内拌合成混凝土混合料后，由喷射系统的喷射机通过胶管从喷嘴中喷出。湿法施工是先加水搅拌成匀质混凝土后再送进喷射系统内的，水泥的水化作用比较充分。与干法施工相比，混凝土强度的增长速度可提高约100%。

(3) 水灰比。

喷射浇筑的混凝土，由于拌合料中的水泥颗粒与粗集料互相撞击，连续挤压，故可采用较小的水灰比，从而使混凝土具有足够的密实性、具有较高的强度和较好的耐久性。

(4) 外加剂。

外加剂的用量及功能。在喷射混凝土中常掺入适量的外加剂可改善其性能。常规是掺入水泥重量2.5%～4.0%的高效速凝剂，可使混凝土中水泥在3min内初凝，10min达到终凝，有利于提高其早期强度和增大其喷射层厚度。

(5) 增强混凝土。

为使混凝土能够提高其抗拉、抗剪、抗冲击及抗疲劳强度。可在喷射混凝土中掺入少量的(一般为混凝土重量的3%～4%)钢纤维(直径0.3～0.5mm，长度为20～30mm)，成为加强混凝土。

7.56 混凝土养护的作用是什么?

混凝土养护，是为使混凝土拌合物经浇捣密实成型后，逐步硬化形成定型结构的过程中，确保密实成型的混凝土能正常完成水泥的水化反应，在规定的龄期内达到设计要求的强度，所需的物理力学性能以及耐久性等技术指标的一种工艺措施。

混凝土养护工序中浇水，是为了满足水泥继续水化反应的需要。水与水泥发生水化作用，生成凝胶体水化物，使混凝土胶凝牢固产生强度，并填充于混凝土中均匀分布的毛细孔内，使其大孔变成小孔，增加了水泥石的密实度。如果混凝土在塑性状态期间，因失水收缩而引起拉应力，将导致混凝土早期干裂，降低混凝土强度，破坏混凝土结构性能，甚至酿成质量事故。所以，养护工作十分重要。

特别是高性能的防水混凝土、补偿收缩混凝土及耐久性混凝土，不仅要求适时养护，还应适当延长养护时间。蓄水养护更优于淋洒养护。

7.57 混凝土养护基本要求是什么？养护方法有哪些？

混凝土养护工艺，应科学合理和操作方法正确。

（1）混凝土养护基本要求

1）养护期间的温度控制。当温度低于5℃时，水化作用是非常缓慢的，此时也不得浇水。常温养护的温度范围是5～35℃，包括施工环境温度、水泥水化反应时水化热的温度。当温度低于5℃时，应采取加热保温养护，或延长养护时间。

2）养护用水。养护用水，应与混凝土拌制用水相同。

3）大体积混凝土的养护。应根据气候条件及混凝土本身的温度采取控温措施，两者温差不宜超过25℃。

4）覆盖养护。用塑料布覆盖养护，是将混凝土构件敞露的全部表面用塑料布覆盖严密，并应保持塑料布内的凝结水不会向外挥发。当混凝土构件形状表面不便浇水及不便用塑料布覆盖养护时，可在混凝土构件表面喷涂薄膜养生液作养护层，以防止混凝土内部的水分蒸发。

混凝土浇捣成形之后，其凝固、硬化的全过程主要是由水泥的水化作用来实现。水化作用必须在适当的温度和湿度条件下才能完成。因此，为了保证混凝土有适宜的硬性化条件，使其在规定的龄期内达到设计要求的强度，防止因混凝土中水泥水化热引起收缩裂缝，必须对混凝土按规定进行养护。

5）混凝土强度达到1.2N/mm² 前，不得在其上踩踏或安装模板及支架。

6）混凝土表面不便浇水或使用塑料布时，宜涂刷养护剂。

（2）养护方法

1）标准养护。气温保持20±3℃，相对湿度保持90%以上，时间28d。

2）自然养护：

① 自然养护应遵守规定：

a. 在浇筑完成初凝后进行覆盖或养护。

b. 混凝土强度达到1.2N/mm^{2}后，始允许操作人员行走、安装模板和支架。

c. 不允许用悬挑构件作为交通运输的通道，或作工具、材料的停放场。

② 养护方法。有覆盖浇水、围水养护、浸水养护、喷雾或洒水、喷膜养护、铺膜养护等。

最常用的是覆盖浇水养护和喷膜养护。

③ 覆盖浇水养护要点：

a. 初凝后可以覆盖，终凝后开始浇水。

b. 常以麻袋片、草席、竹帘、锯末、砂、炉渣等进行覆盖。

c. 当天用喷壶洒水，翌日用胶管浇水。

d. 浇水次数以保证覆盖物经常湿润为准。

e. 浇水时间：

第一用硅酸盐水泥、普通水泥、矿渣水泥拌制的混凝土，在正温条件下，不少于7d。

第二掺用缓凝型外加剂，或有抗渗要求的混凝土，不少于14d。

第三用其他水泥拌制的混凝土，按水泥特性确定。

f. 竖向构件用麻袋、草席、竹帘等做成帘式覆盖物，在顶部喷水养护。

g. 外界气温低于5℃，按冬期施工处理。

3）太阳能养护。太阳能养护通常用于混凝土构件预制厂，其养护时间与同条件的自然养护相比，只需30%～50%的时间。太阳能养护要注意选好吸热保温材料，安装好反射板、玻璃板和活动式集热箱，搞好清扫工作。

4）铺膜养护。铺膜养护是综合自然养护、喷膜养护、太阳能养护而成的一种简易有效的养护方法，适用于各种现浇或预制混凝土工程。这种养护方法装置简单，不需专用的喷洒设备或集热箱等，不需另行配料，又是无毒作业，不需经常浇水，薄膜可代替麻袋等覆盖物，能重复使用，能提高早期强度，比自然养护可缩短一半时间。

除了上述养护方法外还有蒸汽养护、红外线养护、循环湿热空气养护等。

7.58 混凝土养护龄期在不同温度下强度增长率为多少？

混凝土养护龄期强度增长情况与水泥品种、气温和混凝土强度有关，表 7-20 为用 42.5 级水泥配制的混凝土在不同温度下强度增长率。

用 42.5 级水泥配制的混凝土在不同温度下强度增长率　　表 7-20

水泥种类	龄期(d)	平均温度(℃)							
		1	5	10	15	20	25	30	35
		混凝土强度(%)							
普通水泥	3	15	20	25	32	38	42	48	52
	5	26	30	38	45	52	57	62	67
	7	32	40	48	55	62	68	72	75
	10	40	50	60	68	75	78	82	85
	15	52	62	72	80	90			
	28	68	78	85	90	100			
火山灰质水泥及矿渣水泥	3	5	10	15	20	23	25	23	40
	5	12	16	25	30	35	40	45	52
	7	15	23	32	40	45	50	55	62
	10	23	34	45	52	58	63	68	75
	15	34	45	60	68	75	78	85	90
	28	45	65	80	90	100			

7.59 结构实体检验用同条件养护试件留置方式和强度试验有何规定？

(1) 试件的留置方式

同条件养护试件的留置方式和取样数量，应符合下列要求：

1) 同条件养护试件所对应的结构构件或结构部位，应由监理（建设）、施工等各方共同选定。

2) 对混凝土结构工程中的各混凝土强度等级，均应留置同条件养护试件。

3) 同一强度等级的同条件养护试件，其留置的数量应根据混凝土工程量和重要性确定，不宜少于10组，且不应少于3组。

4) 同条件养护试件拆模后，应放置在靠近相应结构构件或结构部位的适当位置，并应采取相同的养护方法。

(2) 强度试验条件

同条件养护试件应在达到等效养护龄期时进行强度试验。

等效养护龄期应根据同条件养护试件强度与在标准养护条件下28d龄期试件强度相等的原则确定。

7.60 同条件养护试件等效养护龄期和强度代表值有何规定？

同条件自然养护试件的等效养护龄期及相应的试件强度代表值，宜根据当地的气温和养护条件，按下列规定确定：

(1) 等效养护龄期可取按日平均温度逐日累计达到600℃·d时所对应的龄期，0℃及以下的龄期不计入；等效养护龄期不应小于14d，也不宜大于60d。

600℃·d的累计为：每天以当地气象台公布的日平均气温为准，将每天的平均气温相加，直至达到600℃为止。例如：气象台公布某天最高气温22℃，最低气温16℃，那么当天平均气温可取19℃。如条件允许，亦可在施工现场测温，一般可每隔6h测一次，每天4次，取平均值。

(2) 同条件养护试件的强度代表值应根据强度试验结果按现

行国家标准《混凝土强度检验评定标准》GBJ 107 的规定确定后，乘折算系数取用；折算系数宜取为 1.10，也可根据当地的试验统计结果作适当调整。

（3）冬期养护条件。

冬期施工、人工加热养护的结构构件，其同条件养护试件的等效养护龄期可按结构构件的实际养护条件，由监理（建设）、施工等各方根据本条之（1）规定共同确定。

7.61 如何检查混凝土强度？

在混凝土的浇筑地点随机抽取混凝土试件，检查构件混凝土强度。

（1）试件

其标准成型方法见本章第 7.26 条，养护条件见本章第 7.27 条、7.28 条、7.60 条，强度试验方法应符合普通混凝土力学性能试验方法标准的规定。

（2）强度确定

检验评定混凝土强度用的混凝土试件的尺寸及强度的尺寸换算系数应按表 7.21 取用。

混凝土试件尺寸及强度的尺寸换算系数　　表 7-21

骨料最大粒径（mm）	试件尺寸（mm）	强度的尺寸换算系数
≤31.5	100×100×100	0.95
≤40	150×150×150	1.00
≤63	200×200×200	1.05

注：对强度等级为 C60 及以上的混凝土试件，其强度的尺寸换算系数可通过试验确定。

1）混凝土强度代表值。每组 3 个试件应在同盘混凝土中取样制作，其试件的混凝土强度代表值应符合下列规定：

① 取 3 个试件强度的平均值。

② 当 3 个试件强度中的最大值或最小值与中间值之差超过中间值的 15%时,取中间值。

③ 当 3 个试件强度中的最大值和最小值与中间值之差均超过中间值的 15%时,该组试件不应作为强度评定依据。

2) 试件混凝土强度。评定结构构件的混凝土强度应采用标准试件的混凝土强度。

(3) 取样方法按本章第 7.24 条和 7.25 条规定取样。

7.62 混凝土施工检验批质量验收有哪些规定?

(1) 主控项目

1) 结构混凝土的强度等级必须符合设计要求。用于检查结构构件混凝土强度的试件,应在混凝土的浇筑地点随机抽取。取样与试件留置应符合下列规定:

① 每拌制 100 盘且不超过 $100m^3$ 的同配合比的混凝土,取样不得少于一次。

② 每工作班拌制的同一配合比的混凝土不足 100 盘时,取样不得少于一次。

③ 当一次连续浇筑超过 1 $000m^3$ 时,同一配合比的混凝土每 $200m^3$ 取样不得少于一次。

④ 每一楼层、同一配合比的混凝土,取样不得少于一次。

⑤ 每次取样应至少留置一组标准养护试件,同条件养护试件的留置组数应根据实际需要确定。

检验方法:检查施工记录及试件强度试验报告。

2) 对有抗渗要求的混凝土结构,其混凝土试件应在浇筑地点随机取样。同一工程、同一配合比的混凝土,取样不应少于一次,留置组数可根据实际需要确定。

检验方法:检查试件抗渗试验报告。

3) 混凝土原材料每盘称量的偏差应符合表 7-22 的规定。

检查数量:每工作班抽查不应少于一次。

检验方法:复称。

原材料每盘称量的允许偏差 **表 7-22**

材料名称	允许偏差
水泥、掺合料	±2%
粗、细骨料	±3%
水、外加剂	±2%

注：1. 各种衡器应定期校验，每次使用前应进行零点校核，保持计量准确。
2. 当遇雨天或含水率有显著变化时，应增加含水率检测次数，并及时调整水和骨料的用量。

4）混凝土运输、浇筑及间歇的全部时间不应超过混凝土的初凝时间。同一施工段的混凝土应连续浇筑，并应在底层混凝土初凝之前将上一层混凝土浇筑完毕。

当底层混凝土初凝后浇筑上一层混凝土时，应按施工技术方案中对施工缝的要求进行处理。

检查数量：全数检查。

检验方法：观察，检查施工记录。

(2) 一般项目

1）施工缝的位置应在混凝土浇筑前按设计要求和施工技术方案确定。施工缝的处理应按施工技术方案执行。

检查数量：全数检查。

检验方法：观察，检查施工记录。

2）后浇带的留置位置应按设计要求和施工技术方案确定。后浇带混凝土浇筑应按施工技术方案进行。

检查数量：全数检查。

检验方法：观察，检查施工记录。

3）混凝土浇筑完毕后，应按施工技术方案及时采取有效的养护措施，并应符合下列规定。

① 应在浇筑完毕后的 12h 以内对混凝土加以覆盖并保湿养护。

② 混凝土浇水养护的时间：对采用硅酸盐水泥、普通硅酸盐水泥或矿渣硅酸盐水泥拌制的混凝土，不得少于 7d；对掺用缓凝

型外加剂或有抗渗要求的混凝土，不得少于14d。

③ 浇水次数应能保持混凝土处于湿润状态；混凝土养护用水应与拌制用水相同。

④ 采用塑料布覆盖养护的混凝土，其敞露的全部表面应覆盖严密，并应保持塑料布内有凝结水。

⑤ 混凝土强度达到1.2N/mm^2 前，不得在其上踩踏或安装模板及支架。

注：① 当日平均气温低于5℃时，不得浇水。

② 当采用其他品种水泥时，混凝土的养护时间应根据所采用水泥的技术性能确定。

③ 混凝土表面不便浇水或使用塑料布时，宜涂刷养护剂。

④ 对大体积混凝土的养护，应根据气候条件按施工技术方案采取控温措施。

检查数量：全数检查。

检验方法：观察，检查施工记录。

(3) 混凝土检验批质量验收记录(见表7-23)

(4) 混凝土分项工程质量验收记录表

混凝土分项工程质量验收记录表见表7-24。

混凝土施工检验批质量验收记录表 **表7-23**

GB 50204—2002

(Ⅱ)

010603□□

020103 0 2

单位(子单位)工程名称	××4号住宅楼		
分部(子分部)工程名称	主体结构	验收部位	一层①～⑩轴梁板
施工单位	××建筑工程公司	项目经理	
施工执行标准名称及编号	QJ 002—010—2003 混凝土工艺标准		
施工质量验收规范的规定	施工单位检查评定记录	监理(建设)单位验收记录	

续表

主控项目	1	混凝土强度等级及试件的取样和留置	第7.4.1条	C30，标养、同条件养护各2组	同意验收
	2	混凝土抗渗及试件取样和留置	第7.4.2条	见证取样，报告：36.5MPa	
	3	原材料每盘称量的偏差	第7.4.3条	偏差控制1%	
	4	初凝时间控制	第7.4.4条	√	
一般项目	1	施工缝的位置和处理	第7.4.5条	√	同意验收
	2	后浇带的位置和浇筑	第7.4.6条	√	
	3	混凝土养护	第7.4.7条	√	
施工单位检查评定结果	专业工长（施工员）			施工班组长	
	主控项目、一般项目均合格。 项目专业质量检查员：　　　年　月　日				
监理（建设）单位验收结论	同意验收。 专业监理工程师： （建设单位项目专业技术负责人）：　　　年　月　日				

混凝土分项工程质量验收记录表　　表7-24

单位（子单位）工程名称	××4号住宅楼	结构类型	框架10层
分部（子分部）工程名称	主体结构	检验批数	10
施工单位	××建筑工程公司	项目经理	

续表

<table>
<tr><td>分包单位</td><td colspan="2"></td><td>分包项目经理</td><td></td></tr>
<tr><td>序　号</td><td>检验批部位、区段</td><td>施工单位检查评定结果</td><td colspan="2">监理(建设)单位验收结论</td></tr>
<tr><td>1</td><td>一层墙、板①～⑩轴</td><td>√</td><td colspan="2" rowspan="10">同意检收</td></tr>
<tr><td>2</td><td>二层墙、板①～⑩轴</td><td>√</td></tr>
<tr><td>3</td><td>三层墙、板①～⑩轴</td><td>√</td></tr>
<tr><td>4</td><td>四层墙、板①～⑩轴</td><td>√</td></tr>
<tr><td>5</td><td>五层墙、板①～⑩轴</td><td>√</td></tr>
<tr><td>6</td><td>六层墙、板①～⑩轴</td><td>√</td></tr>
<tr><td>7</td><td>七层墙、板①～⑩轴</td><td>√</td></tr>
<tr><td>8</td><td>八层墙、板①～⑩轴</td><td>√</td></tr>
<tr><td>9</td><td>九层墙、板①～⑩轴</td><td>√</td></tr>
<tr><td>10</td><td>十层墙、板①～⑩轴</td><td>√</td></tr>
<tr><td>说明</td><td colspan="2">设计强度:C30;
试件强度:36.5、37.8、38、34.6、35.5、34.0、39.2、34.7、38.1、33.9;
平均:36.2>34.5(30×1.15)
最小:33.9>28.5(30×0.95)</td><td colspan="2"></td></tr>
<tr><td>检查结论</td><td>符合施工质量验收规范要求。

项目专业技术负责人:
年　月　日</td><td>验收结论</td><td colspan="2">同意验收。

监理工程师:
(建设单位项目专业技术负责人)
年　月　日</td></tr>
</table>

7.63 混凝土现浇结构外观质量有哪些规定？

(1) 现浇结构的外观质量缺陷，应由监理(建设)单位、施工单位等各方根据其对结构性能、使用功能和使用功能影响严重程度按表 7-25 进行确定。

(2) 现浇结构拆模后，应由监理(建设)单位、施工单位对外观质量和尺寸偏差进行检查，做出记录，并应及时按施工技术方案对缺陷进行处理。

现浇结构外观质量缺陷 **表 7-25**

名 称	现 象	严重缺陷	一般缺陷
露 筋	构件内钢筋未被混凝土包裹而外露	纵向受力钢筋有露筋	其他钢筋有少量露筋
蜂 窝	混凝土表面缺少水泥砂浆而形成石子外露	构件主要受力部位有蜂窝	其他部位有少量蜂窝
孔 洞	混凝土中孔穴深度和长度均超过保护层厚度	构件主要受力部位有夹渣	其他部位有少量孔洞
夹 渣	混凝土中夹有杂物且深度超过保护层厚度	构件主要受力部位有夹渣	其他部位有少量夹渣
疏 松	混凝土中局部不密实	构件主要受力部位有疏松	其他部位有少量疏松
裂 缝	缝隙从混凝土表面延伸至混凝土内部	构件主要受力部位有影响结构性能或使用功能的裂缝	其他部位有少量不影响结构性能或使用功能的裂缝
连接部位缺 陷	构件连接处混凝土缺陷及连接钢筋、连接件松动	连接部位有影响结构传力性能的缺陷	连接部位有基本不影响结构传力性能的缺陷
外形缺陷	缺棱掉角、棱角不直、翘曲不平、飞边凸肋等	清水混凝土构件有影响使用功能或装饰效果的外形缺陷	其他混凝土构件有不影响使用功能的外形缺陷
外表缺陷	构件表面麻面、掉皮、起砂、沾污等	具有重要装饰效果的清水混凝土构件有外表缺陷	其他混凝土构件有不影响使用功能的外表缺陷

7.64 现浇结构外观及尺寸偏差检验批质量验收有何规定?

(1) 外观质量

1) 主控项目

现浇结构的外观质量不应有严重缺陷。

对已经出现的严重缺陷,应由施工单位提出技术处理方案,并经监理(建设)单位认可后进行处理。对经处理的部位,应重新检查验收。

检查数量:全数检查。

检验方法:观察,检查技术处理方案。

2) 一般项目

现浇结构的外观质量不宜有一般缺陷。

对已经出现的一般缺陷,应由施工单位按技术处理方案进行处理,并重新检查验收。

检查数量:全数检查。

检验方法:观察,检查技术处理方案。

(2) 尺寸偏差

1) 主控项目

现浇结构不应有影响结构性能和使用功能的尺寸偏差。混凝土设备基础不应有影响结构性能和设备安装的尺寸偏差。

对超过尺寸允许偏差且影响结构性能和安装、使用功能的部位,应由施工单位提出技术处理方案,并经监理(建设)单位认可后进行处理。对经处理的部位,应重新检查验收。

检查数量:全数检查。

检验方法:量测,检查技术处理方案。

2) 一般项目

现浇结构和混凝土设备基础拆模后的尺寸偏差应符合表7-26、表7-27,一般项目中有关允许偏差的规定。

检查数量:按楼层、结构缝或施工段划分检验批。在同一检验批内,对梁、柱和独立基础,应抽查构件数量的10%,且不少于3

件；对墙和板，应按有代表性的自然间抽查 10%，且不少于 3 间；对大空间结构，墙可按相邻轴线间高度 5m 左右划分检查面，板可按纵、横轴线划分检查面，抽查 10%，且均不少于 3 面；对电梯井，应全数检查。对设备基础，应全数检查。

（3）现浇结构分项工程检验批施工质量验收记录表

现浇结构分项工程检验批施工质量验收记录表有 2 张。

1）现浇结构外观及尺寸偏差检验批质量验收记录表，见表 7-26。

2）混凝土设备基础外观及尺寸偏差检验批质量验收记录表，见表 7-27。

该表一般项目中允许偏差检查评定记录检查方法和填写要求见表 7-26。

（4）现浇结构分项工程质量验收记录表

现浇结构分项工程质量验收记录表见表 7-28。

现浇结构外观及尺寸偏差检验批质量验收记录表　　表 7-26

GB 50204—2002

（Ⅰ）

010603□□

020105 0 2

单位(子单位)工程名称		××4号住宅楼			
分部(子分部)工程名称		主体结构		验收部位	一层①～⑩轴墙
施工单位		××建筑工程公司		项目经理	
施工执行标准名称及编号		QJ 002—010—2002 混凝土工艺标准			
施工质量验收规范的规定				施工单位检查评定记录	监理（建设）单位验收记录
主控项目	1	外观质量	第 8.2.1 条	√	同意验收
	2	过大尺寸偏差处理及验收	第 8.3.1 条	√	

续表

	1	外观质量 一般缺陷			第8.2.2条	√								
	2	轴线位置(mm)	基　础		15									
			独立基础		10									
			墙、柱、梁		8	3	4	6	⑧	7	5	6	7	
			剪力墙		5									
	3	垂直度(mm)	层高	≤5m	8	2	5	6	7	4	⑧	3	5	
				>5m	10									
			全高(H)		H/1000且≤30									
一般项目	4	标高(mm)	层　高		±10	-5	⑩	3	6	8	7	-3	5	
			全　高		±30									
	5	截面尺寸			+8，-5	-⑥	0	4	3	5	6	-3	-⑥	同意验收
	6	电梯井	进筒长、宽对定位中心线(mm)		+25，0									
			井筒全高(H)垂直度(mm)		H/1000且≤30									
	7	表面平整度(mm)			8	⑧	6	5	3	4	5	3	7	
		预埋设施中心线位置(mm)	预埋件		10	5	3	4	8	6				
			预埋螺栓		5									
			预埋管		5									
	8	预留洞中心线位置(mm)			15	7	5	4	3	10	6	8	9	

续表

<table>
<tr><td rowspan="3">施工单位检查评定结果</td><td>专业工长(施工员)</td><td></td><td>施工班组长</td><td></td></tr>
<tr><td colspan="4">主控项目、一般项目均合格。</td></tr>
<tr><td colspan="4">项目专业质量检查员： 年 月 日</td></tr>
<tr><td>监理(建设)单位验收结论</td><td colspan="4">同意验收。
专业监理工程师：
(建设单位项目专业技术负责人)： 年 月 日</td></tr>
</table>

注：检查轴线、中心线位置时，应沿纵横两个方向测量，并取其中较大值。

混凝土设备基础外观及尺寸偏差检验批质量验收记录表

表 7-27

GB 50204—2002

(Ⅱ)

010603□□

020105 0 2

<table>
<tr><td colspan="3">单位(子单位)工程名称</td><td colspan="4">××4 号住宅楼</td></tr>
<tr><td colspan="3">分部(子分部)工程名称</td><td>主体结构</td><td>验收部位</td><td colspan="2">一层①～⑩轴墙</td></tr>
<tr><td colspan="2">施工单位</td><td colspan="2">××建筑工程公司</td><td>项目经理</td><td colspan="2"></td></tr>
<tr><td colspan="3">施工执行标准名称及编号</td><td colspan="4">QJ 002—010—2002 混凝土工艺标准</td></tr>
<tr><td colspan="4">施工质量验收规范的规定</td><td>施工单位检查评定记录</td><td colspan="2">监理(建设)单位验收记录</td></tr>
<tr><td rowspan="2">主控项目</td><td>1</td><td>外观质量</td><td>第 8.2.1 条</td><td>√</td><td colspan="2" rowspan="2">同意验收</td></tr>
<tr><td>2</td><td>过大尺寸偏差处理及验收</td><td>第 8.3.1 条</td><td>√</td></tr>
</table>

续表

一般项目	1	外观质量一般缺陷		第8.2.2条	√								同意验收
	2	坐标位置(mm)		20									
	3	不同平面的标高(mm)		0,－20									
	4	平面外形尺寸(mm)		±20									
	5	凸台上平面外形尺寸(mm)		0,－20									
	6	凹穴尺寸(mm)		＋20,0									
	7	平面水平度	每米(mm)	5									
			全长(mm)	10									
	8	垂直度	每米(mm)	5									
			全高(mm)	10									
	9	预埋地脚螺栓	标高(顶部)(mm)	＋20,0									
			中心距(mm)	±2									
	10	预进地脚螺栓孔	中心线位置(mm)	10									
			深度(mm)	＋20,0									
			孔垂直度(mm)	10									
	11	预埋活动地脚螺栓锚板	标高(mm)	＋20,0									
			中心线位置(mm)	5									
			带槽锚板平整度(mm)	5									
			带螺纹孔锚板平整度(mm)	2									

续表

<table>
<tr><td rowspan="2">施工单位检查
评定结果</td><td>专业工长(施工员)</td><td></td><td>施工班组长</td><td></td></tr>
<tr><td colspan="4">主控项目、一般项目均合格。

项目专业质量检查员：　　　　年　月　日</td></tr>
<tr><td>监理(建设)单位
验收结论</td><td colspan="4">同意验收。

专业监理工程师：
(建设单位项目专业技术负责人)：　　　　年　月　日</td></tr>
</table>

注：检查坐标、中心线位置时，应沿纵横两个方向测量，并取其中较大值。

现浇结构分项工程质量验收记录表　　表 7-28

<table>
<tr><td colspan="2">单位(子单位)工程名称</td><td>××4号住宅楼</td><td>结构类型</td><td>框架10层</td></tr>
<tr><td colspan="2">分部(子分部)工程名称</td><td>主体结构</td><td>检验批数</td><td>10</td></tr>
<tr><td>施工单位</td><td colspan="2">××建筑工程公司</td><td>项目经理</td><td></td></tr>
<tr><td>分包单位</td><td colspan="2"></td><td>分包项目经理</td><td></td></tr>
<tr><td>序号</td><td>检验批部位、区段</td><td>施工单位检查评定结果</td><td colspan="2">监理(建设)单位验收结论</td></tr>
<tr><td>1</td><td>一层墙、板①～⑩轴</td><td>√</td><td colspan="2" rowspan="10">同　意　验　收</td></tr>
<tr><td>2</td><td>二层墙、板①～⑩轴</td><td>√</td></tr>
<tr><td>3</td><td>三层墙、板①～⑩轴</td><td>√</td></tr>
<tr><td>4</td><td>四层墙、板①～⑩轴</td><td>√</td></tr>
<tr><td>5</td><td>五层墙、板①～⑩轴</td><td>√</td></tr>
<tr><td>6</td><td>六层墙、板①～⑩轴</td><td>√</td></tr>
<tr><td>7</td><td>七层墙、板①～⑩轴</td><td>√</td></tr>
<tr><td>8</td><td>八层墙、板①～⑩轴</td><td>√</td></tr>
<tr><td>9</td><td>九层墙、板①～⑩轴</td><td>√</td></tr>
<tr><td>10</td><td>十层墙、板①～⑩轴</td><td>√</td></tr>
</table>

续表

<table>
<tr><td colspan="2">说
明</td><td></td><td colspan="2"></td></tr>
<tr><td>检
查
结
论</td><td colspan="2">符合施工质量验收规范要求。

项目专业技术负责人：
年　月　日</td><td>验
收
结
论</td><td>同意验收。

监理工程师：
（建设单位项目专业技术负责人）
年　月　日</td></tr>
</table>

7.65 什么条件下施工为混凝土工程冬期施工？

混凝土结构工程进入冬期施工的依据是本地区气温资料，当室外平均气温连续5d稳定在低于5℃时，即确定为混凝土施工进入冬期。其施工作业应采取冬期施工技术措施，并应及时采取防冻施工，以防温度突然下降，造成混凝土冻害。混凝土早期遭受冻害不但使强度降低，还将使其耐久性和质量受到影响。

7.66 混凝土冬期施工受冻临界强度和一般规定有哪些？

冬期浇筑的混凝土，受冻临界强度应符合以下规定：

(1) 硅酸盐水泥或普通硅酸盐水泥配制的混凝土，其强度为设计的混凝土强度标准值的30%。矿渣硅酸盐水泥配制的混凝土，为设计强度标准值的40%，但不大于C10的混凝土不得小于5.0N/mm^2。当施工需要提高混凝土强度等级时，应按提高后的强度等级确定。

(2) 掺用防冻剂的混凝土，当室外最低气温不低于－15℃时不得小于4.0N/mm^2，当室外最低气温不低于－30℃时不得小于5.0N/mm^2。

混凝土强度的增长是水泥水化作用的结果。混凝土强度受温度变化的影响极大，温度下降使水化作用的速度减慢，强度削弱，因此，混凝土强度的增长也将变慢。当温度降到0℃时，混凝土表面的水溶物部分结冰，水化作用基本停止，混凝土强度增长极慢。温度低于－3℃时，水化作用完全停止，混凝土处于冬眠状态，其强度不再增长。

7.67 混凝土冬期施工应计算哪些热工温度？

混凝土的冬期施工，必须按冬期施工技术措施进行，并应精确地计算其热工温度值，具体有：

(1) 原材料的加热温度。

(2) 混凝土拌合物的温度及出机温度。

(3) 混凝土拌合物运输至成型过程控制的温度，并应考虑模板和钢筋吸热的影响。

(4) 混凝土养护过程中的温度。

混凝土受冻害与其遭冻时间早晚有很大关系。混凝土浇筑后3～6h以内在凝结前遭冻，其强度损失可达20％以上。如混凝土在遭冻前其强度已达到临界强度以上，则不会受太大的影响，仅仅是强度增长的速度缓慢一些。

7.68 混凝土工程冬期施工方法有哪些？优先选用哪几种？

最常用的混凝土冬期施工方法有蓄热法、蒸汽养护法、电加热法、暖棚法、负温养护法和硫铝酸盐水泥混凝土法等。这些方法各有利弊，并有一定的适用范围，应根据当地气温情况、结构特点、原材料品种、能源及设备条件、工期和热工计算结果进行合理的选择。

7.69 蓄热法施工控制要点是什么？

混凝土的蓄热法施工，是将混凝土组成的材料加热后搅拌，浇入模内，以充分利用预加热量和水泥在硬化过程中放出的水化热，使混凝土在正常温度条件下达到预定的设计强度。因此,在混凝土构件四周应覆盖保温材料,防止热量的过快损失,减缓混凝土的冷却速度。

(1) 蓄热法是目前冬期施工中最简易的方法,适用于室外平均温度在−15℃以上的环境,对结构易受冻的部位,应采取加强保温措施。

(2) 蓄热法使用的保温材料,以选用导热系数小,价格低廉的地方材料为宜。保温材料必须干燥,以免降低保温性能。软质塑料薄膜是广泛应用的养护保温材料,其透风系数小,适于覆盖任何形状的构件。

(3) 测温。应在构件的适宜位置设置测温孔,每天测温不少于 4 次,以掌握混凝土的发展强度,防止混凝土早期受冻。

(4) 蓄热法常与防冻外加剂和具有减水、引气作用的外加剂配合使用,以扩大蓄热法的适用范围。

7.70 蒸汽加热法施工控制要点是什么?

(1) 混凝土蒸汽加热法的适用范围应符合表 7-29 的规定。

混凝土蒸汽加热法的适用范围 **表 7-29**

方法	简述	特点	适用范围
棚罩法	用帆布或其他罩子扣罩,内部通蒸汽养护混凝土	设施灵活,施工简便,费用较小,但耗汽量大,温度不易均匀	预制梁、板、地下基础、沟道等
蒸汽套法	制作密封保温外套,分段送汽养护混凝土	温度能适当控制,加热效果取决于保温构造,设施复杂	现浇梁、板、框架结构,墙柱等
热模法	模板外侧配置蒸汽管,加热模板养护	加热均匀、温度易控制,养护时间短,设备费用大	墙、柱及框架结构
内部通汽法	结构内部留孔道,通蒸汽加热养护	节省蒸汽,费用较低,入汽端易过热,需处理冷凝水	预制梁、柱、桁架,现浇梁、柱、框架单梁

(2) 蒸汽加热法应使用低压饱和蒸汽，当工地有高压蒸汽时，应通过减压阀或过水装置后方可使用。

(3) 蒸汽加热的混凝土，采用普通硅酸盐水泥时，最高温度不超过 80℃；采用矿渣硅酸盐水泥时，可提高到 85℃。但采用内部通汽法时，最高加热温度不应超过 60℃。

(4) 整体浇筑的结构，采用蒸汽加热时，升温和降温速度不得超过表 7-30 的规定。

蒸汽加热混凝土升温和降温速度 **表 7-30**

结构表面系数(m^{-1})	升温速度(℃/h)	降温速度(℃/h)
≥6	15	10
<6	10	5

注：厚大体积的混凝土，应根据实际情况确定。

(5) 蒸汽加热应包括升温-恒温-降温三个阶段，各阶段加热延续时间可根据养护终了要求的强度确定。

(6) 整体结构采用蒸汽加热时，水泥用量不宜超过 350kg/m³，水灰比宜为 0.4～0.6，坍落度不宜大于 50mm。

(7) 采用蒸汽加热的混凝土，可掺入早强剂或无引气型减水剂，但不宜掺用引气剂或引气减水剂，亦不应使用矾土水泥。

(8) 蒸汽加热混凝土时，应排除冷凝水，并防止渗入地基土中。当有蒸汽喷出口时，喷嘴与混凝土外露面的距离不得小于 300mm。

7.71 电加热法施工控制要点是什么？

(1) 电加热混凝土施工的温度，应符合表 7-31 的规定。

电加热法混凝土施工温度(℃) **表 7-31**

水泥强度等级	结构表面系数(m^{-1})		
	<10	10～15	>15
32.5	40	40	35

注：采用红外线辐射加热时，其辐射表面温度可采用 70～90℃。

(2) 混凝土电极加热法施工的适用范围宜符合表 7-32 的规定。

电极加热法的适用范围 表 7-32

<table>
<tr><th colspan="2">分 类</th><th>常用电极规格</th><th>设 置 方 法</th><th>适 用 范 围</th></tr>
<tr><td rowspan="2">内部电极</td><td>棒形电极</td><td>ϕ6～ϕ12 的钢筋短棒</td><td>混凝土浇筑后，将电极穿过模板或在混凝土表面插入混凝土体内</td><td>梁、柱、厚度大于 150mm 的板、墙及设备基础</td></tr>
<tr><td>弦形电极</td><td>ϕ6～ϕ16 的钢筋长 2～2.5m</td><td>在浇筑混凝土前，将电极装入位置与结构纵向平行地方，电极两端弯成直角，由模板孔引出</td><td>含筋较少的墙、柱、梁，大型柱基础以及厚度大于 200mm 单侧配筋的板</td></tr>
<tr><td colspan="2">表面电极</td><td>ϕ6 钢筋或厚 1～2mm、宽 30 ～60mm 的扁钢</td><td>电极固定在模板内侧，或装在混凝土的外表面</td><td>条形基础、墙及保护层大于 50mm 的大体积结构和地面等</td></tr>
</table>

7.72 暖棚法施工控制要点是什么?

(1) 暖棚法施工适用于地下结构工程和混凝土量比较集中的结构工程。

(2) 当采用暖棚法施工时，棚内各测点温度不得低于 5℃，并应设专人检测混凝土及棚内温度。暖棚内测温点应选择具有代表性位置进行布置，在离地面 500mm 高度处必须设点，每昼夜测温不应少于 4 次。

(3) 养护期间应测量棚内湿度，混凝土不得有失水现象。当有失水现象时，应及时采取增湿措施或在混凝土表面洒水养护。

(4) 暖棚的出入口应设专人管理，并应采取防止棚内温度下降或引起风口处混凝土受冻的措施。

(5) 在混凝土养护期间应将烟或燃烧气体排至棚外，并应采取防止烟气中毒和防火措施。

7.73 硫铝酸盐水泥混凝土施工控制要点是什么?

(1) 硫铝酸盐水泥混凝土可在0～－25℃的环境下进行施工，适用于下列工程：

1) 钢筋混凝土梁、柱、板、墙的现浇结构。

2) 多层装配式结构的接头以及小截面和薄壁结构混凝土工程。

(2) 下列情况不宜采用硫铝酸盐水泥混凝土施工：

1) 结构表面系数小于 $6m^{-1}$ 的大体积混凝土结构工程。

2) 使用条件经常处于温度高于100℃的部位或有较高耐火要求的结构工程。

(3) 硫铝酸盐水泥应符合现行国家标准《快硬硫铝酸盐水泥》的要求，水泥强度等级不宜低于32.5级。

(4) 硫铝酸盐水泥混凝土冬期施工应选用亚硝酸钠($NaNO_2$)作防冻剂，其掺量宜按表7-33选用。

$NaNO_2$ 掺量 **表7-33**

预计当天最低气温(℃)	≥－5	－5～－15	－15～－25
亚硝酸钠($NaNO_2$)掺量(%)	0.5～1.0	1～3	3～4

注：掺量按水泥重量计。

将搅拌筒内混凝土排空，并根据气温与混凝土温度情况，每隔0.5～1h应刷罐一次。

(5) 拌制好的混凝土，应在30min内浇筑完毕。混凝土入模温度不得低于2℃。当混凝土因凝结或冻结而降低流动性后，不得二次加水拌合使用。

(6) 硫铝酸盐水泥混凝土浇筑后，应随即在混凝土表面覆盖一层塑料薄膜防止失水，并根据气温情况随时覆盖保温材料。

(7) 硫铝酸盐水泥混凝土施工时，不得采用电热法或蒸汽法养护，可采用暖棚法养护，但养护温度不得高于30℃。

(8) 当硫铝酸盐水泥混凝土在养护期间，混凝土升温较高时，应撤去保温层并确定拆模时间。模板和保温层的拆除应在混凝土达到要求强度并冷却到5℃后方可拆除。拆模时混凝土温度与环境温度差大于20℃时,拆模后的混凝土表面应及时覆盖,使其缓慢冷却。

7.74 混凝土冬期施工应优先选用何种水泥?对其他材料有何要求?

(1) 水泥品种的选用。

混凝土冬期施工应优先选用硅酸盐水泥和普通硅酸盐水泥,强度等级不应低于32.5级。最小水泥用量不应少于300kg/mm^3,水灰比不应大于0.6。

使用矿渣硅酸盐水泥时,宜优先采用蒸汽养护。

注:① 大体积混凝土的最少水泥用量,应根据实际情况决定。

② 强度等级不大于C10的混凝土,其最大水灰比和最少水泥用量可不受以上限制。

③ 水灰比,普通混凝土系指水与水泥(包括外掺混合料)重量之比,轻骨料混凝土系指水泥的净水灰比(水不包括轻骨料1h吸水量,水泥不包括掺加的混合料)。

(2) 其他材料要求。

1) 拌制混凝土所采用的骨料应清洁,不得含有冰、雪、冻块及其他易冻裂物质。在掺用含有钾、钠离子的防冻剂混凝土中,不得采用活性骨料或骨料中混有这类物质的材料。

2) 模板外和混凝土表面覆盖的保温层,不应采用潮湿状态的材料,也不应将保温材料直接铺盖在潮湿的混凝土表面,新浇混凝土表面应铺一层塑料薄膜。

3) 采用非加热养护法施工所选用的外加剂,宜优先选用含引气成分的外加剂,含气量宜控制在2%~4%。

4) 在钢筋混凝土中掺用氯盐类防冻剂时,氯盐掺量不得大于水泥重量的1%(按无水状态计算)。掺用氯盐的混凝土应振捣密实,且不宜采用蒸汽养护。

7.75 混凝土冬期施工对掺用氯盐有何规定?

(1) 允许掺用氯盐规定,按 7.74 中(2)之 4)规定。

(2) 不允许掺入氯盐规定。

见本书第 3.66 条规定。

7.76 冬期施工拌制混凝土有何规定?

(1) 冬期拌制混凝土时,应优先采用加热水的方法,当加热水仍不能满足要求时,再对骨料进行加热。水及骨料的加热温度应根据热工计算确定,当水、骨料达到规定温度仍不能满足热工计算要求时,可提高水温到 100℃,但一般应符合表 7-34 中的规定。

拌合水及骨料最高温度(℃) **表 7-34**

项　目	拌合水	骨　料
强度等级小于 42.5 的普通硅酸盐水泥、矿渣硅酸盐水泥	80	60
强度等级等于及大于 42.5 的硅酸盐水泥、普通硅酸盐水泥	60	40

注:若不加热骨料,可将水加热到 100℃,但水泥不应与 80℃以上的水直接接触,投料顺序为先投入骨料和已加热的水,然后再投入水泥。

水泥不得直接加热,且不得与 80℃以上的水直接接触,并宜在使用前运入暖棚内存放。

(2) 水加热宜采用蒸汽加热、电加热或汽水热交换罐等方法。加热水使用的水箱或水池应予保温,其容积应能使水达到规定的使用温度要求。

(3) 砂加热应在开盘前进行,并应掌握各处加热均匀。当采用保温加热料斗时,宜配备两个,交替加热使用。每个料斗容积可根据机械装载高度和侧壁斜度等要求进行设计,每一个斗的容量不宜小于 3.5m³。

（4）拌制掺用防冻剂的混凝土，当防冻剂为粉剂时，可按要求掺量直接撒在水泥上面和水泥同时投入；当防冻剂为液体时，应先配制成规定浓度溶液，然后再根据使用要求，用规定浓度溶液再配制成施工溶液。各溶液应分别置于明显标志的容器内，不得混淆，每班使用的外加剂溶液应一次配成。

（5）配制与加入防冻剂，应设专人负责并做好记录，应严格按剂量要求掺入。使用液体外加剂时应随时测定溶液温度，并根据温度变化用比重计测定溶液的浓度。当发现浓度有变化时，应加强搅拌直至浓度保持均匀为止。

（6）拌制混凝土的最短时间应按表7-35。

拌制混凝土的最短时间（s） **表7-35**

混凝土坍落度（cm）	搅拌机机型	搅拌机容积（L）		
		<250	250～650	>650
≤3	自落式	135	180	225
	强制式	90	135	180
>3	自落式	135	135	180
	强制式	90	90	135

注：表中搅拌机容积为出料容积。

（7）骨料必须清洁，不得含冰、雪等冻结物及易冻裂的矿物质。在掺用含有钾、钠离子防冻剂的混凝土中不得混有活性骨料。

（8）拌制掺有防冻剂的混凝土时：

1）防冻剂溶液的配制及防冻剂的掺量应符合现行国家标准的有关规定。

2）严格控制混凝土的水灰比，由骨料带入的水分及防冻剂溶液中的水分均应从拌合水中扣除。

3）拌合前，应用热水或蒸汽冲洗搅拌机，搅拌时间应取常温搅拌时间的1.5倍。

4）混凝土拌合物出机温度不宜低于10℃，入模温度不得低于5℃。

7.77 冬期施工混凝土运输与浇筑有何规定?

(1) 混凝土在浇筑前,应清除模板和钢筋上的冰雪和污垢。

(2) 混凝土在运输、浇筑过程中应采取措施,保证需要的温度。当采用加热养护时,混凝土养护前的温度不得低于2℃。

(3) 冬期不得在强冻胀性地基上浇筑混凝土;当在弱冻胀性地基上浇筑混凝土时,基土不得遭冻。

(4) 对加热养护的现浇混凝土结构,混凝土的浇筑程序和施工缝的位置,应能防止在加热养护时产生较大的温度应力,当加热温度在40℃以上时,应征得设计单位同意。

(5) 当分层浇筑大体积结构时,已浇筑层的混凝土温度,在被上一层混凝土覆盖前,不得低于按热工计算的温度,且不得低于2℃。

(6) 浇筑装配式结构承受内力接头的混凝土或砂浆,宜先将结合处的表面加热到正温;浇筑后的接头混凝土或砂浆在温度不超过45℃的条件下,应养护至设计要求强度;当设计无专门要求时,其强度不得低于设计的混凝土强度标准值的75%。浇筑接头的混凝土或砂浆,可掺用不致引起钢筋锈蚀的外加剂。

(7) 预应力混凝土的孔道灌浆,应在正温下进行,并应养护到强度不小于15.0N/mm^2。

7.78 冬期施工的混凝土应检查哪些内容?

(1) 冬期施工的混凝土质量检查内容和要求:

1) 检查外加剂的掺量。

2) 测量水、外加剂溶液以及骨料的加热温度和搅拌时的温度。

3) 测量混凝土自搅拌机中卸出时和浇筑时的温度。

4) 冬期施工测温的项目与次数按表7-36的规定进行。

(2) 混凝土养护温度的测量次数:

1) 当采用蓄热法养护时,在养护期间至少每6h一次。

混凝土冬期施工测温项目和次数 **表 7-36**

测温项目	测温次数
室外气温及环境温度	每昼夜不少于 4 次，此外还需测最高、最低气温
搅拌机棚温度	每一工作班不少于 4 次
水、水泥、砂、石及外加剂溶液温度	
混凝土卸出、浇筑、入模温度	

注：室外最高最低气温测量起、止日期为本地区冬期施工起始至终了时止。

2）对掺用防冻剂的混凝土，在强度未达到 3.5N/mm^2 以前每 2h 测定一次，以后每 6h 测定一次。

3）当采用蒸汽法或电流加热法时，在升温、降温期间每 1h 一次，在恒温期间每 2h 一次。

室外气温及周围环境温度在每昼夜内至少应定时定点测量四次。

（3）混凝土养护温度的测量方法：

1）全部测温孔均应编号，并绘制测温孔布置图。

2）测量混凝土温度时，测温表面应采取措施与外界气温隔离；测温表留置在测温孔内的时间不少于 3min。

3）测温孔的设置，当采用蓄热法养护时，应在易于散热的部位设置；当采用加热养护时，应在离热源不同的位置分别设置；大体积结构应在表面及内部分别设置。

4）采用成熟度法检验混凝土强度时，应检查测温记录与计算公式要求是否相符，有无差错。

5）采用电加热养护时，应检查供电变压器二次电压和二次电流强度，每一工作班不应少于两次。

（4）混凝土试件的留置除应按本章第 7.24 条、7.26 条和 7.27 条试件的制作与养护的规定外，尚应增设不少于两组与结构同条件养护的试件，分别用于检验受冻前的混凝土强度和转入常温养护 28d 的混凝土强度。

（5）与结构构件同条件养护的受冻混凝土试件，解冻后方可试压。

（6）所有各项测量及检验结果，均应填写“混凝土工程施工记录”和“混凝土冬期施工日志”。

7.79 轻骨料混凝土包括哪些？

包括轻骨料混凝土、全轻混凝土、砂轻混凝土、大孔轻骨料混凝土、次轻混凝土、圆球型轻骨料混凝土、普通型轻骨料混凝土、碎石型轻骨料混凝土等。

（1）轻骨料混凝土。用轻粗骨料、轻砂（或普通砂）、水泥和水配制而成的干表观密度不大于 1950kg/m^3 的混凝土。

（2）全轻混凝土。由轻砂做细骨料配制而成的轻骨料混凝土。

（3）砂轻混凝土。由普通砂或部分轻砂做细骨料配制而成的轻骨料混凝土。

（4）大孔轻骨料混凝土。用轻粗骨料，水泥和水配制而成的无砂或少砂混凝土。

（5）次轻混凝土。在轻粗骨料中掺入适量普通粗骨料，干表观密度大于 1950kg/m^3、小于或等于 2300kg/m^3 的混凝土。

（6）圆球型轻骨料混凝土。原材料经造粒、煅烧或非煅烧而成的，呈圆球状的轻骨料拌制的混凝土。

（7）普通型轻骨料混凝土。原材料经破碎烧胀而成的，呈非圆球状的轻骨料拌制的混凝土。

（8）碎石型轻骨料混凝土。由天然轻骨料、自燃煤矸石或多孔烧结块经破碎加工而成的；或由页岩块烧胀后破碎而成的，呈碎石状的轻骨料。

注：轻骨料混凝土所用轻骨料应符合现行国家标准《轻集料及其试验方法第 1 部分：轻集料》（GB/T 17431.1）和《膨胀珍珠岩》（JC 209）的要求；膨胀珍珠岩的堆积密度应大于 80kg/m^3。

7.80 轻骨料混凝土强度等级是如何划分的？按其表观密度分几个等级？

（1）轻骨料混凝土的强度等级应按立方体抗压强度标准值确定。

（2）轻骨料混凝土的强度等级应划分为：LC5.0、LC7.5、LC10、LC20、LC25、LC30、LC35、LC40、LC45、LC50、LC55、LC60等。

（3）轻骨料混凝土按其干表观密度可分为14个等级。具体见表7-37。某一密度等级轻骨料混凝土的密度标准值，可取该密度等级干表观密度变化范围的上限值。

轻骨料混凝土的密度等级　　表7-37

密度等级	干表观密度的变化范围（kg/m³）	密度等级	干表观密度的变化范围（kg/m³）
600	560～650	1300	1260～1350
700	660～750	1400	1360～1450
800	760～850	1500	1460～1550
900	860～950	1600	1560～1650
1000	960～1050	1700	1660～1750
1100	1060～1150	1800	1760～1850
1200	1160～1250	1900	1860～1950

7.81 轻骨料混凝土据其用途可分几大类？

轻骨料混凝土根据其用途可按表7-38分为3大类。

轻骨料混凝土按用途分类型　　表7-38

类别名称	混凝土强度等级的合理范围	混凝土密度等级的合理范围	用　途
保温轻骨料的混凝土	LC5.0	≤800	主要用于保温的围护结构或热工构筑物

续表

类别名称	混凝土强度等级的合理范围	混凝土密度等级的合理范围	用　途
结构保温轻骨料混凝土	LC5.0	800～1400	主要用于既承重又保温的围护结构
	LC7.5		
	LC10		
	LC15		
结构轻骨料混凝土	LC15	1400～1900	主要用于承重构件或构筑物
	LC20		
	LC25		
	LC30		
	LC35		
	LC40		
	LC45		
	LC50		
	LC55		
	LC60		

7.82 结构轻骨料混凝土强度标准值怎样采用？

结构轻骨料混凝土的强度标准值应按表 7-39 采用。

结构轻骨料混凝土的强度标准值(MPa)　　**表 7-39**

强度种类		轴心抗压	轴心抗拉
符号		f_{ck}	f_{tk}
混凝土强度等级	LC15	10.0	1.27
	LC20	13.4	1.54
	LC25	16.7	1.78
	LC30	20.1	2.01
	LC35	23.4	2.20

续表

强 度 种 类		轴心抗压	轴心抗拉
符 号		f_{ck}	f_{tk}
混凝土强度等级	LC40	26.8	2.39
	LC45	29.6	2.51
	LC50	32.4	2.64
	LC55	35.5	2.74
	LC60	38.5	2.85

注：自燃煤矸石混凝土轴心抗拉强度标准值应按表中值乘以系数 0.85；浮石或火山渣混凝土轴心抗拉强度标准值应按表中值乘以系数 0.80。

7.83 轻骨料混凝土配合比设计原则是什么？对主要材料有何要求？

(1) 配合比设计原则。

轻骨料混凝土的配合比设计主要应满足抗压强度、密度和稠度的要求，并以合理使用材料和节约水为原则。必要时尚应符合对混凝土性能（如弹性模量、碳化和抗冻性等）和特殊要求。

轻骨料混凝土的配合比应通过计算和试配，试配强度应按下式确定：

$$f_{cu,o} \geqslant f_{cu,k} + 1.645\sigma$$

式中 $f_{cu,o}$——轻骨料混凝土的试配强度(MPa)；

$f_{cu,k}$——轻骨料混凝土立方体抗压强度标准值（即强度等级）(MPa)；

σ——轻骨料混凝土强度标准差(MPa)。

(2) 混凝土强度标准差应根据同品种、同强度等级轻骨料混凝土统计资料计算确定。计算时，强度试件组数不应少于 25 组。当无统计资料时，强度标准差可按表 7-40 取值。

强度标准差 σ(MPa) 表 7-40

混凝土强度等级	低于 LC20	LC20～LC35	高于 LC35
σ	4.0	5.0	6.0

(3) 主要材料要求。

1) 轻骨料混凝土所用水泥应符合现行国家标准《硅酸盐水泥、普通硅酸盐水泥》(GB 175)和《矿渣硅酸盐水泥、火山灰质硅酸盐水泥和粉煤灰硅酸盐水泥》(GB 1344)的要求。

当采用其他品种的水泥时,其性能指标必须符合相应标准的要求。

2) 轻骨料:

① 轻骨料混凝土所用轻骨料应符合国家现行标准《轻集料及其试验方法第 1 部分:轻集料》(GB/T 17431.1)和《膨胀珍珠岩》(JC 209)的要求;膨胀珍珠岩的堆积密度应大于 80kg/m^3。

② 轻骨料混凝土配合比中轻粗骨料宜采用同一品种的轻骨料,结构保温轻骨料混凝土及其制品掺入煤(炉)渣轻粗骨料时,其掺量不应大于轻粗骨料总量的 30%,煤(炉)渣含碳量不应大于 10%。为改善某些性能而掺入另一品种粗骨料时,其合理掺量应通过试验确定。

轻骨料混凝土所用普通砂应符合国家现行标准《普通混凝土用砂质量标准及检验方法》(JGJ 52)的要求。

4) 混凝土拌合用水应符合国家现行标准《混凝土拌和用水标准》(JGJ 63)的要求。

5) 轻骨料混凝土矿物掺合料应符合国家现行标准《用于水泥和混凝土的粉煤灰》(GB 1596)、《粉煤灰在混凝土和砂浆中应用技术规程》(JGJ 28)、《粉煤灰混凝土应用技术规范》(GBJ 146)和《用于水泥和混凝土中的粒化高炉矿渣粉》(GB/T 18046)的要求。

6) 外加剂:

① 轻骨料混凝土所用的外加剂应符合现行国家标准《混凝土

外加剂》(GB 8076)的要求。

② 在轻骨料混凝土配合比中加入化学外加剂或矿物掺合料时,其品种、掺量合对水泥的适应性,必须通过试验确定。

7.84 轻骨料混凝土配合比中的水灰比和水泥用量有何规定?

轻骨料混凝土配合比中的水灰比应以净水灰比表示。配制全轻混凝土时,可采用总水灰比表示,但应加以说明。轻骨料混凝土最大水灰比和最小水泥用量的限值应符合表 7-41 的规定。

轻骨料混凝土的最大水灰比和最小水泥用量　　　表 7-41

混凝土所处的环境条件	最大水灰比	最小水泥用量(kg/m^3)	
		配筋混凝土	素混凝土
不受风雪影响混凝土	不作规定	270	250
受风雪影响的露天混凝土;位于水中及水位升降范围内的混凝土和潮湿环境中的混凝土	0.50	325	300
寒冷地区位于水位升降范围内的混凝土和受水压或除冰盐作用的混凝土	0.45	375	350
严寒和寒冷地区位于水位升降范围内和受硫酸盐、除冰盐作用的混凝土	0.40	400	375

注:1. 严寒地区指最寒冷月份的月平均温度低于−15℃者,寒冷地区指最寒冷月份的月平均温度处于−5～−15℃者;

2. 水泥用量不包括掺合料;

3. 寒冷和严寒地区用的轻骨料混凝土应掺入引气剂,其含气量宜为 5%～8%。北京地区一般为 6%。

7.85 不同试配强度的轻骨料混凝土水泥用量有何规定?

不同试配强度的轻骨料混凝土的水泥用量可按表 7-42 选用。

轻骨料混凝土的水泥用量(kg/m^3) **表 7-42**

混凝土试配强度(MPa)	轻骨料密度等级(kg/m^3)						
	400	500	600	700	800	900	1000
<5.0	260～320	250～300	230～280				
5.0～7.5	280～360	260～340	240～320	220～300			
7.5～10		280～370	260～350	240～320			
10～15			280～350	260～340	240～330		
15～20			300～400	280～380	270～370	260～360	250～350
20～25				330～400	320～390	310～380	300～370
25～30				380～450	370～440	360～430	350～420
30～40				420～500	390～490	380～480	370～470
40～50					430～530	420～520	410～510
50～60					450～550	440～540	430～530

注：1. 表中横线以上为采用 32.5 级水泥时水泥用量值；横线以下为采用 42.5 级水泥时的水泥用量值。

2. 表中下限值适用于圆球型和普通型轻粗骨料，上限值适用于碎石型轻粗骨料和全轻混凝土。

3. 最高水泥用量不宜超过 550kg/m^3。

7.86 轻骨料混凝土净用水量一般根据什么要求确定？

轻骨料混凝土的净用水量一般应根据稠度(坍落度或维勃稠度)和施工要求，按表 7-43 选用。

轻骨料混凝土的净用水量 **表 7-43**

轻骨料混凝土用途	稠度		净用水量(kg/m^3)
	维勃稠度(s)	坍落度(mm)	
预制构件及制品：			
(1) 振动加压成型	10～20	—	45～140
(2) 振动台成型	5～10	0～10	140～180
(3) 振捣棒或平板振动器振实	—	30～80	165～215

续表

轻骨料混凝土用途	稠度		净用水量(kg/m³)
	维勃稠度(s)	坍落度(mm)	
现浇混凝土:			
(1) 机械振捣	—	50～100	180～225
(2) 人工振捣或钢筋密集	—	≥80	200～230

注:1. 表中值适用于圆球型和普通型轻粗骨料,对碎石型轻粗骨料,宜增加10kg左右的用水量。

2. 掺加外加剂时,宜按其减水率适当减少用水量,并按施工稠度要求进行调整。

3. 表中值适用于砂轻混凝土;若采用轻砂时,宜取轻砂1h吸水率为附加水量;若无轻砂吸水率数据时,可适当增加用水量,并按施工稠度要求进行调整。

7.87 松散体积法设计配合比,粗细骨料松散状态总体积有何规定?

当采用松散体积法设计配合比时,粗细骨料松散状态的总体积可按表7-44选用。

粗细骨料松散状态总体积 表7-44

轻粗骨料粒型	细骨料品种	总体积(m³)
圆球型	轻砂	1.25～1.50
	普通砂	1.10～1.40
普通型	轻砂	1.30～1.60
	普通砂	1.10～1.50
碎石型	轻砂	1.35～1.65
	普通砂	1.10～1.60

7.88 轻骨料混凝土砂率怎样控制?

轻骨料混凝土的砂率可按表7-45选用,当采用松散体积法设计计配合比时,表中数值为松散体积砂率;当采用绝对体积法设计配合比时，表中数值为绝对体积砂率。

轻骨料混凝土的砂率 表 7-45

轻骨料混凝土用途	细骨料品种	砂率(%)
预制构件	轻　砂	30～50
	普通砂	30～40
现浇混凝土	轻　砂	—
	普通砂	35～45

注：1. 当混合使用普通砂和轻砂作细骨料时，砂率宜取中间值，宜按普通砂和轻砂的混合比例进行插入计算。
2. 当采用圆球型轻粗骨料时，砂率宜取表中值下限；采用碎石型时，则宜取上限。

7.89 轻骨料混凝土当采用粉煤灰作掺合料时，对水泥用量有何要求？

(1) 当采用粉煤灰作掺合料时，粉煤灰取代水泥百分率和超量系数等参数的选择，应按现行国家标准《粉煤灰在混凝土和砂浆中应用技术规程》(JGJ 28)的有关规定执行。

(2) 粉煤灰取代水泥率应按表 7-46 要求确定。

粉煤灰取代水泥率 表 7-46

混凝土强度等级	取代普通硅酸盐水泥率 β_c(%)	取代矿渣硅酸盐水泥率 β_c(%)
≤LC15	25	20
LC20	15	10
≥LC25	20	15

注：1. 表中值为范围上限，以 32.5 级水泥为基准。
2. ≥LC20 的混凝土宜采用Ⅰ、Ⅱ级粉煤灰，≤LC15 的素混凝土可采用Ⅲ级粉煤灰。
3. 在有试验根据时，粉煤灰取代水泥百分率可适当放宽。

(3) 根据基准混凝土水泥用量(m_{co})和选用的粉煤灰取代水

泥百分率(β_c)，按下式计算粉煤灰轻骨料混凝土的水泥用量(m_c)：

$$m_c = m_{co}(1-\beta_c) \tag{7-2}$$

(4) 根据所用粉煤灰级别和混凝土的强度等级，粉煤灰的超量系数(δ_c)可在1.2～2.0范围内选取，并按下式计算粉煤灰掺量(m_f)：

$$m_f = \delta_c(m_{co}-m_c) \tag{7-3}$$

(5) 分别计算每立方米粉煤灰轻骨料混凝土中水泥、粉煤灰和细骨料的绝对体积。按粉煤灰超出水泥的体积，扣除同体积的细骨料用量。

(6) 用水量保持与基准混凝土相同，通过试配，以符合稠度要求来调整用水量。

(7) 配合比的调整和校正方法见本章第7.90条。

7.90 计算出的轻骨料混凝土配合比有何要求？调整步骤如何？

计算出的轻骨料混凝土配合比必须通过试配予以调整。配合比的调整应按下列步骤进行：

(1) 以计算的混凝土配合比为基础，再选取与之相差±10%的相邻两个水泥用量，用水量不变，砂率相应适当增减，分别按三个配合比拌制混凝土拌合物，测定拌合物的稠度，调整用水量，以达到要求的稠度为止。

(2) 按校正后的三个混凝土配合比进行试配，检验混凝土拌合物的稠度和振实湿表观密度，制作确定混凝土抗压强度标准值的试块，每种配合比至少制作一组。

(3) 标准养护28d后，测定混凝土抗压强度和干表观密度，最后，以既能达到设计要求的混凝土配制强度和干表观密度又具有最小水泥用量的配合比作为选定的配合比。

(4) 对选定配合比进行质量校正，其方法是先按以下公式计算出轻骨料混凝土的计算湿表观密度，然后再与拌合物的实测振实湿表观密度相比，计算校正系数：

$$\rho_{oc} = m_a + m_s + m_c + m_f + m_{wt} \tag{7-4}$$

$$\eta=\frac{\rho_{oo}}{\rho_{oc}} \tag{7-5}$$

式中 η——校正系数；

ρ_{oo}——按配合比各组成材料计算的湿表观密度（kg/m^3）；

ρ_{oc}——混凝土拌合物的实测振实湿表观密度（kg/m^3）；

m_a、m_s、m_c、m_f、m_{wt}——分别为配合比计算所得的粗骨料、细骨料、水泥、粉煤灰用量和总用水量（kg/m^3）。

（5）选定配合比中的各项材料用量均乘以校正系数即为最终的配合比设计值。

7.91 轻骨料堆放、运输、拌合等一般要求是什么？

（1）堆放和运输

1）轻骨料应按不同品种分批运输和堆放，不得混杂。

2）轻粗骨料运输和堆放应保持颗粒混合均匀，减少离析。采用自然级配时，堆放高度不宜超过2m，并应防止树叶、泥土和其他有害物质混入。

3）轻砂在堆放和运输时，宜采取防雨措施，并防止风刮飞扬。

（2）轻骨料预湿

1）气温高于或等于5℃的季节施工时，根据工程需要，预湿时间可按外界气温和来料的自然含水状态确定，应提前0.5d或1d对轻粗骨料进行淋水或泡水预湿，然后滤干水分进行投料。

2）气温低于5℃时，不宜进行预湿。

（3）拌合机械

轻骨料混凝土拌合物必须采用强制式搅拌机搅拌。

（4）拌合物拌制

1）应对轻粗骨料的含水率及其堆积密度进行测定。测定原则宜为：

① 在批量拌制轻骨料混凝土拌合物前进行测定。

② 在批量生产过程中抽查测定。

③ 雨天施工或发现拌合物稠度反常时进行测定。

④ 对预湿处理的轻粗骨料，可不测其含水率，但应测定其湿堆积密度。

2）砂轻混凝土拌合物中的各组分材料应以质量计量；全轻混凝土拌合物中轻骨料组分可采用体积计量，但宜按质量进行校核。

3）轻粗、细骨料和掺合料的质量计量允许偏差为±3%；水、水泥和外加剂的质量计量允许偏差为±2%。

（5）搅拌时间

轻骨料混凝土全部加料完毕后的搅拌时间，在不采用搅拌运输车运送混凝土拌合物时，砂轻混凝土不宜少于 3min。全轻或干硬性砂轻混凝土宜为 3～4min。对强度低而易破碎的轻骨料，应严格控制混凝土的搅拌时间。

（6）拌合物运输

1）拌合物在运输中应采取措施减少坍落度损失和防止离析。当产生拌合物稠度损失或离析较重时，浇筑前应采用二次拌合，但不得二次加水。

2）拌合物从搅拌机御料起到浇入模内止的延续时间不宜超过 45min。

3）当用搅拌运输车运送轻骨料混凝土拌合物，因运距过远或交通问题造成坍落度损失较大时，可采取在御料前掺入适量减水剂进行搅拌的措施，满足施工所需和易性要求。

7.92 对轻骨料混凝土拌合物浇筑和成型有何要求？

（1）轻骨料混凝土拌合物浇筑倾落的自由高度不应超过 1.5m。当倾落高度大于 1.5m 时，应加串筒、斜槽或溜管等辅助工具。

（2）轻骨料混凝土拌合物应采用机械振捣成型。对流动性大，能满足强度要求的塑性拌合物，以及结构保温类和保温类轻骨料混凝土拌合物，可采用插捣成型。

（3）干硬性轻骨料混凝土拌合物浇筑构件，应采用振动台或表面加压成型。

（4）现场浇筑的大模板或滑模施工的墙体等竖向结构物，应分层浇筑。每层浇筑厚度宜控制在300～350mm。

（5）浇筑上表面积较大的构件，当厚度小于或等于200mm时，宜采用表面振动成型；当厚度大于200mm时，宜先用插入式振捣器振捣密实后，再表面振捣。

（6）用插入式振捣器振捣时，插入间距不应大于振捣棒的振动作用半径的一倍。连续多层浇筑时，插入式振捣器应插入下层拌合物约50mm。

（7）振捣延续时间应以拌合物捣实和避免轻骨料上浮为原则。振捣时间应根据拌合物稠度和振捣部位确定，宜为10～30s。

（8）浇筑成型后，宜采用拍板、刮板、辊子或振动抹子等工具，及时将浮在表层的轻粗骨料颗粒压入混凝土内。若颗粒上浮面积较大，可采用表面振动器复振，使砂浆返上，再作抹面。

7.93　大孔轻骨料混凝土有何要求？

（1）强度等级。大孔径骨料混凝土按其抗压强度标准值，可划分为LC2.5、LC3.5、LC5.0、LC7.5和LC10.0 5个强度等级。

（2）骨料技术要求：

1）轻粗骨料级配宜采用5～10mm或10～16mm单一粒级。

2）轻粗骨料的密度等级和强度应根据工程需要选用。

3）轻粗骨料其他技术性能。

（3）配合比：

1）混凝土的试配强度应按本章第7.83中公式计算。

2）根据轻粗骨料的堆积密度，宜按下式计算每立方米混凝土的轻粗骨料用量。

$$m_a = V_a \times \rho_{1a} \tag{7-6}$$

按体积计量时，每立方米混凝土的轻粗骨料用量取 1m³ 松散体积$(V_a)^1$。

3）根据混凝土要求的强度等级和轻骨料品种，水泥用量可在 150～250kg/m³ 范围内选用，并可掺入适量外加剂和掺和料。

4）混凝土拌合物的用水量宜以水泥浆能均匀附在骨料表面并呈油状光泽而不流淌为度。可在净水灰比 0.30～0.42 范围内选用。

$$m_{wn} = m_c \times W/C \tag{7-7}$$

式中　W/C——试配水灰比。

当采用干燥骨料时，应根据净用水量加上轻粗骨料 1h 吸水量，按下式计算总用水量：

$$m_{wt} = m_{wn} + m_{wa} \tag{7-8}$$

5）振动加压成型的轻骨料混凝土小型空心砌块宜采用干硬性大孔混凝土拌合物，其用水量宜以模底不淌浆和坯体不变形为准，可按本章第 7.87 中规定选用。

6）配合比应通过试验确定。其试验与调整应按本章第 7.90 中规定进行计算。

7）混凝土试件的成型方法，应与实际施工采用的成型工艺相同。

（4）施工控制：

1）拌合物各组成材料应按质量计量。轻粗骨料也可采用体积计量。

2）拌合物应采用强制式搅拌机拌制。

3）当采用预湿饱和面干骨料时，粗骨料、水泥和净用水量可一次投入搅拌机内，拌合至水泥浆均匀包裹在骨料表面且呈油状光泽时为准，拌合时间宜为 1.5～2.0min，采用干骨料时，先将骨料和 40%～60%总用水量投入搅拌机内拌合 1min 后，再加入剩余水量和水泥拌合 1.5～2.0min。拌制少砂大孔轻骨料混凝土时，砂或轻砂和粉煤灰等宜与水泥一起加入搅拌机内。

4）现场浇筑时，混凝土拌合物直接浇筑入模，依靠自重落料压实，可用棒轻轻插捣靠近模壁处的拌合物，不得振捣。

5）浇筑高度较高时，应水平分层和多点浇筑，每层高度不宜大于 300mm，浇筑捣实后，表面用铁铲拍平。

6）大孔轻骨料混凝土小型空心砌块应采用振动加压成型。

7）养护应按本章第 7.96 中的规定进行。

7.94 泵送轻骨料混凝土有何要求？

（1）材料要求

1）泵送轻骨料混凝土宜采用砂轻混凝土。

2）泵送轻骨料混凝土采用的轻粗骨料在使用前，宜浸水或洒水进行预湿处理，预湿后的吸水率不应少于 24h 吸水率。

3）泵送轻骨料混凝土采用的水泥应符合 7.83(3)之 1)的要求。

4）泵送轻骨料混凝土采用的轻粗骨料的密度等级不宜低于 600 级；当掺入轻细骨料时，轻细骨料的密度等级不宜低于 800 级。

5）泵送轻骨料混凝土中的轻粗骨料应采用连续级配，公称最大粒径不宜大于 16mm，粒型系数不宜大于 2.0。

6）泵送砂轻混凝土的细骨料宜采用中砂，细度模数宜在 2.2～2.7 之间。

7）泵送轻骨料混凝土宜掺用泵送剂、减水剂和引气剂等外加剂，且可掺加Ⅰ、Ⅱ级粉煤灰、矿物微粉或其他矿物掺合料。外加剂和掺合料应符合有关标准的要求。

（2）配合比设计

1）泵送轻骨料混凝土配合比的设计除应满足轻骨料混凝土设计强度、耐久性和密度的要求外，其拌合物还应满足混凝土可泵性、黏聚性和保水性的要求。

2）泵送轻骨料混凝土拌合物入泵时的坍落度值应根据泵送的高度选用，宜为 150～200mm；含气量宜为 5%。

3）泵送轻骨料混凝土试配时要求的坍落度值应按下式计算：

$$T_t = T_p + \Delta T \tag{7-9}$$

式中 T_t——试配时要求的坍落度值(mm);

T_p——入泵时要求的坍落度值(mm);

ΔT——试验时测得在预计时间内的坍落度经时损失值(mm)。

4) 泵送轻骨料混凝土的水泥用量不宜少于 350kg/m³。

5) 泵送轻骨料混凝土的体积砂率宜为 40%～50%。当掺用粉煤灰并采用超量法取代水泥时,砂率可适当降低。

6) 泵送轻骨料混凝土配合比的设计步骤宜按本章 7.83～7.90 进行。其中,轻粗骨料吸水率应采用 24h 吸水率。泵送轻骨料混凝土配合比应根据具体施工条件进行试配和调整,并应进行试泵。

(3) 施工控制

1) 拌制轻骨料混凝土之前,浸水预湿的轻骨料宜采取表面覆盖、充分淋水等措施以控制轻骨料呈饱和面干状态,也可采用测出预湿后轻骨料含水率的方法,以控制搅拌时的用水量。

2) 泵送轻骨料混凝土的投料顺序:

在轻骨料混凝土搅拌时,使用预湿处理的轻粗骨料,宜采用图 7-7的投料顺序;使用未预湿处理的轻粗骨料,宜采用图 7-8 的投料顺序。

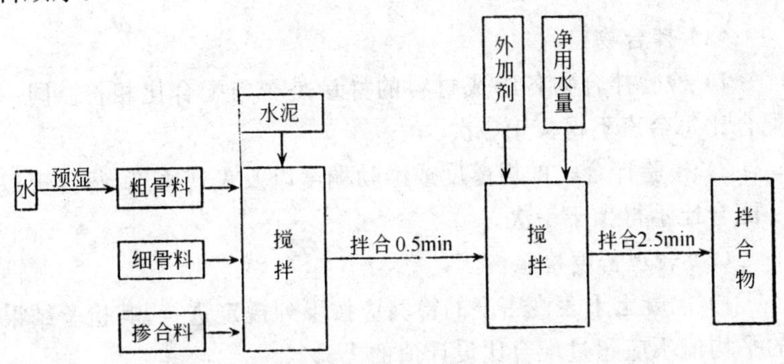

图 7-7 使用预湿处理的轻粗骨料的投料顺序

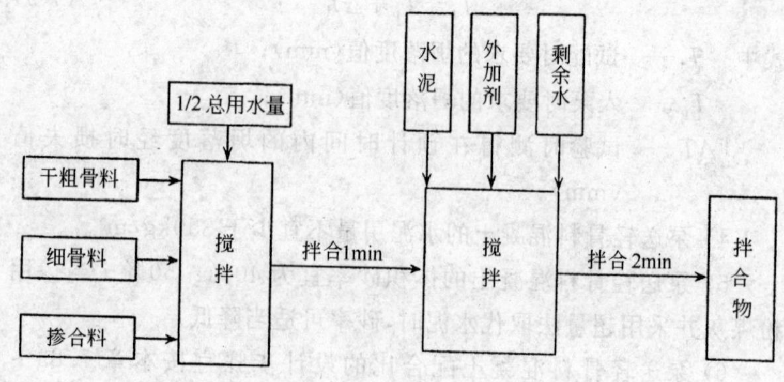

图 7-8　使用未预湿处理的轻粗骨料的投料顺序

3）泵送轻骨料混凝土的搅拌时间：

轻骨料混凝土全部加料完毕后的搅拌时间，在不采用搅拌运输车运送混凝土拌合物时，砂轻混凝土不宜少于是 3min；全轻或干硬性砂混凝土宜为 3～4min。对强度低而易破碎的轻骨料，应严格控制混凝土的搅拌时间。

4）泵送轻骨料混凝土泵送施工时，应采取降低泵送阻力的措施。输送管的管径不宜小于 125mm。所有管道内应清洁，泵送开始前应先采用砂浆润滑管壁。

7.95　轻骨料混凝土拌合物、表观密度和强度检验有何规定？

（1）拌合物检验

1）检验拌合物各组成材料的称量是否与配合比相符。同一配合比每台班不得少于一次。

2）检验拌合物的坍落度或维勃稠度以及表观密度，每台班每一配合比不得少于一次。

（2）表观密度检验

1）混凝土干表观密度的检验应按下列规定进行，其检验结果的平均值不应超过配合比设计值的±3%。

2）连续生产的预制厂及预拌混凝土搅拌站，对同配合比的混凝土，每月不得少于四次；单项工程，每 100m³，混凝土的抽查不得少于一次，不足者按 100m³ 计。

(3) 强度检验

1) 轻骨料混凝土强度的检验应按下列规定进行，其检验评定方法应按现行国家标准《混凝土强度检验标准》(GBJ 107)执行。

2) 每 100 盘，且不超过 100m³ 的同配合比的混凝土，取样次数不得少于一次；

3) 每一工作班拌制的同配合比混凝土不足 100 盘时，取样次数不得少于一次。

7.96 轻骨料混凝土的养护、缺陷修补有何要求？

(1) 轻骨料混凝土浇筑成型后应及时覆盖和喷水养护。

(2) 采用自然养护时，用普通硅酸盐水泥、硅酸盐水泥、矿渣水泥拌制的轻骨料混凝土，湿养护时间不应少于 7d；用粉煤灰水泥、火山灰水泥拌制的轻骨料混凝土及在施工中掺缓凝型外加剂的混凝土，湿养护时间不应少于 14d。轻骨料混凝土构件用塑料薄膜覆盖养护时，全部表面应覆盖严密，保持膜内有凝结水。

(3) 轻骨料混凝土构件采用蒸汽养护时，成型且静停时间不宜少于 2h，并应控制升温和降温速度。

(4) 保温和结构保温类轻骨料混凝土构件及构筑物的表面缺陷，宜采用原配合比的砂浆修补。结构轻骨料混凝土构件及构筑物的表面缺陷可采用水泥砂浆修补。

7.97 轻骨料混凝土工程验收和各项性能指标检测应执行什么标准？

(1) 轻骨料混凝土工程验收应按现行国家标准《混凝土结构工程施工质量验收规范》(GB 50204)的有关规定执行。

(2) 轻骨料混凝土拌合物性能、力学性能、收缩和徐变等长期性能，以及炭化、钢锈和抗冻等耐久性能指标的测定，应符合现行国家标准《普通混凝土拌合物性能试验方法》(GB 50080)、《普通混凝土力学性能试验方法》(GB 50081)和《普通混凝土长期性能和耐用久性能试验方法》(GB 50082)的有关规定。

7.98 特种混凝土的性能为哪些?

特种混凝土系指具有膨胀、耐酸、耐碱、耐油、耐热、耐磨、耐火、防辐射等特殊性能的混凝土。按功能可分为:抗冻、抗渗(防水、抗油掺)、抗辐射、耐火、耐化学腐蚀等混凝土。

7.99 防水混凝土分哪几类?性能指标有哪些?

防水混凝土是以调整混凝土配合比、掺外加剂和使用特种水泥等方法提高混凝土本身的匀质性、密实性、憎水性和抗渗性,使其具有一定防水能力。防水混凝土的抗渗能力不应小于0.6MPa。

(1)防水混凝土的分类:

防水混凝土一般分为普通防水混凝土、外加剂防水混凝土和膨胀水泥防水混凝土等。

1)普通防水混凝土。普通防水混凝土是以调整混凝土配合比的方法提高本身密实性和抗渗性的混凝土。

2)外加剂防水混凝土。外加剂防水混凝土是依靠掺入减水剂、引气剂等外加剂,改善混凝土的和易性,提高混凝土的密实性和抗渗性的混凝土。

3)膨胀水泥防水混凝土。膨胀水泥防水混凝土是以膨胀剂或膨胀水泥为胶凝材料配制而成。它是通过水泥产生的微膨胀,填充和堵塞混凝土毛细管孔隙,从而提高混凝土的抗渗能力。

(2)防水混凝土的性能指标:

1)防水混凝土的抗渗等级,应根据防水混凝土的设计壁厚及地下水的最大水头的比值,按表 7-47 规定选用。

2)防水混凝土的环境温度,不得高于100℃,处于侵蚀性介质中防水混凝土的耐侵蚀系数,不应小于0.8。

3)防水混凝土结构的混凝土垫层,其抗压强度等级不应小于

10MPa,厚度不应小于 100mm。

防水混凝土抗渗等级　　表 7-47

最大水头(H)与防水混凝土壁厚(h)的比值(H/h)	设计抗渗等级(MPa)
<10	0.6
10～15	0.8
>15～25	1.2
>25～35	1.6
>35	2.0

7.100　防水混凝土的组成材料有何要求?

(1) 水泥:

1) 在不受侵蚀性介质和冻融作用时,宜采用普通硅酸盐水泥、火山灰质硅酸盐水泥或粉煤灰硅酸盐水泥。如采用矿渣硅酸盐水泥则必须掺用外加剂以降低泌水率。

2) 在受冻融作用时应优先选用普通硅酸盐水泥,不宜采用火山灰质硅酸盐水泥和粉煤灰硅酸盐水泥。

3) 不得使用过期或受潮结块的水泥,并不得将不同品种或强度等级的水泥混合使用。

4) 水泥强度等级不宜低于 32.5。

(2) 砂:砂宜采用中砂,含泥量不大于 3%。

(3) 石子:石子最大粒径不宜大于 40mm,含泥量不大于 1%,吸水率不大于 1.5%。

(4) 水:拌制防水混凝土所用的水,应采用不含有害物质的洁净水。

(5) 外加剂:防水混凝土可根据工程需要掺入引气剂、膨胀剂、减水剂和防水剂等外加剂,其掺量和品种应经试验确定。

(6) 掺合料:防水混凝土中可掺入一定数量的磨细粉煤灰、磨细砂或磨细石粉等,其中磨细粉煤灰掺量应不大于 20%,磨细砂、磨细石粉的掺量不宜大于 5%,粉细料应全部通过 0.15mm

筛孔。

7.101 防水混凝土配合比设计应控制哪几点?

(1) 防水混凝土配合比计算和试配的步骤、方法:

防水混凝土配合比设计应遵照普通混凝土配合比设计规定外,还须符合下列规定:

1) 每 $1m^3$ 混凝土中的水泥用量(含掺合料)不宜小于 320kg。

2) 砂率宜为 35%~40%,灰砂比宜为 1∶2~1∶2.5。

3) 供试配用的最大水灰比应符合表 7-48 的规定。

防水混凝土最大水灰比　　表 7-48

抗渗等级	最大水灰比	
	C20~C30	>C30
P6	0.60	0.55
P8~P12	0.55	0.50
P12 以上	0.50	0.45

(2) 掺引气剂的防水混凝土。掺用引气剂的防水混凝土,其含气量宜控制在 3%~5%。

(3) 防水混凝土配合比设计。防水混凝土配合比设计时,应增加抗渗性能试验。

1) 试配要求的抗渗水压值应比设计值提高 0.2MPa。

2) 试配时,应采用水灰比最大的配合比做抗渗试验,其试验结果应符合下列要求:

$$P_t \geq \frac{P}{10} + 0.2 \tag{7-10}$$

式中 P_t——6 个试件中 4 个未出现渗水时的最大水压值(MPa 或 N/mm^2);

P——设计要求的抗渗等级。

3) 掺引气剂的混凝土应进行含气量试验。

7.102 防水混凝土施工操作要点有哪些?

(1) 防水混凝土按重量配合比进行配料,计量允许偏差:

1) 水泥、水、外加剂、掺合料为±1%。

2) 砂、石为2%。

(2) 防水混凝土必须用机械搅拌,搅拌时间不应少于2min。掺外加剂时,可延长1～1.5min。

(3) 模板要求拼缝严密,支撑牢固。固定模板用的螺栓、套管及埋于结构中的管道等均应加焊止水环见图7-9、图7-10,并须满焊。

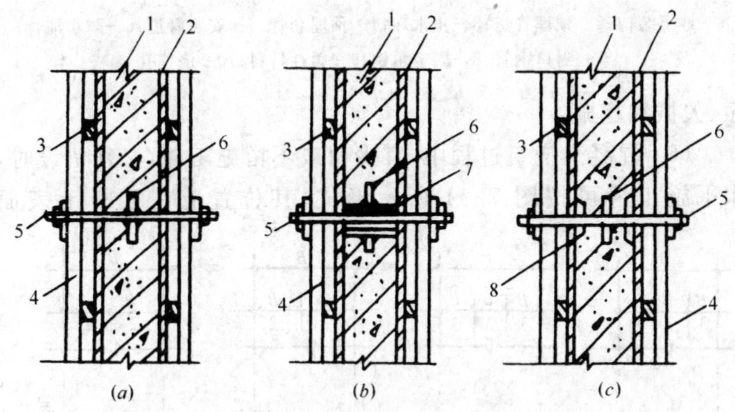

图7-9 预埋螺栓套管方法

(a)螺栓加焊止水环;(b)预埋套管;(c)螺栓加堵头

1—防水结构;2—模板;3—横撑木;4—立楞木;5—螺栓;6—止水环;

7—套管(拆模后,螺栓拔出,内用膨胀水泥砂浆封堵);8—堵头

(拆模后,将螺栓沿坑底割去,用膨胀水泥砂浆封堵)

(4) 防水混凝土运输后,如出现离析,应进行二次搅拌。浇筑高度超过1.5m,应设串筒、溜槽或开门子下料。

(5) 混凝土应分段、分层、均匀、连续浇筑,振捣密实,振捣时间宜为10～30s,一般以开始泛浆和不冒气泡为准,并应避免漏

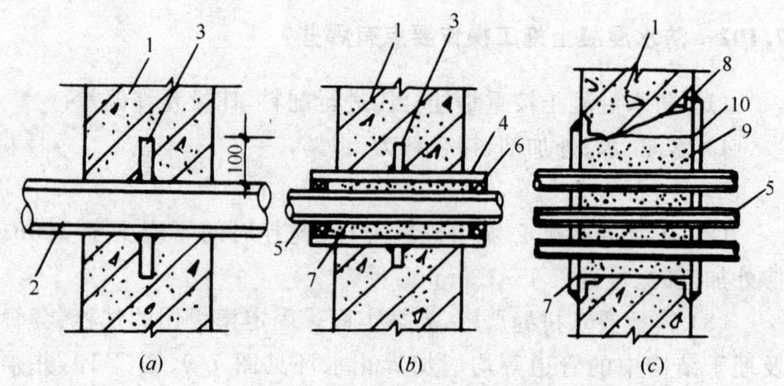

图 7-10 预埋管道套管方法

(*a*)固定式穿墙管;(*b*)套管式穿墙管;(*c*)群管穿墙管

1—地下结构;2—预埋管道;3—止水环;4—预埋套管;5—安装管道;6—防水油膏;

7—封口钢管;8—固定角钢;9—柔性材料;10—浇注孔

振、欠振和超振。

(6) 混凝土浇筑过程中,宜少留或不留施工缝,必须留设时,水平施工缝可按图 7-11 所示形式,其位置应在底板上表面

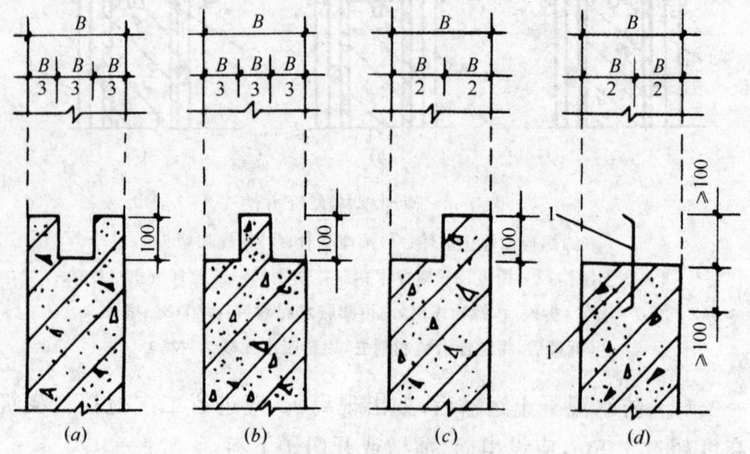

图 7-11 水平施工缝构造

(*a*)凹缝;(*b*)凸缝;(*c*)阶梯缝;(*d*)平直缝

1—金属止水片或塑料止水带

200mm 以上。垂直施工缝应避开地下水和裂隙水较多的地段、并宜与变形缝相结合。继续浇筑时，施工缝处应凿毛扫净、湿润，再铺上一层 20～25mm 厚的 1∶1 水泥砂浆。

（7）防水混凝土终凝后应立即进行养护，时间不少于 14d，并保持表面湿润。

（8）大体积防水混凝土的施工，应采取降低水化热温度，加快散热等措施，避免产生温度裂缝和收缩裂缝。

7.103 耐火混凝土分哪几类？组成材料有何要求？

耐火混凝土是由耐火骨料与适量的胶结料和水按一定比例配制而成，是一种能长期承受高温作用（200℃以上），并保持所需的物理力学性能（如耐火度、热稳定性、荷重软化点以及在高温下较小的收缩等）的混凝土。

（1）耐火混凝土的分类

1）按胶结料分

耐火混凝土按其胶结料的不同，分为水泥耐火混凝土和水玻璃耐火混凝土等。

2）按骨料分

耐火混凝土按骨料的不同，分为粘土熟料耐火混凝土，高炉矿渣耐火混凝土和红砖耐火混凝土等。

（2）耐火混凝土的组成材料

1）水泥

配制耐火混凝土所用的水泥采用 32.5 强度等级以上普通水泥、矿渣水泥或矾土水泥。

普通水泥中不得掺有石灰岩类的混合材料。当用矿渣水泥配制极限使用温度为 900℃ 的耐火混凝土时，水泥中矿渣含量不得大于 50%。

2）掺合料和骨料

耐火混凝土掺合料和骨料的技术要求见表 7-49。

耐火混凝土掺合料和骨料的技术要求 表 7-49

种类		掺合料 4 900 孔筛通过量不小于(%)		骨料颗粒级配(累计筛余按重量计)(%)					
				粗骨料粒径(mm)			细骨料粒径(mm)		
		水泥胶结料耐火混凝土	水玻璃耐火混凝土	25	10	5	5	1.2	0.15
粘土质	粘土熟料	70	50	0～5	30～60	90～100	0～10	20～55	90～100
	粘土砖	70	50	0～5	30～60	90～100	0～10	20～55	90～100
	红　砖	70	—	0～5	30～60	90～100	0～10	20～55	90～100
高铝质	高铝砖	70	—	0～5	30～60	90～100	0～10	20～55	90～100
	矾土熟料	70	—	0～5	30～60	90～100	0～10	20～55	90～100
镁　质	冶金镁料	—	70	—	0～5	90～100	0～10	20～55	90～100
	镁　砖	—	70	—	0～5	90～100	0～10	20～55	90～100
粉煤灰		85	—	—	—	—	—	—	—
高炉重矿渣		—	—	0～5	30～60	90～100	0～10	20～55	90～100

续表

种类		化学成分含量(%)							备注
		MgO	SiO_2	Al_2O_3	CaO	Fe_2O_3	SO_3	烧失量	
粘土质	粘土熟料			≥30		≤5.5	≤0.3		熟料煅烧温度不低于1350℃
	粘土料			≥30					已用过的砖应除去表面熔渣和杂质
	红砖								已用过的砖应除去表面熔渣和杂质且强度等级应不大于MU10
高铝质	高铝砖			≥65					已用过的砖应除去表面熔渣和杂质
	矾土熟料			≥48					熟料煅烧温度不低于1450℃
镁质	冶金镁砂	≥87	≤4		≤5			≤0.5	必须经过碳化处理(注①)
	镁砖	≥87			≤3.5				不得使用已使用过的镁质制品
粉煤灰				≥20			≤4	≤8	
高炉重矿渣					≤4.5				应具有良好的安定性，不允许有大于25mm的玻璃质颗粒

注：1. 冶金镁砂碳化处理方法：将掺合料或破碎的骨料，铺成5～10cm厚一层，用水湿润后，盖上潮湿的麻袋，并在15～25℃的温度下搁置5d。

2. 对钢筋设置不密的厚大结构，允许采用最大粒径为40mm的粗骨料。

3. 掺合料的含水率不得大于1.5%。

3）水玻璃和工业氟硅酸钠

① 水玻璃的相对密度以1.38～1.4为宜，模数在2.6～2.8之间，允许采用可溶性硅酸钠（硅酸盐块）作成的水玻璃。

② 工业氟硅酸钠，其纯度按重量计应不少于95%，氟硅酸钠含水率不得大于1%，其颗粒通过0.125mm筛孔的筛余量应不大于10%。

7.104 耐火混凝土配合比材料用量、强度等级、适用范围有何规定？

（1）耐火混凝土配合比，应根据混凝土的强度、极限使用温度和使用条件、材料来源及经济效益等加以综合考虑。

（2）各种耐火混凝土的材料组成、极限使用温度、最低强度等级和适用范围，见表7-50。

7.105 耐火混凝土施工控制要点有哪些？养护有何要求？

（1）耐火混凝土拌制：

1）拌制水泥耐火混凝土时，水泥和掺合料必须拌合均匀。拌制水玻璃耐火混凝土时，氟硅酸钠和掺合料必须预先混合均匀。

2）水玻璃耐火混凝土拌制要求与水玻璃耐酸混凝土相同：

① 粉状骨料应先与氟硅酸钠拌合，再用筛孔为2.5mm的筛子过筛两次。

② 干燥材料应在混凝土搅拌机中预先搅拌2min，然后再加入水玻璃。

③ 搅拌时间，自全部材料装入搅拌机后算起，应不少于2min。

④ 每次拌制量，应在混凝土初凝前用完，但不超过30min。

3）耐火混凝土的用水量（或水玻璃用量）在满足施工要求条件下应尽量少用，其坍落度应比普通混凝土相应地减少1～2cm。

4）耐火混凝土的搅拌时间应比普通混凝土延长1～2min，使混凝土的混合料颜色达到均匀为止。

耐火混凝土的组成材料、极限使用温度和适用范围 **表 7-50**

耐火混凝土名称	极限使用温度(℃)	材料组成及用量(kg/m³)			混凝土最低强度等级	适用范围
		胶结料	掺合料	粗细骨料		
普通水泥耐火混凝土和矿渣水泥耐火混凝土	700	普通水泥(300～400)	矿渣、粉煤灰(150～300)	高炉重矿渣、红砖、安山岩、玄武岩(1300～1800)	C15	温度变化不剧烈，无酸、碱侵蚀的工程
	700	矿渣水泥(350～450)	矿渣、黏土熟料黏土砖(0～200)	高炉重矿渣、红砖、安山岩、玄武岩(1400～1900)	C15	温度变化不剧烈，无酸、碱侵蚀的工程
	900	普通水泥(300～400)	耐火度不低于1600℃黏土熟料、黏土砖(100～200)	耐火度不低于1610℃黏土熟料、黏土砖(1400～1600)	C15	无酸、碱侵蚀的工程
	900	矿渣水泥(300～400)	耐火度不低于1670℃黏土熟料、黏土砖(100～200)	耐火度不低于1610℃黏土熟料、黏土砖(1400～1600)	C15	无酸、碱侵蚀的工程
	1200	普通水泥(300～400)	耐火度不低于1670℃黏土熟料、黏土砖、矾土熟料(150～300)	耐火度不低于1670℃黏土熟料、黏土砖、矾土熟料(1400～1600)	C20	无酸、碱侵蚀的工程
矾土水泥耐火混凝土	1300	矾土水泥(300～400)	耐火度不低于1730℃黏土熟料、矾土熟料(150～300)	耐火度不低于1730℃的黏土砖、矾土熟料、高铝砖(1400～1700)	C20	宜用于厚度小于400mm的结构，无酸碱侵蚀的工程

续表

耐火混凝土名称	极限使用温度(℃)	材料组成及用量(kg/m^3)			混凝土最低强度等级	适用范围
		胶结料	掺合料	粗细骨料		
水玻璃耐火混凝土	600	水玻璃(300～400)加氟硅酸钠(占水玻璃重量的12%～15%)	黏土熟料、黏土砖、石英石 (300～600)	安山岩、玄武岩、辉绿岩 (1550～1650)	C15	可用于同时受酸(氢氟酸除外)作用的工程，但不得用于经常有水蒸气及水作用的部位
	900	水玻璃(300～400)加氟硅酸钠(占水玻璃重量的12%～15%)	耐火度不低于1670℃黏土熟料、黏土砖 (300～600)	耐火度不低于1610℃的黏土熟料、黏土砖 (1200～1300)	C15	可用于同时受酸(氢氟酸除外)作用的工程，但不得用于经常有水蒸气及水作用的部位
	1200	水玻璃(300～400)加氟硅酸钠(占水玻璃重量的12%～15%)	一等冶金镁砂或镁砖(见注2.) (500～600)	一等冶金镁砂或镁砖 (1700～1800)	C15	可用于受氯化钠、硫酸钠、碳酸钠、氟化钠溶液作用的工程，但不得用于受酸作用及有水蒸气及水作用的部位

注：1. 表中所列极限使用温度为平面受热时的极限使用温度，对于双面受热或全部受热的结构，应经过计算和试验后确定。
2. 用镁质材料配制的耐火混凝土宜制成预制砌块，并在40～60℃的温度下烘干后使用。
3. 耐火混凝土的强度等级以100mm×100mm×100mm试块的烘干，抗压强度乘以0.9系数而得。
4. 用水玻璃配制的耐火混凝土，及用普通和矿渣水泥配制的耐火混凝土必须加入掺合料；矾土水泥配制的耐火混凝土也宜加掺合料。
5. 极限使用温度在350℃及350℃以上的普通水泥和矿渣水泥耐火混凝土可不加掺合料。
6. 极限使用温度为700℃的矿渣水泥耐火混凝土，如水泥中矿渣含量大于50%，可不加掺合料。
7. 按上述各项要求，由试验室确定施工配合比。

(2) 耐火混凝土浇筑应分层进行,每层厚度为250～300mm。

(3) 耐火混凝土的养护。

1) 水泥耐火混凝土浇筑后,宜在15～25℃的潮湿环境中养护,其中普通水泥耐火混凝土养护不少于7d,矿渣水泥耐火混凝土不少于14d,矾土水泥耐火混凝土一定要加强初期养护管理,养护时间不少于3d。

2) 水玻璃耐火混凝土宜在15～30℃的干燥环境中养护3d,烘干加热,并需防止直接曝晒而脱水快,产生龟裂。

3) 水泥耐火混凝土在气温低于+7℃和水玻璃耐火混凝土在低于+10℃的条件下施工时,均应按冬期施工执行,并应遵守下列规定:

① 水泥耐火混凝土可采用蓄热法或加热法(电流加热、蒸汽加热等),加热时普通水泥耐火混凝土和矿渣水泥耐火混凝土的温度不得超过60℃,矾土水泥耐火混凝土不得超过30℃。

② 水玻璃耐火混凝土的加热只许用干热方法,不得采用蒸养,加热时混凝土的温度不得超过60℃。

③ 耐火混凝土中不应掺用化学促凝剂。

4) 用耐火混凝土浇筑的热工设备,必须在混凝土强度达到设计强度的70%时(自然养护时,并在不少于上述(3)1)及(3)2)的规定养护龄期后,方准进行烘烤。烘烤要求见表7-51。

耐火混凝土的热处理(烘烤) **表7-51**

烘烤温度(℃)	常温～250(升温)	250～300(恒温)	300～700(升温)	700～使用温度(降温)
升温速度(℃/h)	15～20		150～200	
加热时间占总烘烤时间的百分率(%)	45	40	10	5

7.106 耐火混凝土的检验项目和技术要求有哪些?

检验项目和技术要求见表7-52。

耐火混凝土的检验项目和技术要求 **表 7-52**

极限使用温度	检 验 项 目	技 术 要 求
≤700℃	混凝土强度等级 加热至极限使用温度并经冷却后的强度	≥设计强度等级 ≥45%烘干抗压强度
900℃	混凝土强度等级 残余抗压强度： (1) 水泥胶结耐火混凝土 (2) 水玻璃耐火混凝土	≥设计强度等级 ≥30%烘干抗压强度,不得出现裂缝 ≥70%烘干抗压强度,不得出现裂缝
1200℃ 1300℃	混凝土强度等级 残余抗压强度： (1) 水泥胶结耐火混凝土 (2) 水玻璃耐火混凝土 (3) 加热至极限使用温度后的线收缩 甲、极限使用温度为1200℃时 乙、极限使用温度为1300℃时 (4) 荷重软化温度(变形4%)	≥设计强度等级 ≥30%烘干抗压强度,不得出现裂缝 ≥50%烘干抗压强度,不得出现裂缝 ≤0.7% ≤0.9% ≥极限使用温度

注：如设计对检验项目及技术要求另有规定时,应按设计规定进行。

7.107 防辐射混凝土组成材料有何要求？配合比设计控制哪几点？

防辐射混凝土用于防护来自试验室内各种同位素、加速器或反应堆等原子能装置的原子核辐射,如 X、α、β、γ 以及中子射线等。一般防辐射混凝土属重混凝土,质量密度要求在 2700～4500kg/m³。

(1) 防辐射混凝土的组成材料：

1) 水泥：不低于 32.5 的硅酸盐水泥和普通硅酸盐水泥,最好采用矾土水泥和钡水泥等。

2）粗细骨料：选用质量密度大、含铁量高、级配良好的赤铁矿、磁铁矿、褐铁矿或重晶石等制成的矿石和矿砂，其技术性能要求见表7-53。

骨料技术性能与要求 **表7-53**

项次	骨料名称	骨料质量密度（t/m^3）		矿石质量密度（t/m^3）	技术要求
		细骨料（0.15～5mm）	粗骨料（5～30mm）		
1	赤铁矿（Fe_2O_3）	1.6～1.7	1.4～1.5	3.2～4.0	Fe_2O_3 含量：细骨料不低于60%，粗骨不低于75%
2	磁铁矿（$Fe_3O_4 \cdot H_2O$）	2.3～2.4	2.6～2.7	4.3～5.1	Fe_2O_3 含量：细骨料不低于 60%，粗骨料不低于75%
3	褐铁矿（$Fe_2O_3 \cdot 3H_2O$）	1.6～1.7	1.4～1.5	3.2～4.0	Fe_2O_3 含量不低于70%
4	重晶石（$BaSO_4$）	3.0～3.1	2.6～2.7	4.3～4.7	$BaSO_4$ 含量不低于80% 含石膏或黄铁矿的硫化物及硫酸化合物不超过7%
5	废铅渣			2.4～3.5	细废铅渣相对密度4.0

注：1. 骨料质量密度应在试验振动台振动30s后的干燥状态下确定。振动台的振幅为0.35mm，频率为3000次/min。

2. 细骨料粒径为0.15～5mm，粗骨料为5～8mm。

3. 重晶石按粒径分为：

重晶石粉：400孔/cm^2 筛筛过的微粒，质量密度约为 $3g/cm^3$；

重晶石砂：粒径小于5mm，质量密度约为 $2.4\ g/cm^3$；

重晶碎石：粒径5～10mm，质量密度约为 $2.6～2.7\ g/cm^3$。

4. 按重量含0.25%蛋白石和5%玉髓以上的重晶石，只能与低碱性水泥配合使用，因这些杂质易与高碱性水泥发生反应使混凝土裂缝。

3）骨料质量密度要求：配制不同质量密度的防辐射混凝土对骨料块状质量密度的要求参见表 7-54。当矿石密度较小，不能配出所要求的单位质量密度的混凝土时，可掺入一定数量的金属铁块，块体规格为 20mm×25mm×35mm，圆柱体（如钢筋头）80mm 以内。

（2）水为一般洁净水，pH 值不小于 4。

不同质量密度防辐射混凝土对骨料块状质量密度的要求　　表 7-54

混凝土设计质量密度（kg/m³）	3000	3100	3200	3300	3400	3500	3600
骨料块状质量密度要求达到（kg/m³）	3600～3800	3700～3900	3800～4000	4000～4100	4100～4200	4300～4400	4400～4500

（3）防辐射混凝土配合比见表 7-55。

防辐射混凝土配合比　　表 7-55

项次	名　　称	质量密度（t/m³）	重量配合比	用途
1	普通混凝土	2.1～2.4	硅酸盐水泥：砂：石子：水＝1：3.7：2.8：0.8	抗 X、α、β、γ 及中子辐射
2	褐铁矿混凝土	2.6～2.8	1. 水泥：褐铁矿碎石：褐铁矿砂子：水＝1：3.7：2.8：0.8 2. 水泥：褐铁矿碎石：褐铁矿砂子：水＝1：2.4：2：0.5（另加增塑剂含量） 3. 水泥：褐铁矿粗细骨料：水＝1：3.3：0.5	
3	褐铁矿石加废钢的混凝土	2.9～3.0	水泥：废钢粗骨料：褐铁矿石细骨料：水＝1：4.3：2：0.4	
4	赤铁矿混凝土	3.2～3.5	1. 水泥：普通砂：赤铁矿砂：赤铁矿碎石：水＝ （1）1：1.43：2.14：6.67：0.67 （2）1：1.22：2：7.32：0.68 2. 水泥：普通砂：赤铁矿碎石：水＝1：2：8：0.66	

续表

项次	名　　称	质量密度 (t/m³)	重量配合比	用途
5	磁铁矿混凝土	3.3～3.8	1. 水泥：磁铁矿碎石：磁铁矿砂子：水＝ (1) 1：4.4：4：0.17 (2) 1：2.64：1.36：0.56 (3) 1：3.3：1.7：0.55 2. 水泥：磁铁矿粗细骨料：水＝ (1) 1：7.6：0.5 (2) 1：5：0.73	抗X、α、β、γ及中子辐射
6	重晶石混凝土	3.2～3.8	1. 水泥：重晶碎石：重晶石砂：水＝ (1) 1：4.54：3.4：0.5 (2) 1：5.44：4.46：0.6 (3) 1：5：3.8：0.2 2. 水泥：重晶石粉：重晶石砂：重晶石碎石：水 ＝1：0.26：2.6：3.4：0.48	
7	重晶石砂浆	2.5～3.2	1. 水泥：重晶石砂＝1：5.96 2. 石灰：水泥：重晶石粉＝1：9：35 3. 水泥：重晶石粉：重晶石砂：普通砂＝1：0.25：2.5：1	
8	加硼混凝土	2.6～4.0	1. 水泥：砂：碎石：炭化硼：水＝1：2.54：4：0.15：0.73 2. 水泥：硬硼酸钙石细骨料：重晶石：水＝1：0.5：4.9：0.38	抗中子辐射
9	加硼水泥砂浆	1.8～2.0	石灰：水泥：重晶石粉：硬硼酸钙粉＝1：9：31：4	
10	铅渣混凝土	2.4～3.5	矾土水泥：废铅渣：水＝1：3.7：0.6	

配制防辐射混凝土应掌握配合比。坍落度一般控制在20～40mm，如要求坍落度较大时，应考虑掺加减水剂，以免由于几种骨料密度相差较大而引起骨料不均匀。

7.108　防辐射混凝土施工控制要点有哪些？

（1）振捣混凝土要密实。浇筑层厚度以200～250mm为宜，插捣时间一般为15s左右，以表面出浆为准，振捣时间过长也会引起骨料的不均匀下沉。混凝土从搅拌至浇筑完的时间不得超过2h。

（2）浇筑混凝土应连续进行，一般不准留设水平施工缝，必须留施工缝时，应留凹凸形的施工缝，见图7-12。在防辐射混凝土与普通混凝土连接时，垂直施工缝必须使防辐射混凝土与普通混凝土成齿槽形连接，齿槽的深度为50mm。

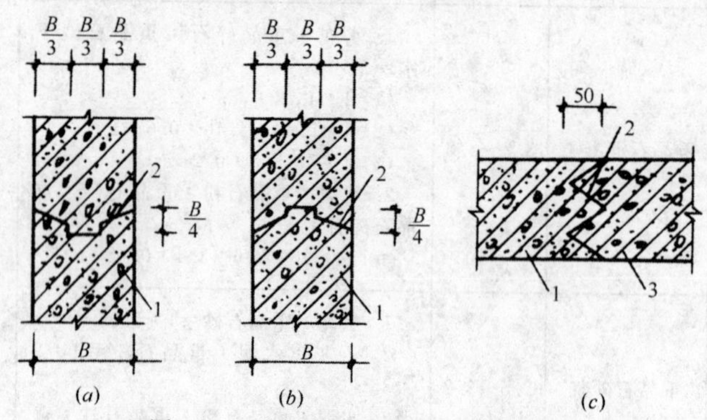

图7-12　防辐射混凝土施工缝的设置

(a)、(b)凹凸形水平施工缝；(c)垂直施工缝(平面)

1—防辐射混凝土；2—施工缝；3—普通混凝土

（3）防辐射混凝土也可采用预填灌浆施工法，可大大改善混凝土骨料的均匀性。

（4）采用重晶石砂粉刷时，墙面必须清除干净，并浇水湿润，粉刷层厚度一般为20～25mm，应分8～10次粉刷成，收水后用铁板压浆抹平，以防龟裂。

（5）混凝土的养护方法与普通混凝土相同。冬期可用蓄热兼加热法养护，并经常保持混凝土有一定的湿度。

7.109　抗油渗混凝土材料有何要求？配合比和施工控制有哪几点？

抗油渗混凝土是在普通混凝土中加入外掺剂，经过充分搅拌而提高其密实性。其抗油渗等级均在P8级以上，一般为P10～P12级。可用于贮存轻油类的油罐或地面工程。

(1) 抗油渗混凝土的组成材料

1) 水泥。强度等级为32.5及以上的普通硅酸盐及硅酸盐水泥，要求无结块。

2) 粗骨料。粒径5～40mm的符合筛分曲线的碎石，质地坚硬、组织致密、吸水率小，空率隙不大于43%。

3) 细骨料。中砂，平均粒径在0.35～0.38mm，不含泥块杂质。

4) 水。一般洁净水。

5) 外掺剂：

① 氢氧化铁

氢氧化铁是一种不溶于水的粘性胶状物质，掺入到混凝土中后可以堵塞混凝土中的毛细孔隙，并有加速混凝土硬化作用，从而达到提高抗渗性的效果。由于掺有这种胶体的混凝土在油的长期浸渍下，其强度仍正常增长，因此它也是一种高效能的抗油渗措施。

② 三氯化铁混合剂

三氯化铁混合剂的配制方法 将固体三氯化铁溶解于水(三氯化铁：水=1：2)，再按三氯化铁重量10%的明矾敲碎后先溶解于水，明矾：水=1：5，徐徐倒入三氯化铁水溶液中，以木棒搅拌均匀。施工时，按水泥用量1.5%的三氯化铁(以固体含量折算)和水泥用量0.15%木醣浆(以固体含量计算)分别掺入混凝土拌合水中搅拌混凝土。但其中三氯化铁具有酸性，如超量使用，对钢筋将略有锈蚀作用。必要时对钢筋须作防锈处理。

③ 三乙醇胺复合剂

在混凝土中掺入按水泥重量计算0.05%的三乙醇胺和0.5%的氯化钠，不仅具有增强作用，而且抗渗效果也很好。

(2) 抗油渗混凝土配合比

抗油渗混凝土的施工参考配合比见表7-56。

抗油渗混凝土(砂浆)参考配合比　　表 7-56

名称	混凝土强度等级	配合比 (kg/m³)										掺渗等级
		水	水泥	砂	石子(白石子)	三氯化铁(%)	明矾(%)	三乙醇胺(%)	氢氧化铁(%)	氯化钠(%)	木醣浆(%)	
混凝土	C30	195	355	613	1143							P8
	C30	189	350	608	1233	1.58	0.1				0.43	P8
	C30	203	370	644	1190	1.58	0.1				0.15	P12
	C30	153	390	626	1020	1.5		0.05		0.5		P24
	C30	200	370	640	1190				2			P12
水磨石子浆		326	814		(1521)	1.58					0.43	P20
砂浆		275	550	1100		1.5			2		0.15	P12
		275	550	1100								P6

注：1. 外掺剂的掺量均以水泥重量的百分比(%)计。
2. 水磨石子浆用于水磨石地坪。
3. 抗油渗砂浆用于油罐抹面层。

(3) 抗油渗混凝土施工要点

1) 粗细骨料要正确计量,严格掌握水灰比。其含水量应按实际扣除。外加剂应测定其固体含量和纯度。

2) 混凝土的充分搅拌是提高混凝土抗渗强度等级的一个主要因素,因此必须使混凝土的组成材料搅拌均匀。如用 400L 自落式搅拌机,搅拌时间一般不少于 2～3min。

3) 混凝土运输、卸料要采用适当措施,防止混凝土分层。浇捣时应分层进行,做到均匀卸料,不得使粗骨料过分集中,振动器插入混凝土的位置要分布均匀,严防漏振,务使混凝土达到充分密实,随后将混凝土表面抹平、压光。

4) 抗油渗混凝土必须加强养护。冬期施工时,在混凝土浇捣完成后,要及时做好保温措施;夏季施工时在混凝土浇捣整平 12h 后再进行浇水或洒水养护,养护期间混凝土表面不得脱水。养护期不少于 14d。

7.110 混凝土结构检验试验项目有何规定?

混凝土结构检验试验项目见表 7-57。

7.111 现浇混凝土结构工程质量缺陷和消除措施有哪些?

现浇混凝土结构工程质量缺陷和消除措施见表 7-58。

混凝土结构检验试验项目 表 7-57

序号	名称及相关标准、规范代号	试验项目	组批原则及取样规定
1	普通混凝土 (GB 50204—2002) (GB 50209—2002) (GB 50010—2002) (GBJ 80—85) (GBJ 81—85) (JGJ 55—96) (GBJ 107—87)	1. 必试项目： 稠度 抗压强度 2. 其他项目： 轴心抗压 静力受压弹性模量 壁裂抗拉强度 抗折强度 长期性能和耐久性能试验 碱含量 氯化物总量	1. 试块的留置： ① 每拌制 100 盘且不超过 $100m^3$ 的同配合比的混凝土，取样不得少于一次 ② 每工作班拌制的同一配合比的混凝土不足 100 盘时，取样不得少于一次 ③ 当一次连续浇筑超过 $1000m^3$ 时，同一配合比混凝土每 $200m^3$ 混凝土取样不得少于一次 ④ 每一楼层、同一配合比的混凝土，取样不得少于一次 ⑤ 冬期施工还应留置负温转常温试块和临界强度块 ⑥ 对预拌混凝土，当一个分项工程连续供应相同配合比的混凝土量大于 $1000m^3$ 时，其交货检验的试样，每 $200m^3$ 混凝土取样不得少于一次 ⑦ 建筑地面的混凝土，以同一配合比，同一强度等级，每一层或每 $1000m^2$ 为一检验批，不足 $1000m^2$ 也按一批计。每批应至少留置一组试块 2. 取样方法及数量： 用于检查结构构件混凝土质量的试件，应在混凝土浇筑地点随机取样制作，每组试件所用的拌合物应从同一盘搅拌混凝土或同一车运送的混凝土中取出，对于预拌混凝土还应在卸料过程中卸料量的 1/4～3/4 之间取样，每个试样量应满足混凝土质量检验项目所需用量的 1.5 倍，但不少于 $0.2m^3$ 3. 每次取样应至少留置一组标准养护试件，同条件养护试件的留置组数应根据实际需要确定

续表

序号	名称及相关标准、规范代号	试验项目	组批原则及取样规定
2	抗渗混凝土 (GB 50204—2002) (JGJ 55—96) (GBJ 80—85) (GBJ 82—85) (JGJ 55—96) (GBJ 107—87)	必试项目： 稠度 抗压强度 抗渗等级	1. 同一混凝土强度等级、抗渗等级、同一配合比，生产工艺基本相同，每单位工程不得少于两组抗渗试块(每组 6 个试块) 2. 试块应在浇筑地点制作，其中至少一组应在标准条件下养护，其余试块应与构件相同条件下养护 3. 留置抗渗试件的同时需留置抗压强度试件并应取自同一盘混凝土拌合物中。取样方法同普通混凝土中第(2)项
3	高强混凝土 (GB 50204—2002) (CECS 104：99) (GBJ 107—87) (GBJ 80—85) (GBJ 82—85)	1. 必试项目： 工作性(坍落度、扩展度、拌合物流速) 抗压强度 2. 其他项目： 同普通混凝土	同普通混凝土
4	轻骨料混凝土	1. 必试项目： 干表观密度 抗压强度、稠度 2. 其他项目： 长期性能 耐久性能 静力受压弹性模量 导热系数	1. 同普通混凝土 2. 混凝土干表观密度试验，连续生产的预制厂及预拌混凝土同配合比的混凝土每月不少于 4 次；单项工程每 $100m^3$ 混凝土至少一次，不足 $100m^3$ 也按 $100m^3$ 计

现浇混凝土结构工程质量缺陷和消除措施 **表 7-58**

质量缺陷	消除措施
1. 配合比不当，和易性差导致混凝土拌合物松散，保水性差，易泌水、离析，难振捣密实，浇筑后达不到设计强度	1. 配合比应经设计和试配，符合设计强度和施工时和易性的要求，严格控制混凝土配合比，保证计量准确，不得随意套用经验配合比。 2. 确保混凝土原材料质量，并防止杂草、木屑、石灰、黏土等杂物混入。 3. 使用外加剂应先试验，严格控制掺用量，并按规程使用。 4. 按规定时间进行搅拌均匀。 5. 混凝土拌制应根据砂、石实际含水量情况调整加水量，使水灰比和坍落度符合要求。 6. 混凝土运输应采用不易使混凝土离析、漏浆或水分散失的运输工具，防止离析。 7. 对出现离析的混凝土拌合物应适当增加水泥浆量和砂率，进行二次搅拌，符合要求后再用
2. 外加剂使用不当导致混凝土拌合物坍落度不符合要求，不易浇捣，或混凝土长时间不凝结硬化，或已浇筑的混凝土表面起鼓	1. 正确选用外加剂品种，并经试验符合施工要求才可使用，其掺量应通过试验确定。 2. 不同品种、用途的外加剂应分别存放，妥加保管，防止混淆或变质。 3. 粉状外加剂要保持干燥状态，防止受潮结块。已结块的粉状外加剂，应烘干碾细，过 0.6mm 筛孔后使用。 4. 掺有外加剂的混凝土必须搅拌均匀，搅拌时间应适当延长。 5. 尽量缩短掺外加剂混凝土的运输和停放时间，减小坍落度损失。 6. 混凝土表面一旦鼓泡，应剔除鼓泡部分，用 1∶2 或 1∶2.5 砂浆修补

续表

质量缺陷	消除措施
3. 外观质量缺陷	
（1）露筋 钢筋混凝土结构内部的钢筋没被混凝土包裹而裸露	1. 应确保钢筋位置和保护层厚度正确，并加强检查，发现偏差，及时纠正。 2. 钢筋密集时，应选用适当粒径的粗骨料，最大颗粒尺寸不得超过结构截面最小尺寸的 1/4，同时不得大于钢筋净距的 3/4。钢筋较密部位，宜用细石混凝土。 3. 应保证混凝土配合比准确和良好的和易性。 4. 模板应充分湿润并认真堵好缝隙。 5. 混凝土振捣严禁撞击钢筋，保护层处混凝土要仔细振捣密实，避免踩踏钢筋，以防变形。 6. 表面露筋，刷洗干净后，用 1∶2 或 1∶2.5 水泥砂浆将露筋部位抹压平整。若露筋较深，应将薄弱混凝土和突出的颗粒凿去，洗刷干净后，用比原来高一强度等级的细石混凝土浇筑、捣实，并认真养护
（2）蜂窝 混凝土表面缺少水泥砂浆而形成石子外露	1. 认真设计并严格控制混凝土配合比，配制混凝土拌合料时应保证材料计量准确。 2. 混凝土应拌合均匀，其搅拌延续时间应符合本章第 7.22 条的要求。 3. 坍落度应适宜，一般可按本章第 7.12 条执行。 4. 混凝土下料高度如超过 2m，应设串筒或溜槽。 5. 浇筑应分层浇筑，浇筑层的厚度应符合本章第 7.35 条规定。 6. 混凝土振捣密实，防止漏振。每点的振捣时间，根据混凝土的坍落度和振捣有效作用半径，可参见本章第 7.38 条采用。 7. 模板缝应堵塞严密。浇筑混凝土过程中，要经常检查模板、支架、拼缝等情况，发现模板变形、走动或漏浆，应及时修复。

续表

质量缺陷	消除措施
（2）蜂窝 混凝土表面缺少水泥砂浆而形成石子外露	8. 治理方法： （1）对小蜂窝，用水洗刷干净后，用1∶2或1∶2.5水泥砂浆压实抹平。 （2）对较大蜂窝，先凿去蜂窝处薄弱松散的混凝土和突出的颗粒，刷洗干净后支模，用高一强度等级的细石混凝土填塞捣实，并养护。 （3）较深蜂窝如清除困难，可埋压浆管和排气管，表面抹砂浆或支模灌混凝土封闭后，进行水泥压浆处理
（3）孔洞 混凝土中孔穴深度和长度均超过保护层厚度	1. 在钢筋密集处及复杂部位，采用细石混凝土并振捣密实。 2. 预留孔洞、预埋铁件处应在两侧同时下料。 3. 采用正确的振捣方法，防止漏振。 4. 混凝土自由倾落高度大于2m时应采用串筒或溜槽。 5. 应及时清除模板中杂物。 6. 孔洞处理：将孔洞周围的松散混凝土和软弱浆膜凿除，用压力水冲洗，支设带托盒的模板，洒水充分湿润后，用比结构高一强度等级的半干硬性细石混凝土分层浇筑，捣实，并养护
（4）夹渣 混凝土中夹有杂物，且深度超过保护层厚度	1. 认真按施工验收规范要求处理施工缝及后浇缝表面；接缝处的锯屑、木块、泥土、砖块等杂物必须彻底清除干净，并将接缝表面洗净 2. 在已硬化的混凝土表面上，继续浇筑混凝土前，应清除水泥薄膜和松动石子以及软弱混凝土层，并加以充分湿润和冲洗干净，且不得积水 3. 接缝处浇筑混凝土前，应铺一层水泥浆或10～15cm厚细石混凝土，并加强接缝处混凝土振捣使之密实。 4. 出现夹渣可将松散混凝土凿去，洗刷干净后，充分湿润，捻塞或灌注较原结构高一级的细石混凝土，填嵌密实并养护

续表

质量缺陷	消除措施
(5) 疏松 混凝土中局部不密实	1. 木模板浇水湿透，以防混凝土表层水泥水化的水分被吸去，造成混凝土脱水疏松。 2. 炎热或刮风天浇筑混凝土时，脱模后应适当护盖浇水养护。 3. 冬期低温浇筑混凝土，应采取保温措施，防止结构混凝土表面受冻。 4. 混凝土中出现疏松，可将疏松部分凿去，洗刷干净充分湿润后，在边缘刷界面剂，用比结构高一强度等级的细石混凝土浇筑，捣实，并养护，亦可用 1∶2 或 1∶2.5 水泥砂浆抹平压实
(6) 裂缝 缝隙从混凝土表面延伸至混凝土内部 1) 收缩裂缝	1. 严格控制配合比和水泥用量，水灰比和砂率不能过大，提高粗骨料含量，以降低干缩量。 2. 严格控制骨料中含泥量和泥块含量。 3. 控制混凝土拌合物坍落度。 4. 混凝土既要振捣密实，又不能过度振捣。 5. 截面相差较大的混凝土构筑物，可先浇较深部位，待沉降稳定后，再与上部同时浇筑。 6. 分段浇筑混凝土宜浇筑完一段，养护一段。 7. 混凝土浇筑后，及时用潮湿材料覆盖，加强早期养护，并适当延长养护时间；露天混凝土应及早封闭，防止强风吹袭和烈日暴晒
2) 温度裂缝	1. 合理选择原材料和配合比，采用级配良好的粗骨料；骨料中含泥量和泥块含量控制在规定范围内。 2. 在混凝土中掺加减水剂，降低水灰比；严格施工，分层浇筑振捣密实。 3. 细长结构构件，采取分段间隔浇筑，或适当设置施工缝或后浇缝。 4. 在结构薄弱部位及孔洞四角、多孔板板面，适当配置必要的细直径温度筋。 5. 蒸汽养护结构构件时，控制升温速度不大于 15℃/h；降温速度不大于 10℃/h，避免急热急冷。 6. 加强混凝土的养护和保温。夏季应适当延长养护时间，以提高抗裂能力。冬季应适当延长保温和脱模时间，使缓慢降温。基础部分及早回填，保湿保温。 7. 大体积混凝土，还应在混凝土中掺加缓凝剂，控制浇筑层厚度，避开炎热天气浇筑或采取降温措施，加强早期养护和控制好拆模时间（混凝土中温度与表面温差不大于 20℃）等

续表

质量缺陷	消除措施
3）撞击裂缝	1. 控制拆模时间。 2. 现浇结构成型和拆模，应防止受到各种施工荷载的撞击和振动。 3. 拆模应按规定的程序进行，后支的先拆，先支的后拆，先拆除非承重部分，后拆除承重部分，使结构不受损伤。 4. 在梁板混凝土未达到设计强度前，避免进行作业和堆放大量材料
4）沉陷裂缝	1. 避免支撑在不均匀的地基上，对软硬地基、松软土、填土地基应进行必要的夯（压）实和加固。 2. 模板应支撑牢固，保证整个支撑系统有足够的承载力和刚度，并使地基受力均匀。 3. 拆模时间不能过早，应按规定执行。一般不能支承在冻胀性土层上，如确实不可避免，则应加垫板，做好排水，覆盖好保温材料。 4. 结构各部分荷载悬殊的结构，适当增设构造钢筋，以避免不均匀下沉。 5. 施工场地周围应做好排水措施，并注意防止水管漏水或养护水浸泡地基
5）化学反应裂缝 ① 梁、柱表面板底面出现缝隙中夹有斑黄色锈迹 ② 混凝土表面呈现块状崩裂，裂缝无规律性 ③ 混凝土出现不规则的大网格状裂缝。中心突起，向四周扩散 ④ 混凝土表面出现大小不等的圆形或类似圆形崩裂、剥落，内有白黄色颗粒	1. 混凝土内掺有氯化物外加剂，或以海砂作骨料，或用海水拌制混凝土时，应符合规定，并控制在允许范围内。采用海砂时，氯化物含量应控制在0.1%以内。 2. 采用低碱性水泥，或掺加火山灰掺料，以减轻硫酸盐等对水泥的作用。 3. 控制拌合用水质量，并避免采用含硫酸盐或镁盐的水拌制混凝土。 4. 掺加适量阻锈剂，例如亚硝酸钠等。 5. 适当增厚保护层或对钢筋涂防腐涂料。 6. 加强振捣

续表

质量缺陷	消除措施
6）冻胀裂缝	1. 冬期施工时，配制混凝土应采用普通水泥，低水灰比，并掺加适量早强抗冻剂，以提高早期强度。 2. 冬期施工时，对混凝土进行保温或加热养护(一般应控制混凝土强度达到 40％的设计强度)。 3. 裂缝修补方法： （1）表面修补法。表面抹砂浆，表面抹环氧树脂胶泥，表面凿槽嵌固等。 （2）内部修补法。注射环氧树脂胶泥剂，灌注环氧树脂浆液，灌注水泥浆等。 （3）结构加固法。结构外部包钢筋混凝土围套，或钢箍，增设预应力拉杆或支点，亦可采用粘贴钢板加固或喷射水泥浆加固
（7）连接部位缺陷 构件连接处混凝土缺陷及连接钢筋、连接件松动	1. 梁板交接处 （1）控制好底模标高，模板安装应严密，杂物应清净且涂刷隔离剂。 （2）板下层钢筋进入梁内长度和板端负弯矩钢筋高度应符合要求。 2. 墙板交接处 （1）模板安装同 1。 （2）剪力墙水平施工缝标高应符合要求，并剔除其顶面松动混凝土，并应清净浮浆和杂物。 （3）板下钢筋进入墙内长度和板端负筋高度及进入墙内长度应符合要求。 （4）应防止墙立筋位移，并不宜过早拆除侧模。 3. 梁柱交接处 （1）模板安装同 1。 （2）梁柱交接处箍筋应按规定加密，不宜过少，亦不宜过密，以免混凝土拌合物不宜浇捣密实。 （3）控制好柱顶混凝土标高，且应清净松散混凝土及杂物。 （4）注意交接处的混凝土浇筑，防止低强度等级混凝土与高强度等级混凝土混用。 （5）冬期施工注意保温。

续表

质量缺陷	消除措施
(7) 连接部位缺陷 构件连接处混凝土缺陷及连接钢筋、连接件松动	4. 连接钢筋连接件连接牢固。 5. 技术处理： (1) 对混凝土接茬不顺，可适当剔凿平整，用 1∶2 水泥砂浆抹平； (2) 对连接钢筋、预埋件等松动，进行补焊、加固，应根据现场具体情况进行处理
(8) 外形缺陷 缺棱掉角、棱角不直、翘曲不平、飞边凸肋等	1. 模板应用足够的承载力、刚度和稳定性，支柱和支撑必须支承在坚实的土层上，应有足够的支承面积，并防止浸水，以保证结构不发生过量下沉。 2. 木模板在浇筑混凝土前充分湿润，混凝土浇筑后应浇水养护。 3. 模板未涂刷隔离剂，或涂刷不均。 4. 严格按施工技术规程操作，浇筑混凝土后，应根据水平控制标志或弹线用抹子找平、压光，终凝后浇水养护。 5. 在浇筑混凝土过程中，应经常检查模板和支撑情况，如有松动变形，应立即停止浇筑，并在混凝土凝结前修整加固好，再继续浇筑。 6. 混凝土强度达到 1.2MPa 以上，方可在上面继续施工。 7. 注意保护棱角，必要时把通道的阳角用材料保护好，以免碰撞。 8. 技术处理： (1) 对轻微的缺棱掉角等，用钢丝刷将缺陷部位刷干净，清水冲洗，充分湿润，刷界面剂，用 1∶2 水泥砂浆抹补整齐并认真养护 (2) 对较大的缺棱掉角，清刷干净后，应支模板，用高一级的细石混凝土灌注并养护好

续表

质量缺陷	消除措施
(9) 外表缺陷 混凝土表面麻面、掉皮、起砂、沾污等	1. 模板表面应清理干净,不得粘有干硬水泥砂浆,其他杂物亦应清扫干净。 2. 浇筑混凝土前,模板应浇水充分湿润。 3. 模板拼缝应严密,如有缝隙,应堵严。 4. 模板隔离剂应选用长效的,涂刷要均匀,并防止漏刷。 5. 混凝土应分层均匀振捣密实,严防漏振,每层混凝土均应振捣至表面出现浮浆为止。 6. 控制好拆模时间,不要因抢进度而过早拆模。 7. 表面不再作装饰的,应在麻面部分浇水充分湿润后,用原混凝土配合比砂浆(不掺粗骨料),将麻面抹平整光,并保温养护。 8. 技术处理: (1) 对表面麻面,起砂、掉角等,用钢丝刷刷净疏松处,清水冲洗疏松处,充分湿润,用 1:2 水泥砂浆或水泥素浆抹平,压实,并养护好。 (2) 对油污或其他污垢,应清洗刷净

8 装配式结构工程

8.1 什么是装配式结构工程？

装配式结构工程是从预制构件质量检验、结构性能试验、预制构件安装与验收等一系列技术工作和完成结构实体的总称。

装配式结构的性能主要取决于预制构件的结构性能和连接质量。因此，应对预制构件进行结构性能检验，合格后方能使用。

叠合结构是介于预制和现浇之间的结构形式。叠合结构的底部为预制构件，与后浇混凝土层的连接质量对叠合结构的受力性能有重大影响，因此，叠合面应按设计要求进行处理，并应检查混凝土叠合面的凹凸差或穿越叠合面的构造钢筋等。

8.2 装配式结构分项工程重点应掌握哪些内容？

重点掌握内容如下：

（1）了解装配式结构分项工程的一般内容。

（2）了解预制构件作为“产品”，在工厂和现场条件下进行生产和检查验收的特点。

（3）掌握装配式结构的施工特点及对码放、运输、吊装、定位等的要求。

（4）掌握对装配式结构的外观质量、尺寸偏差的验收及缺陷处理的基本规定。

（5）掌握预制构件应进行结构性能检验，不合格的构件不得用于工程的规定。

（6）了解对叠合结构中预制构件叠合面的基本规定。

（7）掌握对预制构件的标志、外观质量缺陷和尺寸允许偏差的规定。

(8) 了解预制构件进行结构性能检验的检验内容、检验批的划分、抽检数量、检验方法和减免结构性能检验项目的条件。

(9) 掌握结构性能检验的合格要求及复试抽样检验方案。

(10) 掌握对进场预制构件的检验要求。

(11) 了解装配式结构对预制构件连接质量的要求,熟悉相关标准。

(12) 掌握对接头和拼缝的浇筑和混凝土强度要求。

8.3 预制构件进场验收基本要求是什么?几何尺寸有何规定?

(1) 预制构件验收

1) 构件混凝土强度

构件安装时的混凝土强度,不应低于设计强度的70%。预应力混凝土构件孔道灌浆的强度,不应低于C20。

2) 构件的型号和预埋件

预制构件应在明显部位标明生产单位、构件型号、生产日期和质量验收标志。构件上的预埋件、插筋、预留孔洞的规格、位置和数量应符合标准图或设计的要求。

3) 构件的外观质量

装配式结构构件外观质量按本书第7.63中规定检查,对缺陷的处理按本书第7.111中表7-58之3的内容进行检查验收和处理。预制构件外观质量不应有严重缺陷,不宜有一般缺陷,对已经出现的严重缺陷和一般缺陷,应按技术处理方案进行处理,并重新检查验收。

上述2)和3)应全数观察检查。

(2) 构件几何尺寸

1) 预制构件不应有影响结构性能和安装、使用功能的尺寸偏差。对超过尺寸允许偏差且影响结构性能和安装、使用功能的部位,应按技术处理方案进行处理,并重新检查验收。

2）预制构件的尺寸偏差应符合表 8-1 的规定。

预制构件尺寸允许偏差 **表 8-1**

项目		允许偏差(mm)	检验方法
长度	板、梁	+10，−5	钢尺检查
	柱	+5，−10	
	墙板	±5	
	薄腹梁、桁架	+15，−10	
宽度、高(厚)度	板、梁、柱、墙板、薄腹梁、桁架	±5	钢尺量一端及中部，取其中较大值
侧向弯曲	梁、柱、板	l/750 且≤20	拉线、钢尺量最大侧向弯曲处
	墙板、薄腹梁、桁架	l/1000 且≤20	
预埋件	中心线位置	10	钢尺检查
	螺栓位置	5	
	螺栓外露长度	+10，−5	
预留孔	中心线位置	5	钢尺检查
预留洞	中心线位置	15	钢尺检查
主筋保护层厚度	板	+5，−3	钢尺或保护层厚度测定仪量测
	梁、柱、墙板、薄腹梁、桁架	+10，−5	
对角线差	板、墙板	10	钢尺量两个对角线
表面平整度	板、墙板、柱、梁	5	2m 靠尺和塞尺检查
预应力构件预留孔道位置	梁、墙板、薄腹梁、桁架	3	钢尺检查
翘曲	板	l/750	调平尺在两端量测
	墙板	l/1000	

注：1. l 为构件长度(mm)；

2. 检查中心线、螺栓和孔道位置时，应沿纵、横两个方向量测，并取其中的较大值；

3. 对形状复杂或有特殊要求的构件，其尺寸偏差应符合标准图或设计的要求。

3）检查数量。同一工作班生产的同类型构件，抽查5%且不少于3件。

(3) 构件中心线

构件安装之前，构件上应标注中心线，支承构件除标注中心线外，还须标出标高和轴线位置。

8.4 预制构件运输和存放有何规定？

为了保证运输和存放过程中构件不变形、不损坏，运输和存放时必须符合以下规定。

(1) 预制构件运输

1）预制构件运输时的混凝土强度，当设计无具体规定时，不应低于设计强度标准值的75%。

2）预制构件支承的位置和方法，应根据其受力情况确定，不得引起混凝土的超应力或损伤构件。

3）预制构件装运时应绑扎牢固，防止移动或倾倒；对构件边部或与链索接触处的混凝土，应采用衬垫加以保护。

4）在运输细长预制构件时，行车应平稳，并可根据需要对构件设置临时水平支撑。

(2) 预制构件存放

1）存放构件的场地应平整坚实，并且有排水措施；堆放构件时应使构件与地面之间留有一定的空隙。

2）根据构件的刚度及受力情况，确定构件平放或立放，并应保持其稳定。大型桩类构件应采用平放。薄腹梁、屋架、桁架等应采用立放。构件的断面高宽比大于2.5时，堆放时下部应加支撑或有坚固的堆放架，上部应拉牢固定，以免倾倒。

3）重叠堆放的构件，吊环应向上，标志应向外；堆垛高度应根据构件与垫木的承载力及堆垛的稳定性确定；各层垫木的位置应在同一垂直线上。

4）构件的最多堆放层数应按照构件强度、地面耐压力、构件形状和重量等因素确定。一般可按表8-2的规定执行。

预制构件最多堆放层数 **表 8-2**

序 号	构 件 类 别	最多堆放层数
1	预应力大型屋面板(高 240mm)	10
2	预应力槽型板、卡口板(高 300mm)	10
3	槽型板(高 400mm)	6
4	空心板(高 240mm、180mm、120～130mm)	10、12、14
5	大型梁、T 型梁、大型桩	3
6	普通桩	8
7	天沟板	6～8
8	天窗侧板	8
9	预应力大楼板	9
10	设备实心楼板、隔墙实心板	12
11	楼梯段、阳台板	10
12	桁架(立放)、带坡屋面梁(立放)	1

5）墙板类构件宜靠放和架立放，采用靠放、架立放的构件，必须对称靠放和吊运；靠放的倾斜角度应＞80°，构件上部宜用木垫隔开。

6）构件应配套堆放，按吊装先后排列，并在场内按吊装顺序堆放，配合流水作业，以防二次搬运，并顺序吊装就位，从而达到缩短工期、保证工程质量之目的。

8.5 预制构件检验批质量验收有哪些规定？

（1）主控项目

1）预制构件应在明显部位标明生产单位、构件型号、生产日期和质量验收标志。构件上的预埋件、插筋和预留孔洞的规格、位置和数量应符合标准图或设计的要求。

检查数量:全数检查。

检验方法:观察。

2）预制构件的外观质量不应有严重缺陷。对已经出现的严重缺陷,应按技术处理方案进行处理,并重新检查验收。

检查数量:全数检查。

检验方法:观察,检查技术处理方案。

注:外观质量缺陷按第七章第 7.59 条检查验收。

3）预制构件不应有影响结构性能和安装、使用功能的尺寸偏差。对超过尺寸偏差且影响结构性能和安装、使用功能的部位,应按技术处理方案进行处理,并重新检查验收。

检查数量:全数检查。

检验方法:量测,检查技术处理方案。

(2）一般项目

1）预制构件的外观质量不宜有一般缺陷。对已经出现的一般缺陷,应按技术处理方案进行处理,并重新检查验收。

检查数量:全数检查。

检验方法:观察,检查技术处理方案。

2）预制构件的尺寸偏差应符合表 8-3 一般项目中有关规定。

检查数量:同一工作班生产的同类型构件,抽查 5%且不少于3 件。

(3）预制构件检验批质量验收记录

预制构件检验批质量验收记录见表 8-4。

预制构件检验批质量验收记录表

表 8-3

GB 50204—2002

(Ⅰ)

020106 0 2

单位(子单位)工程名称	××4号住宅楼		
分部(子分部)工程名称	主体结构	验收部位	二层板
施工单位	××建筑工程公司	项目经理	
施工执行标准名称及编号	QJ 002—011—2002 装配结构工艺标准		

施工质量验收规范的规定					施工单位检查评定记录										监理(建设)单位验收记录
主控项目	1	构件标志和预埋件等		第 9.2.1 条	√										同意验收
	2	外观质量严重缺陷处理		第 9.2.2 条	√										
	3	过大尺寸偏差处理		第 9.2.3 条	√										
一般项目	1	外观质量一般缺陷处理		第 9.2.4 条	√										同意验收
	2	长度(mm)	板、梁	+10,−5	7	8	9	4	11	0	−1	2	3	5	
			柱	+5,−10											
			墙板	±5											
			薄腹梁、桁架	+15,−10											
	3	宽度、高(厚)度(mm)	板、梁、柱、墙板、薄腹梁、桁架	±5	⑤	3	1	2	0	⑥	3	2	1	4	
	4	侧向弯曲(mm)	梁、柱、板	$L/750$ 且≤20											
			墙板、薄腹梁、桁架	$L/1000$ 且≤20											
	5	预埋件	中心线位置(mm)	10	4	5	7	8	6	9	4	3	2	0	
			螺栓位置(mm)	5	3	⑤	2	0	⑥	4	3	2	1		
			螺栓外露长度(mm)	+10,−5	−4	0	4	6	5	8	7	3	2		

续表

<table>
<tr><td colspan="5">施工质量验收规范的规定</td><td colspan="10">施工单位检查评定记录</td><td>监理(建设)单位验收记录</td></tr>
<tr><td rowspan="9">一般项目</td><td>6</td><td>预留孔</td><td>中心线位置(mm)</td><td>5</td><td>3</td><td>0</td><td>2</td><td>1</td><td>4</td><td>3</td><td>2</td><td>1</td><td>1</td><td>4</td><td rowspan="9"></td></tr>
<tr><td>7</td><td>预留洞</td><td>中心线位置(mm)</td><td>15</td><td></td><td></td><td></td><td></td><td></td><td></td><td></td><td></td><td></td><td></td></tr>
<tr><td rowspan="2">8</td><td rowspan="2">主筋保护层厚度(mm)</td><td>板</td><td>+5,−3</td><td>3</td><td>4</td><td>3</td><td>2</td><td>0</td><td>⑤</td><td>3</td><td>2</td><td>1</td><td>−2</td></tr>
<tr><td>梁、柱、墙板、薄腹梁、桁架</td><td>+10,−5</td><td></td><td></td><td></td><td></td><td></td><td></td><td></td><td></td><td></td><td></td></tr>
<tr><td>9</td><td>对角线差(mm)</td><td>板、墙板</td><td>10</td><td>⑭</td><td>3</td><td>5</td><td>6</td><td>4</td><td>2</td><td>3</td><td>6</td><td>5</td><td></td></tr>
<tr><td>10</td><td>表面平整度(mm)</td><td>板、墙板、柱、梁</td><td>5</td><td>4</td><td>3</td><td>⑤</td><td>2</td><td>0</td><td>1</td><td>△6</td><td>0</td><td>3</td><td></td></tr>
<tr><td>11</td><td>预应力构件预留孔道位置(mm)</td><td>梁、墙板、薄腹梁、桁架</td><td>3</td><td></td><td></td><td></td><td></td><td></td><td></td><td></td><td></td><td></td><td></td></tr>
<tr><td rowspan="2">12</td><td rowspan="2">翘曲(mm)</td><td>板</td><td>$L/750$</td><td></td><td></td><td></td><td></td><td></td><td></td><td></td><td></td><td></td><td></td></tr>
<tr><td>墙板</td><td>$L/1000$</td><td></td><td></td><td></td><td></td><td></td><td></td><td></td><td></td><td></td><td></td></tr>
<tr><td colspan="3" rowspan="2">施工单位检查评定结果</td><td>专业工长(施工员)</td><td colspan="2"></td><td colspan="3">施工班组长</td><td colspan="7"></td></tr>
<tr><td colspan="13">符合验收规范要求。
项目专业质量检查员：　　　　年　月　日</td></tr>
<tr><td colspan="3">监理(建设)单位验收结论</td><td colspan="13">同意验收。
专业监理工程师：
(建设单位项目专业技术负责人)：　　　　年　月　日</td></tr>
</table>

8.6 预制构件结构性能检验的依据是什么？

预制构件应按标准图或设计要求的试验参数及检验指标进行结构性能试验。

8.7 预制构件结构性能检验内容和检验数量有何规定？

（1）检验内容

1）钢筋混凝土构件和允许出现裂缝的预应力混凝土构件进行承载力、挠度和裂缝宽度检验。

2）不允许出现裂缝的预应力混凝土构件进行承载力、挠度和抗裂检验。

3）预应力混凝土构件中的非预应力杆件按钢筋混凝土构件的要求进行检验。

4）对设计成熟、生产数量较少的大型构件，当采取加强材料和制作质量检验的措施时，可仅作挠度、抗裂或裂缝宽度检验。

5）当采取上述措施并有可靠的实践经验时，可不作结构性能检验。

注："加强材料和制作质量检验的措施"包括下列内容：

① 钢筋进场检验合格后，在使用前再对用作构件受力主筋的同批钢筋按不超过 5t 抽取一组试件，并经检验合格；对经逐盘检验的预应力钢丝，可不再抽样检查。

② 受力主筋焊接接头的力学性能，应按现行国家标准《钢筋焊接及验收规程》JGJ 18 检验合格后，再抽取一组试件，并经检验合格。

③ 混凝土按 $5m^3$ 且不超过半个工作班生产的相同配合比的混凝土，留置一组试件，并经检验合格。

④ 受力主筋焊接接头的外观质量、入模后的主筋保护层厚度、张拉预应力总值和构件的截面尺寸等，应逐件检验合格。

（2）检验数量

对成批生产的构件，应按同一工艺正常生产的不超过 1000 件且不超过 3 个月的同类型产品为一批。当连续检验 10 批且每批的结构性能检验结果均符合要求时，对同一工艺正常生产的构件，可改为不超过 2000 件且不超过 3 个月的同类型产品为一批。在每批中应随机抽取一个构件作为试件进行检验。

注："同类型产品"是指同一钢种、同一混凝土强度等级、同一生产工艺和同一结构形式的构件。对同类型产品进行抽样检验时，试件宜从设计荷载最大、受力最不利或生产数量最多的构件中抽取。对同类型的其他产品，也应定期进行抽样检验。

8.8 预制构件结构性能试验条件有何规定？

(1) 构件应在 0℃以上的温度中进行试验。

(2) 蒸汽养护后的构件应在冷却至常温后进行试验。

(3) 构件在试验前应量测其实际尺寸，并检查构件表面，所有的缺陷和裂缝应在构件上标出。

(4) 试验用的加荷设备及量测仪表应预先进行标定或校准。

8.9 试验构件支承方式和荷载布置有何规定？

(1) 支承方式

1) 板、梁和桁架等简支构件，试验时应一端采用铰支承，另一端采用滚动支承。铰支承可采用角钢、半圆型钢或焊于钢板上的圆钢，滚动支承可采用圆钢。

2) 四边简支或四角简支的双向板，其支承方式应保证支承处构件能自由转动，支承面可以相对水平移动。

3) 当试验的构件承受较大集中力或支座反力时，应对支承部分进行局部受压承载力验算。

4) 构件与支承面应紧密接触，钢垫板与构件、钢垫板与支墩间宜铺砂浆垫平。

5) 构件支承的中心线位置应符合标准图或设计要求。

(2) 试验构件的荷载布置

1) 构件的试验荷载布置应符合标准图或设计要求。

2) 当试验荷载布置不能完全与标准图或设计要求相符时，应按荷载效应等效的原则换算，即使构件试验的内力图形与设计的内力图形相似，并使控制截面上的内力值相等，但应考虑荷载布置改变后对构件其他部位的不利影响。

8.10　预制构件试验如何加载？

加载方法应根据标准图或设计的加载要求、构件类型及设备条件等进行选择。当按不同形式荷载组合进行加载试验（包括均布荷载、集中荷载、水平荷载和竖向荷载等）时，各种荷载应按比例增加。

（1）荷重块加载。荷重块加载适用于均布加载试验。荷重块应按区格成垛堆放，垛与垛之间间隙不宜小于50mm。

（2）千斤顶加载。千斤顶加载适用于集中加载试验。加载时，可采用分配梁系统实现多点集中加载。千斤顶的加载值宜采用荷载传感器量测，也可采用油压表量测。

（3）梁或桁架可采用水平对顶加载方法，此时构件应垫平且不应妨碍构件在水平方向的位移。梁也可采用竖直对顶的加载方法。

（4）当屋架仅作挠度、抗裂或裂缝宽度检验时，可将两榀屋架并列，安放屋面板后进行加载试验。

（5）构件应分级加载。当荷载小于荷载标准值时，每级荷载不应大于荷载标准值的20％；当荷载大于荷载标准值时，每级荷载不应大于荷载标准值的10％；当荷载接近抗裂检验荷载值时，每级荷载不应大于荷载标准值的5％；当荷载接近承载力检验荷载值时，每级荷载不应大于承载力检验荷载设计值的5％。

对仅作挠度、抗裂或裂缝宽度检验的构件应分级卸载。

作用在构件上的试验设备、重量及构件自重应作为第一次加载的一部分。

注：构件在试验前，宜进行预压，以检查试验装置的工作是否正常，同时应防止构件因预压而产生裂缝。

（6）加载观察裂缝。每级加载完成后，应持续10～15min；在荷载标准值作用下，应持续30min。在持续时间内，应观察裂缝的出现和开展，以及钢筋有无滑移等；在持续时间结束时，应观察并记录各项读数。

8.11 预制构件承载力检验有哪些规定?

(1) 预制构件承载力应按下列规定进行检验:

1) 当按现行国家标准《混凝土结构设计规范》GB 50010 的规定进行检验时,应符合下列公式的要求:

$$\gamma_u^o \geqslant \gamma_o [\gamma_u] \tag{8-1}$$

式中 γ_u^o——构件的承载力检验系数实测值,即试件的荷载测值与荷载设计值(均包括自重)的比值;

γ_o——结构重要性系数,按设计要求确定,当无专门要求时取 1.0;

$[\gamma_u]$——构件的承载力检验系数允许值,按表 8-4 取用。

构件的承载力检验系数允许值 **表 8-4**

受力情况	达到承载能力极限状态的检验标志		$[\gamma_u]$
轴心受拉、偏心受拉、受弯、大偏心受压	受拉主筋处的最大裂缝宽度达到 1.5mm 划挠度达到跨度 1/50	热轧钢筋	1.20
		钢丝、钢绞线、热处理钢筋	1.35
	受压区混凝土破坏	热轧钢筋	1.30
		钢丝、钢绞线、热处理钢筋	1.45
	受拉主筋拉断		1.50
受弯构件的受剪	腹部斜裂缝达到 1.5mm,或斜裂缝末端受压混凝土剪压破坏		1.40
	沿斜截面混凝土斜压破坏,受拉主筋在端部滑脱或其他锚固破坏		1.55
轴心受压、小偏心受压	混凝土受压破坏		1.50

注:热轧钢筋系指 HPB235 级、HRB335 级、HRB400 级和 RRB400 级钢筋。

2) 当按构件实配钢筋进行承载力检验时,应符合下列公式的要求:

$$\gamma_u^o \geqslant \gamma_o \eta [\gamma_u] \tag{8-2}$$

式中 η——构件承载力检验修正系数,根据现行国家标准《混凝土结构设计规范》GB 50010 按实配钢筋的承载力计算确定。

(2) 承载力检验的荷载设计值是指承载能力极限状态下,根据构件设计控制截面上的内力设计值与构件检验的加载方式,经换算后确定的荷载值(包括自重)。

(3) 对构件进行承载力检验时,应加载至构件出现表 8-4 所列承载能力极限状态的检验标志。当在规定的荷载持续时间内出现上述检验标志之一时,应取本级荷载值与前一级荷载值的平均值作为其承载力检验荷载实测值;当在规定的荷载持续时间结束后出现上述检验标志之一时,应取本级荷载值作为其承载力检验荷载实测值。

注:当受压构件采用试验机或千斤顶加载时,承载力检验荷载实测值应取构件直至破坏的整个试验过程中所达到的最大荷载值。

8.12 预制构件挠度检验有哪些规定?

预制构件的挠度应按下列规定进行检验:

(1) 当按现行国家标准《混凝土结构设计规范》GB 50010—2002 规定的挠度允许值进行检验时,应符合下列公式的要求:

$$a_s^0 \leqslant [a_s] \tag{8-3}$$

$$[a_s] = \frac{M_k}{M_q(\theta - 1) + M_k}[a_f] \tag{8-4}$$

式中 a_s^0——在荷载标准值下的构件挠度实测值;

$[a_s]$——挠度检验允许值;

$[a_f]$——受弯构件的挠度限值,按现行国家标准《混凝土结构设计规范》(GB 50010—2002)确定。

M_k——按荷载标准组合计算的弯矩值;

M_q——按荷载标准永久组合计算的弯矩值;

θ——考虑荷载长期作用对挠度增大的影响系数,按现行国家标准《混凝土结构设计规范》(GB 50010—2002)确定。

(2) 当按构件实配钢筋进行挠度检验或仅检验构件的挠度、抗裂或裂缝宽度时，应符合下列公式的要求：

$$a_s^0 \leqslant 1.2 a_s^c \tag{8-5}$$

式中 a_s^c——在荷载标准值下按实配钢筋确定的构件挠度计算值，按现行国家标准《混凝土结构设计规范》(GB 50010—2002)确定。

正常使用极限状态检验的荷载标准值是指正常使用极限状态下，根据构件设计控制截面上的荷载标准组合效应与构件检验的加载方式经换算后确定的荷载值。

注：直接承受重复荷载的混凝土受弯构件，当进行短期静力加荷试验时，a_s^c 值应按正常使用极限状态下静力荷载标准组合相应的刚度值确定。

(3) 挠度观测和测量

1) 构件挠度可用百分表、位移传感器、水平仪等进行观测。接近破坏阶段的挠度，可用水平仪或拉线、钢尺等测量。

2) 试验时，应量测构件跨中位移和支座沉陷。对宽度较大的构件，应在每一量测载面的两边或两肋布置测点，并取其量测结果的平均值作为该处的位移。

3) 当试验荷载竖直向下作用时，对水平放置的试件，在各级荷载下的跨中挠度实测值应按下列公式计算：

$$a_t^o = a_q^o + a_g^o \tag{8-6}$$

$$a_q^o = \nu_m^o - \frac{1}{2}(\nu_l^o + \nu_r^o) \tag{8-7}$$

$$a_g^o = \frac{M_g}{M_b} a_b^o \tag{8-8}$$

式中 a_t^o——全部荷载作用下构件跨中的挠度实测值(mm)；

a_q^o——外加试验荷载作用下构件跨中的挠度实测值(mm)；

a_g^o——构件自重及加荷设备重产生的跨中挠度值(mm)；

ν_m^o——外加试验荷载作用下构件跨中的位移实测值(mm)；

ν_l^o、ν_r^o——外加试验荷载作用下构件左、右端支座沉陷位移的实测值(mm)；

M_g——构件自重和加荷设备重产生的跨中弯矩值(kN·m)；

M_b——从外加试验荷载开始至构件出现裂缝的前一级荷载为止的外加荷载产生的跨中弯矩值(kN·m)；

a_b^o——从外加试验荷载开始至构件出现裂缝的前一级荷载为止的外加荷载产生的跨中挠度实测值(mm)。

(4) 挠度实测值修正

当采用等效集中力加载模拟均布荷载进行试验时，挠度实测值应乘以修正系数 ψ，当采用三分点加载时 ψ 可取为 0.98；当采用其他形式集中力加载时，ψ 应经计算确定。

8.13 预制构件抗裂检验有哪些规定?

预制构件的抗裂检验应符合下列公式的要求：

$$\gamma_{cr}^{0} \geqslant [\gamma_{cr}] \tag{8-9}$$

$$[\gamma_{cr}] = 0.95\,\frac{\sigma_{pc} + \gamma f_{tk}}{\sigma_{ck}} \tag{8-10}$$

式中 γ_{cr}^{0}——构件的抗裂检验系数实测值，即试件的开裂荷载实测值与荷载标准值(均包括自重)的比值；

$[\gamma_{cr}]$——构件的抗裂检验系数允许值；

σ_{pc}——由预加力产生的构件抗拉边缘混凝土法向应力值，按现行国家标准《混凝土结构设计规范》(GB 50010—2002)确定；

γ——混凝土构件载面抵抗矩塑性影响系数，按现行国家标准《混凝土结构设计规范》(GB 50010—2002)计算确定；

f_{tk}——混凝土抗拉强度标准值；

σ_{ck}——由荷载标准值产生的构件抗拉边缘混凝土法向应力值，按现行国家标准《混凝土结构设计规范》(GB

50010—2002)确定。

8.14 预制构件裂缝宽度检验有哪些规定？

（1）预制构件的裂缝检验应符合下列公式的要求：

$$w_{s,max}^{0} \leqslant [w_{max}] \quad (8\text{-}11)$$

式中 $w_{s,max}^{0}$——在荷载标准值下，受拉主筋处的最大裂缝宽度实测值(mm)；

$[w_{max}]$——构件检验的最大裂缝宽度允许值，按表8-5取用。

构件检验的最大裂缝宽度允许值(mm) **表8-5**

设计要求的最大裂缝宽度限值	0.2	0.3	0.4
$[\omega_{max}]$	0.15	0.20	0.25

（2）试验中裂缝宽度观测：

1）观察裂缝的出现可采用放大镜。若试验中未能及时观察到正载面裂缝的出现，可取荷载-挠度曲线上的转折点（曲线第一弯转段两端点切线的交点）的荷载值作为构件的开裂荷载实测值。

2）构件抗裂检验中，当在规定的荷载持续时间内出现裂缝时，应取本级荷载值与前一级荷载值的平均值作为其开裂荷载实测值；当在规定的荷载持续时间结束后出现裂缝时，应取本级荷载值作为其开裂荷载实测值。

3）裂缝宽度可采用精度为0.05mm的刻度放大镜等仪器进行观测。

4）对正载面裂缝，应量测受拉主筋处的最大裂缝宽度；对斜载面裂缝，应量测腹部斜裂缝的最大裂缝宽度。确定受弯构件受拉主筋处的裂缝宽度时，应在构件侧面量测。

8.15 预制构件试验中必须注意的安全事项是什么？

（1）试验的加荷设备、支架、支墩等，应有足够的承载力安全储备。

(2) 对屋架等大型构件进行加载试验时，必须根据设计要求设置侧向支承，以防止构件受力后产生侧向弯曲和倾倒；侧向支承应不妨碍构件在其平面内的位移。

(3) 试验过程中应注意人身和仪表安全；为了防止构件破坏时试验设备及构件坍落，应采取安全措施（如在试验构件下面设置防护支承等）。

8.16 预制构件结构性能检验如何验收？试验报告包括哪些内容？

(1) 检验结果验收

1) 当试件结构性能的全部检验结果均符合检验要求时，该批构件的结构性能应通过验收。

2) 当第一个试件的检验结果不能全部符合要求，但又能符合第二次检验的要求时，可再抽两个试件进行检验。第二次检验的指标，对承载力及抗裂检验系数的允许值应取本章第 8.11 条和 8.13 条规定的允许值减 0.05；对挠度的允许值应取本章第 8.12 条规定允许值的 1.10 倍。当第二次抽取的两个试件的全部检验结果均符合第二次检验的要求时，该批构件的结构性能可通过验收。

3) 当第二次抽取的第一个试件的全部检验结果均已符合要求时，该批构件的结构性能可通过验收。

(2) 试验报告内容

1) 试验报告应包括试验背景、试验方案、试验记录、检验结论等内容，不得漏项缺检。

2) 试验报告中的原始数据和观察记录必须真实、准确，不得任意涂抹篡改。

3) 试验报告宜在试验现场完成，及时审核、签字、盖章，并登记归档。

8.17 装配式结构施工应做哪些准备工作？

(1) 技术复核

1) 按施工图纸和按已审批的施工组织设计及施工方案，进行技术交底。按设计要求和质量标准，复核基础或支座的定位轴线、标高等。

① 定位轴线：

a. 行-列中心定位轴线。

b. 基础杯口中心轴线。

c. 构件上应标注中心线。

d. 控制轴线和柱网定位轴线。

② 标高：

a. 基础标高、杯底标高、牛腿上表面标高、柱顶标高、梁上表面标高。

b. 支承结构和预埋件的标高、位置。

2) 预制构件混凝土强度。基础的同条件养护混凝土试件强度等级，应大于设计强度标准值的 75%。构件安装时混凝土强度等级，应大于设计强度标准值的 75%。预应力混凝土构件孔道灌浆的强度不应小于 15.0N/mm^2。

3) 支承结构和预埋件的尺寸、标高、平面位置均应符合设计要求。

4) 确定起吊点并做出标志。

(2) 构件安装所需材料

1) 水泥、粗细骨料及外加剂应具有合格证。

2) 焊条、焊件试验必须符合设计要求。

3) 焊条必须符合焊条材质标准和焊接规格要求，规格、型号根据合格证进行复核。低氢焊条进行烘干、恒温、保温情况。

(3) 在起吊大型构件或薄壁构件前，应采取避免构件变形或损伤的临时加固措施

8.18 装配式结构组合形式有哪些?

(1) 杯形基础与柱组合

柱子与基底间留 50mm 作为找平高度。基底底部做钢筋网片,以满足受力要求。基础下应设置垫层,垫层一般为 C10 混凝土,厚 100mm。杯口顶面标高一般距室内地坪不小于 500mm。

杯形基础(杯口基础)可做成锥形或阶梯形。基础杯口深度不小于柱截面长边的长度。杯壁与柱壁之间应留有空隙,上口处 75mm,杯底处 50mm。为防止安装时杯口破裂,杯壁厚度不得小于 200mm。柱吊装插入杯口后,用钢楔临时固定;经校正后,用 C20 细石混凝土灌缝。基底厚度应考虑到柱子安装时的冲击作用,不得小于 200mm,见图 8-1。

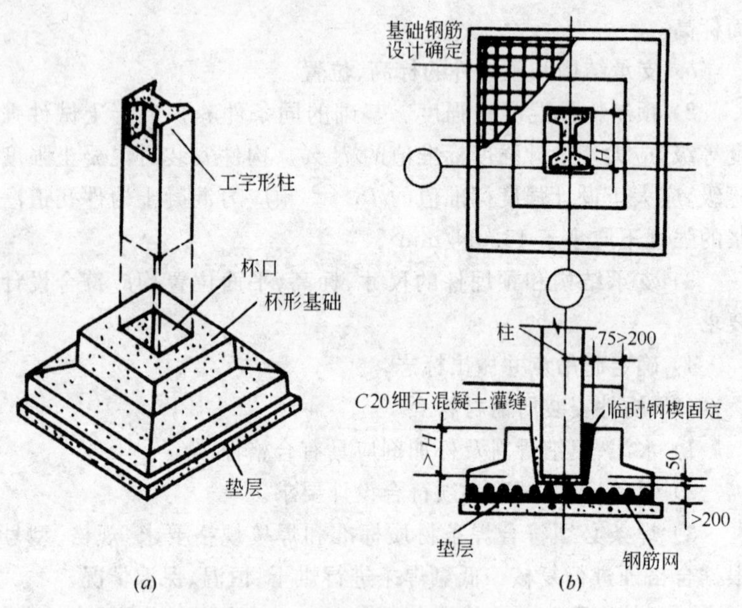

图 8-1 杯形基础与柱组合形式

(a) 杯形基础;(b) 柱与杯形基础的连接

(2) 杯形基础与基础梁组合。

基础梁起承载墙体的作用。钢筋混凝土排架结构的墙体通常只起围护或分隔作用，为非承重墙体，其重量一般均由基础梁承担。基础梁两端搁置在杯形基础杯口壁上，其位置可搁置在柱间，或在柱外，见图 8-2，其截面形式一般为梯形。墙体的重量通过基础梁传递到基础上。用基础梁代替一般条形基础，即经济又施工方便，还易于铺设地下管线。

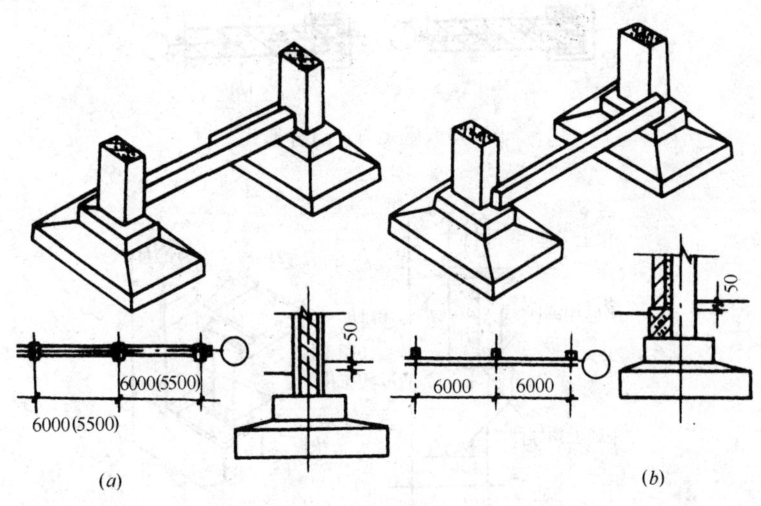

图 8-2　杯形基础与基础梁组合形式

(3) 屋架与柱组合

屋架与柱的连接多采用两种形式，一种为焊接，即将柱顶和屋架端部的预埋件焊在一起见图 8-3(*a*)；另一种为螺栓连接，即把柱顶的预埋螺栓作为屋架就位的临时固定措施，经校正后，再将垫板与柱顶预埋钢板焊牢，同时也将螺母焊牢以防松动。见图 8-3(*b*)。

(4) 吊车梁与柱的组合

吊车梁与柱的连接，多采用焊接方法，见图 8-4。吊车梁对头空隙和吊车梁与柱之间的空隙均须用 C20 混凝土填实。

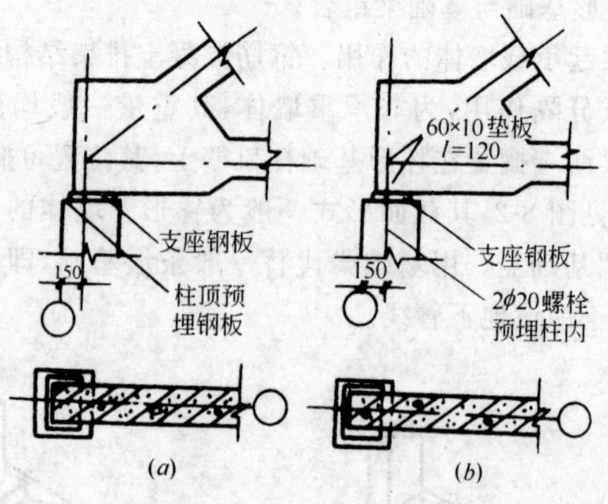

图 8-3　屋架与柱组合形式

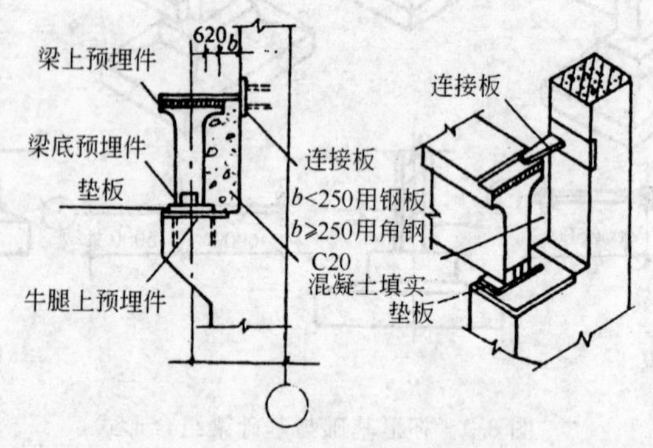

图 8-4　吊车梁与柱的连接

(5) 轨道及车挡组合。

吊车轨道与吊车梁连接方法有多种形式，见图 8-5(*a*)。为了防止吊车在行驶过程中来不及刹车而冲撞到山墙上，在吊车梁的端头应设车挡，见图 8-5(*b*)。

(6) 连系梁、圈梁与柱组合

单层生产用房如墙体高度超过 15m 时，须在适当位置设连系梁。连系梁与柱连接，具有承受和传递墙体重量、增强生产用房稳定性的作用。连系梁支撑在钢牛腿(或钢筋混凝土牛腿)上，其连

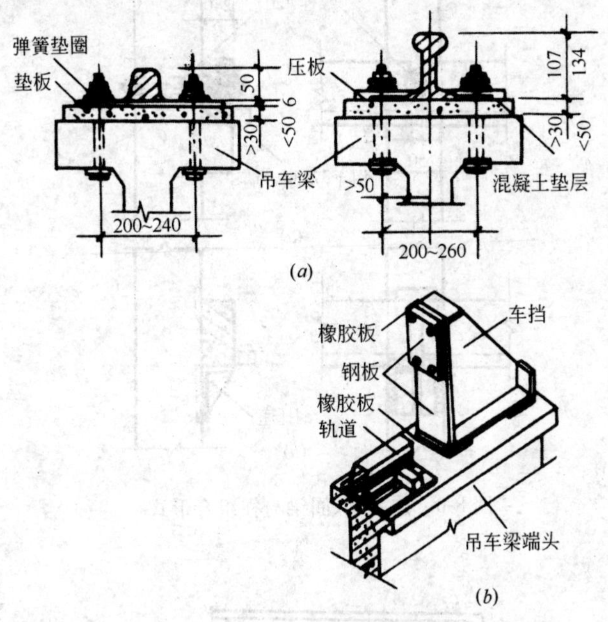

图 8-5　轨道与车挡连接

(a) 轨道固定;(b) 车挡

接形式有螺栓连接和焊接固定。

为了保证墙体稳定性,除设置连系梁外,尚需设置圈梁,一般6m左右设置一道。每道圈梁必须形成封闭式。圈梁的位置通常设在柱顶、吊车梁、窗过梁等处,连系梁、圈梁与柱结合,见图 8-6。

(7) 抗风柱与屋架组合

抗风柱能承受山墙受到的风荷载,形式和排架柱基本一样,上柱截面比下柱截面小,一般与房屋端部的屋架上弦连接,在屋架设有下弦横向水平支撑时,可将抗风柱与屋架下弦连接,见图 8-7。

(8) 连接预埋件

为了便于柱与屋架、柱与吊车梁、柱与连系梁(或圈梁)、柱与砖墙(或大型墙板)及柱与柱间支撑等处相互连接,均须在柱上预埋铁件(如钢板、螺栓及锚拉钢筋等)。在施工(制造)中,必须将铁

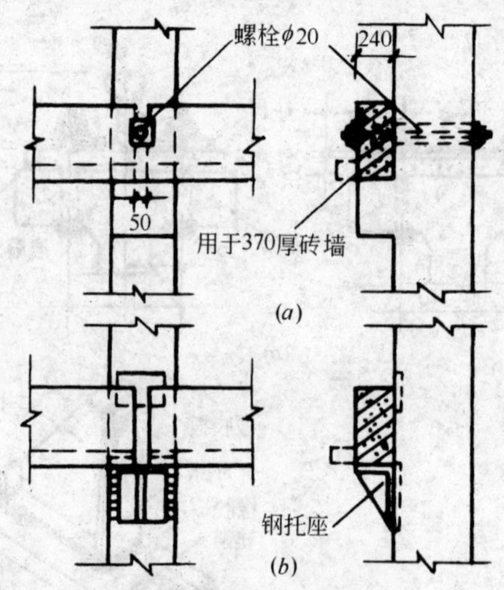

图 8-6　连系梁、圈梁与柱组合形式

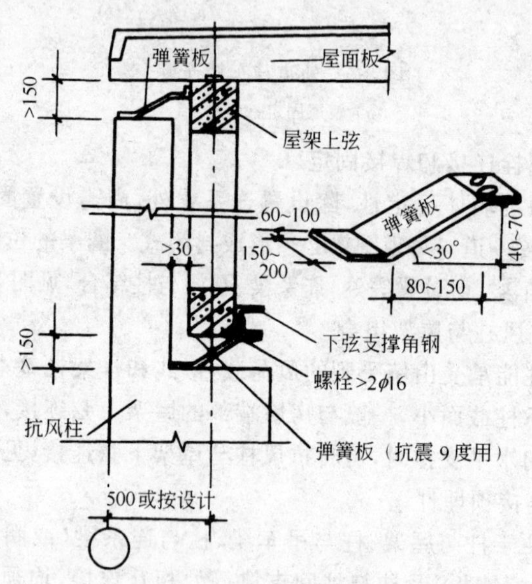

图 8-7　抗风柱与屋架上弦、下弦的连接

件准确无误地设置在柱子上，不得遗漏，见图 8-8。

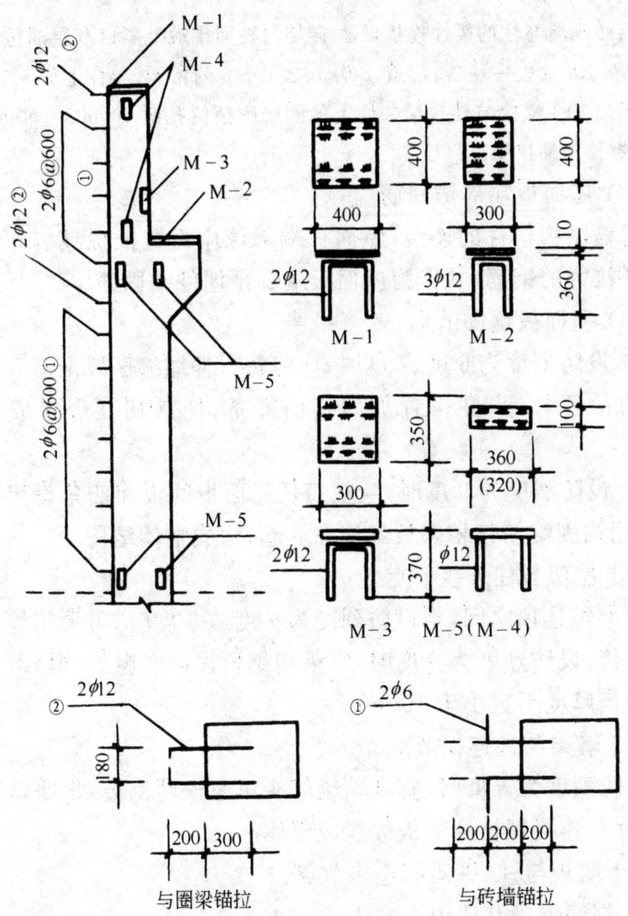

图 8-8 连接用预埋件

8.19 装配式结构节点构造有哪些类型？

（1）天窗立柱与侧板连接节点

突出屋面的钢筋混凝土天窗架，其两侧墙板与天窗立柱宜用螺栓连接。天窗下档与天窗架的连接，将下档安置在角钢支托上，用一根螺栓由下档接缝中通过，将下档与立柱固定，并将垫板与下档预埋铁件焊牢。

注：砖隔墙与柱的柔性连接做法 砖墙与柱面接触处隔以双层油毡，并沿墙高每隔 1m 抽去一块砖，形成 120mm×63mm 的留洞，与柱上的 $\phi50$ 留洞对齐，穿以 $\phi12$ 螺栓与柱拉结。墙上的圈梁则预留孔洞 100mm×50mm，并用 $\phi16$ 螺栓与柱拉结。

（2）屋面板端部锚固筋

屋盖结构构件的连接，屋面板端部位应设置抵抗地震作用产生水平拉力的钢筋，并作为屋面板端部预埋件锚固筋。

（3）屋面板锚固节点

1）设防烈度为 6 度、7 度时，应将每一伸缩缝区段两端开间屋面板的吊环打弯，并设置加固钢筋绑条，使其相互焊接成一整体。

2）设防烈度为 9 度时，应在每块屋面板的板面四角设置预埋件，并用锚固钢筋将相邻板焊接在一起，构成整体结构。

（4）屋架与柱连接节点。

屋架与柱顶之间，当设防烈度为 7 度或 8 度时，可采用焊接或螺栓连接；设防烈度为 9 度时，宜采用螺栓连接。屋架（梁）端头的支座垫板厚度不宜小于 16mm。

（5）墙梁与柱连接节点。

设防烈度为 8 度时，宜在墙梁端头正面预埋钢板，将墙梁与柱连接，并与连接螺栓的垫板焊连成整体。

（6）墙板与柱、屋架的连接节点。

1）钢筋焊接及插销连接法。

墙板的上节点，采用 U 形钢筋将板顶面预埋钢板与柱面预埋钢板焊接，下节点不再与柱连接，而是采用钢插销来固定位置。这种连接方式的节点具有很大柔性，能够满足温度、地基不均匀沉降、地震等引起的变形要求；构造简单，用钢量和焊接工作量均很小；施工迅速，而且连接件隐蔽，能通用于各类工程。此种做法也被称为“两点式连接”。

2）钢筋焊接及橡胶垫连接法。

墙板上节点仍采用U形连接钢筋将墙板与柱拉结，墙板下节点则采用橡胶垫块固定方式的作法。具体做法和施工程序是：在已安装好的下端板顶面端部，各放置一块平面尺寸为100mm×100mm、厚20mm的橡胶块（氯丁橡胶或天然橡胶），再将上墙板吊装就位。通过在橡胶块面坐浆的方式，调整墙板的位置及板缝的大小，然后进行节点隐蔽式钢筋焊接的施工。此连接方法是依靠墙板自身重量产生的板与橡胶垫之间的摩擦力实现定位。由于橡胶垫块本身的剪切弹性模量很低（$G\approx1\text{N/mm}^2$），使下节点也具有很好的柔性。

以上两种连接方法，均需沿柱高每隔4.5～6m设置一个丁字形钢牛腿支托。

8.20 装配式结构构件吊装控制要点有哪些？

（1）吊装一般要求

1）当设计无具体要求时，起吊点应根据计算确定。

2）起吊大型空间构件或薄壁构件前，应采取避免构件变形或损伤的临时加固措施。

3）构件在起吊时，绳索与构件水平面所成夹角不宜小于45°；必须小于45°时，应经过验算或采用吊架起吊。

（2）吊装质量控制

1）吊点必须经过计算确定。严格控制吊点的位置，防止受力不均产生裂纹。

① 一般钢筋混凝土梁板吊点位置，设在距端头1/6～1/5L处。

② 单悬臂等截面柱子的吊点设在距柱顶0.3柱长处，并应验算钢筋面积。

2）构件的混凝土强度等级＞$f_{\text{cu,k}}$的75％方可起吊。

3）起吊时钢丝绳必须垂直于地面。

（3）吊装技术措施

1）斜吊绑扎法。

柱子的宽面抗弯能力能满足吊装要求时，可采用斜吊绑扎法。这种方法是直接把柱子在平卧的状态下可靠地操作。起吊后的柱身呈倾斜状态，吊索在柱子宽面的一侧，起重钓钩低于柱顶。当柱身较长，起重杆长度不足时，可用此法绑扎。但因柱身倾斜，就位时对正底线比较困难，见图 8-9。

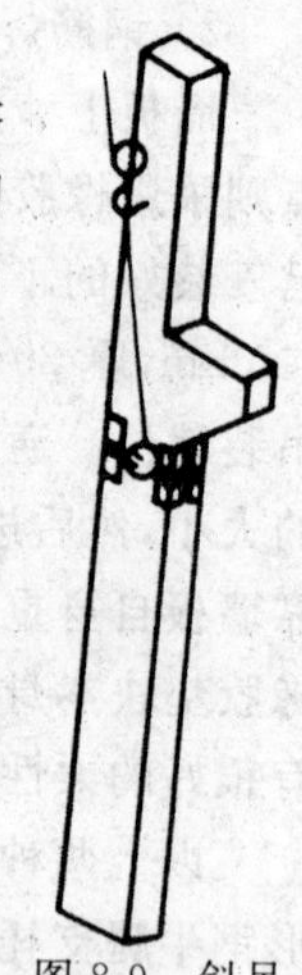

图 8-9 斜吊绑扎法

2）吊具—柱销法。

吊具—柱销的用法是在柱上的起吊点处预留孔洞，洞内埋设黑铁皮管，管壁厚 2～4mm。起吊作业时，首先将柱销插入预留孔中，反面用一个垫圈、一个插销将柱锁栓紧，即可起吊。脱销时，将吊钩放松，在地面先将插锁拉胀，再用拉绳或使吊杆旋转将柱锁拉出，见图 8-10。

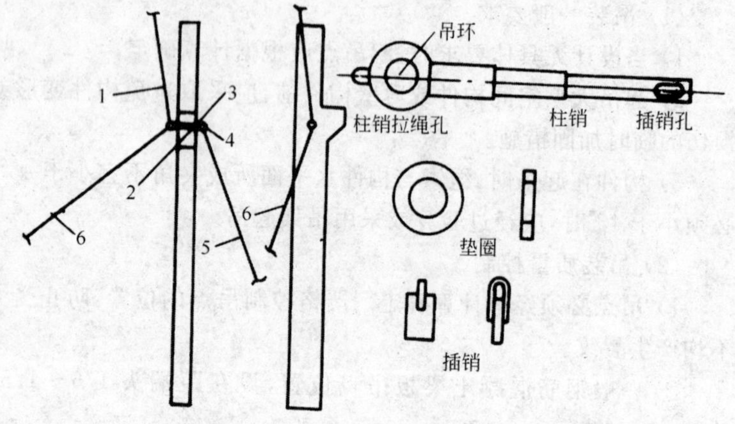

图 8-10 柱销法

1—吊索；2—柱销；3—垫圈；4—插销；5—插销拉绳；6—柱销拉绳

3）直吊绑扎法。

柱子的宽面抗弯强度不足时，吊装之前应先将柱子翻身，经绑扎后起吊，这时就需要采取直吊绑扎法。直吊绑扎法就是采用吊索绑牢柱身，从柱宽面两侧分别扎住卡环，再与铁扁担相连。起吊后，铁扁担跨于柱顶上，柱身呈直立状态，便于垂直插入杯口。但因铁扁担必须高过柱顶，因此，需要较大的起重高度，见图 8-11。

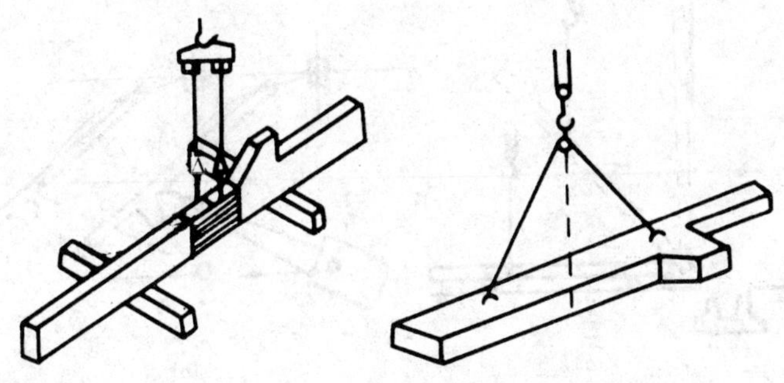

图 8-11 直吊绑扎法

4）两点绑扎法。

若柱身较长，一点绑扎抗弯能力不足时，可用两点绑扎起吊。确定绑扎点位置时，应使两根吊索的合力作用线高于柱子的重心，见图 8-12。

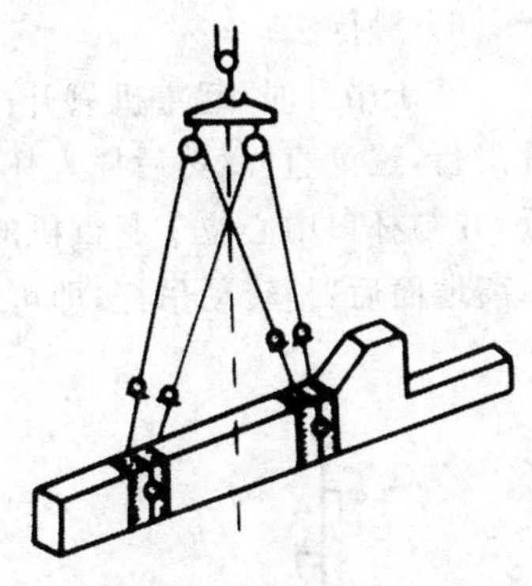

图 8-12 两点绑扎法

5）旋转法。

起重机边起吊、边回转起重杆，使柱子绕柱脚旋转而吊起，插入杯口。

为了在吊升过程中保持一定的回转半径，应控制柱子的绑扎点、柱脚中心和杯口中心三点共圆，该圆的圆心为起重机的回转中心，半径为圆心到绑扎点的距离。

如因施工现场条件限制，不能布置成三点共圆时，应采用绑扎点或柱脚与杯口中心两点共弧。此法在吊升过程中，要改变回转半径，起重杆要起伏作业，安全系数小。所以，在吊升作业全过程要注意安全操作。旋转法吊升柱,见图 8-13。

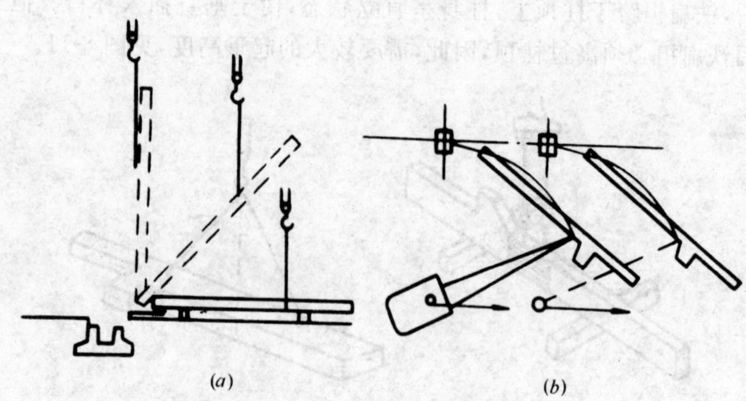

图 8-13 旋转法吊装柱

(a) 吊升过程;(b) 柱平面布置

6) 滑行法。

柱子吊升时,起重机只升吊钩,起重杆不转动,使其柱脚沿地坪滑行,逐渐直立,然后插入杯口。吊索的绑扎点应布置在杯口附近,并与杯口中心位于起重机的同一工作半径的圆上,以便将柱子吊离地面后,稍转动吊杆,即可就位,见图 8-14。

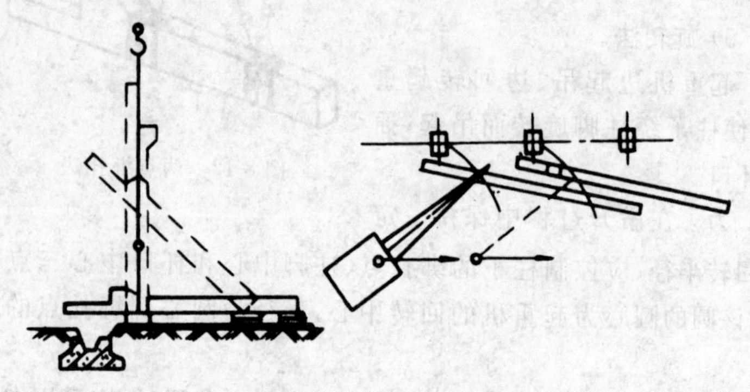

图 8-14 滑行法吊装柱

为了减少滑行时柱脚与地面的磨擦阻力,需在柱脚下设置托木、滚筒，并铺设滑行道。

7）绑扎法。

吊车梁的安装程序：绑扎、起吊、就位、校正及固定。

吊车梁采用两点绑扎，对称设置，两根吊索等长，以便起吊后的梁体保持水平。梁的两端应设置拉绳控制梁的起吊运行，避免悬空时碰撞其他构件。见图 8-15。

8）屋架起吊绑扎点。

跨度小于 15m 的屋架。绑扎两点即可；跨度在 15m 以上的屋架，可采用四点绑扎，见图 8-16。

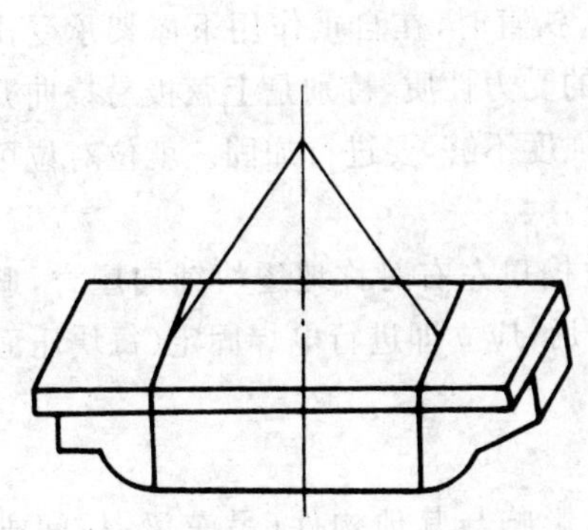

图 8-15 吊车梁起吊绑扎点

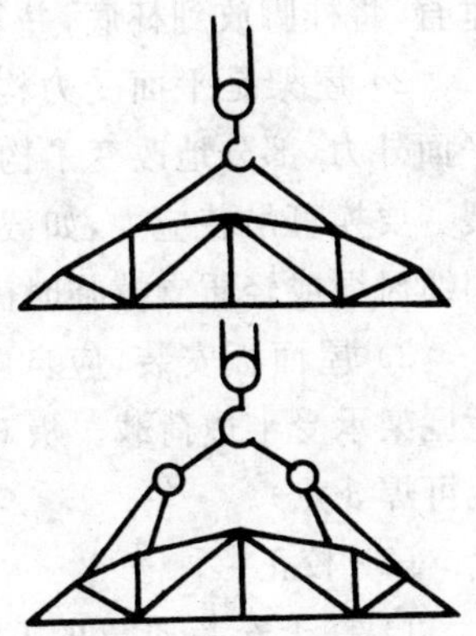

图 8-16 屋架起吊绑扎点

9）扁担吊装法。

屋架跨度超过 30m 时，可采用铁扁担吊装，见图 8-17。

屋架的绑扎点，应选在上弦节点处或其附近，且对称于屋架的重心。吊点的数目及位置，与屋架的型式和跨度有关，应经计算或设计确定。

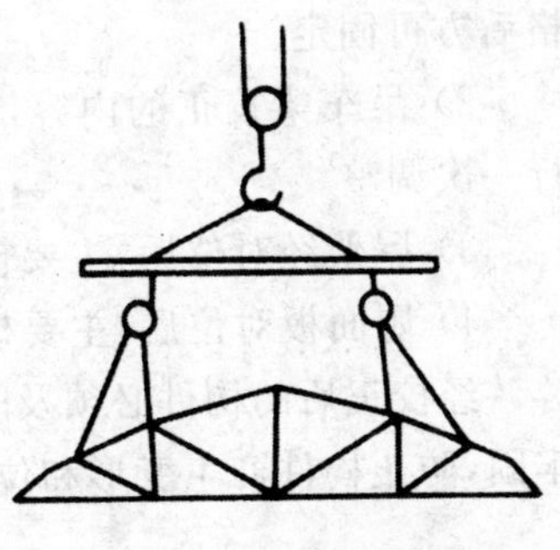

图 8-17 扁担吊装法

屋架绑扎时，吊索与水平面的

夹角不宜小于 45°，以免屋架上弦杆受过大的压力。

8.21 构件吊装就位与校正应控制哪几点？

构件安装就位后，应及时校正，进入支座的支承要求长度、标高、板缝的宽度和坐浆等必须达到设计和标准要求，确保构件的稳定性。

（1）临时固定，以保证构件的稳定性

1）柱子就位是指将柱子插入杯口，用楔块从柱子四边插入杯口，并调整柱子的安装中心线对准杯口的安装中心线，使柱子基本垂直，将柱脚放到杯底，并复查校正准确。

2）屋架是平面受力构件，扶直时，在自重作用下屋架承受出平面外力，部分地改变了构件的受力性质，特别是上弦极易挠曲开裂。要换算吊装应力，如截面强度不够，要进行加固。就位对位可用缆风绳或轻质支撑临时固定。

3）屋面板安装，应自两边檐口左右对称地逐块铺向屋脊，避免屋架承受半边荷载。板对位后，应立即进行电焊固定（每块压面板可焊 3 点）。

（2）校正

1）柱子安装质量的好坏，影响与其他构件（吊车梁、柱间支撑、屋架等）的连接及整个建筑的质量。因此，必须重视和认真做好柱子的校正工作，校正平面位置、垂直度和安装中心线，达到合格后方可固定。

2）吊车梁校正的内容，主要应对垂直度，平面位置和标高进行一次调整。

3）屋架经对位后，主要校正垂直度。

4）屋面板对位后，主要校正平整度。

经校正后的构件必须及时进行焊接或浇灌混凝土将构件固定牢固，防止构件产生变形和位移。

8.22 杯形基础就位、校正应控制哪几点?

(1) 中心线对轴线的位移测量

先检查杯口的尺寸,然后根据柱网轴线用经纬仪在基础顶面弹出十字交叉的安装中心线,用于柱子校正。

先测主轴线 A 与 B,在此基础上建立矩形控制网。主轴线通常是选定的两条互相垂直的主要柱列轴线或设备基础轴线;测设主轴线坐标,核定控制的基准点。

采用两台经纬仪安置在相应的柱列轴线控制桩上(或基础中心线控制桩上),测定杯形基础中心线对轴线的位移。

(2) 杯底安装标高

复核杯底安装标高,用水准仪测量杯底标高。

测量方法:

1) 在离杯形基础 4～6m 处设定一个水平标桩。

2) 用水准仪后视杯形基础外侧测设水平桩上的水准点。再用水准仪前视测量杯底的标杆的标高,作为高程固定值并设定水平桩上水准高程的换算值,即得标底标高。

每一受检件,纵、横向各检一点,见图 8-18。

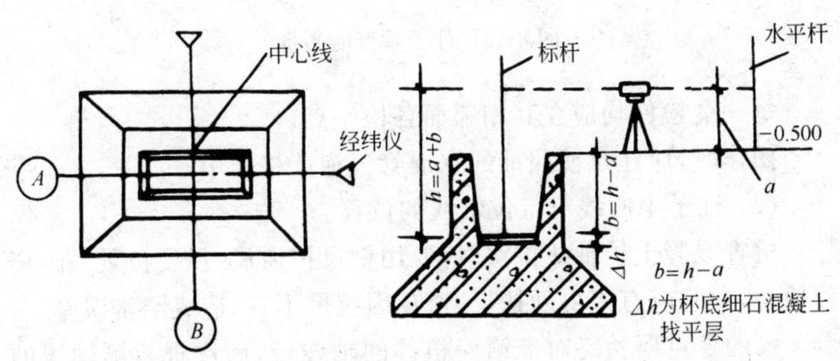

图 8-18　基础测量

8.23 柱就位校正应控制哪几点？

（1）柱垂直度。

检查柱垂直度时，见图 8-19。当柱高小于 4m 时，可用有水平气泡的靠尺量测，柱高大于 4m 用经纬仪量测。用经纬仪量测时，首先将仪器分别安置在柱列纵、横轴线上，离柱子的距离不小于柱高 1 倍。先瞄准柱子的上部中心线标志，再俯视柱的根部观测，若柱子中心线始终与十字线竖丝重合，表示垂直度为零。竖丝与柱根中心线有距离时用钢板尺量测其读数，即是柱子的垂直偏差值。

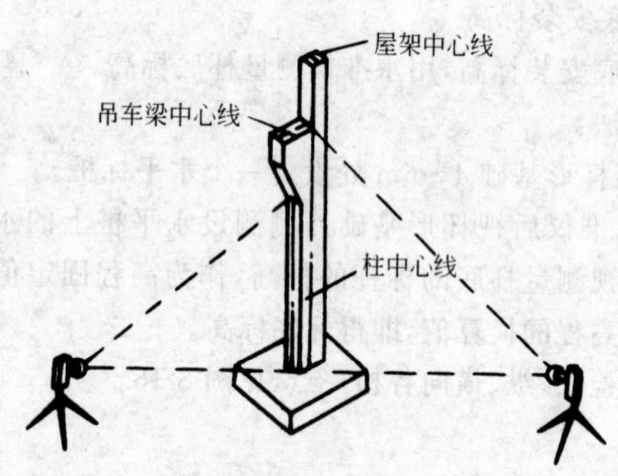

图 8-19　柱子垂直度测量

每一受检件均应在其相邻面各检一点。

操作时，应注意使照准的水准管气泡严格居中。

（2）柱子中心线对定位轴线的位移。

检查混凝土柱轴线位移时，要用钢尺拉通尺，尺要拉紧。距离较长时，中间应有人协助扶尺，避免因拉尺不直，造成测量误差。

尺的零点要始终对准第一根柱的轴线，然后逐根检测轴线的误差。测尺读数值与图纸轴线尺寸之差值，即为偏差值。

（3）上下柱接口中心线位移测量如图 8-20。

检查上下柱接口中心线位移，用经纬仪进行测量。用经纬仪先对准下节柱子根部中线，自后仰视上下节顶部，如果柱顶部中心线与经纬仪望远镜十字线重合，为接口中心线无位移，读数为零。若不重合，两中心线标点的距离，即为接口中心线位移偏差值。

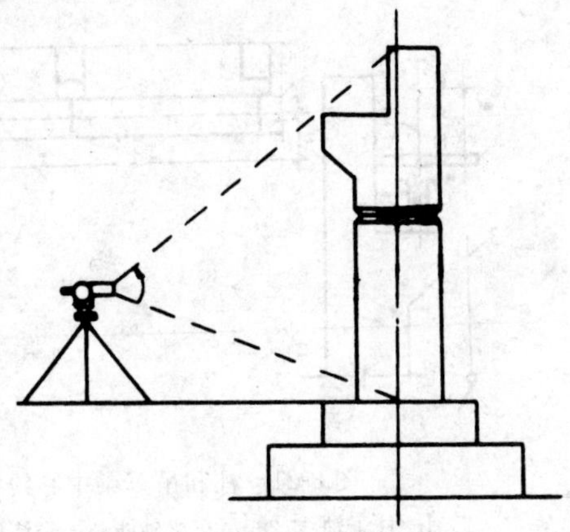

图 8-20　上下柱接口中心线位置测量

(4) 牛腿上表面和柱顶标高、梁上表面标高。

1) 牛腿上表面标高是柱脚到柱子牛腿面的高程。用水准仪测量出柱根+500 线，再用钢尺向上量测。

2) 柱顶标高是柱脚到柱顶的高程，测量方法同(1)。

3) 梁上表面标高是柱脚到梁上表面的高程，测量方法同(1)钢尺量测的读数加 500mm 之和与设计标高差值即为偏差值。每一受检件各检一点。

8.24　梁就位校正应控制哪几点？

梁和吊车梁中心线对定位轴线位移测量，见图 8-21。

(1) 吊车梁的平面位置，包括垂直度(将同一纵轴线引测在各梁中心线的直线上)和距离两项，可采用拉钢丝法和仪器进行检查。

(2) 检查基准线至吊车梁中心线距离。

(3) 用经纬仪检查梁中心线对定位轴线的位移，将经纬仪架设在厂房一端距吊车梁中线约 400～600mm 梁的面上，使经纬仪的视线与吊车梁的中线平行；在一根木尺上弹两条短线 A、B，两

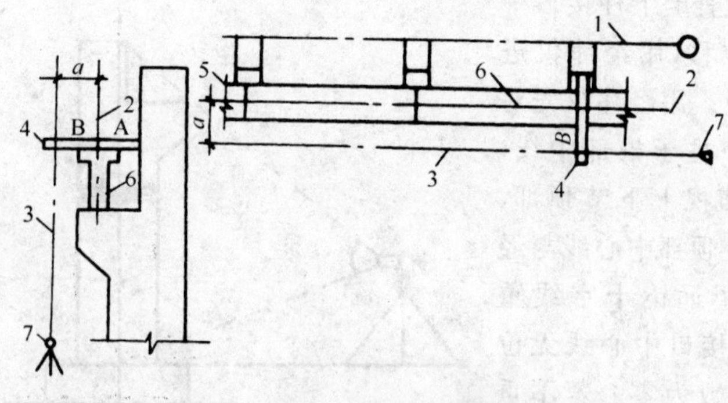

图 8-21 柱和吊车梁中心线定位测量

1—柱子轴线;2—吊车梁轴线;3—经纬仪视线;4—木尺;
5—吊车梁(甲);6—吊车梁(乙);7—经纬仪

条线的间距等于视线与吊车梁的纵轴线的距离。

(4) 将木尺的 A 线与吊车梁中线重合,用经纬仪观测木尺上的 B 线,使尺上的 B 线与望远镜内的纵丝重合时,证实吊车梁中心线对定位轴线无位移;如没有重合读数值即为位移值。

8.25 屋架就位校正应控制哪几点?

(1) 检查屋架纵向垂直度时可采用垂球或经纬仪进行,见图 8-22。将仪器安置在被检查屋架的跨外,距柱的横轴线约一个跨间左右;然后,观测屋架中间垂直杆上的中心线(事先已弹好),其读数值为实测的偏差值。

(2) 第二种检查方法,可在屋架上安装三把卡尺,一把卡尺安装在屋架上弦中点附近,另外两把分别安装在屋架的两端,自屋架几何中心沿卡尺向外量出一定距离(一般为 500mm),并作标志,拉通线观测三把卡尺的标志是否在同一竖直面内,读出其偏差数值即为横向垂直度偏差值;也可用经纬仪按上述方法量测其偏差值。

(3) 屋架校正器。屋架吊装校正器的使用方法如下:

第一榀屋架吊装的校正,是当屋架垂直度测定值符合设计要

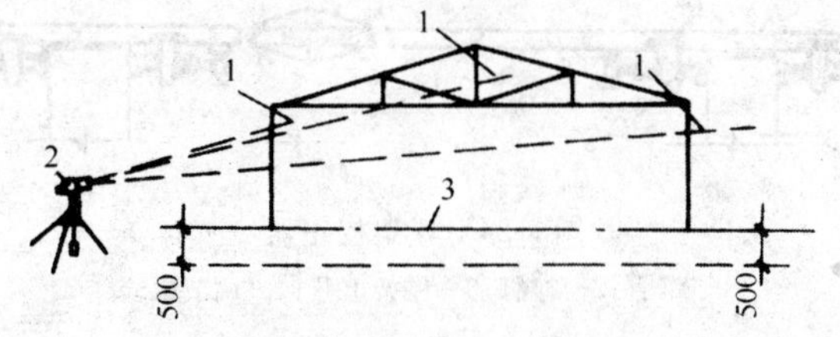

图 8-22 屋架纵向垂直度测量

1—卡尺；2—经纬仪；3—定位轴线

求后，使屋架端头轴线与柱顶轴线重合，做好可靠的临时固定，并用缆绳从两边把屋架拉牢，以防滑动产生位移。

第二榀屋架的临时固定，是用屋架校正器撑牢在第一榀屋架上，见图 8-23 所示。以后各榀屋架的临时固定，依次以屋架校正器撑在前一榀屋架上。屋架校正器见图 8-24 所示。其结构是由 $\phi50$ 钢管制成。构造两端各有两只撑脚，撑脚上有可调节的螺栓，可将屋架可靠地固定。撑脚上的一对螺栓，既可夹紧屋架上弦杆，也能调节屋架移动的位置，使屋架安装在正确的位置上；采用校正器时，每榀屋架至少用两个校正器，屋架经对位、做临时固定，并经校正垂直度符合设计要求和规范的相关规定值后，方可按设计要求进行固定。

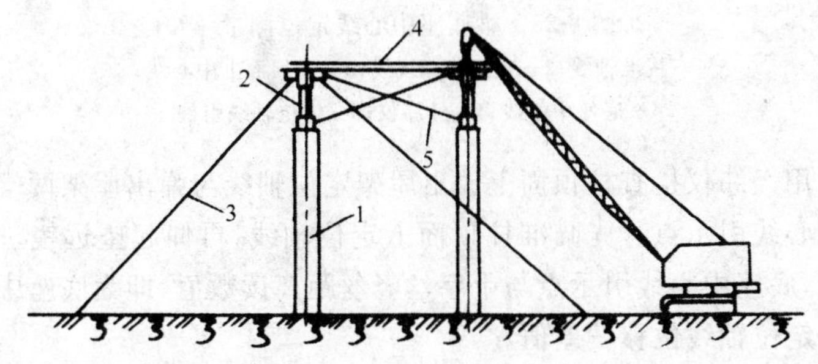

图 8-23 屋架的临时固定

1—柱子；2—屋架；3—缆风绳；4—屋架校正器；5—屋架垂直支撑

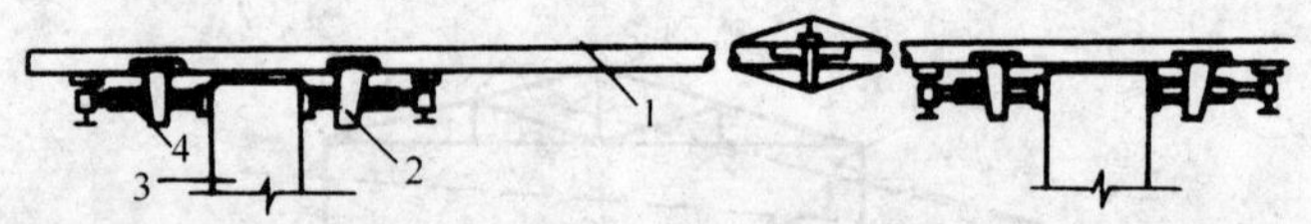

图 8-24　屋架校正器

1—钢管；2—撑脚；3—屋架上弦；4—调节螺栓

8.26　托架梁定位轴线如何校正？

托架梁底座中心线对定位轴线位移校正，见图 8-25。

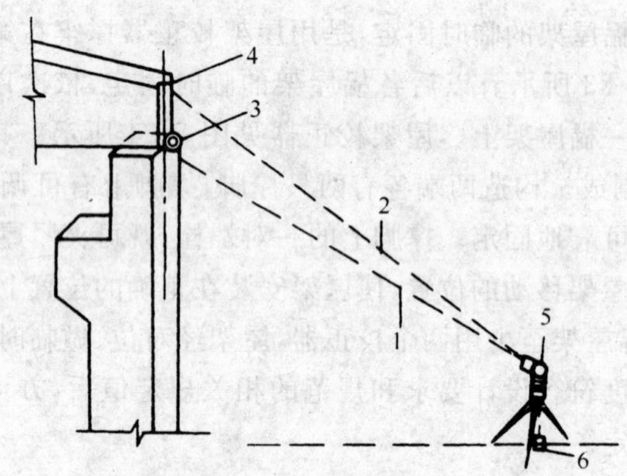

图 8-25　梁底座中心线定位测量

1—视准轴线；2—望远镜仰视线；3—柱顶面上中心线；
4—底座中心线；5—经纬仪；6—定位轴线引桩

用经纬仪检查柱顶面上放出屋架定位轴线与弹出屋架两端底座中心线引示点。先瞄准柱顶面上定位轴线，再仰起望远镜进行观测，底座中心线引示点与十字丝竖丝距离读数值，即为底座中心线对定位轴线位移偏差值。

8.27　装配式结构构件安装检查点和检查方法有何规定？

装配式结构构件安装测量校正检查点及检验方法，见表 8-6。

构件安装测量点数及检验方法 **表 8-6**

检测项目				检查点数	检验方法
1	杯形基础	中心线对轴线位移		2	用尺量检查
		杯底安装标高		1	用水准仪检查
2	柱	中心线对定位轴线位移		2	用尺量检查
		上下柱接口中心线位移		2	用尺量检查
		垂直度		2	用经纬仪或吊线和钢尺检查
		牛腿上表面和柱顶标高		1	用水准仪或尺量检查
3	梁和吊车梁	中心线对定位轴线位移		1	用尺量检查
		梁上表面标高		1	用水准仪或尺量检查
4	屋架	下弦中心线对定位轴线位移		1	用尺量检查
		垂直度	桁架、拱形屋架	1	用经纬仪或吊线和钢尺检查
			薄腹梁	1	用经纬仪或吊线和钢尺检查
5	天窗架	构件中心线对定位轴线位移		1	用尺量检查
		垂直		1	用吊线和钢板尺检查
6	托架梁	底座中心线对定位轴线位移		1	用尺量检查
		垂直		1	用经纬仪或吊线和钢尺检查
7	板	相邻板下表面平整	抹灰	1	用2m靠尺和楔形塞尺检查
			不抹灰	1	
8	楼梯阳台	水平位置		1	用尺量检查
		标高		1	
9	厂房墙板	墙板两端高低差		1	用直尺或吊线和钢板尺检查
		标高		1	用尺量检查

8.28 装配式结构安装控制要点有哪些?

1. 固定

(1) 二次浇筑

装配式结构中承受内力的接头和接缝,应用混凝土浇筑,其强度等级不应低于构件混凝土的设计强度等级,不承受内力的接缝,应用的混凝土和水泥砂浆的强度等级应大于C15或M15。

(2) 焊接

焊接质量应符合《钢结构工程施工及验收规范》(GB 50205－2001)、《钢筋焊接及验收规程》(JGJ 18—2003)的规定。

1) 焊工应取得上岗证,方可施焊。

2) 焊条要按规定进行烘焙,恒温、保温存贮,随用随取。

3) 焊波应均匀。焊缝表面不得有裂纹、夹渣、焊瘤、烧穿、咬肉、弧坑和针状气孔等缺陷。

4) 焊缝外形尺寸

① 角焊缝外形尺寸允许偏差,见表 9-18。

② 定位点焊所用焊接材料的型号,应与正式焊接材料相同;点焊高度,不宜超过设计焊缝高度 2/3。

5) 钢筋与钢板搭接双面焊时,如设计无具体要求,HPB235 级钢筋的搭接长度不小于 4 倍钢筋直径,HRB335 级钢筋的搭接长度不小于 5 倍钢筋直径,焊缝宽度不小于 0.5 钢筋直径,焊脚尺寸不小于 0.35 钢筋直径。

2. 垫铁

(1) 垫铁加工。垫铁表面平整,无氧化皮。加工度 2.5,斜度一般为 1/10、1/12、1/15、1/20。

(2) 垫铁布置及放法。

垫铁布置的原则为:在地脚螺栓两侧各放一组,尽量使垫铁靠近螺栓,当地脚螺栓距离＜500mm 时,在地脚螺栓同一侧放置一组,用以代替锚板之地脚螺栓;放在孔口两侧相邻两垫铁组的间距,应根据构件的荷载而定,一般为 500mm 左右。

垫铁组一般不超过 3 块,两块亦可。垫铁组高度 30～70mm。垫铁与基础、构件间的接触面积不小于垫块铁面积的 50%,斜铁应配对使用,一组只有一对。配对斜铁搭接长度不少于全长的 3/4。相互之间的倾斜角不大于 30°。垫铁的放置应先放厚铁,后放薄铁。

(3) 焊接。校正平整之后,将垫铁边焊接好。

(4) 防腐。表面露出的金属面层,应涂刷红丹防锈漆一度。

3. 螺栓

(1) 安装前,应根据基础验收数据复核各项数据,并将其标注在基础表面上,包括地脚螺栓的位置、标高等。

(2) 每个螺栓不得垫两个以上的垫圈,或用大螺母代替垫圈。螺栓拧紧后,外露丝扣应不少于 2～3 扣并应防止螺母松动,任何安装孔均不得随意用气割扩孔。

4. 接头和拼缝

(1) 混凝土和砂浆强度等级,必须符合设计要求和施工规范的规定,混凝土强度等级不应低于 $1.15f_{cu,k}$,砂浆的强度等级不小于 $f_{m,k}$。

灌筑接头或接缝的混凝土或砂浆时,混凝土或砂浆的配合比必须计量准确,灌筑必须密实,认真养护,确保其强度等级达到设计要求和施工验收规范的规定。

1) 装配式结构中承受内力的接头和接缝,应按设计要求采用混凝土或砂浆浇筑,其强度等级宜比构件强度等级提高一级;对不承受内力的接缝,应采用混凝土浇筑,其强度等级不低于 C15 或 M15。

对接头或接缝的混凝土或砂浆宜用微膨胀措施和快硬性措施,在灌筑过程中必须捣实,并采取必要的养护措施。

2) 承受内力的接头和接缝,当其灌筑的混凝土强度未达到设计要求时,不得吊装上层结构构件;设计无具体要求时,应在混凝土强度不小于 10.0 N/mm^2 或具有足够支承时,方可吊装上一层的结构构件。

(2) 空心板吊装前,应将板端孔洞堵死。堵孔用的细石混凝土强度等级应不低于板的强度等级,堵孔的混凝土应深入孔的 50～90mm 内。

(3) 预制钢筋混凝土屋面板安装时,必须做好板缝的填嵌和板端的防裂构造,所采用的柔性材料和嵌缝材料应符合设计要求和有关技术标准规定。

8.29　装配式墙板吊装控制要点有哪些？

1. 墙板吊装

装配式墙板吊装工程，是将墙板、楼板、楼梯等预制构件装配成整体建筑。这种结构工厂化、装配化和机械化程度高，除需采用工具进行安装外，最好采用如工作台等进行施工。装配式墙板是一种适合于现代建设的结构形式。

（1）装配式墙板吊装准备，首先应考虑采用合理的吊装机具、正确的吊装方法和规范的施工现场，以创造良好的施工条件；起重机具运行要平稳，避免损坏构件。确保构件起吊垂直平稳；吊索与水平夹角不应小于60°，以防板材横向受力过大。墙板就位时，对于小的偏差可用撬棍拨正。起吊的墙板板体必须经过校正连接牢固后才能脱钩。

（2）墙板组装应按吊装程序进行，吊装时以中间单元为准；先吊装内墙板后吊装外墙板，逐间封闭，这样容易安装和校正，便于固定和焊接，并能尽快将构件组成整体，保证结构的稳定，同时有利于浇筑墙板间的立缝，及时支撑浇筑圈梁。

墙板吊装必须待下层墙板及圈梁混凝土强度达到强度设计值的20%后方可再吊装上层墙板。

2. 墙板校正

（1）墙板临时固定和校正。对每层墙板首先吊装的第一个节间，应用斜钢管支撑将墙板支于楼板吊环上临时固定；首层的安装应在地面另设支点临时固定，见图8-26。

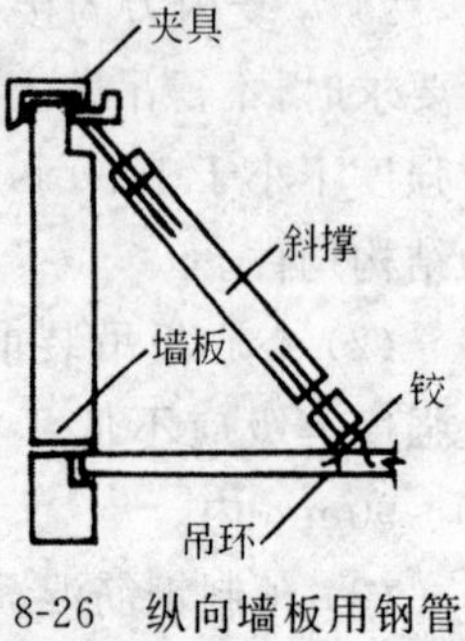

图8-26　纵向墙板用钢管斜撑临时固定和校正

校正时，应先校正墙板的平面位置，再校正墙板垂直度，并要注意外墙板边缘的垂直度、水平度和板缝的均匀程度。

（2）对第一节间校正后再吊装其余横向墙板和纵向墙板，分别用工具式水平拉杆或转角固定器进行临时固定，见图 8-27。

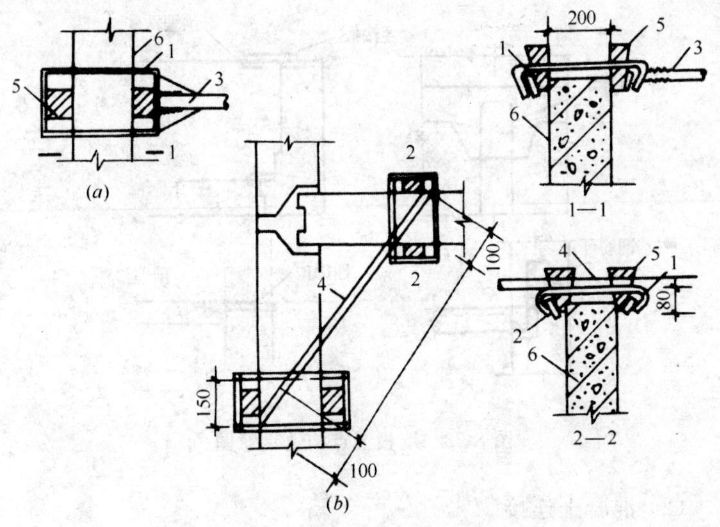

图 8-27 墙板临时固定用工具

(a) 水平拉杆(平面)；(b) 转角固定器(平面)

1—φ16 钢筋；2—6mm 厚钢板；3—φ42×3 钢管；4—φ38×3 钢管；5—木楔；6—墙板

校正程序，是在建筑物的端角用经纬仪由底层轴线向中上校正。一层或一个结构段校正合格后，再整理墙板中的预埋钢筋、焊接、绑扎，然后灌筑板缝，最后固定。

3. 墙板节点

节点是装配式结构的一个重要组成部分。节点的强度、刚度、延性以及防水和保温处理必须符合设计要求，防水和保温材料必须有耐腐蚀的能力。应确保装配式建筑物的整体性、稳定性和使用功能。

装配式大板建筑的节点多采用焊接连接和混凝土灌筑连接，其作用是将墙板与墙板、墙板与楼板、楼板与楼板以及其他构件之间连成整体，传递应力，达到结构整体性能好的要求。

(1) 焊接连接

构件制作时预埋钢板或留出钢筋，在构件就位校正后，即可将构件的预埋件焊接在一起，连成整体。墙板节点构造，见图 8-28。

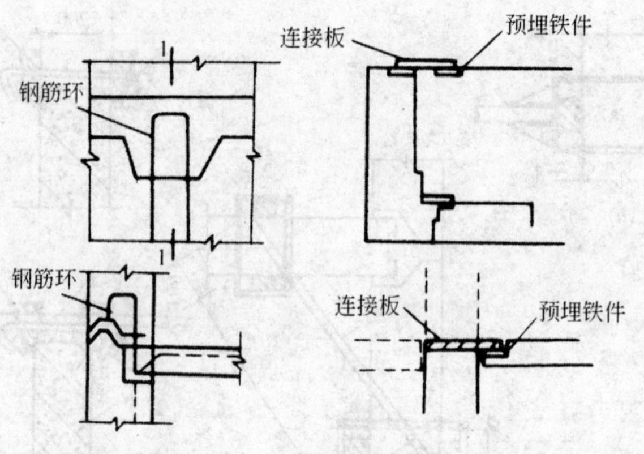

图 8-28 墙板节点构造示意图

（2）混凝土连接

将构件的侧面制作成榫槽或梢键，并预留钢筋或钢筋环，安装时与相邻构件预留的钢筋或钢环相互搭接焊牢，并插入一定长度的钢筋，再浇灌混凝土连成整体，这种接头做法，又称为装配整体式连接。它可充分利用构件吊环的作用，将吊环充作整体连接锚固件，见图 8-29。

（3）螺栓连接

螺栓连接适用于外墙板与框架的连接。框架结构的外墙板与框架的连接多采用螺栓连接法，见图 8-30。这是一种装配接头，靠预留的铁件用螺栓连接固定。这种接头对于变形的适应性强。

8.30 预制构件主要质量特性与控制有哪些？

（1）混凝土构件的质量特性是其强度和刚度。

1）混凝土构件必须满足强度和刚度，梁、板的强度是指它能够承受自重和使用荷载而不破坏，以确保安全。刚度是指在荷载的作用下，不产生超过规定的变形（挠度），以避免因变形过大而影响使用。

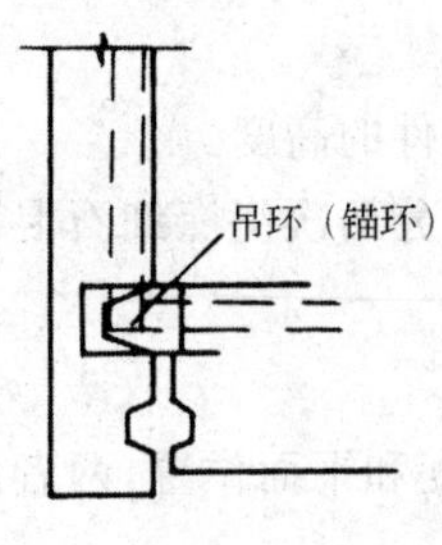

图 8-29　利用吊环作整体连接

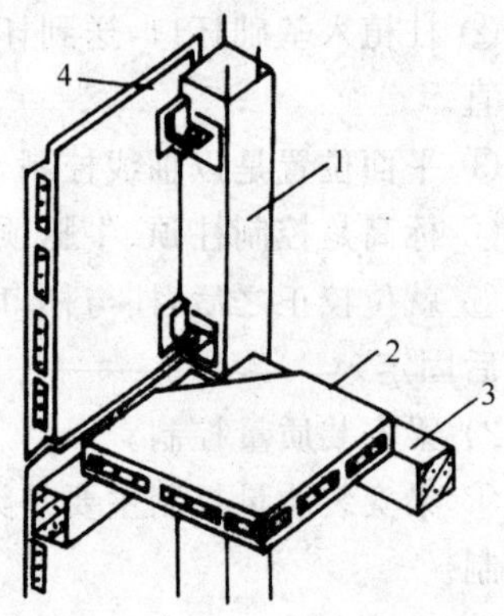

图 8-30　框架柱板螺栓连接

1—柱子；2—楼板；3—梁；4—外墙板

2）吊车梁除了满足一般梁的强度、抗裂度、刚度等要求外，还要满足疲劳强度的要求。

3）连系梁是柱与柱之间在纵向水平连系构件。它是增加房屋纵向刚度并传递风荷载到纵向柱列中去。

4）柱应具有足够的抗压强度和抗弯能力，来满足它所承受屋盖和吊车梁等传来的竖向荷载，风荷载及吊车产生的纵向和横向水平荷载，有时还要承受墙体和附属设备、管道等荷载。

5）支撑是连系各主要承重构件以构成建筑结构空间骨架的重要组成部分。其主要作用是保证建筑结构和构件的承载力、稳定性和刚度，并传递部分水平荷载。装配式结构构件节点为铰接，整体刚度较差，通过支撑连接承重构件，保证结构的整体刚度和稳定性。

综上所述，构件安装应严格控制安装质量，确保建筑物的整体性、刚度及稳定性。

(2) 安装质量控制。

1）柱安装质量控制。

① 柱身中线对准杯底中线。对线时，应先对两个小面，然后

平移柱对准大面。

② 柱植入基础杯口，送到杯底的程度是刚刚着底，对中线，使柱垂直。

③ 平面位置是以轴线控制。

④ 标高是控制柱顶、牛腿顶面和埋设件的高度。

⑤ 就位校正之后，柱与杯口的空隙内分两次浇灌细石混凝土作最后固定。

2）梁安装质量控制。

① 梁安装质量控制主要是梁的垂直度和平面位置，两者应同时控制。

② 进入支座的搭接必须符合设计要求。

③ 梁就位校正之后，用连接钢板与柱侧面和顶端的预埋铁件相焊接，并在接头处支模，浇灌细石混凝土，要求捣固密实、平整光滑。

3）屋架安装质量控制。

① 屋架安装应严格控制垂直度和下弦中心线对定位轴线。

② 屋架就位校正后，就可上紧锚固螺栓或电弧焊作最后固定。用电弧焊作最后固定时，应避免同时在屋架两端的同一侧施焊，以免因焊缝收缩使屋架倾斜。

4）天窗架安装质量控制。

① 天窗架安装主要控制垂直度和中心线对定位轴的位移，并严格控制倾斜。

② 校正后应临时装上螺栓，焊接上档两端使天窗架固定。校正时要求对准底脚安装线，并点焊天窗架底脚的一侧进行临时固定，最后校正，符合要求后，用电弧焊固定。

5）支撑、侧板、天沟板安装质量控制。

① 支撑安装连接有螺栓连接和电弧焊连接。用螺栓连接时，在拧紧螺栓后要将丝扣打坏，防止松动；用电弧焊连接时，需先用螺栓临时固定，再用电弧焊连接，一般不允许用气割扩孔。严格控制屋架的间距，检查支撑长度和孔距，每根支撑的每一端，至少要

有两个孔眼，以便于安装。

钢筋混凝土支撑一般都用电弧焊连接，安装时应使两端搭接长度均匀，点焊要牢固。

② 侧板安装应随吊随校正，随时焊接，保证确实牢靠。

③ 天沟板安装应控制天沟板成一条直线，板面平整，找好坡度，焊接牢固。

6）屋面板安装质量控制。

① 板安装应严格控制轴线、标高及相邻板面平整度，不应有倒高差。

② 进入支座的搭接长度必须符合设计要求，当设计无要求时，墙上不小于100mm，梁上不小于80mm。坐浆的砂浆强度等级应≥$f_{cu,k}$。焊缝的长度、宽度和焊肉高度，必须符合设计要求。

③ 纵横向缝宽窄要均匀。

④ 空心板要进行堵孔。堵孔的细石混凝土强度等级应不低于板的强度等级。

8.31 混凝土构件安装工程冬期施工应控制哪几点？

（1）构件的堆放及运输

1）混凝土构件的运输及堆放前应将运输车辆、构件、垫木及堆放场地积雪、结冰清除干净，堆放场地应平整、坚实。

2）混凝土构件在冻胀性土壤的自然地面上或冻结前回填土地面上堆放时，应符合下列要求。

① 每个构件在满足刚度、承载力条件下，尽量减少支承点数量。

② 对于大型板、槽板及空心板等板类构件，两端的支点应选用长度大于板宽的垫木垫起。

③ 构件堆放时，如支点为二个及以上时。应考虑土壤的冻胀和融化下沉影响，采取可靠措施后方准予堆放。

④ 构件用垫木垫起时，地面与构件之间的间隙应大于150mm。

3）在回填冻土并经一般压实的场地上堆放构件时，当构件重叠堆放时间长，应根据构件重量，尽量减少重叠层数，底层构件支垫与地面接触面积应适当的加大。在冻土融化之前应采取防止冻土融化下沉使构件产生变形和破坏的措施。

4）构件运输时其混凝土强度，当设计无具体规定时，不应小于混凝土设计强度标准值的75%。在运输车上的支点设置应按设计要求确定。对于重叠运输的构件，应与运输车固定并防止滑移。

（2）构件的吊装

1）吊车行走或桅杆移动的场地应平整，并应采取防滑措施。起吊的支撑点地基必须坚实。

2）地锚应具有稳定性，回填冻土的重量应符合设计要求，活动地锚应设防滑措施。

3）构件在正式起吊前，应先松动、后起吊。

4）凡使用滑行法起吊的构件，应采取控制定向滑行的措施，并防止偏离滑行方向。

5）多层框架结构的吊装，接头混凝土强度未达到设计要求前，应加设缆风绳，防止整体倾斜。

（3）构件连接与校正

1）装配整浇式结构接头的冬期施工应根据混凝土体积小，表面系数大，配筋密等特点，应采取相应的保证质量措施。

2）构件接头采用湿法连接时应符合下列规定：

① 接头部位的积雪、冰霜等应清除干净。

② 承受内力接头的混凝土，在受冻前当设计无要求时，其强度不应低于设计强度标准值的70%。

③ 接头处混凝土的养护应遵照本书第7.69～7.73中的规定执行。

④ 接头处钢筋的焊接，应符合本书第5.57的规定。

3）混凝土构件预埋连结板的焊接，应分段连接，防止累积变形过大影响安装质量。

4）混凝土柱、屋架及框架冬期安装，在阳光照射下校正时，应计入温差的影响，各固定支撑校正后，应立即固定。

8.32 装配式结构施工检验批质量验收有哪些规定？

（1）主控项目

1）进入现场的预制构件，其外观质量、尺寸偏差及结构性能应符合标准图或设计的要求。

检查数量：按批检查。

检验方法：检查构件合格证。

2）预制构件与结构之间的连接应符合设计要求。

连接处钢筋或埋件采用焊接或机械连接时，接头质量应符合现行国家标准《钢筋焊接及验收规程》(JGJ 18—2003)、《钢筋机械连接通用技术规程》(JGJ 107—2003)的要求。

检查数量：全数检查。

检验方法：观察，检查施工记录。

3）承受内力的接头和拼缝，当其混凝土强度未达到设计要求时，不得吊装上一层结构构件；当设计无具体要求时，应在混凝土强度不小于 $10N/mm^2$ 或具有足够的支承时方可吊装上一层结构构件。

已安装完毕的装配式结构，应在混凝土强度到达设计要求后，方可承受全部设计荷载。

检查数量：全数检查。

检验方法：检查施工记录及试件强度试验报告。

（2）一般项目

1）预制构件码放和运输时的支承位置和方法应符合标准图或设计的要求。

检查数量：全数检查。

检验方法：观察检查。

2）预制构件吊装前，应按设计要求在构件和相应的支承结构上标志中心线、标高等控制尺寸，按标准图或设计文件校核预埋件及连接钢筋等，并做出标志。

检查数量：全数检查。

检验方法：观察，钢尺检查。

3）预制构件应按标准图或设计的要求吊装。起吊时绳索与构件水平面的夹角不宜小于45°，否则应采用吊架或经验算确定。

检查数量：全数检查。

检验方法：观察检查。

4）预制构件安装就位后，应采取保证构件稳定的临时固定措施，并应根据水准点和轴线校正位置。

检查数量：全数检查。

检验方法：观察，钢尺检查。

5）装配式结构中的接头和拼缝应符合设计要求，当设计无具体要求时，应符合下列规定：

① 对承受内力的接头和拼缝应采用混凝土浇筑，其强度等级应比构件混凝土强度等级提高一级。

② 对不承受内力的接头和拼缝应采用混凝土或砂浆浇筑，其强度等级不应低于C15或M15。

③ 用于接头和拼缝的混凝土或砂浆，宜采取微膨胀措施和快硬措施，在浇筑过程中应振捣密实，并应采取必要的养护措施。

检查数量：全数检查。

检验方法：检查施工记录及试件强度试验报告。

（3）装配式结构施工检验批验收记录

装配式结构施工检验批验收记录见表8-7。

8.33 装配式结构分项工程应有哪些质量控制资料？

（1）装配式结构分项工程应有以下质量控制资料：

1）预制构件合格证。

2）原材料出厂合格证和焊条（剂）合格证。

3）砂浆、混凝土试验配合比报告。

4）试件（砂浆、混凝土、焊接件）测试报告。

装配式结构施工检验批质量验收记录表 表 8-7

GB 50204—2002

(Ⅱ)

020106 0 2

单位(子单位)工程名称		××4号住宅楼			
分部(子分部)工程名称		主体结构		验收部位	2层板
施工单位		××建筑工程公司		项目经理	
施工执行标准名称及编号		QJ 002—011—2002 装配式结构工艺标准			
施工质量验收规范的规定				施工单位检查评定记录	监理(建设)单位验收记录
主控项目	1	预制构件进场检查	第 9.4.1 条	√	同意验收
	2	预制构件的连接	第 9.4.2 条	√	
	3	接头和拼缝的混凝土强度	第 9.4.3 条	√	
一般项目	1	预制构件支承位置和方法	第 9.4.4 条	√	同意验收
	2	安装控制标志	第 9.4.5 条	√	
	3	预制构件吊装	第 9.4.6 条	√	
	4	临时固定措施和位置校正	第 9.4.7 条	√	
	5	接头和拼缝的质量要求	第 9.4.8 条	√	
施工单位检查评定结果		专业工长(施工员)		施工班组长	
		主控项目、一般项目均合格,符合验收规范要求。 项目专业质量检查员: 年 月 日			
监理(建设)单位验收结论		同意验收。 专业监理工程师: (建设单位项目专业技术负责人): 年 月 日			

5)测量记录。

6)吊装记录。

7)隐蔽工程验收记录。

8)设计变更通知单。

9)结构验收记录。

10)预制构件外观质量、尺寸偏差和结构性能验收合格记录。

11）装配式结构的外观质量和尺寸偏差验收合格记录。

12）接头和拼缝的混凝土或砂浆试件强度试验报告。

13）检验批质量验收记录。

（2）装配式结构分项工程质量验收记录表：

装配式结构分项工程验收记录表，见表8-8。

装配式结构分项工程质量验收记录表 **表8-8**

单位(子单位)工程名称		××住宅楼	结构类型	砖混3层
分部(子分部)工程名称		主体结构	检验批数	3
施工单位	××建筑工程公司		项目经理	
分包单位			分包项目经理	
序号	检验批部位、区段	施工单位检查评定结果	监理(建设)单位验收结论	
1	一层板①～⑫轴	√	同意验收	
2	二层板①～⑫轴	√		
3	三层板①～⑫轴	√		
4				
5				
6				
7				
8				
9				
10				
说明				
检查结论	符合施工质量验收规范要求。 项目专业技术负责人： 年　月　日	验收结论	同意验收。 监理工程师： （建设单位项目专业技术负责人） 年　月　日	

8.34 装配式结构常见质量缺陷及消除措施有哪些？

装配式结构常见质量缺陷及消除措施见表8-9。

装配式结构常见质量缺陷及消除措施　　表8-9

质量缺陷	消除措施
1. 构件运输、堆放时断裂	1. 控制好构件运输时混凝土强度(一般应≥75%设计强度，特殊构件应达到100%)。 2. 构件堆放场地必须具有足够承载力，并根据承载力大小确定堆放层数。 3. 运输和堆放时控制好梁、板垫点位置 ① 垫点应在同一垂直线上。 ② 垫点位置一般距构件端部1/5左右或按设计要求。 4. 墙、各类架等稳定性较差的构件，应立放并进行稳固，或加临时支撑等。 5. 运输和堆放避免发生碰撞，剧烈振动等
2. 安装的构件实际轴线与标准轴线偏差超过允许值(轴线位移)	1. 应控制好预制构件的实际尺寸偏差在允许范围内，过大偏差的构件应列出禁用。 2. 标准桩应设保护桩，防止碰撞。 3. 构件安装时临时固定应标准，固定牢。 4. 多层放线吊装，必须从标准桩点上引，误差均在本层中消除。 5. 已偏位的构件应校正，不应连接钢筋或在预埋件上焊接构件接头
3. 混凝土预制板整体性差(安装时板间没按要求留置接缝或缝隙过小，无法浇筑混凝土过砂浆)	1. 选用符合要求，经验收合格的板。 2. 吊装安装时应设计排板尺寸，按规定留出足够的尺寸。 3. 安装时认真校正板的位置，使板安装偏差在允许范围内。 4. 板安装完后按规定对板缝浇筑混凝土或砂浆。 5. 适时检查板缝是否灌缝，质量是否符合要求
4. 缺少构件接缝处试件(混凝土或砂浆)	应按规定制作构件接头或接缝混凝土试件或砂浆试块
5. 构件的垂直偏差超过允许值	1. 选用合格构件，尺寸及形状应准确。 2. 构件安装时临时固定应校对准确并固定牢。 3. 接头连接采用焊接接头的，要确保焊接质量，防止受力后构件偏移

续表

<table>
<tr><th>质量缺陷</th><th>消除措施</th></tr>
<tr><td>6. 构件平移或安装时桩身产生裂缝</td><td>1. 吊装时，构件混凝土强度必须达到设计强度75%以上(特殊构件按设计要求)。
2. 吊点必须准确。
3. 设置吊装时所需要的构造钢筋。
4. 吊装前应校核构件的刚度。
5. 防止碰撞</td></tr>
<tr><td>7. 屋架扶直或吊装中产生裂缝</td><td>1. 屋架扶直一般采用4点起吊为宜，且受力情况应验算复核。
2. 对多层重叠预制屋架，当粘结力和吸附力较大时，可采用振动办法使屋架脱离开。
3. 重叠预制屋架扶直前，必须将两端垫木垫实。
4. 预应力构件就位安装时，孔道灌浆强度不得低于15MPa。
5. 屋架安装应控制偏差在下表范围内
<table>
<tr><th colspan="2">项　目</th><th>允许偏差
(mm)</th></tr>
<tr><td colspan="2">下弦中心线对定位轴线的位移</td><td>5</td></tr>
<tr><td>垂直度</td><td>桁架、拱形屋架、三角形屋架、下承式五角形屋架</td><td>1/250
屋架高</td></tr>
</table></td></tr>
<tr><td>8. 板类构件吊装时吊环断裂</td><td>1. 吊环长短应符合吊装钩挂方便与堆放不被压倒的要求，不宜留置过长。
2. 一般吊环钢筋采用HPB235级，严禁用HRB335级和以上的钢筋做吊环。
3. 为避免吊环断裂，对有吊环的构件，吊装时均应加保险绳。
4. 预埋钢筋吊环必须有足够的承载能力，位置必须正确</td></tr>
</table>

9 劲钢(管)混凝土

9.1 什么是劲钢混凝土?

劲钢(管)混凝土组合结构,是由混凝土、型钢(角钢、槽钢、工字钢、钢板)、钢管、纵向钢筋和箍筋组成。

《建筑工程施工质量验收统一标准》(GB 50300—2001)附录B:建筑工程分部(子分部)工程、分项工程划分中规定,地基与基础和主体结构分部工程中包括"劲钢(管)混凝土子分部工程"。结构中使用的钢材为"型钢"、钢管等,故本章中对"结构类"名词称为"劲钢……",对钢材仍称为"型钢、钢管、钢筋"等。本书中只介绍钢材使用"型钢"的有关内容。

9.2 劲钢混凝土组合结构抗震性能有何要求?

劲钢混凝土组合结构的抗震性能,应根据设防烈度、结构类型、房屋高度按表 9－1 采用不同的抗震等级,并应符合抗震构造要求。

劲钢混凝土组合结构的抗震等级　　表 9-1

<table>
<tr><th colspan="2" rowspan="2">结构体系与类型</th><th colspan="9">设防烈度</th></tr>
<tr><th colspan="2">6</th><th colspan="2">7</th><th colspan="3">8</th><th colspan="2">9</th></tr>
<tr><td rowspan="2">框架结构</td><td>房屋高度(m)</td><td>≤25</td><td>>25</td><td>≤35</td><td>>35</td><td>≤35</td><td colspan="2">>35</td><td colspan="2">≤25</td></tr>
<tr><td>框架</td><td>四</td><td>三</td><td>三</td><td>二</td><td>二</td><td colspan="2">一</td><td colspan="2">一</td></tr>
<tr><td rowspan="3">框架-剪力墙结构</td><td>房屋高度(m)</td><td>≤50</td><td>>50</td><td>≤60</td><td>>60</td><td><50</td><td>50～80</td><td>>80</td><td>≤25</td><td>>25</td></tr>
<tr><td>框架</td><td>四</td><td>三</td><td>三</td><td>二</td><td>三</td><td>二</td><td>一</td><td>二</td><td>一</td></tr>
<tr><td>剪力墙</td><td>三</td><td>三</td><td>二</td><td>二</td><td>二</td><td>一</td><td>一</td><td>一</td><td>一</td></tr>
</table>

续表

<table>
<tr><th colspan="3" rowspan="2">结构体系与类型</th><th colspan="9">设防烈度</th></tr>
<tr><th colspan="2">6</th><th colspan="2">7</th><th colspan="3">8</th><th colspan="2">9</th></tr>
<tr><td rowspan="4">剪力墙结构</td><td colspan="2">房屋高度(m)</td><td>≤60</td><td>>60</td><td>≤80</td><td>>80</td><td><35</td><td>35～80</td><td>>80</td><td>≤25</td><td>>25</td></tr>
<tr><td colspan="2">一般剪力墙</td><td>四</td><td>三</td><td>三</td><td>二</td><td>三</td><td>二</td><td>一</td><td>二</td><td>一</td></tr>
<tr><td colspan="2">框支落地剪力墙底部加强部位</td><td>三</td><td>二</td><td>二</td><td>二</td><td>一</td><td>一</td><td>一</td><td colspan="2" rowspan="2">不应采用</td></tr>
<tr><td colspan="2">框支层框架</td><td>三</td><td>二</td><td>二</td><td>一</td><td>一</td><td>一</td><td>一</td></tr>
<tr><td rowspan="4">筒体结构</td><td rowspan="2">框架—核心筒体</td><td>框架</td><td colspan="2">三</td><td colspan="2">二</td><td colspan="3">一</td><td colspan="2">一</td></tr>
<tr><td>核心筒体</td><td colspan="2">二</td><td colspan="2">二</td><td colspan="3">一</td><td colspan="2">一</td></tr>
<tr><td rowspan="2">筒中筒</td><td>框架外筒</td><td colspan="2">三</td><td colspan="2">二</td><td colspan="3">一</td><td colspan="2" rowspan="2">一</td></tr>
<tr><td>内筒</td><td colspan="2">三</td><td colspan="2">二</td><td colspan="3">一</td></tr>
</table>

注：1. 框架-剪力墙结构中，当剪力墙部分承受的地震倾覆力矩不大于结构总地震倾覆力矩的50%时，其框架部分应按框架结构的抗震等级采用。

2. 部分框支剪力墙结构当采用型钢混凝土结构时，对8度设防烈度，其房屋高度不应超过100m。

3. 有框支层的剪力墙结构，除落地剪力墙底部加强部位外，均按一般剪力墙结构的抗震等级取用。

4. 设防烈度为8度的丙类建筑，且房屋高度不超过12m的规则的一般民用框架结构(体育馆和影剧院等除外)和类似的工业框架结构，抗震等级采用三级。

9.3 劲钢混凝土结构使用材料有何规定?

(1) 型钢

1) 型钢可采用焊接型钢和轧制型钢。型钢钢材应根据设计结构特点选择其牌号和材质，并应保证抗拉强度、伸长率、屈服点、冷弯试验、冲击韧性合格和硫、磷、碳含量符合设计和使用要求。考虑地震作用的结构用钢，其强屈比不应小于1.2。

2) 型钢材料的强度指标，应按表9-2的规定采用。

型钢材料的强度设计值、强度标准值、强度极限值(N/mm²)　　表 9-2

钢材牌号	钢材厚度(mm)	强度设计值		强度标准值	强度极限值
		抗拉、抗压、抗弯 f_a、f_a^1	抗剪 f_{av}	抗拉、抗压、抗弯 f_{ak}、f_{ak}^1	f_{au}
Q235	≤16	215	125	235	375
	>16～40	205	120	225	375
	>40～60	200	115	215	375
	>60～100	190	110	205	375
Q345	≤16	310	180	345	470
	>16～35	295	170	325	470
	>35～50	265	155	295	470
	>50～100	250	145	275	470

3）型钢材料的物理性能指标，应按表 9-3 的规定采用。

型钢材料的物理性能指标　　表 9-3

弹性模量 E(N/mm²)	剪变模量 G(N/mm²)	线膨胀系数 a(/℃)	质量密度 ρ(kg/m³)
2.06×10^5	79×10^3	12×10^{-6}	7850

（2）栓钉、螺栓

1）构件中设置的栓钉应符合现行国家标准《圆柱头焊钉》GB 10433 的规定。栓钉的力学性能应符合表 9-3 的规定。

栓钉力学性能(N/mm²)　　表 9-4

钢　　号	屈服强度 f_y^{st}	抗拉强度 f_t^{st}
HPB235	≥240	≥400

2）型钢使用的螺栓、锚栓材料

① 普通螺栓应符合现行国家标准《六角螺栓-A 和 B 级》GB 5782 和《六角头螺栓—C 级》GB 5780 的规定。

② 锚栓可采用现行国家标准《碳素结构钢》GB 700 规定的 Q235 钢或《低合金高强度结构钢》GB/T 1591 规定的 HPB345

钢。

③ 高强度螺栓应符合现行国家标准《钢结构高强度大六角头螺栓、大六角螺母，垫圈与技术条件》(GB/T 1228—1231)或《钢结构用扭剪型高强度螺栓连接副》(GB 3632～GB 3633)的规定。

④ 螺栓连接的强度设计值、高强度螺栓的设计预拉力值，以及高强度螺栓连接的钢材摩擦面抗滑移系数值，应按现行国家标准《钢结构设计规范》(GB 50017—2003)的规定采用。

(3) 钢筋

1) 纵向钢筋宜采用 HRB335 级、HRB400 级热轧钢筋；箍筋宜采用 HPB235 级、HRB335 级热轧钢筋。其强度指标应按表 9-5 的规定采用。

钢筋强度标准值、设计值(N/mm^2)　　**表 9-5**

种　类		f_{yk}	f_y 或 f'_y
热轧钢筋	HPB235	235	210
	HRB335	335	300
	HRB400	400	360

注：热轧钢筋应符合国家标准《钢筋混凝土用热轧带肋钢筋》GB 1499 的规定。

2) 钢筋弹性模量 E_s 应按表 9-6 的规定采用。

钢筋弹性模量(N/mm^2)　　**表 9-6**

种　类	E_s
HPB235 级钢筋	2.1×10^5
HRB335 级钢筋	2.0×10^5
HRB400 级钢筋(RRB400 级余、热处理钢筋)	2.0×10^5

(4) 混凝土

1) 劲钢混凝土组合结构的混凝土强度等级不宜小于 C30；混凝土的强度指标应按表 9-7、表 9-8 的规定采用。

混凝土强度标准值(N/mm²) 表 9-7

强度种类	混凝土强度等级													
	C15	C20	C25	C30	C35	C40	C45	C50	C55	C60	C65	C70	C75	C80
轴心抗压 f_{ck}	10.0	13.4	16.7	20.1	23.4	26.8	29.6	32.4	35.5	38.5	41.5	44.5	47.4	50.2
轴心抗拉 f_{tk}	1.27	1.54	1.78	2.01	2.20	2.39	2.51	2.64	2.74	2.85	2.93	2.99	3.05	3.11

混凝土强度设计值(N/mm²) 表 9-8

强度种类	混凝土强度等级													
	C15	C20	C25	C30	C35	C40	C45	C50	C55	C60	C65	C70	C75	C80
轴心抗压 f_c	7.2	9.6	11.9	14.3	16.7	19.1	21.1	23.1	25.3	27.5	29.7	31.8	33.8	35.9
轴心抗拉 f_t	0.91	1.10	1.27	1.43	1.57	1.71	1.80	1.89	1.96	2.04	2.09	2.14	2.18	2.22

2）混凝土弹性模量 E_c 应按表 9-9 的规定采用。

混凝土弹性模量(N/mm²) 表 9-9

强度等级	C15	C20	C25	C30	C35	C40	C45	C50	C55	C60	C65	C70	C75	C80
弹性模量 E_c	2.2×10^4	2.55×10^4	2.80×10^4	3.0×10^4	3.15×10^4	3.25×10^4	3.35×10^4	3.45×10^4	3.55×10^4	3.60×10^4	3.65×10^4	3.70×10^4	3.75×10^4	3.80×10^4

（5）骨料

劲钢混凝土组合结构的混凝土最大骨料粒径宜小于型钢外侧混凝土保护层厚度的 1/3。且不宜大于 25mm。

9.4 劲钢混凝土结构如何划分？

为提高劲钢混凝土结构的承载力和刚度，劲钢混凝土框架梁和框架柱的型钢配置，宜采用充满型宽翼缘实腹型钢。充满型实腹型钢，是指型钢上翼缘处于截面受压区，下翼缘处于截面受拉区。

（1）结构划分

劲钢混凝土组合结构分为全部结构构件采用劲钢混凝土的结构和部分结构构件采用劲钢混凝土的结构。此两类结构宜用于框架结构、框架－剪力墙结构、底部大空间剪力墙结构、框架－核心筒结构、筒中筒结构等结构体系。但对各类结构体系的框架柱，当房屋的设防烈度为 9 度，且抗震等级为一级时，框架柱的全部结构构件应采用劲钢混凝土结构。

(2) 框架柱

劲钢混凝土框架柱的型钢，宜采用实腹式宽翼缘的 H 形轧制型钢和各种截面型式的焊接型钢；非地震区或设防烈度为 6 度地区的多、高层建筑，可采用带斜腹杆的格构式焊接型钢，见图 9-1。

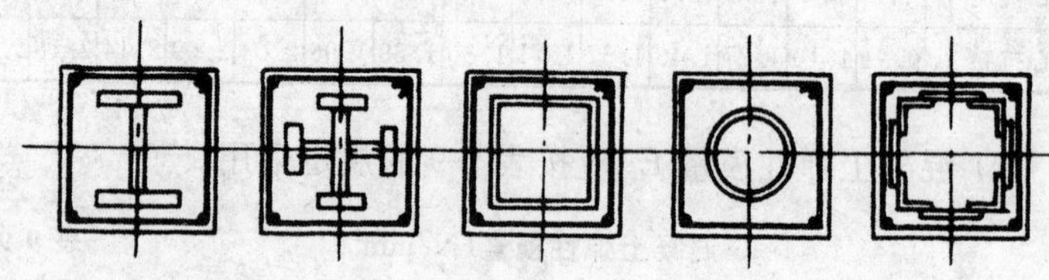

图 9-1　劲钢混凝土柱的型钢截面配筋形式

(3) 框架梁

劲钢混凝土框架梁中的型钢，宜采用充满型实腹型钢。充满型实腹型钢的一侧翼缘宜位于受压区，另一侧翼缘位于受拉区，见图 9-2；当梁截面高度较高时，可采用桁架式劲钢混凝土梁。

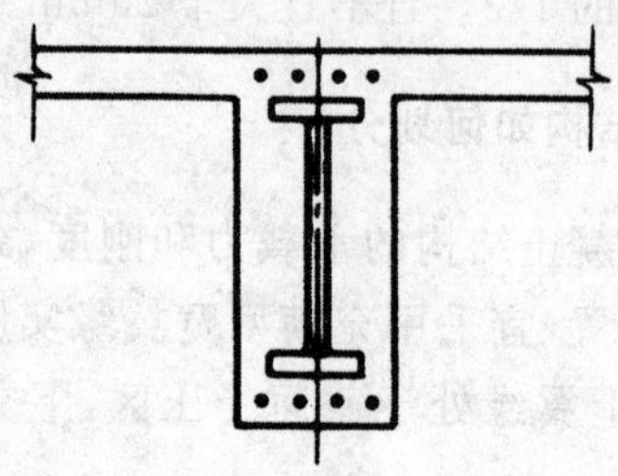

图 9-2　劲钢混凝土梁的型钢截面配筋形式

1) 为保证梁底部混凝土浇筑密实，梁中纵向受力钢筋宜不超过二排，如超过二排，施工时应采取措施，如分层浇筑等，以保证梁底混凝土密实;纵向受拉钢筋配筋率、直径、净距,以及纵筋与型钢净距的规定,是保证混凝土与钢筋及型钢有良好的粘结力,同时,也有利于框架梁在正常使用极限状态下的裂缝分布均匀和减小裂缝宽度。

2)梁两侧沿高度配置一定量的腰筋,其目的是使箍筋和纵筋形成整体骨架,并对混凝土起约束作用。同时,也有助于防止混凝土收缩而产生的收缩裂缝的出现。

(4)剪力墙

劲钢混凝土剪力墙,为了提高剪力墙的承载力和延性,宜在剪力墙的边缘构件中配置实腹型钢,见图 9-3 和图 9-4。当需要增强剪力墙的抗侧力时,也可在剪力墙腹板内加设斜向钢支撑。

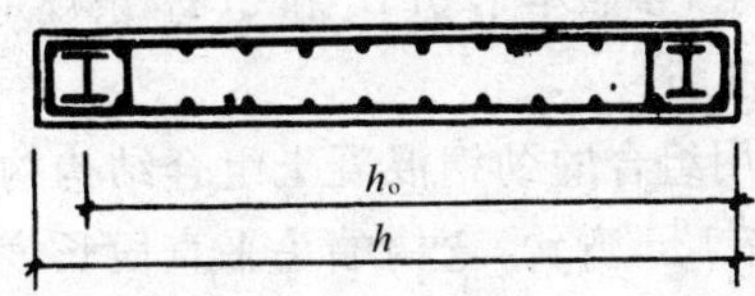

图 9-3 两端配有型钢的钢筋混凝土剪力墙

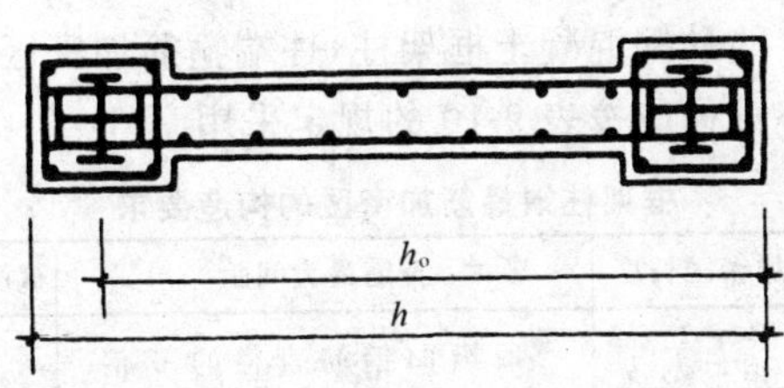

图 9-4 周边有型钢柱的剪力墙

1)端部配有型钢的钢筋混凝土剪力墙的厚度、水平和竖向分布钢筋的最小配筋率和箍筋配置,宜符合设计要求。

2)钢筋混凝土剪力墙端部配置的型钢,其混凝土保护层厚度宜大于 50mm;水平分布钢筋应绕过或穿过墙端型钢,且应满足钢筋锚固长度要求。

3)周边有劲钢混凝土柱和梁的现浇钢筋混凝土剪力墙,剪力墙的水平分布钢筋应绕过或穿过周边柱型钢，且应满足钢筋锚固长度要求；当采用间隔穿过时，宜另加补强钢筋。周边柱的型钢、纵向钢筋、箍筋配置应符合劲钢混凝土柱的设计要求，周边梁中采用劲钢混凝土梁或钢筋混凝土梁；当不设周边梁时，应设置钢筋混凝土暗梁，暗梁的高度可取 2 倍墙厚。

9.5 劲钢混凝土构造有何要求？

(1) 纵向受力钢筋

劲钢混凝土组合结构构件中，纵向受力钢筋直径不宜小于 16mm，纵筋与型钢的净间距不宜小于 30mm，其纵向受力钢筋的最小锚固长度、搭接长度应符合《混凝土结构设计规范》(GB 50010—2002)要求，参照本书 5.13 和 5.17 条规定。

(2) 封闭式箍筋

考虑地震作用组合的劲钢混凝土组合结构构件，宜采用封闭箍筋，其末端应有 135°弯钩，弯钩端头平直段长度不应小于 10 倍箍筋直径。

1) 劲钢混凝土框架柱中箍筋的配置应符合设计的规定，考虑地震作用组合的劲钢混凝土框架柱，柱端箍筋加密区长度、箍筋最大间距和最小直径应按表 9-10 的规定采用。

框架柱端箍筋加密区的构造要求 **表 9-10**

<table>
<tr><th>抗震等级</th><th>箍筋加密区长度</th><th>箍筋最大间距</th><th>箍筋最小直径(mm)</th></tr>
<tr><td>一级</td><td rowspan="4">取矩形截面长边尺寸(或圆形截面直径)、层间柱净高的 1/6 和 500mm 三者中的最大值</td><td>取纵向钢筋直径的 6 倍、100mm 二者中的较小值</td><td>10</td></tr>
<tr><td>二级</td><td>取纵向钢筋直径的 8 倍、100mm 二者中的较小值</td><td>8</td></tr>
<tr><td>三级</td><td rowspan="2">取纵向钢筋直径的 8 倍、150mm (柱根 100)二者中的较小值</td><td>8</td></tr>
<tr><td>四级</td><td>6(柱根 8)</td></tr>
</table>

注：1. 对二级抗震等级的框架柱，当箍筋最小直径不小于 ϕ10 时，其箍筋最大间距可取 150mm。

2. 剪跨比不大于 2 的框架柱、框支柱和一级抗震等级角柱应沿全长加密箍筋，箍筋间距均不应大于 100mm。

2）柱箍筋加密区的箍筋最小体积配筋百分率应符合表 9-11 的要求。

柱箍筋加密区的箍筋最小体积配筋百分率(%)　　表 9-11

抗震等级	箍筋形式	轴压比		
		＜0.4	0.4～0.5	＞0.5
一级	复合箍筋	0.8	1.0	1.2
二级	复合箍筋	0.6～0.8	0.8～1.0	1.0～1.2
三级	复合箍筋	0.4～0.6	0.6～0.8	0.8～1.0

注：1. 混凝土强度等级高于 C50 或需要提高柱变形能力或Ⅳ类场地上较高的高层建筑，柱中箍筋的最小体积配筋百分率应取表中相应项的较大值。
2. 当配置螺旋箍筋时，体积配筋率可减少 0.2%，但不应小于 0.4%。
3. 对一、二级抗震等级且剪跨比不大于 2 的框架柱，其箍筋体积配筋率不应小于 0.8%。
4. 当采用 HRB335 级钢筋作箍筋，表中数值可乘以折减系数 0.85，但不应小于 0.4%。

3）在箍筋加密区长度以外，箍筋的体积配筋率不宜小于加密区配筋率的一半，且对一、二级抗震等级，箍筋间距不应大于 $10d$；对三级抗震等级不宜大于 $15d$（d 为纵向钢筋直径）。

（3）混凝土保护层

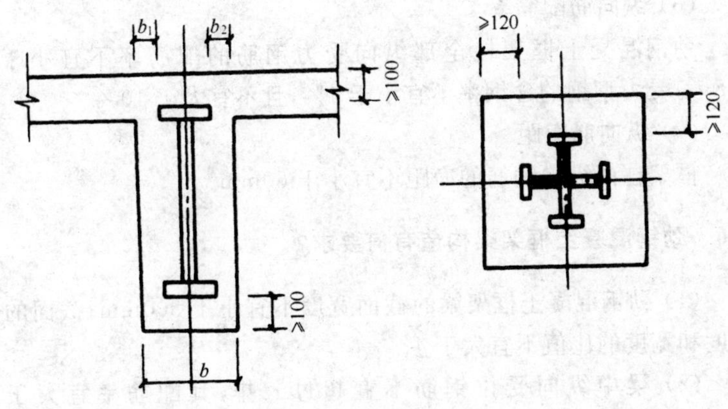

图 9-5　混凝土保护层最小厚度

劲钢混凝土组合结构构件中纵向受力钢筋保护层最小厚度对梁不宜小于 100mm，且梁内型钢翼缘离两侧距离之和(b_1+b_2)，不宜小于截面宽度的 1/3；对柱不宜小于 120mm，见图 9-5。

(4) 钢板厚度

劲钢混凝土组合结构构件中的型钢钢板厚度不宜小于 6mm，其钢板宽厚比应符合表 9-12 的规定。当满足宽厚比限值时，可不进行局部稳定验算。

型钢钢板宽厚比限值 **表 9-12**

钢号	梁		柱	
	b_{af}/t_f	h_w/t_w	b_{at}/t_f	h_w/t_w
Q235	<23	<107	<23	<96
Q345	<19	<91	<19	<81

(5) 在需要设置栓钉的部位，可按弹性方法计算型钢翼缘外表面处的剪应力，相应于该剪应力的剪力由栓钉承担；栓钉承载力应按国家标准《钢结构设计规范》(GB 50017—2003)的规定计算。型钢上设置的抗剪栓钉的直径规格宜选用 19mm 和 22mm，其长度不宜小于 4 倍栓钉直径，栓钉间距不宜小于 6 倍栓钉直径。

(6) 纵向筋配筋率

劲钢混凝土框架柱全部纵向受力钢筋的配筋率不宜小于 0.8%；受力型钢的含钢率不宜小于 4%，且不宜大于 10%。

(7) 纵向筋净距

框架柱内纵向钢筋的净距不宜小于 60mm。

9.6 劲钢混凝土框架梁构造有何要求？

(1) 劲钢混凝土框架梁的截面宽度不宜小于 300mm；截面的高度和宽度的比值不宜大于 4。

(2) 梁中纵向受拉钢筋不宜超过二排，其配筋率宜大于 0.3%，直径宜取 16～25mm，净距不宜小于 30mm 和 1.5d(d 为钢筋的最大直径)；梁的上部和下部纵向钢筋伸入节点的锚固构造要求应符合国家标准《混凝土结构设计规范》(GB 50010—2002)的规定。

(3) 劲钢混凝土框架梁的截面高度大于或等于 500mm 时,在梁的两侧沿高度方向每隔 200mm,应设置一根纵向腰筋,且腰筋与型钢间宜配置拉结钢筋。

(4) 劲钢混凝土框架梁在支座处和上翼缘受有较大固定集中荷载处,应在型钢腹板两侧对称设置支承加劲肋。

(5) 劲钢混凝土框架梁中箍筋的配置应符合国家标准《混凝土结构设计规范》的规定;考虑地震作用组合的劲钢混凝土框架梁,梁端应设置箍筋加密区,其加密区长度、箍筋最大间距和箍筋最小直径应满足表 9-13 要求。

梁端箍筋加密区的构造要求 **表 9-13**

抗震等级	箍筋加密区长度	箍筋最大间距(mm)	箍筋最小直径(mm)
一级	$2h$	100	12
二级	$1.5h$	100	10
三级	$1.5h$	150	10
四级	$1.5h$	150	8

注:表中 h 为劲钢混凝土梁的梁高。

(6) 在箍筋加密区长度内,箍筋宜配置复合箍筋,其箍筋肢距,可按国家标准《混凝土结构设计规范》(GB 50010—2002)的规定适当放松。

(7) 梁端箍筋设置,其第一个箍筋应设置在距节点边缘不大于 50mm 处,非加密区的箍筋最大间距不宜大于加密区箍筋间距的 2 倍,沿梁全长箍筋的配筋率$\left(\rho_{sv}=\frac{A_{sv}}{b_s}\right)$应符合下列规定:

非抗震设计 $\rho_{sv}\geqslant 0.24f_t/f_{yv}$

抗震设计

一级抗震等级 $\rho_{sv}\geqslant 0.3f_t/f_{yv}$

二级抗震等级 $\rho_{sv}\geqslant 0.28f_t/f_{yv}$

三、四级抗震等级 $\rho_{sv}\geqslant 0.26f_t/f_{yv}$

(8) 对于转换层大梁或托柱梁等主要承受竖向重力荷载的梁，梁端型钢上翼缘宜增设栓钉。

(9) 配置桁架式型钢的劲钢混凝土框架梁，其压杆的长细比宜小于 120。

(10) 开孔劲钢混凝土梁的孔位宜设置在剪力较小截面附近，且宜采用圆形孔，当孔洞位于离支座 1/4 跨度以外时，圆形孔的直径不宜大于 0.4 倍梁高，且不宜大于型钢截面高度的 0.7 倍；当孔洞位于离支座 1/4 跨度以内时，圆孔的直径不宜大于 0.3 倍梁高，且不宜大于型钢截面高度的 0.5 倍。孔洞周边宜设置钢套管，管壁厚度不宜小于梁型钢腹板厚度，套管与梁型钢腹板连接的角焊缝高度宜取 0.7 倍腹板厚度；腹板孔周围二侧宜各焊上厚度稍小于腹板厚度的环形补强板，其环板宽度应取 75～125mm，且孔边应加设构造箍筋和水平筋(图 9-6)。

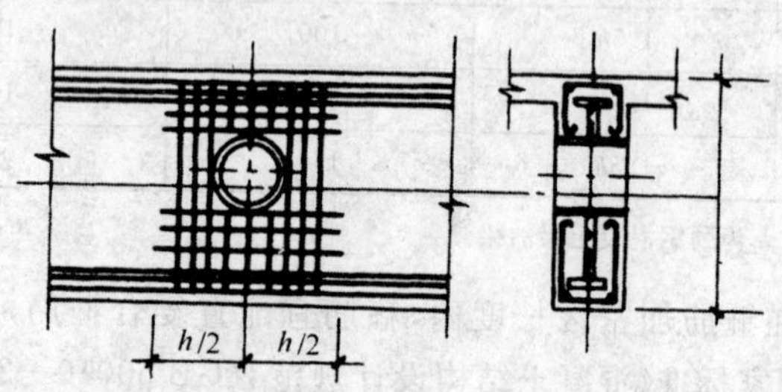

图 9-6 圆形孔孔口加强措施

(11) 劲钢混凝土框架梁的圆孔孔洞截面处，应进行受弯承载力和受剪承载力计算；圆形孔受弯承载力计算应按《型钢混凝土组合结构技术规程》JGJ 138－2001 中第 5.1.2 条计算，但计算中应扣除孔洞面积；受剪承载力应按下列公式计算：

非抗震设计

$$V_b\leqslant 0.8f_cbh_0\left(1-1.6\frac{D_h}{h}\right)+0.58f_at_w(h_w-D_h)\gamma+\Sigma f_{yv}A_{sv}$$

式中 γ——孔边条件系数，孔边设置钢套管时取 1.0，孔边不设钢套管时取 0.85。

D_h——圆孔洞直径；

$\Sigma f_{yv}A_{sv}$——加强箍筋的受剪承载力。

9.7 劲钢混凝土框架梁裂缝宽度验算有哪些规定？

(1) 劲钢混凝土框架梁应验算裂缝宽度，最大裂缝宽度应按荷载的短期效应组合并考虑长期效应组合的影响进行计算。

(2) 考虑裂缝宽度分布的不均匀性和荷载长期效应组合影响的最大裂缝宽度（按 mm 计）应按下列公式计算（图 9-7）。

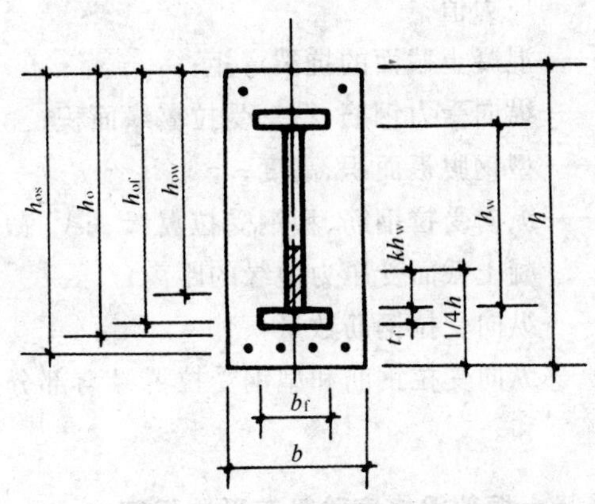

图 9-7 框架梁最大裂缝宽度计算

$$w_{max}=2.1\psi\frac{\sigma_{sa}}{E_s}\left(1.9c+0.08\frac{d_e}{\rho_{te}}\right)$$

$$\psi=1.1(1-M_c/M_s)$$

$$M_c=0.235bh^2f_{tk}$$

$$\sigma_{sa}=\frac{M}{0.87(A_sh_{0s}+A_{af}h_{0f}+kA_{aw}h_{0w})}$$

$$d_e=\frac{4(A_s+A_{af}+kA_{aw})}{u}$$

$$u=n\pi d_s+(2b_f+2t_f+2kh_{aw})\times0.7$$

$$\rho_{te}=\frac{A_s+A_{af}+kA_{aw}}{0.5bh}$$

式中 c——纵向受拉钢筋的混凝土保护层厚度；

ψ——考虑型钢翼缘作用的钢筋应变不均匀系数；当 $\psi<0.4$ 时，取 $\psi=0.4$；当 $\psi>1.0$ 时，取 $\psi=1.0$；

k——型钢腹板影响系数，其值取梁受拉侧 1/4 梁高范围中腹板高度与整个腹板高度的比值；

d_e、ρ_{te}——考虑型钢受拉翼缘与部分腹板及受拉钢筋的有效直径、有效配筋率；

σ_{sa}——考虑型钢受拉翼缘与部分腹板及受拉钢筋的钢筋应力值；

M_c——混凝土截面的抗裂弯矩；

A_s、A_{af}——纵向受力钢筋、型钢受拉翼缘面积；

A_{aw}、h_{aw}——型钢腹板面积、高度；

h_{os}、h_{of}、h_{ow}——纵向受拉钢筋、型钢受拉翼缘、kA_{aw} 截面重心至混凝土截面受压力边缘的距离；

n——纵向受拉钢筋数量；

u——纵向受拉钢筋和型钢受拉翼缘与部分腹板周长之和。

9.8 劲钢混凝土框架梁挠度验算有哪些规定？

(1) 劲钢混凝土框架梁在正常使用极限状态下的挠度，可根据构件的刚度用结构力学的方法计算。

在等截面构件中，可假定各同号弯矩区段内的刚度相等，并取用该区段内最大弯矩处的刚度。

受弯构件的挠度应按荷载短期效应组合并考虑荷载长期效应组合影响的长期刚度 B_l 进行计算，所求得的挠度计算值不应大于表 9-14 规定的限值。

(2) 当劲钢混凝土框架梁的纵向受拉钢筋配筋率为 0.3%～1.5%范围时，其荷载短期效应和长期效应组合作用下的短期刚度

B_s 和长期刚度 B_l，可按下列公式计算：

劲钢混凝土梁的挠度限值 **表 9-14**

跨　度	挠度限值（以计算跨度 l_0 计算）
$l_0 < 7m$	$l_0/200(l_0/250)$
$7m \leqslant l_0 \leqslant 9m$	$l_0/250(l_0/300)$
$l_0 > 9m$	$l_0/300(l_0/400)$

注：1. 构件制作时预先起拱，且使用上也允许，验算挠度时，可将计算所得挠度值减去起拱值。

2. 表中括号中的数值适用于使用上对挠度有较高要求的构件。

$$B_s = \left(0.22 + 3.75\frac{E_s}{E_c}\rho_s\right)E_c I_c + E_a I_a$$

$$B_l = \frac{M_s}{M_l(\theta - 1) + M_s}B_s$$

式中　E_c——混凝土弹性模量；

E_a——型钢弹性模量；

I_c——按截面尺寸计算的混凝土截面惯性矩；

I_a——型钢的截面惯性矩；

M_s——按荷载短期效应组合计算的弯矩值；

M_l——按荷载长期效应组合计算的弯矩值；

θ——考虑荷载长期效应组合对挠度增大的影响系数，按本条(3)规定采用。

(3) 考虑荷载长期效应组合对挠度增大的影响系数 θ 可按下列规定采用：

当 $\rho'_s = 0$ 时，$\theta = 2.0$

当 $\rho'_s = \rho_s$ 时，$\theta = 1.6$

当 ρ'_s 为中间数值时，θ 可按直线内插法取用。

此处，ρ_s、ρ'_s 分别为纵向受拉钢筋和纵向受压钢筋配筋率，$\rho_s = A_s/bh_0$、$\rho'_s = A'_s/bh_0$。

9.9　劲钢混凝土框架柱节点构造有何要求？

(1) 劲钢混凝土框架柱中箍筋的配置应符合国家标准《混凝

土结构设计规范》的规定；考虑地震作用组合的型钢混凝土框架柱，柱端箍筋加密区长度、箍筋最大间距和最小直径应按表 9-10 的规定采用。

(2) 柱箍筋加密区的箍筋最小体积配筋百分率应符合表 9-11 的要求。

(3) 在箍筋加密区长度以外，箍筋的体积配筋率不宜小于加密区配筋率的一半，且对一、二级抗震等级，箍筋间距不应大于 $10d$；对三级抗震等级不宜大于 $15d$，d 为纵向钢筋直径。

(4) 劲钢混凝土框架柱全部纵向受力钢筋的配筋率不宜小于 0.8%；受力型钢的含钢率不宜小于 4%，且不宜大于 10%。

(5) 框架柱内纵向钢筋的净距不宜小于 60mm。

9.10 劲钢混凝土框架梁柱节点构造有何要求？

(1) 劲钢混凝土框架节点核心区的箍筋最大间距、最小直径宜按表 9-10 采用，对一、二、三级抗震等级的框架节点核心区，其箍筋最小体积配筋率分别不宜小于 0.6%、0.5%、0.4%，且柱纵向受力钢筋不应在中间各层节点中切断。

(2) 框架梁和框架柱的纵向受力钢筋在框架节点区的锚固和搭接应符合国家标准《混凝土结构设计规范》(GB 50010—2002) 的规定。

9.11 劲钢混凝土剪力墙构造有何要求？

(1) 端部配有型钢的钢筋混凝土剪力墙的厚度、水平和竖向分布钢筋的最小配筋率，宜符合国家标准《混凝土结构设计规范》和行业标准《钢筋混凝土高层建筑结构设计与施工规程》JGJ 3 的规定。剪力墙端部型钢周围应配置纵向钢筋和箍筋，以形成暗柱，其箍筋配置应符合国家标准《混凝土结构设计规范》(GB 50010—2002)的有关规定。

(2) 钢筋混凝土剪力墙端部配置的型钢，其混凝土保护层厚度宜大于 50mm；水平分布钢筋应绕过或穿过墙端型钢，且应满足钢筋锚固长度要求。

(3) 周边有劲钢混凝土柱和梁的现浇钢筋混凝土剪力墙，剪力墙的水平分布钢筋应绕过或穿过周边柱型钢，且应满足钢筋锚固长度要求；当采用间隔穿过时，宜另加补强钢筋。周边柱的型钢、纵向钢筋、箍筋配置应符合劲钢混凝土柱的设计要求，周边梁可采用劲钢混凝土梁或钢筋混凝土梁；当不设周边梁时，应设置钢筋混凝土暗梁，暗梁的高度可取 2 倍墙厚。

9.12 劲钢混凝土梁与柱连接控制点有哪些?

(1) 框架梁柱节点的连接构造应做到构造简单，传力明确，便于混凝土浇捣和配筋。

(2) 劲钢混凝土组合结构的梁柱连接可采用下列几种形式：

1) 劲钢混凝土柱与劲钢混凝土梁的连接。

2) 劲钢混凝土柱与钢筋混凝土梁的连接。

3) 劲钢混凝土柱与钢梁的连接。

(3) 劲钢混凝土柱与劲钢混凝土梁、钢筋混土梁、钢梁的连接，柱内型钢宜采用贯通型，柱内型钢的拼接构造应满足钢结构的连接要求。劲钢柱沿高度方向，在对应于劲钢梁的上、下翼缘处或钢筋混凝土梁的上下边缘处，应设置水平加劲肋，加劲肋型式宜便于混凝土浇筑，水平加劲肋应与梁端型钢翼缘等厚，且厚度不宜小于 12mm，见图 9-8。

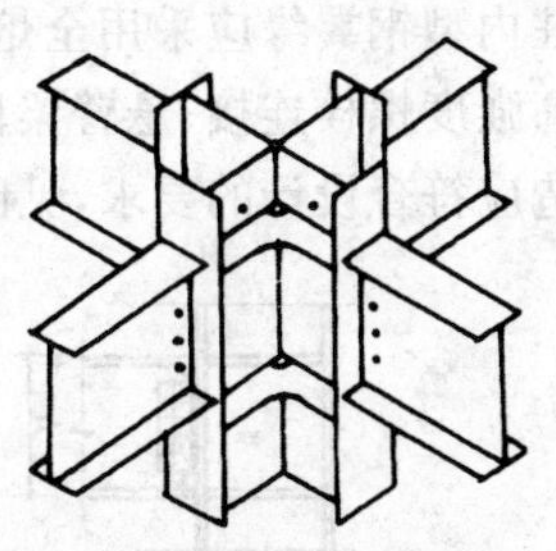

图 9-8 劲钢混凝土内劲钢梁柱节点及水平加劲肋

(4) 劲钢混凝土柱与钢筋混凝土梁或劲钢混凝土梁的梁柱节点应采用刚性连接，梁的纵向钢筋应伸入柱节点，且应满足钢筋锚固要求。柱内型钢的截面型式和纵向钢筋的配置，宜便于梁纵向钢筋的贯穿，设计上应减少梁纵向钢筋穿过柱内型钢柱的数量，且不宜穿过型钢翼缘，也不应与柱内型钢直接焊接连接，见图 9-9；

当必须在柱内型钢腹板上预留穿孔时，型钢腹板截面损失率宜小于腹板面积25%；当必须在柱内型钢翼缘上预留贯穿孔时，宜按柱端最不利组合的 M、N 验算预留孔截面的承载能力，不满足承载力要求时，应进行补强。

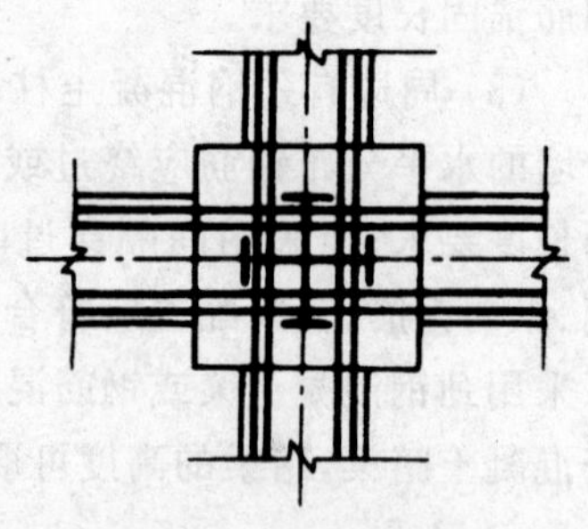

图 9-9 劲钢混凝土梁柱节点穿筋构造

梁柱连接也可在柱内型钢上设置工字钢牛腿，钢牛腿的高度不宜小于0.7倍梁高，梁纵向钢筋中一部分钢筋可与钢牛腿焊接或搭接，其长度应满足钢筋内力传递要求；当采用搭接时，钢牛腿上、下翼缘应设置二排栓钉，其间距不应小于100mm。从梁端至牛腿端部以外1.5倍梁高范围内，箍筋应满足设计规定的梁端箍筋加密区的要求。

(5) 劲钢混凝土柱与劲钢混凝土梁或钢梁连接时，其柱内型钢与梁内型钢或钢梁的连接应采用刚性连接，且梁内型钢翼缘与柱内型钢翼缘应采用全熔透焊缝连接；梁腹板与柱宜采用摩擦型高强度螺栓连接；悬臂梁段与柱应采用全焊接连接。具体连接构造应符合设计的要求，见图9-10。

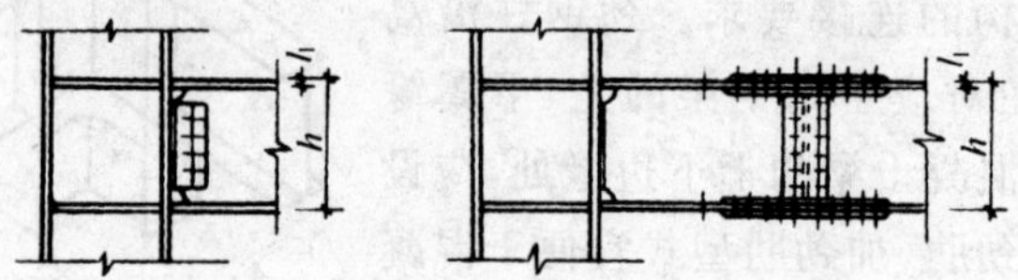

图 9-10 劲钢混凝土内型钢梁与柱连接构造

(6) 在跨度较大的框架结构中，当采用劲钢混凝土梁和钢筋混凝土柱时，梁内的型钢应伸入柱内，且应采取可靠的支承和锚固措施，保证劲钢混凝土梁端承受的内力向柱中传递，其连接构造宜经专门试验确定。

9.13 劲钢混凝土柱与柱连接控制要点有哪些?

(1) 在各种结构体系中,当结构下部采用劲钢混凝土柱,上部采用钢筋混凝土柱时,在此两种结构类型间,应设置结构过渡层。

1) 按设计确定某层柱可由劲钢混凝土柱改为钢筋混凝土柱时,下部劲钢混凝土柱中的型钢应向上延伸一层或二层作为过渡层,过渡层柱中的型钢截面尺寸可根据梁的具体配筋情况适当变化,过渡层柱的纵向钢筋配置应按钢筋混凝土柱计算,且箍筋应沿柱全高加密。

2) 结构过渡层内的型钢应设置栓钉,栓钉的直径不应小于19mm,栓钉的水平及竖向间距不宜大于200mm,栓钉至型钢钢板边缘距离不宜小于50mm。

(2) 在各种结构体系中,当结构下部采用劲钢混凝土柱,上部采用钢结构柱时,在此两种结构类型间应设置结构过渡层,过渡层应满足下列要求,见图9-11。

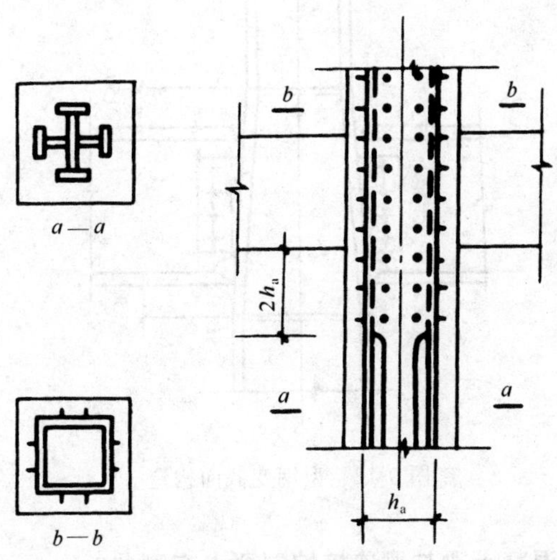

图 9-11 劲钢混凝土柱与钢结构柱连接构造

1）按设计确定某层柱可由劲钢混凝土柱改为钢柱时，下部劲钢混凝土柱应向上延伸一层作为过渡层，过渡层中的型钢应按上部钢结构设计要求的截面配置，且向下一层延伸至梁下部至2倍柱型钢截面高度为止。

2）结构过渡层至过渡层以下2倍柱型钢截面高度范围内，应设置栓钉，栓钉的水平及竖向间距不宜大于200mm；栓钉至型钢钢板边缘距离宜大于50mm，箍筋沿柱应全高加密。

3）十字形柱与箱形柱相连处，十字形柱腹板宜伸入箱形柱内，其伸入长度不宜小于柱型钢截面高度。

（3）劲钢混凝土柱中的型钢柱需改变截面时，宜保持型钢截面高度不变，可改变翼缘的宽度、厚度或腹板厚度。当需要改变柱截面高度时，截面高度宜逐步过渡；且在变截面的上、下端应设置加劲肋；当变截面段位于梁柱接头时，变截面位置宜设置在两端距梁翼缘不小于150mm位置处，见图9-12。

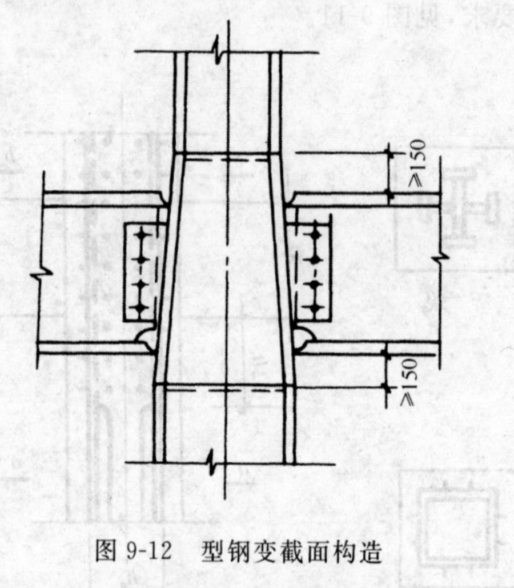

图9-12　型钢变截面构造

9.14　劲钢混凝土梁与梁连接控制要点有哪些？

（1）当框架柱一侧为劲钢混凝土梁，另一侧为钢筋混凝土梁时，劲钢混凝土梁中的型钢，宜延伸至钢筋混凝土梁 1/4 跨度处，且在伸长段型钢上、下翼缘设置栓钉。栓钉直径不宜小于 19mm，间距不宜大于 200mm，且在梁端至伸长段外 2 倍梁高范围内，箍筋应加密。

(2) 钢筋混凝土次梁与劲钢混凝土主梁连接，其次梁中的钢筋应穿过或绕过劲钢混凝土梁的型钢。

9.15 劲钢混凝土梁与墙连接控制要点有哪些？

劲钢混凝土梁或钢梁垂直于钢筋混凝土墙的连接，可做成铰接或刚接。铰接连接可在钢筋混凝土墙中设置预埋件，预埋件上应焊连接板，连接板与型钢梁腹板用高强螺栓连接，见图 9-13，也可在预埋件上焊接支承钢梁的钢牛腿来连接型钢梁。劲钢混凝土梁中的纵向受力钢筋应锚入墙中，锚固长度以及箍筋配置应符合设计的规定。当劲钢混凝土梁与墙需要刚接时，可采用在钢筋混凝土墙中设置劲钢柱，劲钢梁与墙中劲钢柱形成刚性连接，其纵向钢筋应伸入墙中，且满足锚固要求。

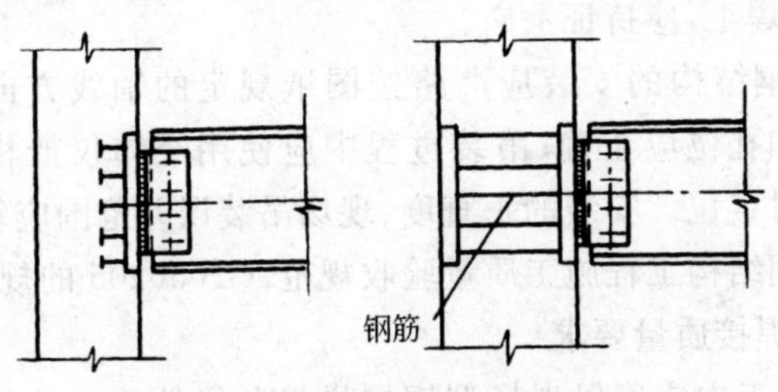

图 9-13 梁与墙的连接构造

9.16 柱脚构造有何规定？

(1) 劲钢混凝土柱的柱脚宜采用埋入式。

(2) 埋入式柱脚的埋置深度不应小于 3 倍劲钢柱截面高度。

(3) 在柱脚部位，和柱脚向上一层的范围内，型钢翼缘外侧宜设置栓钉，栓钉直径不宜小于 $\phi19$，间距不宜大于 200mm，且栓钉与型钢边缘距离宜大于 50mm。

9.17 劲钢混凝土结构施工质量验收有何规定？

（1）劲钢混凝土结构中型钢的制作必须采用机械加工，并宜由相应资质的钢结构制作厂承担。制作者应根据设计和施工详图，编制制作工艺书。型钢的切割、焊接、运输、吊装、探伤检验应符合现行国家标准《钢结构工程施工质量验收规范》GB 50205 和《建筑钢结构焊接技术规程》JGJ 81 的规定。

（2）结构用钢应有质量证明书，质量应符合现行国家标准《碳素结构钢》GB 700、《高强度低合金结构钢》GB/T 1591 的规定。焊接材料、高强度螺栓、普通螺栓应具有质量证明书，且应符合现行国家标准《碳钢焊条》GB 5117、《低合金钢焊条》GB 5118、《熔化焊用钢丝》GB/T 14957、《钢结构高强度六角头螺栓、大六角头螺母、垫圈的技术条件》(GB/T 1228～1231)的规定。

（3）型钢拼接前应将构件焊接面的油漆、铁锈清除。承担焊接工作的焊工，应持证上岗。

（4）钢结构的安装应严格按图纸规定的轴线方向和位置定位，受力和孔位应正确；吊装过程中应使用经纬仪严格校准垂直度，并及时定位。安装的垂直度、现场吊装误差范围应符合现行国家标准《钢结构工程施工质量验收规范》GB 50205 的规定。

（5）焊接质量要求

1）施工中应确保现场型钢柱拼接和梁柱节点连接的焊接质量，其焊缝质量应满足一级焊缝质量等级要求。

2）对一般部位的焊缝，应进行外观质量检查，并应达到二级焊缝质量等级要求。

一级、二级焊缝的质量等级及缺陷分级应符合表 9-15 的规定。

一、二级焊缝质量等级及缺陷分级　　　　表 9-15

焊缝质量等级		一级	二级
内部缺陷超声波探伤	评定等级	Ⅱ	Ⅲ
	检验等级	B级	B级
	探伤比例	100%	20%
内部缺陷射线探伤	评定等级	Ⅱ	Ⅲ
	检验等级	AB级	AB级
	探伤比例	100%	20%

注：探伤比例的计数方法应按以下原则确定：

1. 对工厂制作焊缝，应按每条焊缝计算百分比，且探伤长度应不小于 200mm，当焊缝长度不足 200mm 时，应对整条焊缝进行探伤。
2. 对现场安装焊缝，应按同一类型、同一施焊条件的焊缝条数计算百分比，探伤长度应不小于 200mm，并应不小于 1 条焊缝。

3）T 形接头、十字接头、角接接头等要求熔透的对接和角对接组合焊缝，其焊脚尺寸不应小于 $t/4$。设计有疲劳验算要求的吊车梁或类似构件的腹板与上翼缘连接焊缝的焊脚尺寸为 $t/2$，且不应大于 10mm。

4）焊缝表面不得有裂纹、焊瘤等缺陷。一级、二级焊缝不得有表面气孔、夹渣、弧坑裂纹、电弧擦伤等缺陷。且一级焊缝不得有咬边、未焊满、根部收缩等缺陷。

二级、三级焊缝外观质量标准应符合 9-16 的规定。

二级、三级焊缝外观质量标准（mm）　　　　表 9-16

项　　目	允许偏差	
缺陷类型	二级	三级
未焊满（指不足设计要求）	$\leqslant 0.2+0.02t$，且 $\leqslant 1.0$	$\leqslant 0.2+0.04t$，且 $\leqslant 2.0$
	每 100.0 焊缝内缺陷总长 $\leqslant 25.0$	
根部收缩	$\leqslant 0.2+0.02t$，且 $\leqslant 1.0$	$\leqslant 0.2+0.04t$，且 $\leqslant 2.0$
	长度不限	

续表

项目	允许偏差	
咬边	≤0.05t，且≤0.5；连续长度≤100.0，且焊缝两侧咬边总长≤10%焊缝全长	≤0.1t 且≤1.0，长度不限
弧坑裂纹	—	允许存在个别长度≤5.0 的弧坑裂纹
电弧擦伤	—	允许存在个别电弧擦伤
接头不良	缺口深度 $0.05t$，且≤0.5	缺口深度 $0.1t$，且≤1.0
	每 1 000.0 焊缝不应超过 1 处	
表面夹渣	—	深≤$0.2t$ 长≤$0.5t$，且≤20.0
表面气孔	—	每 50.0 焊缝长度内允许直径≤$0.4t$，且≤3.0 的气孔 2 个，孔距≥6 倍孔径

注：表内 t 为连接处较薄的板厚。

5）对接焊缝及完全熔透组合焊缝尺寸允许偏差应符合表9-17的规定。

对接焊缝及完全熔透组合焊缝尺寸允许偏差（mm）　表 9-17

序号	项目	图例	允许偏差	
			一、二级	三级
1	对接焊缝余高 C		B<20：0～3.0 B≥20：0～4.0	B<20：0～4.0 B≥20：0～5.0
2	对接焊缝错边 d		d<$0.15t$，且≤2.0	d<$0.15t$，且≤3.0

6）部分焊透组合焊缝和角焊缝外形尺寸允许偏差应符合表9-18的规定。

部分焊透组合焊缝和角焊缝外形尺寸允许偏差(mm)　表 9-18

序号	项目	图例	允许偏差
1	焊脚尺寸 h_f		$h_f \leqslant 6$:0～1.5 $h_f > 6$:0～3.0
2	角焊缝余高 C		$h_f \leqslant 6$:0～1.5 $h_f > 6$:0～3.0

注:1. $h_f > 8.0$mm 的角焊缝其局部焊脚尺寸允许低于设计要求值 1.0mm,但总长度不得超过焊缝长度 10%;

2. 焊接 H 形梁腹板与翼缘板的焊缝两端在其两倍翼缘板宽度范围内,焊缝的焊脚尺寸不得低于设计值。

7) 工字形和十字形劲钢柱的腹板与翼缘、水平加劲肋与翼缘的焊接应采用坡口熔透焊缝,水平加劲肋与腹板连接可采用角焊缝。

8) 箱形柱隔板与柱的焊接宜采用坡口熔透焊缝。

9) 焊缝的坡口形式和尺寸,应符合现行国家标准《手工电弧焊缝坡口的基本形式和尺寸》GB 985 和《埋弧焊焊缝坡口的基本形式和尺寸》GB 986 的规定。

(6) 型钢钢板制孔,应采用工厂车床制孔,严禁现场用氧气切割开孔。

(7) 栓钉焊接前,应将构件焊接面的油、锈清除;焊接后检查栓钉高度的允许偏差应在±2mm 以内,同时,按有关规定抽样检查其焊接质量。

(8) 劲钢混凝土组合结构构件的最大裂缝宽度不应大于表 9-19规定的最大裂缝宽度限值。

最大裂缝宽度限值 表 9-19

构件工作条件	最大裂缝宽度限值(mm)
室内正常环境	0.3
露天或室内高湿度环境	0.2

10　混凝土结构工程施工质量验收

10.1　混凝土结构子分部工程施工质量验收重点掌握哪些要求?

(1) 掌握混凝土结构子分部工程验收的程序、方法和验收条件。

(2) 了解新增加的结构实体检验的作用,以及两项检验内容在施工质量控制中的地位。

(3) 掌握实体检验的部位、项目、组织、形式、资质等有关内容。

(4) 了解同条件养护混凝土试件的作用,以及依据其强度验收结构混凝土强度的原理。

(5) 了解现浇结构钢筋保护层厚度检验的作用,以及其结构性能的影响。

(6) 了解实体检验项目和检验方法并不是惟一的,还可根据合同调整检验内容及采用其他检测方法。

(7) 掌握结构实体检验不符合要求时的处理方法。

(8) 熟悉子分部工程验收时应提供的文件记录。

(9) 掌握子分部工程验收合格的条件,并在实际工程验收中能够熟练应用。

(10) 掌握非正常验收(质量不符合要求时)的条件和处理方法。

(11) 掌握填写验收记录表的方法,并做好资料及时存档工作。

10.2 混凝土结构实体检验组织及人员有何规定?

"混凝土验收规范"第10章混凝土结构子分部工程中规定:对涉及混凝土结构安全的重要部位应进行结构实体检验。结构实体检验应在监理工程师(建设单位项目专业技术负责人)见证下,由施工项目技术负责人组织实施。承担结构实体检验的试验室应具有相应的资质。

10.3 混凝土结构实体检验包括哪些内容?

结构实体检验的内容应包括混凝土强度、钢筋保护层厚度以及工程合同约定的项目;必要时可检验其他项目。

10.4 混凝土强度检验应以什么试件强度为依据?如何检验评定?

1. 强度检验依据

对混凝土强度的检验,应以在混凝土浇筑地点制备并与结构实体同条件养护的试件强度为依据。混凝土强度检验用同条件养护试件的留置、养护、等效养护龄期和强度代表值应符合第7.59和7.60的规定。

对混凝土强度的检验,也可根据合同的约定,采用非破损或局部破损的检测方法,按国家现行有关标准的规定进行。

2. 强度检验

(1) 结构构件的混凝土强度按国家标准《混凝土强度检验评定标准》GBJ 107进行检验评定。

(2) 统计方法评定:

1) 当混凝土的生产条件在较长时间内能保持一致,且同一品种混凝土的强度变异性能保持稳定时,应由连续的3组试件组成一个验收批,其强度应同时满足下列要求:

$$m_{fcu} \geqslant f_{cu,k} + 0.7\sigma_0 \tag{10-1}$$

$$f_{cu,min} \geqslant f_{cu,k} - 0.7\sigma_0 \tag{10-2}$$

当混凝土强度等级不高于 C20 时，其强度的最小值尚应满足下式要求：

$$f_{cu,min} \geqslant 0.85 f_{cu,k} \tag{10-3}$$

当混凝土强度等级高于 C20 时，其强度的最小值尚应满足下式要求：

$$f_{cu,min} \geqslant 0.90 f_{cu,k} \tag{10-4}$$

式中 m_{fcu}——同一验收批混凝土立方体抗压强度的平均值（N/mm^2）；

$f_{cu,k}$——混凝土立方体抗压强度的平均值（N/mm^2）；

σ_0——验收批混凝土立方体抗压强度的标准差（N/mm^2）；

$f_{cu,min}$——同一验收批混凝土立方体抗压强度的最小值（N/mm^2）。

2）验收批混凝土立方体抗压强度的标准差，应根据前一个检验期内同一品种混凝土试件的强度数据，按下列公式确定：

$$\sigma_0 = \frac{0.59}{m} \sum_{i=1}^{m} \Delta_{f cu,i} \tag{10-5}$$

式中 $\Delta f_{cu,i}$——第 i 批试件立方体抗压强度中最大值与最小值之差；

m——用以确定验收批混凝土立方体抗压强度标准差的数据总批数。

注：上述检验期不应超过 3 个月，且在该期间内强度数据的总批数不得少于 15。

3）当混凝土的生产条件在较长时间内不能保持一致，且混凝土强度变异性不能保持稳定时，或在前一个检验期内的同一品种混凝土没有足够的数据用以确定验收批混凝土立方体抗压强度的标准差时，应由不少于 10 组的试件组成一个验收批，其强度应同时满足下列公式的要求：

$$m_{f_{cu}} - \lambda_1 s_{f_{cu}} \geqslant 0.9 f_{cu,k} \tag{10-6}$$

$$f_{cu,min} \geqslant \lambda_2 f_{cu,k} \tag{10-7}$$

式中　s_{fcu}——同一验收批混凝土立方体抗压强度的标准差（N/mm²）。当 $s_{f_{cu}}$ 的计算值小于 0.06 $f_{cu,k}$ 时，取 $s_{f_{cu}}$ = 0.06 $f_{cu,k}$；

λ_1，λ_2——合格判定系数，按表 10-1 取用。

混凝土强度的合格判定系数　　**表 10-1**

试件组数	10～14	15～24	≥25
λ_1	1.70	1.65	1.60
λ_2	0.90	0.85	

4）混凝土立方体抗压强度的标准差 $s_{f_{cu}}$ 可按下列公式计算：

$$s_{f_{cu}}=\sqrt{\frac{\sum_{i=1}^{n}f_{cu,i}^{2}-n\,m_{f_{cu}}^{2}}{n-1}} \tag{10-8}$$

式中　$f_{cu,i}$——第 i 组混凝土试件的立方体抗压强度值（N/mm²）；

n——一个验收批混凝土试件组数。

（3）非统计方法评定

按非统计方法评定混凝土强度时，其所保留强度应同时满足下列要求：

$$m_{f_{cu}}\geqslant 1.15 f_{cu,k} \tag{10-9}$$

$$f_{cu,min}\geqslant 0.95 f_{cu,k} \tag{10-10}$$

3. 混凝土强度合格性判断

当检验结果能满足上述(2)统计方法评定和(3)非统计方法评定的规定时，则该批混凝土强度判为合格；当不能满足上述规定时，该批混凝土强度判为不合格。

10.5 混凝土结构子分部工程结构实体混凝土强度验收记录

混凝土结构子分部工程结构实体混凝土强度验收记录见表10-2。

表 10-2

混凝土结构子分部工程结构实体混凝土强度验收记录

<table>
<tr><td>工程名称</td><td colspan="3">××4号住宅楼</td><td colspan="3">结构类型</td><td colspan="4">框架10层</td><td>强度等级数量</td><td>3</td></tr>
<tr><td>施工单位</td><td colspan="3">××建筑工程公司</td><td colspan="3">项目经理</td><td colspan="4"></td><td>项目技术负责人</td><td></td></tr>
<tr><td>强度等级</td><td colspan="10">试件强度代表值(MPa)</td><td>强度评定结果</td><td>监理(建设)单位验收结果</td></tr>
<tr><td rowspan="2">C20</td><td>26.1</td><td>22.0</td><td>24.5</td><td>27.0</td><td>23.0</td><td>29.0</td><td>24.0</td><td>28.2</td><td>23.0</td><td>22.0</td><td rowspan="2">136.8%</td><td rowspan="8">合格</td></tr>
<tr><td>28.7</td><td>24.2</td><td>27.0</td><td>29.7</td><td>25.3</td><td>31.9</td><td>26.4</td><td>31.0</td><td>25.3</td><td>24.2</td></tr>
<tr><td rowspan="2">C25</td><td></td><td></td><td></td><td></td><td></td><td></td><td></td><td></td><td></td><td></td><td rowspan="2">(略)</td></tr>
<tr><td></td><td></td><td></td><td></td><td></td><td></td><td></td><td></td><td></td><td></td></tr>
<tr><td rowspan="2">C30</td><td></td><td></td><td></td><td></td><td></td><td></td><td></td><td></td><td></td><td></td><td rowspan="2">(略)</td></tr>
<tr><td></td><td></td><td></td><td></td><td></td><td></td><td></td><td></td><td></td><td></td></tr>
<tr><td rowspan="2"></td><td></td><td></td><td></td><td></td><td></td><td></td><td></td><td></td><td></td><td></td><td rowspan="2"></td></tr>
<tr><td></td><td></td><td></td><td></td><td></td><td></td><td></td><td></td><td></td><td></td></tr>
<tr><td>检查结论</td><td colspan="8">① 强度平均值 27.37＞1.15 倍强度标准值。
② 强度最小值 24.2＞0.95 倍强度标准值。
强度评定结果符合要求。
项目专业技术负责人：
年　月　日</td><td>验收结论</td><td colspan="3">同意验收。
监理工程师：
(建设单位项目专业技术负责人)
年　月　日</td></tr>
</table>

注：1. 本表中强度等级数量应根据实际情况确定；
2. 同条件养护试件的取样、留置、养护和强度代表值的确定应符合本书第 7.59、7.60 和本章 10.4 的规定；
3. 表中与某一强度等级对应的试件强度代表值，上一行填写根据《混凝土强度检验评定标准》GBJ 107 确定的数值，下一行填写乘以折算系数后的数值；
4. 表中对每一强度等级可填写 10 组试件的强度代表值，试件的具体组数应根据实际情况确定；
5. 同条件养护试件的留置组数、取样部位、放置位置、等效养护龄期、实际养护龄期和相应的温度测量等记录和资料应作为本表的附件。

10.6 对由不合格混凝土制成的结构或构件以及对混凝土试件强度代表性有怀疑时，应如何处理？

（1）由不合格混凝土制成的结构或构件，应进行鉴定。对不合格的结构或构件必须及时处理。

（2）当对混凝土试件强度的代表性有怀疑时，可采用从结构或构件中钻取试件的方法或采用非破损检验方法，按有关标准的规定对结构或构件中混凝土的强度进行推定。

（3）结构或构件拆模、出池、出厂、吊装、预应力筋张拉或放张，以及施工期间需短暂负荷时的混凝土强度，应满足设计要求或现行国家标准的有关规定。

10.7 结构实体钢筋保护层厚度如何检验？合格条件是什么？

1. 结构实体钢筋保护层厚度检验

（1）钢筋保护层厚度检验的结构部位和构件数量，应符合下列要求：

1）钢筋保护层厚度检验的结构部位，应由监理（建设）、施工等各方根据结构构件的重要性共同选定。

2）对梁类、板类构件，应各抽取构件数量的2%且不少于5个构件进行检验；当有悬挑构件时，抽取的构件中悬挑梁类、板类构件所占比例均不宜小于50%。

（2）对选定的梁类构件，应对全部纵向受力钢筋的保护层厚度进行检验；对选定的板类构件，应抽取不少于6根纵向受力钢筋的保护层厚度进行检验。对每根钢筋，应在有代表性的部位测量1点。

（3）钢筋保护层厚度的检验，可采用非破损或局部破损的方法，也可采用非破损方法和局部破损方法并用进行校准。当采用非破损方法检验时，所使用的检测仪器应经过计量检验，检测操作应符合相应规程的规定。

钢筋保护层厚度检验的检测误差不应大于1mm。

（4）钢筋保护层厚度检验时，纵向受力钢筋保护层厚度的允许偏差，对梁类构件为＋10mm，－7mm；对板类构件为＋8mm，－5mm。

(5) 对梁类、板类构件纵向受力钢筋的保护层厚度应分别进行验收。

2. 合格条件

结构实体钢筋保护层厚度验收合格应符合下列规定：

(1) 当全部钢筋保护层厚度检验的合格点率为90%及以上时，钢筋保护层厚度的检验结果应判为合格。

(2) 当全部钢筋保护层厚度检验的合格点率小于90%但不小于80%，可再抽取相同数量的构件进行检验；当按两次抽样总和计算的合格点率为90%及以上时，钢筋保护层厚度的检验结果仍应判为合格。

(3) 每次抽样检验结果中不合格点的最大偏差均不应大于本条1之(4)规定允许偏差的1.5倍。

10.8 混凝土结构子分部工程结构实体钢筋保护层厚度验收记录

混凝土结构子分部工程结构实体钢筋保护层厚度验收记录，见表10-3。

10.9 当未取得同条件养护试件强度，同条件养护试件被判为不合格或钢筋保护层厚度不满足要求时，应如何处理？

当未能取得同条件养护试件强度、同条件养护试件强度被判为不合格或钢筋保护层厚度不满足要求时，应委托具有相应资质等级的检测机构按国家有关标准的规定进行检测。

随着检测技术的发展，已有相当多的方法可以检测混凝土强度和钢筋保护层厚度。实际应用时，可根据国家现行有关标准采用回弹法、超声回弹综合法、钻芯法、后装拔出法等检测混凝土强度，可优先选择非破损检测方法，以减少检测工作量，当然还可辅

混凝土结构子分部工程结构实体钢筋保护层厚度验收记录 **表 10-3**

工程名称				结构类型					检测构件数量		梁 5
											板 5
施工单位				项目经理					项目技术负责人		
构件类别		钢筋保护层厚度(mm)							合格点率(%)	评定结果	监理(建设)单位验收结果
		设计值	实测值								
梁	1	25	30	18	19	35	25	28	93.3	符合要求	合格
	2	25	35	20	30	27	⑯	32			
	3	25	28	29	31	25	26	27			
	4	25	35	25	28	30	31	29			
	5	25	⑮	30	33	34	20	25			
板	1	15	23	20	15	16	⑨	15	90	符合要求	合格
	2	15	15	22	㉓	22	15	20			
	3	15	20	18	20	15	20	21			
	4	15	23	22	15	⑧	18	17			
	5	15	10	15	17	20	22	21			
检查结论	合格点率均≥90%，符合要求。 项目专业技术负责人： 年 月 日						验收结论	同意验收。 监理工程师： （建设单位项目专业技术负责人） 年 月 日			

注：1. 本表中梁类、板类构件数量应根据实际情况确定；其他构件（基础、墙、柱等）按实际构件名称填写，构件种类较多时可加格。

2. 表中对每一构件可填写 6 根钢筋的保护层厚度实测值，钢筋的具体数量应根据实际情况确定；

3. 钢筋保护层厚度检验的结构部位、构件数量、检验方法和验收符合本章 10.7、10.8 和 10.9 的规定；

4. 钢筋保护层厚度检验的结构部位、构件数量、检测钢筋数量和位置等记录和资料应作为本表的附件。

以局部破损检测方法。当采用局部破损检测方法时，检测完成后应及时修补，以免影响结构性能及使用功能。

必要时，可根据实际情况和合同的规定，进行实体的结构性能检验。

10.10 施工现场混凝土检测方法有哪些？常用哪几种？

（1）施工现场混凝土检测方法有：

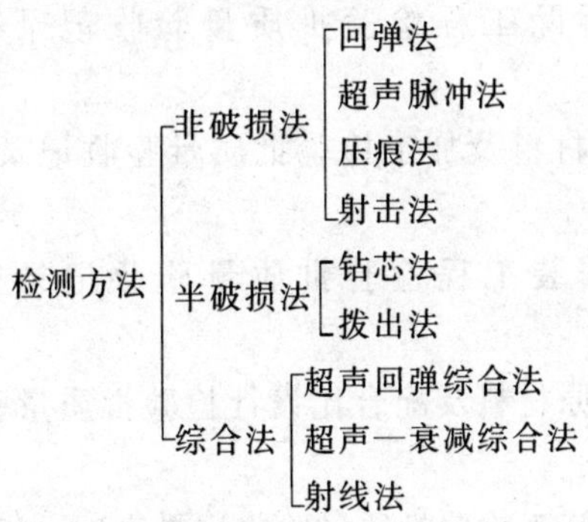

（2）施工现场常用方法有；

回弹法、钻芯法、超声回弹综合法和后装拔出法。

10.11 混凝土结构子分部工程验收时，应提供哪些文件和记录？

混凝土结构子分部工程施工质量验收时，应提供下列文件和记录：

（1）设计变更文件；

（2）原材料出厂合格证和进场复验报告；

（3）钢筋接头的试验报告；

（4）混凝土工程施工记录；

（5）混凝土试件的性能试验报告；

（6）装配式结构预制构件的合格证和安装验收记录；

（7）预应力筋用锚具、连接器的合格证和进场复验报告；

(8) 预应力筋安装、张拉及灌浆记录；

(9) 隐蔽工程验收记录；

(10) 各检验批质量验收记录；混凝土工程检验批质量验收用表共有14种：

1) 模板安装工程检验批质量验收记录表(Ⅰ)010601，020101。

2) 预制构件模板工程检验批质量验收记录表(Ⅱ)020101。

3) 模板拆除工程检验批质量验收记录表(Ⅲ)010601，020101。

4) 钢筋原材料及加工检验批质量验收记录表(Ⅰ)010602，020102。

5) 钢筋安装工程检验批质量验收记录表(Ⅱ)010602，020102。

6) 混凝土原材料及配合比设计检验批质量验收记录表(Ⅰ)010603,020103。

7) 混凝土施工检验批质量验收记录表(Ⅱ)010603,020103。

8) 预应力原材料检验批质量验收记录表(Ⅰ)020104。

9) 预应力制作与安装检验批质量验收记录表(Ⅱ)020104。

10) 预应力张拉、放张、灌浆及封锚检验批质量验收记录表(Ⅲ)020104。

11) 现浇结构外观及尺寸偏差检验批质量验收记录表(Ⅰ)010603,020105。

12) 混凝土设备基础外观及尺寸偏差检验批质量验收记录表(Ⅱ)010603,020105。

13) 预制构件检验批质量验收记录表(Ⅰ)020106。

14) 装配式结构施工检验批质量验收记录表(Ⅱ)020106。

(11) 分项工程验收记录；

混凝土工程分项工程质量验收记录共有6种：

1) 模板分项工程质量验收记录表。

2) 钢筋分项工程质量验收记录表。

3）预应力分项工程质量验收记录表。

4）混凝土分项工程质量验收记录表。

5）现浇结构分项工程质量验收记录表。

6）装配式结构分项工程质量验收记录表。

（12）混凝土结构实体检验记录。

（13）工程的重大质量问题的处理方案和验收记录。

（14）其他必要的文件和记录。

10.12 混凝土结构子分部工程施工质量验收合格规定是什么？当不符合验收合格要求时如何处理？

（1）混凝土结构子分部工程施工质量验收合格应符合下列规定：

1）有关分项工程施工质量验收合格。

2）应有完整的质量控制资料。

3）观感质量验收合格。

4）结构实体检验结构满足本章规定的要求。

（2）混凝土子分部工程质量验收记录，见表10-4。

（3）有关验收要求和验收用表可参阅本书检验批和分项工程质量验收的有关内容。

（4）当混凝土结构施工质量不符合要求时，应按下列规定进行处理：

1）经返工、返修或更换构件、部件的检验批，应重新进行验收。

2）经有资质的检测单位检测鉴定达到设计要求的检验批，应予以验收。

3）经有资质的检测单位检测鉴定达不到设计要求，但经原设计单位核算并确认仍可满足结构安全和使用功能的检验批，可予以验收。

4）经返修或加固处理能够满足结构安全和使用要求的分项工程，可根据技术处理方案和协商文件进行验收。

混凝土分部(子分部)工程质量验收记录表

表 10-4

单位(子单位)工程名称			××4 号住宅楼	结构类型及层数		框架 10 层
施工单位	××建筑工程以司		技术部门负责人	×××	质量部门负责人	××
分包单位			分包单位负责人		分包技术负责人	
序号		分项工程名称	检验批数	施工单位检查评定		验收意见
1 分项工程	1	模板分项工程	10	√		同意验收
	2	钢筋分项工程	10	√		
	3	混凝土分项工程	10	√		
	4	现浇结构分项工程	10	√		
	5	预应力分项工程	5	√		
2		质量控制资料		合格		同意验收
3		安全和功能检验(检测)报告		合格		同意验收
4		观感质量验收		好		好
5		验收结论		合 格		

续表

单位(子单位)工程名称		××4号住宅楼	结构类型及层数	框架10层
验收单位	分包单位	项目经理:		
	施工单位	项目经理:年　月　日		
	勘察单位	项目负责人:年　月　日		
	设计单位	项目负责人:年　月　日		
	监理(建设)单位	总监理工程师: (建设单位项目专业负责人)　年　月　日		

填表说明:

1. 分部(子分部)工程的名称填写要具体,并注明是分部还是子分部;
2. 分项工程填写要是全部分项工程,并写明检验批的数量;
3. 资料审查要按子分部工程分别检查,要按层次进行,并判断其能否达到完整的要求;判定达到要求施工单位填写"合格",监理单位填写"同意验收",并将资料附在后边;
4. 安全和功能抽查,每项检测有单项报告,其结果能达到设计要求;
5. 观感质量验收按单位工程的程序和要求进行,并附评价表;
6. 各单位的项目经理、项目负责人及总监理工程师签字确认。

11 施工现场常用检测混凝土强度方法

11.1 回弹法检测混凝土强度一般要求有哪些?

回弹法是根据混凝土表面硬度来推算抗压强度的非破损检测法。

(1) 回弹法主要作用:

1) 根据回弹值可推定结构混凝土的特征强度。

2) 检验结构混凝土质量的均匀性。

3) 判断混凝土强度是否达到构件拆模、运输、吊装等阶段的要求。

4) 发现结构中混凝土质量有疑问部位。

(2) 回弹检测法主要优缺点:

1) 优点:仪器构造简单,检测效率高,方法易于掌握,影响因素少,检测费用低等。

2) 缺点:一是检测结果误差较大,一般在±15%以上;二是混凝土早期强度(10N/mm^2 以下强度)尚不能用回弹仪检测。

主要原因是:回弹仪只能测定混凝土表层强度,当表层质量和内部质量不一致时,则误差较大。此外,混凝土表面碳化亦有较大影响。

(3) 适用范围:

1) 适用于工程结构普通混凝土抗压强度(下称混凝土强度)的检测。检测结果可作为处理混凝土质量问题的一个依据。

2) 不适用于表层与内部质量有明显差异或内部存在缺陷的混凝土结构或构件的检测。

11.2 不同混凝土强度对回弹仪有何要求？

(1) 当构件混凝土抗压强度大于60MPa时，可采用标准能量大于2.207J的混凝土回弹仪，并应另行制订检测方法及专用测强曲线进行检测。

(2) 当构件混凝土抗压强度不大于60MPa时，可采用标准能量为2.207J的混凝土回弹仪。

11.3 回弹仪技术要求有哪些规定？

(1) 使用人员。使用回弹仪进行检测的人员，应通过主管部门认可的专业培训，并应持有相应的资格证书。

(2) 测区混凝土强度换算值。由测区的平均回弹值和碳化深度值通过测强曲线计算得到的该检测单元的现龄期混凝土抗压强度值。

(3) 回弹仪标记。回弹仪必须具有制造厂的产品合格证及检定单位的检定合格证，并应在回弹仪的明显位置上具有下列标志：名称、型号、制造厂名(或商标)、出厂编号、出厂日期和中国计量器具制造许可证标志CMC及许可证证号等。

(4) 回弹仪标准状态要求：

1) 水平弹击时，弹击锤脱钩的瞬间，回弹仪的标准能量应为2.207J。

2) 弹击锤与弹击杆碰撞的瞬间，弹击拉簧应处于自由状态，此时弹击锤起跳点应相应于指针指示刻度尺上“0”处。

3) 在洛氏硬度HRC为60±2的钢砧上，回弹仪的率定值应为80±2。

(5) 环境温度。回弹仪使用时的环境温度应为−4～40℃。

11.4 回弹仪检定有何规定？

1. 检定条件

回弹仪具有下列情况之一时，应送检定单位检定：

(1) 新回弹仪启用前。

(2) 超过检定有效期限(有效期为半年)。

(3) 累计弹击次数超过 6000 次。

(4) 经常规保养后钢砧率定值不合格。

(5) 遭受严重撞击或其他损害。

2. 率定试验

(1) 率定规定。回弹仪在检测前和检测后,应在钢砧上作率定试验,其标准状态要求如下:

1) 水平弹击时,弹击锤脱钩的瞬间,回弹仪的标准能量应为 2.207J。

2) 弹击锤与弹击杆碰撞的瞬间,弹击拉簧应处于自由状态,此时弹击锤起跳点应相应于指针指示刻度尺上“0”处。

3) 在洛氏硬度 HRC 为 60±2 的钢砧上,回弹仪的率定值应为 80±2。

(2) 率定要求。回弹仪率定试验宜在干燥、室温为 5~35℃的条件下进行。率定时,钢砧应稳固地平放在刚度大的物体上。测定回弹值时,取连续向下弹击 3 次的稳定回弹平均值。弹击杆应分四次旋转,每次旋转宜为 90℃。弹击杆每旋转一次的率定平均值应为 80±2。

11.5 回弹仪保养有何规定?

1. 常规保养条件

(1) 弹击超过 2000 次。

(2) 对检测值有怀疑时。

(3) 在钢砧上的率定值不合格。

2. 常规保养规定

(1) 使弹击锤脱钩后取出机芯,然后卸下弹击杆,取出里面的缓冲压簧,并取出弹击锤、弹击拉簧和拉簧座。

(2) 机芯各零部件应进行清洗,重点清洗中心导杆、弹击锤和弹击杆的内孔和冲击面。清洗后应在中心导杆上薄薄涂抹钟表油,其他零部件均不得抹油。

(3) 应清理机壳内壁,卸下刻度尺,并应检查指针,其摩擦力应为0.5～0.8N。

(4) 不得旋转尾盖上已定位紧固的调零螺丝。

(5) 不得自制或更换零部件。

(6) 保养后应按本规程第Ⅰ～4条之2的要求进行率定试验。

3. 用后保养

回弹仪使用完毕后应使弹击杆伸出机壳,清除弹击杆、杆前端球面以及刻度尺表面和外壳上的污垢、尘土。回弹仪不用时,应将弹击杆压入仪器内,经弹击后方可按下按钮锁住机芯,将回弹仪装入仪器箱,平放在干燥阴凉处。

11.6 结构或构件混凝土强度检测应具有哪些资料?

(1) 工程名称及设计、施工、监理(或监督)和建设单位名称。

(2) 结构或构件名称、外形尺寸、数量及混凝土强度等级。

(3) 水泥品种、强度等级、安定性、厂名;砂、石种类、粒径;外加剂或掺合料品种、掺量;混凝土配合比等。

(4) 施工时材料计量情况,模板、浇筑、养护情况及成型日期等。

(5) 必要的设计图纸和施工记录。

(6) 检测原因。

11.7 结构或构件混凝土强度检测数量有何规定?

结构或构件混凝土强度检测可采用下列两种方式,其适用范围及结构或构件数量如下:

(1) 单个检测:适用于单个结构或构件的检测。

(2) 批量检测:适用于在相同的生产工艺条件下,混凝土强度等级相同,原材料、配合比、成型工艺、养护条件基本一致且龄期相近的同类结构或构件。

(3) 按批进行检测的构件,抽检数量不得少于同批构件总数的30%且构件数量不得少于10件。抽检构件时，应随机抽取并使所选构件具有代表性。

11.8 每一结构或构件的测区有哪些规定？

(1) 每一结构或构件测区数不应少于10个，对某一方向尺寸小于4.5m且另一方向尺寸小于0.3m的构件，其测区数量可适当减少，但不应少于5个。

(2) 相邻两测区的间距应控制在2m以内，测区离构件端部或施工缝边缘的距离不宜大于0.5m，且不宜小于0.2m。

(3) 测区应选在使回弹仪处于水平方向检测混凝土浇筑侧面。当不能满足这一要求时，可使回弹仪处于非水平方向检测混凝土浇筑侧面、表面或底面。

(4) 测区宜选在构件的两个对称可测面上，也可选在一个可测面上，且应均匀分布。在构件的重要部位及薄弱部位必须布置测区，并应避开预埋件。

(5) 测区的面积不宜大于0.04m^2。

(6) 检测面应为混凝土表面，并应清洁、平整，不应有疏松层、浮浆、油垢、涂层以及蜂窝、麻面，必要时可用砂轮清除酥松层和杂物，且不应有残留的粉末或碎屑。

(7) 对弹击时产生颤动的薄壁、小型构件应进行固定。

11.9 回弹值测量有何规定？

(1) 测点布置要求。测点宜在测区范围内均匀分布，相邻两测点的净距不宜小于20mm；测点距外露钢筋、预埋件的距离不宜小于30mm。测点不应在气孔或外露石子上，同一测点只应弹击一次。每一测区应记取16个回弹值，每一测点的回弹值读数估读至1。

(2) 检测要求。检测时，回弹仪的轴线应始终垂直于结构或构件的混凝土检测面，缓慢施压，准确读数，快速复位。

11.10 混凝土碳化深度值如何测量?

(1) 回弹值测量完毕后,应在有代表性的位置上测量碳化深度值,测点数不应少于构件测区数的 30%,取其平均值为该构件每测区的碳化深度值。当碳化深度值极差大于 2.0mm 时,应在每一测区测量碳化深度值。

(2) 碳化深度值测量,可采用适当的工具在测区表面形成直径约 15mm 的孔洞,其深度应大于混凝土的碳化深度。孔洞中的粉末和碎屑应除净,并不得用水擦洗。同时,应采用浓度为 1%的酚酞酒精溶液滴在孔洞内壁的边缘处,当已碳化与未碳化界线清楚时,再用深度测量工具测量已碳化与未碳化混凝土交界面到混凝土表面的垂直距离,测量不应少于 3 次,取其平均值。每次读数精确至 0.5mm。

11.11 如何计算测区平均回弹值?

计算测区平均回弹值,应从该测区的 16 个回弹值中剔除 3 个最大值和 3 个最小值,余下的 10 个回弹值应按下式计算:

$$R_{\mathrm{m}} = \frac{\sum_{i=1}^{10} R_i}{10} \tag{11-1}$$

式中 R_{m}——测区平均回弹值,精确至 0.1;

R_i——第 i 个测点的回弹值。

11.12 非水平方向检测混凝土侧面时,回弹值如何进行修正?

非水平方向检测混凝土浇筑侧面时,应按下式修正:

$$R_{\mathrm{m}} = R_{\mathrm{m}\alpha} + R_{\mathrm{a}\alpha} \tag{11-2}$$

式中 $R_{\mathrm{m}\alpha}$——非水平状态检测时测区的平均回弹值,精确至 0.1;

$R_{\mathrm{a}\alpha}$——非水平状态检测时回弹值修正值,可按表 11-1 采用。

非水平状态检测时的回弹值修正值 **表 11-1**

$R_{m\alpha}$	检测角度							
	向上				向下			
	90°	60°	45°	30°	−30°	−45°	−60°	−90°
20	−6.0	−5.0	−4.0	−3.0	+2.5	+3.0	+3.5	+4.0
21	−5.9	−4.9	−4.0	−3.0	+2.5	+3.0	+3.5	+4.0
22	−5.8	−4.8	−3.9	−2.9	+2.4	+2.9	+3.4	+3.9
23	−5.7	−4.7	−3.9	−2.9	+2.4	+2.9	+3.4	+3.9
24	−5.6	−4.6	−3.8	−2.8	+2.3	+2.8	+3.3	+3.8
25	−5.5	−4.5	−3.8	−2.8	+2.3	+2.8	+3.3	+3.8
26	−5.4	−4.4	−3.7	−2.7	+2.2	+2.7	+3.2	+3.7
27	−5.3	−4.3	−3.7	−2.7	+2.2	+2.7	+3.2	+3.7
28	−5.2	−4.2	−3.6	−2.6	+2.1	+2.6	+3.1	+3.6
29	−5.1	−4.1	−3.6	−2.6	+2.1	+2.6	+3.1	+3.6
30	−5.0	−4.0	−3.5	−2.5	+2.0	+2.5	+3.0	+3.5
31	−4.9	−4.0	−3.5	−2.5	+2.0	+2.5	+3.0	+3.5
32	−4.8	−3.9	−3.4	−2.4	+1.9	+2.4	+2.9	+3.4
33	−4.7	−3.9	−3.4	−2.4	+1.9	+2.4	+2.9	+3.4
34	−4.6	−3.8	−3.3	−2.3	+1.8	+2.3	+2.8	+3.3
35	−4.5	−3.8	−3.3	−2.3	+1.8	+2.3	+2.8	+3.3
36	−4.4	−3.7	−3.2	−2.2	+1.7	+2.2	+2.7	+3.2
37	−4.3	−3.7	−3.2	−2.2	+1.7	+2.2	+2.7	+3.2
38	−4.2	−3.6	−3.1	−2.1	+1.6	+2.1	+2.6	+3.1
39	−4.1	−3.6	−3.1	−2.1	+1.6	+2.1	+2.6	+3.1
40	−4.0	−3.5	−3.0	−2.0	+1.5	+2.0	+2.5	+3.0
41	−4.0	−3.5	−3.0	−2.0	+1.5	+2.0	+2.5	+3.0
42	−3.9	−3.4	−2.9	−1.9	+1.4	+1.9	+2.4	+2.9
43	−3.9	−3.4	−2.9	−1.9	+1.4	+1.9	+2.4	+2.9
44	3.8	3.3	2.8	1.8	+1.3	+1.8	+2.3	+2.8
45	−3.8	−3.3	−2.8	−1.8	+1.3	+1.8	+2.3	+2.8
46	−3.7	−3.2	−2.7	−1.7	+1.2	+1.7	+2.2	+2.7
47	−3.7	−3.2	−2.7	−1.7	+1.2	+1.7	+2.2	+2.7
48	−3.6	−3.1	−2.6	−1.6	+1.1	+1.6	+2.1	+2.6
49	−3.6	−3.1	−2.6	−1.6	+1.1	+1.6	+2.1	+2.6
50	−3.5	−3.0	−2.5	−1.5	+1.0	+1.5	+2.0	+2.5

注：1. $R_{m\alpha}$小于 20 或大于 50 时，均分别按 20 或 50 查表；

2. 表中未列入的相应于 $R_{m\alpha}$ 的修正值 $R_{m\alpha}$，可用内插法求得，精确至 0.1。

11.13 水平方向检测混凝土浇筑顶面或底面时回弹值如何修正？

水平方向检测混凝土浇筑顶面或底面时，应按下列公式修正：

$$R_m = R_m^t + R_a^t \quad (11\text{-}3)$$

$$R_m = R_m^b + R_a^b \quad (11\text{-}4)$$

式中 R_m^t、R_m^b——水平方向检测混凝土浇筑表面、底面时，测区的平均回弹值，精确至0.1；

R_a^t、R_a^b——混凝土浇筑表面、底面回弹值的修正值，应按表11-2采用。

不同浇筑面的回弹值修正值　　表11-2

R_m^t 或 R_m^b	表面修正值 (R_a^t)	底面修正值 (R_a^b)	R_m^t 或 R_m^b	表面修正值 (R_a^t)	底面修正值 (R_a^b)
20	+2.5	−3.0	36	+0.9	−1.4
21	+2.4	−2.9	37	+0.8	−1.3
22	+2.3	−2.8	38	+0.7	−1.2
23	+2.2	−2.7	39	+0.6	−1.1
24	+2.1	−2.6	40	+0.5	−1.0
25	+2.0	−2.5	41	+0.4	−0.9
26	+1.9	−2.4	42	+0.3	−0.8
27	+1.8	−2.3	43	+0.2	−0.7
28	+1.7	−2.2	44	+0.1	−0.6
29	+1.6	−2.1	45	0	−0.5
30	+1.5	−2.0	46	0	−0.4
31	+1.4	−1.9	47	0	−0.3
32	+1.3	−1.8	48	0	−0.2
33	+1.2	−1.7	49	0	−0.1
34	+1.1	−1.6	50	0	0
35	+1.0	−1.5			

注：1. R_m^t 或 R_m^b 小于20或大于50时，均分别按20或50查表；

2. 表中有关混凝土浇筑表面的修正系数，是指一般原浆抹面的修正值；

3. 表中有关混凝土浇筑底面的修正系数，是指构件底面与侧面采用同一类模板在正常浇筑情况下的修正值；

4. 表中未列入的相应于 R_m^t 或 R_m^b 的 R_a^t 和 R_a^b 值，可用内插法求得，精确至0.1。

11.14 普通混凝土如何换算混凝土测区强度？

符合下列条件的混凝土应采用表 11-3 进行测区混凝土强度换算：

(1) 普通混凝土采用的材料、拌合用水符合现行国家有关标准。

(2) 不掺外加剂或仅掺非引气型外加剂。

(3) 采用普通成型工艺。

(4) 采用符合现行国家标准《混凝土结构工程施工质量验收规范》GB 50204 规定的钢模、木模及其他材料制作的模板。

(5) 自然养护或蒸汽养护出池后经自然养护 7d 以上，且混凝土表层为干燥状态。

(6) 龄期为 14～1000d。

(7) 抗压强度为 10～60MPa。

测区混凝土强度换算表 **表 11-3**

平均回弹值 R_m	测区混凝土强度换算值 $f^c_{cu,i}$ (MPa)												
	平均碳化深度值 d_m (mm)												
	0	0.5	1.0	1.5	2.0	2.5	3.0	3.5	4.0	4.5	5.0	5.5	≥6.0
20.0	10.3	10.1	—	—	—	—	—	—	—	—	—	—	—
20.2	10.5	10.3	10.0	—	—	—	—	—	—	—	—	—	—
20.4	10.7	10.5	10.2	—	—	—	—	—	—	—	—	—	—
20.6	11.0	10.8	10.4	10.1	—	—	—	—	—	—	—	—	—
20.8	11.2	11.0	10.6	10.3	—	—	—	—	—	—	—	—	—
21.0	11.4	11.2	10.8	10.5	10.0	—	—	—	—	—	—	—	—
21.2	11.6	11.4	11.0	10.7	10.2	—	—	—	—	—	—	—	—
21.4	11.8	11.6	11.2	10.9	10.4	10.0	—	—	—	—	—	—	—
21.6	12.0	11.8	11.4	11.0	10.6	10.2	—	—	—	—	—	—	—

续表

平均回弹值 R_m	测区混凝土强度换算值 $f^c_{cu,i}$(MPa)												
	平均碳化深度值 d_m(mm)												
	0	0.5	1.0	1.5	2.0	2.5	3.0	3.5	4.0	4.5	5.0	5.5	≥6.0
21.8	12.3	12.1	11.7	11.3	10.8	10.5	10.1	—	—	—	—	—	—
22.0	12.5	12.2	11.9	11.5	11.0	10.6	10.2	—	—	—	—	—	—
22.2	12.7	12.4	12.1	11.7	11.2	10.8	10.4	10.0	—	—	—	—	—
22.4	13.0	12.7	12.4	12.0	11.4	11.0	10.7	10.3	10.0	—	—	—	—
22.6	13.2	12.9	12.5	12.1	11.6	11.2	10.8	10.4	10.2	—	—	—	—
22.8	13.4	13.1	12.7	12.3	11.8	11.4	11.0	10.6	10.3	—	—	—	—
23.0	13.7	13.4	13.0	12.6	12.1	11.6	11.2	10.8	10.5	10.1	—	—	—
23.2	13.9	13.6	13.2	12.8	12.2	11.8	11.4	11.0	10.7	10.3	10.0	—	—
23.4	14.1	13.8	13.4	13.0	12.4	12.0	11.6	11.2	10.9	10.4	10.2	—	—
23.6	14.4	14.1	13.7	13.2	12.7	12.2	11.8	11.4	11.1	10.7	10.4	10.1	—
23.8	14.6	14.3	13.9	13.4	12.8	12.4	12.0	11.5	11.2	10.8	10.5	10.2	—
24.0	14.9	14.6	14.2	13.7	13.1	12.7	12.2	11.8	11.5	11.0	10.7	10.4	10.1
24.2	15.1	14.8	14.3	13.9	13.3	12.8	12.4	11.9	11.6	11.2	10.9	10.6	10.3
24.4	15.4	15.1	14.6	14.2	13.6	13.1	12.6	12.2	11.9	11.4	11.1	10.8	10.4
24.6	15.6	15.3	14.8	14.4	13.7	13.3	12.8	12.3	12.0	11.5	11.2	10.9	10.6
24.8	15.9	15.6	15.1	14.6	14.0	13.5	13.0	12.6	12.2	11.8	11.4	11.1	10.7
25.0	16.2	15.9	15.4	14.9	14.3	13.8	13.3	12.8	12.5	12.0	11.7	11.3	10.9
25.2	16.4	16.1	15.6	15.1	14.4	13.9	13.4	13.0	12.6	12.1	11.8	11.5	11.0
25.4	16.7	16.4	15.9	15.4	14.7	14.2	13.7	13.2	12.9	12.4	12.0	11.7	11.2
25.6	16.9	16.6	16.1	15.7	14.9	14.4	13.9	13.4	13.0	12.5	12.2	11.8	11.3
25.8	17.2	16.9	16.3	15.8	15.1	14.6	14.1	13.6	13.2	12.7	12.4	12.0	11.5
26.0	17.5	17.2	16.6	16.1	15.4	14.9	14.4	13.8	13.5	13.0	12.6	12.2	11.6
26.2	17.8	17.4	16.9	16.4	15.7	15.1	14.6	14.0	13.7	13.2	12.8	12.4	11.8
26.4	18.0	17.6	17.1	16.6	15.8	15.3	14.8	14.2	13.9	13.3	13.0	12.6	12.0
26.6	18.3	17.9	17.4	16.8	16.1	15.6	15.0	14.4	14.1	13.5	13.2	12.8	12.1
26.8	18.6	18.2	17.7	17.1	16.4	15.8	15.3	14.6	14.3	13.8	13.4	12.9	12.3

续表

平均回弹值 R_m	测区混凝土强度换算值 $f^c_{cu,i}$(MPa)												
	平均碳化深度值 d_m(mm)												
	0	0.5	1.0	1.5	2.0	2.5	3.0	3.5	4.0	4.5	5.0	5.5	≥6.0
27.0	18.9	18.5	18.0	17.4	16.6	16.1	15.5	14.8	14.6	14.0	13.6	13.1	12.4
27.2	19.1	18.7	18.1	17.6	16.8	16.2	15.7	15.0	14.7	14.1	13.8	13.3	12.6
27.4	19.4	19.0	18.4	17.8	17.0	16.4	15.9	15.2	14.9	14.3	14.0	13.4	12.7
27.6	19.7	19.3	18.7	18.0	17.2	16.6	16.1	15.4	15.1	14.5	14.1	13.6	12.9
27.8	20.0	19.6	19.0	18.2	17.4	16.8	16.3	15.6	15.3	14.7	14.2	13.7	13.0
28.0	20.3	19.7	19.2	18.4	17.6	17.0	16.5	15.8	15.4	14.8	14.4	13.9	13.2
28.2	20.6	20.0	19.5	18.6	17.8	17.2	16.7	16.0	15.6	15.0	14.6	14.0	13.3
28.4	20.9	20.3	19.7	18.8	18.0	17.4	16.9	16.2	15.8	15.2	14.8	14.2	13.5
28.6	21.2	20.6	20.0	19.1	18.2	17.6	17.1	16.4	16.0	15.4	15.0	14.3	13.6
28.8	21.5	20.9	20.2	19.4	18.5	17.8	17.3	16.6	16.2	15.6	15.2	14.5	13.8
29.0	21.8	21.1	20.5	19.6	18.7	18.1	17.5	16.8	16.4	15.8	15.4	14.6	13.9
29.2	22.1	21.4	20.8	19.9	19.0	18.3	17.7	17.0	16.6	16.0	15.6	14.8	14.1
29.4	22.4	21.7	21.1	20.2	19.3	18.6	17.9	17.2	16.8	16.2	15.8	15.0	14.2
29.6	22.7	22.0	21.3	20.4	19.5	18.8	18.2	17.5	17.0	16.4	16.0	15.1	14.4
29.8	23.0	22.3	21.6	20.7	19.8	19.1	18.4	17.7	17.2	16.6	16.2	15.3	14.5
30.0	23.3	22.6	21.9	21.0	20.0	19.3	18.6	17.9	17.4	16.8	16.4	15.4	14.7
30.2	23.6	22.9	22.2	21.2	20.3	19.6	18.9	18.2	17.6	17.0	16.6	15.6	14.9
30.4	23.9	23.2	22.5	21.5	20.6	19.8	19.1	18.4	17.8	17.2	16.8	15.8	15.1
30.6	24.3	23.6	22.8	21.9	20.9	20.2	19.4	18.7	18.0	17.5	17.0	16.0	15.2
30.8	24.6	23.9	23.1	22.1	21.2	20.4	19.7	18.9	18.2	17.7	17.2	16.2	15.4
31.0	24.9	24.2	23.4	22.4	21.4	20.7	19.9	19.2	18.4	17.9	17.4	16.4	15.5
31.2	25.2	24.4	23.7	22.7	21.7	20.9	20.2	19.4	18.6	18.1	17.6	16.6	15.7
31.4	25.6	24.8	24.1	23.0	22.0	21.2	20.5	19.7	18.9	18.4	17.8	16.9	15.8
31.6	25.9	25.1	24.3	23.3	22.3	21.5	20.7	19.9	19.2	18.6	18.0	17.1	16.0
31.8	26.2	25.4	24.6	23.6	22.5	21.7	21.0	20.2	19.4	18.9	18.2	17.3	16.2

续表

平均回弹值 R_m	测区混凝土强度换算值 $f^{c}_{cu,i}$(MPa) 平均碳化深度值 d_m(mm)												
	0	0.5	1.0	1.5	2.0	2.5	3.0	3.5	4.0	4.5	5.0	5.5	≥6.0
32.0	26.5	25.7	24.9	23.9	22.8	22.0	21.2	20.4	19.6	19.1	18.4	17.5	16.4
32.2	26.9	26.1	25.3	24.2	23.1	22.3	21.5	20.7	19.9	19.4	18.6	17.7	16.6
32.4	27.2	26.4	25.6	24.5	23.4	22.6	21.8	20.9	20.1	19.6	18.8	17.9	16.8
32.6	27.6	26.8	25.9	24.8	23.7	22.9	22.1	21.3	20.4	19.9	19.0	18.1	17.0
32.8	27.9	27.1	26.2	25.1	24.0	23.2	22.3	21.5	20.6	20.1	19.2	18.3	17.2
33.0	28.2	27.4	26.5	25.4	24.3	23.4	22.6	21.7	20.9	20.3	19.4	18.5	17.4
33.2	28.6	27.7	26.8	25.7	24.6	23.7	22.9	22.0	21.2	20.5	19.6	18.7	17.6
33.4	28.9	28.0	27.1	26.0	24.9	24.0	23.1	22.3	21.4	20.7	19.8	18.9	17.8
33.6	29.3	28.4	27.4	26.4	25.2	24.2	23.3	22.6	21.7	20.9	20.0	19.1	18.0
33.8	29.6	28.7	27.7	26.6	25.4	24.4	23.5	22.8	21.9	21.1	20.2	19.3	18.2
34.0	30.0	29.1	28.0	26.8	25.6	24.6	23.7	23.0	22.1	21.3	20.4	19.5	18.3
34.2	30.3	29.4	28.3	27.0	25.8	24.8	23.9	23.2	22.3	21.5	20.6	19.7	18.4
34.4	30.7	29.8	28.6	27.2	26.0	25.0	24.1	23.4	22.5	21.7	20.8	19.8	18.6
34.6	31.1	30.2	28.9	27.4	26.2	25.2	24.3	23.6	22.7	21.9	21.0	20.0	18.8
34.8	31.4	30.5	29.2	27.6	26.4	25.4	24.5	23.8	22.9	22.1	21.2	20.2	19.0
35.0	31.8	30.8	29.6	28.0	26.7	25.8	24.8	24.0	23.2	22.3	21.4	20.4	19.2
35.2	32.1	31.1	29.9	28.2	27.0	26.0	25.0	24.2	23.4	22.5	21.6	20.6	19.4
35.4	32.5	31.5	30.2	28.6	27.3	26.3	25.4	24.4	23.7	22.8	21.8	20.8	19.6
35.6	32.9	31.9	30.6	29.0	27.6	26.6	25.7	24.7	24.0	23.0	22.0	21.0	19.8
35.8	33.3	32.3	31.0	29.3	28.0	27.0	26.0	25.0	24.3	23.3	22.2	21.2	20.0
36.0	33.6	32.6	31.2	29.6	28.2	27.2	26.2	25.2	24.5	23.5	22.4	21.4	20.2
36.2	34.0	33.0	31.6	29.9	28.6	27.5	26.5	25.5	24.8	23.8	22.6	21.6	20.4
36.4	34.4	33.4	32.0	30.3	28.9	27.9	26.8	25.8	25.1	24.1	22.8	21.8	20.6
36.6	34.8	33.8	32.4	30.6	29.2	28.2	27.1	26.1	25.4	24.4	23.0	22.0	20.9
36.8	35.2	34.1	32.7	31.0	29.6	28.5	27.5	26.4	25.7	24.6	23.2	22.2	21.1

续表

平均回弹值 R_m	测区混凝土强度换算值 $f^c_{cu,i}$(MPa)												
	平均碳化深度值 d_m(mm)												
	0	0.5	1.0	1.5	2.0	2.5	3.0	3.5	4.0	4.5	5.0	5.5	≥6.0
37.0	35.5	34.4	33.0	31.2	29.8	28.8	27.7	26.6	25.9	24.8	23.4	22.4	21.3
37.2	35.9	34.8	33.4	31.6	30.2	29.1	28.0	26.9	26.2	25.1	23.7	22.6	21.5
37.4	36.3	35.2	33.8	31.9	30.5	29.4	28.3	27.2	26.5	25.4	24.0	22.9	21.8
37.6	36.7	35.6	34.1	32.3	30.8	29.7	28.6	27.5	26.8	25.7	24.2	23.1	22.0
37.8	37.1	36.0	34.5	32.6	31.2	30.0	28.9	27.8	27.1	26.0	24.5	23.4	22.3
38.0	37.5	36.4	34.9	33.0	31.5	30.3	29.2	28.1	27.4	26.2	24.8	23.6	22.5
38.2	37.9	36.8	35.2	33.4	31.8	30.6	29.5	28.4	27.7	26.5	25.0	23.9	22.7
38.4	38.3	37.2	35.6	33.7	32.1	30.9	29.8	28.7	28.0	26.8	25.3	24.1	23.0
38.6	38.7	37.5	36.0	34.1	32.4	31.2	30.1	29.0	28.3	27.0	25.5	24.4	23.2
38.8	39.1	37.9	36.4	34.4	32.7	31.5	30.4	29.3	28.5	27.2	25.8	24.6	23.5
39.0	39.5	38.2	36.7	34.7	33.0	31.8	30.6	29.6	28.8	27.4	26.0	24.8	23.7
39.2	39.9	38.5	37.0	35.0	33.3	32.1	30.8	29.8	29.0	27.6	26.2	25.0	24.0
39.4	40.3	38.8	37.3	35.3	33.6	32.4	31.0	30.0	29.2	27.8	26.4	25.2	24.2
39.6	40.7	39.1	37.6	35.6	33.9	32.7	31.2	30.2	29.4	28.0	26.6	25.4	24.4
39.8	41.2	39.6	38.0	35.9	34.2	33.0	31.4	30.5	29.7	28.2	26.8	25.6	24.7
40.0	41.6	39.9	38.3	36.2	34.5	33.3	31.7	30.8	30.0	28.4	27.0	25.8	25.0
40.2	42.0	40.3	38.6	36.5	34.8	33.6	32.0	31.1	30.2	28.6	27.3	26.0	25.2
40.4	42.4	40.7	39.0	36.9	35.1	33.9	32.3	31.4	30.5	28.8	27.6	26.2	25.4
40.6	42.8	41.1	39.4	37.2	35.4	34.2	32.6	31.7	30.8	29.1	27.8	26.5	25.7
40.8	43.3	41.6	39.8	37.7	35.7	34.5	32.9	32.0	31.2	29.4	28.1	26.8	26.0
41.0	43.7	42.0	40.2	38.0	36.0	34.8	33.2	32.3	31.5	29.7	28.4	27.1	26.2
41.2	44.1	42.3	40.6	38.4	36.3	35.1	33.5	32.6	31.8	30.0	28.7	27.3	26.5
41.4	44.5	42.7	40.9	38.7	36.6	35.4	33.8	32.9	32.0	30.3	28.9	27.6	26.7
41.6	45.0	43.2	41.4	39.2	36.9	35.7	34.2	33.3	32.4	30.6	29.2	27.9	27.0
41.8	45.4	43.6	41.8	39.5	37.2	36.0	34.5	33.6	32.7	30.9	29.5	28.1	27.2

平均回弹值 R_m	测区混凝土强度换算值 $f_{cu,i}^{c}$(MPa)												
	平均碳化深度值 d_m(mm)												
	0	0.5	1.0	1.5	2.0	2.5	3.0	3.5	4.0	4.5	5.0	5.5	≥6.0
42.0	45.9	44.1	42.2	39.9	37.6	36.3	34.9	34.0	33.0	31.2	29.8	28.5	27.5
42.2	46.3	44.4	42.6	40.3	38.0	36.6	35.2	34.3	33.3	31.5	30.1	28.7	27.8
42.4	46.7	44.8	43.0	40.6	38.3	36.9	35.5	34.6	33.6	31.8	30.4	29.0	28.0
42.6	47.2	45.3	43.4	41.1	38.7	37.3	35.9	34.9	34.0	32.1	30.7	29.3	28.3
42.8	47.6	45.7	43.8	41.4	39.0	37.6	36.2	35.2	34.3	32.4	30.9	29.5	28.6
43.0	48.1	46.2	44.2	41.8	39.4	38.0	36.6	35.6	34.6	32.7	31.3	29.8	28.9
43.2	48.5	46.6	44.6	42.2	39.8	38.3	36.9	35.9	34.9	33.0	31.5	30.1	29.1
43.4	49.0	47.0	45.1	42.6	40.2	38.7	37.2	36.3	35.3	33.3	31.8	30.4	29.4
43.6	49.4	47.4	45.4	43.0	40.5	39.0	37.5	36.6	35.6	33.6	32.1	30.6	29.6
43.8	49.9	47.9	45.9	43.4	40.9	39.4	37.9	36.9	35.9	33.9	32.4	30.9	29.9
44.0	50.4	48.4	46.4	43.8	41.3	39.8	38.3	37.3	36.3	34.3	32.8	31.2	30.2
44.2	50.8	48.8	46.7	44.2	41.7	40.1	38.6	37.6	36.6	34.5	33.0	31.5	30.5
44.4	51.3	49.2	47.2	44.6	42.1	40.5	39.0	38.0	36.9	34.9	33.3	31.8	30.8
44.6	51.7	49.6	47.6	45.0	42.4	40.8	39.3	38.3	37.2	35.2	33.6	32.1	31.0
44.8	52.2	50.1	48.0	45.4	42.8	41.2	39.7	38.6	37.6	35.5	33.9	32.4	31.3
45.0	52.7	50.6	48.5	45.8	43.2	41.6	40.1	39.0	37.9	35.8	34.3	32.7	31.6
45.2	53.2	51.1	48.9	46.3	43.6	42.0	40.4	39.4	38.3	36.2	34.6	33.0	31.9
45.4	53.6	51.5	49.4	46.6	44.0	42.3	40.7	39.7	38.6	36.4	34.8	33.2	32.2
45.6	54.1	51.9	49.8	47.1	44.4	42.7	41.1	40.0	39.0	36.8	35.2	33.5	32.5
45.8	54.6	52.4	50.2	47.5	44.8	43.1	41.5	40.4	39.3	37.1	35.5	33.9	32.8
46.0	55.0	52.8	50.6	47.9	45.2	43.5	41.9	40.8	39.7	37.5	35.8	34.2	33.1
46.2	55.5	53.3	51.1	48.3	45.5	43.8	42.2	41.1	40.0	37.7	36.1	34.4	33.3
46.4	56.0	53.8	51.5	48.7	45.9	44.2	42.6	41.4	40.3	38.1	36.4	34.7	33.6
46.6	56.5	54.2	52.0	49.2	46.3	44.6	42.9	41.8	40.7	38.4	36.7	35.0	33.9
46.8	57.0	54.7	52.4	49.6	46.7	45.0	43.3	42.2	41.0	38.8	37.0	35.3	34.2

续表

平均回弹值 R_m	测区混凝土强度换算值 $f^c_{cu,i}$(MPa)												
	平均碳化深度值 d_m(mm)												
	0	0.5	1.0	1.5	2.0	2.5	3.0	3.5	4.0	4.5	5.0	5.5	≥6.0
47.0	57.5	55.2	52.9	50.0	47.2	45.2	43.7	42.6	41.4	39.1	37.4	35.6	34.5
47.2	58.0	55.7	53.4	50.5	47.6	45.8	44.1	42.9	41.8	39.4	37.7	36.0	34.8
47.4	58.5	56.2	53.8	50.9	48.0	46.2	44.5	43.3	42.1	39.8	38.0	36.3	35.1
47.6	59.0	56.6	54.3	51.3	48.4	46.6	44.8	43.7	42.5	40.1	38.4	36.6	35.4
47.8	59.5	57.1	54.7	51.8	48.8	47.0	45.2	44.0	42.8	40.5	38.7	36.9	35.7
48.0	60.0	57.6	55.2	52.2	49.2	47.4	45.6	44.4	43.2	40.8	39.0	37.2	36.0
48.2	—	58.0	55.7	52.6	49.6	47.8	46.0	44.8	43.6	41.1	39.3	37.5	36.3
48.4	—	58.6	56.1	53.1	50.0	48.2	46.4	45.1	43.9	41.5	39.6	37.8	36.6
48.6	—	59.0	56.6	53.5	50.4	48.6	46.7	45.5	44.3	41.8	40.0	38.1	36.9
48.8	—	59.5	57.1	54.0	50.9	49.0	47.1	45.9	44.6	42.2	40.3	38.4	37.2
49.0	—	60.0	57.5	54.4	51.3	49.4	47.5	46.2	45.0	42.5	40.6	38.8	37.5
49.2	—	—	58.0	54.8	51.7	49.8	47.9	46.6	45.4	42.8	41.0	39.1	37.8
49.4	—	—	58.5	55.3	52.1	50.2	48.3	47.1	45.8	43.2	41.3	39.4	38.2
49.6	—	—	58.9	55.7	52.5	50.6	48.7	47.4	46.2	43.6	41.7	39.7	38.5
49.8	—	—	59.4	56.2	53.0	51.0	49.1	47.8	46.5	43.9	42.0	40.1	38.8
50.0	—	—	59.9	56.7	53.4	51.4	49.5	48.2	46.9	44.3	42.3	40.4	39.1
50.2	—	—	—	57.1	53.8	51.9	49.9	48.5	47.2	44.6	42.6	40.7	39.4
50.4	—	—	—	57.6	54.3	52.3	50.3	49.0	47.7	45.0	43.0	41.0	39.7
50.6	—	—	—	58.0	54.7	52.7	50.7	49.4	48.0	45.4	43.4	41.4	40.0
50.8	—	—	—	58.5	55.1	53.1	51.1	49.8	48.4	45.7	43.7	41.7	40.3
51.0	—	—	—	59.0	55.6	53.5	51.5	50.1	48.8	46.1	44.1	42.0	40.7
51.2	—	—	—	59.4	56.0	54.0	51.9	50.5	49.2	46.4	44.4	42.3	41.0
51.4	—	—	—	59.9	56.4	54.4	52.3	50.9	49.6	46.8	44.7	42.7	41.3
51.6	—	—	—	—	56.9	54.8	52.7	51.3	50.0	47.2	45.1	43.0	41.6
51.8	—	—	—	—	57.3	55.2	53.1	51.7	50.3	47.5	45.4	43.3	41.8

续表

平均回弹值 R_m	测区混凝土强度换算值 $f^c_{cu,i}$(MPa)												
	平均碳化深度值 d_m(mm)												
	0	0.5	1.0	1.5	2.0	2.5	3.0	3.5	4.0	4.5	5.0	5.5	≥6.0
52.0	—	—	—	—	57.8	55.7	53.6	52.1	50.7	47.9	45.8	43.7	42.3
52.2	—	—	—	—	58.2	56.1	54.0	52.5	51.1	48.3	46.2	44.0	42.6
52.4	—	—	—	—	58.7	56.5	54.4	53.0	51.5	48.7	46.5	44.4	43.0
52.6	—	—	—	—	59.1	57.0	54.8	53.4	51.9	49.0	46.9	44.7	43.3
52.8	—	—	—	—	59.6	57.4	55.2	53.8	52.3	49.4	47.3	45.1	43.6
53.0	—	—	—	—	60.0	57.8	55.6	54.2	52.7	49.8	47.6	45.4	43.9
53.2	—	—	—	—	—	58.3	56.1	54.6	53.1	50.2	48.0	45.8	44.3
53.4	—	—	—	—	—	58.7	56.5	55.0	53.5	50.5	48.3	46.1	44.6
53.6	—	—	—	—	—	59.2	56.9	55.4	53.9	50.9	48.7	46.4	44.9
53.8	—	—	—	—	—	59.6	57.3	55.8	54.3	51.3	49.0	46.8	45.3
54.0	—	—	—	—	—	—	57.8	56.3	54.7	51.7	49.4	47.1	45.6
54.2	—	—	—	—	—	—	58.2	56.7	55.1	52.1	49.8	47.5	46.0
54.4	—	—	—	—	—	—	58.6	57.1	55.6	52.5	50.2	47.9	46.3
54.6	—	—	—	—	—	—	59.1	57.5	56.0	52.9	50.5	48.2	46.6
54.8	—	—	—	—	—	—	59.5	57.9	56.4	53.2	50.9	48.5	47.0
55.0	—	—	—	—	—	—	59.9	58.4	56.8	53.6	51.3	48.9	47.3
55.2	—	—	—	—	—	—	—	58.8	57.2	54.0	51.6	49.3	47.7
55.4	—	—	—	—	—	—	—	59.2	57.6	54.4	52.0	49.6	48.0
55.6	—	—	—	—	—	—	—	59.7	58.0	54.8	52.4	50.0	48.4
55.8	—	—	—	—	—	—	—	—	58.5	55.2	52.8	50.3	48.7
56.0	—	—	—	—	—	—	—	—	58.9	55.6	53.2	50.7	49.1
56.2	—	—	—	—	—	—	—	—	59.3	56.0	53.5	51.1	49.4
56.4	—	—	—	—	—	—	—	—	59.7	56.4	53.9	51.4	49.8
56.6	—	—	—	—	—	—	—	—	—	56.8	54.3	51.8	50.1
56.8	—	—	—	—	—	—	—	—	—	57.2	54.7	52.2	50.5

续表

平均回弹值 R_m	测区混凝土强度换算值 $f^{c}_{cu,i}$(MPa)												
	平均碳化深度值 d_m(mm)												
	0	0.5	1.0	1.5	2.0	2.5	3.0	3.5	4.0	4.5	5.0	5.5	≥6.0
57.0	—	—	—	—	—	—	—	—	—	57.6	55.1	52.5	50.8
57.2	—	—	—	—	—	—	—	—	—	58.0	55.5	52.9	51.2
57.4	—	—	—	—	—	—	—	—	—	58.4	55.9	53.3	51.6
57.6	—	—	—	—	—	—	—	—	—	58.9	56.3	53.7	51.9
57.8	—	—	—	—	—	—	—	—	—	59.3	56.7	54.0	52.3
58.0	—	—	—	—	—	—	—	—	—	59.7	57.0	54.4	52.7
58.2	—	—	—	—	—	—	—	—	—	—	57.4	54.8	53.0
58.4	—	—	—	—	—	—	—	—	—	—	57.8	55.2	53.4
58.6	—	—	—	—	—	—	—	—	—	—	58.2	55.6	53.8
58.8	—	—	—	—	—	—	—	—	—	—	58.6	55.9	54.1
59.0	—	—	—	—	—	—	—	—	—	—	59.0	56.3	54.5
59.2	—	—	—	—	—	—	—	—	—	—	59.4	56.7	54.9
59.4	—	—	—	—	—	—	—	—	—	—	59.8	57.1	55.2
59.6	—	—	—	—	—	—	—	—	—	—	—	57.5	55.6
59.8	—	—	—	—	—	—	—	—	—	—	—	57.9	56.0
60.0	—	—	—	—	—	—	—	—	—	—	—	58.3	56.4

注：本表系按全国统一曲线制定。

11.15 特殊情况下混凝土如何换算混凝土测区强度？

当有下列情况之一时，测区混凝土强度值不得按表 11-3 换算，但可制定专用测强曲线或通过试验进行修正。

(1) 粗骨料最大粒径大于 60mm。

(2) 特种成型工艺制作的混凝土。

(3) 检测部位曲率半径小于 250mm。

(4) 潮湿或浸水混凝土。

11.16 泵送混凝土强度检测有哪些规定？

(1) 当碳化深度值不大于 2.0mm 时，每一测区混凝土强度换算值应按表 11-4 进行修正。

泵送混凝土测区混凝土强度换算值的修正值　　表 11-4

碳化深度值(mm)	抗压强度值(MPa)				
0.0;0.5;1.0	f^c_{cu}(MPa)	≤40.0	45.0	50.0	55.0～60.0
	K(MPa)	+4.5	+3.0	+1.5	0.0
1.5;2.0	f^c_{cu}(MPa)	≤30.0	35.0	40.0～60.0	
	K(MPa)	+3.0	+1.5	0.0	

注：表中未列入的 $f^c_{cu,i}$ 值可用内插法求得其修正值，精确至 0.1MPa。

(2) 当碳化深度值大于 2.0mm 时，可按下述规定进行检测。

可采用同条件试件或钻取混凝土芯样进行修正，试件或钻取芯样数量不应少于 6 个。钻取芯样时每个部位应钻取一个芯样，计算时，测区混凝土强度换算值应乘以修正系数。

修正系数应按下列公式计算：

$$\eta = \frac{1}{n}\sum_{i=1}^{n} f_{cu,i}/f^c_{cu,i} \tag{11-5}$$

或

$$\eta = \frac{1}{n}\sum_{i=1}^{n} f_{cor,i}/f^c_{cu,i} \tag{11-6}$$

式中　η——修正系数，精确到0.01；

$f_{cu,i}$——第 i 个混凝土立方体试件(边长为 150mm)的抗压强度值，精确到 0.1MPa；

$f_{cor,i}$——第 i 个混凝土芯样试件的抗压强度值，精确到 0.1MPa；

$f^c_{cu,i}$——对应于第 i 个试件或芯样部位回弹值和碳化深度值的混凝土强度换算值，可按本注表Ⅰ-3 采用；

n——试件数。

11.17　回弹法检测混凝土抗压强度报告有哪些内容?

回弹法检测混凝土抗压强度报告单如下：

回弹法检测混凝土抗压强度报告

编号(　)第____号　　　　　　　　　　　　第____页共____页

混凝土生产单位________　委　托　单　位________

输　送　方　式________　设　计　单　位________

监　理　单　位________　监　督　单　位________

工　程　名　称________　结构或构件名称________

施　工　日　期________　检　测　原　因________

检　测　环　境________　检　测　依　据________

回弹仪生产厂________　回　弹　仪　编　号________

检　测　日　期________　回弹仪检定证号________

检　测　结　果

构　件		混凝土抗压强度换算值(MPa)			现龄期混凝土强度推定值(MPa)	备　注
名　称	编　号	平均值	标准差	最小值		

(有需要说明的问题或表格不够请续页)

批准：____审核：____

主检____上岗证书号____主检____上岗证书号____

出具报告日期____年____月____日　　单位公章____

11.18 钻芯法检测混凝土强度技术要点是什么?

钻芯法检测混凝土强度是用钻芯机从结构上直接钻取试件,其试验结果能较真实地代表结构混凝土强度,较好地评价混凝土的施工质量。但是,由于钻芯法是一种半破损检验法,重要位置构件,钻去芯块将危及整个结构安全时,则不能采用,加之钻芯机较笨重,检测费用较贵,因此,不宜经常采用钻芯法,应把钻芯法与其他非破损方法结合使用,即减少钻芯数量,又可提高非破损方法检测的可靠性。

由于钻芯法检测混凝土强度系由国家有关部门批准的具有相应资质的检测单位专门进行检测，因此，有关机具设备的使用、芯样标准状态与加工、芯样强度及混凝土强度推算以及结构混凝土强度标准值的确定，应按有关检测规定确定。

11.19 钻芯法适用范围有何规定？

（1）适用范围：

1）对试件抗压强度的测试结果有怀疑时，即试件强度很高，而结构混凝土质量较差，或者试件强度不足，而结构混凝土质量较好。

2）对回弹法检测的混凝土强度有怀疑时。

3）因材料、施工或养护不良而发生混凝土质量问题时。

4）混凝土遭受冻害、火灾、化学侵蚀或其他意外灾害时。

5）需检测经多年使用的建筑结构或构筑物中混凝土强度时。

6）拟改变结构用途（例如：增加隔墙、加层等）时。

（2）不适用范围：

1）混凝土强度等级低于 C10 的结构。

2）混凝土强度较高，但龄期较短。

3）钻芯取样后将危及整个结构安全的部位。

11.20 钻芯法检测混凝土强度前，应具备哪些资料？

由于混凝土结构或构件各部位强度并不一定均匀一致，因此，一般应先进行非破损检测，来确定钻芯位置。单位应提供以下资料：

（1）工程名称（或代号）及设计、施工、建设单位名称。

（2）结构或构件种类、外形尺寸及数量。

（3）设计采用的混凝土强度等级。

（4）成型日期，原材料（水泥品种、粗骨料粒径等）和混凝土试块抗压强度试验报告。

（5）结构或构件质量状况和施工中存在问题的记录。

（6）有关的结构设计图和施工图等。

11.21 芯样应在结构或构件的哪些部位钻取？取样数量有何规定？

由于混凝土结构或构件各部位强度并不一定均匀一致，因此，一般应先进行非破损检测来确定钻芯位置。

（1）取样部位：

1）结构或构件受力较小的部位。

2）混凝土强度质量具有代表性的部位。

3）便于钻芯机安放与操作的部位。

4）避开主筋、预埋件和管线的位置，并尽量避开其他钢筋。

5）用钻芯法和非破损法综合测定强度时，应与非破损法取同一测区。

（2）取样数量：

1）按单个构件检测时，每个构件的钻芯数量不应少于3个，取芯位置尽量分散，以减少对结构强度的影响。对于较小构件，钻芯数量可取2个。

2）对构件的局部区域进行检测时，应由要求检测的单位根据局部区域大小提出钻芯位置、钻进深度及芯样数量。

3）对于大型基础和大面积墙体等，可以根据结构特点，按均匀取样原则划分若干个局部区域进行检测。

11.22 对钻取的芯样有何要求？

（1）芯样直径。钻取的芯样直径一般不宜小于骨料最大粒径的3倍，任何情况下不得小于骨料最大粒径的2倍。

（2）芯样标识。从钻孔中取出的芯样在稍微晾干后，应标上清晰标记。

（3）运输。芯样在运送前应仔细包装，运输过程中避免损坏。

11.23 钻芯法检测混凝土强度试验报告应包括哪些内容？

负责检测的单位在检测工作完成后，应提供检测试验报告。

检测试验报告内容应包括：

（1）工程名称或代号。

（2）工程概况。

1）结构或构件质量情况。

2）混凝土成型日期及其组成。

3）粗骨料品种及粒径。

（3）芯样的钻取、加工及试验。

1）钻芯构件名称及编号。

2）钻芯位置及方向。

3）抗压试验日期及混凝土龄期。

4）芯样试件的平均直径和高度（端面处理后）。

5）端面补平材料及加工方法。

6）芯样外观质量（裂缝、接缝、分层、气孔、杂物及离析等）描述。

7）含有钢筋的数量、直径和位置。

8）芯样试件抗压时的含水状态。

9）芯样破坏时的最大压力、芯样抗压强度、混凝土换算强度及构件或结构某部位的混凝土换算强度代表值。

10）芯样试件的破坏形式及破坏时的异常现象。

（4）其他有关试验的记录内容。

11.24 钻芯法取样后对钻孔处理有何规定？

钻芯取样后，钻孔应及时进行修补。修补时宜采用微膨胀水泥细石混凝土，修补混凝土的强度等级宜较结构实体的混凝土强度高一个等级。

修补钻孔时，应先将钻孔中的碎碴等污物清除干净，填塞混凝土拌合物并振捣密实，及时、妥善进行养护，使新老混凝土结合良好牢固。

11.25 超声回弹综合法检测混凝土强度技术要点是什么？

超声回弹综合应用，既可反映混凝土的弹性，又可反映其塑性，既能反映混凝土表层状态，又能反映其内部构造。因此，用超声回弹法明显优于单纯使用回弹法或超声法，其误差可控制在10%以内，故能较好地反映混凝土的强度。

11.26 超声回弹综合法检测适用范围及人员有何规定？

(1) 适用范围：

1) 适用以中型回弹仪、低频超声仪按综合法检测普通混凝土抗压强度值。

2) 对结构混凝土强度有怀疑时，可用此法进行检测，以推定混凝土强度，并作为处理混凝土质量问题的一个主要依据。

3) 在具有用钻芯试件作校核的条件下，可按本节介绍的方法对结构或构件长龄期的混凝土强度进行检测推定。

(2) 不适用于下列情况的结构混凝土：

1) 遭受冻害、化学侵蚀、火灾、高温损伤。

2) 被测构件厚度小于100mm。

3) 结构表面温度低于−4℃或高于60℃。

从事超声仪、回弹仪的检验、维护以及测试和测试结果分析的人员，均应经过专门培训与考核，并持有相应的资格证书。

11.27 回弹仪使用应控制哪几点？

回弹仪使用的技术要求（包括使用人员、回弹仪标记、回弹仪标准状态要求、环境温度等）、回弹仪检定（包括检定条件、率定试验）、回弹仪保养（包括常规保养条件、常规保养规定以及用后保养）、具备的资料、测区规定、回弹值测量、平均回弹值计算等均参阅附录Ⅰ有关条款。

11.28 超声波检测仪技术要求有哪些？

(1) 超声波检测仪应通过技术鉴定，并必须具有产品合格证。

(2) 仪器的声时范围应为0.5～9999μs，测读精度为0.1μs。

(3) 仪器应具有良好的稳定性，声时显示调节在20～30μs范围内时,2h 内声时显示的漂移不得大于±0.2μs。

(4) 仪器的放大器频率响应宜分为 10～200kHz,200～500kHz 两频段。

(5) 仪器宜具有示波屏显示及手动游标测读功能。显示应清晰稳定。若采用整形自动测读,混凝土超声测距不得超过 1m。

(6) 仪器应能适用于温度为－10℃～＋40℃、相对湿度不大于 80%、电源电压波动为 220V±22V 的环境中,且能连续 4h 正常工作。

11.29 换能器技术要求有哪些?

(1) 换能器宜采用厚度振动形式压电材料。

(2) 换能器的频率宜在 50～100kHz 范围以内。

(3) 换能器实测频率与标称频率相差应不大于±10%。

11.30 超声波检测仪检验有哪些规定?

(1) 缓慢调节延时旋钮,数字显示满足十进位递变的要求。

(2) 调节聚焦、灰度和扫描延时旋钮,扫描基线清晰稳定。

(3) 换能器与标准棒耦合良好,衰减器及发射电压正常。

(4) 超声波在空气中传播的计算声速与实测声速值相比,相差不大于±0.5%。

11.31 超声波检测仪操作应控制哪几点?

(1) 操作前应仔细阅读仪器使用说明书。

(2) 仪器在接通电源前,应检查电源电压,接上电源后,仪器宜预热 10min。

(3) 换能器与标准棒应耦合良好,调节首波幅度至 30～40mm 后测读声时值。有调零装置的仪器,应调节调零电位器以扣除初读数。

(4) 在实测时,接收信号的首波幅度均应调至 30～40mm 后,才能测读每个测点的声时值。

11.32 超声波检测仪维护有哪些规定?

(1) 如仪器在较长时间内停用,每月应通电一次,每次不少于1h。

(2) 仪器需存放在通风、阴凉、干燥处,无论存放或工作,均需防尘。

(3) 在搬运过程中须防止碰撞和剧烈振动。

(4) 换能器应避免摔损和撞击,工作完毕应擦拭干净单独存放。换能器的耦合面应避免磨损。

11.33 测试前应提供哪些有关资料?

被检测单位应提供以下资料:

(1) 工程名称及设计、施工、建设单位名称。

(2) 结构或构件名称、施工图纸及要求的混凝土强度等级。

(3) 水泥品种、标号、用量、出厂厂名、砂石品种、粒径、外加剂或掺合料品种、掺量以及混凝土配合比等。

(4) 模板类型,混凝土浇灌和养护情况以及成型日期。

(5) 结构或构件存在的质量问题。

11.34 测区布置有何规定?

(1) 构件测区要求:

1) 测区布置在构件混凝土浇灌方向的侧面。

2) 测区均匀分布,相邻两测区的间距不宜大于2m。

3) 测区应避开钢筋密集区和预埋件。

4) 测区尺寸为200mm×200mm。

5) 测试面应清洁、平整、干燥,不应有接缝、饰面层、浮浆和油垢,并避开蜂窝、麻面部位,必要时可用砂轮片清除杂物和磨平不平整处,并擦净残留粉尘。

(2) 测区布置:

1) 当按单个构件检测时,应在构件上均匀布置测区,每个构件上的测区数不应少于10个。

2）对同批构件按批抽样检测时，构件抽样数应不少于同批构件的30%，且不少于10件，每个构件测区数不应少于10个。

3）对长度小于或等于2m的构件，其测区数量可适当减少，但不应少于3个。

(3) 同批构件：

当按批抽样检测时，符合下列条件的构件才可作为同批构件：

1）混凝土强度等级相同。

2）混凝土原材料、配合比、成型工艺、养护条件及龄期基本相同。

3）构件种类相同。

4）在施工阶段所处状态相同。

(4) 其他要求：

1）结构或构件上的测区应注明编号，并记录测区位置和外观质量情况。

2）结构或构件的每一测区，宜先进行回弹测试，后进行超声测试。

3）非同一测区内的回弹值及超声声速值，在计算混凝土强度换算值时不得混用。

11.35 超声声速值的测量与计算有何规定？

(1) 超声测点应布置在回弹测试的同一测区内。

(2) 测量超声声时时，应保证换能器与混凝土耦合良好。

(3) 测试的声时值应精确至0.1μs，声速值应精确至0.01km/s。超声测距的测量误差应不大于±1%。

(4) 在每个测区内的相对测试面上，应各布置3个测点，且发射和接收换能器的轴线应在同一轴线上。

(5) 测区声速应按下列公式计算：

$$v = l/t_m \tag{11-7}$$

$$t_m = (t_1 + t_2 + t_3)/3 \tag{11-8}$$

式中 v——测区声速值(km/s);

l——超声测距,(mm);

t_m——测区平均声时值(μs);

t_1,t_2,t_3——分别为测区中 3 个测点的声时值。

(6) 当在混凝土浇灌的顶面与底面测试时,测区声速值应按下列公式修正:

$$v_a=\beta v \tag{11-9}$$

式中 v_a——修正后的测区声速值(km/s)。

β——超声测试面修正系数。在混凝土浇灌顶面及底面测试时,$\beta=1.034$;在混凝土侧面测试时,$\beta=1$。

11.36 如何推定混凝土强度?

(1) 构件第 i 个测区的混凝土强度换算值 $f^c_{cu,i}$ 应根据 11.9~18 中规定的修正后的测区回弹值 R_{ai} 和 11.36 规定的修正后的测区声速值 v_{ai},优先采用专用或地区测强曲线推定。当无该类测强曲线时,经验证后也可按 11.12 的规定确定,或按下列公式计算:

1) 粗骨料为卵石时

$$f^c_{cu,i}=0.0038(v_i)^{1.23}(R_{ai})^{1.95} \tag{11-10}$$

2) 粗骨料为碎石时

$$f^c_{cu,i}=0.008(v_{ai})^{1.72}(R_{ai})^{1.57} \tag{11-11}$$

式中 $f^c_{cu,i}$——第 i 个测区混凝土强度换算值(MPa),精确至 0.1MPa;

v_{ai}——第 i 个测区修正后的超声声速值(km/s),精确至 0.01km/s;

R_{ai}——第 i 个测区修正后的回弹值,精确至 0.1。

(2) 当结构所用材料与制定的测强曲线所用材料有较大差异时,须用同条件试块或从结构构件测区钻取的混凝土芯样进行修正,试件数量应不少于 3 个。此时,得到的测区混凝土强度换算值应乘以修正系数。修正系数可按下列公式计算:

1）有同条件立方试块时

$$\eta = \frac{1}{n}\sum_{i=1}^{n} f_{cu,i}/f_{cu,i}^{c} \tag{11-12}$$

2）有混凝土芯样试件时

$$\eta = \frac{1}{n}\sum_{i=1}^{n} f_{cor,i}/f_{cu,i}^{c} \tag{11-13}$$

式中 η——修正系数，精确至小数点后两位；

$f_{cu,i}$——第 i 个混凝土立方体试块抗压强度值（以边长为150mm计）(MPa)，精确至0.1MPa；

$f_{cu,i}^{c}$——对应于第 i 个立方试块或芯样试件的混凝土强度换算值(MPa)，精确至0.1MPa；

$f_{cor,i}$——第 i 个混凝土芯样试件抗压强度值（以 ϕ100×100mm计）(MPa)，精确至0.1MPa；

n——试件数。

(3) 结构或构件的混凝土强度推定值 $f_{cu,e}$，可按下列条件确定：

1）当按单个构件检测时，单个构件的混凝土强度推定值 $f_{cu,e}$，取该构件各测区中最小的混凝土强度换算值 $f_{cu,min}^{c}$。

2）当按批抽样检测时，该批构件的混凝土强度推定值应按下列公式计算：

$$f_{cu,c} = mf_{cu}^{c} - 1.645sf_{cu}^{c} \tag{11-14}$$

式中的各测区混凝土强度换算值的平均值 mf_{cu}^{c} 及标准差 sf_{cu}^{c}，应按下列公式计算：

$$mf_{cu}^{c} = \frac{1}{n}\sum_{i=1}^{n} f_{cu,i}^{c} \tag{11-15}$$

$$sf_{cu}^{c} = \sqrt{\frac{\sum_{i=1}^{n}(f_{cu,i}^{c})^2 - n(mf_{cu}^{c})^2}{n-1}} \tag{11-16}$$

3）当同批测区混凝土强度换算值标准差 sf_{cu}^{c} 过大时，批构件的混凝土强度推定值也可按下列公式计算：

$$f_{cu,e} = mf_{cu,min}^{c} = \frac{1}{m}\sum_{j=1}^{m} f_{cu,min,j}^{c} \tag{11-17}$$

式中 $mf_{cu,min}^{c}$——该批每个构件中最小的测区混凝土强度换算值的平均值(MPa)；

$f_{cu,min,j}^{c}$——第 j 个构件中的最小测区混凝土强度换算值(MPa)；

m——批中抽取的构件数。

(4) 当属同批构件按批抽样检测时，若全部测区强度的标准差出现下列情况时，则该批构件应全部按单个构件检测：

1) 当混凝土强度等级低于或等于 C20 时：$sf_{cu}^{c}>4.5$MPa；

2) 当混凝土强度等级高于 C20 时：$sf_{cu}^{c}>5.5$MPa。

11.37 测区混凝土强度换算值如何确定?

(1) 适用范围

1) 混凝土用水泥应符合国家标准《硅酸盐水泥、普通硅酸盐水泥》和《矿渣硅酸盐水泥、火山灰质硅酸盐水泥与粉煤灰硅酸盐水泥》的要求；

2) 混凝土用砂、石骨料应符合现行标准的要求；

3) 掺或不掺减水剂或早强剂；

4) 人工或一般机械搅拌、成型；

5) 钢模或木模，符合现行《混凝土结构工程施工质量验收规范》的有关规定；

6) 自然养护；

7) 龄期为 7～730d。如超过此龄期时，可钻取混凝土芯样进行修正；

8) 混凝土强度等级为 C10～C50。

(2) 测区混凝土强度换算表

1) 卵石用表见表 11-5。

2) 碎石用表见表 11-6。

表 11-5

测区混凝土强度换算表(卵石)

R_a \ f^c_{cu} \ v_{ai}	3.80	3.82	3.84	3.86	3.88	3.90	3.92	3.94	3.96	3.98	4.00	4.02	4.04	4.06	4.08	4.10
24.0					10.0	10.0	10.1	10.2	10.2	10.3	10.4	10.4	10.5	10.5	10.6	10.7
25.0	10.5	10.6	10.7	10.7	10.8	10.9	10.9	11.0	11.1	11.1	11.2	11.3	11.3	11.4	11.5	11.6
26.0	11.4	11.5	11.5	11.6	11.7	11.7	11.8	11.9	12.0	12.0	12.1	12.2	12.2	12.3	12.4	12.5
27.0	12.2	12.3	12.4	12.5	12.5	12.6	12.7	12.8	12.9	12.9	13.0	13.1	13.2	13.3	13.3	13.4
28.0	13.1	13.2	13.3	13.4	13.5	13.5	13.6	13.7	13.8	13.9	14.0	14.1	14.1	14.2	14.3	14.4
29.0	14.1	14.1	14.2	14.3	14.4	14.5	14.6	14.7	14.8	14.9	15.0	15.1	15.1	15.2	15.3	15.4
30.0	15.0	15.1	15.2	15.3	15.4	15.5	15.6	15.7	15.8	15.9	16.0	16.1	16.2	16.3	16.4	16.5
31.0	16.0	16.1	16.2	16.3	16.4	16.5	16.6	16.7	16.8	16.9	17.0	17.1	17.2	17.3	17.5	17.6
32.0	17.0	17.1	17.2	17.3	17.5	17.6	17.7	17.8	17.9	18.0	18.1	18.2	18.3	18.5	18.6	18.7
33.0	18.1	18.2	18.3	18.4	18.5	18.7	18.8	18.9	19.0	19.1	19.2	19.4	19.5	19.6	19.7	19.8
34.0	19.1	19.3	19.4	19.5	19.6	19.8	19.9	20.0	20.1	20.3	20.4	20.5	20.6	20.8	20.9	21.0
35.0	20.3	20.4	20.5	20.7	20.8	20.9	21.0	21.2	21.3	21.4	21.6	21.7	21.8	22.0	22.1	22.2
36.0	21.4	21.5	21.7	21.8	22.1	22.1	22.2	22.4	22.5	22.7	22.8	22.9	23.1	23.2	23.4	23.5

续表

R_a \ v_{ai} \ f^c_{cu}	3.80	3.82	3.84	3.86	3.88	3.90	3.92	3.94	3.96	3.98	4.00	4.02	4.04	4.06	4.08	4.10
37.0	22.6	22.7	22.9	23.0	23.2	23.3	23.5	23.6	23.7	23.9	24.0	24.2	24.3	24.5	24.6	24.8
38.0	23.8	23.9	24.1	24.2	24.4	24.6	24.7	24.9	25.0	25.2	25.3	25.5	25.6	25.8	25.9	26.1
39.0	25.0	25.2	25.3	25.5	25.7	25.8	26.0	26.1	26.3	26.5	26.6	26.8	27.0	27.1	27.3	27.5
40.0	26.3	26.5	26.6	26.8	27.0	27.1	27.3	27.5	27.6	27.8	28.0	28.2	28.3	28.5	28.7	28.8
41.0	27.6	27.8	27.9	28.1	28.3	28.5	28.6	28.8	29.0	29.2	29.4	29.5	29.7	29.9	30.1	30.3
42.0	28.9	29.1	29.3	29.5	29.6	29.8	30.0	30.2	30.4	30.6	30.8	31.0	31.2	31.3	31.5	31.7
43.0	30.3	30.5	30.6	30.8	31.0	31.2	31.4	31.6	31.8	32.0	32.2	32.4	32.6	32.8	33.0	33.2
44.0	31.6	31.8	32.1	32.3	32.5	32.7	32.9	33.1	33.3	33.5	33.7	33.9	34.1	34.3	34.5	34.7
45.0	33.1	33.3	33.5	33.7	33.9	34.1	34.3	34.6	34.8	35.0	35.2	35.4	35.6	35.9	36.1	36.3
46.0	34.5	34.7	35.0	35.2	35.4	35.6	35.9	36.1	36.3	36.5	36.7	37.0	37.2	37.4	37.7	37.9
47.0	36.0	36.2	36.5	36.7	36.9	37.2	37.4	37.6	37.9	38.1	38.3	38.6	38.8	39.0	39.3	39.5
48.0	37.5	37.7	38.0	38.2	38.5	38.7	39.0	39.2	39.4	39.7	39.9	40.2	40.4	40.7	40.9	41.2
49.0	39.0	39.3	39.5	39.8	40.0	40.3	40.5	40.8	41.1	41.3	41.6	41.8	42.1	42.3	42.6	42.8
50.0	40.6	40.9	41.1	41.4	41.7	41.9	42.2	42.4	42.7	43.0	43.2	43.5	43.8	44.0	44.3	44.6

续表

R_a \ f^c_{cu} \ v_{ai}	4.12	4.14	4.16	4.18	4.20	4.22	4.24	4.26	4.28	4.30	4.32	4.34	4.36	4.38	4.40	4.42
23.0			10.0	10.1	10.1	10.2	10.2	10.3	10.4	10.4	10.5	10.5	10.6	10.7	10.7	10.8
24.0	10.7	10.8	10.9	10.9	11.0	11.1	11.1	11.2	11.2	11.3	11.4	11.4	11.5	11.6	11.6	11.7
25.0	11.6	11.7	11.8	11.8	11.9	12.0	12.0	12.1	12.2	12.2	12.3	12.4	12.5	12.5	12.6	12.7
26.0	12.5	12.6	12.7	12.8	12.8	12.9	13.0	13.1	13.1	13.2	13.3	13.4	13.4	13.5	13.6	13.7
27.0	13.5	13.6	13.7	13.7	13.8	13.9	14.0	14.1	14.1	14.2	14.3	14.4	14.5	14.5	14.6	14.7
28.0	14.5	14.6	14.7	14.7	14.8	14.9	15.0	15.1	15.2	15.3	15.4	15.4	15.5	15.6	15.7	15.8
29.0	15.5	15.6	15.7	15.8	15.9	16.0	16.1	16.2	16.3	16.3	16.4	16.5	16.6	16.7	16.8	16.9
30.0	16.6	16.7	16.8	16.9	17.0	17.1	17.2	17.3	17.4	17.5	17.6	17.7	17.8	17.9	18.0	18.1
31.0	17.7	17.8	17.9	18.0	18.1	18.2	18.3	18.4	18.5	18.6	18.7	18.8	18.9	19.0	19.1	19.3
32.0	18.8	18.9	19.0	19.1	19.2	19.3	19.5	19.6	19.7	19.8	19.9	20.0	20.1	20.3	20.4	20.5
33.0	19.9	20.1	20.2	20.3	20.4	20.5	20.7	20.8	20.9	21.0	21.1	21.3	21.4	21.5	21.6	21.7
34.0	21.1	21.3	21.4	21.5	21.6	21.8	21.9	22.0	22.2	22.3	22.4	22.5	22.7	22.8	22.9	23.0
35.0	22.4	22.5	22.6	22.8	22.9	23.0	23.2	23.3	23.3	23.6	23.7	23.8	24.0	24.1	24.2	24.4

续表

R_a \ f^c_{cu} \ v_{ai}	4.12	4.14	4.16	4.18	4.20	4.22	4.24	4.26	4.28	4.30	4.32	4.34	4.36	4.38	4.40	4.42
36.0	23.6	23.8	23.9	24.1	24.2	24.3	24.5	24.6	24.8	24.9	25.0	25.2	25.3	25.5	25.6	25.8
37.0	24.9	25.1	25.2	25.4	25.5	25.7	25.8	26.0	26.1	26.3	26.4	26.6	26.7	26.9	27.0	27.2
38.0	26.3	26.4	26.6	26.7	26.9	27.0	27.2	27.4	27.5	27.7	27.8	28.0	28.1	28.3	28.5	28.6
39.0	27.6	27.8	28.0	28.1	28.3	28.4	28.6	28.8	28.9	29.1	29.3	29.4	29.6	29.8	29.9	30.1
40.0	29.0	29.2	29.4	29.5	29.7	29.9	30.1	30.2	30.4	30.6	30.8	30.9	31.1	31.3	31.5	31.6
41.0	30.4	30.6	30.8	31.0	31.2	31.4	31.5	31.7	31.9	32.1	32.3	32.5	32.6	32.8	33.0	33.2
42.0	31.9	32.1	32.3	32.5	32.7	32.9	33.1	33.2	33.4	33.6	33.8	34.0	34.2	34.4	34.6	34.8
43.0	33.4	33.6	33.8	34.0	34.2	34.4	34.6	34.8	35.0	35.2	35.4	35.6	35.8	36.0	36.2	36.4
44.0	34.9	35.2	35.4	35.6	35.8	36.0	36.2	36.4	36.6	36.8	37.0	37.2	37.5	37.7	37.9	38.1
45.0	36.5	36.7	36.9	37.2	37.4	37.6	37.8	38.0	38.3	38.5	38.7	38.9	39.1	39.4	39.6	39.8
46.0	38.1	38.3	38.6	38.8	39.0	39.2	39.5	39.7	39.9	40.2	40.4	40.6	40.8	41.1	41.3	41.5
47.0	39.7	40.0	40.2	40.4	40.7	40.9	41.2	41.4	41.6	41.9	42.1	42.4	42.6	42.8	43.1	43.3
48.0	41.4	41.7	41.9	42.1	42.4	42.6	42.9	43.1	43.4	43.6	43.9	44.1	44.4	44.6	44.9	45.1
49.0	43.1	43.4	43.6	43.9	44.1	44.4	44.6	44.9	45.2	45.4	45.7	45.9	46.2	46.5	46.7	47.0
50.0	44.8	45.1	45.4	45.6	45.9	46.2	46.4	46.7	47.0	47.2	47.5	47.8	48.1	48.3	48.6	48.9

续表

R_a \ v_{ai} \ f^c_{cu}	4.44	4.46	4.48	4.50	4.52	4.54	4.56	4.58	4.60	4.62	4.64	4.66	4.68	4.70	4.72	4.74
22.0		10.0	10.0	10.1	10.2	10.2	10.3	10.3	10.4	10.4	10.5	10.5	10.6	10.6	10.7	10.8
23.0	10.8	10.9	10.9	11.0	11.1	11.1	11.2	11.2	11.3	11.4	11.4	11.5	11.6	11.6	11.7	11.7
24.0	11.8	11.8	11.9	12.0	12.0	12.1	12.2	12.2	12.3	12.4	12.4	12.5	12.5	12.6	12.7	12.7
25.0	12.7	12.8	12.9	12.9	13.0	13.1	13.2	13.2	13.3	13.4	13.4	13.5	13.6	13.7	13.7	13.8
26.0	13.7	13.8	13.9	14.0	14.0	14.1	14.2	14.3	14.4	14.4	14.5	14.6	14.7	14.7	14.8	14.9
27.0	14.8	14.9	15.0	15.0	15.1	15.2	15.3	15.4	15.4	15.5	15.6	15.7	15.8	15.9	15.9	16.0
28.0	15.9	16.0	16.1	16.1	16.2	16.3	16.4	16.5	16.6	16.7	16.8	16.8	16.9	17.0	17.1	17.2
29.0	17.0	17.1	17.2	17.3	17.4	17.5	17.6	17.7	17.8	17.8	17.9	18.0	18.1	18.2	18.3	18.4
30.0	18.2	18.3	18.4	18.5	18.6	18.7	18.8	18.9	19.0	19.1	19.2	19.3	19.4	19.5	19.6	19.7
31.0	19.4	19.5	19.6	19.7	19.8	19.9	20.0	20.1	20.2	20.3	20.4	20.5	20.6	20.8	20.9	21.0
32.0	20.6	20.7	20.8	20.9	21.0	21.2	21.3	21.4	21.5	21.6	21.7	21.7	22.0	22.1	22.2	22.3
33.0	21.9	22.0	22.1	22.2	22.3	22.5	22.6	22.7	22.8	23.0	23.1	23.2	23.3	23.4	23.6	23.7
34.0	23.2	23.3	23.4	23.6	23.7	23.8	23.9	24.1	24.2	24.3	24.5	24.6	24.7	24.8	25.0	25.1
35.0	24.5	24.7	24.8	24.9	25.1	25.2	25.3	25.5	25.6	25.7	25.9	26.0	26.2	26.3	26.4	26.6

续表

R_a \ f^c_{cu} \ v_{ai}	4.44	4.46	4.48	4.50	4.52	4.54	4.56	4.58	4.60	4.62	4.64	4.66	4.68	4.70	4.72	4.74
36.0	25.9	26.0	26.2	26.3	26.5	26.6	26.8	26.9	27.1	27.2	27.3	27.5	27.6	27.8	27.9	28.1
37.0	27.3	27.5	27.6	27.8	27.9	28.1	28.2	28.4	28.5	28.7	28.8	29.0	29.1	29.3	29.4	29.6
38.0	28.8	28.9	29.1	29.3	29.4	29.6	29.7	29.9	30.1	30.2	30.4	30.5	30.7	30.9	31.0	31.2
39.0	30.3	30.4	30.6	30.8	30.9	31.1	31.3	31.4	31.6	31.8	32.0	32.1	32.3	32.5	32.6	32.8
40.0	31.8	32.0	32.2	32.3	32.5	32.7	32.9	33.0	33.2	33.4	33.6	33.7	33.9	34.1	34.3	34.5
41.0	33.4	33.6	33.7	33.9	34.1	34.3	34.5	34.7	34.9	35.0	35.2	35.4	35.6	35.8	36.0	36.6
42.0	35.0	35.2	35.4	35.6	35.8	35.9	36.1	36.3	36.5	36.7	36.9	37.1	37.3	37.5	37.7	37.9
43.0	36.6	36.8	37.0	37.2	37.4	37.6	37.8	38.0	38.2	38.5	38.7	38.9	39.1	39.3	39.5	39.7
44.0	38.3	38.5	38.7	38.9	39.1	39.4	39.6	39.8	40.0	40.2	40.4	40.6	40.9	41.1	41.3	41.5
45.0	40.0	40.2	40.5	40.7	40.9	41.1	41.3	41.6	41.8	42.0	42.2	42.5	42.7	42.9	43.1	43.4
46.0	41.8	42.0	42.2	42.5	42.7	42.9	43.2	43.4	43.6	43.9	44.1	44.3	44.6	44.8	45.0	45.3
47.0	43.6	43.8	44.0	44.3	44.5	44.8	45.0	45.2	45.5	45.7	46.0	46.2	46.5	46.7	47.0	47.2
48.0	45.4	45.6	45.9	46.1	46.4	46.6	46.9	47.1	47.4	47.7	47.9	48.2	48.4	48.7	48.9	49.2
49.0	47.2	47.5	47.8	48.0	48.3	48.6	48.8	49.1	49.3	49.6	49.9					
50.0	49.1	49.4	49.7	50.0												

续表

R_a \ v_{ai} \ f^c_{cu}	4.76	4.78	4.80	4.82	4.84	4.86	4.88	4.90	4.92	4.94	4.96	4.98	5.00
21.0			10.0	10.0	10.1	10.1	10.2	10.2	10.3	10.3	10.4	10.4	10.5
22.0	10.8	10.9	10.9	11.0	11.0	11.1	11.2	11.2	11.3	11.3	11.4	11.4	11.5
23.0	11.8	11.9	11.9	12.0	12.0	12.1	12.2	12.2	12.3	12.3	12.4	12.5	12.5
24.0	12.8	12.9	12.9	13.0	13.1	13.1	13.2	13.3	13.3	13.4	13.5	13.5	13.6
25.0	13.9	13.9	14.0	14.1	14.2	14.2	14.3	14.4	14.4	14.5	14.6	14.7	14.7
26.0	15.0	15.0	15.1	15.2	15.3	15.4	15.4	15.5	15.6	15.7	15.7	15.8	15.9
27.0	16.1	16.2	16.3	16.4	16.4	16.5	16.6	16.7	16.8	16.9	16.9	17.0	17.1
28.0	17.3	17.4	17.5	17.6	17.6	17.7	17.8	17.9	18.0	18.1	18.2	18.3	18.4
29.0	18.5	18.6	18.7	18.8	18.9	19.0	19.1	19.2	19.3	19.4	19.5	19.6	19.7
30.0	19.8	19.9	20.0	20.1	20.2	20.3	20.4	20.5	20.6	20.7	20.8	20.9	21.0
31.0	21.1	21.2	21.3	21.4	21.5	21.6	21.7	21.8	22.0	22.1	22.2	22.3	22.4
32.0	22.4	22.5	22.7	22.8	22.9	23.0	23.1	23.2	23.4	23.5	23.6	23.7	23.8
33.0	23.8	23.9	24.1	24.2	24.3	24.4	24.5	24.7	24.8	24.9	25.0	25.2	25.3
34.0	25.2	25.4	25.5	25.6	25.8	25.9	26.0	26.1	26.3	26.4	26.5	26.7	26.8

续表

R_a \ f^c_{cu} \ v_{ai}	4.76	4.78	4.80	4.82	4.84	4.86	4.88	4.90	4.92	4.94	4.96	4.98	5.00
35.0	26.7	26.8	27.0	27.1	27.3	27.4	27.5	27.7	27.8	27.9	28.1	28.2	28.4
36.0	28.2	28.4	28.5	28.6	28.8	28.9	29.1	29.2	29.4	29.5	29.7	29.8	30.0
37.0	29.8	29.9	30.1	30.2	30.4	30.5	30.7	30.8	31.0	31.1	31.3	31.5	31.6
38.0	31.3	31.5	31.7	31.8	32.0	32.2	32.3	32.5	32.6	32.8	33.0	33.1	33.3
39.0	33.0	33.1	33.3	33.5	33.7	33.8	34.0	34.2	34.3	34.5	34.7	34.8	35.0
40.0	34.6	34.8	35.0	35.2	35.4	35.5	35.7	35.9	36.1	36.3	36.4	36.6	36.8
41.0	36.3	36.5	36.7	36.9	37.1	37.3	37.5	37.7	37.9	38.0	38.2	38.4	38.6
42.0	38.1	38.3	38.5	38.7	38.9	39.1	39.3	39.5	39.7	39.9	40.1	40.3	40.5
43.0	39.9	40.1	40.3	40.5	40.7	40.9	41.1	41.3	41.5	41.7	42.0	42.2	42.4
44.0	41.7	41.9	42.1	42.4	42.6	42.8	43.0	43.2	43.4	43.6	43.9	44.1	44.3
45.0	43.6	43.8	44.0	44.3	44.5	44.7	44.9	45.2	45.4	45.6	45.8	46.1	46.3
46.0	45.5	45.7	46.0	46.2	46.4	46.7	46.9	47.1	47.4	47.6	47.8	48.1	48.3
47.0	47.4	47.7	47.9	48.2	48.4	48.7	48.9	49.2	49.4	49.6	49.9		
48.0	49.4	49.7	49.9										

注：1. 表内未列数值可用内插法求得，精确至 0.1MPa。

2. 表中 R_a 为修正后的测区回弹值，v_{ai} 为修正后的超声声速值，f^c_{cu} 为测区混凝土强度换算值。

测区混凝土强度换算表(碎石) **表 11-6**

R_n \ f^c_{cu} \ v_{ai}	3.80	3.82	3.84	3.86	3.88	3.90	3.92	3.94	3.96	3.98	4.00	4.02	4.04	4.06	4.08	4.10
20.0															10.0	10.0
21.0						10.0	10.0	10.1	10.2	10.3	10.4	10.5	10.6	10.7	10.8	10.8
22.0	10.2	10.3	10.4	10.5	10.6	10.7	10.8	10.9	11.0	11.1	11.2	11.3	11.4	11.5	11.6	11.7
23.0	11.0	11.1	11.2	11.3	11.4	11.5	11.6	11.7	11.8	11.9	12.0	12.1	12.2	12.3	12.4	12.5
24.0	11.7	11.8	11.9	12.0	12.1	12.3	12.4	12.5	12.6	12.7	12.8	12.9	13.0	13.1	13.2	13.4
25.0	12.5	12.6	12.7	12.8	12.9	13.1	13.2	13.3	13.4	13.5	13.6	13.8	13.9	14.0	14.1	14.2
26.0	13.3	13.4	13.5	13.6	13.8	13.9	14.0	14.1	14.3	14.4	14.5	14.6	14.8	14.9	15.0	15.1
27.0	14.1	14.2	14.3	14.5	14.6	14.7	14.9	15.0	15.1	15.3	15.4	15.5	15.7	15.8	15.9	16.1
28.0	14.9	15.1	15.2	15.3	15.4	15.6	15.7	15.9	16.0	16.2	16.3	16.4	16.6	16.7	16.9	17.0
29.0	15.8	15.9	16.0	16.2	16.3	16.5	16.6	16.8	16.9	17.1	17.2	17.4	17.5	17.7	17.8	18.0
30.0	16.6	16.8	16.9	17.1	17.2	17.4	17.5	17.7	17.8	18.0	18.1	18.3	18.5	18.6	18.8	18.9
31.0	17.5	17.6	17.8	18.0	18.1	18.3	18.4	18.6	18.8	18.9	19.1	19.3	19.4	19.6	19.8	19.9
32.0	18.4	18.5	18.7	18.9	19.0	19.2	19.4	19.6	19.7	19.9	20.1	20.2	20.4	20.6	20.8	20.9
33.0	19.3	19.5	19.6	19.8	20.0	20.2	20.3	20.5	20.7	20.9	21.1	21.2	21.4	21.6	21.8	22.0
34.0	20.2	20.4	20.6	20.8	20.9	21.1	21.3	21.5	21.7	21.9	22.1	22.3	22.5	22.6	22.8	23.0

续表

R_a \ f^c_{cu} \ v_{ai}	3.80	3.82	3.84	3.86	3.88	3.90	3.92	3.94	3.96	3.98	4.00	4.02	4.04	4.06	4.08	4.10
35.0	21.1	21.3	21.5	21.7	21.9	22.1	22.3	22.5	22.7	22.9	23.1	23.3	23.5	23.7	23.9	24.1
36.0	22.1	22.3	22.5	22.7	22.9	23.1	23.3	23.5	23.7	23.9	24.1	24.3	24.6	24.8	25.0	25.2
37.0	23.1	23.3	23.5	23.7	23.9	24.1	24.3	24.5	24.8	25.0	25.2	25.4	25.6	25.8	26.1	26.3
38.0	24.1	24.3	24.5	24.7	24.9	25.1	25.4	25.6	25.8	26.0	26.3	26.5	26.7	27.0	27.2	27.4
39.0	25.0	25.3	25.5	25.7	26.0	26.2	26.4	26.7	26.9	27.1	27.4	27.6	27.8	28.1	28.3	28.5
40.0	26.1	26.3	26.5	26.8	27.0	27.3	27.5	27.7	28.0	28.2	28.5	28.7	29.0	29.2	29.5	29.7
41.0	27.1	27.3	27.6	27.8	28.1	28.3	28.6	28.8	29.1	29.3	29.6	29.8	30.1	30.4	30.6	30.9
42.0	28.1	28.4	28.6	28.9	29.2	29.4	29.7	29.9	30.2	30.5	30.7	31.0	31.3	31.5	31.8	32.1
43.0	29.2	29.5	29.7	30.0	30.3	30.5	30.8	31.1	31.3	31.6	31.9	32.2	32.4	32.7	33.0	33.3
44.0	30.3	30.5	30.8	31.1	31.4	31.6	31.9	32.2	32.5	32.8	33.0	33.3	33.6	33.9	34.2	34.5
45.0	31.3	31.6	31.9	32.2	32.5	32.8	33.1	33.4	33.6	33.9	34.2	34.5	34.8	35.1	35.4	35.7
46.0	32.4	32.7	33.0	33.3	33.6	33.9	34.2	34.5	34.8	35.1	35.4	35.7	36.0	36.3	36.7	37.0
47.0	33.5	33.9	34.2	34.5	34.8	35.1	35.4	35.7	36.0	36.3	36.6	37.0	37.3	37.6	37.9	38.2
48.0	34.7	35.0	35.3	35.6	35.9	36.3	36.6	36.9	37.2	37.5	37.9	38.2	38.5	38.9	39.2	39.5
49.0	35.8	36.1	36.5	36.8	37.1	37.4	37.8	38.1	38.4	38.8	39.1	39.5	39.8	40.1	40.5	40.8
50.0	37.0	37.3	37.6	38.0	38.3	38.7	39.0	39.3	39.7	40.0	40.4	40.7	41.1	41.4	41.8	42.1

续表

R_a \ v_{ai} \ f^c_{cu}	4.12	4.14	4.16	4.18	4.20	4.22	4.24	4.26	4.28	4.30	4.32	4.34	4.36	4.38	4.40	4.42
20.0	10.1	10.2	10.3	10.4	10.5	10.6	10.6	10.7	10.8	10.9	11.0	11.1	11.2	11.3	11.3	11.4
21.0	10.9	11.0	11.1	11.2	11.3	11.4	11.5	11.6	11.7	11.8	11.9	12.0	12.0	12.1	12.2	12.3
22.0	11.8	11.9	12.0	12.1	12.2	12.3	12.4	12.5	12.6	12.7	12.8	12.9	13.0	13.1	13.2	13.3
23.0	12.6	12.7	12.8	12.9	13.0	13.1	13.2	13.3	13.5	13.6	13.7	13.8	13.9	14.0	14.1	14.2
24.0	13.5	13.6	13.7	13.8	13.9	14.0	14.1	14.3	14.4	14.5	14.6	14.7	14.8	15.0	15.1	15.2
25.0	14.4	14.5	14.6	14.7	14.8	15.0	15.1	15.3	15.3	15.4	15.6	15.7	15.8	15.9	16.1	16.2
26.0	15.3	15.4	15.5	15.6	15.8	15.9	16.0	16.2	16.3	16.4	16.6	16.7	16.8	17.0	17.1	17.2
27.0	16.2	16.3	16.5	16.6	16.7	16.9	17.0	17.1	17.3	17.4	17.6	17.7	17.8	18.0	18.1	18.3
28.0	17.1	17.3	17.4	17.6	17.7	17.9	18.0	18.2	18.3	18.4	18.6	18.7	18.9	19.0	19.2	19.3
29.0	18.1	18.3	18.4	18.6	18.7	18.9	19.0	19.2	19.3	19.5	19.6	19.8	20.0	20.1	20.3	20.4
30.0	19.1	19.3	19.4	19.6	19.7	19.9	20.1	20.2	20.4	20.5	20.7	20.9	21.0	21.2	21.4	21.5
31.0	20.1	20.3	20.4	20.6	20.8	20.9	21.1	21.3	21.5	21.6	21.8	22.0	22.2	22.3	22.5	22.7
32.0	21.1	21.3	21.5	21.7	21.8	22.0	22.2	22.4	22.6	22.7	22.9	23.1	23.3	23.5	23.6	23.8
33.0	22.2	22.3	22.5	22.7	22.9	23.1	23.3	23.5	23.7	23.9	24.0	24.2	24.4	24.6	24.8	25.0
34.0	23.2	23.4	23.6	23.8	24.0	24.2	24.4	24.6	24.8	25.0	25.2	25.4	25.6	25.8	26.0	26.2

续表

R_a \ f^c_{cu} \ v_{ai}	4.12	4.14	4.16	4.18	4.20	4.22	4.24	4.26	4.28	4.30	4.32	4.34	4.36	4.38	4.40	4.42
35.0	24.3	24.5	24.7	24.9	25.1	25.3	25.5	25.7	25.9	26.2	26.4	26.6	26.8	27.0	27.2	27.4
36.0	25.4	25.6	25.8	26.0	26.2	26.5	26.7	26.0	27.1	27.3	27.6	27.8	28.0	28.3	28.4	28.7
37.0	26.5	26.7	27.0	27.2	27.4	27.6	27.9	28.1	28.3	28.5	28.8	29.0	29.2	29.5	29.7	29.9
38.0	27.6	27.9	28.1	28.3	28.6	28.8	29.0	29.3	29.5	29.7	30.0	30.2	30.5	30.7	30.9	31.2
39.0	28.8	29.0	29.3	29.5	29.8	30.0	30.2	30.5	30.7	31.0	31.2	31.5	31.7	32.0	32.2	32.5
40.0	30.0	30.2	30.5	30.7	31.0	31.2	31.5	31.7	32.0	32.2	32.5	32.8	33.0	33.3	33.5	33.8
41.0	31.1	31.4	31.7	31.9	32.2	32.4	32.7	33.0	33.2	33.5	33.8	34.0	34.3	34.6	34.9	35.1
42.0	32.3	32.6	32.9	33.1	33.4	33.7	34.0	34.2	34.5	34.8	35.1	35.4	35.6	35.9	36.2	36.5
43.0	33.5	33.8	34.1	34.4	34.7	35.0	35.2	35.5	35.8	36.1	36.4	36.7	37.0	37.3	37.6	37.9
44.0	34.8	35.1	35.4	35.6	35.9	36.2	36.5	36.8	37.1	37.4	37.7	38.0	38.3	38.6	38.9	39.2
45.0	36.0	36.3	36.6	36.9	37.2	37.5	37.8	38.1	38.5	38.8	39.1	39.4	39.7	40.0	40.3	40.6
46.0	37.3	37.6	37.9	38.2	38.5	38.9	39.2	39.5	39.8	40.1	40.4	40.8	41.1	41.4	41.7	42.1
47.0	38.6	38.9	39.2	39.5	39.9	40.2	40.5	40.8	41.2	41.5	41.8	42.2	42.5	42.8	43.2	43.5
48.0	39.8	40.2	40.5	40.9	41.2	41.5	41.9	42.2	42.6	42.9	43.2	43.6	43.9	44.3	44.6	45.0
49.0	41.2	41.5	41.8	42.2	42.5	42.9	43.2	43.6	43.9	44.3	44.7	45.0	45.4	45.7	46.1	46.5
50.0	42.5	42.8	43.2	43.6	43.9	44.3	44.6	45.0	45.4	45.7	46.1	46.5	46.8	47.2	47.6	47.9

续表

R_a \ f_{cu}^c \ v_{ai}	4.44	4.46	4.48	4.50	4.52	4.54	4.56	4.58	4.60	4.62	4.64	4.66	4.68	4.70	4.72	4.74
20.0	11.5	11.6	11.7	11.8	11.9	12.0	12.1	12.1	12.2	12.3	12.4	12.5	12.6	12.7	12.8	12.9
21.0	12.4	12.5	12.6	12.7	12.8	12.9	13.0	13.1	13.2	13.3	13.4	13.5	13.6	13.7	13.8	13.9
22.0	13.4	13.5	13.6	13.7	13.8	13.9	14.0	14.1	14.2	14.3	14.4	14.5	14.5	14.7	14.8	15.0
23.0	14.3	14.4	14.6	14.7	14.8	14.9	15.0	15.1	14.2	15.6	16.5	15.6	15.7	15.8	15.9	16.0
24.0	15.3	15.4	15.6	15.7	15.8	15.9	16.0	16.2	16.3	16.4	16.5	16.6	16.8	16.9	17.0	17.1
25.0	16.3	16.5	16.6	16.7	16.8	17.0	17.1	17.2	17.3	17.5	17.6	17.7	17.9	18.0	18.1	18.3
26.0	17.4	17.5	17.8	17.8	17.9	18.0	18.2	18.3	18.4	18.6	18.7	18.9	19.0	19.1	19.3	19.4
27.0	18.4	18.6	18.7	18.8	19.0	19.1	19.3	19.4	19.6	19.7	19.9	20.0	20.2	20.3	20.5	20.6
28.0	19.5	19.6	19.8	19.9	20.1	20.3	20.4	20.6	20.7	20.9	21.0	21.2	21.3	21.5	21.7	21.8
29.0	20.6	20.7	20.9	21.1	21.2	21.4	21.6	21.7	21.9	22.0	22.2	22.4	22.5	22.7	22.9	23.0
30.0	21.7	21.9	22.0	22.2	22.4	22.6	22.7	22.9	23.1	23.2	23.4	23.6	23.8	23.9	24.1	24.3
31.0	22.9	23.0	23.2	23.4	23.6	23.7	23.9	24.1	24.3	24.5	24.7	24.8	25.0	25.2	25.4	25.6
32.0	24.0	24.2	24.4	24.6	24.8	25.0	25.1	25.3	25.5	25.7	25.9	26.1	26.3	26.5	26.7	26.9
33.0	25.2	25.4	25.6	25.8	26.0	26.2	26.4	26.6	26.8	27.0	27.2	27.4	27.6	27.8	28.0	28.2
34.0	26.4	26.6	26.8	27.0	27.2	27.4	27.7	27.9	28.1	28.3	28.5	28.7	28.9	29.1	29.3	29.6

续表

v_{ai} / f^{c}_{cu} / R_a	4.44	4.46	4.48	4.50	4.52	4.54	4.56	4.58	4.60	4.62	4.64	4.66	4.68	4.70	4.72	4.74
35.0	27.6	27.9	28.1	28.3	28.5	28.7	28.9	29.2	29.4	29.6	29.8	30.0	30.3	30.5	30.7	30.9
36.0	28.9	29.1	29.3	29.6	29.8	30.0	30.2	30.5	30.7	30.9	31.2	31.4	31.6	31.9	32.1	32.3
37.0	30.1	30.4	30.6	30.9	31.1	31.3	31.6	31.8	32.0	32.3	32.5	32.8	33.0	33.3	33.5	33.7
38.0	31.4	31.7	31.9	32.2	32.4	32.7	32.9	33.2	33.4	33.7	33.9	34.2	34.4	34.7	34.9	35.2
39.0	32.7	33.0	33.2	33.5	33.8	34.0	34.3	34.5	34.8	35.1	35.3	35.6	35.8	36.1	36.4	36.6
40.0	34.1	34.3	34.6	34.9	35.1	35.4	35.7	35.9	36.2	36.5	36.7	37.0	37.3	37.6	37.8	38.1
41.0	35.4	35.7	36.0	36.2	36.5	36.8	37.1	37.4	37.6	37.9	38.2	38.5	38.8	39.1	39.3	39.6
42.0	36.8	37.1	37.3	37.6	37.9	38.2	38.5	38.8	39.1	39.4	39.7	40.0	40.3	40.6	40.9	41.2
43.0	38.2	38.4	38.7	39.0	39.3	39.6	39.9	40.2	40.5	40.9	41.2	41.5	41.8	42.1	42.4	42.7
44.0	39.5	39.9	40.2	40.5	40.8	41.1	41.4	41.7	42.0	42.3	42.7	43.0	43.3	43.6	43.9	44.3
45.0	41.0	41.3	41.6	41.9	42.2	42.6	42.9	43.2	43.5	43.9	44.2	44.5	44.9	45.2	45.5	45.8
46.0	42.4	42.7	43.1	43.4	43.7	44.1	44.4	44.7	45.1	45.4	45.7	46.1	46.4	46.8	47.1	47.5
47.0	43.9	44.2	44.5	44.9	45.2	45.6	45.9	46.3	46.6	47.0	47.3	47.7	48.0	48.4	48.7	49.1
48.0	45.3	45.7	46.0	46.4	46.7	47.1	47.5	47.8	48.2	48.5	48.9	49.3	49.6	50.0		
49.0	46.8	47.2	47.5	47.9	48.3	48.6	49.0	49.4	49.8							
50.0	48.3	48.7	49.1	49.4	49.8											

续表

v_{ai} / f^c_{cu} / R_a	4.76	4.78	4.80	4.82	4.84	4.86	4.88	4.90	4.92	4.94	4.96	4.98	5.00
20.0	13.0	13.1	13.2	13.3	13.4	13.5	13.5	13.6	13.7	13.8	13.9	14.0	14.1
21.0	14.0	14.1	14.2	14.3	14.4	14.5	14.6	14.7	14.8	14.9	15.0	15.1	15.2
22.0	15.1	15.2	15.3	15.4	15.5	15.6	15.7	15.8	15.9	16.1	16.2	16.3	16.4
23.0	16.1	16.3	16.4	16.5	16.6	16.7	16.9	17.0	17.1	17.2	17.3	17.5	17.6
24.0	17.3	17.4	17.5	17.6	17.8	17.9	18.0	18.1	18.3	18.4	18.5	18.7	18.8
25.0	18.4	18.5	18.7	18.8	18.9	19.1	19.2	19.3	19.5	19.6	19.7	19.9	20.0
26.0	19.6	19.7	19.8	20.0	20.1	20.3	20.4	20.6	20.7	20.9	21.0	21.1	21.3
27.0	20.8	20.9	21.1	21.2	21.4	21.5	21.7	21.8	22.0	22.1	22.3	22.4	22.6
28.0	22.0	22.1	22.3	22.4	22.6	22.8	22.9	23.1	23.3	23.4	23.6	23.7	23.9
29.0	23.2	23.4	23.5	23.7	23.9	24.1	24.2	24.4	24.6	24.7	24.9	25.1	25.3
30.0	24.5	24.6	24.8	25.0	25.2	25.4	25.5	25.7	25.9	26.1	26.3	26.5	26.6
31.0	25.8	25.9	26.1	26.3	26.5	26.7	26.9	27.1	27.3	27.5	27.7	27.8	28.0
32.0	27.1	27.3	27.5	27.7	27.9	28.1	28.3	28.5	28.7	28.9	29.1	29.3	29.5
33.0	28.4	28.6	28.8	29.0	29.2	29.4	29.7	29.9	30.1	30.3	30.5	30.7	30.9
34.0	29.8	30.0	30.2	30.4	30.6	30.9	31.1	31.3	31.5	31.7	32.0	32.2	32.4

续表

R_a \ f^c_{cu} \ v_{ai}	4.76	4.78	4.80	4.82	4.84	4.86	4.88	4.90	4.92	4.94	4.96	4.98	5.00
35.0	31.2	31.4	31.6	31.8	32.1	32.3	32.5	32.7	33.0	33.2	33.4	33.7	33.9
36.0	32.6	32.8	33.0	33.3	33.5	33.7	34.0	34.2	34.5	34.7	34.9	35.2	35.4
37.0	34.0	34.2	34.5	34.7	35.0	35.2	35.5	35.7	36.0	36.2	36.5	36.7	37.0
38.0	35.4	35.7	35.9	36.2	36.5	36.7	37.0	37.2	37.5	37.8	38.0	38.3	38.6
39.0	36.9	37.2	37.4	37.7	38.0	38.3	38.5	38.8	39.1	39.3	39.6	39.9	40.2
40.0	38.4	38.7	39.0	39.2	39.5	39.8	40.1	40.4	40.6	40.9	41.2	41.5	41.8
41.0	39.9	40.2	40.5	40.8	41.1	41.4	41.7	42.0	42.3	42.5	42.8	43.1	43.4
42.0	41.4	41.7	42.1	42.4	42.7	43.0	43.3	43.6	43.9	44.2	44.5	44.8	45.1
43.0	43.0	43.3	43.6	43.9	44.3	44.6	44.9	45.2	45.5	45.8	46.2	46.5	46.8
44.0	44.6	44.9	45.2	45.6	45.9	46.2	46.5	46.9	47.2	47.5	47.9	48.2	48.5
45.0	46.2	46.5	46.9	47.2	47.5	47.9	48.2	48.5	48.9	49.2	49.6	49.9	
46.0	47.8	48.1	48.5	48.8	49.2	49.5	49.9						
47.0	49.4	49.8											

注：1. 表内未列数值可用内插法求得，精确至 0.1MPa。

2. 表中 R_a 为修正后的测区回弹值，v_{ai} 为修正后的超声声速值，f^c_{cu} 为测区混凝土强度换算值。

11.38 后装拔出法基本要求有哪些?

(1) 从事拔出法检测、拔出法标定和维修的人员,均应经过主管部门认可的单位专门培训与考核,并持有培训单位颁发的合格证书。

(2) 检测部位混凝土表层与内部质量应一致。当混凝土表层与内部质量有明显差异时,应将薄弱表层清除干净后方可进行检测。

(3) 按本方法检测所得的混凝土强度换算值 f^{c}_{cu} 相当于被测结构或构件测试部位在所处条件及龄期下,边长为 150mm 立方体试块的抗压强度值。

混凝土强度推定值 $f_{cu,e}$ 相当于强度换算值总体分布中保证率不低于 95%的强度值。

(4) 应用拔出法前,应通过专门试验建立测强曲线并需经工程质量主管部门审定。测强曲线允许相对标准差不大于 12%。

11.39 拔出试验装置有何技术要求?

(1) 拔出试验装置由钻孔机、磨槽机、锚固件及拔出仪等组成。

(2) 钻孔机、磨槽机、锚固件及拔出仪必须具有制造工厂的产品合格证,拔出仪的计量仪表必须具有法定计量单位的检定合格证。

(3) 拔出试验装置可采用圆环式或三点式。

1) 圆环式拔出试验装置的反力支承内径 $d_3=55$mm,锚固件的锚固深度 $h=25$mm,钻孔直径 $d_1=18$mm。

2) 三点式拔出试验装置的反力支承内径 $d_3=120$mm,锚固件的锚固深度 $h=35$mm,钻孔直径 $d_1=22$mm。

(4) 圆环式及三点式拔出试验装置的适用范围:

1) 圆环式拔出试验装置,宜用于粗骨料最大粒径不大于 40mm 的混凝土;

2）三点式拔出试验装置，宜用于粗骨料最大粒径不大于60mm的混凝土。

11.40 拔出试验仪器有哪些？

（1）拔出仪：

1）拔出仪由加荷装置、测力装置及反力支承三部分组成。

2）拔出仪应具备以下技术性能：

① 额定拔出力大于测试范围内的最大拔出力；

② 工作行程对于圆环式拔出试验装置不小于4mm；对于三点式拔出试验装置不小于6mm；

③ 允许示值误差为±2%F.S.；

④ 测力装置宜具有峰值保持功能。

3）拔出仪应每年至少标定一次。如遇下列情况之一时，应重新标定：

① 更换液压油后；

② 更换测力装置后；

③ 经维修后；

④ 拔出仪出现异常时。

（2）钻孔机：

1）钻孔机可采用金刚石薄壁空心钻或冲击电锤。金刚石薄壁空心钻应带有冷却水装置。

2）钻孔机宜带有控制垂直度及深度的装置。

（3）磨槽机。磨槽机由电钻、金刚石磨头、定位圆盘及冷却水装置组成。

（4）锚固件。锚固件由胀簧和胀杆组成。胀簧锚固台阶宽度b=3.5mm。

11.41 拔出试验一般规定有哪些？

（1）试验前宜具备下列有关资料：

1）工程名称及设计、施工、建设单位名称；

2）结构或构件名称、设计图纸及图纸要求的混凝土强度等级；

3）粗骨料品种、最大粒径及混凝土配合比；

4）混凝土浇筑和养护情况以及混凝土的龄期；

5）结构或构件存在的质量问题等。

（2）拔出试验前，对钻孔机、磨槽机、拔出仪的工作状态是否正常及钻头、磨头、锚固件的规格、尺寸是否满足成孔尺寸要求，均应检查。

（3）结构或构件的混凝土强度可按单个构件检测或同批构件按批抽样检测。

（4）符合下列条件的构件可作为同批构件：

1）混凝土强度等级相同；

2）混凝土原材料、配合比、施工工艺、养护条件及龄期基本相同；

3）构件种类相同；

4）构件所处环境相同。

（5）测点布置应符合下列规定：

1）按单个构件检测时，应在构件上均匀布置 3 个测点。当 3 个拔出力中的最大拔出力和最小拔出力与中间值之差均小于中间值的 15%时，仅布置 3 个测点即可；当最大拔出力或最小拔出力与中间值之差大于中间值的 15%（包括两者均大于中间值的 15%）时，应在最小拔出力测点附近再加测 2 个测点；

2）当同批构件按批抽样检测时，抽检数量应不少于同批构件总数的 30%，且不少于 10 件，每个构件不应少于 3 个测点；

3）测点宜布置在构件混凝土成型的侧面，如不能满足这一要求时，可布置在混凝土成型的表面或底面；

4）在构件的受力较大及薄弱部位应布置测点，相邻两测点的间距不应小于 $10h$，测点距构件边缘不应小于 $4h$；

5）测点应避开接缝、蜂窝、麻面部位和混凝土表层的钢筋、预埋件。

(6) 测试面应平整、清洁、干燥，对饰面层、浮浆等应予清除，必要时进行磨平处理。

(7) 结构或构件的测点应标有编号，并应描绘测点布置的示意图。

11.42 拔出试验钻孔与磨槽有何规定？

(1) 在钻孔过程中，钻头应始终与混凝土表面保持垂直，垂直度偏差不应大于3°。

(2) 在混凝土孔壁磨环形槽时，磨槽机的定位圆盘应始终紧靠混凝土表面回转，磨出的环形槽形状应规整。

(3) 成孔尺寸应满足下列要求：

1) 钻孔直径 d_1 应比11.39(3)规定值大0.1mm，且不宜大于1.0mm；

2) 钻孔深度 h_1 应比锚固深度 h 深20～30mm；

3) 锚固深度 h 应符合11.39(3)规定，允许误差为±0.8mm；

4) 环形槽深度 c 应为3.6～4.5mm。

11.43 拔出试验有何规定？

(1) 将胀簧插入成型孔内，通过胀杆使胀簧锚固台阶完全嵌入环形槽内，保证锚固可靠。

(2) 拔出仪与锚固件用拉杆连接对中，并与混凝土表面垂直。

(3) 施加拔出力应连续均匀，其速度控制在0.5～1.0kN/s。

(4) 施加拔出力至混凝土开裂破坏、测力显示器读数不再增加为止，记录极限拔出力值精确至0.1kN。

(5) 对结构或构件进行检测时，应采取有效措施防止拔出仪及机具脱落摔坏或伤人。

(6) 当拔出试验出现异常时，应作详细记录，并将该值舍去，在其附近补测一个测点。

(7) 拔出试验后，应对拔出试验造成的混凝土破损部位进行修补。

11.44 如何进行混凝土强度换算？

（1）混凝土强度换算值应按下式计算：

$$f_{cu}^{c}=A\cdot F+B \tag{11-18}$$

式中 f_{cu}^{c}——混凝土强度换算值(MPa)，精确至0.1MPa；

F——拔出力(kN)，精确至0.1kN；

A、B——测强公式回归系数。

（2）当被测结构所用混凝土的材料与制定测强曲线所用材料有较大差异时，可在被测结构上钻取混凝土芯样，根据芯样强度对混凝土强度换算值进行修正。芯样数量应不少于3个，在每个钻取芯样附近做3个测点的拔出试验，取3个拔出力的平均值代入(11-18)式计算每个芯样对应的混凝土强度换算值。修正系数可按下式计算：

$$\eta=\frac{1}{n}\sum_{i=1}^{n}(f_{cor,i}/f_{cu,i}^{c}) \tag{11-19}$$

式中 η——修正系数，精确至0.01；

$f_{cor,i}$——第i个混凝土芯样试件抗压强度值，精确至0.1MPa；

$f_{cu,i}^{c}$——对应于第i个混凝土芯样试件的3个拔出力平均值的混凝土强度换算值(MPa)，精确至0.1MPa；

n——芯样试件数。

11.45 单个构件的混凝土强度如何推定？

（1）单个构件的拔出力计算值，应按下列规定取值：

1）当构件3个拔出力中的最大和最小拔出力与中间值之差均小于中间值的15%时，取最小值作为该构件拔出力计算值；

2）当按第11.41(5)加测时，加测的2个拔出力值和最小拔出力值一起取平均值，再与前一次的拔出力中间值比较，取小值作为该构件拔出力计算值。

（2）将单个构件的拔出力计算值代入(11-18)式计算强度换算值(或用11-19式得到的修正系数η乘以强度换算值)作为单个

构件混凝土强度推定值 $f_{cu,e}$。

$$f_{cu,e}=f_{cu}^{c}$$

11.46 抽检批构件的混凝土强度如何推定？

（1）将同批构件抽样检测的每个拔出力代入 11-18 式计算强度换算值(或用 11-19 式得到的修正系数 η 乘以强度换算值)。

（2）混凝土强度的推定值 $f_{cu,e}$ 按下列公式计算：

$$f_{cu,e1}=m_{f_{cu}^{c}}-1.645S_{f_{cu}^{c}} \tag{11-20}$$

$$f_{cu,e2}=m_{f_{cu,min}^{c}}=\frac{1}{m}\sum_{j=1}^{m}f_{cu,min,j}^{c} \tag{11-21}$$

式中 $m_{f_{cu}^{c}}$——批抽检构件混凝土强度换算值的平均值(MPa)，精确至 0.1MPa，按下式计算：

$$m_{f_{cu}^{c}}=\frac{1}{n}\sum_{i=1}^{n}f_{cu,i}^{c} \tag{11-22}$$

式中 $f_{cu,i}^{c}$——第 i 个测点混凝土强度换算值；

$S_{f_{cu}^{c}}$——批抽检构件混凝土强度换算值的标准差(MPa)，精确至 0.1MPa，按下式计算：

$$S_{f_{cu}^{c}}=\sqrt{\frac{\sum_{i=1}^{n}(f_{cu,i}^{c})^{2}-n(m_{f_{cu}^{c}})^{2}}{n-1}} \tag{11-23}$$

$m_{f_{cu,min}^{c}}$——批抽检每个构件混凝土强度换算值中最小值的平均值(MPa)，精确至 0.1MPa；

$f_{cu,min,j}^{c}$——第 j 个构件混凝土强度换算值中的最小值(MPa)，精确至 0.1MPa；

n——批抽检构件的测点总数；

m——批抽检的构件数。

取 11-20、11-21 式中的较大值作为该批构件的混凝土强度推定值。

（3）对于按批抽样检测的构件，当全部测点的强度标准差出现下列情况时，则该批构件应全部按单个构件检测：

1）当混凝土强度换算值的平均值小于或等于 25MPa 时，$S_{f^c_{cu}}$ >4.5MPa；

2）当混凝土强度换算值的平均值大于 25MPa 时，$S_{f^c_{cu}}$ > 5.5MPa。

12 普通混凝土配合比设计与调整

12.1 如何确定混凝土的配制强度?

(1) 混凝土配制强度应按下式计算:

$$f_{cu,0} \geqslant f_{cu,k} + 1.645\sigma \tag{12-1}$$

式中 $f_{cu,0}$——混凝土配制强度(MPa);

$f_{cu,k}$——混凝土立方体抗压强度标准值(MPa);

σ——混凝土强度标准差(MPa)

(2) 遇有下列情况时应提高混凝土配制强度:

1) 现场条件与试验室条件有显著差异时;

2) C30级及其以上强度等级的混凝土,采用非统计方法评定时。

(3) 混凝土强度标准差宜根据同类混凝土统计资料计算确定,并应符合下列规定:

1) 计算时,强度试件组数不应少于25组;

2) 当混凝土强度等级为C20和C25级,其强度标准差计算值小于2.5MPa时,计算配制强度用的标准差应取不小于2.5MPa;当混凝土强度等级等于或大于C30级,其强度标准差计算值小于3.0MPa时,计算配制强度用的标准差应取不小于3.0MPa。

12.2 如何进行混凝土配合比计算?

(1) 进行混凝土配合比计算时,其计算公式和有关参数表格中的数值均系以干燥状态骨料为基准。当以饱和面干骨料为基准进行计算时,则应做相应的修正。

注：干燥状态骨料系指含水率小于0.5%的细骨料或含水率小于0.2%的粗骨料。

(2) 混凝土配合比应按下列步骤进行计算：

1) 计算配制强度 $f_{cu,0}$ 并求出相应的水灰比；

2) 选取每立方米混凝土的用水量，并计算出每立方米混凝土的水泥用量；

3) 选取砂率，计算粗骨料和细骨料的用量，并提出供试配用的计算配合比。

(3) 混凝土强度等级小于 C60 级时，混凝土水灰比宜按下式计算：

$$W/C=\frac{\alpha_a \cdot f_{ce}}{f_{cu,0}+\alpha_a \cdot \alpha_b \cdot f_{ce}} \tag{12-2}$$

式中 α_a、α_b——回归系数；

f_{ce}——水泥 28d 抗压强度实测值(MPa)。

1) 当无水泥 28d 抗压强度实测值时，公式(12-2)中的 f_{ce} 值可按下式确定：

$$f_{ce}=\gamma_c \cdot f_{ce,g} \tag{12-3}$$

式中 γ_c——水泥强度等级值的富余系数，可按实际统计资料确定；

$f_{ce,g}$——水泥强度等级值(MPa)。

2) f_{ce} 值也可根据 3d 强度或快测强度推定 28d 强度关系式推定得出。

(4) 回归系数 α_a 和 α_b 宜按下列规定确定：

1) 回归系数 α_a 和 α_b 应根据工程的使用的水泥、骨料，通过试验由建立的水灰比与混凝土强度关系式确定；

2) 当不具备上述试验统计资料时，其回归系数可按表 12-1 采用。

(5) 每立方米混凝土的用水量(m_{w0})可按(12-3)式的规定确定。

(6) 每立方米混凝土的水泥用量(m_{c0})可按下式计算：

回归系数 α_a、α_b 选用表　　　　表 12-1

系数 \ 石子品种	碎　石	卵　石
α_a	0.46	0.48
α_b	0.07	0.33

$$m_{c0}=\frac{m_{w0}}{W/C} \tag{12-4}$$

(7) 混凝土的砂率可按本附录 12-4 条的规定选取。

(8) 粗骨料和细骨料用量的确定，应符合下列规定：

1) 当采用重量法时，应按下列公式计算：

$$m_{c0}+m_{g0}+m_{s0}+m_{w0}=m_{cp} \tag{12-5}$$

$$\beta_s=\frac{m_{s0}}{m_{g0}+m_{s0}}\times 100\% \tag{12-6}$$

式中 m_{c0}——每立方米混凝土的水泥用量(kg)；

m_{g0}——每立方米混凝土的粗骨料用量(kg)；

m_{s0}——每立方米混凝土的细骨料用量(kg)；

m_{w0}——每立方米混凝土的用水量(kg)；

β_s——砂率(%)；

m_{cp}——每立方米混凝土拌合物的假定重量(kg)，其值可取 2350～2450kg。

2) 当采用体积法时，应按下列公式计算：

$$\frac{m_{c0}}{\rho_c}+\frac{m_{g0}}{\rho_g}+\frac{m_{s0}}{\rho_s}+\frac{m_{w0}}{\rho_w}+0.01\alpha=1 \tag{12-7}$$

$$\beta_s=\frac{m_{s0}}{m_{g0}+m_{s0}}\times 100\% \tag{12-8}$$

式中 ρ_c——水泥密度(kg/m^2)，可取 2900～3100kg/m^3；

ρ_g——粗骨料的表观密度(kg/m^3)；

ρ_s——细骨料的表观密度(kg/m^3)；

ρ_w——水的密度(kg/m^3)，可取 1000kg/m^3；

α——混凝土的含气量百分数，在不使用引气型外加剂时，

α 可取为 1。

3）粗骨料和细骨料的表观密度（ρ_g、ρ_s）应按现行行业标准《普通混凝土用碎石或卵石质量标准及检验方法》（JGJ 53）和《普通混凝土用砂质量标准及检验方法》（JGJ 52）规定的方法测定。

12.3 如何确定每立方米混凝土用水量？

（1）干硬性和塑性混凝土用水量的确定：

1）水灰比在 0.40～0.80 范围时，根据粗骨料的品种、粒径及施工要求的混凝土拌合物稠度，其用水量可按表 12-2、12-3 选取。

干硬性混凝土的用水量（kg/m³） **表 12-2**

拌合物稠度		卵石最大粒径（mm）			碎石最大粒径（mm）		
项 目	指 标	10	20	40	16	20	40
维勃稠度（s）	16～20	175	160	145	180	170	155
	11～15	180	165	150	185	175	160
	5～10	185	170	155	190	180	165

塑性混凝土的用水量（kg/m³） **表 12-3**

拌合物稠度		卵石最大粒径（mm）				碎石最大粒径（mm）			
项 目	指 标	10	20	31.5	40	16	20	31.5	40
坍落度（mm）	10～30	190	170	160	150	200	185	175	165
	35～50	200	180	170	160	210	195	185	175
	55～70	210	190	180	170	220	205	195	185
	75～90	215	195	185	175	230	215	205	195

注：1. 本表用水量系采用中砂时的平均取值。采用细砂时，每立方米混凝土用水量可增加 5～10kg；采用粗砂时，则可减少 5～10kg。

2. 掺用各种外加剂或掺合料时，用水量应相应调整。

2）水灰比小于 0.40 的混凝土以及采用特殊成型工艺的混凝土用水量应通过试验确定。

（2）流动性和大流动性混凝土的用水量宜按下列步骤计算：

1）以表 12-3 中坍落度 90mm 的用水量为基础，按坍落度每增大 20mm 用水量增加 5kg，计算出未掺外加剂时的混凝土的用水量；

2）掺外加剂时的混凝土用水量可按下式计算：

$$m_{wa}=m_{w0}(1-\beta) \tag{12-9}$$

式中 m_{wa}——掺外加剂混凝土每立方米混凝土的用水量(kg)；

m_{w0}——未掺外加剂混凝土每立方米混凝土的用水量(kg)；

β——外加剂的减水率(%)。

3）外加剂的减水率应经试验确定。

12.4 如何确定混凝土砂率？

（1）坍落度为 10～60mm 的混凝土砂率，可根据粗骨料品种、粒径及水灰比按表 12-4 选取：

混凝土的砂率(%) **表 12-4**

水灰比 (W/C)	卵石最大粒径(mm)			碎石最大粒径(mm)		
	10	20	40	16	20	40
0.40	26～32	25～31	24～30	30～35	29～34	27～32
0.50	30～35	29～34	28～33	33～38	32～37	30～35
0.60	33～38	32～37	31～36	36～41	35～40	33～38
0.70	36～41	35～40	34～39	39～44	38～43	36～41

注：1. 本表数值系中砂的选用砂率，对细砂或粗砂，可相应地减少或增大砂率；
2. 只用一个单粒级粗骨料配制混凝土时，砂率应适当增大；
3. 对薄壁构件，砂率取偏大值；
4. 本表中的砂率系指砂与骨料总量的重量比。

（2）坍落度大于 60mm 的混凝土砂率，可经试验确定，也可在表 12-4 的基础上，按坍落度每增大 20mm，砂率增大 1%的幅度予以调整。

（3）坍落度小于 10mm 的混凝土，其砂率应经试验确定。

12.5 混凝土配合比设计时，其最大水灰比和最小水泥用量有何规定？

当进行混凝土配合比设计时，混凝土的最大水灰比和最小水泥用量,应符合第 7.9 的规定。

12.6 如何进行混凝土配合比的试配?

(1) 进行混凝土配合比试配时,应采用工程中实际使用的原材料。混凝土的搅拌方法,宜与生产时使用的方法相同。

(2) 混凝土配合比试验时,每盘混凝土的最小搅拌量应符合表 12-5 的规定;当采用机械搅拌时,其搅拌量不应小于搅拌机额定搅拌量的 1/4。

混凝土试配的最小搅拌量 **表 12-5**

骨料最大粒径(mm)	拌合物数量(L)
31.5 及以下	15
40	25

(3) 按计算的配合比进行试配时,首先应进行试拌,以检查拌合物的性能,当试拌得出的拌合物坍落度或维勃稠度不能满足要求,或粘聚性和保水性不好时,应在保证水灰比不变的条件下相应调整用水量或砂率,直到符合要求为止。然后提出供混凝土强度试验用的基准配合比。

(4) 混凝土强度试验时至少应采用 3 个不同的配合比。当采用 3 个不同的配合比时,其中一个应为本条(3)确定的基准配合比,另外两个配合比的水灰比,宜较基准配合比分别增加和减少 0.05;用水量应与基准配合比相同,砂率可分别增加和减少 1%。

当不同水灰比的混凝土拌合物坍落度与要求值的差超过允许偏差时,可通过增、减用水量进行调整。

(5) 制作混凝土强度试验试件时,应检验混凝土拌合物的坍落度或维勃稠度、粘聚性、保水性及拌合物的表观密度,并以此结果作为代表相应配合比的混凝土拌合物的性能。

(6) 进行混凝土强度试验时,每种配合比至少应制作一组(3 块)试件,标准养护到 28d 时试压。

需要时可同时制作几组试件,供快速检验或较早龄期试压,以便提前定出混凝土配合比供施工使用。但应以标准养护28d强度或按现行国家标准《粉煤灰混凝土应用技术规程》(GBJ 146)、现行行业标准《粉煤灰在混凝土和砂浆中应用技术规程》(JGJ 28)等规定的龄期强度的检验结果为依据调整配合比。

12.7 如何进行混凝土配合比的调整与确定?

(1) 根据试验得出的混凝土强度与其相对应的灰水比(C/W)关系,用作图法或计算法求出与混凝土配制强度($f_{cu,0}$)相对应的灰水比,并应按下列原则确定每立方米混凝土的材料用量:

1) 用水量(m_w)应在基准配合比用水量的基础上,根据制作强度试件时测得的坍落度或维勃稠度进行调整确定;

2) 水泥用量(m_c)应以用水量乘以选定出来的灰水比计算确定;

3) 粗骨料和细骨料用量(m_g 和 m_s)应在基准配合比的粗骨料和细骨料用量的基础上,按选定的灰水比进行调整后确定。

(2) 经试配确定配合比后,尚应按下列步骤进行校正:

1) 应根据本条之(1)确定的材料用量按下式计算混凝土的表观密度计算值 $\rho_{c,c}$:

$$\rho_{c,c}=m_c+m_g+m_s+m_w \tag{12-10}$$

2) 应按下式计算混凝土配合比校正系数 δ:

$$\delta=\frac{\rho_{c,t}}{\rho_{c,c}} \tag{12-11}$$

式中 $\rho_{c,t}$——混凝土表观密度实测值(kg/m³);

$\rho_{c,c}$——混凝土表观密度计算值(kg/m³)。

3) 当混凝土表观密度实测值与计算值之差的绝对值不超过计算值的2%时,按本条之(1)确定的配合比即为确定的设计配合比;当二者之差超过2%时,应将配合比中每项材料用量均乘以校正系数 δ,即为确定的设计配合比。

(3) 根据本单位常用的材料,可设计出常用的混凝土配合比备用；在使用过程中，应根据原材料情况及混凝土质量检验的结果予以调整。但遇有下列情况之一时，应重新进行配合比设计：

1）对混凝土性能指标有特殊要求时；

2）水泥、外加剂或矿物掺合料品种、质量有显著变化时；

3）该配合比的混凝土生产间断半年以上时。

12.8 如何进行抗渗混凝土配合比设计？

（1）抗渗混凝土所用原材料应符合下列规定：

1）粗骨料宜采用连续级配，其最大粒径不宜大于40mm，含泥量不得大于1.0%，泥块含量不得大于0.5%；

2）细骨料的含泥量不得大于3.0%，泥块含量不得大于1.0%；

3）外加剂宜采用防水剂、膨胀剂、引气剂、减水剂或引气减水剂；

4）抗渗混凝土宜掺用矿物掺合料。

（2）抗渗混凝土配合比的计算方法和试配步骤除应遵守本附录第12.2～12.6的规定外，尚应符合下列规定：

1）每立方米混凝土中的水泥和矿物掺合料总量不宜小于320kg；

2）砂率宜为35%～45%；

3）供试配用的最大水灰比应符合表12-6的规定。

抗渗混凝土最大水灰比 **表12-6**

抗渗等级	最大水灰比	
	C20～C30混凝土	C30以上混凝土
P6	0.60	0.55
P8～P12	0.55	0.50
P12以上	0.50	0.45

（3）掺用引气剂的抗渗混凝土，其含气量宜控制在3%～5%。

(4) 进行抗渗混凝土配合比设计时，尚应增加抗渗性能试验；

并应符合下列规定：

1) 试配要求的抗渗水压值应比设计值提高 0.2MPa；

2) 试配时，宜采用水灰比最大的配合比做抗渗试验，其试验结果应符合下列要求：

$$P_t \geqslant \frac{P}{10} + 0.2 \tag{12-12}$$

式中 P_t——6 个试件中 4 个未出现渗水时的最大水压值(MPa)；

P——设计要求的抗渗等级值。

3) 掺引气剂的混凝土还应进行含气量试验，试验结果应符合本条之(3)的规定。

12.9 如何进行抗冻混凝土配合比设计？

(1) 抗冻混凝土所用原材料应符合下列规定：

1) 应选用硅酸盐水泥或普通硅酸盐水泥，不宜使用火山灰质硅酸盐水泥；

2) 宜选用连续级配的粗骨料，其含泥量不得大于 1.0%，泥块含量不得大于 0.5%；

3) 细骨料含泥量不得大于 3.0%，泥块含量不得大于 1.0%；

4) 抗冻等级 F100 及以上的混凝土所用的粗骨料和细骨料均应进行坚固性试验，并应符合现行行业标准《普通混凝土用碎石或卵石质量标准及检验方法》(JGJ 53)及《普通混凝土用砂质量标准及检验方法》(JGJ 52)的规定；

5) 抗冻混凝土宜采用减水剂，对抗冻等级 F100 及以上的混凝土应掺引气剂，掺用后混凝土的含气量应符合本条之 4)的规定。

(2) 抗冻混凝土配合比的计算方法和试配步骤除应遵守本章第 12.2 和 12.6 条的规定外，供试配用的最大水灰比尚应符合表 12-7 的规定。

抗冻混凝土的最大水灰比 表 12-7

抗冻等级	无引气剂时	掺引气剂时
F50	0.55	0.60
F100	—	0.55
F150及以上	—	0.50

(3) 进行抗冻混凝土配合比设计时，尚应增加抗冻融性能试验。

(4) 长期处于潮湿和严寒环境中的混凝土，应掺用引气剂或引气减水剂。引气剂的掺入量应根据混凝土的含气量并经试验确定，混凝土的最小含气量应符合表12-8的规定；混凝土的含气量亦不宜超过7%。混凝土中的粗骨料和细骨料应作坚固性试验。

长期处于潮湿和严寒环境中混凝土的最小含气量 表 12-8

粗骨料最大粒径(mm)	最小含气量(%)
40	4.5
25	5.0
20	5.5

注：含气量的百分比为体积比。

12.10 如何进行高强混凝土配合比设计?

(1) 配制高强混凝土所用原材料应符合下列规定：

1) 应选用质量稳定、强度等级不低于42.5级的硅酸盐水泥或普通硅酸盐水泥；

2) 对强度等级为C60级的混凝土，其粗骨料的最大粒径不应大于31.5mm，对强度等级高于C60级的混凝土，其粗骨料的最大粒径不应大于25mm；针片状颗粒含量不宜大于5.0%，含泥量不应大于0.5%，泥块含量不宜大于0.2%；其他质量指标应符合现行行业标准《普通混凝土用碎石或卵石质量标准及检验方法》(JGJ 53)的规定；

3）细骨料的细度模数宜大于2.6，含泥量不应大于2.0%，泥块含量不应大于0.5%。其他质量指标应符合现行行业标准《普通混凝土用砂质量标准及检验方法》(JGJ 52)的规定；

4）配制高强混凝土时应掺用高效减水剂或缓凝高效减水剂；

5）配制高强混凝土时应掺用活性较好的矿物掺合料，且宜复合使用矿物掺合料。

（2）高强混凝土配合比的计算方法和步骤除应按本章第12.2规定进行外，尚应符合下列规定：

1）基准配合比中的水灰比，可根据现有试验资料选取；

2）配制高强混凝土所用砂率及所采用的外加剂和矿物掺合料的品种、掺量，应通过试验确定；

3）计算高强混凝土配合比时，其用水量可按本章第12.3的规定确定；

4）高强混凝土的水泥用量不应大于550kg/m³，水泥和矿物掺合料的总量不应大于600kg/m³。

（3）高强混凝土配合比的试配与确定的步骤应按本章第12.6的规定进行。当采用3个不同的配合比进行混凝土强度试验时，其中一个应为基准配合比，另外两个配合比的水灰比，宜较基准配合比分别增加和减少0.02～0.03；

（4）高强混凝土设计配合比确定后，尚应用该配合比进行不少于6次的重复试验进行验证，其平均值不应低于配制强度。

12.11 如何进行泵送混凝土配合比设计？

（1）泵送混凝土所采用的原材料应符合下列规定：

1）泵送混凝土应选用硅酸盐水泥、普通硅酸盐水泥、矿渣硅酸盐水泥和粉煤灰硅酸盐水泥，不宜采用火山灰质硅酸盐水泥；

2）粗骨料宜采用连续级配，其针片状颗粒含量不宜大于10%；粗骨料的最大粒径与输送管径之比宜符合表12-9的规定；

粗骨料的最大粒径与输送管径之比　　　表 12-9

石子品种	泵送高度(m)	粗骨料最大粒径与输送管径比
碎　石	<50	≤1∶3.0
	50～100	≤1∶4.0
	>100	≤1∶5.0
卵　石	<50	≤1∶2.5
	50～100	≤1∶3.0
	>100	≤1∶4.0

3）泵送混凝土宜采用中砂，其通过 0.315mm 筛孔的颗粒含量不应少于 15%；

4）泵送混凝土应掺用泵送剂或减水剂，并宜掺用粉煤灰或其他活性矿物掺合料，其质量应符合国家现行有关标准的规定。

（2）泵送混凝土试配时要求的坍落度值应按下式计算：

$$T_t = T_p + \Delta T \quad (12\text{-}13)$$

式中　T_t——试配时要求的坍落度值；

T_p——入泵时要求的坍落度值；

ΔT——试验测得在预计时间内的坍落度经时损失值。

（3）泵送混凝土配合比的计算和试配步骤除应按第 12.2 和 12.6 规定进行外，尚应符合下列规定：

1）泵送混凝土的用水量与水泥和矿物掺合料的总量之比不宜大于 0.60；

2）泵送混凝土的水泥和矿物掺合料的总量不宜小于 300 kg/m^3；

3）泵送混凝土的砂率宜为 35%～45%；

4）掺用引气型外加剂时，其混凝土含气量不宜大于 4%。

12.12　如何进行大体积混凝土配合比设计？

（1）大体积混凝土所用的原材料应符合下列规定：

1）水泥应选用水化热低和凝结时间长的水泥，如低热矿渣硅酸盐水泥、中热硅酸盐水泥、矿渣硅酸盐水泥、粉煤灰硅酸盐水泥、火山灰质硅酸盐水泥等；当采用硅酸盐水泥或普通硅酸盐水泥时，应采取相应措施延缓水化热的释放；

2）粗骨料宜采用连续级配，细骨料宜采用中砂；

3）大体积混凝土应掺用缓凝剂、减水剂和减少水泥水化热的掺合剂。

（2）大体积混凝土在保证混凝土强度及坍落度要求的前提下，应提高掺合料及骨料的含量，以降低每立方米混凝土的水泥用量。

（3）大体积混凝土配合比的计算和试配步骤应按第 12.2 和第 12.6 的规定进行，并宜在配合比确定后进行水化热的验算或测定。

13　轻骨料混凝土配合比设计

13.1　轻骨料混凝土配合比设计参数有何规定？

(1) 不同试配强度的轻骨料混凝土的水泥用量可按表 13-1 选用。

轻骨料混凝土的水泥用量(kg/m^3)　　**表 13-1**

混凝土试配强度(MPa)	轻骨料密度等级						
	400	500	600	700	800	900	1000
<5.0	260～320	250～300	230～280				
5.0～7.5	280～360	260～340	240～320	220～300			
7.5～10		280～370	260～350	240～320			
10～15			280～350	260～340	240～330		
15～20			300～400	280～380	270～370	260～360	250～350
20～25				330～400	320～390	310～380	300～370
25～30				380～450	370～440	360～430	350～420
30～40				420～500	390～490	380～480	370～470
40～50					430～530	420～520	410～510
50～60					450～550	440～540	430～530

注：1. 表中横线以上为采用 32.5 级水泥时水泥用量值；横线以下为采用 42.5 级水泥时的水泥用量值；

2. 表中下限值适用于圆球型和普通型轻粗骨料，上限值适用于碎石型轻粗骨料和全轻混凝土；

3. 最高水泥用量不宜超过 550kg/m^3。

(2) 轻骨料混凝土配合比中的水灰比应以净水灰比表示。配制全轻混凝土时，可采用总水灰比表示，但应加以说明。

轻骨料混凝土最大水灰比和最小水泥用量的限值应符合表 13-2 的规定。

轻骨料混凝土的最大水灰比和最小水泥用量　　表 13-2

混凝土所处的环境条件	最大水灰比	最小水泥用量(kg/m³)	
		配筋混凝土	素混凝土
不受风雪影响混凝土	不作规定	270	250
受风雪影响的露天混凝土;位于水中及水位升降范围内的混凝土和潮湿环境中的混凝土	0.50	325	300
寒冷地区位于水位升降范围内的混凝土和受水压或除冰盐作用的混凝土	0.45	375	350
严寒和寒冷地区位于水位升降范围内和受硫酸盐、除冰盐等腐蚀的混凝土	0.40	400	375

注：1. 严寒地区指最寒冷月份的月平均温度低于－15℃者,寒冷地区指最寒冷月份的月平均温度处于－5～－15℃者;

2. 水泥用量不包括掺和料;

3. 寒冷和严寒地区用的轻骨料混凝土应掺入引气剂,其含气量宜为5%～8%。

(3) 轻骨料混凝土的净用水量根据稠度(坍落度或维勃稠度)和施工要求,可按表13-3选用。

轻骨料混凝土的净用水量　　表 13-3

轻骨料混凝土用途	稠　度		净用水量(kg/m³)
	维勃稠度(s)	坍落度(mm)	
预制构件及制品:			
(1) 振动加压成型	10～20	—	45～140
(2) 振动台成型	5～10	0～10	140～180
(3) 振捣棒或平板振动器振实	—	30～80	165～215
现浇混凝土:			
(1) 机械振捣	—	50～100	180～225
(2) 人工振捣或钢筋密集	—	≥80	200～230

注：1. 表中值适用于圆球型和普通型轻粗骨料,对碎石型轻粗骨料,宜增加10kg左右的用水量;

2. 掺加外加剂时,宜按其减水率适当减少用水量,并按施工稠度要求进行调整;

3. 表中值适用于砂轻混凝土;若采用轻砂时,宜取轻砂1h吸水率为附加水量;若无轻砂吸水率数据时,可适当增加用水量,并按施工稠度要求进行调整。

(4) 轻骨料混凝土的砂率可按表13-4选用。当采用松散体积法设计配合比时，表中数值为松散体积砂率；当采用绝对体积法设计配合比时，表中数值为绝对体积砂率。

轻骨料混凝土的砂率 **表 13-4**

轻骨料混凝土用途	细骨料品种	砂 率(%)
预制构件	轻 砂 普通砂	35～50 30～40
现浇混凝土	轻 砂 普通砂	— 35～45

注：1. 当混合使用普通砂和轻砂作细骨料时，砂率宜取中间值，宜按普通砂和轻砂的混合比例进行插入计算；

2. 当采用圆球型轻粗骨料时，砂率宜取表中值下限；采用碎石型时，则宜取上限。

（5）当采用松散体积法设计配合比时，粗细骨料松散状态的总体积可按表 13-5 选用。

粗细骨料总体积 **表 13-5**

轻粗骨料粒型	细骨料品种	粗细骨料总体积(m^3)
圆 球 型	轻 砂 普通砂	1.25～1.50 1.10～1.40
普 通 型	轻 砂 普通砂	1.30～1.60 1.10～1.50
碎 石 型	轻 砂 普通砂	1.35～1.65 1.10～1.60

（6）当采用粉煤灰作掺和料时，粉煤灰取代水泥百分率和超量系数等参数的选择，应按国家现行标准《粉煤灰在混凝土和砂浆中应用技术规程》(JGJ 28)的有关规定执行。

13.2 如何进行轻骨料混凝土配合比设计?

（1）轻骨料混凝土的配合比设计主要应满足抗压强度、密度和稠度的要求，并以合理使用材料和节约水泥为原则。必要时尚应符合对混凝土性能（如弹性模量、碳化和抗冻性等）的特殊要求。

(2) 轻骨料混凝土的配合比应通过计算和试配确定。混凝土试配强度应按下式确定：

$$f_{cu,o} \geqslant f_{cu,k} + 1.645\sigma \tag{13-1}$$

式中 $f_{cu,o}$——轻骨料混凝土的试配强度(MPa)；

$f_{cu,k}$——轻骨料混凝土立方体抗压强度标准值(即强度等级)(MPa)；

σ——轻骨料混凝土强度标准差(MPa)。

(3) 混凝土强度标准差应根据同品种、同强度等级轻骨料混凝土统计资料计算确定。计算时，强度试件组数不应少于25组。

当无统计资料时，强度标准差可按表13-6取值。

强度标准差 σ(MPa) **表 13-6**

混凝土强度等级	低于LC20	LC20～LC35	高于LC35
σ	4.0	5.0	6.0

(4) 轻骨料混凝土配合比中的轻粗骨料宜采用同一品种的轻骨料。结构保温轻骨料混凝土及其制品掺入煤(炉)渣轻粗骨料时，其掺量不应大于轻粗骨料总量的30%，煤(炉)渣含碳量不应大于10%。为改善某些性能而掺入另一品种粗骨料时，其合理掺量应通过试验确定。

(5) 在轻骨料混凝土配合比中加入化学外加剂或矿物掺合料时，其品种、掺量和对水泥的适应性，必须通过试验确定。

13.3 如何采用松散体积法计算轻骨料混凝土配合比？

(1) 根据设计要求的轻骨料混凝土的强度等级、混凝土的用途，确定粗细骨料的种类和粗骨料的最大粒径；

(2) 测定粗骨料的堆积密度、筒压强度和1h吸水率，并测定细骨料的堆积密度；

(3) 按第13.2(2)计算混凝土试配强度；

(4) 按第13.1(1)选择水泥用量；

(5) 根据施工稠度的要求，按第13.1(3)选择净用水量；

(6) 根据混凝土用途按本 13.1(4)选取松散体积砂率；

(7) 根据粗细骨料的类型，按本附录 C-1 之 5 选用粗细骨料总体积，并按下列公式计算每立方米混凝土的粗细骨料用量：

$$V_s = V_t \times S_p \tag{13-2}$$

$$m_s = V_s \times \rho_{1s} \tag{13-3}$$

$$V_a = V_t - V_s \tag{13-4}$$

$$m_a = V_a \times \rho_{1a} \tag{13-5}$$

式中 V_s、V_a、V_t——分别为每立方米细骨料、粗骨料和粗细骨料的松散体积(m^3)；

m_s、m_a——分别为每立方米细骨料和粗骨料的用量(kg)；

S_p——砂率(%)；

ρ_{1s}、ρ_{1a}——分别为细骨料和粗骨料的堆积密度(kg/m^3)。

(8) 根据净用水量和附加水量的关系按下式计算总用水量：

$$m_{wt} = m_{wn} + m_{wa} \tag{13-6}$$

式中 m_{wt}——每立方米混凝土的总用水量(kg)；

m_{wn}——每立方米混凝土的净用水量(kg)；

m_{wa}——每立方米混凝土的附加水量(kg)。

附加水量计算应符合第 13.5(1)的规定。

(9) 按下式计算混凝土干表观密度，并与设计要求的干表观密度进行对比，如其误差大于 2%，则应按下式重新调整和计算配合比。

$$\rho_{cd} = 1.15m_c + m_a + m_s \tag{13-7}$$

式中 ρ_{cd}——轻骨料混凝土的干表观密度(kg/m^3)。

13.4 如何采用绝对体积法计算轻骨料混凝土配合比？

(1) 根据设计要求的轻骨料混凝土的强度等级、密度等级和混凝土的用途，确定粗细骨料的种类和粗骨料的最大粒径；

(2) 测定粗骨料的堆积密度、颗粒表观密度、筒压强度和 1h 吸水率，并测定细骨料的堆积密度和相对密度；

(3) 按第 13.2(2)计算混凝土试配强度；

(4) 按第13.1(1)选择水泥用量；

(5) 根据制品生产工艺和施工条件要求的混凝土稠度指标，按第13.1(3)确定净用水量；

(6) 根据轻骨料混凝土的用途，按第13.1(4)选用砂率；

(7) 按下列公式计算粗细骨料的用量：

$$V_s = \left[1 - \left(\frac{m_c}{\rho_c} + \frac{m_{wn}}{\rho_w}\right) \div 1000\right] \times s_p \tag{13-8}$$

$$m_s = V_s \times \rho_s \tag{13-9}$$

$$V_a = \left[1 - \left(\frac{m_c}{\rho_c} + \frac{m_{wn}}{\rho_w} + \frac{m_s}{\rho_s}\right) \div 1000\right] \tag{13-10}$$

$$m_a = V_a \times \rho_{ap} \tag{13-11}$$

式中 V_s——每立方米混凝土的细骨料绝对体积(m^3)；

m_c——每立方米混凝土的水泥用量(kg)；

ρ_c——水泥的相对密度，可取 $\rho_c = 2.9 \sim 3.1$；

ρ_w——水的密度，可取 $\rho_w = 1.0$；

V_a——每立方米混凝土的轻粗骨料绝对体积(m^3)；

ρ_s——细骨料密度，采用普通砂时，为砂的相对密度，可取 $\rho_s = 2.6$；采用轻砂时，为轻砂的颗粒表观密度(g/cm^3)；

ρ_{ap}——轻粗骨料的颗粒表观密度(kg/m^3)。

(8) 根据净用水量和附加水量的关系，按(13-6)式计算总用水量：

附加水量的计算应符合第13.5(1)的规定。

(9) 按下式计算混凝土干表观密度，并与设计要求的干表观密度进行对比，当其误差大于2%，则应按(13-7)重新调整和计算配合比。

13.5 计算轻骨料混凝土配合比时，附加水量和粗细骨料状态有何规定？

(1) 根据粗骨料的预湿处理方法和细骨料的品种，附加水量宜按表 13-7 所列公式计算。

附加水量的计算 **表 13-7**

项 目	附加水量(m_{wa})
粗骨料预湿,细骨料为普砂	$m_{wa}=0$
粗骨料不预湿,细骨料为普砂	$m_{wa}=m_a \cdot \omega_a$
粗骨料预湿,细骨料为轻砂	$m_{wa}=m_s \cdot \omega_s$
粗骨料不预湿,细骨为轻砂	$m_{wa}=m_a \cdot \omega_a+m_s \cdot \omega_s$

注:1. ω_a、ω_s 分别为粗、细骨料的 1h 吸水率。

2. 当轻骨料含水时,必须在附加水量中扣除自然含水量。

(2) 配合比计算中的粗细骨料用量均以干燥状态为基准。

13.6 如何进行粉煤灰轻骨料混凝土配合比设计?

(1) 基准轻骨料混凝土的配合比计算应按第 13.3 或第 13.4 的步骤进行;

(2) 粉煤灰取代水泥率应按表 13-8 的要求确定;

粉煤灰取代水泥率 **表 13-8**

混凝土强度等级	取代普通硅酸盐水泥率 β_c(%)	取代矿渣硅酸盐水泥率 β_c(%)
≤LC15	25	20
LC20	15	10
≥LC25	20	15

注:1. 表中值为范围上限,以 32.5 级水泥为基准;

2. ≥LC20 的混凝土宜采用Ⅰ、Ⅱ级粉煤灰,≤LC15 的素混凝土可采用Ⅲ级粉煤灰;

3. 在有试验根据时,粉煤灰取代水泥百分率可适当放宽。

(3) 根据基准混凝土水泥用量(m_{co})和选用的粉煤灰取代水泥百分率(β_c),按下式计算粉煤灰轻骨料混凝土的水泥用量(m_c):

$$m_c=m_{co}(1-\beta_c) \tag{13-12}$$

(4) 根据所用粉煤灰级别和混凝土的强度等级,粉煤灰的超量系数(δ_c)可在 1.2~2.0 范围内选取,并按下式计算粉煤灰掺量

(m_f):

$$m_f=\delta_c(m_{co}-m_c) \tag{13-13}$$

(5) 分别计算每立方米粉煤灰轻骨料混凝土中水泥、粉煤灰和细骨料的绝对体积。按粉煤灰超出水泥的体积，扣除同体积的细骨料用量；

(6) 用水量保持与基准混凝土相同，通过试配，以符合稠度要求来调整用水量；

(7) 配合比的调整和校正方法同第 13.7 条。

13.7 如何对轻骨料混凝土进行试配与调整？

计算出的轻骨料混凝土配合比必须通过试配予以调整。配合比的调整应按下列步骤进行：

(1) 以计算的混凝土配合比为基础，再选取与之相差±10%的相邻两个水泥用量，用水量不变，砂率相应适当增减，分别按 3 个配合比拌制混凝土拌和物。测定拌合物的稠度，调整用水量，以达到要求的稠度为止；

(2) 按校正后的混凝土配合比进行试配，检验混凝土拌和物的稠度和振实湿表观密度，制作确定混凝土抗压强度标准值的试块，每种配合比至少制作一组；

(3) 标准养护 28d 后，测定混凝土抗压强度和干表观密度。最后，以既能达到设计要求的混凝土配制强度和干表观密度又具有最小水泥用量的配合比作为选定的配合比；

(4) 对选定配合比进行质量校正。其方法是先按公式(13-14)计算出轻骨料混凝土的计算湿表观密度，然后再与拌合物的实测振实湿表观密度相比，按公式(13-15)计算校正系数：

$$\rho_{cc}=m_a+m_s+m_c+m_f+m_{wt} \tag{13-14}$$

$$\eta=\frac{\rho_{co}}{\rho_{cc}} \tag{13-15}$$

式中 η——校正系数；

ρ_{cc}——按配合比各组成材料计算的湿表观密度

(kg/m^3)；

ρ_{co}——混凝土拌合物的实测振实湿表观密度 (kg/m^3)；

m_a、m_s、m_c、m_f、m_{wt}——分别为配合比计算所得的粗骨料、细骨料、水泥、粉煤灰用量和总用水量 (kg/m^3)。

(5) 选定配合比中的各项材料用量均乘以校正系数即为最终的配合比设计值。

13.8 如何进行大孔轻骨料混凝土配合比计算与试配？

(1) 混凝土的试配强度应按照第13.2(2)计算。

(2) 根据轻粗骨料的堆积密度，宜按式(13-5)计算每立方米混凝土的轻粗骨料用量。

按体积计量时，每立方米混凝土的轻粗骨料用量取$1m^3$松散体积(V_a)。

(3) 根据混凝土要求的强度等级和轻粗骨料品种，水泥用量可在150～250kg/m^3范围内选用，并可掺入适量外加剂和掺合料。

(4) 混凝土拌合物的用水量宜以水泥浆能均匀附在骨料表面并呈油状光泽而不流淌为度。可在净水灰比0.30～0.42的范围内选用一个试配水灰比，并可按下式计算拌合物的净用水量(kg/m^3)：

$$m_{wn}=m_c\times W/C \tag{13-16}$$

式中 W/C——试配水灰比。

当采用干燥骨料时，应根据净用水量加上轻粗骨料1h吸水量，按(13-6)式式计算总用水量。

(5) 振动加压成型的轻骨料混凝土小型空心砌块宜采用干硬性大孔混凝土拌合物，其用水量宜以模底不淌浆和坯体不变形为准，可按第13.1(3)选用。

(6) 配合比应通过试验确定。其试验与调整应按第13.7进行。

(7) 混凝土试件的成型方法，应与实际施工采用的成型工艺相同。

13.9 如何进行泵送轻骨料混凝土配合比计算？

(1) 泵送轻骨料混凝土配合比的设计除应满足轻骨料混凝土设计强度、耐久性和密度的要求外，其拌合物还应满足混凝土可泵性、黏聚性和保水性的要求。

(2) 泵送轻骨料混凝土拌合物入泵时的坍落度值应根据泵送的高度选用，宜为150～200mm；含气量宜为5%。

(3) 泵送轻骨料混凝土试配时要求的坍落度值应按下式计算：

$$T_t = T_p + \Delta T \quad (13\text{-}17)$$

式中 T_t——试配时要求的坍落度值(mm)；

T_p——入泵时要求的坍落度值(mm)；

ΔT——试验时测得在预计时间内的坍落度经时损失值(mm)。

(4) 泵送轻骨料混凝土的水泥用量不宜少于350kg/m^3。

(5) 泵送轻骨料混凝土的体积砂率宜为40%～50%。当掺用粉煤灰并采用超量法取代水泥时，砂率可适当降低。

(6) 泵送轻骨料混凝土配合比的设计步骤宜按第13.2～第13.7进行。其中，轻粗骨料吸水率应采用24h吸水率。泵送轻骨料混凝土配合比应根据具体施工条件进行试配和调整，并应进行试泵。

主要参考文献

1 本书编委会. 建筑工程施工质量验收强制性条文应用技术. 北京:中国建筑工业出版社,2003
2 卫明主编. 建筑工程施工强制性条文实施指南. 北京:中国建筑工业出版社,2002
3 吴松勤主编. 建筑工程施工质量验收规范应用讲座(验收表). 北京:中国建筑工业出版社,2002
4 吴之乃等. 建筑业 10 项新技术及其应用. 北京:中国建筑工业出版社,2001
5 全国建设工程质量监督工程师培训教材编写委员会. 建筑工程施工试验与检测. 北京:中国建筑工业出版社,2001
6 徐伟,苏宏阳主编. 建筑工程分部分项施工手册(主体工程). 北京:中国计划出版社,1999
7 潘全祥主编. 建筑结构工程施工百问. 北京:中国建筑工业出版社,2000
8 罗国强,罗钢. 建筑施工中的结构问题. 北京:中国建筑工业出版社,1997
9 上海市建筑业联合会,工程建设监督委员会编. 建筑工程质量控制与验收. 北京:中国建筑工业出版社,2002
10 实用建筑施工手册编写组. 实用建筑施工手册. 北京:中国建筑工业出版社,1999
11 李文华主编. 建筑工程质量检验. 北京:中国建筑工业出版社,2002
12 彭圣浩主编. 建筑工程质量通病防治手册(第三版). 北京:中国建筑工业出版社,2002
13 杨绍林. 新编混凝土配合比实用手册. 北京:中国建筑工业出版社,2002
14 侯君伟. 建筑工程混凝土结构新技术应用手册. 北京:中国建筑工业出版社,2001
15 吴成材等. 钢筋连接技术手册. 北京:中国建筑工业出版社,1999
16 杨南方等主编. 混凝土结构施工实用手册. 北京:中国建筑工业出版社,2001